教育部高等学校电子信息类专业教学指导委员会规划教材
高等学校电子信息类专业系列教材 · 新形态教材

电路分析基础

（第三版）

史健芳 主编 / 李凤莲 陈惠英 副主编

清華大学出版社
北 京

内 容 简 介

本书以电路理论的经典内容为核心，采用纸质教材＋数字资源相结合的模式。纸质教材自成体系，内容完整；数字资源包含教学课件、教学大纲、习题、参考答案、试题库、扩展内容、思政内容等。全书较全面地阐述了电路的基本理论，并适当引入电路新技术。在叙述中力求条理清晰，阐述准确，语言简洁、通俗易懂。内容遵从先易后难、由浅入深、循序渐进的原则，将知识点、难点分布于不同章节。主要内容有电路的基本概念及基本元件、等效变换、基本分析方法、基本定理、直流动态电路的分析、非直流动态电路的分析、正弦稳态电路分析、三相电路、频率响应、含有耦合电感和理想变压器电路分析、双口网络、拉普拉斯变换及其在线性电路中的应用、非线性电路、仿真软件 Multisim 14.0 在电路分析中的应用等内容。每章精选具有代表性的例题及习题，进一步说明基本理论在实际中的应用，以加深对理论的理解。

本书可作为高等学校电子信息类、自动化类、电气类、计算机类等专业的教材，也可供相关工程技术人员阅读参考。

图书在版编目(CIP)数据

电路分析基础：第三版/史健芳主编. —北京：清华大学出版社，2023.11
高等学校电子信息类专业系列教材. 新形态教材
ISBN 978-7-302-64950-2

Ⅰ. ①电… Ⅱ. ①史… Ⅲ. ①电路分析－高等学校－教材 Ⅳ. ①TM133

中国国家版本馆 CIP 数据核字(2023)第 218823 号

责任编辑：文 怡
封面设计：王昭红
责任校对：郝美丽
责任印制：宋 林

出版发行：清华大学出版社
网 址：https://www.tup.com.cn，https://www.wqxuetang.com
地 址：北京清华大学学研大厦 A 座 **邮 编**：100084
社 总 机：010-83470000 **邮 购**：010-62786544
投稿与读者服务：010-62776969，c-service@tup.tsinghua.edu.cn
质量反馈：010-62772015，zhiliang@tup.tsinghua.edu.cn
课件下载：https://www.tup.com.cn，010-83470236
印 装 者：三河市龙大印装有限公司
经 销：全国新华书店
开 本：185mm×260mm **印 张**：20 **字 数**：487 千字
版 次：2023 年 12 月第 1 版 **印 次**：2023 年 12 月第1 次印刷
印 数：1～1500
定 价：69.00 元

产品编号：101382-01

前言

FOREWORD

“电路分析基础”是高等院校电类专业的一门重要技术基础课。为遵循价值引领与能力培养相结合的理念，适应时代的发展、知识的更新和教学的需求，编者结合多年的教学经验，在第二版的基础上以纸质教材＋数字资源相结合的模式再版，以培养“厚基础、宽口径、会设计、可操作、能发展”，具有创新精神、实践能力和家国情怀人才为目标。

本书纸质教材自成体系，内容完整。在内容编排上，注重知识体系的连贯性和逻辑性，遵从先易后难、由浅入深、循序渐进的学习规律，充分考虑课程的衔接关系，合理统筹内容。首先介绍电路的基本概念、基本分析方法、基本定理，再引入动态元件，介绍动态电路的分析方法，然后自然过渡到稳态电路，将重点、难点分散于各章节，便于学生掌握；同时注意理论联系实际，针对理工科学生理论与实际脱节的情况，加强了电路在实际应用中的内容。在叙述中力求条理清晰，重点突出，语言简洁、通俗易懂。对电路基本概念、基本理论、基本分析方法阐述详尽，对难点、重点深入分析和讨论，重要知识点精选适量例题及习题，加深读者对理论的理解。在例题和习题编排方面，强调基本概念和分析方法，注重基础、加强应用，精选一定数量的与实际相关的例题和习题，培养学生分析问题和解决问题的能力，增强学生的工程意识与创新能力，尽量避免烦琐的计算，更适合理工科学生学习。

本书注重反映电路的发展方向，引入仿真软件 Multisim 14.0 对电路进行分析，便于学生初步熟悉现代电路的分析手段，提高应用计算机分析电路的能力。

本书数字资源顺应教学模式的改变，主要包含扩展知识及部分电子课件、习题答案、电路理论发展过程中出现的重要人物、成果及事件等相关内容，可供学生拓宽知识面，便于学生利用碎片化时间学习，激发求知欲望，提高学习兴趣，加强学生学习的主动性与积极性，为以后的学习、工作和科学研究打下扎实的理论和实践基础。另外，数字资源也可适应教学方式由封闭化向开放化、数字化、立体化及便于对接数字教学平台的新形态教学发展要求，有效解决学时少、内容多的矛盾。

本书共 14 章，由史健芳担任主编，李凤莲、陈惠英担任副主编，并由史健芳进行统稿。其中，第 1～4 章由史健芳编写，第 5 章由李化编写，第 6 章、第 7 章、第 9 章由李凤莲编写，第 8 章由李鸿燕编写，第 10 章由李芸编写，第 11 章由张文爱编写，第 13 章由刘建霞编写，第 12 章、第 14 章由陈惠英编写，附录由陈惠英整理。在此，谨向清华大学出版社文怡编辑、书后所列参考文献的各位作者，以及给予我们支持和帮助的领导和同事表示诚挚的谢意。

本书配套有教学大纲、教学课件、习题、参考答案、微课视频、试题库、教学案例等相关数字资源，便于课堂教学和课后自学。

由于编者水平有限，书中难免存在缺陷和疏漏，恳请读者批评指正。

编　者

2023 年 10 月

目录
CONTENTS

课件+大纲+其他数字资源

第1章 CHAPTER 1 电路的基本概念及基本元件

本章主要内容：电路分析的主要内容是在给定电路结构、元件参数的条件下，寻求电路输出和输入之间的关系。首先介绍电路模型、电压、电流、功率的概念，以及集中参数电路中电压、电流应遵循的基本定律；然后介绍电阻、电压源、电流源和受控源等电路元件，以及元件的电压和电流之间的关系。

1.1 电路与电路模型

电路是指电流流经的通路，是为了某种需要由一些电气设备或器件按一定的方式联合起来构成的通路。电路种类繁多，应用广泛，在电子信息、通信、自动控制、电力、计算机等领域用来完成各种各样的任务，例如：电力系统中发电、输电、配电、电力拖动、电热、电气照明等完成电能传输和转换的电路；电子信息、通信工程等领域中对语音、文字、图像等信号传输、处理和接收的电路；完成控制、存储等复杂功能的大规模及超大规模集成电路；等等。虽然电路的形式多种多样，但从电路本质来说都是由电源、负载和中间环节三个最基本部分组成的。电源是将化学能、机械能等非电能转换成电能的供电设备，如干电池、蓄电池和发电机等；负载是将电能转换成热能、光能、机械能等非电能的用电设备，如电热炉、白炽灯和电动机等；中间环节是连接电源和负载的部分，如导线、开关等。比如，手电筒电路由电池、灯泡、外壳组成，电池把化学能转换成电能供给灯泡，灯泡把电能转换成光能作照明用，电池和灯泡通过外壳连接起来。

实际电路工作时，电路中和电路周围存在电场与磁场，电场和磁场具有能量，反映电场储能性质和磁场储能性质的参数分别是电容和电感，反映电路中能量损耗的电路参数是电阻。由于电场储能、磁场储能以及能量损耗具有连续分布的特性，所以这三种反映能量过程的参数是连续分布的，存在于电路的任何部分，即每个实际电路器件都与电能的消耗及电能、磁能的储存现象有关。但电路中电压和电流的频率不太高，即在电路的部件及电路的尺寸远小于电路周围电磁波的波长时，可忽略电路参数的分布性对电路性能的影响，近似认为能量损耗、电场储能和磁场储能三种过程分别集中在电阻、电容和电感中进行。这种将实际器件理想化(模型化)，只考虑它们的主要物理性质而忽略次要因素的理想化元件称为集中(总)参数元件，简称元件。如集中电阻元件(简称电阻元件或电阻)反映能量损耗性质(不储存电能和磁能)，集中电容元件(简称电容元件或电容)反映电场储能性质(不消耗电能,不储存磁能),集中电感元件(简称电感元件或电感)反映磁场储能性质(不消耗磁能,不储存电能)。集中元件的电磁过程都集中在元件内部进行。对外具有两个端钮(如电阻、电容、电感),在任何时刻从一个端钮流入的电流恒等于从另一个端钮流出的电流,且流过元件的电流与元件两端的电压具有确定数值关系的元件称为二端元件。由集中参数元件构成的电路称为集中参数电路(电路模型或简称电路)。较复杂的电路又称为电网络(简称网络)。在本书中,"电路"和"网络"通用。将集中参数元件用模型符号表示,画出的图称为电原理图(电路图)。电路图和元件的尺寸与实际电路和实际器件的尺寸无关。

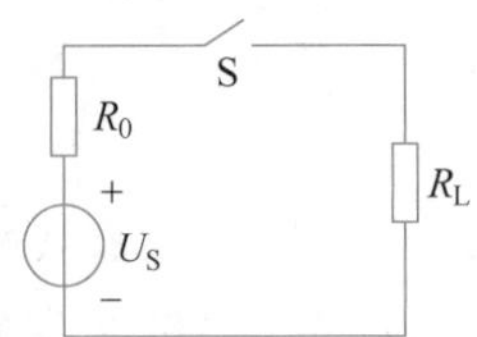

图 1-1 手电筒电路模型

实际电路的类型以及工作时发生的物理现象千差万别,组成电路的器件、设备种类繁多。本书不探讨每个实际器件和电路,只研究集中参数电路。如不特别声明,本书中提到的电路是指集中参数电路,元件是指集中参数元件。

手电筒电路模型如图 1-1 所示,灯泡用电阻元件 R_L 表示,干电池用电压源 U_S 和电阻元件(内阻)R_0 串联表示。

电路模型是实际电路的科学抽象,采用电路模型分析电路,不仅计算过程大为简化,而且能更清晰地反映电路的物理实质。

1.2 电路的基本变量

电路分析的主要目的是分析电路模型,得出电路的电性能。电性能常用一组可表示为随时间变化的量——变量来描述。电流、电压和功率是最基本的变量,分析求解这些变量成为电路分析的主要任务。

1.2.1 电流与电压

1. 电流

带电粒子有秩序地移动形成电流。电流的大小用电流强度来衡量,是指单位时间内通过导体横截面的电量,电流用 i 或 I 表示:

$$i = \mathrm{d}q/\mathrm{d}t \tag{1-1}$$

式中:q 为电量,单位为库(用 C 表示)。电流的单位是安(用 A 表示),1A=1C/s。

电流的方向规定为正电荷移动的方向。如果电流的大小和方向都不随时间变化而变化,那么这样的电流称为恒定电流或直流电流,简称直流(direct current,dc 或 DC)。如果电流的大小或方向随时间变化而变化,那么这样的电流称为交变电流,简称交流(alternating current,ac 或 AC)。电路中一般用小写字母笼统地表示直流或交流变量,而用大写字母表示直流变量。

电流的方向是客观存在的,但在分析较复杂的直流或交流电路时事先难以确定电流的真实方向,应在分析计算之前先任意选定某一方向作为电流的参考方向,也称为假设方向或标出方向。将参考方向用带方向的箭头标于电路图中,在参考方向下计算电流。若电流的计算结果为正值,则表明电流的真实方向与参考方向一致;若计算结果为负值,则表明电流的真实方向与参考方向相反。

图 1-2(a)为电路的一部分,方框用来泛指元件。计算流过元件的电流时,先假设参考方向为 a→b,如图 1-2(b)所示,在此参考方向下计算电流:若值为 1A,则表明实际方向与参考方向一致,即电流的实际方向由 a 流向 b;若计算的电流值为−1A,则表明实际方向与参考方向相反,即电流的实际方向由 b 流向 a。若参考方向为 b→a,如图 1-2(c)所示,计算结果将正好与图 1-2(b)所示的计算结果相差一个负号。

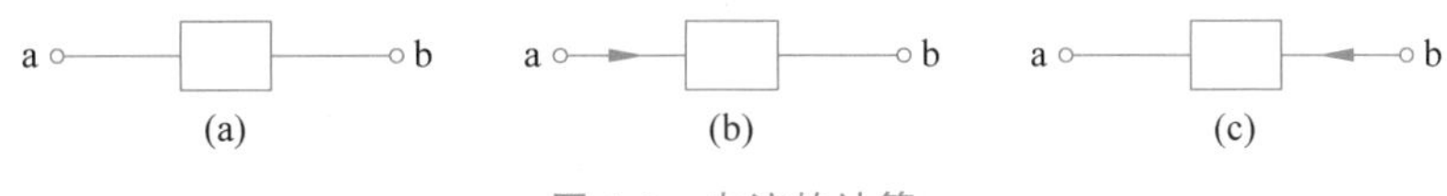

图 1-2 电流的计算

参考方向一经设定,在计算过程中便不再改变,由参考方向与电流的正、负号相结合可表明电流的真实方向,在参考方向下计算出结果后不必另外指明真实方向。在没有假设参考方向的前提下,直接计算得出的电流值的正、负号没有意义。

2. 电压

电压也称为电位差,如图 1-3 所示,图中 M 为部分电路,a、b 两点之间的电压为单位正电荷 q 由高电位点 a 转移到低电位点 b 时电场力所做的功,电压用 u 或 U 表示:

$$u = \mathrm{d}w/\mathrm{d}q \tag{1-2}$$

式中:w 为能量,单位为焦(用 J 表示)。电压的极性(方向)规定为正电荷 q 从 a 点转移到 b 点电场力做的功,即 a 点为高电位"+"端,b 点为低电位"−"端。电压的单位为伏(用 V 表示)。

如果电压的大小和方向不随时间变化而变化,那么这样的电压称为恒定电压(直流电压);如果电压的大小或方向随时间变化而变化,那么这样的电压称为交变电压(交流电压)。

同样,电压的真实极性在计算之前也很难确定,与电流的参考方向类似,电压也可以假定参考极性(参考方向)。计算之前,在电压参考极性的高电位端标"+"号,在电压参考极性的低电位端标"−"号,如图 1-4 所示。为了图示方便,也可用一个箭头表示电压的参考极性,如图中由 a 指向 b 的箭头,箭头方向表示电压降低的参考方向。另外,还可用双下标形式,如 u_{ab} 表示 a、b 之间的电压降,即 a 为参考"+"端,b 为参考"−"端,显然有 $u_{ba}=-u_{ab}$。在参考极性的前提下计算电压时,若计算值为正,则说明实际极性与参考极性相同;若计算值为负,则说明实际极性与参考极性相反。

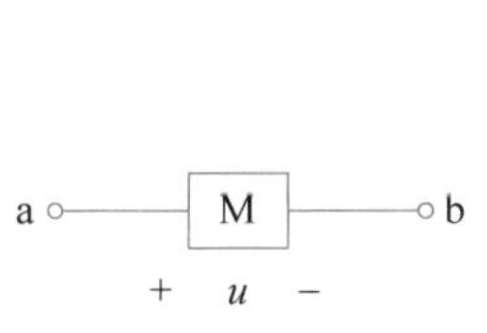

图 1-3 电压的定义

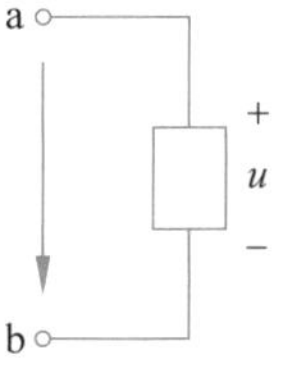

图 1-4 电压参考极性的表示方法

图 1-5(a)是电路的一部分,方框用来泛指元件,计算元件两端电压时,首先标出电压的参考极性。参考极性可以任意假定,设 a 点为参考极性"+"端,b 点为参考极性"−"端,如图 1-5(b)所示,在此参考极性之下计算电压:若计算得出电压 $u=1$V,则表明实际极性与参考极性相同;若计算得出 $u=-1$V,则表明实际极性与参考极性相反。

若参考极性为 b 点正极性，a 点负极性，如图 1-5(c)所示，计算得出的数值与图 1-5(b)参考极性之下的值相差一个负号。

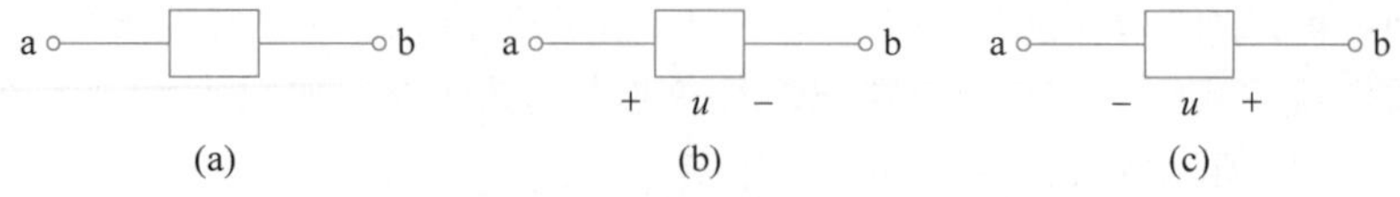

图 1-5　电压的计算

与电流的参考方向类似，电压的参考极性一经设定，在计算过程中便不再改变，由参考极性与电压的正、负号相结合可以表明电压的真实极性，计算出结果后不必另外指明真实极性。在没有假设参考极性的前提下，直接计算得出的电压值的正、负号没有意义。

3. 关联参考方向

电压和电流的参考方向可以独立地任意假定，当电流的参考方向从标以电压参考极性的"＋"端流入而从标以电压参考极性的"－"端流出时(图 1-6(a))，称电流与电压为关联参考方向，而当电流的参考方向从标以电压参考极性的"－"端流入而从标以电压参考极性的"＋"端流出时(图 1-6(b))，称电流与电压为非关联参考方向。为了计算方便，常采用关联参考方向。

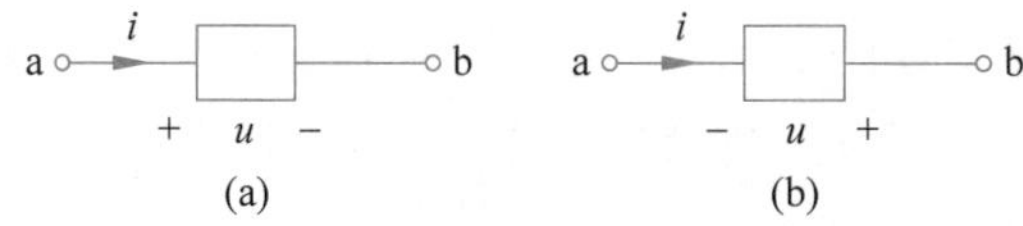

图 1-6　参考方向的关联

1.2.2　功率和能量

功率和能量是电路中的重要变量，电路在正常工作时常伴随着电能与其他形式能量的相互转换。器件或设备在使用时都有功率的限制，不能超过额定值，否则容易损坏。

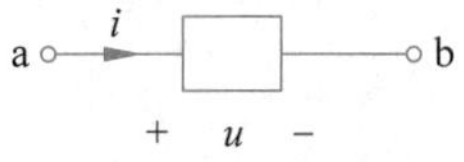

图 1-7　电路的功率

如图 1-7 所示，方框表示一段电路，当正电荷从该段电路的"＋"(a)端运动到"－"(b)端时，电场力对电荷做功，电路吸收能量，在 $t_0 \to t$ 时间内电路吸收的能量为

$$w=\int_{q(t_0)}^{q(t)} u\,\mathrm{d}q$$

当正电荷从"－"(b)端运动到"＋"(a)端时，电场力对电荷做负功，电路向外释放能量。

单位时间内电路所吸收或释放的能量称为功率。图 1-7 所示电路吸收的功率为

$$p(t)=\frac{\mathrm{d}w(t)}{\mathrm{d}t}=u(t)\frac{\mathrm{d}q(t)}{\mathrm{d}t}$$

将电流定义式

$$i(t)=\frac{\mathrm{d}q(t)}{\mathrm{d}t}$$

代入，可得

$$p(t)=u(t)i(t) \tag{1-3}$$

当电压的单位为伏(V)、电流的单位为安(A)时,功率的单位为瓦(W)。

由图1-7可见,电压、电流为关联参考方向。在计算功率时 u、i 可任意单独假设方向,当 u、i 取关联参考方向时,利用 $p(t)=u(t)i(t)$,若计算出 $p>0$,则表示该元件(该段电路)确实吸收功率;若计算出 $p<0$,则表示该元件(该段电路)吸收功率为负,即实际产生功率(释放功率)。当 u、i 取非关联参考方向时,功率可用式 $p(t)=-u(t)i(t)$ 计算,计算出 $p>0$,表示确实吸收功率;计算出 $p<0$,表示实际产生(释放)功率。如计算出 $p(t)=-10\text{W}$,表明这段电路(或元件)吸收的功率为 -10W,等效于产生的功率为 10W。

例 1-1 电路如图1-8所示,图1-8(a)中,已知 $i=1\text{A}$,$u=3\text{V}$,试求元件吸收的功率;图1-8(b)中,已知 $i=1\text{A}$,$u=3\text{V}$,试求元件吸收的功率。

解:由图1-8(a)可知,元件的电压与电流为关联参考方向,吸收的功率为

$$p=ui=3\times1=3(\text{W})$$

由图1-8(b)知,元件的电压与电流为非关联参考方向,吸收的功率为

$$p=-ui=-3\times1=-3(\text{W})$$

表明元件实际产生(向外电路提供)3W的功率。

例 1-2 电路如图1-9所示,已知 $U_1=20\text{V}$,$I_1=2\text{A}$,$U_2=10\text{V}$,$U_3=10\text{V}$,$I_3=-3\text{A}$,$I_4=-1\text{A}$,试求图中各元件的功率。

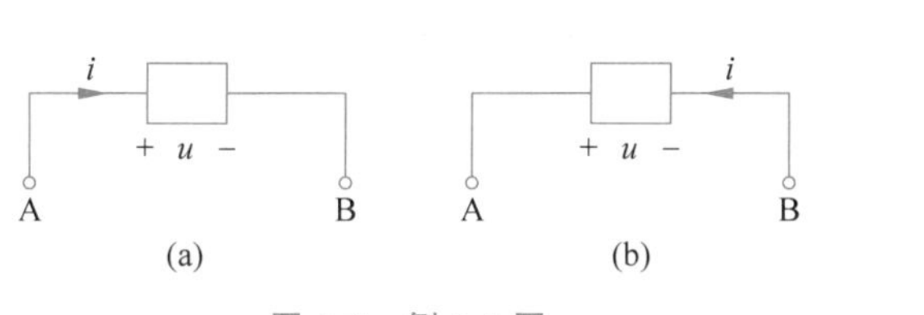

图 1-8 例 1-1 图

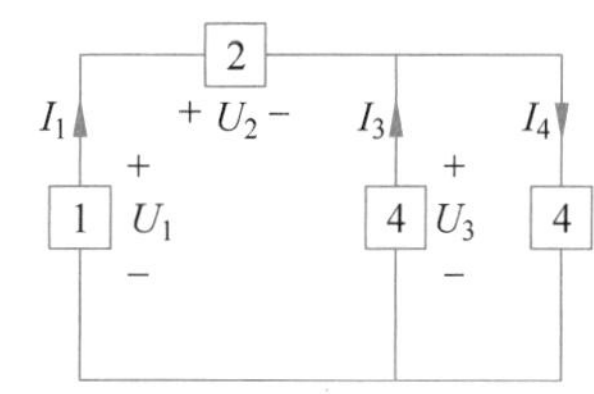

图 1-9 例 1-2 图

解:元件1的电压与电流为非关联参考方向,吸收的功率为

$$P_1=-U_1I_1=-20\times2=-40(\text{W})$$

元件2的电压与电流为关联参考方向,吸收的功率为

$$P_2=U_2I_1=10\times2=20(\text{W})$$

元件3的电压与电流为非关联参考方向,吸收的功率为

$$P_3=-U_3I_3=-10\times(-3)=30(\text{W})$$

元件4的电压与电流为关联参考方向,吸收的功率为

$$P_4=U_3I_4=10\times(-1)=-10(\text{W})$$

元件1和元件4吸收的功率为负,说明它们实际产生功率;元件2和元件3吸收功率为正,实际确为吸收功率。可见,同一电路中元件产生的功率之和等于元件吸收的功率之和。此结论对所有的电路均成立,符合能量守恒定律,称为功率守恒。功率守恒可记为

$$\sum P=0$$

上面介绍了电压、电流、功率等变量,使用的都是国际单位制(SI),在实际使用中这些单位有时太大,有时太小。为了方便,常在这些单位之前加上一个以10为底的正幂次或负幂次的词头,构成辅助单位。常用的国际单位制词头如表1-1所示。

表 1-1 部分常用国际单位制词头

因数	词头名称		符号
	英文	中文	
10^9	giga	吉	G
10^6	mega	兆	M
10^3	kilo	千	k
10^{-3}	milli	毫	m
10^{-6}	micro	微	μ
10^{-9}	nano	纳	n
10^{-12}	pico	皮	p

知识点

1.3 基尔霍夫定律

基尔霍夫定律是集中电路的基本定律，包括基尔霍夫电流定律（Kirchhoff's Current Law，KCL）和基尔霍夫电压定律（Kirchhoff's Voltage Law，KVL）。为了叙述方便，先介绍以下五个有关的概念。

（1）支路：在集中电路中，将每个二端元件称为一条支路。

（2）支路电流和支路电压：流经元件的电流及元件的端电压。在任意时刻，支路电流和支路电压是可以确定的物理量，是集中电路分析研究的对象，符合一定的规律。

（3）节点：两条或两条以上支路的连接点。

（4）回路：由支路构成的任何一个闭合路径。

（5）网孔：在回路内部不另含有支路的回路。

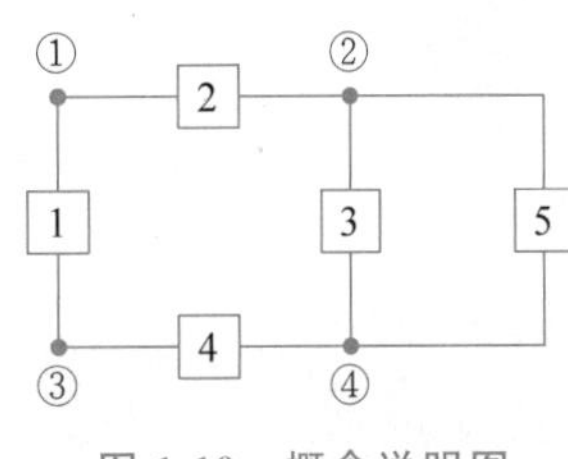

图 1-10 概念说明图

如图 1-10 所示的电路，共有 5 个二端元件，即有 5 条支路，4 个节点，3 个回路，2 个网孔。由元件 1、2、3、4 及元件 3、5 构成的回路为网孔，元件 1、2、5、4 构成的回路不是网孔。

为方便起见，有时也将由多个二端元件串接起来（流过同一电流）的支路称为一条支路，图 1-10 中，元件 2、1、4 串接而成也可看成一条支路，这样，图中便有 3 条支路，2 个节点（节点②和节点④）。

1.3.1 基尔霍夫电流定律

由于电路中电流的连续性，电路中任一点（包括节点）都不能堆积电荷，而一个电路中电荷是守恒的，电荷既不能创造也不能消失。

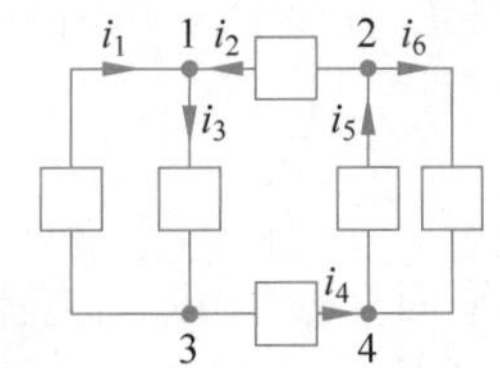

图 1-11 具有 4 个节点的电路

如图 1-11 所示的集中电路，方框代表元件，以图中的节点 1 为例，与该节点相连接的各支路电流分别为 i_1、i_2、i_3，流入该节点的支路电流代数和 $i=i_1+i_2-i_3$（设流入节点电流为正），电荷流进该节点的速率为 $\frac{dq}{dt}$，其中 q 为节点处的电荷。由于节点只是理想导体的汇合点，不可能积累电荷，而电荷既

不能创造也不能消失，所以节点处的$\frac{dq}{dt}$必为零。根据电流的定义，节点处有

$$i=\frac{dq}{dt}=0$$

故

$$i_1+i_2-i_3=0$$

公式表明流进(或流出)该节点的所有支路电流的代数和为零。这种规律可用基尔霍夫电流定律表述：任一集中电路中，在任一时刻，对于任一节点，流进(或流出)该节点的所有支路电流的代数和恒为零，即

$$\sum_{k=1}^{K} i_k(t)=0 \tag{1-4}$$

式(1-4)称为基尔霍夫电流方程(KCL 方程)，式中 K 为节点处的支路数，$i_k(t)$为流入(流出)节点的第 k 条支路的电流。“代数和”根据支路电流是流入节点还是流出节点判断，若流入节点的电流前取“+”号，则流出节点的电流前取“−”号。电流的流入、流出是指电流的参考方向。

同理，图 1-11 中其他节点的基尔霍夫电流方程为

节点 2 $$i_5-i_2-i_6=0 \tag{1-5a}$$

节点 3 $$i_3-i_1-i_4=0 \tag{1-5b}$$

节点 4 $$i_4+i_6-i_5=0 \tag{1-5c}$$

将式(1-5)移项，可得

节点 2 $$i_5=i_2+i_6 \tag{1-6a}$$

节点 3 $$i_3=i_1+i_4 \tag{1-6b}$$

节点 4 $$i_4+i_6=i_5 \tag{1-6c}$$

式(1-6)表明，流入某节点的电流之和等于流出该节点的电流之和。

KCL 既可用于节点，也可推广应用于电路中包含几个节点的任一假设的闭合面。这种闭合面也称为广义节点(扩大了的大节点)。

如图 1-12 所示，有 3 个节点，应用 KCL 定律可得

$$i_1=i_{12}+i_{13}$$

$$i_2=i_{23}-i_{12}$$

$$i_3=-i_{23}-i_{13}$$

以上 3 式相加可得

$$i_1+i_2+i_3=0$$

可见，在任一时刻流进(或流出)封闭面的所有支路电流的代数和为零，称为广义节点的 KCL。

例 1-3 电路如图 1-13 所示，方框代表元件，已知 $i_2=2\text{A}$，$i_4=-3\text{A}$，$i_5=-4\text{A}$，试求 i_3。

解：对于虚线所示的封闭曲面，由扩展 KCL 可知

$$i_2-i_3+i_4-i_5=0$$

可得

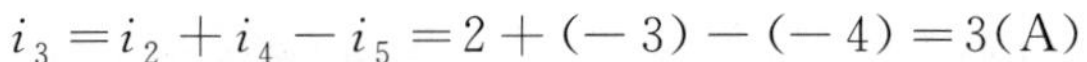

$$i_3 = i_2 + i_4 - i_5 = 2 + (-3) - (-4) = 3(\text{A})$$

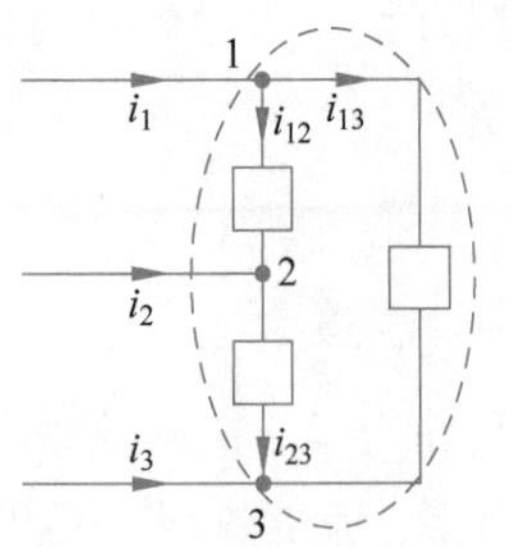

图 1-12　闭合面的 KCL

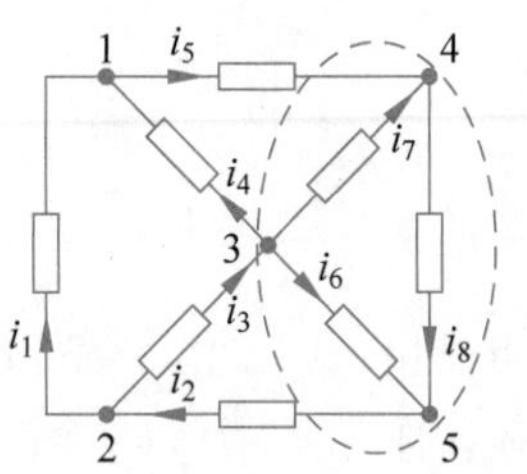

图 1-13　例 1-3 图

1.3.2　基尔霍夫电压定律

在任一电路中，某段时间内一些元件的能量有所增加，为遵守同一电路中能量既不能创造也不能消失的能量守恒法则，另一些元件的能量必定有所减少。

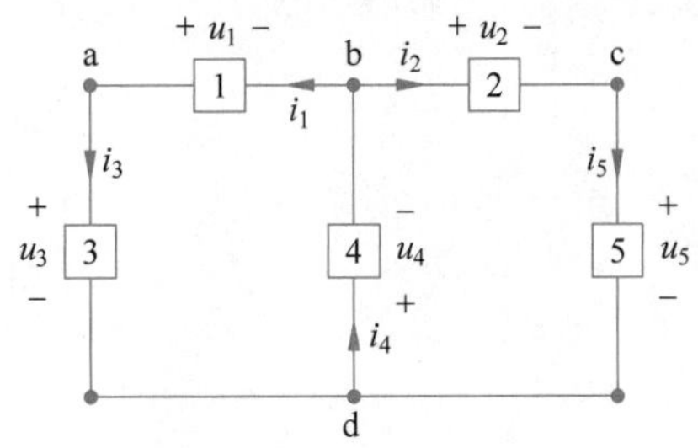

图 1-14　具有三个回路的电路

如图 1-14 所示的电路中，若在某段时间内各元件得到的能量分别为 w_1、w_2、w_3、w_4、w_5，则由能量守恒法则可知

$$w_1 + w_2 + w_3 + w_4 + w_5 = 0 \tag{1-7}$$

由 1.2.2 节可知，单位时间内电路吸收或释放的能量为功率，式(1-7)对时间微分可得

$$p_1 + p_2 + p_3 + p_4 + p_5 = 0 \tag{1-8}$$

式中：p_1、p_2、p_3、p_4、p_5 分别为各元件的功率。

在图中所标参考方向下将式(1-3)代入，可得

$$\begin{cases} p_1 = -u_1 i_1 \\ p_2 = u_2 i_2 \\ p_3 = u_3 i_3 \\ p_4 = u_4 i_4 \\ p_5 = u_5 i_5 \end{cases} \tag{1-9}$$

将式(1-9)代入式(1-8)，可得

$$-u_1 i_1 + u_2 i_2 + u_3 i_3 + u_4 i_4 + u_5 i_5 = 0 \tag{1-10}$$

又由 KCL 可得

$$\begin{cases} i_4 = i_1 + i_2 \\ i_3 = i_1 \\ i_5 = i_2 \end{cases} \tag{1-11}$$

将式(1-11)代入式(1-10)，可得

$$(-u_1 + u_3 + u_4) i_1 + (u_2 + u_4 + u_5) i_2 = 0 \tag{1-12}$$

由于 i_1 和 i_2 线性无关，所以如果式(1-12)成立，i_1 和 i_2 前的系数必为零，即

$$-u_1 + u_3 + u_4 = 0 \tag{1-13}$$

$$u_2 + u_4 + u_5 = 0 \tag{1-14}$$

将式(1-13)减去式(1-14),可得

$$-u_1+u_3-u_5-u_2=0 \tag{1-15}$$

由图 1-14 可知,元件 1、3、4 构成一个回路,元件 2、5、4 构成一个回路,元件 1、3、5、2 也构成一个回路,式(1-13)～式(1-15)分别表明每个回路中各个支路电压的代数和为零。这种规律可用基尔霍夫电压定律表述:对集中电路的任一回路,在任一时刻,沿该回路的所有支路电压的代数和恒为零,即

$$\sum_{k=1}^{K} u_k(t)=0 \tag{1-16}$$

式(1-16)称为基尔霍夫电压方程(KVL 方程)。式中 K 为回路中的支路数,$u_k(t)$为回路中第 k 条支路的电压。“代数和”根据支路电压的极性判断。应用公式时,先指定回路的绕行方向,当支路电压的参考极性与回路的绕行方向一致时,该支路电压前取“+”号;当支路电压的参考极性与回路的绕行方向相反时,该支路电压前取“−”号。

KVL 不仅适用于闭合电路,而且可以推广应用于开口电路。如图 1-15 所示,电路不是闭合电路,但在电路的开口端存在电压 u_{ab}。可将电路设想为一个闭合回路,如按顺时针方向绕行此开口电路一周,根据 KVL 则有

$$\sum u=u_1+u_S-u_{ab}=0$$

移项后,可得

$$u_{ab}=u_1+u_S$$

说明 a、b 两端开口电路的电压 u_{ab} 等于 a、b 两端另一支路各段电压之和 u_1+u_S。可见,任意两点之间的电压与所选择的路径无关。此结论可推广至电路的任意两节点。

例 1-4 图 1-16 为某电路的一部分,各支路的元件是任意的,已知 $u_{12}=5\text{V}$,$u_{24}=-3\text{V}$,$u_{31}=-6\text{V}$,试求 u_{43} 和 u_{14}。

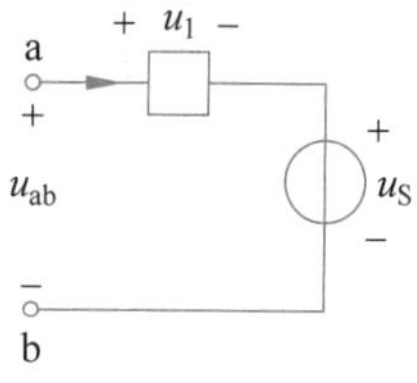

图 1-15 KVL 的推广

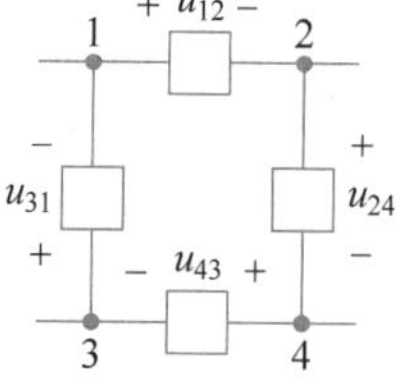

图 1-16 例 1-4 图

解:由基尔霍夫电压定律可得

$$u_{12}+u_{24}+u_{43}+u_{31}=0$$

即

$$u_{43}=-u_{12}-u_{24}-u_{31}=-5-(-3)-(-6)=4(\text{V})$$

沿支路 1、2、4,有

$$u_{14}=u_{12}+u_{24}=5-3=2(\text{V})$$

沿支路 1、3、4,有

$$u_{14}=u_{13}+u_{34}=-u_{31}+(-u_{43})=-(-6)+(-4)=2(\text{V})$$

由上可见,两点之间的电压与路径无关。

基尔霍夫定律仅与元件的相互连接方式有关而与元件的性质无关，不论元件是线性的还是非线性的，时变的还是非时变的，KCL 和 KVL 总是成立。

知识点

1.4 电阻元件

1.3 节讨论了各支路电流之间及电压之间应遵循的定律，而电路是由各元件组成的，本节先讨论电阻元件。

1. 电阻元件的伏安关系式

如图 1-17 所示，电阻元件两端的电压为 u（单位为 V），流过的电流为 i（单位为 A），根据欧姆定律可得

$$u(t)=Ri(t) \tag{1-17}$$

图 1-17 电阻元件

式中：R 为电阻，是一个正实常数，单位为欧（Ω），对电流起阻碍作用。当电流流过电阻元件时，电阻要消耗能量，此时电流流过元件的方向必是电压降的方向，即电压、电流是关联参考方向。

当电压、电流为非关联参考方向时，式(1-17)应改为

$$u(t)=-Ri(t) \tag{1-18}$$

令 $G=\dfrac{1}{R}$，G 称为电导，单位为西（用 S 表示），它与电阻一样，也是电阻元件的参数。当电压、电流取关联参考方向时，可得

$$u(t)=\frac{1}{G}i(t) \tag{1-19}$$

或

$$i(t)=Gu(t) \tag{1-20}$$

若不论电阻元件两端电压 u 多大，流过它的电流恒等于零，则称此电阻元件为开路，记为 $R=\infty$ 或 $G=0$。若不论流过电阻元件的电流 i 是多大，其端电压恒等于零，则称此电阻元件为短路，记为 $R=0$ 或 $G=\infty$。

由于电压的单位为伏（V），电流的单位为安（A），电压、电流的关系式也称为伏安关系式（Volt Ampere Relation，VAR）。每种元件都可用一定的伏安关系式描述，元件的 VAR 是分析集中电路的基础。

2. 电阻元件的伏安特性曲线

将元件的伏安关系式用曲线画出，则该曲线称为伏安特性曲线，如图 1-18 所示，横坐标为 u（或 i），纵坐标为 i（或 u），u、i 取关联参考方向。式(1-17)对应的伏安特性曲线是一条过原点的直线，如图 1-18(a)所示，直线的斜率与元件的电阻值 R 有关，伏安特性曲线对原点对称，说明元件对不同方向的电流或不同极性的电压表现一样。这种性质称为双向性，是所有线性电阻元件具备的。因此，在使用线性电阻时两个端钮没有任何区别。

当伏安特性曲线不是一条直线时，如图 1-18(b)所示，对应的为非线性电阻，它的伏安关系式一般可描述为

$$u=f(i)$$

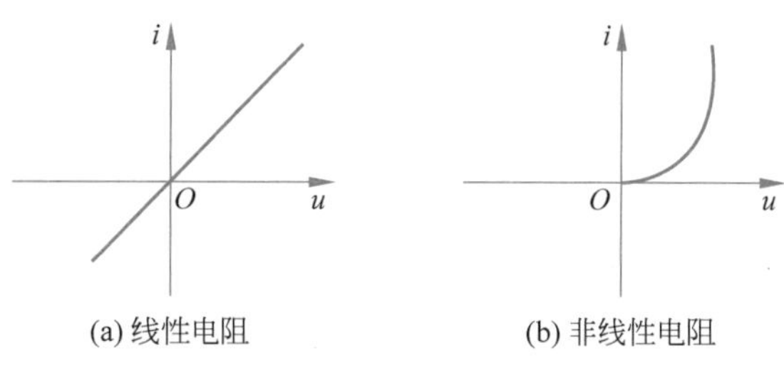

(a) 线性电阻　　(b) 非线性电阻

图 1-18　电阻元件的伏安特性曲线

如果电阻元件的 R 随时间的变化而变化,即其伏安关系式为

$$u(t)=R(t)i(t)$$

此时的电阻称为时变电阻。R 不随时间的变化而变化的电阻称为非时变电阻。

当电阻元件的伏安特性曲线在 i-u 平面上是一条斜率为负的曲线时(曲线在二、四象限),称为负电阻元件。图 1-18(a)为正电阻的伏安特性曲线。

线性电阻不随时间变化而变化,称为线性非时变电阻。本书主要讨论线性非时变电阻,以后如不加特殊说明,电阻都指线性非时变正电阻。

电阻元件的端电压是由同一时刻流过元件的电流所决定的,与前一时刻的电流无关,所以电阻元件是非记忆性元件。

3. 电阻的功率和能量

当电阻元件的电压、电流取关联参考方向时,电阻元件消耗的功率为

$$p(t)=u(t)i(t)=Ri^2(t)=\frac{u^2(t)}{R}=\frac{1}{G}i^2(t)=Gu^2(t) \tag{1-21}$$

对于正电阻元件,因为 $R\geqslant 0$,故 $p\geqslant 0$,所以电阻元件消耗功率,为耗能元件,一般将吸收的能量转换为热能消耗掉。对于负电阻元件,因为 $R<0$,故 $p<0$,所以负电阻元件产生功率,为提供能量的元件。

如果一个元件在所有 t 及所有 $u(t)$、$i(t)$可能的取值下,当且仅当其吸收的能量

$$w(t)=\int_{-\infty}^{t}u(\xi)i(\xi)\mathrm{d}\xi\geqslant 0$$

时,元件为无源元件。即无源元件从不向外提供能量。将向外提供能量的元件称为有源元件。

电阻元件在 $t_0\rightarrow t$ 时间内吸收的能量为

$$w(t)=\int_{t_0}^{t}p(\xi)\mathrm{d}\xi=\int_{t_0}^{t}u(\xi)i(\xi)\mathrm{d}\xi=\int_{t_0}^{t}Ri^2(\xi)\mathrm{d}\xi=\int_{t_0}^{t}\frac{u^2(\xi)}{R}\mathrm{d}\xi$$

由于本书只讨论正电阻,所以本书涉及的电阻元件均为无源元件。

例 1-5　一个额定功率为 0.5W、阻值为 1kΩ 的金属膜电阻,在直流电路中使用时电压、电流不能超过多大?

解: 电流流过电阻时,电阻要消耗电能而发热,所以可以利用电来加热、发光,制成电灯、电炉、电烙铁等。但还有一些器件如电动机、变压器、电阻器等,它们本来不是为发热而设计的,但其内部存在一定的电阻特性,使用时不可避免地发热,产生的热能随流过器件的电流(或器件的端电压)的增加而增加。为了使元件正常工作,不因过热而烧坏,器件使用时有额定功率限制。额定功率是指实际器件工作时所允许消耗的最大功率。当实际消耗功率

超过额定功率时，器件有过热而烧坏的危险。

根据式(1-21)可得

$$U=\sqrt{PR}=\sqrt{0.5\times1000}\approx22.36(\mathrm{V})$$

$$I=\sqrt{\frac{P}{R}}=\sqrt{\frac{0.5}{1000}}\approx22.36(\mathrm{mA})$$

故在使用时，当电阻上的电压不超过22.36V，电流不超过22.36mA时，电阻所消耗的功率不会超过额定功率。

例1-6 一个电压为220V、额定功率为0.8kW的电炉，额定电流是多少？若连续使用2h，将消耗多少电能？

解：电能的单位在工程上也用“度”(千瓦·时)表示，习惯上1kW·h表示功率为1kW的用电设备连续工作1h所消耗的电能。

额定电流为

$$I=\frac{P}{U}=\frac{0.8\times1000}{220}\approx3.64(\mathrm{A})$$

消耗的电能为

$$W=0.8\times2=1.6(\mathrm{kW\cdot h})$$

1.5 理想电压源与理想电流源

当有电流流过电阻元件时，电阻元件会消耗能量，据能量守恒原则，电路中必须有提供能量的元件，如电池、发电机、信号源等，能提供能量的元件称为电源。本节介绍的理想电压源和理想电流源是从实际抽象出来的电源模型，是有源二端元件。

1.5.1 理想电压源

理想电压源(简称电压源)是从实际电压源抽象出来的一种理想元件，它的端电压始终为给定的时间函数(两端总能保持给定的时间函数)，而与流过它的电流无关，即使流过它的电流为零或无穷，它的端电压仍然是定值 U_S 或给定的时间函数 $u_S(t)$。电压源的符号如图1-19所示。图1-19(a)为一般电压源的符号，“+”“−”号表示参考极性，u_S 表示电压源的端电压。当 u_S 为恒定值(直流电压源)时，也可用图1-19(b)表示，长线段表示参考高电位(+)端，短线段表示参考低电位(−)端，U_S 表示直流电压源的端电压。

电压源 $u_S(t)$ 在 t_1 时刻的伏安特性曲线如图1-20所示，它是与电流轴平行的一条直线，当 $u_S(t)$ 随时间改变时，平行线的位置也随之改变。

图1-19 电压源的符号　　图1-20 伏安特性曲线

电压源的电压由其本身决定，流过电压源的电流由与它相连的外电路决定，电流可从电压源的“+”端流向“−”端，也可由“−”端流向“+”端，所以，电压源可向外电路提供能量，也可从外电路获得能量。

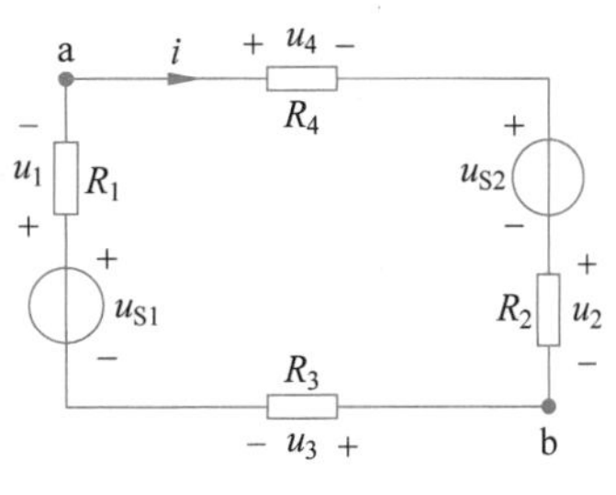

图 1-21 例 1-7 图

例 1-7 电路如图 1-21 所示，已知 $u_{S1}=12V$，$u_{S2}=6V$，$R_1=0.2\Omega$，$R_2=0.1\Omega$，$R_3=1.4\Omega$，$R_4=2.3\Omega$，求电流 i 和电压 u_{ab}。

解：(1) 电流参考方向及各电阻电压的参考极性如图 1-21 所示，从 a 点出发沿顺时针方向绕行一周，由基尔霍夫电压定律可得

$$u_4+u_{S2}+u_2+u_3-u_{S1}+u_1=0 \tag{1-22}$$

各电阻元件的伏安关系为

$$\begin{cases}u_1=R_1 i\\ u_2=R_2 i\\ u_3=R_3 i\\ u_4=R_4 i\end{cases} \tag{1-23}$$

将式(1-23)代入式(1-22)，可得

$$R_4 i+u_{S2}+R_2 i+R_3 i-u_{S1}+R_1 i=0$$

整理可得

$$(R_1+R_2+R_3+R_4)i=u_{S1}-u_{S2}$$

$$i=\frac{u_{S1}-u_{S2}}{R_1+R_2+R_3+R_4}=\frac{12-6}{0.2+0.1+1.4+2.3}=\frac{6}{4}=1.5(\mathrm{A})$$

电流值为正，说明电流的实际方向与参考方向一致。

(2) 根据图中所标极性，沿右边路径计算，可得

$$u_{ab}=u_4+u_{S2}+u_2=R_4 i+u_{S2}+R_2 i=6+1.5\times(0.1+2.3)=9.6(\mathrm{V})$$

u_{ab} 为正值，表明由 a 点到 b 点确为电压降。

沿左边路径计算，可得

$$\begin{aligned}u_{ab}&=-u_1+u_{S1}-u_3=-R_1 i+u_{S1}-R_3 i\\&=u_{S1}-i(R_1+R_3)=12-1.5\times(0.2+1.4)=9.6(\mathrm{V})\end{aligned}$$

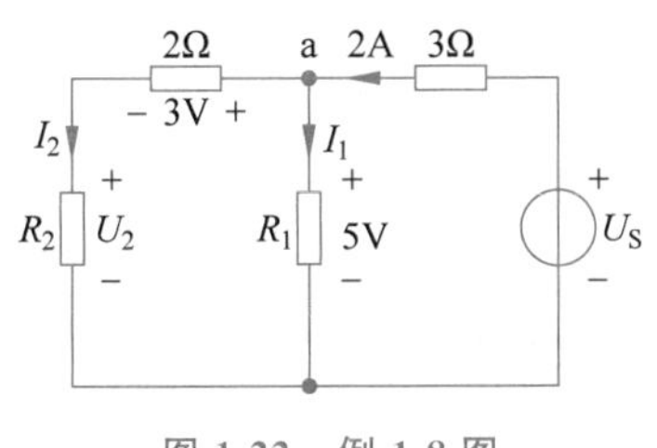

图 1-22 例 1-8 图

由此可见，沿两条路径计算的结果是一样的，即两点之间的电压与路径无关。

例 1-8 求如图 1-22 所示的直流电阻电路中的 U_2、I_2、R_1、R_2 及 U_S。

解：I_2 流过 2Ω 电阻，由欧姆定律可求得

$$I_2=\frac{3}{2}=1.5(\mathrm{A})$$

对 R_1、R_2 和 2Ω 电阻组成的回路应用 KVL 可得

$$U_2-5+3=0$$

$$U_2=2\mathrm{V}$$

由伏安关系式可得

$$R_2=\frac{U_2}{I_2}=\frac{2}{1.5}\approx 1.33(\Omega)$$

对 a 节点列 KCL 方程，可得

$$2-I_1-I_2=0$$

将 $I_2=1.5\text{A}$ 代入上式，可得

$$I_1=0.5\text{A}$$

由伏安关系式可得

$$R_1=\frac{5}{I_1}=\frac{5}{0.5}=10(\Omega)$$

对电源和 R_1、3Ω 电阻组成的回路列 KVL 方程，可得

$$3\times 2+5-U_S=0$$

$$U_S=11\text{V}$$

由上述例题可见，基尔霍夫定律和元件的伏安关系式是解电路问题的基本依据。

1.5.2 理想电流源

理想电流源（简称电流源）是实际电源抽象出来的一种理想元件。它提供的电流始终为给定的时间函数（总能保持给定的时间函数），而与它的端电压无关，即使它的端电压为零或无穷，它仍然能保持定值 I_S 或给定的时间函数 $i_S(t)$。电流源的符号如图 1-23(a)所示，箭头表示参考方向。电流源 $i_S(t)$ 在 t_1 时刻的伏安特性曲线如图 1-23(b)所示，它是与电压轴平行的一条直线，当 $i_S(t)$ 随时间改变时，平行线的位置也随之改变。

电流源的电流由其本身决定，电流源的端电压由与它相连的外电路决定，与电流源本身无关，电流源可向外电路提供能量，也可从外电路获得能量。

例 1-9 计算如图 1-24 所示电路中各元件吸收或产生的功率。

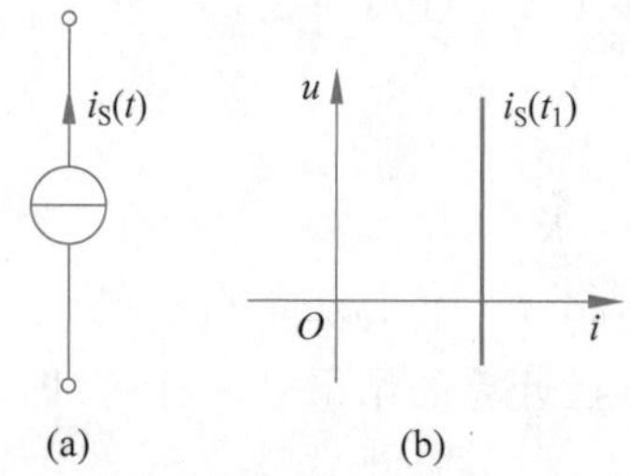

图 1-23 电流源的符号及伏安特性曲线

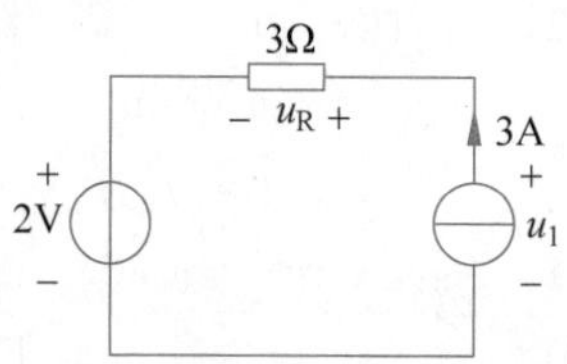

图 1-24 例 1-9 图

解：由电流源的基本性质可知，电流源提供 3A 的电流，与外电路无关，所以 3A 的电流流过 3Ω 电阻和电压源。电流源的端电压由与之相连的外电路（电压源、电阻）决定。在图示的参考方向下，由电阻元件的伏安关系式可得

$$u_R=3\times 3=9(\text{V})$$

由 KVL 可得

$$u_I=u_R+2=9+2=11(\text{V})$$

电流源功率为

$$P_I=-u_I\times 3=-11\times 3=-33(\text{W}) \qquad (产生)$$

电压源功率为

$$P_{u}=2\times 3=6(\mathrm{W}) \qquad (吸收)$$

电阻功率为

$$P_{R}=3^{2}\times 3=27(\mathrm{W}) \qquad (吸收)$$

故在该电路中，电流源产生功率，而电压源和电阻元件吸收功率。可见，电源元件并不是一定产生功率。如本例中 2V 电压源的存在对电流的大小无影响，但对电流源的电压、功率均有影响。

1.6 实际电源的模型

电压源、电流源都是实际电源抽象出来的模型。

1. 实际电压源

实际电源如电池、发电机等的工作原理比较接近电压源，在工作时，本身要消耗能量，而且实际电压源的电压与外电流之间无法做到完全无关，当工作电流增加时，电压源的工作电压会下降。因此，一般用理想电压源 $u_S(t)$ 与电阻元件 R_S 串联表示实际电压源的电路模型，如图 1-25(a)所示。其伏安关系式为

$$u=u_S-iR_S$$

伏安特性曲线如图 1-25(b)所示，虚线表示理想电压源的伏安特性曲线。

从图中可见：

(1) 当内阻 $R_S=0$ 时，$u=u_S$，实际电压源成为理想电压源；

(2) 当 $i=0$ 时，外电路开路，开路电压 $u_{OC}=u_S$；

(3) 当 $u=0$ 时，外电路短路，短路电流 $i_{SC}=\dfrac{u_S}{R_S}$。

可见，实际电压源的内阻越小，输出电压就越接近理想电压源。当内阻 $R_S=0$ 时，实际电压源成为理想电压源。

2. 实际电流源

光电池比较接近电流源，与实际电压源类似，实际电流源的电流与其端电压之间也无法做到完全无关，实际电流源的电路模型可看作理想电流源 i_S 与电阻元件 R_S 的并联，电路模型如图 1-26(a)所示。伏安关系式为

$$i=i_S-\frac{u}{R_S}$$

伏安特性曲线如图 1-26(b)所示，虚线表示理想电流源的伏安特性曲线。

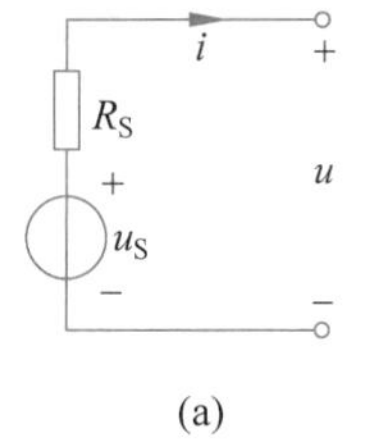

(a)

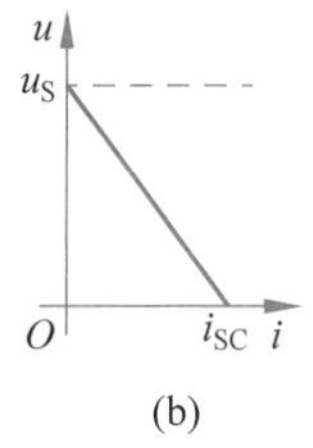

(b)

图 1-25 实际电压源模型及伏安特性曲线

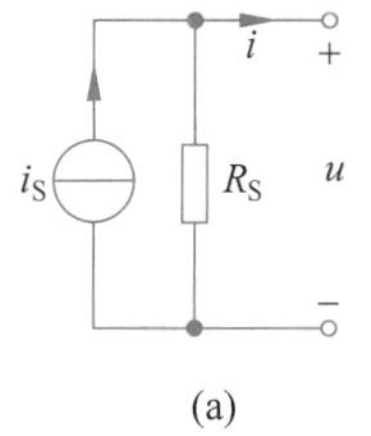

(a)

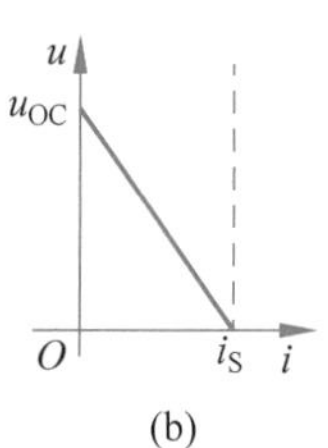

(b)

图 1-26 实际电流源模型及伏安特性曲线

从图 1-26 中可见

(1) 当内阻 $R_S=\infty$时,$i=i_S$,实际电流源成为理想电流源;

(2) 当 $u=0$ 时,外电路短路,短路电流 $i_{SC}=i_S$;

(3) 当 $i=0$ 时,外电路开路,开路电压 $u_{OC}=R_S i_S$。

可见,实际电流源的内阻越大,输出电流就越接近理想电流源。当内阻 $R_S=\infty$时,实际电流源成为理想电流源。

1.7 受控源

电压源或电流源提供一定的电压或电流,与流过它们的电流(或两端的电压)无关,也与其他支路的电压、电流无关,称为独立电源。本节介绍受控源(非独立电源),受控源的电压(或电流)受同一电路中另一支路的电压(或电流)的控制,是一种理想电路元件。实际电子电路中的晶体管(集电极电流受基极电流的控制)和运算放大器(输出电压受输入电压的控制)等电路模型中都用到受控源。

受控源含有两条支路:一条为控制支路,控制量为电压或电流;另一条为受控(被控)支路,为电压源或电流源。受控支路的电压(或电流)受控制支路的电压(或电流)的控制。根据控制量是电压还是电流以及受控支路是电压源还是电流源,受控源可分为电压控制电压源(Voltage Controlled Voltage Source,VCVS)、电压控制电流源(Voltage Controlled Current Source,VCCS)、电流控制电压源(Current Controlled Voltage Source,CCVS)、电流控制电流源(Current Controlled Current Source,CCCS)。

四种受控源符号如图 1-27 所示,u_1 和 i_1 分别为控制支路的电压或电流,u_2 和 i_2 分别为受控支路的电压或电流。在控制端,控制量为电压时,控制支路开路($i_1=0$);控制量为电流时,控制支路短路($u_1=0$)。受控源与独立源在电路中的作用完全不同,故用不同的符号表示,为了与独立源的圆圈符号相区别,受控源的受控支路中的电源用菱形符号表示。

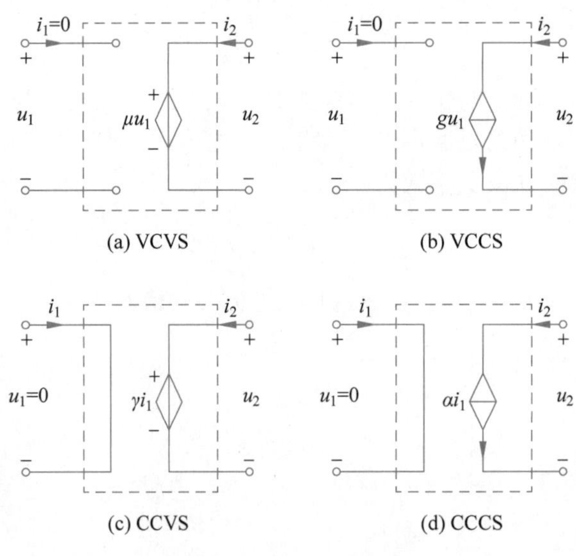

图 1-27 受控源的符号

由图 1-27 可得出受控源的伏安关系式如下

$$\text{VCVS}: i_1=0,\quad u_2=\mu u_1$$

$$\text{VCCS}: i_1=0,\quad i_2=gu_1$$

$$\text{CCVS}: u_1=0,\quad u_2=\gamma i_1$$

$$\text{CCCS}: u_1=0,\quad i_2=\alpha i_1$$

式中：μ 为电压放大系数；g 为转移电导，单位是西(S)；γ 为转移电阻，单位是欧(Ω)；α 为电流放大系数。当 μ、g、γ、α 是常数时，被控制量与控制量成正比，受控源为线性的。本书如不加说明，均指线性受控源。

采用关联参考方向时，受控源的功率为

$$p(t)=u_1(t)i_1(t)+u_2(t)i_2(t)$$

因为控制支路只能短路或者开路，即 $i_1=0$ 或 $u_1=0$，所以

$$u_1(t)i_1(t)=0$$

故对四种受控源，其功率均为

$$p(t)=u_2(t)i_2(t)$$

对含受控源的电路进行分析时，首先应当明确受控源是电源，它在电路中可以向负载提供电压、电流和输出功率，从这点看，它与独立源在电路中的作用一致。但是，受控源的电压或电流又要受电路内某个支路电压或电流的控制，在这一点上它又与独立源有所不同。因此，在应用 KCL、KVL 列方程或应用各种等效变换方法分析含受控源的电路时，对独立源与受控源的处理有所不同。

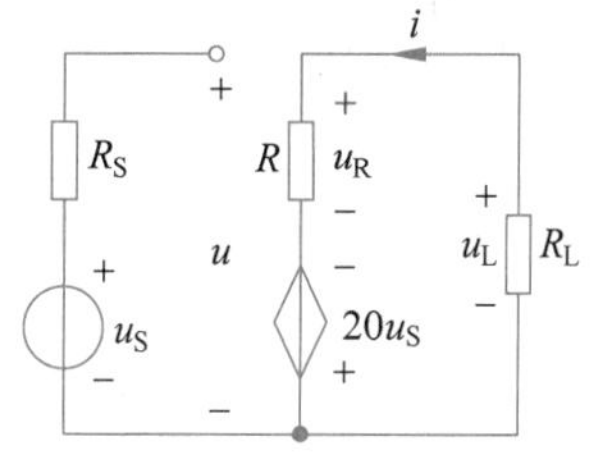

图 1-28　例 1-10 图

例 1-10　如图 1-28 所示，已知 $R_L=R=10\text{k}\Omega$，试求负载 R_L 两端的电压 u_L 与输入电压 u_S 的关系以及受控源的功率。

解：电路中包含受控电压源，被控制支路电压为 $20u_S$，u_S 所在的支路即为控制支路，u_S 为电压，所以是电压控制电压源。

由图 1-28 可见

$$u=u_S$$

对含 R_L 的回路运用 KVL 可得

$$u_R-20u_S-u_L=0$$

将元件的伏安关系式 $u_R=Ri$，$u_L=-R_L i$ 代入上式，有

$$Ri-20u_S+R_L i=0$$

$$i=\frac{20u_S}{R+R_L}$$

负载电压 u_L 与输入电压 u_S 的关系为

$$\frac{u_L}{u_S}=\frac{-iR_L}{u_S}=-\frac{20R_L}{R+R_L}=-10$$

由此可知，u_L 正比于 u_S，$u_L>u_S$，受控源起放大作用。

受控源电压和电流为非关联参考方向，由式 $p(t)=-u(t)i(t)$ 可求得受控源的功率为

$$p=-20u_S i=-20u_S\times\frac{20u_S}{R+R_L}=-20u_S^2\times10^{-3}\,(\text{W})$$

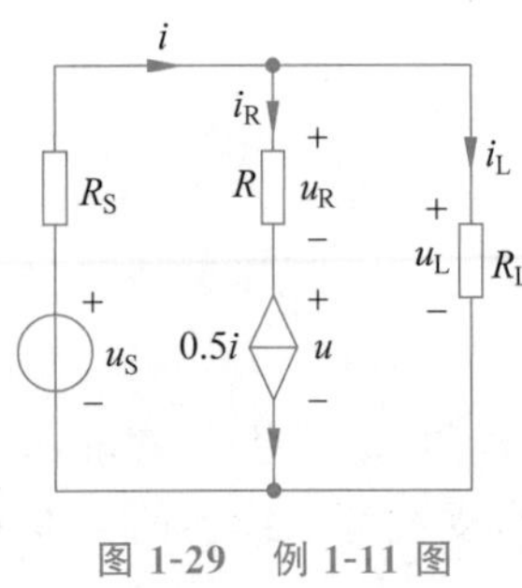

图 1-29　例 1-11 图

其值恒为负值,表明受控源向外界提供功率,受控源提供的功率被负载 R_L 所消耗掉。受控源是一种双口有源电阻元件,它往往是某一器件在一定外加电源工作条件下的模型,受控源向外电路提供的功率来自该外加电源。

例 1-11　电路如图 1-29 所示,已知 $R_S=6\Omega$,$R=10\Omega$,$R_L=1\Omega$,$u_R=5V$,求 u_S 以及受控源的功率。

解:含受控源的电路仍可根据 KVL、KCL 以及元件的 VAR 求解。由元件的 VAR 可求得流过电阻 R 的电流

$$i_R=\frac{u_R}{R}=\frac{5}{10}=0.5(A)$$

由于 CCCS 的受控支路与电阻 R 串联,故 CCCS 提供的电流 $0.5i$ 应等于 0.5A,即

$$0.5i=0.5$$

$$i=\frac{0.5}{0.5}=1(A)$$

由 KCL 可知流过电阻 R_L 的电流为

$$i_L=i-i_R=i-0.5i=0.5i=0.5(A)$$

R_L 的端电压为

$$u_L=0.5\times 1=0.5(V)$$

对 u_S、R_S 及 R_L 组成的回路运用 KVL,可得

$$u_S-u_L-R_Si=0$$

$$u_S-0.5-6\times 1=0$$

$$u_S=6.5V$$

受控源功率为

$$p=(0.5i)u=0.5\times(u_L-u_R)=0.5\times(0.5-5)=-2.25(W)$$

表明受控源产生功率。

本章小结

电路模型是指用一个或若干理想电路元件经理想导线相互连接起来模拟实际电路的模型,是实际电路的科学抽象。采用电路模型分析电路,不仅计算过程大为简化,而且能更清晰地反映电路的物理实质。电路分析是对集中电路列写电路方程,用数学的方法分析、研究电路。

本章重点介绍了电压、电流、功率三个电路变量。在分析计算这些变量时应首先标明参考方向,在参考方向下计算的值才有意义。另外,介绍了基尔霍夫电流定律(KCL)和基尔霍夫电压定律(KVL),这两个定律描述任一时刻,任一集中电路中支路电压和支路电流应遵循的定律。基尔霍夫电流定律是指流入电路中任意一个节点的所有支路电流的代数和为零;基尔霍夫电压定律是指沿电路中任意一个回路,所有支路电压的代数和为零。这两个定律只与电路的结构有关,称为结构约束关系。

本章还介绍了电阻、独立电压源、独立电流源和受控电源等电路元件，应掌握元件的伏安关系式。元件的伏安关系式只与元件的性质有关，称为元件约束关系式。

结构约束和元件约束是分析集中参数电路的基本依据。

习题

一、选择题

1. 电路如图 x1.1 所示，U_S 为独立电压源，若外电路不变，仅电阻 R 变化时，将会引起(　　)。

A. 端电压 U 的变化　　B. 输出电流 I 的变化

C. 电阻 R 支路电流的变化　　D. 上述三者同时变化

2. 当电阻 R 上 u、i 的参考方向为非关联时，欧姆定律的表达式应为(　　)。

A. $u=Ri$　　B. $u=-Ri$　　C. $u=R|i|$　　D. $u=-Gi$

3. 如图 x1.2 所示的电路，A 点的电位应为(　　)。

A. 6V　　B. −4V　　C. 8V　　D. 7V

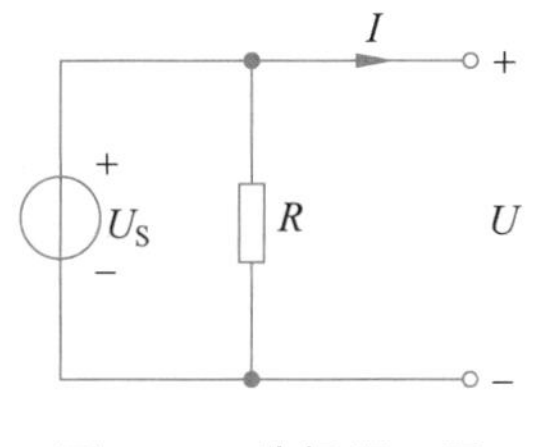

图 x1.1　选择题 1 图

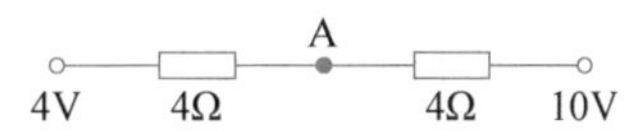

图 x1.2　选择题 3 图

4. 电路中的一条支路如图 x1.3 所示，电压 U 和电流 I 的方向已标注在图中，且 $I=-1A$，则图中对于该支路，(　　)。

A. U、I 为关联方向，电流 I 的实际方向是自 A 流向 B

B. U、I 为关联方向，电流 I 的实际方向是自 B 流向 A

C. U、I 为非关联方向，电流 I 的实际方向是自 A 流向 B

D. U、I 为非关联方向，电流 I 的实际方向是自 B 流向 A

5. 电路如图 x1.4 所示，$U_S=10V$，$R=5\Omega$，以下叙述正确的是(　　)。

A. 电压源发出功率 20W，电阻吸收功率 20W

B. 电压源吸收功率 20W，电阻发出功率 20W

C. 电压源发出功率 500W，电阻吸收功率 500W

D. 电压源吸收功率 500W，电阻发出功率 500W

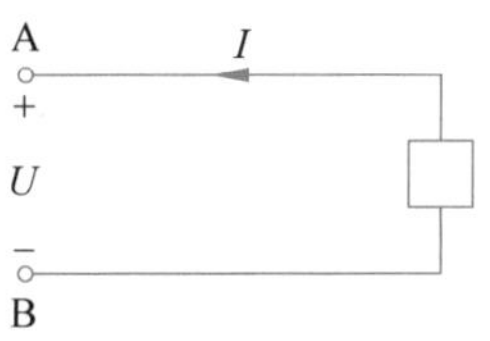

图 x1.3　选择题 4 图

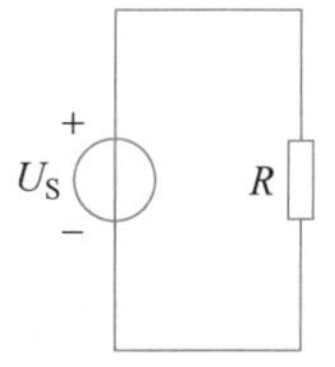

图 x1.4　选择题 5 图

6. 已知某元件在关联参考方向下，吸收的功率为10kW。如果该元件的端电压为1kV，则流过该元件的电流为（　　）。

A. −10A　　B. 10A　　C. −10mA　　D. 10mA

二、填空题

1. 若$U_{ab}=12V$，a点电位$U_a=5V$，则b点电位U_b为________V。电路中参考点选得不同，各点的电位________。

2. KCL是对电路中各支路________之间施加的线性约束关系。KVL是对电路中各支路________之间施加的线性约束关系。

3. 理想电流源在某一时刻可以给电路提供恒定不变的电流，电流的大小与端电压无关，端电压由________决定。

4. 对于理想电压源而言，不允许________路，但允许________路。对于理想电流源而言，不允许________路，但允许________路。

5. 额定值为220V、40W的灯泡，接在110V的电源上，其输出功率为________W。

三、计算题

1. 1C电荷由a→b，能量改变1J，若①电荷为正，且为失去能量；②电荷为正，且为获得能量；③电荷为负，且为失去能量；④电荷为负，且为获得能量。求a、b两点间的电压U_{ab}。

2. 如图x1.5所示电路中，各元件电压、电流参考方向如图中所标，已知图(a)中元件释放功率30W，图(b)中元件吸收功率20W，图(c)中元件吸收功率−40W，分别求图中的u_a、u_b、i_c。

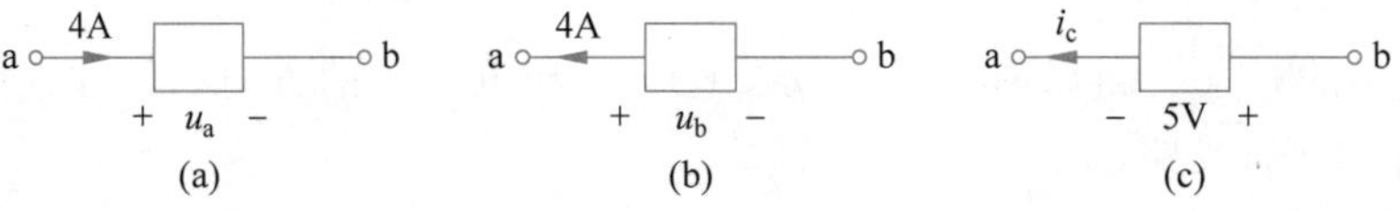

图x1.5　计算题2图

3. 如图x1.6所示电路中，求电压源和电流源的功率，并判断是吸收还是发出功率。

4. 求如图x1.7所示电路中的未知电流。

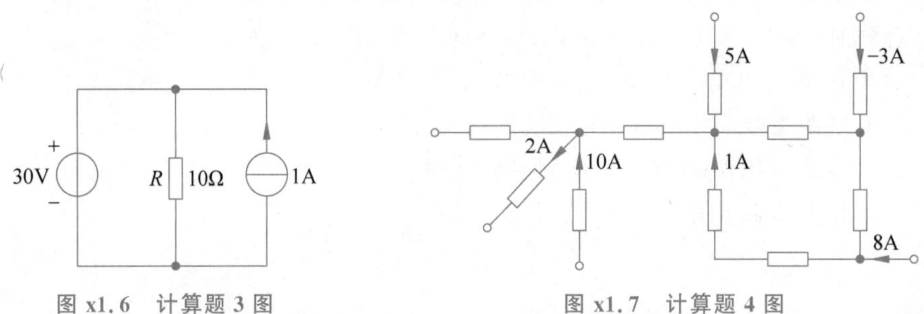

图x1.6　计算题3图　　图x1.7　计算题4图

5. 如图x1.8所示电路，分别求电压U_{AD}、U_{CD}、U_{AC}。

6. 如图x1.9所示电路中，求开关S打开和闭合时A点的电位。

7. 求图x1.10所示电路中的电流I_1、I_2、I_3和I_4。

8. 图x1.11所示电路中，已知$u_S=20V$，$R_1=6\Omega$，$R_2=6\Omega$，$R_3=5\Omega$，求电流i。

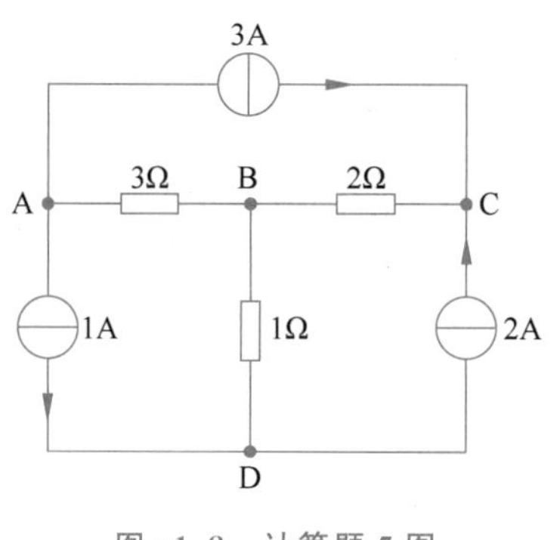

图 x1.8 计算题 5 图

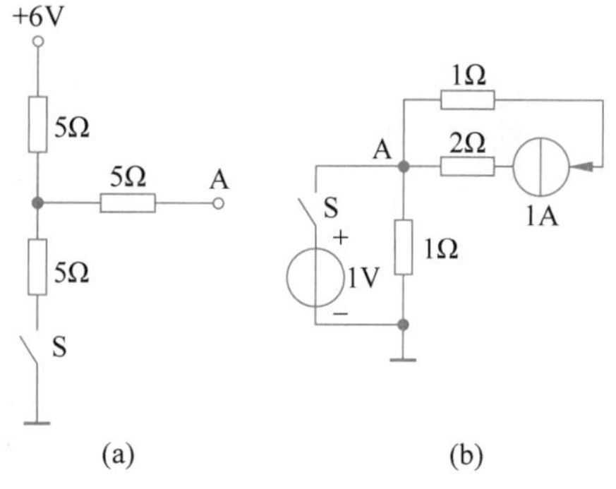

图 x1.9 计算题 6 图

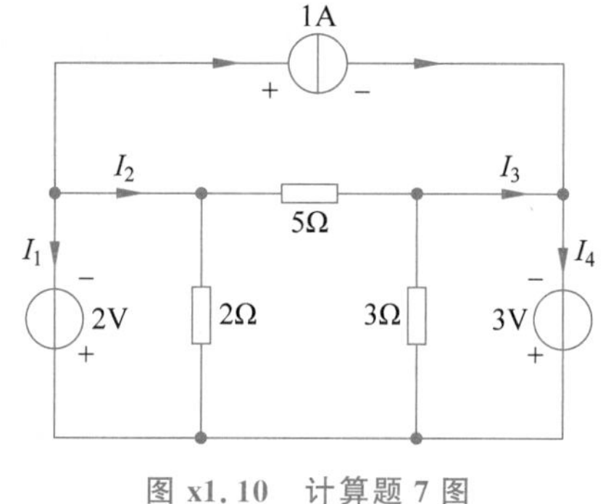

图 x1.10 计算题 7 图

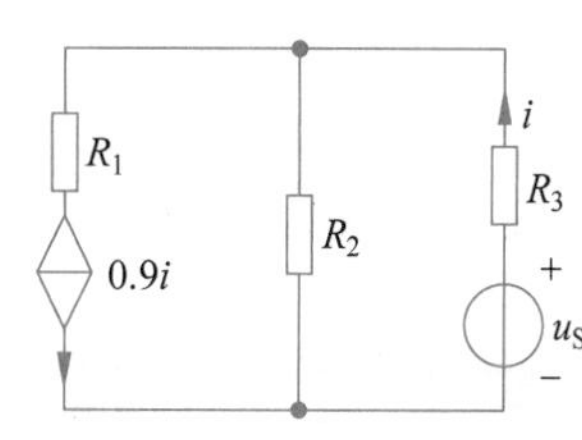

图 x1.11 计算题 8 图

9. 电路如图 x1.12 所示，试求 I_1、I_2、U_2、R_1、R_2 和 U_S。

10. 如图 x1.13 所示电路，若 2V 电压源发出的功率为 1W，求电阻 R 的值和 1V 电压源发出的功率。

11. 如图 x1.14 所示电路，已知 $R_1=200\Omega$，$R_2=1\text{k}\Omega$，$u_S=4\text{V}$，求电压 u_{ab}。

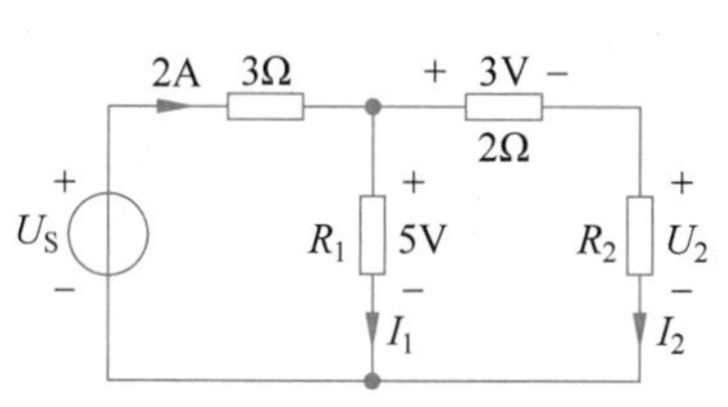

图 x1.12 计算题 9 图

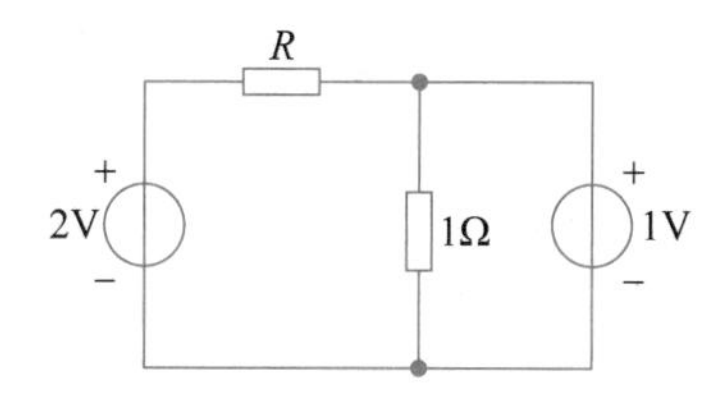

图 x1.13 计算题 10 图

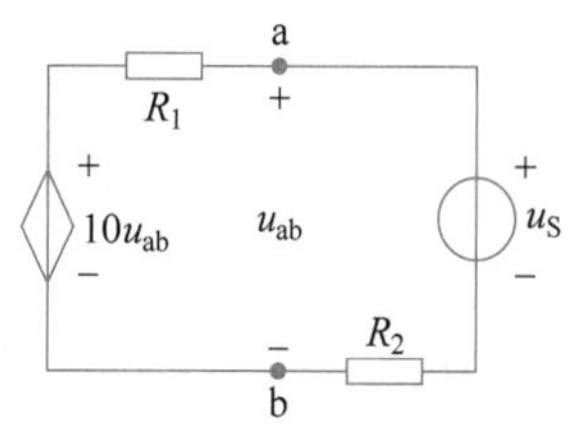

图 x1.14 计算题 11 图

第2章

CHAPTER 2

电路的等效变换

本章主要内容：等效变换是电路理论的一个重要概念，利用等效变换分析电路是常用的分析方法，贯穿整个电路分析基础课程。等效是将结构比较复杂的电路变换为结构较简单的电路，以便更方便地分析某部分电路的电压、电流或功率。本章引出等效变换的概念后，介绍了常用的一些等效规律和公式，包括电阻、电源的串、并、混联，以及电压源与电阻串联和电流源与电阻并联的等效变换。

2.1 等效变换的概念

分析、计算比较复杂的电路时，如果电路的某些部分能变换为较简单的电路，会简化整个电路的求解，但变换后不应改变电路其余部分电压、电流、功率等变量的值，即变换必须是等效的。等效是电路中很重要的一个概念。

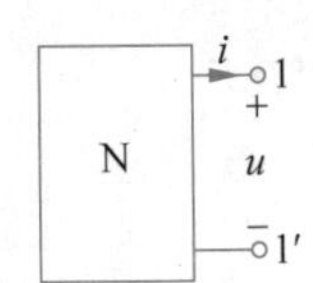

图 2-1 单口网络

如果一个电路(网络)可以分解为通过两根导线相连的电路(网络)，每个电路对外有两个引出端，这种电路称为二端电路(二端网络、单口网络)，如图 2-1 所示。本书只讨论明确的单口网络，即单口网络中不包含有任何能通过电或非电的方式与网络之外的某些变量相耦合的元件。设单口网络端口的电压和电流分别为 u 和 i，u、i 的关系式称为单口网络端口的伏安关系式。

如果一个单口网络端口的伏安关系和另一个单口网络端口的伏安关系完全相同，那么称这两个单口网络等效。分析求解电路时，相互等效的两单口网络可以互相替换，不影响任意外接电路中电压、电流、功率等变量的值。如图 2-2(a)所示，单口网络 N 与外电路 M 相连，若有另一单口网络 N′与 N 等效，用 N′替换 N 得到图 2-2(b)，将不影响网络 M 中电压、电流、功率等变量的值。

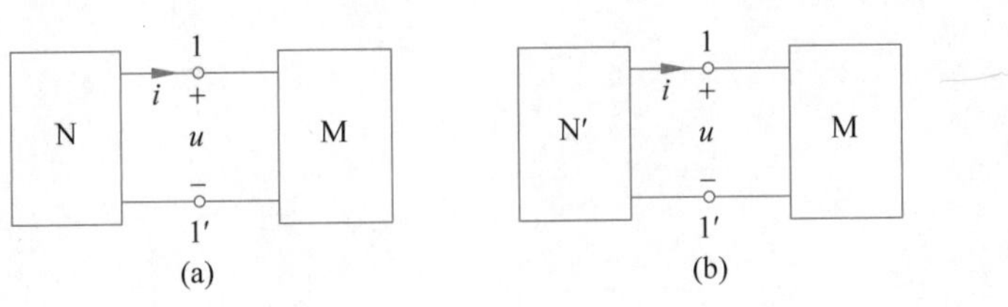

图 2-2 单口网络的等效

知识点

2.2 电阻的连接

2.2.1 电阻的串联

当多个电阻首尾相连且流过的电流相同时，电阻为串联。如图 2-3(a)所示，R_1、R_2、R_3 构成串联电路，该电路对任一外电路 M 而言，可看为对外有两个引出端 1-1′的单口网络 N，端口 1-1′的 VAR 可由 KVL 及电阻元件的 VAR 求得

$$u=u_1+u_2+u_3=R_1 i+R_2 i+R_3 i=(R_1+R_2+R_3)i \tag{2-1}$$

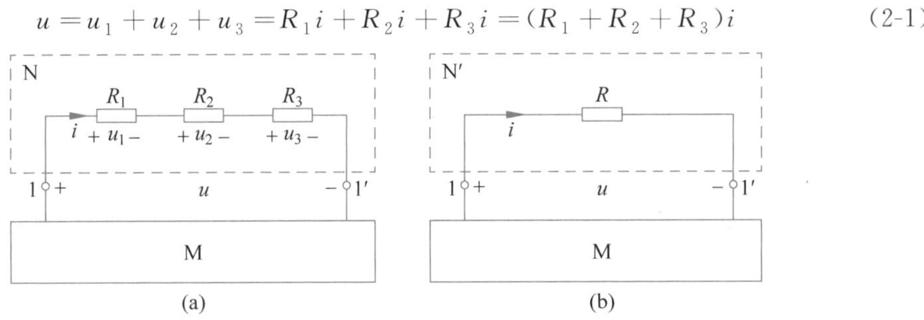

图 2-3 串联等效电路

对单口网络 N′，如图 2-3(b)所示，端口 1-1′的 VAR 为

$$u=Ri$$

令

$$R=R_1+R_2+R_3 \tag{2-2}$$

则 N 和 N′端口的 VAR 完全相同，N 和 N′等效。式(2-2)称为等效条件。

由式(2-1)可得

$$i=\frac{u}{R_1+R_2+R_3}$$

电阻 R_1、R_2、R_3 的端电压分别为

$$u_1=R_1 i=R_1\frac{u}{R_1+R_2+R_3}=\frac{R_1}{R_1+R_2+R_3}u$$

$$u_2=R_2 i=R_2\frac{u}{R_1+R_2+R_3}=\frac{R_2}{R_1+R_2+R_3}u$$

$$u_3=R_3 i=R_3\frac{u}{R_1+R_2+R_3}=\frac{R_3}{R_1+R_2+R_3}u$$

对于由 n 个电阻串联组成的电路，如图 2-4 所示，可得等效电阻为

$$R=R_1+R_2+\cdots+R_k+\cdots+R_n=\sum_{k=1}^{n}R_k \tag{2-3}$$

流过的电流为

$$i=\frac{u}{R_1+R_2+\cdots+R_k+\cdots+R_n}=\frac{u}{\sum_{k=1}^{n}R_k}$$

第 k 个电阻上的电压为

$$u_k = R_k i = \frac{R_k}{\sum_{k=1}^{n} R_k} u \tag{2-4}$$

可见，串联电阻电路中每个电阻上的电压为总电压的一部分，其值为该电阻对总电阻的比值再乘以总电压。图 2-4 所示的串联电路也称为分压电路，式(2-4)称为分压公式。

图 2-4　n 个电阻的串联

2.2.2　电阻的并联

当多个电阻首首、尾尾相连时，电阻的端电压相同，电阻为并联。图 2-5(a)为 R_1、R_2、R_3 三个电阻的并联电路，该电路对任一外电路 M 而言，可看作对外有两个引出端 1-1′的单口网络 N。由 KCL 及电阻元件的 VAR 得单口网络 N 端口 1-1′的 VAR 为

$$i = i_1 + i_2 + i_3 = \frac{1}{R_1}u + \frac{1}{R_2}u + \frac{1}{R_3}u = \left(\frac{1}{R_1} + \frac{1}{R_2} + \frac{1}{R_3}\right)u = (G_1 + G_2 + G_3)u \tag{2-5}$$

式中：G_1、G_2、G_3 分别为 R_1、R_2、R_3 的对应电导。

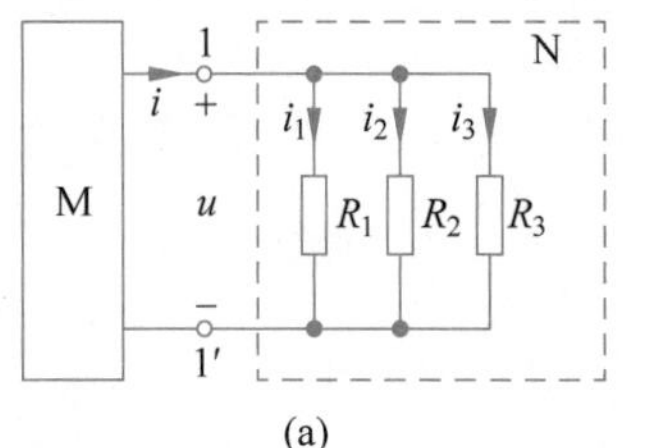

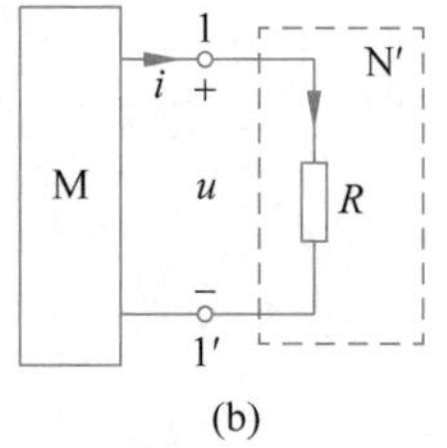

图 2-5　并联等效电路

在图 2-5(b)中，对单口网络 N′，端口 1-1′只有电阻 R，端口的 VAR 可由 KCL 得

$$i = \frac{u}{R} = uG$$

令

$$G = G_1 + G_2 + G_3 \tag{2-6}$$

则 N 和 N′端口的 VAR 完全相同，N 和 N′等效。式(2-6)称为等效条件。

由式(2-5)可得

$$u = \frac{i}{G_1 + G_2 + G_3}$$

流过 G_1、G_2、G_3 的电流分别为

$$i_1 = G_1 u = G_1 \frac{i}{G_1 + G_2 + G_3} = \frac{G_1}{G_1 + G_2 + G_3} i$$

$$i_2=G_2u=G_2\frac{i}{G_1+G_2+G_3}=\frac{G_2}{G_1+G_2+G_3}i$$

$$i_3=G_3u=G_3\frac{i}{G_1+G_2+G_3}=\frac{G_3}{G_1+G_2+G_3}i$$

对于由 n 个电阻并联组成的电路,如图 2-6 所示,可得等效电导为

$$G=G_1+G_2+\cdots+G_k+\cdots+G_n=\sum_{k=1}^{n}G_k \tag{2-7}$$

电阻的端电压为

$$u=\frac{i}{G_1+G_2+\cdots+G_k+\cdots+G_n}=\frac{i}{\sum_{k=1}^{n}G_k}$$

流过第 k 个电导的电流为

$$i_k=G_ku=\frac{G_k}{\sum_{k=1}^{n}G_k}i \tag{2-8}$$

可见,并联电阻电路中流过每个电阻的电流为总电流的一部分,其值为该电阻的电导对总电导的比值再乘以总电流。所以图 2-6 所示的并联电路也称为分流电路,式(2-8)称为分流公式。

对于由两个电阻并联组成的电路,如图 2-7 所示,人们习惯用电阻表示分流公式,由式(2-8)可知

$$i_1=\frac{G_1}{G_1+G_2}i=\frac{R_2}{R_1+R_2}i \tag{2-9}$$

$$i_2=\frac{G_2}{G_1+G_2}i=\frac{R_1}{R_1+R_2}i \tag{2-10}$$

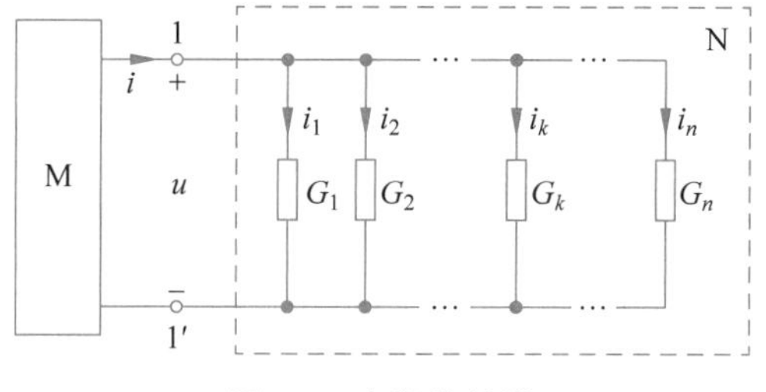

图 2-6 电阻的并联

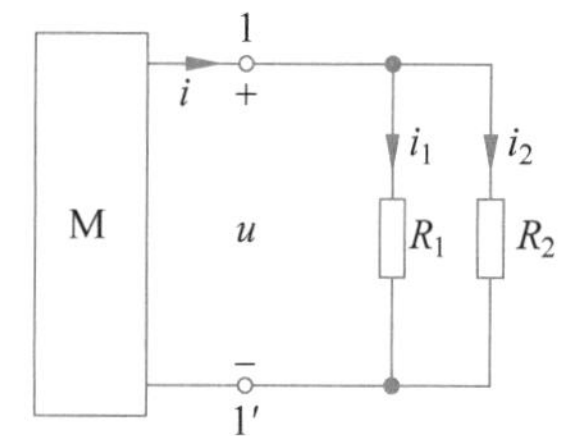

图 2-7 两电阻并联电路

可见,两条电阻支路并联时,一条支路(如 R_1)上分得的电流(i_1)与另一条支路上的电阻(如 R_2)成正比。

例 2-1 图 2-8(a)为具有滑动触头的三端电阻器,电压 U_S 施加于电阻 R 两端,随滑动端 a 的滑动,R_1 可在 0 到 R 间变化,在 a-b 端可得到从 0 到 U_S 的连续可变的电压,这种可变电阻器也称为电位器。已知直流电压源电压 $U_S=20\text{V}$,$R=1\text{k}\Omega$,当 $U_{ab}=4\text{V}$ 时,R_1 为多少?若用内阻为 1800Ω 的电压表测量此电压,如图 2-8(b)所示,求电压表的读数。

解:(1) 由分压公式可知

$$U=\frac{R_1}{R}U_S$$

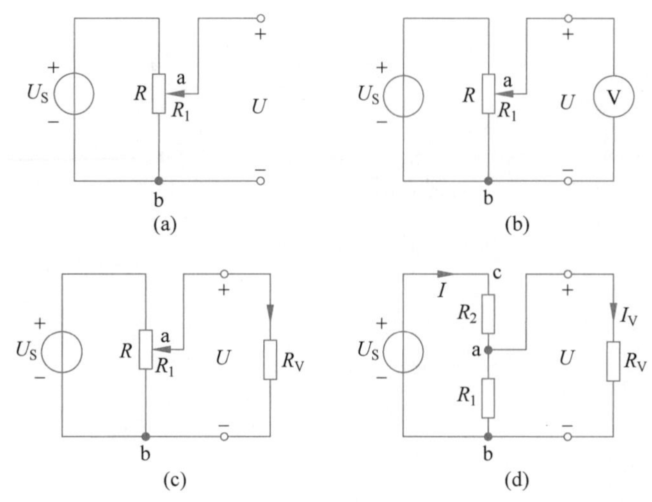

图 2-8　例 2-1 图

故

$$R_1 = \frac{U}{U_S}R = \frac{4}{20} \times 1000 = 200(\Omega)$$

（2）用电压表测量时，由于电压表存在内阻，设内阻为 R_V，等效电路如图 2-8(c)所示，进一步等效为如图 2-8(d)所示，由图 2-8(d)可得

$$R_2 = R - R_1 = 1000 - 200 = 800(\Omega)$$

c-b 端的电阻为

$$R_{cb} = R_2 + \frac{R_1 R_V}{R_1 + R_V} = 800 + \frac{200 \times 1800}{200 + 1800} = 980(\Omega)$$

则有

$$I = \frac{U_S}{R_{cb}} = \frac{20}{980} \approx 20.4(\text{mA})$$

根据式(2-9)可得

$$I_V = \frac{R_1}{R_1 + R_V} I = \frac{200}{200 + 1800} \times 20.4 = 2.04(\text{mA})$$

故

$$U = R_V I_V = 2.04 \times 10^{-3} \times 1800 = 3.672(\text{V})$$

U 也可以直接用分压公式求出：

$$U = U_S \frac{R_1 /\!/ R_V}{R_2 + R_1 /\!/ R_V} = 20 \times \frac{200 /\!/ 1800}{800 + 200 /\!/ 1800} = 3.672(\text{V})$$

例 2-2　图 2-9(a)为电流表的基本原理电路，虚线方框中的表头 A 最大允许通过的电流（满度电流）为 I_g，为保证测量精度，I_g 取值较小。为扩大被测电流的范围，可将表头并联适当的电阻，如图中的 R_1、R_2、R_3（称为分流电阻）。若表头满度电流（最大电流）$I_g = 100\mu\text{A}$，表头内阻 $R_g = 1\text{k}\Omega$，若要构成能测量 $I_1 = 1\text{mA}$，$I_2 = 10\text{mA}$，$I_3 = 100\text{mA}$ 三个量程的电流表，试求需要配置的分流电阻的数值。

解：表头内阻 $R_g = 1\text{k}\Omega$，图 2-9(a)所示电路可等效为图 2-9(b)所示电路。开关 S 与触

点 1 接通时，构成的电流表的量程为 1mA($I_1=1$mA)；开关 S 与触点 2 接通时，构成的电流表的量程为 10mA($I_2=10$mA)；开关 S 与触点 3 接通时，构成的电流表的量程为 100mA($I_3=100$mA)。S 与触点 1、2、3 接通时的等效电路分别如图 2-9(c)～图 2-9(e)所示。

令

$$R=R_1+R_2+R_3$$

对图 2-9(c)运用分流公式可得

$$I_g=I_1\frac{R}{R+R_g}$$

将 $I_g=100\mu A$，$I_1=1mA$，$R_g=1k\Omega$ 代入上式，可得

$$R=111.11\Omega$$

对图 2-9(d)运用分流公式可得

$$I_g=I_2\frac{R_2+R_3}{R+R_g}$$

将 $I_g=100\mu A$，$I_2=10mA$，$R_g=1k\Omega$，$R=111.11\Omega$ 代入上式，可得

$$R_2+R_3=11.11(\Omega)$$

$$R_1=R-(R_2+R_3)=100(\Omega)$$

对图 2-9(e)运用分流公式可得

$$I_g=I_3\frac{R_3}{R+R_g}$$

代入相应数值解得

$$R_3=1.11\Omega$$

$$R_2=11.11-1.11=10(\Omega)$$

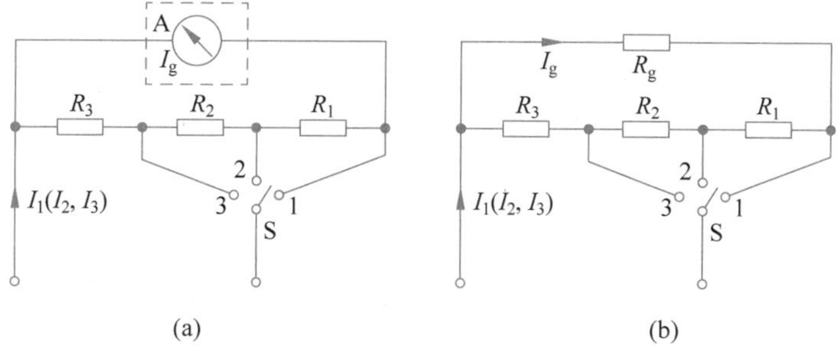

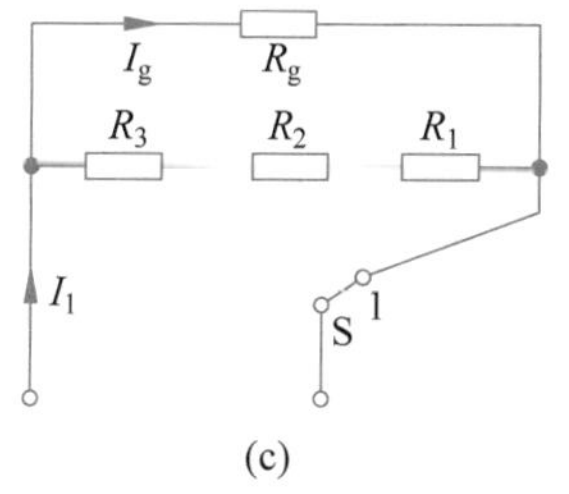

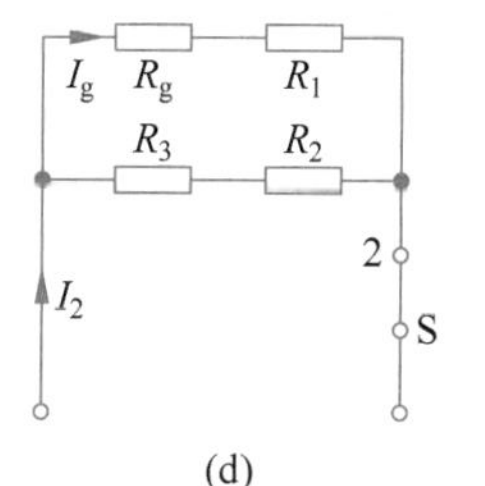

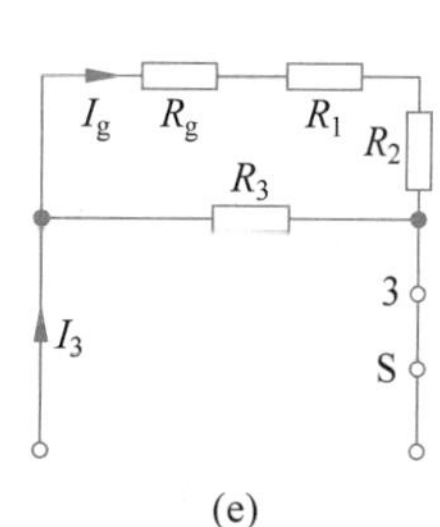

图 2-9 例 2-2 图

2.2.3 电阻的混联

电路中电阻既有串联又有并联的电路称为混联电阻电路。计算混联电路的等效电阻时，可先等效化简两个端钮之间的串联、并联的电阻，再化简各局部之间串联、并联的等效电阻，最后求得对应于指定二端钮的等效电阻。

例 2-3 电路如图 2-10(a)所示，求 a-b 两端的等效电阻 R_{ab} 和 c-d 两端的等效电阻 R_{cd}。

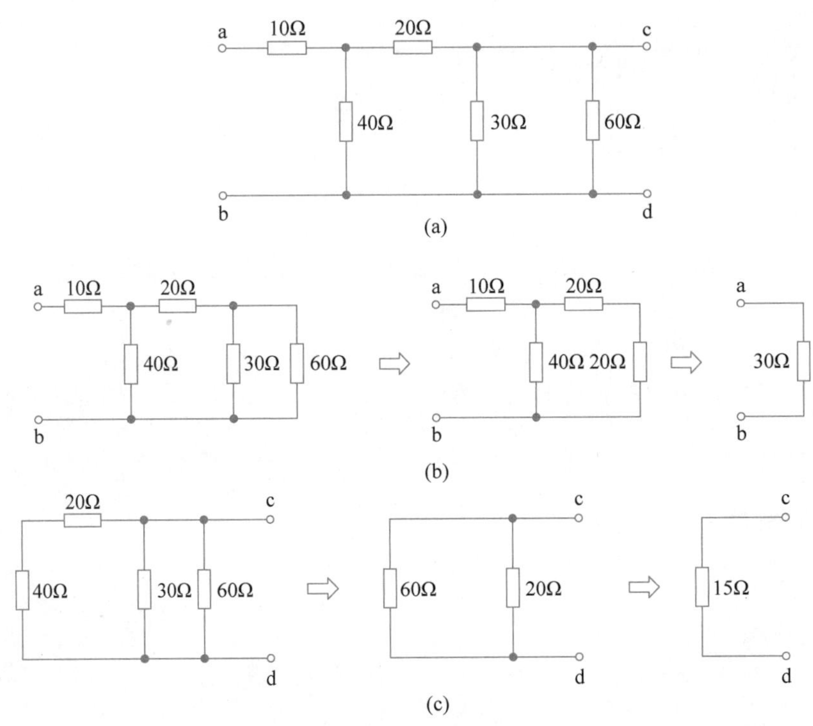

图 2-10 例 2-3 图

解：(1) a-b 两端的等效电阻 R_{ab} 是从 a-b 端向右看的网络的等效电阻，可先求 c-d 端的等效电阻，即 30Ω 与 60Ω 电阻的并联，再逐步化简，具体过程如图 2-10(b)所示。

(2) c-d 两端的等效电阻 R_{cd} 是 c-d 端向左看的网络的等效电阻，此时，10Ω 电阻不起作用，逐步化简的具体过程如图 2-10(c)所示。

如果电阻之间不是简单的串、并联，可考虑是否能经过 Y 形电阻网络与△形电阻网络的等效变换变成电阻的串、并联。

2.2.4 星形电阻网络与三角形电阻网络的等效变换

求等效电阻时，电阻的连接方式有时并不是简单的串、并联。图 2-11(a)是一种常见的电桥电路，1-4 两端的等效电阻不是简单的串、并联，但如果 R_1、R_2、R_3 组成的回路能等效变换为如图 2-11(b)所示的形式，电路就变成简单的串、并联。

图 2-11(a)中，R_1、R_2、R_3 三个电阻首尾相接，构成一个回路，每两个电阻的连接点处引出一个端(图中的 1、2、3)，这样的电路形如△，称为三角形(△、π 形)网络。而图 2-11(b)

中，R_{01}、R_{02}、R_{03} 三个电阻的一端连接在一个公共节点上(如 0 点)，另一端分别接到三个不同的端钮(如 1、2、3)，形如 Y，称为星形(T 形、Y 形)网络。这种对外有三个引出端的网络称为三端网络。△形电阻网络和 Y 形电阻网络是最简单的三端网络。

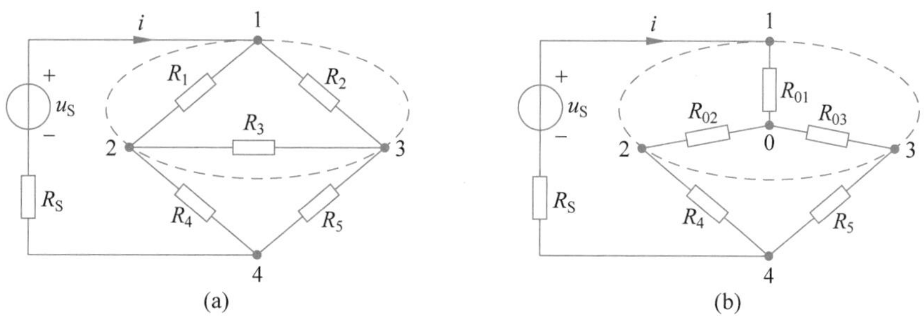

图 2-11 电桥电路及变换

一般的三端网络如图 2-12 中的 N 和 N′，端钮间的电压分别为 u_{13}、u_{23}、u_{12}，根据 KVL，给定任意两个端钮间的电压，另外一对端钮间的电压便可确定。如给定 u_{13}、u_{23}，则有

$$u_{12}=u_{13}-u_{23}$$

根据 KCL，给定任意两个端钮的电流，另外一个端钮的电流便可确定，如给定 i_1、i_2，则有

$$i_3=-(i_1+i_2)$$

因此，对于两个三端网络 N 和 N′，若两网络端口的 u_{13}、u_{23}、i_1、i_2 分别对应相等，三个端口的电压、电流便对应相等，则三端网络 N 和 N′等效。

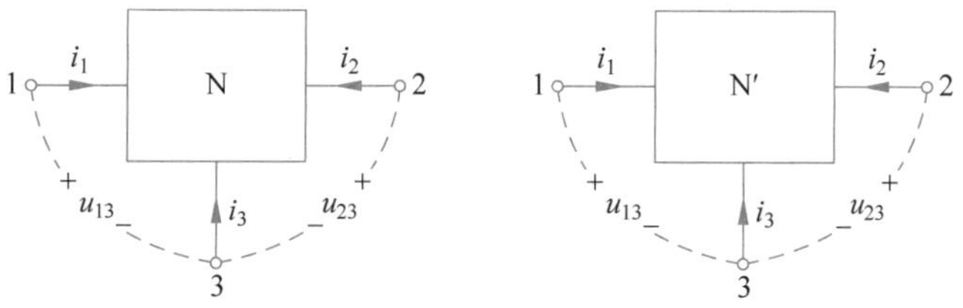

图 2-12 三端网络的等效

下面根据三端网络等效的定义推导 Y 形电阻网络与△形电阻网络等效变换的条件。

图 2-13 所示的△形电阻网络与 Y 形电阻网络的对应端钮间的端电压分别为 u_{13}、u_{23}、u_{12}，对应的三个端钮的电流分别为 i_1、i_2、i_3，令两网络的 u_{13}、u_{23} 和 i_1、i_2 对应相等。

对图 2-13(a)，根据 KVL 可得

$$u_{12}=u_{13}-u_{23} \tag{2-11}$$

根据 KCL 可得

$$\begin{cases} i_1=i_{13}+i_{12}=\dfrac{u_{13}}{R_{13}}+\dfrac{u_{12}}{R_{12}} \\ i_2=i_{23}-i_{12}=\dfrac{u_{23}}{R_{23}}-\dfrac{u_{12}}{R_{12}} \end{cases}$$

将式(2-11)代入上式，可得

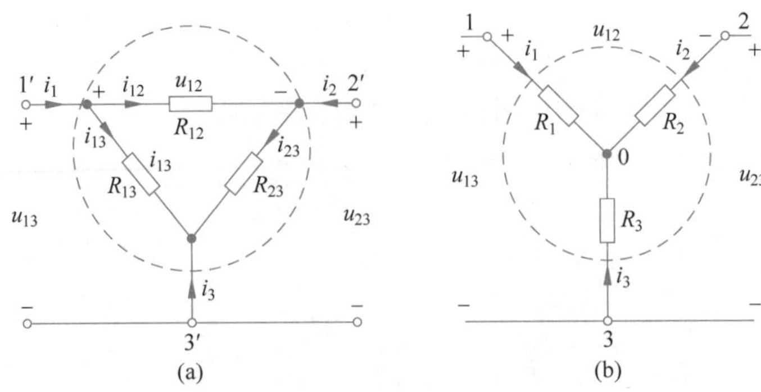

图 2-13 Y 形电阻网络与△形电阻网络的等效互换

$$\begin{cases} u_{13}=\dfrac{R_{13}(R_{12}+R_{23})}{R_{12}+R_{23}+R_{13}}i_1+\dfrac{R_{23}R_{13}}{R_{12}+R_{23}+R_{13}}i_2 \\ u_{23}=\dfrac{R_{23}R_{13}}{R_{12}+R_{23}+R_{13}}i_1+\dfrac{R_{23}(R_{12}+R_{13})}{R_{12}+R_{23}+R_{13}}i_2 \end{cases} \tag{2-12}$$

对图 2-13(b)所示的 0 节点应用 KCL,可得

$$i_1+i_2+i_3=0$$

则有

$$i_3=-(i_1+i_2) \tag{2-13}$$

根据 KVL 可得

$$\begin{cases} u_{13}=R_1i_1-R_3i_3 \\ u_{23}=R_2i_2-R_3i_3 \end{cases}$$

将式(2-13)代入上式可得

$$\begin{cases} u_{13}=R_1i_1+R_3(i_1+i_2)=(R_1+R_3)i_1+R_3i_2 \\ u_{23}=R_2i_2+R_3(i_1+i_2)=R_3i_1+(R_2+R_3)i_2 \end{cases} \tag{2-14}$$

式(2-12)和式(2-14)分别为△形网络和 Y 形网络的 VAR。要使两个网络等效,它们的 VAR 应完全相同,故两式中 i_1、i_2 的系数对应相等,则有

$$\begin{cases} R_1+R_3=\dfrac{R_{13}(R_{12}+R_{23})}{R_{12}+R_{23}+R_{13}} \\ R_3=\dfrac{R_{23}R_{13}}{R_{12}+R_{23}+R_{13}} \\ R_2+R_3=\dfrac{R_{23}(R_{12}+R_{13})}{R_{12}+R_{23}+R_{13}} \end{cases}$$

上式整理,可得

$$\begin{cases} R_1=\dfrac{R_{13}R_{12}}{R_{12}+R_{23}+R_{13}} \\ R_3=\dfrac{R_{23}R_{13}}{R_{12}+R_{23}+R_{13}} \\ R_2=\dfrac{R_{12}R_{23}}{R_{12}+R_{23}+R_{13}} \end{cases} \tag{2-15}$$

式(2-15)是从△形网络等效变换为 Y 形网络的变换公式。可见,Y 形网络中与端钮 1 相连的电阻 R_1 为△形网络中与端钮 1′相连的两电阻 R_{12}、R_{13} 的乘积再除以△形网络中三电阻之和。与其他端钮相连的电阻也有类似的结论。概括为

$$R_I=\frac{\text{与端钮 }I\text{ 相连的两电阻的乘积}}{\text{三电阻之和}}\quad (I=1,2,3)$$

特殊情况,当 $R_{12}=R_{13}=R_{23}=R$ 时,等效变换为 Y 形网络的三个电阻也相等,分别为 $R_1=R_2=R_3=\frac{1}{3}R$。

同理,可得

$$\begin{cases}R_{12}=\dfrac{R_1R_2+R_2R_3+R_1R_3}{R_3}\\[2ex] R_{23}=\dfrac{R_1R_2+R_2R_3+R_1R_3}{R_1}\\[2ex] R_{31}=\dfrac{R_1R_2+R_2R_3+R_1R_3}{R_2}\end{cases}\tag{2-16}$$

式(2-16)是从 Y 形网络等效变换为△形网络的变换公式。可见,△形网络中两端钮(1、2)之间的电阻 R_{12} 为 Y 形网络中与 3 个端钮相连的电阻两两乘积之和除以与该两端钮(1、2)不相连的电阻 R_3。其他端钮之间的电阻也有类似的结构。概括为:若已知 Y 形网络的电阻 R_1、R_2、R_3,可由式(2-16)求得△形网络的电阻 R_{12}、R_{13}、R_{23},即

$$R_{mn}=\frac{\text{三电阻两两电阻乘积之和}}{\text{与端钮 }mn\text{ 不相连的电阻}}\quad (mn=12,13,23)$$

特殊情况,当 $R_1=R_2=R_3=R$ 时,等效变换成△形网络的三个电阻也相等,分别为 $R_{12}=R_{13}=R_{23}=3R$。

例 2-4 在如图 2-14(a)所示电路中,已知 $u_S=10\text{V}$,$R_S=6\Omega$,求电流 i。

解:图 2-14(a)所示电路中 10Ω、4Ω、2Ω 电阻组成 Y 形网络,如图 2-14(b)中虚线所示,就 a、b、c 三个端点而言可等效为图 2-14(c)虚线所示△形网络。利用式(2-16)可求得

$$R_{ab}=\frac{40+8+20}{2}=34(\Omega)$$

$$R_{ac}=\frac{40+8+20}{4}=17(\Omega)$$

$$R_{bc}=\frac{40+8+20}{10}=\frac{34}{5}(\Omega)$$

由图 2-14(c)可见,电阻成为简单的串、并联,图 2-14(c)可等效为图 2-14(d),其中

$$R_{12}=(R_{ab}\,/\!/\,8+R_{bc}\,/\!/\,12)\,/\!/\,(R_{ac}\,/\!/\,10)\approx 4(\Omega)$$

$$i=\frac{u_S}{R_S+4}=\frac{10}{6+4}=1(\text{A})$$

例 2-5 电路如图 2-15(a)所示,求电压 U_0。

分析:先化简虚线框内的电阻,可把 Y 形电阻网络等效变换为△形电阻网络,也可以把△形电阻网络等效变换为 Y 形电阻网络。

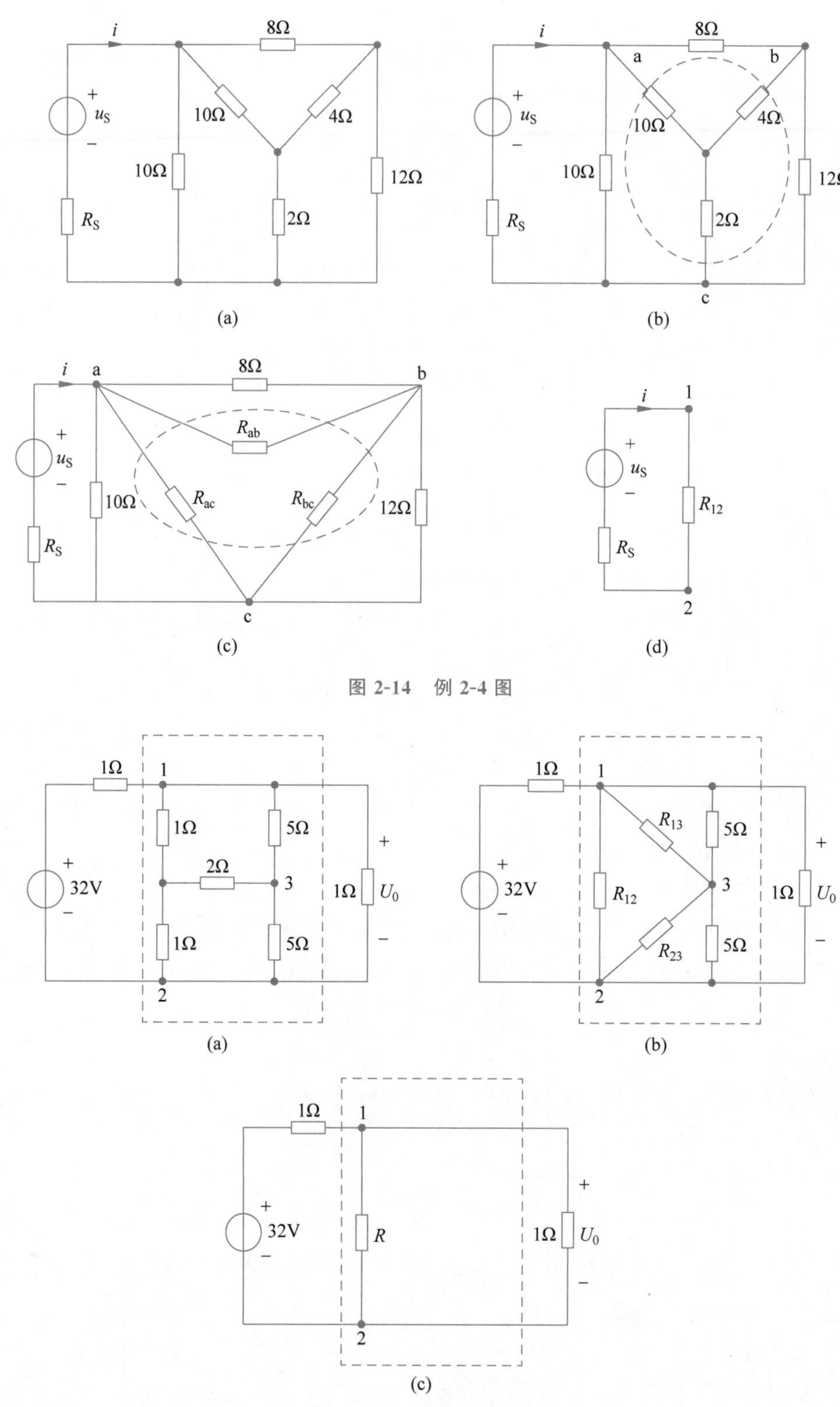

图 2-14 例 2-4 图

图 2-15 例 2-5 图

解：图 2-15(a)所示电路中虚线框内的 1Ω、1Ω、2Ω 电阻组成的 Y 形电路网络可等效为如图 2-15(b)中虚线所示的 R_{12}，R_{13}，R_{23} 组成△形电阻网络，可得

$$R_{12}=\frac{1\times 2+1\times 2+1\times 1}{2}=2.5(\Omega)$$

$$R_{13}=\frac{1\times 2+1\times 2+1\times 1}{1}=5(\Omega)$$

$$R_{23}=\frac{1\times 2+1\times 2+1\times 1}{1}=5(\Omega)$$

由图 2-15(b)可见，电阻成为简单的串、并联，图 2-15(b)虚线框内的电阻可等效为一个电阻，如图 2-14(c)所示虚线中连接在节点 1-2 之间的电阻 R，可得

$$R=(R_{13}\ /\!/\ 5+R_{23}\ /\!/\ 5)\ /\!/\ R_{12}=\frac{5}{3}(\Omega)$$

$$U_0=32\times\frac{\frac{5}{3}\ /\!/\ 1}{1+\frac{5}{3}\ /\!/\ 1}=\frac{160}{13}(\Omega)$$

从以上分析可见，电路中电阻不是简单的串、并联时，若包含 Y 形网络(△形网络)，可应用式(2-15)或式(2-16)将 Y 形网络(△形网络)部分等效变换为△形网络(Y 形网络)，电阻可能变为简单的串、并联，简化电路的求解。在变换过程中，应注意与外电路相连的三个端钮不应改变，由 Y 形网络变换为△形网络时，消去中心节点，三个端钮两两之间接一个电阻；由△形网络变换为 Y 形网络时，增加一个中心节点，分别从三个端钮到中心节点接一个电阻。这样才能不影响与三端网络连接的其余电路部分电压、电流的值。

2.3 电源的连接及等效变换

2.3.1 电压源的连接

分析包含多个独立源的电路时，可将独立源尽可能合并，合并的前提是不能改变电路中未合并部分的电压、电流值，即电源的合并应该是等效变换。

1. 电压源与电压源的串联

两电压源串联电路如图 2-16(a)所示，在任意外接电路下，对所有 i，端口 VAR 为

$$u=u_{S1}+u_{S2}$$

对图 2-16(b)所示网络，在任意外接电路下，对所有 i，端口 VAR 为

$$u=u_S$$

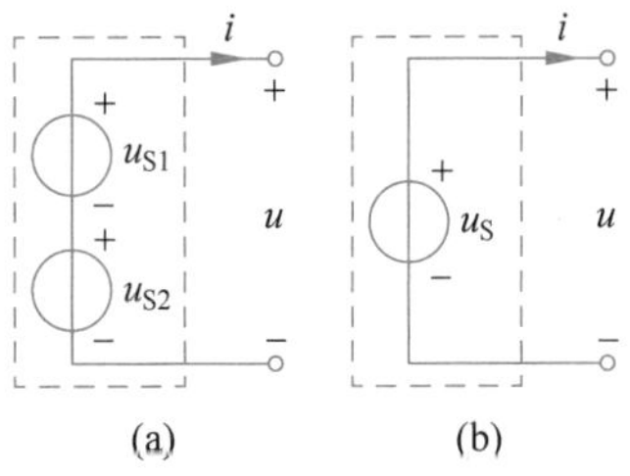

图 2-16 电压源的串联

当 $u_S=u_{S1}+u_{S2}$ 时，图 2-16(a)与图(b)所示网络端口的 VAR 完全相同，即图 2-16(a)可等效为图 2-16(b)，等效条件为

$$u_S=u_{S1}+u_{S2}$$

类似可推得，当多个电压源 u_{S1}，u_{S2}，…，u_{Sk}，…串联时，可等效为一个电压源 u_S，等效条件为

$$u_S = u_{S1} + u_{S2} + \cdots + u_{Sk} + \cdots$$

当 u_{Sk} 的参考极性与 u_S 相同时，u_{Sk} 前取“＋”号；当 u_{Sk} 的参考极性与 u_S 不同时，u_{Sk} 前取“－”号。

2. 电压源与电压源的并联

只有电压源的值相同、极性一致时，才能并联；否则，违背 KVL。此时，等效电路为其中的任意一个电压源。图 2-17(a)所示电路可等效为图 2-17(b)所示电路，图中

$$u_S = u_{S1} = u_{S2}$$

3. 电压源与电流源(或电阻)的并联

电压源与电流源(或电阻)的并联电路如图 2-18(a)所示，其中 N 表示电流源或电阻。对虚线框起来的二端网络的端口而言，N 为多余的元件，可等效为如图 2-18(b)所示的一个电压源 u_S。但图 2-18(b)中的电流 i 不等于图 2-18(a)中流过电压源的电流 i'。

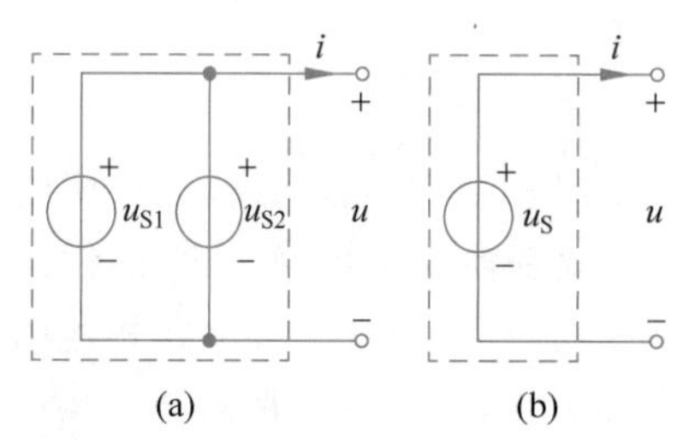

图 2-17　电压源的并联

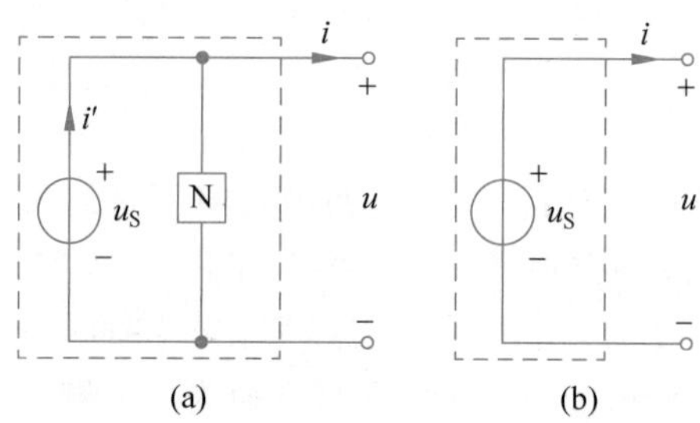

图 2-18　电压源与电流源(或电阻)的并联

2.3.2 电流源的连接

1. 电流源串联

只有在电流源的电流都相等且方向一致时，串联才是允许的；否则，违背 KCL。串联时，等效电路为其中任一电流源，如图 2-19(a)所示两电流源串联可等效为图 2-19(b)，图中，$i_S = i_{S1} = i_{S2}$。

2. 电流源并联

两电流源并联时，如图 2-20(a)所示，可等效为如图 2-20(b)所示的一个电流源，等效条件为

$$i_S = i_{S1} + i_{S2}$$

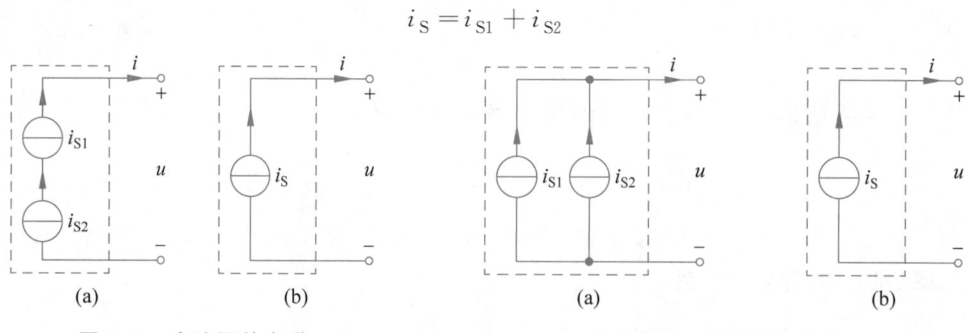

图 2-19　电流源的串联　　图 2-20　电流源的并联

当多个电流源 $i_{S1}, i_{S2}, \cdots, i_{Sk}, \cdots$ 并联时，可等效为一个电流源 i_S，即

$$i_S = i_{S1} + i_{S2} + \cdots + i_{Sk} + \cdots$$

其中：当 i_{Sk} 的参考方向与 i_S 相同时，i_{Sk} 前取“+”号；当 i_{Sk} 的参考方向与 i_S 不同时，i_{Sk} 前取“−”号。

3. 电流源与电压源(或电阻)的串联

电流源与电压源(或电阻)的串联电路如图 2-21(a)所示，其中 N 表示电压源或电阻。对虚线框内的二端网络的端口而言，可等效为如图 2-21(b)所示的一个电流源 i_S。但图 2-21(b)中的电压 u 不等于图 2-21(a)中电流源的端电压 u'。

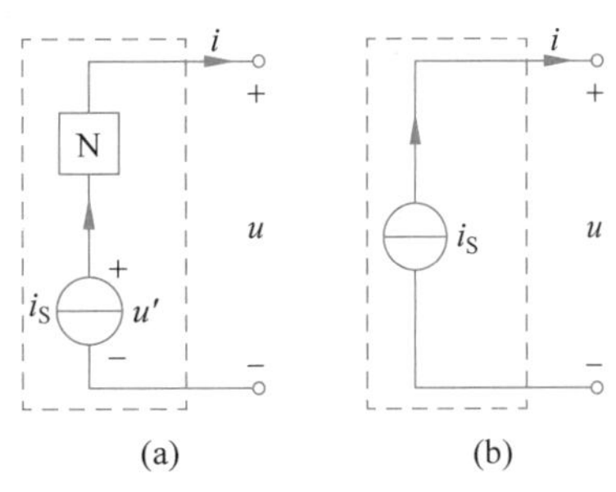

图 2-21 电流源与电压源(或电阻)的串联

2.3.3 电压源串联电阻与电流源并联电阻的等效变换

电压源与电阻串联及电流源与电阻并联的电路如图 2-22 所示，从 1.6 节“实际电源的模型”可知，它们分别为实际电压源和实际电流源的等效电路模型，在一定条件下可以互换。

电压源与电阻串联时，如图 2-22(a)所示，端口的 VAR 为

$$u = u_S - R_S i \tag{2-17}$$

电流源与电阻并联时，如图 2-22(b)所示，端口的 VAR 为

$$i = i_S - \frac{1}{R'_S}u$$

整理可得

$$u = R'_S i_S - R'_S i \tag{2-18}$$

比较式(2-17)和式(2-18)可知，当

$$R'_S = R_S,\quad R'_S i_S = u_S$$

时，两个电路等效。当图 2-22(a)电压源串联电阻电路等效为图 2-22(b)所示电流源并联电阻电路时，$R'_S = R_S$，$i_S = u_S / R_S$。当图 2-22(b)电流源并联电阻电路等效为图 2-22(a)所示电压源串联电阻电路时，$R_S = R'_S$，$u_S = R'_S i_S$。

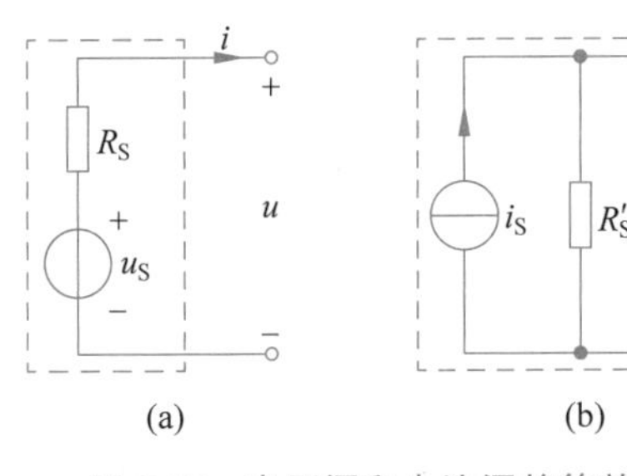

图 2-22 电压源和电流源的等效变换

必须注意等效互换时电压源电压的极性与电流源电流方向的关系，i_S 的流出端要对应 u_S 的“+”极。

例 2-6 计算图 2-23(a)所示电路中流过 3Ω 电阻的电流 I。

解：将图 2-23(a)中 12V 电压源串联 6Ω 电阻支路及 10V 电压源串联 5Ω 电阻支路等效变换为电流源并联电阻支路，电流源电流的流出端为原电压源的“+”端，如图 2-23(b)所示，保留 3Ω 电阻所在支路不变，合并电流源和电阻，等效为图 2-23(c)所示电路，进一步将电流源并联电阻支路等效变换为电压源串联电阻支路，如图 2-23(d)所示，可得

$$I = \frac{-10 + 4}{3 + \frac{10}{3} + 2} = -\frac{18}{25}(\text{A})$$

例 2-7 如图 2-24(a)所示电路中，已知 $u_S = 2\text{V}$，$R_S = R_1 = R_2 = 2\Omega$，求其最简等效

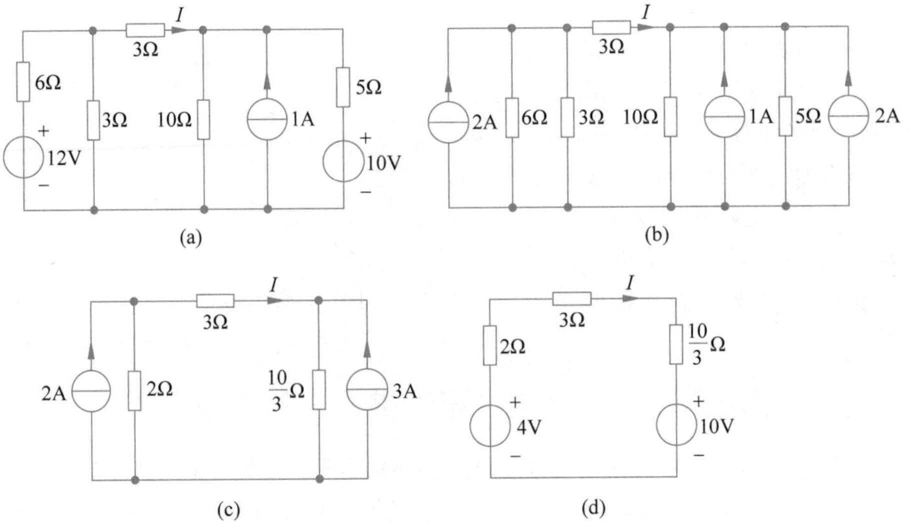

图 2-23　例 2-6 图

电路。

解：将图 2-24(a)中电压源 u_S 串联电阻 R_S 支路等效变换为电流源并联电阻支路，电流源的电流为

$$i_S = \frac{u_S}{R_S} = \frac{2}{2} = 1(\mathrm{A})$$

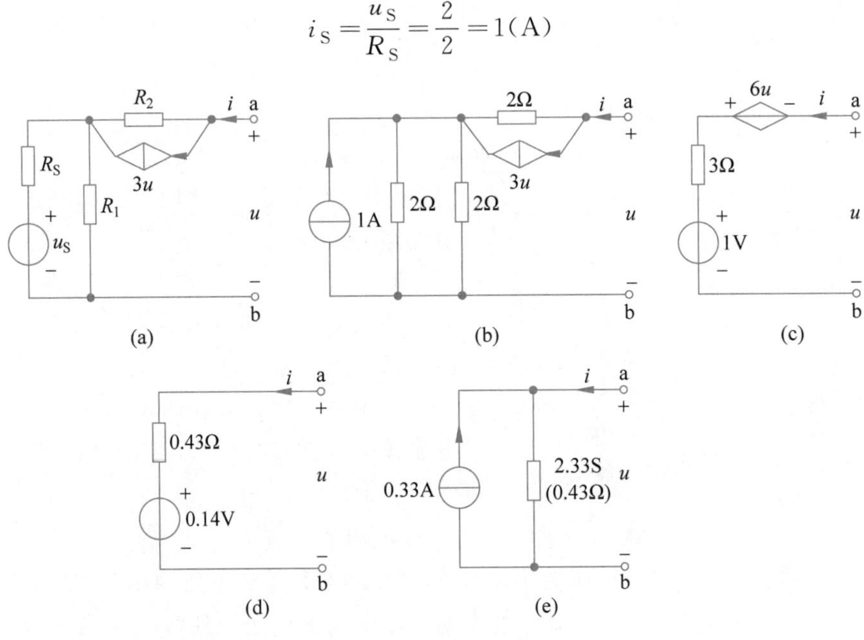

图 2-24　例 2-7 图

电流方向为从原电压源“+”端流出，如图 2-24(b)所示。将图 2-24(b)中两个并联的 2Ω 电阻简化后，再将独立电流源并联电阻支路和受控电流源并联电阻支路分别等效为电压源串联电阻支路，并将两串联电阻等效为一个电阻，如图 2-24(c)所示。对图 2-24(c)列 KVL 方程可得

$$3i + 1 - u - 6u = 0$$

上式整理可得

$$u=\frac{3}{7}i+\frac{1}{7}\approx 0.43i+0.14 \tag{2-19}$$

或

$$i=\frac{7}{3}u-\frac{1}{3}\approx 2.33u-0.33 \tag{2-20}$$

根据式(2-19)画出对应的等效电路如图 2-24(d)所示，根据式(2-20)画出对应的等效电路如图 2-24(e)所示。

可见，采用等效变换的方法可将较复杂电路简化为简单电路，给电路分析带来方便。一个含有独立源的复杂电路可化简为电压源串联电阻电路或电流源并联电阻电路。

本章小结

等效的概念贯穿整个电路分析基础课程。如果一个单口网络的伏安关系式和另一个单口网络的伏安关系式完全相同，那么称这两个单口网络等效。相互等效的两个网络可以互相替换，不影响任意外接电路中电压、电流、功率等变量的值。本章重点介绍下述等效规律和公式：

1. 电阻串联和并联。

n 个电阻 $R_1,R_2,\cdots,R_k,\cdots,R_n$ 串联和并联均可等效为一个电阻 R：

串联时，有

$$R=R_1+R_2+\cdots+R_k+\cdots+R_n=\sum_{k=1}^{n}R_k$$

并联时，有

$$G=G_1+G_2+\cdots+G_k+\cdots+G_n=\sum_{k=1}^{n}G_k$$

电阻串联电路构成分压电路，第 k 个电阻上的电压(分压公式)为

$$u_k=\frac{R_k}{\sum_{k=1}^{n}R_k}u$$

电阻并联构成分流电路，流过第 k 个电导的电流(分流公式)为

$$i_k=\frac{G_k}{\sum_{k=1}^{n}G_k}i$$

特别地，当两个电阻 R_1,R_2 并联时，等效电阻为

$$R=\frac{R_1R_2}{R_1+R_2}$$

电阻 R_1、R_2 上所分得的电流分别为

$$i_1=\frac{R_2}{R_1+R_2}i$$

$$i_2=\frac{R_1}{R_1+R_2}i$$

2. 电压源的串联与电流源的并联。

当多个电压源 $u_{S1}, u_{S2}, \cdots, u_{Sk}, \cdots$ 串联时，可等效为一个电压源 u_S，等效条件为

$$u_S = u_{S1} + u_{S2} + \cdots + u_{Sk} + \cdots$$

当多个电流源 $i_{S1}, i_{S2}, \cdots, i_{Sk}, \cdots$ 并联时，可等效为一个电流源 i_S，等效条件为

$$i_S = i_{S1} + i_{S2} + \cdots + i_{Sk} + \cdots$$

应用公式时，当某个电压源电压 u_{Sk}(电流源电流 i_{Sk})的参考方向与等效电压 u_S(等效电流 i_S)相同时，u_{Sk}(i_{Sk})前取"+"号，否则取"−"号。

3. 电压源与电流源(或电阻)并联时，或电流源与电压源(或电阻)串联时，就其端口而言可分别直接等效为一个电压源或一个电流源。

4. 电压源串联电阻支路与电流源并联电阻支路。

这两种电路可相互等效，电阻值不变。当电压源串联电阻支路等效变换为电流源并联电阻支路时，电流源的值为电压源的值除以电阻，电流源电流流出的方向是电压源电压的参考"+"端；当电流源并联电阻支路等效变换为电压源串联电阻支路时，电压源的值为电流源的值乘以电阻，电压源电压的"+"极为电流源电流流出端。

5. △形电阻连接与Y形电阻连接。

△形电阻连接电路与Y形电阻连接电路可互相等效变换，从而使电阻之间的复杂连接变为简单的串、并联，简化电路的求解。

习题

一、选择题

1. 已知某一支路由一个 $U_S=10V$ 的理想电压源与一个 $R=2\Omega$ 的电阻相串联，则这个串联电路对外电路来讲，可用(　　)进行等效。

A. $U_S=10V$ 的理想电压源

B. $I_S=5A$ 的理想电流源与 $R=2\Omega$ 的电阻相并联的电路

C. $I_S=5A$ 的理想电流源

D. $I_S=20A$ 的理想电流源与 $R=2\Omega$ 的电阻相并联的电路

2. 已知一个 $I_S=4A$ 的理想电流源与一个 $R=10\Omega$ 的电阻相串联，则这个串联电路的等效电路可用(　　)表示。

A. $U_S=40V$ 的理想电压源

B. $I_S=4A$ 的理想电流源

C. $U_S=0.4V$ 的理想电压源与 $R=10\Omega$ 的电阻相并联的电路

D. $U_S=40V$ 的理想电压源与 $R=10\Omega$ 的电阻相并联的电路

3. 有3个电阻相并联，已知 $R_1=2\Omega, R_2=3\Omega, R_3=6\Omega$。在3个并联电阻的两端外加电流 $I_S=18A$ 的电流源，则对应各电阻中的电流值分别为(　　)。

A. $I_{R_1}=3A, I_{R_2}=6A, I_{R_3}=9A$　　B. $I_{R_1}=9A, I_{R_2}=6A, I_{R_3}=3A$

C. $I_{R_1}=6A, I_{R_2}=9A, I_{R_3}=3A$　　D. $I_{R_1}=9A, I_{R_2}=3A, I_{R_3}=6A$

4. 已知3个串联电阻的功率分别为 $P_{R_1}=24W, P_{R_2}=32W, P_{R_3}=48W$。串联电路的端口总电压 $U=52V$，则对应3个电阻的阻值分别为(　　)。

A. $R_1=48\Omega,R_2=64\Omega,R_3=96\Omega$ B. $R_1=24\Omega,R_2=32\Omega,R_3=48\Omega$

C. $R_1=12\Omega,R_2=16\Omega,R_3=24\Omega$ D. $R_1=6\Omega,R_2=8\Omega,R_3=12\Omega$

5. 关于 n 个串联电阻的特征描述，下列哪个叙述是错误的（　　）。

A. 各电阻上的电压大小与各自的电阻值成正比

B. 各电阻上所消耗的功率与各自的电阻值成反比

C. 等效电阻 R_{eq} 的数值要大于所串联的任一电阻值

D. 串联电路端口总电压 U 值要大于所串联的任一电阻上的电压值

6. 关于电源等效变换的关系，下列叙述哪个是正确的（　　）。

A. 当一个电压源 U_S 与一个电流源 i_S 相串联时，对外可以等效为电压源 U_S

B. 当一个电压源 U_S 与一个电流源 i_S 相并联时，对外可以等效为电流源 i_S

C. 当一个电压源 U_S 与一个电阻 R 相串联时，对外可以等效为电压源 U_S

D. 当一个电压源 U_S 与一个电阻 R 相并联时，对外可以等效为电压源 U_S

二、填空题

1. 两个电路的等效是指对外部而言，即保证端口的________关系相同。

2. 理想电压源和理想电流源串联，其等效电路为________。理想电流源和电阻串联，其等效电路为________。

3. 已知电阻 $R_1=3\Omega$ 与电阻 $R_2=6\Omega$ 相并联，当并联电路端口电流 $I=18$A 时，电阻 R_1 中的电流 $|I_1|=$________A。

4. 已知实际电流源模型中的电流 $I_S=4$A，电阻 $R_S=2\Omega$，利用电流源等效变换，可计算出等效的实际电压源模型中的电压 $U_S=$________V，电阻 $R'_S=$________Ω。

5. 已知连接为星形的 3 个阻值相等的电阻 $R_Y=6\Omega$，要等效变换为三角形连接，对应三角形连接下的电阻 $R_\triangle=$________Ω。已知连接为三角形的 3 个阻值相等的电阻 $R_\triangle=12\Omega$，要等效变换为星形连接，对应星形连接下的电阻 $R_Y=$________Ω。

三、计算题

1. 如图 x2.1 所示电路中，如果电阻 R_3 增大，电流表的读数 A 将如何变化？当电阻 $R_3=0$ 时，增大电阻 R_1，电流表 A 的读数如何变化？说明理由。

2. 如图 x2.2 所示电路，求电压 U_{12} 以及电流表 A_1 和 A_2 的读数。

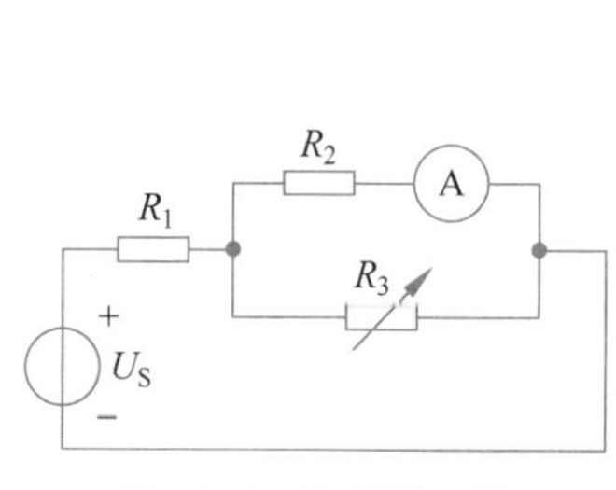

图 x2.1 计算题 1 图

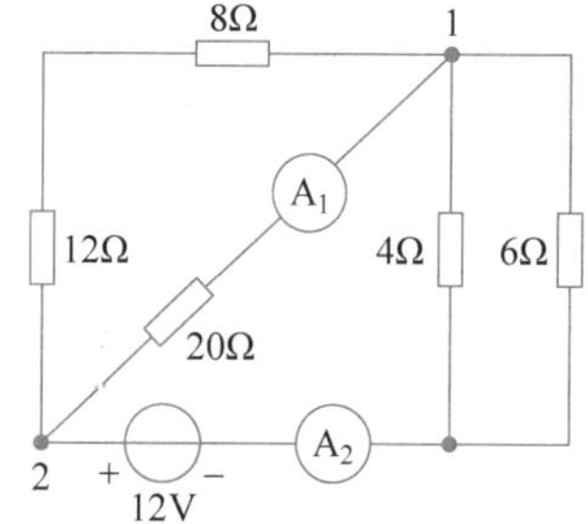

图 x2.2 计算题 2 图

3. 如图 x2.3 所示电路中，已知 $u_S=10$V，$R_1=20\Omega$，$R_2=10\Omega$，$R_3=60\Omega$，$R_4=40\Omega$，$R_5=50\Omega$，求 i 和 u_0。

4. 试求图 x2.4 所示电路的等效电阻 R_{12}。

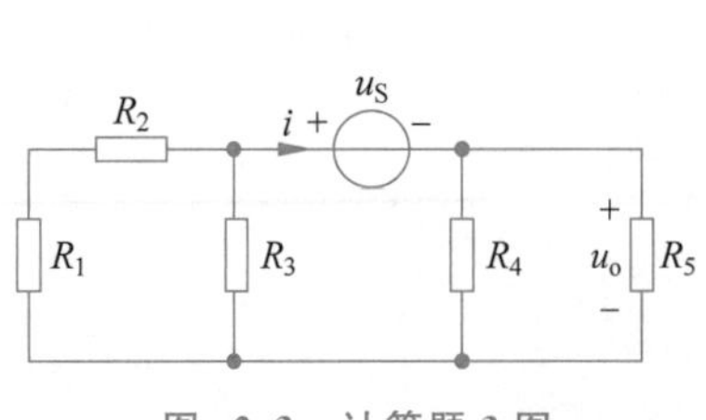

图 x2.3　计算题 3 图

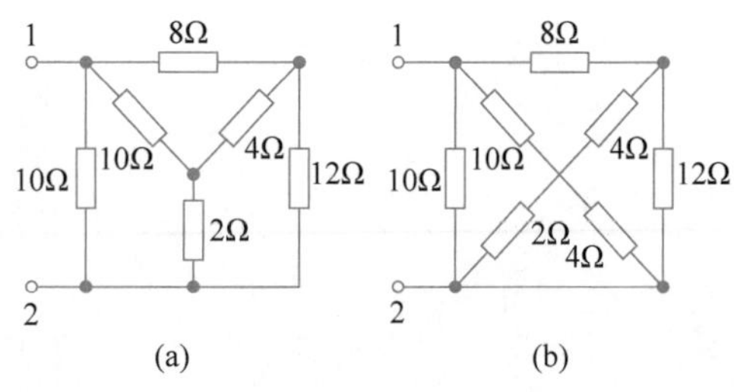

图 x2.4　计算题 4 图

5. 对图 x2.5 所示电桥电路，应用 Y-△等效变换求对角线电压 U 和电压 U_{ab}。

6. 利用电源的等效变换画出如图 x2.6 所示电路的对外等效电路。

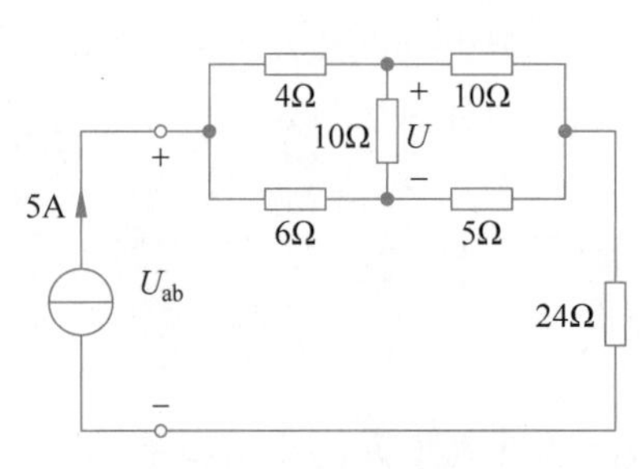

图 x2.5　计算题 5 图

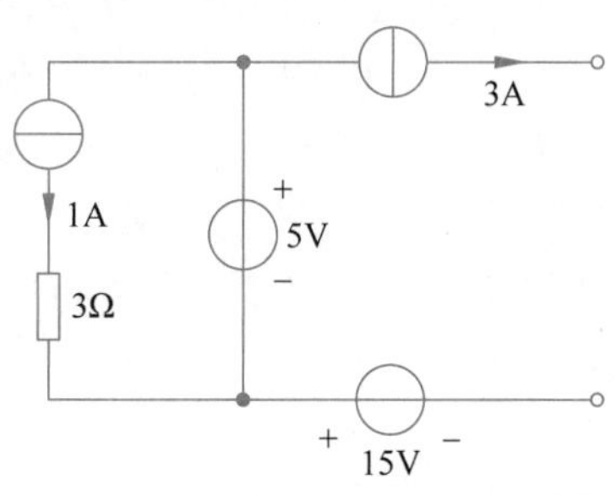

图 x2.6　计算题 6 图

7. 将图 x2.7 所示各电路分别等效变换为最简形式。

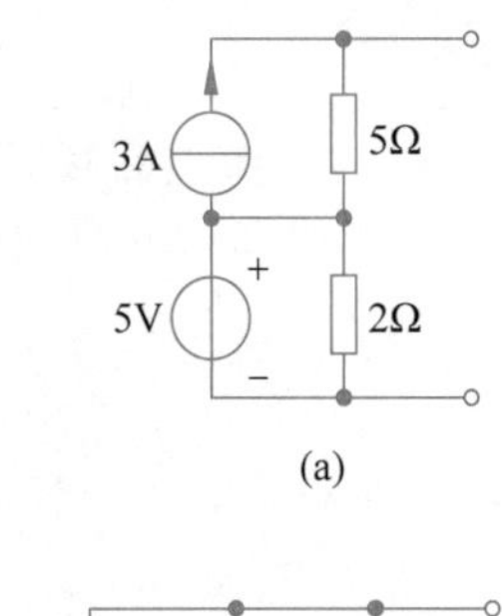

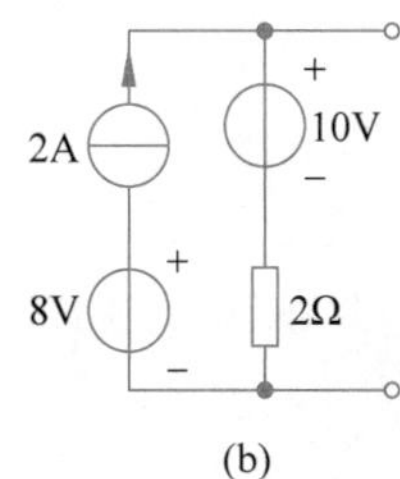

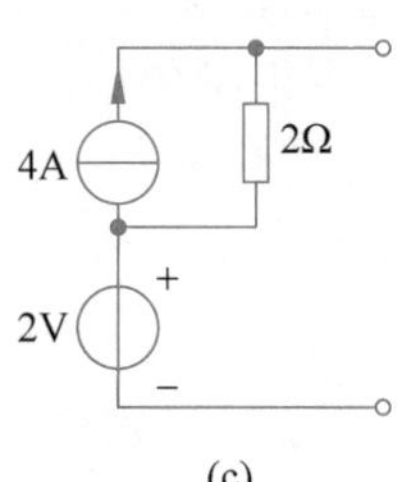

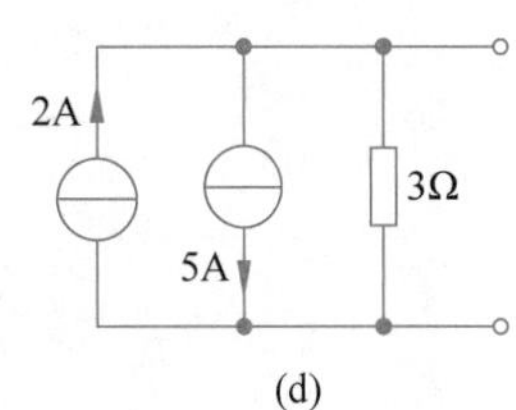

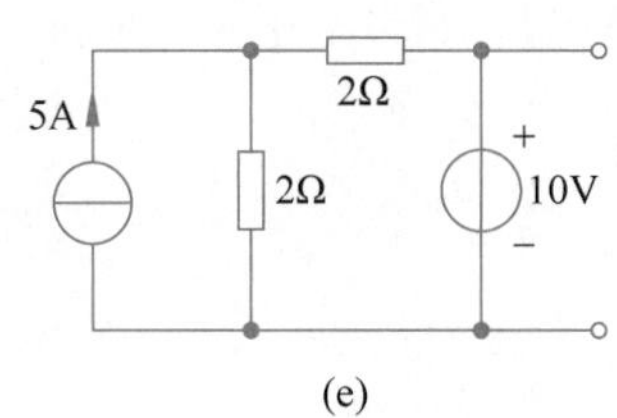

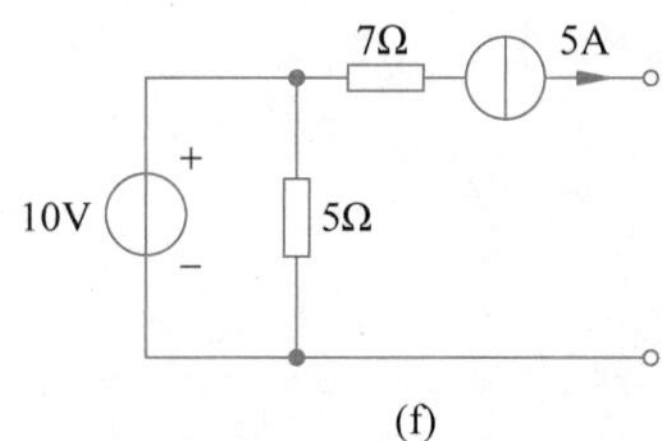

图 x2.7　计算题 7 图

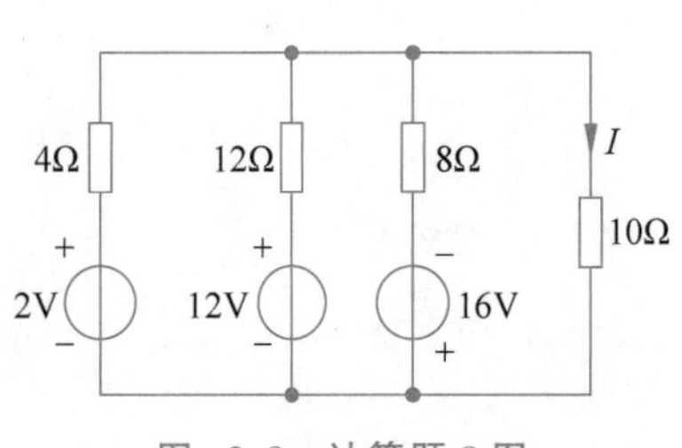

图 x2.8　计算题 8 图

8. 试求图 x2.8 中的电流 I。

9. 试求图 x2.9 中 a-b 端的等效电路。

10. 试求图 x2.10 中的 U_1、I_1。

11. 试求图 x2.11 中的电流 I 和电压 U。

12. 如图 x2.12 所示电路中，已知 $u_S=10V$，$R_1=2\Omega$，$R_2=2\Omega$，$R_3=6\Omega$，$R_4=3\Omega$，$R_5=4\Omega$，$R_6=4\Omega$，求 R_6 两端的电压 u_o。

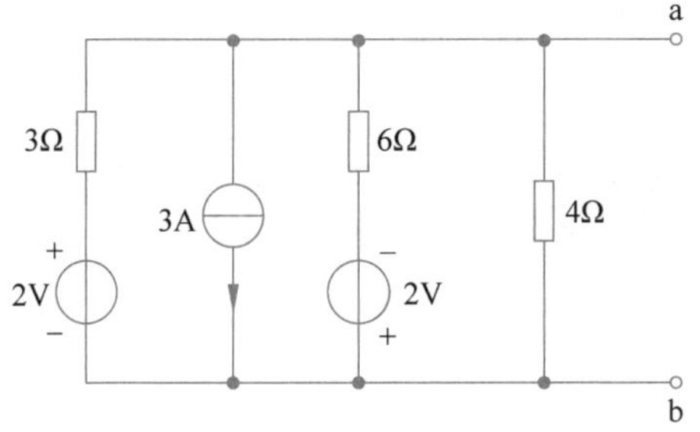

图 x2.9 计算题 9 图

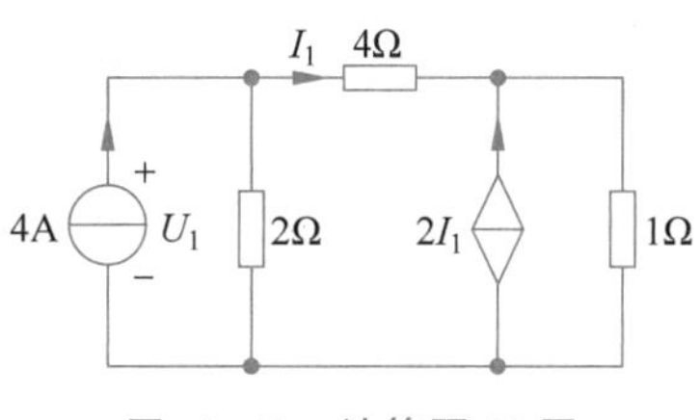

图 x2.10 计算题 10 图

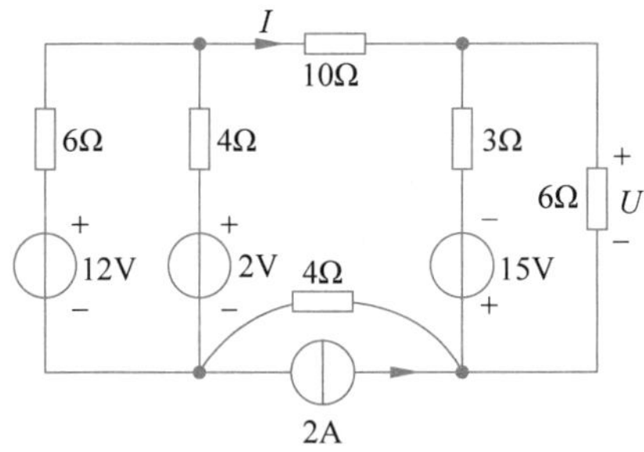

图 x2.11 计算题 11 图

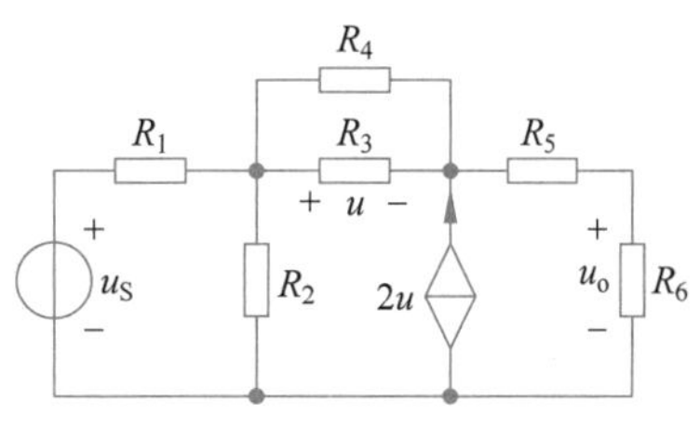

图 x2.12 计算题 12 图

第 3 章 电路的基本分析方法

CHAPTER 3

本章主要内容：前面介绍了利用等效变换逐步化简电路的分析求解方法，对于复杂电路，有时显得太繁杂。为此，本章先引入图的基础知识，介绍线性电路的基本分析方法。电路最基本的分析方法是依据基尔霍夫定律和元件的 VAR 列方程，但这种方法所需方程数较多。为减少方程数目、方便求解，本章重点介绍网孔分析法、节点分析法、回路分析法、割集分析法等基本分析方法，可根据电路结构按照一定规律直接列写方程。

3.1 图论基础

KCL、KVL 只与电路的结构有关，而与元件的性质无关，因此，研究这种约束关系时可只考虑电路的结构而不考虑元件的性质。这样，将电路图中每个支路用线段（与线段的长短、曲直无关）代替，可得到一个线段与节点组成的图形，称为电路的拓扑图，简称“图”。图 3-1(a)的拓扑图如图 3-1(b)所示。

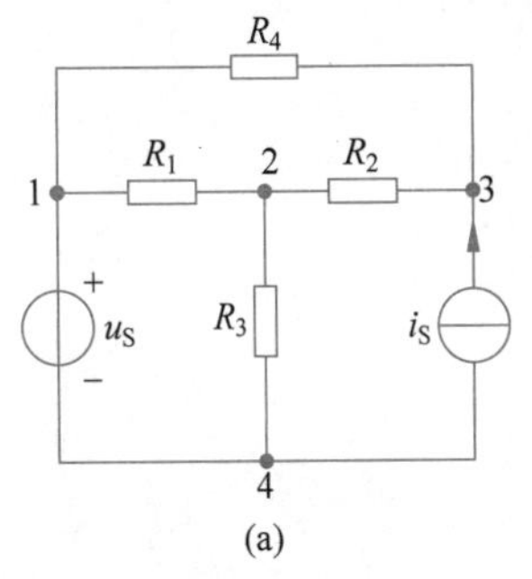

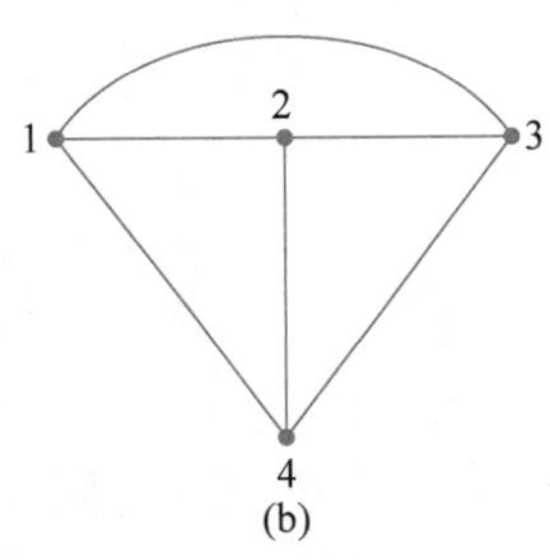

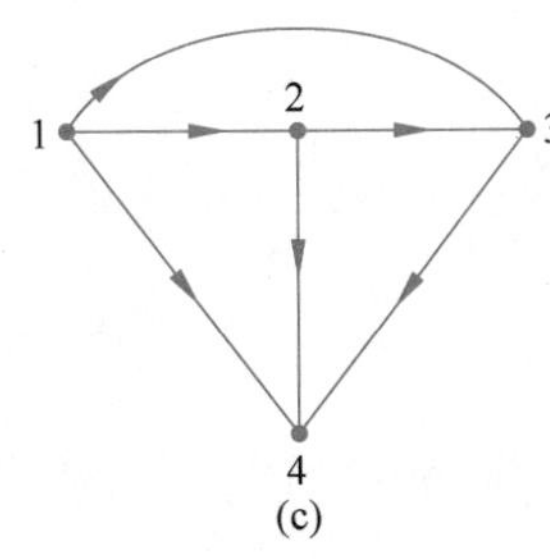

图 3-1 电路的图

3.1.1 图的基本概念

1. 定向图

对图中每一条支路规定一个方向所得到的图称为定向图。图 3-1(c)所示即为定向图。

2. 孤立节点

没有任何支路与之相连的节点称为孤立节点。如图 3-2 所示中的节点 3 为孤立节点。图论中规定，移去一条支路，不移去

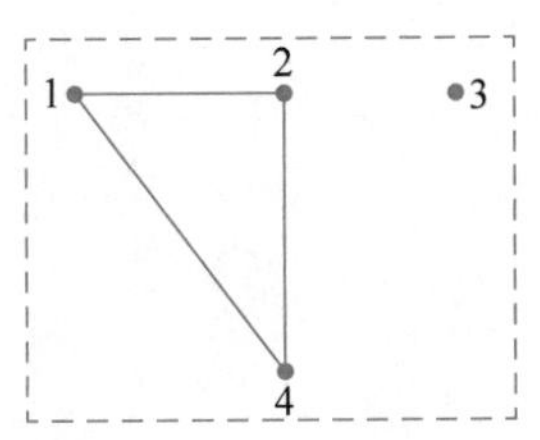

图 3-2 具有孤立节点的图

与该支路相连的节点，而移去一个节点，则与该节点相连的所有支路相应移去。

3. 子图

如果一个图的每个节点和每条支路都是另一个图的节点和支路，那么称这个图是另一个图的子图。图 3-3 中的图都是图 3-1(b)的子图。

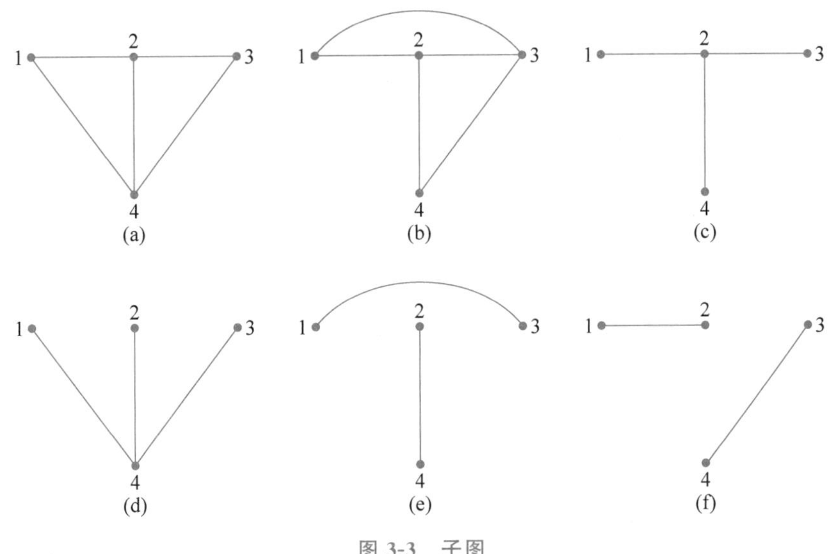

图 3-3 子图

4. 路径

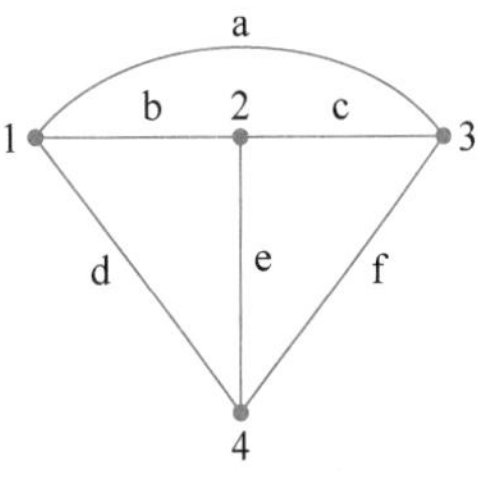

图 3-4 路径图

从图的某个节点沿不同支路及节点到达另一个节点所经过的支路序列称为路径。如图 3-4 所示，节点 1 到节点 3 的路径有 {a}、{b,c}、{d,f}、{d,e,c}、{b,e,f}等。

5. 连通图和非连通图

如果一个图中任意两个节点之间至少存在一条路径，称该图为连通图；否则，称为非连通图。图 3-3(a)～图 3-3(d)为连通图，图 3-3(e)和图 3-3(f)为非连通图。

3.1.2 树的基本概念

树是一种特殊的图，指连通所有的节点但不包含回路的图，是图论中非常重要的一个概念。图 3-3(c)、图 3-3(d)为图 3-1(b)的树。可见，树是图的一个子图，并且是一个连通图，它包含图中所有的节点，又不包含回路。树不止一种，除图 3-3(c)、图 3-3(d)之外，图 3-5 中的图也都是图 3-1(b)的树。

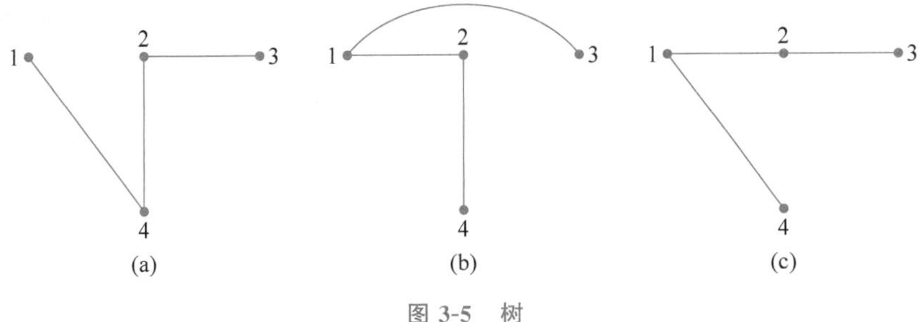

图 3-5 树

1. 树支

构成树的支路称为树支，如图 3-5 中的支路。一个图有不同的树，但树支的数量是确定的。在具有 n 个节点的图中，树支数为 $n-1$。论证如下：

设有一个节点数 $n=2$ 的图，根据树支的概念，树支连通所有的节点，又不能构成回路，所以两节点之间只能有一条树支。当增加一个节点时，只能增加一条树支，即 $n=3$ 时，树支数为 2，以此类推，n 个节点的图中，树支数为 $n-1$。

2. 连支

除去树支后，剩余的支路称为连支。图 3-6 中，粗线代表树，图 3-6(a)中的 a、b、f 为连支；图 3-6(b)中的 c、d、f 为连支；图 3-6(c)中的 a、d、f 为连支。一个图中若有 b 条支路，n 个节点，因为树支数为 $n-1$，所以连支数为 $b-(n-1)$。

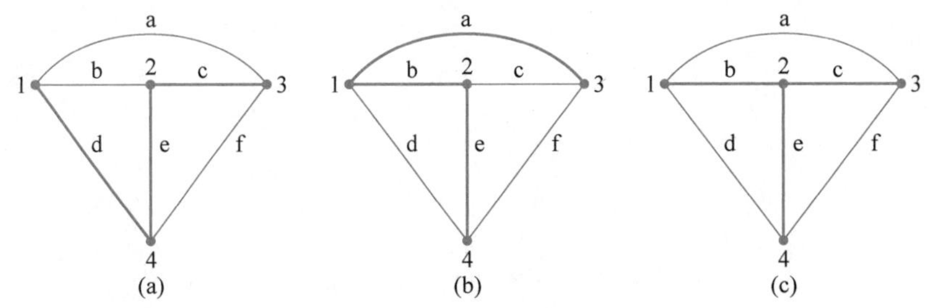

图 3-6　连支和基本回路

3. 基本回路

将由一条连支、多条树支构成的回路称为基本回路。基本回路建立在树的基础之上。一个图有多种树，相应也有多种基本回路。树确定后，基本回路就确定了。

因为树支连通所有的节点，不构成回路，所以每增加一条连支，便增加一个回路，此回路仅有一条连支，其余皆为树支，是基本回路。显然，基本回路数即为连支数。如选树如图 3-6(a)所示，对应的基本回路有三个，分别为(b、d、e)、(c、e、f)、(a、c、e、d)。当选择某特定的树时(图 3-6(c))，基本回路与网孔一致，可见网孔是特殊的基本回路。

3.2　基尔霍夫方程的独立性

基尔霍夫定律表示电路中各支路电流或支路电压之间必须遵守的规律。KCL 表明电路中各支路电流之间必须遵守的规律，它对电路中与各个节点相连的支路电流施加了线性约束关系，该约束关系可用 KCL 方程描述；KVL 表明电路中各支路电压之间必须遵守的规律，它对电路的各个回路中的支路电压施加了线性约束关系，该约束关系可用 KVL 方程描述。KCL 方程和 KVL 方程统称基尔霍夫方程，如图 3-7 所示电阻电路，有 4 个节点、5 条支路、3 个回路。

对 4 个节点列 KCL 方程，可得

$$\begin{cases} i_0 - i_1 = 0 \\ i_1 - i_2 - i_3 = 0 \\ i_2 + i_S = 0 \\ i_3 - i_S - i_0 = 0 \end{cases} \tag{3-1}$$

由于每条支路由两个节点相连，支路上的电流必然从其中一个节点流出，流入另一个节点，因此，在所有的 KCL 方程中（如式(3-1)），每个支路电流会出现两次，支路电流前的符号一次为“+”，另一次为“−”，所以全部的 KCL 方程相加，结果恒为零，说明全部的 KCL 方程不相互独立。

若去掉式(3-1)中 4 个节点方程中的任意一个（如第 4 个），这个方程中的支路电流（如 i_3、i_S、i_0）在其他节点方程中只出现一次，因而把剩余的 3 个节点方程相加，这些支路电流不会跟其他支路电流相消，相加的结果不可能恒为零，所以剩余的 3 个方程是相互独立的。

类似可证明，若电路的节点数为 n，对任意的 $n-1$ 个节点，可列出 $n-1$ 个独立的 KCL 方程，相应的 $n-1$ 个节点称为独立节点。

显然，图 3-7 为一个平面电路（可以画在一个平面上，不使任何两条支路交叉的电路）。对图中 3 个回路列 KVL 方程，可得

$$\begin{cases} u_1 + u_3 - u_S = 0 \\ u_2 + u_0 - u_3 = 0 \\ u_1 + u_2 + u_0 - u_S = 0 \end{cases} \tag{3-2}$$

在平面电路中，除最外面的边界支路外，其余支路都是两个回路的公共支路（如图中的 R_3 支路），无论支路电压和绕行方向怎样指定，公共支路（如 R_3 支路）电压都将在两个回路中出现，将两个回路对应的 KVL 方程相加或相减总可以消去该公共支路电压（如将式(3-2)的第 1 方程、第 2 方程相加，可消去 R_3 所在支路电压 u_3），从而得到另一个回路的 KVL 方程（如式(3-2)的第 3 个 KVL 方程）。即式(3-2)的 3 个 KVL 方程不是相互独立的，其中任一个方程可由其他两个导出。如果去掉其中一个方程，剩余的两个方程不能互相导出，成为独立方程。能提供独立 KVL 方程的回路称为独立回路。那么，有 n 个节点、b 条支路的电路，独立的 KVL 方程数是多少？

由树的概念知道，树选定后，每增加一条连支，构成一个基本回路，每次增加的连支只出现在这个回路中，不会出现在其他基本回路中，即每一个基本回路都有一个其他回路所没有的连支。由全部基本回路构成的基本回路组是一组独立回路组，据这组独立回路组列出的 KVL 方程组是独立方程。若电路由 n 个节点、b 条支路组成，则独立的 KVL 方程数为独立回路数，即连支数，为 $b-(n-1)$ 个。图 3-8 为图 3-7 的一种树，其中 a、b、d 为树支，对应的两个基本回路分别为(a、d、c)、(b、e、d)。这两个基本回路相互独立，列出的 KVL 方程为独立方程。

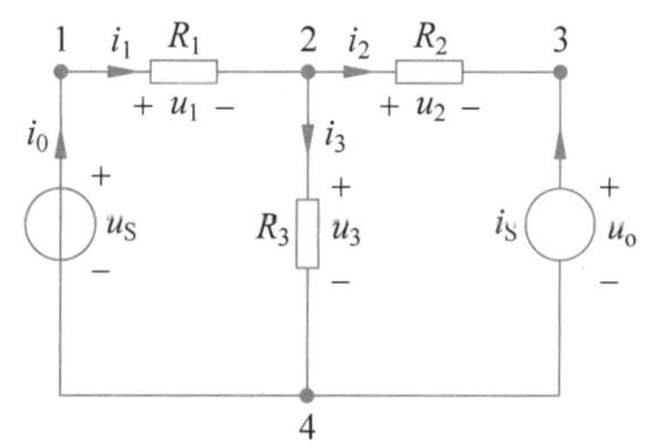

图 3-7　电阻电路

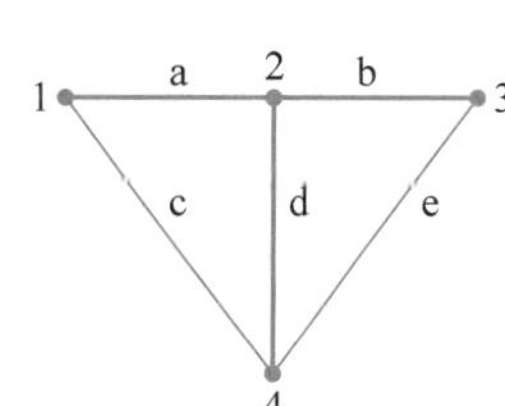

图 3-8　图 3-7 对应的一种树

故有 n 个节点、b 条支路的电路，有任意 $n-1$ 个独立的 KCL 方程，任意 $b-(n-1)$ 个独立的 KVL 方程。

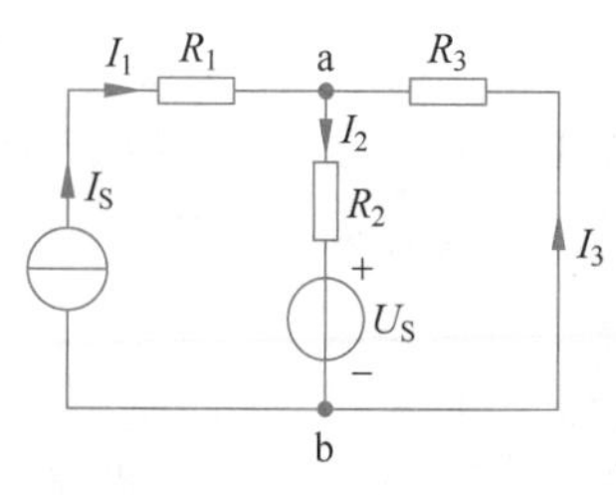

图 3-9 例 3-1 图

列出独立 KCL 方程和独立 KVL 方程,以支路电流(电压)为变量,联立方程组,通过解出各支路电流(电压)变量,然后求出电路变量的方法称为支路电流(电压)法。

例 3-1 如图 3-9 所示电路中,已知 $I_S=5A$,$U_S=10V$,$R_1=8\Omega$,$R_2=1\Omega$,$R_3=4\Omega$,试用支路电流法求各支路电流。

解:图中共 3 条支路,其中支路电流 $I_1=I_S=5A$,I_2 和 I_3 未知,故只需列出 2 个方程。

节点 a 的 KCL 方程为

$$I_2-I_3=I_S$$

对右边回路沿逆时针方向列 KVL 方程,可得

$$R_2I_2+U_S+R_3I_3=0$$

联立 KCL、KVL 方程,代入数值并整理,可得

$$\begin{cases}I_2-I_3=5\\I_2+4I_3=-10\end{cases}$$

联立求解,可得

$$I_2=2A,\quad I_3=-3A$$

知识点

视频

3.3 网孔分析法

在求解复杂电路时,支路电流(电压)方程数目较多,人们希望适当选择一组变量,以这组变量列方程,不仅可以进一步减少方程数量,而且电路中所有的支路电压、电流变量都能很容易地用这些变量来表示,进而求出电路中各支路电压、电流。满足此要求的变量必须是一组独立的、完备的变量。“独立的”指这组变量之间无线性关系,不能用一个线性方程约束。“完备的”指只要这组变量求出后,可容易地求出电路中所有支路电压变量和支路电流变量。网孔电流便是这样的一组变量。

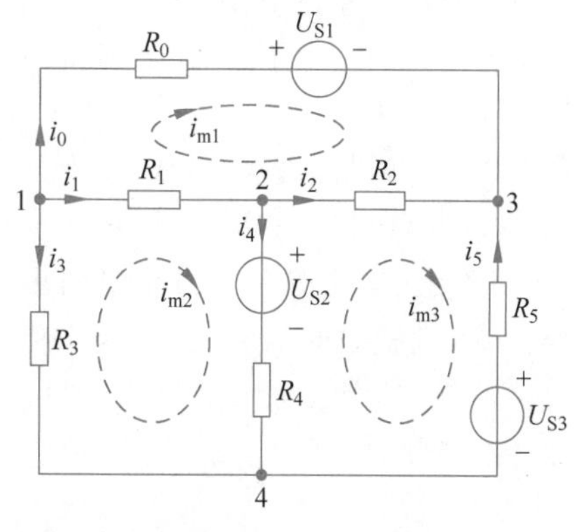

图 3-10 网孔分析法图

网孔电流是指平面电路中沿着网孔边界流动的假想电流,如图 3-10 中虚线所示的 i_{m1}、i_{m2}、i_{m3}。

1. 完备性

网孔电流与支路电流有以下关系:

$$\begin{cases}i_0=i_{m1}\\i_1=i_{m2}-i_{m1}\\i_2=i_{m3}-i_{m1}\\i_3=-i_{m2}\\i_4=i_{m2}-i_{m3}\\i_5=-i_{m3}\end{cases}\tag{3-3}$$

可见，所有的支路电流都能用网孔电流表示，将式(3-3)代入元件的 VAR 可知所有支路电压也可用网孔电流表示，所以网孔电流是一组完备的电流变量。

2. 独立性

由于每一网孔电流流经某节点时，从该节点流入又流出，在 KCL 方程中彼此相消。如图 3-10 所示，节点 1 的 KCL 方程为

$$i_0+i_1+i_3=0$$

将式(3-3)代入上式，得到用网孔电流表示的 KCL 方程，即

$$i_{m1}+(i_{m2}-i_{m1})-i_{m2}=0$$

上式恒为零，对于其他节点也有类似的结果。故网孔电流没有线性约束关系，是一组独立变量。

运用 KVL 及 VAR 列出如图 3-10 所示网孔的 KVL 方程为

$$\begin{cases}R_0i_0+U_{S1}-R_2i_2-R_1i_1=0\\R_1i_1+U_{S2}+R_4i_4-R_3i_3=0\\R_2i_2-R_5i_5-R_4i_4+U_{S3}-U_{S2}=0\end{cases}\tag{3-4}$$

将式(3-3)代入式(3-4)，即用网孔电流替代支路电流，可得

$$\begin{cases}R_0i_{m1}-R_2(i_{m3}-i_{m1})-R_1(i_{m2}-i_{m1})+U_{S1}=0\\R_1(i_{m2}-i_{m1})+R_4(i_{m2}-i_{m3})+R_3i_{m2}+U_{S2}=0\\R_2(i_{m3}-i_{m1})+R_5i_{m3}-R_4(i_{m2}-i_{m3})+U_{S3}-U_{S2}=0\end{cases}$$

上式整理，可得

$$\begin{cases}(R_0+R_2+R_1)i_{m1}-R_1i_{m2}-R_2i_{m3}=-U_{S1}\\-R_1i_{m1}+(R_1+R_4+R_3)i_{m2}-R_4i_{m3}=-U_{S2}\\-R_2i_{m1}-R_4i_{m2}+(R_2+R_4+R_5)i_{m3}=U_{S2}-U_{S3}\end{cases}\tag{3-5}$$

分析式(3-5)可知，网孔 1 中网孔电流 i_{m1} 前的系数 $R_0+R_1+R_2$、网孔 2 中网孔电流 i_{m2} 前的系数 $R_1+R_3+R_4$、网孔 3 中网孔电流 i_{m3} 前的系数 $R_2+R_4+R_5$ 分别为对应网孔内所有电阻之和，称为网孔的自电阻，用 R_{ii} 表示，如 $R_{11}=R_0+R_1+R_2$，$R_{22}=R_1+R_3+R_4$。

网孔 1 方程中 i_{m2} 前的系数$-R_1$ 是网孔 1 和网孔 2 公共支路上的电阻，i_{m3} 前的系数$-R_2$ 是网孔 1 与网孔 3 的公共支路上的电阻，两网孔公共支路上的电阻称为网孔间的互电阻，用 R_{ij} 表示，$R_{ij}=R_{ji}$。如 $R_{12}(R_{21})$表示网孔 1 和网孔 2 的互电阻，$R_{12}=R_{21}=-R_1$；同理，$R_{13}=R_{31}=-R_2$。互电阻可正可负，如果两个网孔电流流过互电阻的方向相同，那么互电阻取正值；反之，互电阻取负值。如 R_1 前的“$-$”号表示网孔 1 与网孔 2 的网孔电流流过 R_1 时方向相反，R_2 前的“$-$”号表示两网孔电流 i_{m1}、i_{m3} 流过它的方向相反。

$-U_{S1}$、U_{S2} U_{S3} 分别是网孔 1、网孔 3 中的电压源的代数和。当网孔电流从电压源的“$+$”端流出时，电压源前取“$+$”号，如 U_{S2}；否则取“$-$”号，如 U_{S3}。电压源的代数和称为网孔 i 的等效电压源，用 U_{Sii} 表示，i 代表电压源所在网孔。

式(3-5)可写成

$$\begin{cases}R_{11}i_{m1}+R_{12}i_{m2}+R_{13}i_{m3}=U_{S11}\\R_{21}i_{m1}+R_{22}i_{m2}+R_{23}i_{m3}=U_{S22}\\R_{31}i_{m1}+R_{32}i_{m2}+R_{33}i_{m3}=U_{S33}\end{cases}\tag{3-6}$$

式(3-6)是具有三个网孔的网孔电流方程的一般形式。将其推广到具有 n 个网孔的电路，其网孔电流方程的一般形式为

$$\begin{cases} R_{11}i_{m1}+R_{12}i_{m2}+\cdots+R_{1n}i_{mn}=U_{S11} \\ R_{21}i_{m1}+R_{22}i_{m2}+\cdots+R_{2n}i_{mn}=U_{S22} \\ \quad\vdots \\ R_{n1}i_{m1}+R_{n2}i_{m2}+\cdots+R_{nn}i_{mn}=U_{Snn} \end{cases} \tag{3-7}$$

式(3-7)是网孔分析法方程的一般形式。可见，第 n 个网孔的网孔方程为第 n 个网孔的自电阻 R_{nn} 与其网孔电流 i_{mn} 的乘积，加上 n 个网孔的相邻网孔的互电阻 R_{nj} 与相应相邻网孔电流 i_{mj} 的乘积，等于 n 网孔的等效电压源的代数和。以网孔电流为独立变量的分析方法称为网孔分析法。利用网孔分析法求解电路变量的步骤：

(1) 选定各网孔电流的参考方向。

(2) 按照网孔电流方程的一般形式列出各网孔电流方程。自电阻始终取正值，互电阻的符号由通过互电阻上的两个网孔电流的方向而定，两个网孔电流流过互电阻的方向相同，互电阻为"+"；否则为"−"。若电路中网孔电流方向全选为顺时针(或逆时针)，则互电阻均为"−"。等效电压源是网孔内各电源电压的代数和，当网孔电流从电压源的"+"端流出时，电压源前取"+"号；否则电压源前取"−"号。

(3) 联立方程，解出各网孔电流。

(4) 根据网孔电流进一步求出待求量。

例 3-2 如图 3-11(a)、图 3-11(b)所示电路中，已知 $R_1=20\Omega$，$R_2=50\Omega$，$R_3=30\Omega$，$u_S=20V$，$i_S=1A$，用网孔分析法求解支路电流 i_1、i_3。

解：图 3-11(a)中有两个网孔，设网孔电流分别为 i_1 和 i_2，i_2 是唯一流过包含电流源支路的网孔电流，因此，网孔电流 $i_2=i_S=1A$，是已知的，即网孔电流 i_2 不必再去求解。只需列网孔 1 的网孔方程：

$$(R_1+R_3)i_1+R_3i_2=u_S$$

将数值代入上式，可得

$$50i_1+30=20$$

$$i_1=\frac{20-30}{50}=\frac{-10}{50}=-0.2(A)$$

故

$$i_3=i_1+i_2=-0.2+1=0.8(A)$$

图 3-11(b)中有两个网孔，网孔电流分别为 i_{m1} 和 i_{m2}，由于网孔方程实质上是 KVL 方程，在含电流源的支路中，电流源两端电压由与之相连的外电路决定，所以列网孔方程时应考虑电流源端电压。电流源端电压未知，假设其端电压 u，如图 3-11(c)所示，列出网孔方程：

$$\begin{cases} (R_1+R_2)i_{m1}-R_2i_{m2}=u_S-u \\ -R_2i_{m1}+(R_2+R_3)i_{m2}=u \end{cases} \tag{3-8}$$

两个方程三个未知数，再根据电流源所在支路电流已知的条件列一个方程：

$$i_{m2}-i_{m1}=i_S \tag{3-9}$$

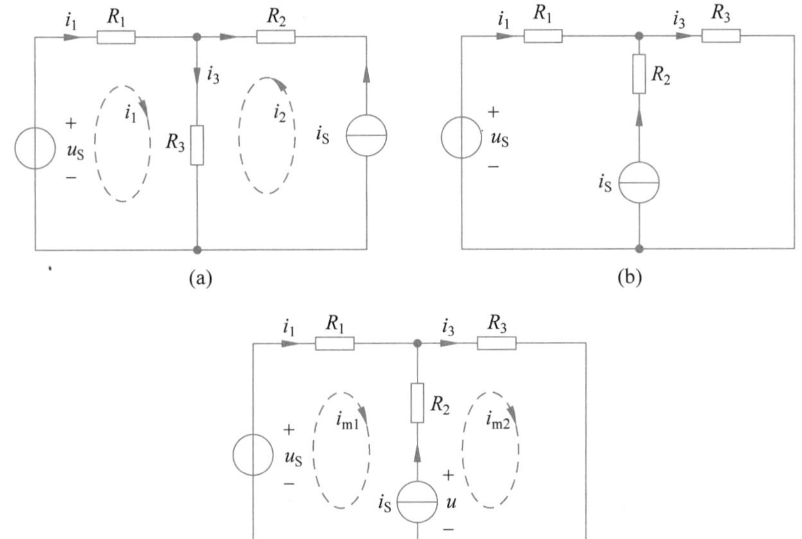

图 3-11　例 3-2 图

联立式(3-8)、式(3-9),并代入数值,可得

$$\begin{cases}70i_{m1}-50i_{m2}=20-u\\ -50i_{m1}+80i_{m2}=u\\ i_{m2}-i_{m1}=1\end{cases}$$

解得

$$i_{m1}=-0.2\text{A}$$

$$i_{m2}=0.8\text{A}$$

网孔 1 的网孔电流 i_{m1} 为唯一流过 R_1 所在支路的电流,有 $i_1=i_{m1}$。同理,有 $i_3=i_{m2}$。故支路电流分别为

$$\begin{cases}i_1=-0.2\text{A}\\ i_3=0.8\text{A}\end{cases}$$

例 3-3　如图 3-12 所示电路中,已知 $U_S=5\text{V}$,$R_1=3\Omega$,$R_2=1\Omega$,$R_3=4\Omega$,$R_4=4.5\Omega$,求 I_1。

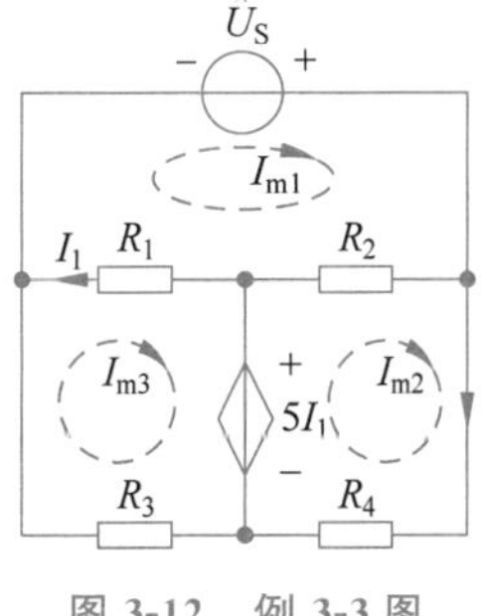

图 3-12　例 3-3 图

解:网孔电流如图中虚线所标,电路中包含电流控制电压源,列网孔方程时,可把受控电压源当作独立源,写出网孔方程,然后把受控源的控制量用网孔电流表示。网孔方程如下:

网孔 1:$(R_1+R_2)I_{m1}-R_2I_{m2}-R_1I_{m3}-U_S$

网孔 2:　$-R_2I_{m1}+(R_2+R_4)I_{m2}=5I_1$

网孔 3:　$-R_1I_{m1}+(R_1+R_3)I_{m3}=-5I_1$

又因为

$$I_1=I_{m1}-I_{m3}$$

联立上述 4 个方程,并代入数值,可得

$$\begin{cases}4I_{m1}-I_{m2}-3I_{m3}=5\\-I_{m1}+5.5I_{m2}=5I_1\\-3I_{m1}+7I_{m3}=-5I\\I_1=I_{m1}-I_{m3}\end{cases}$$

解得

$$\begin{cases}I_{m1}=1\text{A}\\I_{m2}=2\text{A}\\I_{m3}=-1\text{A}\\I_1=2\text{A}\end{cases}$$

例 3-4 列出图 3-13(a)所示电路求解 u_1 所需要的网孔方程。

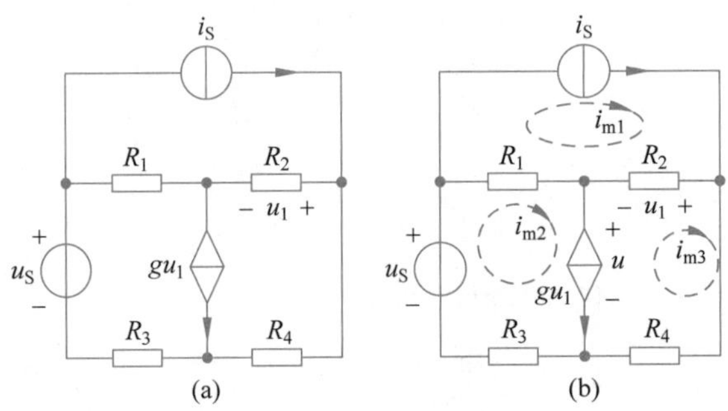

图 3-13 例 3-4 图

解：网孔电流如图 3-13(b)虚线所示，$i_{m1}=i_S$，网孔 2 与网孔 3 的公共支路含受控电流源，在列网孔方程时应考虑其端电压，为此，假设其端电压为 u，如图 3-13(b)中所示。在对网孔 2 和网孔 3 列写网孔方程时，受控源的电压作为方程变量，列方程时将其当作电压源对待，网孔方程如下：

网孔 1：　$i_{m1}=i_S$

网孔 2：　$-R_1i_{m1}+(R_1+R_3)i_{m2}=u_S-u$

网孔 3：　$-R_2i_{m1}+(R_2+R_4)i_{m3}=u$

对于受控源支路，有

$$gu_1=i_{m2}-i_{m3}$$

$$u_1=-R_2i_{m3}$$

联立上述 5 个方程即可解出 u_1。

需要注意网孔分析法只适用于平面电路。在列网孔方程时，电路中若含电流源并联电阻支路，可先将其等效变换为电压源串联电阻支路。若电流源(或受控电流源)所在支路在网孔边界，则其值即可作为该网孔电流；若电流源(或受控电流源)所在支路在两网孔公共支路，则应为其假设端电压，该端电压处理方式与电压源处理方式类似。

3.4 节点分析法

网孔分析法选择网孔电流作为求解对象，当电路中网孔比较多而节点比较少时希望能以节点电压来列方程，以便减少方程数量。

选择电路中任意一个节点作为参考节点，其他节点与参考节点之间的电压降称为该节点的节点电压。以节点电压为未知量，联立方程，求解各节点电压值，然后进一步求出待求量的分析方法称为节点分析法。

如图 3-14 所示，各支路电流、电压及参考方向如图中所标。图中有 3 个节点，选节点 3 为参考节点，节点 1 与节点 2 的节点电压分别为 u_1、u_2。可见，各支路电压易用节点电压表示，如 R_1、R_3 所在支路电压为节点电压 u_1、u_2；R_2 和 i_{S2} 所在支路电压均为 u_1-u_2。各支路电流可据元件的 VAR 求出。故节点电压是一组完备的电压变量。

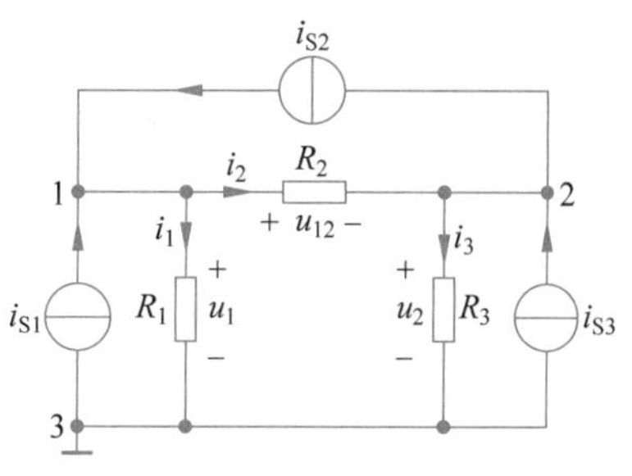

图 3-14 节点分析法图

另外，当各支路电压用节点电压表示时，沿任一回路各支路电压降的代数和恒为零。如由 R_1、R_2、R_3 组成的回路，KVL 方程为

$$u_{12}+u_2-u_1=0$$

将 $u_{12}=u_1-u_2$ 代入上式，方程恒为零。对于其他节点也有类似结论。说明节点电压 u_1、u_2 可为任意数值，彼此独立，无线性关系。所以各节点电压是一组独立电压变量。

下面推导节点电压方程的一般形式。

对节点 1、节点 2 分别应用 KCL 列出节点 KCL 方程：

节点 1： $$-i_{S1}-i_{S2}+i_1+i_2=0$$

节点 2： $$i_{S2}-i_{S3}+i_3-i_2=0$$

各支路电流用节点电压表示：

$$\begin{cases} i_1=\dfrac{u_1}{R_1}=G_1u_1 \\ i_2=\dfrac{u_{12}}{R_2}=\dfrac{u_1-u_2}{R_2}=G_2u_1-G_2u_2 \\ i_3=\dfrac{u_2}{R_3}=G_3u_2 \end{cases}$$

将上式代入节点 1、节点 2 的 KCL 方程，可得

$$\begin{cases} -i_{S1}-i_{S2}+G_1u_1+G_2(u_1-u_2)=0 \\ i_{S2}-i_{S3}-G_2(u_1-u_2)+G_3u_2=0 \end{cases}$$

整理后，可得

节点 1： $$(G_1+G_2)u_1-G_2u_2=i_{S1}+i_{S2} \tag{3-10a}$$

节点 2： $$-G_2u_1+(G_2+G_3)u_2=i_{S3}-i_{S2} \tag{3-10b}$$

分析式(3-10)可知，节点 1 方程中的 G_1+G_2 是与节点 1 相连接的各支路的电导之和，称为节点 1 的自电导，用 G_{11} 表示。节点 1 方程中的 $-G_2$ 是节点 1 和节点 2 相连支路的电导，称为节点 1 和节点 2 之间的互电导，用 G_{12} 表示，有 $G_{12}=-G_2$。$i_{S1}+i_{S2}$ 是流向节点 1 的理想电流源电流的代数和，用 i_{S11} 表示。流入节点的电流取“+”，流出节点的电流取“−”。

同理，节点 2 的自电导用 G_{22} 表示，$G_{22}=G_2+G_3$。节点 2 与节点 1 的互电导用 G_{21} 表

示，$G_{21}=G_{12}=-G_2$。i_{S22} 是流向节点 2 的电流源电流的代数和，$i_{S22}=i_{S3}-i_{S2}$。

根据以上分析，可写出节点电压方程的一般形式：

$$\begin{cases}G_{11}u_1+G_{12}u_2=i_{S11}\\G_{21}u_1+G_{22}u_2=i_{S22}\end{cases}$$

将其推广到具有 n 个节点(独立节点数为 $n-1$)的电路，节点电压方程的一般形式：

$$\begin{cases}G_{11}u_1+G_{12}u_2+\cdots+G_{1(n-1)}u_{(n-1)}=i_{S11}\\G_{21}u_1+G_{22}u_2+\cdots+G_{2(n-1)}u_{(n-1)}=i_{S22}\\\qquad\vdots\\G_{(n-1)1}u_1+G_{(n-1)2}u_2+\cdots+G_{(n-1)(n-1)}u_{(n-1)}=i_{S(n-1)(n-1)}\end{cases}\tag{3-11}$$

式中：$G_{(n-1)(n-1)}$ 表示节点 $n-1$ 的自电导；$G_{(n-1)j}$ ($j=1,2,\cdots$) 表示节点 $n-1$ 与节点 j ($j\neq n-1$)的互电导；$i_{S(n-1)(n-1)}$ 表示流入节点 $n-1$ 的电流源电流的代数和，即第 $n-1$ 个节点的节点方程为该节点的自电导 $G_{(n-1)(n-1)}$ 乘以该节点电压 $u_{(n-1)}$，减去互电导 $G_{(n-1)j}$ 乘以相邻节点电压 u_j，等于流入节点 $n-1$ 的电流源电流的代数和。

综合以上分析，可以归纳出根据电路结构和节点电压方程的一般形式直接写出节点电压方程的步骤：

(1) 指定电路中某一节点为参考节点，标出各独立节点电压；

(2) 按照节点电压方程的一般形式，根据实际电路直接列写各节点电压方程。

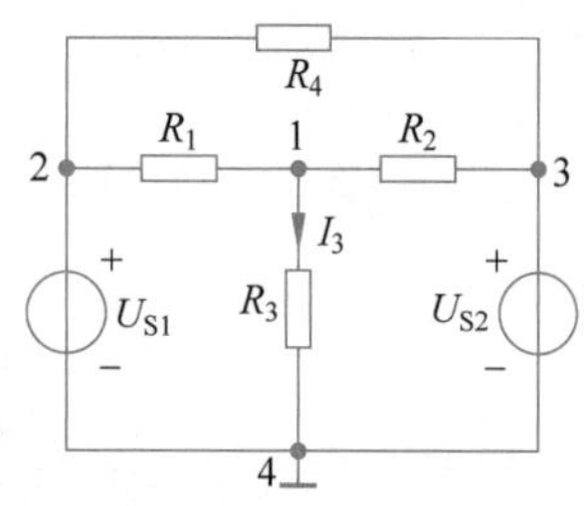

图 3-15 例 3-5 图

列写第 k 个节点电压方程时，自电导等于与节点 k 相连接的各电阻支路电导之和；互电导一律取“−”。流入节点 k 的电流源的电流取“+”，流出节点 k 的电流源的电流取“−”。

例 3-5 如图 3-15 所示电路中，已知 $U_{S1}=20\text{V}$，$U_{S2}=10\text{V}$，$R_1=5\Omega$，$R_2=10\Omega$，$R_3=20\Omega$，$R_4=1\Omega$，用节点分析法求解流过电阻 R_3 的电流 I_3。

解： 选节点 4 为参考节点，节点 2 和节点 3 的节点电压 U_2 和 U_3 分别为已知电压源电压，即 $U_2=U_{S1}=20\text{V}$，$U_3=U_{S2}=10\text{V}$。仅需对节点 1 列写节点方程：

$$\left(\frac{1}{R_1}+\frac{1}{R_2}+\frac{1}{R_3}\right)U_1-\frac{1}{R_1}U_2-\frac{1}{R_2}U_3=0$$

代入数值，可得

$$\left(\frac{1}{5}+\frac{1}{10}+\frac{1}{20}\right)U_1-\frac{1}{5}\times 20-\frac{1}{10}\times 10=0$$

解得

$$U_1=\frac{100}{7}\text{V}$$

故

$$I_3=\frac{U_1}{R_3}=\frac{5}{7}(\text{A})$$

例 3-6 电路如图 3-16(a)所示，求电压 U_{12}。

解法一： 选节点 0 为参考节点，将 1V 电压源与 3S 电导串联支路等效为电流源并联电导支路，如图 3-16(b)所示。由于电压源电流由外电路决定，所以列节点方程时应考虑与节点相连的电压源(包括受控电压源)的电流。如图 3-16(b)所示，在列节点方程时，先假设流过 22V 电压源的电流为 i，再列出节点方程：

节点 1：$(3+4)U_1-3U_2-4U_3=-8-3$

节点 2：$-3U_1+(3+1)U_2=3-i$

节点 3：$-4U_1+(4+5)U_3=i+25$

方程中多了一个未知量 i，再根据电压源所在支路引入一个方程：

$$U_3-U_2=22$$

联立上述 4 个方程，解得

$U_1=-4.5\text{V}$， $U_2=-15.5\text{V}$， $U_3=6.5\text{V}$

故

$$U_{12}=U_1-U_2=11(\text{V})$$

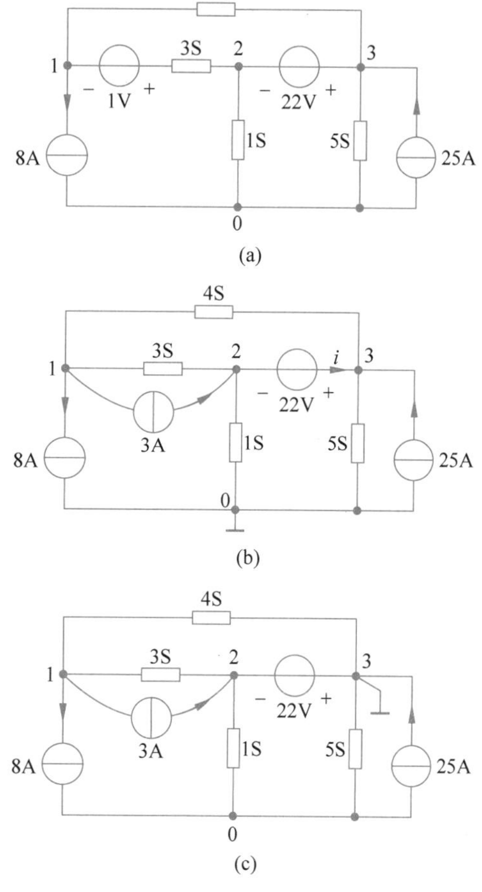

图 3-16 例 3-6 图

解法二：选电压源的一端为参考节点，如图 3-16(c)所示的节点 3 为参考节点，节点 2 的电压为已知电压源电压，即

$$U_2=-22\text{V}$$

节点 0 和节点 1 的方程：

节点 0：　$-U_2+(1+5)U_0=8-25$

节点 1：　$(3+4)U_1-3U_2=-8-3$

联立上述三个方程，解得

$$U_1=-11\text{V},\quad U_0=-6.5\text{V}$$

故

$$U_{12}=U_1-U_2=-11-(-22)=11(\text{V})$$

例 3-7 如图 3-17 电路中，已知 $I_S=2.5\text{A}$，$R_1=2\Omega$，$R_2=0.4\Omega$，$R_3=3\Omega$，$R_4=1\Omega$，$R_5=2\Omega$，试用节点分析法求电压 U_{23}。

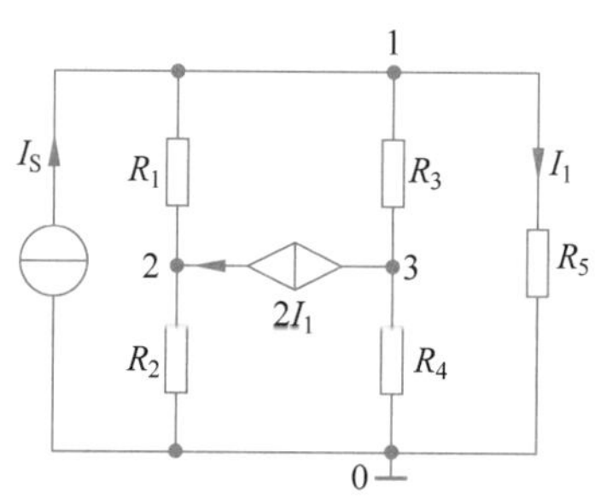

图 3-17 例 3-7 图

解：列写节点方程时可将受控电流源视为独立电流源。节点 0 设为参考节点，列出各节点方程：

节点 1：$\left(\frac{1}{R_1}+\frac{1}{R_3}+\frac{1}{R_5}\right)U_1-\frac{1}{R_1}U_2-\frac{1}{R_3}U_3=I_S$

节点 2：$-\frac{1}{R_1}U_1+\left(\frac{1}{R_1}+\frac{1}{R_2}\right)U_2=2I_1$

节点 3：$-\frac{1}{R_3}U_1+\left(\frac{1}{R_3}+\frac{1}{R_4}\right)U_3=-2I_1$

控制支路电流 I_1 所在支路的伏安关系式为

$$I_1=\frac{U_1}{R_5}$$

联立上述 4 个方程，并代入数值，可得

$$\begin{cases}\left(\frac{1}{2}+\frac{1}{3}+\frac{1}{2}\right)U_1-\frac{1}{2}U_2-\frac{1}{3}U_3=2.5\\-\frac{1}{2}U_1+\left(\frac{1}{2}+\frac{1}{0.4}\right)U_2=2I_1\\-\frac{1}{3}U_1+\left(1+\frac{1}{3}\right)U_3=-2I_1\\I_1=\frac{1}{2}U_1\end{cases}$$

解得

$$\begin{cases}U_1=2\text{V}\\U_2=1\text{V}\\U_3=-1\text{V}\\I_1=0.5\text{A}\end{cases}$$

电压 U_{23} 为

$$U_{23}=U_2-U_3=1-(-1)=2(\text{V})$$

例 3-8 电路如图 3-18(a)所示，试列出用节点分析法求解各节点电压的节点方程。

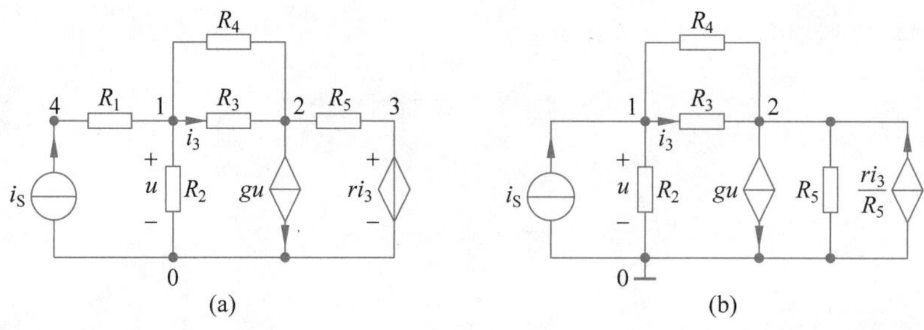

图 3-18 例 3-8 图

解：图中包含两个受控源，较复杂，列方程时可先将电路适当化简，但应注意化简时控制支路不要改变或消去。将电流源串联电阻 R_1 支路等效变换为电流源支路，将受控电压源与串联电阻 R_5 的支路等效变换为受控电流源并联电阻支路，并选节电 0 为参考节点，如图 3-18(b)所示。列出节点 1 和节点 2 方程：

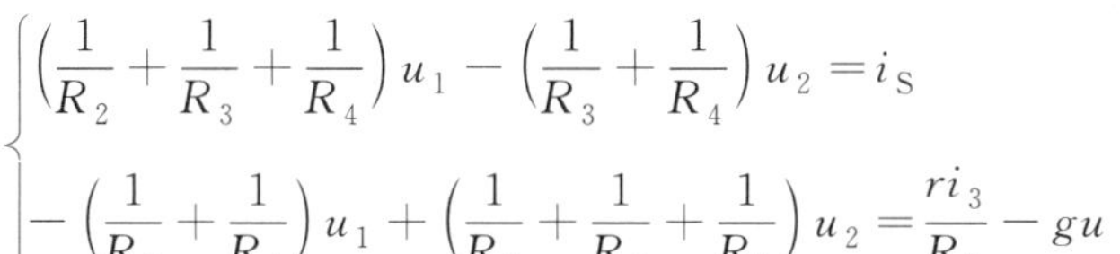

$$\begin{cases}\left(\dfrac{1}{R_2}+\dfrac{1}{R_3}+\dfrac{1}{R_4}\right)u_1-\left(\dfrac{1}{R_3}+\dfrac{1}{R_4}\right)u_2=i_S\\-\left(\dfrac{1}{R_3}+\dfrac{1}{R_4}\right)u_1+\left(\dfrac{1}{R_3}+\dfrac{1}{R_4}+\dfrac{1}{R_5}\right)u_2=\dfrac{ri_3}{R_5}-gu\end{cases}$$

电压控制支路的电压为

$$u=u_1$$

电流控制支路的电流为

$$i_3=\frac{u_{12}}{R_3}=\frac{u_1-u_2}{R_3}$$

上述 4 式即为节点分析法所需的节点方程。

由上面几例可看出，节点分析法适合于独立节点数少于网孔数、结构较复杂的平面、非平面电路的分析求解。在列节点方程时，电路中若含有电压源串联电阻支路，则可先将其等效变换为电流源并联电阻支路；若含有独立电压源，则可设其低电位端为参考节点，这样能减少所列方程数目。另外，若电压源在两节点的公共支路上，列写节点方程时，则应为其假设电流，该电流的处理方式与电流源处理方式类似。

3.5 回路分析法

3.1 节介绍过，在选定树后，如果每次只接上一条连支，就可以构成一个只由一条连支而其他为树支组成的基本回路。与网孔电流类似，沿基本回路流动的假想电流称为基本回路电流。因为基本回路中只有一条连支，所以基本回路电流即为连支电流。对一个具有 b 条支路、n 个节点的电路来说，有 $b-(n-1)$ 条连支，因此有 $b-(n-1)$ 个基本回路及基本回路电流。以基本回路电流（连支电流）作为电路变量求解方程，进而求出回路中其余变量的分析方法称为回路分析法。与网孔电流、节点电压类似，基本回路电流（连支电流）也是一组完备的独立的电流变量。

1. 完备性

电路如图 3-19(a)所示，选树如图 3-19(b)中粗实线所示，相应的连支及基本回路如图 3-19(b)中细线和虚线所示，为方便列写方程，将回路电流标于图 3-19(a)，得到图 3-19(c)，由图 3-19(c)可知各支路电流可用连支电流表示如下：

$$i_1=i_{l1},\ i_2=i_{l2},\ i_0=i_{l3},\ i_3=-(i_{l1}+i_{l3}),\ i_4=i_{l1}+i_{l2},\ i_5=i_{l2}-i_{l3} \tag{3-12}$$

支路电流求出后，据元件的 VAR 容易求出各支路的电压变量。故连支电流是一组完备的电流变量。

2. 独立性

对图 3-19(c)节点 1 列 KCL 方程

$$i_0+i_1+i_3=0 \tag{3-13}$$

将式(3-13)中支路电流用式(3-12)连支电流表示，即

$$i_{l3}+i_{l1}-(i_{l3}+i_{l1})=0$$

此式恒为零。

对其他节点也有类似的结论。说明连支电流彼此无关，没有线性约束关系，是一组独立

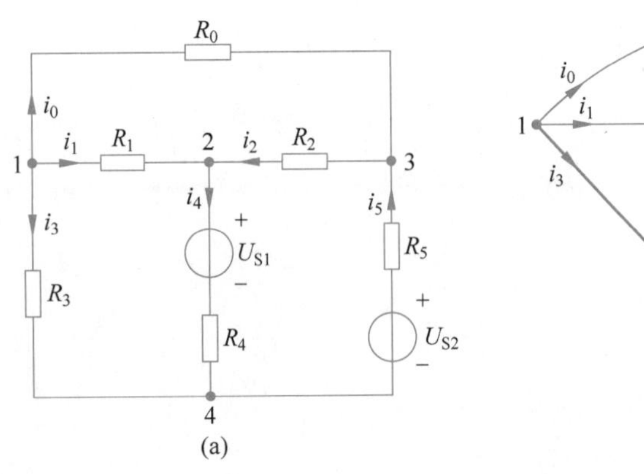

(a)

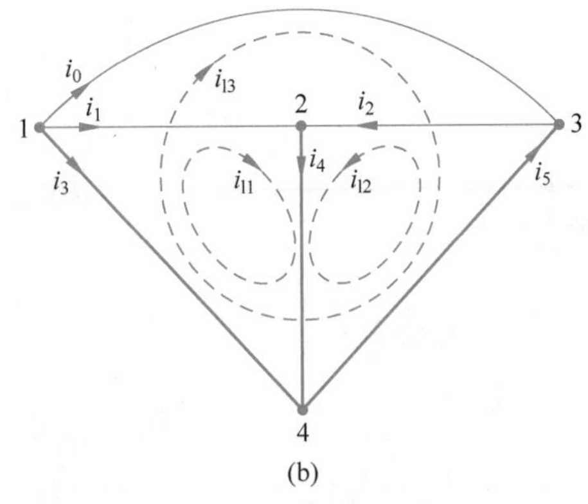

(b)

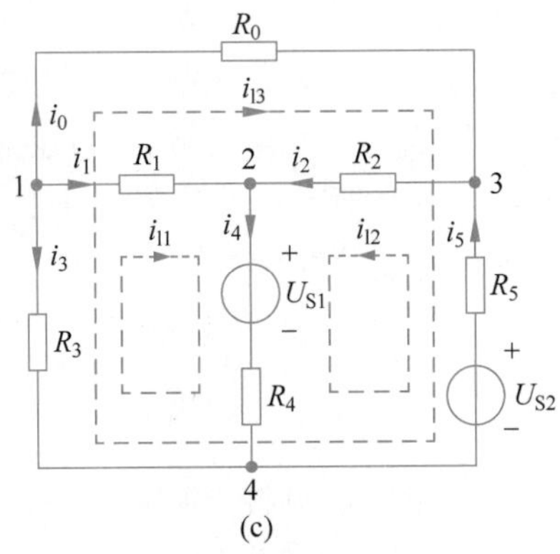

(c)

图 3-19 回路分析法图

变量。故连支电流是一组完备的、独立的电流变量。

下面推导以连支电流为变量列写基本回路方程的方法。

首先对图 3-19(c)所示的基本回路列写 KVL 方程

回路 1： $R_1 i_1 + U_{S1} + R_4 i_4 - R_3 i_3 = 0$

回路 2： $R_2 i_2 + U_{S1} + R_4 i_4 - U_{S2} + R_5 i_5 = 0$

回路 3： $R_0 i_0 - R_5 i_5 + U_{S2} - R_3 i_3 = 0$

将式(3-12)代入上述回路方程，可得

$$\begin{cases} R_1 i_{l1} + U_{S1} + R_4(i_{l1} + i_{l2}) + R_3(i_{l1} + i_{l3}) = 0 \\ R_2 i_{l2} + U_{S1} + R_4(i_{l1} + i_{l2}) - U_{S2} + R_5(i_{l2} - i_{l3}) = 0 \\ R_0 i_{l3} - R_5(i_{l2} - i_{l3}) + U_{S2} + R_3(i_{l1} + i_{l3}) = 0 \end{cases}$$

整理，可得

$$\begin{cases} (R_1 + R_3 + R_4) i_{l1} + R_4 i_{l2} + R_3 i_{l3} = -U_{S1} \\ R_4 i_{l1} + (R_2 + R_4 + R_5) i_{l2} - R_5 i_{l3} = U_{S2} - U_{S1} \\ R_3 i_{l1} - R_5 i_{l2} + (R_0 + R_3 + R_5) i_{l3} = -U_{S2} \end{cases}$$

与网孔分析法类似，用 R_{ii} 表示第 i 回路所有电阻之和，即自电阻，如回路 1 中的自电阻 $R_{11} = R_1 + R_3 + R_4$，回路 2 中自电阻 $R_{22} = R_2 + R_4 + R_5$；用 R_{ij} 表示两回路公共支路上的电阻即互电阻，同样，$R_{ij} = R_{ji}$，如回路 1 与回路 2 的互电阻 $R_{12} = R_{21} = R_4$，回路 1 与回路 3 的互电阻 $R_{13} = R_{31} = R_3$。互电阻可正可负，如果两个回路电流流过互电阻的方向相同,互电阻取正值;反之,互电阻取负值。用 U_{Sii} 表示回路 i 的等效电压源(各电压源的代数和)。当回路电流从电压源的"+"端流出时,电压源前取"+"号,如回路 2 中的 U_{S2};否则,电压源前取"−"号,如回路 2 中的 U_{S1}。

具有 n 个基本回路的电路,其回路电流方程一般形式为

$$\begin{cases} R_{11}i_{l1}+R_{12}i_{l2}+\cdots+R_{1n}i_{ln}=U_{S11} \\ R_{21}i_{l1}+R_{22}i_{l2}+\cdots+R_{2n}i_{ln}=U_{S22} \\ \cdots \\ R_{n1}i_{l1}+R_{n2}i_{l2}+\cdots+R_{nn}i_{ln}=U_{Snn} \end{cases} \tag{3-14}$$

从式(3-14)可看出,回路分析法方程的列写方法与网孔方程类似。回路分析法适合平面和非平面电路,而网孔分析法只适合平面电路。网孔分析法是回路分析法的特例。

例 3-9 如图 3-20(a)所示电路中,已知 $u_{S1}=6\text{V}$,$u_{S2}=3\text{V}$,$u_{S3}=2\text{V}$,$R_1=6\Omega$,$R_2=2\Omega$,$R_3=4\Omega$,$R_4=2\Omega$,用回路分析法求解流过 R_3 的电流 i。

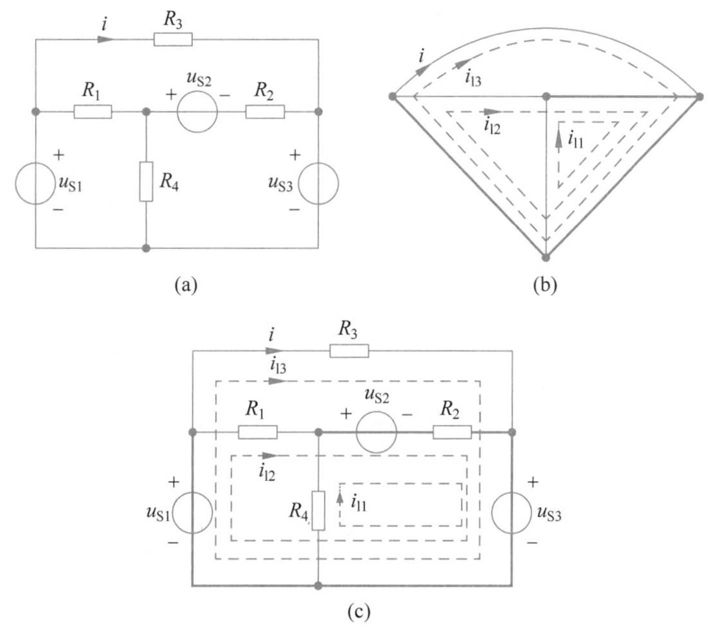

图 3-20 例 3-9 图

解:图 3-20(a)对应的拓扑图如图 3-20(b)所示,图中粗实线为树支,i_{l1}、i_{l2}、i_{l3} 分别为回路电流,为列写方程方便,将树及回路电流重标于原图上,如图 3-20(c)所示,可得回路方程

回路 1: $(R_2+R_4)i_{l1}+R_2i_{l2}=-u_{S2}-u_{S3}$

回路 2: $R_2i_{l1}+(R_1+R_2)i_{l2}=u_{S1}-u_{S2}-u_{S3}$

回路 3: $R_3i_{l3}=u_{S1}-u_{S3}$

代入数值,可得

$$\begin{cases} 4i_{l1}+2i_{l2}=-3-2 \\ 2i_{l1}+8i_{l2}=6-3-2 \\ 4i_{l3}=6-2 \end{cases}$$

解得

$$i_{l1}=-1.5\text{A},\quad i_{l2}=0.5\text{A},\quad i_{l3}=1\text{A}$$

由于流过 R_3 的电流为回路 3 的电流 i_{l3}，则有

$$i=i_{l3}=1\text{A}$$

可见，虽然树的选择方法有多种，但为使解题简单方便，列写回路方程时一般可将电压源、受控电压源及受控源的电压控制量所在支路选为树支，将电流源、受控电流源及受控源的电流控制量所在支路选为连支。

例 3-10 如图 3-21(a)所示电路中，已知 $i_S=4\text{A}$，$R_1=5\Omega$，$R_2=2\Omega$，$R_3=3\Omega$，$u_{S1}=20\text{V}$，$u_{S2}=25\text{V}$，$u_{S3}=15\text{V}$，试求 i_1。

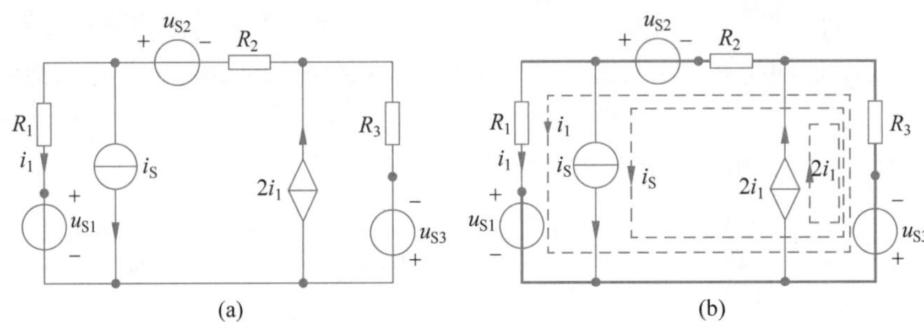

图 3-21 例 3-10 图

解：将一个二端元件看作一条支路，图中共有 8 条支路，6 个节点，故树支数为 5，连支数为 3。

将 3 个电压源所在支路选为树支，如图 3-10(b)中粗实线所示，将电流源、受控电流源以及受控源的控制支路选为连支。显然，3 个连支电流(基本回路电流)分别为 i_S、$2i_1$ 以及 i_1，对 i_1 所流经的回路列写回路方程：

$$(R_1+R_2+R_3)i_1+(R_2+R_3)i_S-R_3\times 2i_1=-u_{S1}+u_{S2}-u_{S3}$$

代入数值，可得

$$(5+2+3)i_1+(2+3)\times 4-3\times 2i_1=-20+25-15$$

解得

$$i_1=-7.5\text{A}$$

可见选择合适的树，回路分析法较网孔分析法有时更简单。

拓展阅读

3.6 割集分析法

3.6.1 割集的有关概念

3.6.2 割集方程的列写方法

拓展阅读

3.7 含运算放大器的电阻电路的分析

知识点

本章小结

本章在引入图的基础知识后，证明了电路若有 n 个节点 b 条支路，则有任意 $n-1$ 个独立节点，对应可列 $n-1$ 个独立的 KCL 方程；任意 $b-(n-1)$ 个独立回路，对应 $b-(n-1)$ 个独立 KVL 方程。联立 KCL、KVL 方程以及 b 条支路上元件本身的 VAR 关系式可分析求解电路变量，这种方法虽然直观，但当电路复杂时求解方程数较多。为此，介绍了方程数明显减少的"网孔分析法""节点分析法""回路分析法""割集分析法"等电路的一般分析方法，能用系统的方法列出方程，进而解得所有支路电压、支路电流变量。其中网孔分析法、节点分析法应用更广泛。

网孔分析法以网孔电流为变量列写方程，可看作回路分析法的特例；节点分析法以节点电压为变量列写方程，可看作割集分析法的特例；网孔分析法适合于平面电路，其他三种方法无限制。当电路中网孔数少于节点数时，一般用网孔分析法较方便；否则，用节点分析法较方便。

习题

一、选择题

1. 必须设立电路参考节点后才能求解电路的方法是(　　)。

A. 支路电流法　　B. 回路电流法　　C. 节点电压法　　D. $2b$ 法

2. 对于一个具有 n 个节点、b 条支路的电路，它的 KVL 独立方程数为(　　)个。

A. $n-1$　　B. $b-n+1$　　C. $b-n$　　D. $b-n-1$

3. 对于一个具有 n 个节点、b 条支路的电路列写节点电压方程，需要列写(　　)。

A. $n-1$ 个 KVL 方程　　B. $b-n+1$ 个 KCL 方程

C. $n-1$ 个 KCL 方程　　D. $b-n-1$ 个 KCL 方程

4. 对于含有受控源的电路，下列叙述中，(　　)是错误的。

A. 受控源可先当作独立电源处理，列写电路方程

B. 在节点电压法中，当受控源的控制量不是节点电压时，需要添加用节点电压表示控制量的补充方程

C. 在网孔电流法中，当受控源的控制量不是网孔电流时，需要添加用网孔电流表示控制量的补充方程

D. 采用网孔电流法，对列写的方程进行化简，在最终的表达式中互阻始终是相等的，即 $R_{ij}=R_{ji}$

二、填空题

1. 具有两个引出端钮的电路称为________网络。

2. 网孔分析法的实质是以________为变量，直接列写________方程；节点分析法的实质是以________为变量，直接列写________方程；回路分析法的实质是以________为变量，直接列写________方程。

3. 在列写网孔电流方程时，当所有网孔电流均取顺时针方向时，互阻为________(正、负)。

4. 在列写节点电压方程时，互导为________(正、负)。

5. 在电路中，独立电源是需要特别关注的。在使用网孔分析法时，要特别注意独立________，而在使用节点分析法时，要特别注意独立________。

三、计算题

1. 如图 x3.1 所示电路中，已知 $R_1=3\Omega$，$R_2=2\Omega$，$R_3=5\Omega$，$R_4=2\Omega$，$R_5=4\Omega$，$U_{S1}=10V$，$U_{S2}=8V$，试列写独立 KCL 方程、独立 KVL 方程、支路的 VAR，并求出各支路电压。

2. 如图 x3.2 所示电路中，已知 $R_1=R_2=10\Omega$，$R_3=4\Omega$，$R_4=R_5=8\Omega$，$R_6=2\Omega$，$U_{S1}=40V$，$U_{S2}=40V$，用网孔分析法求流过 R_5 的电流 I_5。

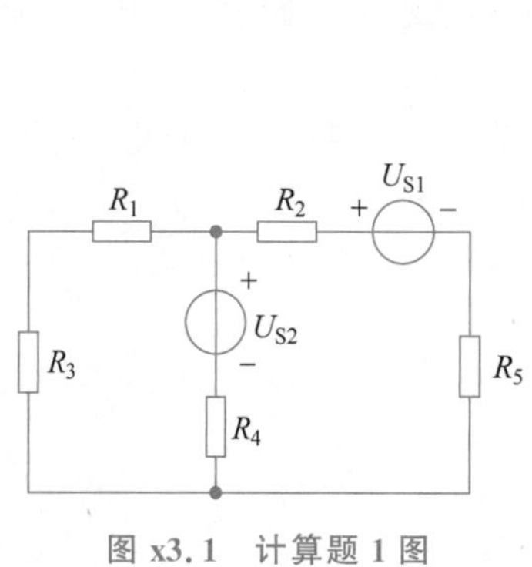

图 x3.1　计算题 1 图

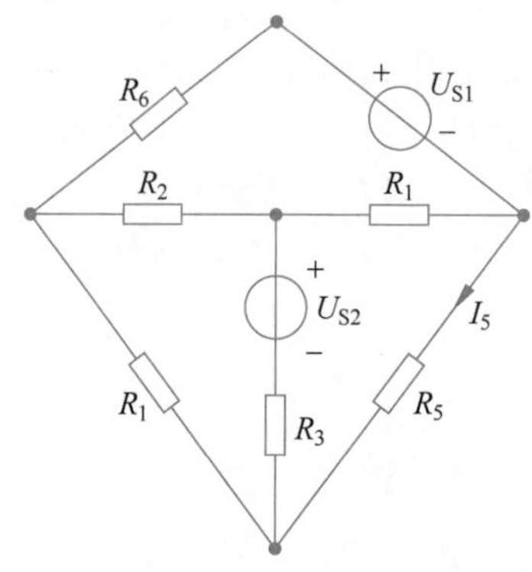

图 x3.2　计算题 2 图

3. 用网孔分析法求解如图 x3.3 所示电路中 I_1 和 U_O。

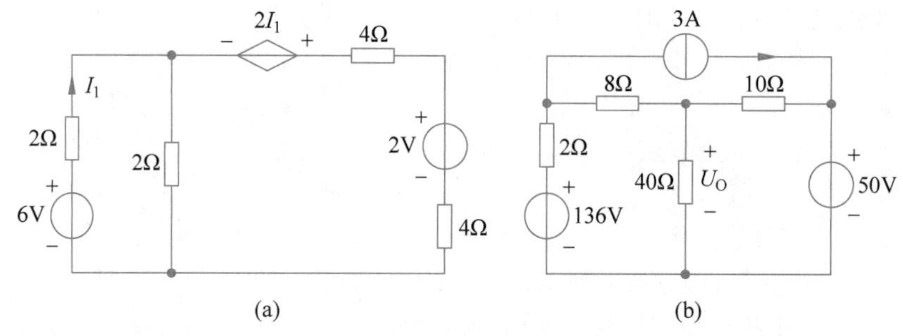

图 x3.3　计算题 3 图

4. 用网孔分析法求解如图 x3.4 所示电路的电流 I。

5. 列出如图 x3.5 所示电路的节点电压方程。

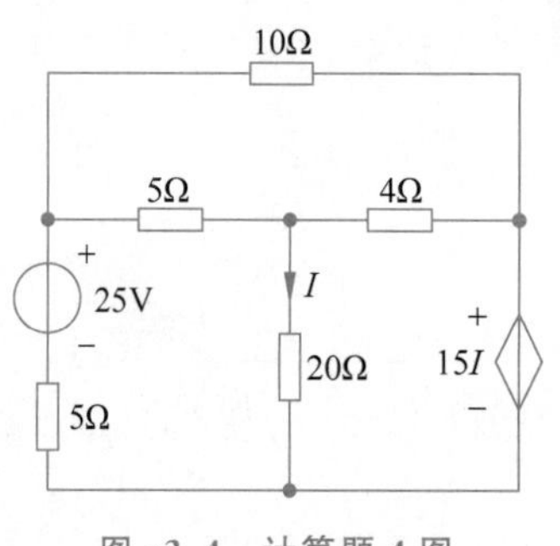

图 x3.4　计算题 4 图

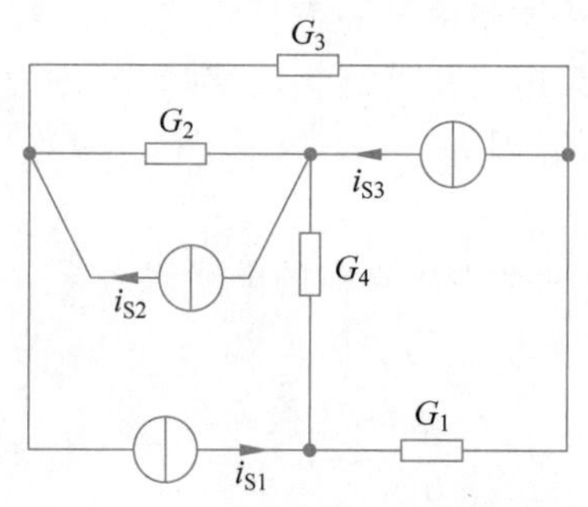

图 x3.5　计算题 5 图

6. 求图 x3.6 所示电路中的电压 U_{n1}。

7. 列出如图 x3.7 所示电路的节点电压方程。

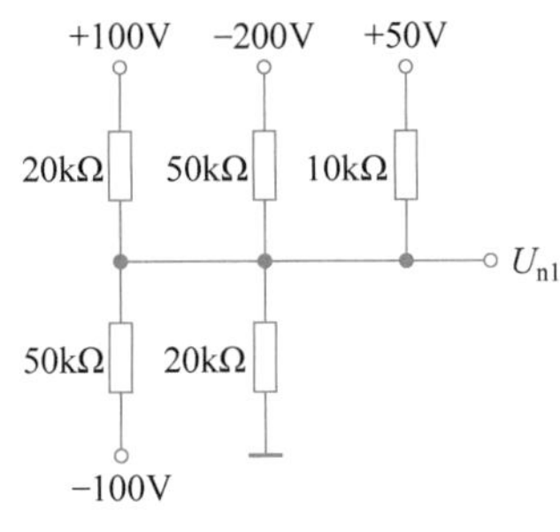

图 x3.6 计算题 6 图

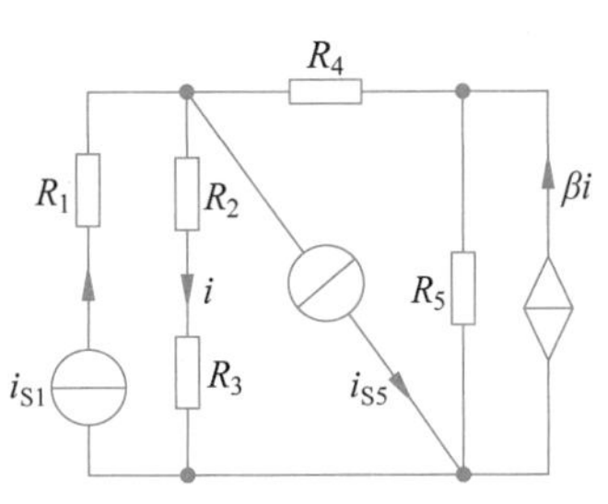

图 x3.7 计算题 7 图

8. 用网孔分析法和节点分析法求解如图 x3.8 所示电路中的电压 U。

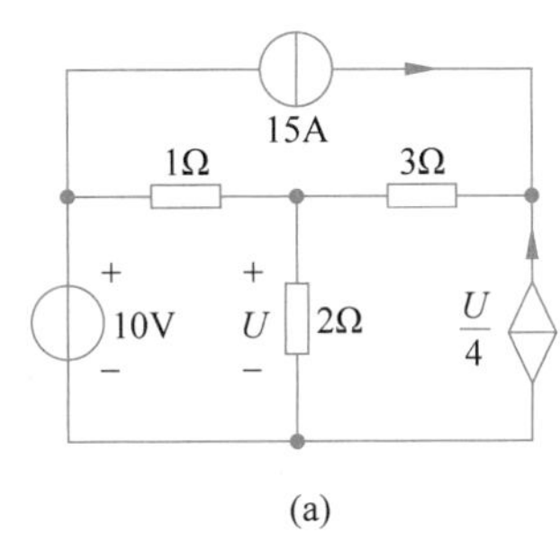

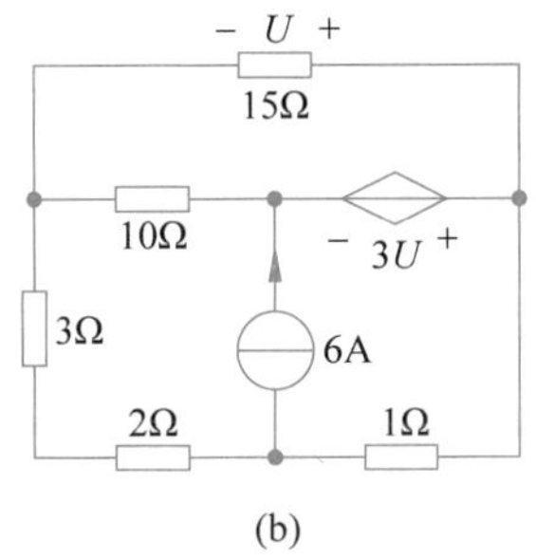

图 x3.8 计算题 8 图

9. 电路如图 x3.9 所示，试用网孔分析法和节点分析法列出求解 U_1、U_2 和 I_1 必需的方程。

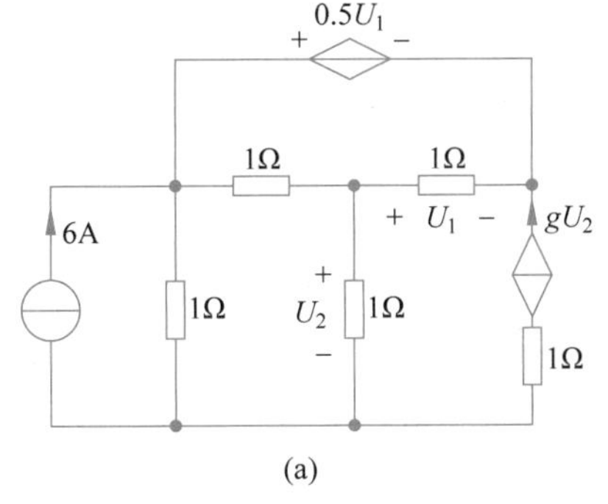

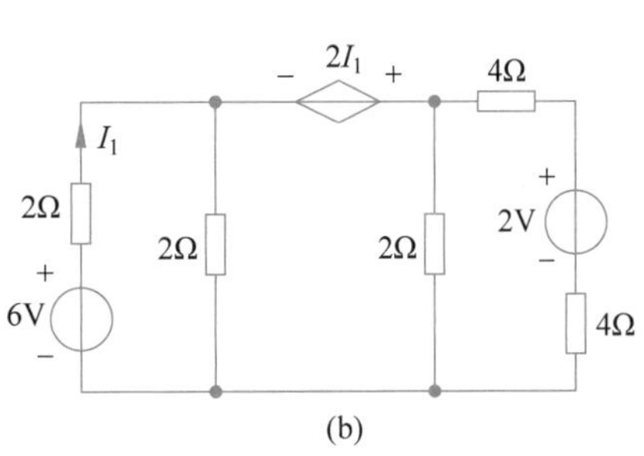

图 x3.9 计算题 9 图

10. 已知如图 x3.10 所示电路中，$U_S=20V$，$R_1=10\Omega$，$R_2=5\Omega$，$R_3=10\Omega$，$R_4=5\Omega$，求 U_1 和 U_2。

11. 用节点分析法求如图 x3.11 所示电路中的 I。

12. 电路如图 x3.12 所示，设法分别只用一个方程求得 U_A 和 I_B。

13. 如图 x3.13 所示电路中，已知 $U_S=8V$，$I_S=-4A$，$R_1=4\Omega$，$R_2=2\Omega$，$R_3=8\Omega$，$R_4=5\Omega$，试用割集分

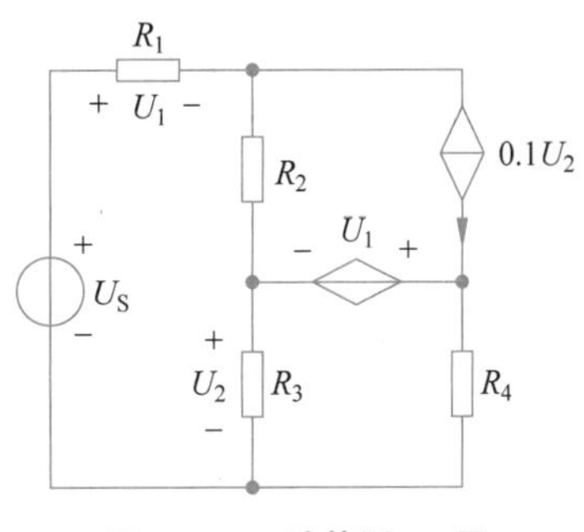

图 x3.10 计算题 10 图

析法求电流源的端电压和流过电压源的电流。

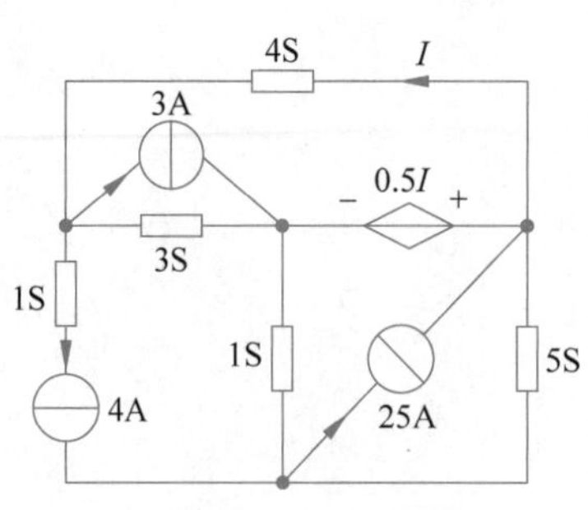

图 x3.11　计算题 11 图

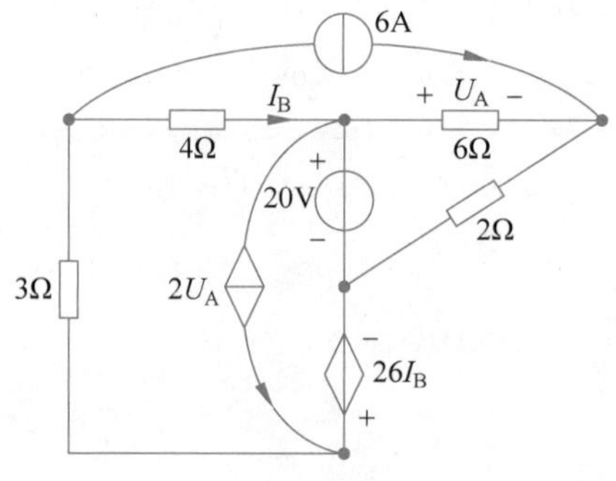

图 x3.12　计算题 12 图

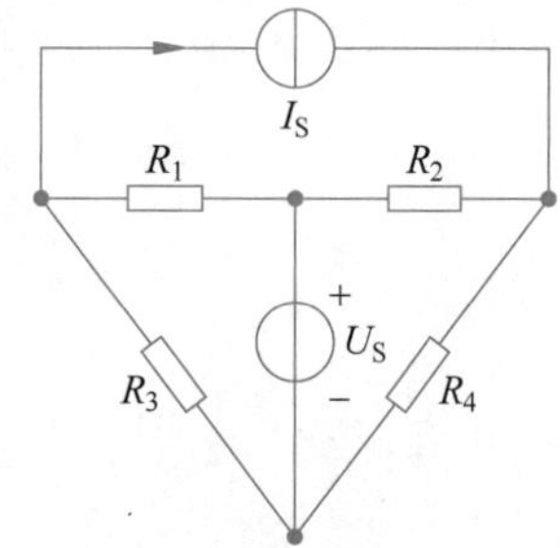

图 x3.13　计算题 13 图

第4章 CHAPTER 4 电路的基本定理

本章主要内容：本章介绍电路中常用的一些定理，包括齐次定理、叠加定理、替代定理、戴维南定理、诺顿定理、最大功率传递定理、特勒根定理、互易定理以及对偶定理。其中，齐次定理和叠加定理只适用于线性电路，戴维南定理和诺顿定理用于求解线性含源单口网络的等效电路。这些定理是电路理论的重要组成部分，为求解电路问题提供了方便。

4.1 齐次定理和叠加定理

齐次定理和叠加定理是线性电路的重要定理。线性电路是指由线性元件和独立电源组成的电路。我们目前学过的线性元件包括线性电阻元件和线性受控源。独立电源包括独立电压源和独立电流源。独立源是电路的输入，对电路起激励作用，又称激励；而电路中其他元件输出的电压、电流是激励所引起的响应，又称响应。

4.1.1 齐次定理

在线性电路中，当只有一个独立源作用时，电路中任一支路上的电压或电流与独立源成正比，此性质为数学中的齐次性，电路中称为齐次定理，常用于分析梯形电路。

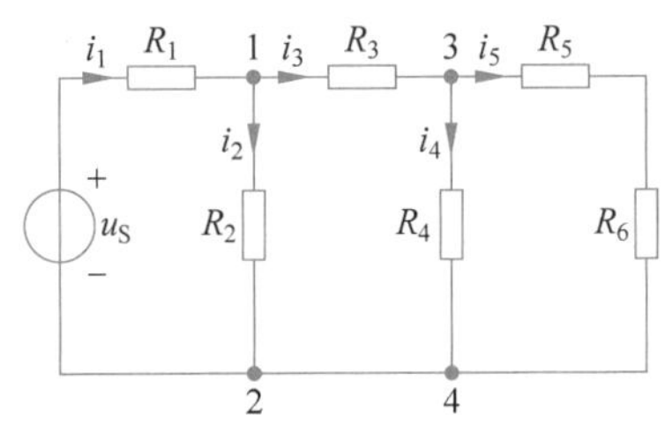

图4-1 例4-1图

例 4-1 如图4-1所示梯形电路中，已知 $u_S=13\text{V}$，$R_1=2\Omega$，$R_2=20\Omega$，$R_3=5\Omega$，$R_4=10\Omega$，$R_5=4\Omega$，$R_6=6\Omega$，求各支路电流。

解：此电路是电阻的简单串联、并联，可应用分压、分流公式求解。利用齐次定理，采用倒退法较简单。

倒退法是指从梯形电路离电源距离最远的电阻元件开始计算，倒退到电源处。计算时，可为最远处的元件假设一个电压(或电流)，倒推出电源电压(或电流)，再按齐次定理修正。

设 $i_5=1\text{A}$，则

$$u_{34}=i_5(R_5+R_6)=1\times(4+6)=10(\text{V})$$

根据元件的VAR可得

$$i_4=\frac{u_{34}}{R_4}=\frac{10}{10}=1(\text{A})$$

根据 KCL 可得

$$i_3=i_4+i_5=1+1=2(\mathrm{A})$$

同理,可得

$$u_{12}=R_3i_3+u_{34}=5\times2+10=20(\mathrm{V})$$

$$i_2=\frac{u_{12}}{R_2}=\frac{20}{20}=1(\mathrm{A})$$

$$i_1=i_2+i_3=1+2=3(\mathrm{A})$$

$$u_\mathrm{S}=R_1i_1+u_{12}=2\times3+20=26(\mathrm{V})$$

该值与已知的 $u_\mathrm{S}=13\mathrm{V}$ 不同,已知的 u_S 是上述假设值之下计算值的 $\frac{13\mathrm{V}}{26\mathrm{V}}=1/2$,由齐次定理,当电压源减小为 26V 的 1/2,即 13V 时,上述各支路电压、电流也依次减少 1/2。故各支路实际的电流为

$$i_1=1.5\mathrm{A},\quad i_2=0.5\mathrm{A},\quad i_3=1\mathrm{A},\quad i_4=0.5\mathrm{A},\quad i_5=0.5\mathrm{A}$$

知识点

4.1.2 叠加定理

叠加定理研究电路中有多个激励时响应与激励的关系。

例 4-2 电路如图 4-2(a)所示,试求流过电阻 R_2 的电流 i_2 及端电压 u_2。

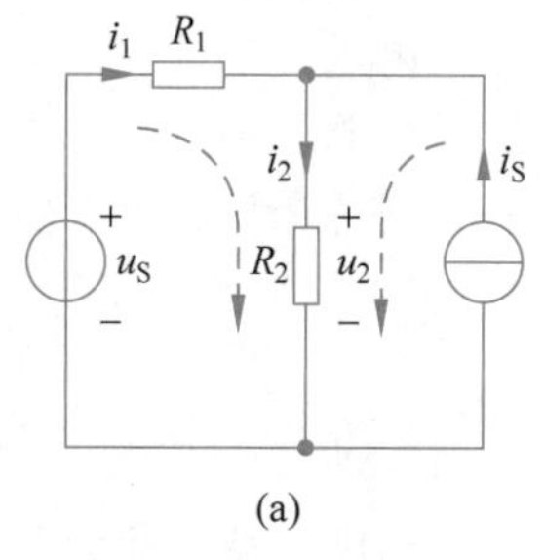

(a)

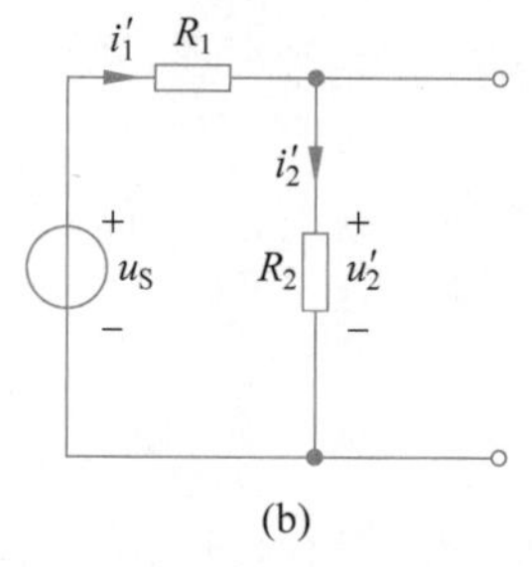

(b)

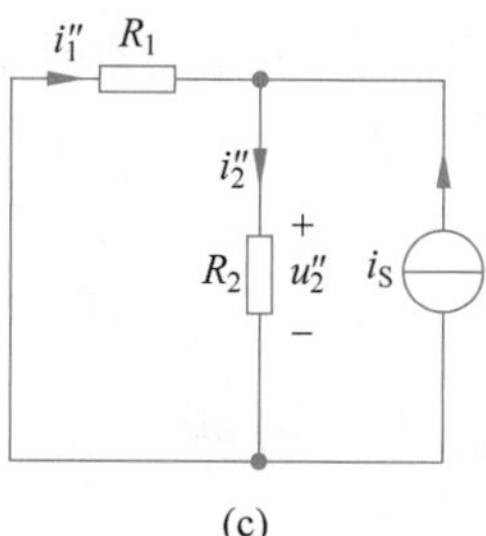

(c)

图 4-2 例 4-2 图

解:用网孔分析法求解。网孔电流如图 4-2(a)中虚线所示,左边网孔电流为 i_1,右边网孔电流为已知电流源电流 i_S,只需列出左边网孔的网孔方程

$$(R_1+R_2)i_1+R_2i_\mathrm{S}=u_\mathrm{S}$$

解得

$$i_1=\frac{1}{R_1+R_2}u_\mathrm{S}-\frac{R_2}{R_1+R_2}i_\mathrm{S}$$

有

$$i_2=i_1+i_\mathrm{S}=\frac{1}{R_1+R_2}u_\mathrm{S}+\frac{R_1}{R_1+R_2}i_\mathrm{S} \tag{4-1}$$

$$u_2=R_2i_2=\frac{R_2}{R_1+R_2}u_\mathrm{S}+\frac{R_1R_2}{R_1+R_2}i_\mathrm{S} \tag{4-2}$$

由式(4-1)和式(4-2)可见,每个支路电压或支路电流都由两部分组成,一部分只与独立电压源 u_S 有关,另一部分只与独立电流源 i_S 有关。如式(4-1)中 i_2 由两个分量组成:一个分量

是$\frac{1}{R_1+R_2}u_S$，仅与电压源u_S有关；另一个分量是$\frac{R_1}{R_1+R_2}i_S$，仅与电流源i_S有关。其中，$\frac{1}{R_1+R_2}u_S$可看作一个电压源与两个电阻串联组成的电路的电流(此串联电路中无电流源的作用)，对应的电路如图4-2(b)所示，图中$i'_2=\frac{u_S}{R_1+R_2}$。$\frac{R_1}{R_1+R_2}i_S$可看作由一个电流源和两个电阻并联组成的电路流过电阻R_2支路的电流(此并联电路中无电压源的作用)，对应的电路如图4-2(c)所示，图中，$i''_2=\frac{R_1}{R_1+R_2}i_S$。可见

$$i_2=i'_2+i''_2$$

对于电路中其他支路的响应，如i_1、u_2也存在类似结论。说明图4-2(a)中的任一支路电流及支路电压为电压源单独作用(见图4-2(b))和电流源单独作用(见图4-2(c))时在该支路上产生的电流、电压之和。这是线性电路的一个普遍规律，可用叠加定理描述。

叠加定理：在含有两个或两个以上独立源的线性电路中，任一支路的电流(或电压)等于每个独立源单独作用时在该支路上所产生的电流(或电压)的代数和。

当某个独立源单独作用时，其他所有的独立源均置为零，独立电压源置零时用短路代替，独立电流源置零时用开路代替。另外，可以是一个独立源单独作用，也可以是一组独立源单独作用，但每个独立源只能作用一次。

叠加定理是分析线性电路的基础，应用叠加定理计算电路，实质上是希望把复杂电路的计算转换为若干简单电路的计算。在对电压或电流进行叠加时，应注意参考方向，参考方向决定叠加时运算的正、负符号。

叠加定理只适用于线性电路中电流和电压的计算，因为功率与电流和电压是平方关系而非线性关系，所以叠加定理不能用来计算功率。如图4-2(b)和图4-2(c)所示，当电压源与电流源分别单独作用时，分电压为u'_2、u''_2，分电流为i'_2、i''_2。由图4-2(a)可知，R_2支路的功率

$$p=u_2i_2=(u'_2+u''_2)(i'_2+i''_2)=u'_2i'_2+u''_2i''_2+u'_2i''_2+u''_2i'_2\neq u'_2i'_2+u''_2i''_2$$

另外，对含有受控源的电路运用叠加定理时，为使分析问题简单，受控源不单独作用，它和电阻一样，应始终保留在电路内。受控源的控制量将随不同电源的单独作用而相应变化。

应用叠加定理求解电路的步骤如下：

(1) 将含有多个电源的电路分解成若干仅含有单个或少量电源的分电路，并标出每个分电路的电流和电压及其参考方向。当某个电源作用时，其余不作用的电压源用短路线取代，电流源用开路取代。

(2) 对每一个分电路进行计算，求出各相应支路的分电流和分电压。

(3) 将分电路中的电流、电压进行叠加，进而求出原电路中的各支路电流、支路电压。注意叠加是代数量相加，若分量与总量的参考方向一致，分量取“+”号；若分量与总量的参考方向相反，分量取“−”号。

例4-3　如图4-3(a)所示电路中，已知$u_S=12\text{V}$，$i_S=1.2\text{A}$，$R_1=6\Omega$，$R_2=2\Omega$，$R_3=3\Omega$，$R_4=4\Omega$，试利用叠加定理求解i_1和u_4。

解：当电压源单独作用时，电流源置为零，即电流源用开路取代，对应电路如图4-3(b)所示。由图4-3(b)可得

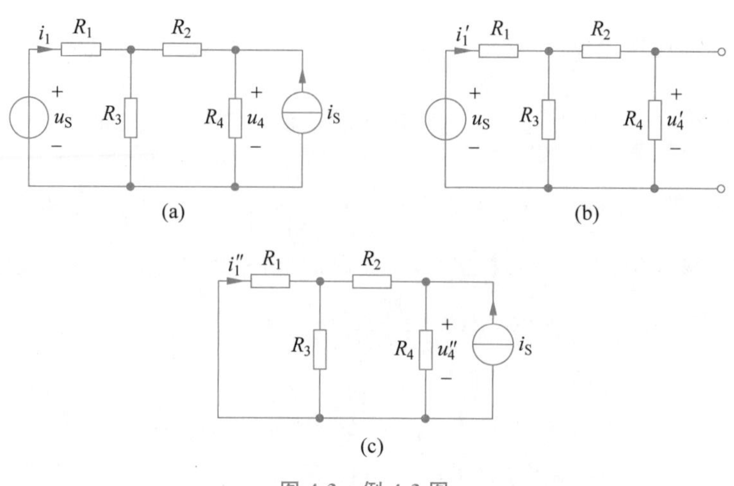

图 4-3　例 4-3 图

$$i_1' = \frac{u_S}{R_1 + R_3 /\!/ (R_2 + R_4)} = \frac{12}{6 + 3 /\!/ (2 + 4)} = \frac{12}{6 + 2} = 1.5(\text{A})$$

有

$$u_4' = i_1' \frac{R_3 R_4}{R_3 + R_2 + R_4} = 1.5 \times \frac{3 \times 4}{3 + 2 + 4} = 2(\text{V})$$

当电流源单独作用时，电压源置零，即电压源用短路取代，对应电路如图 4-3(c)所示。由电阻串、并联及分流公式可得

$$u_4'' = (R_1 /\!/ R_3 + R_2) /\!/ R_4 \times i_S = (6 /\!/ 3 + 2) /\!/ 4 \times 1.2 = 2.4(\text{V})$$

$$i_1'' = -\frac{u_4}{R_2 + R_1 /\!/ R_3} \times \frac{R_3}{R_1 + R_3} = -\frac{2.4}{2 + 6 /\!/ 3} \times \frac{3}{6 + 3} = -0.2(\text{A})$$

当电压源与电流源同时作用时，根据叠加定理可得

$$i_1 = i_1' + i_1'' = 1.5 + (-0.2) = 1.3(\text{A})$$

$$u_4 = u_4' + u_4'' = 2 + 2.4 = 4.4(\text{V})$$

例 4-4　求图 4-4(a)所示电路中 I_x。

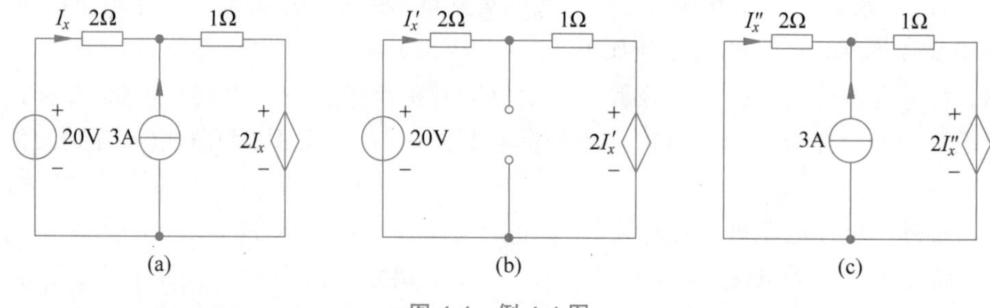

图 4-4　例 4-4 图

解：用叠加定理求解。电路中含有电流控制电压源，对含受控源电路应用叠加定理时应注意，受控源不是电路的输入，不能单独作用。受控源和电阻一样，应始终保留在电路内。

电压源单独作用时，电流源用开路代替，流过 2Ω 电阻支路的电流为 I_x'，受控源的电压相应为 $2I_x'$，如图 4-4(b)所示。由此可得电路的 KVL 方程：

$$(2 + 1)I_x' + 2I_x' - 20 = 0$$

解得

$$I'_x=4\text{A}$$

电流源单独作用时，电压源用短路线取代，流过 2Ω 电阻支路的电流为 I''_x，受控源的电压相应为 $2I''_x$，如图 4-4(c)所示，对由 2Ω、1Ω 和受控源支路组成的回路列 KVL 方程：

$$2I''_x+(I''_x+3)\times1+2I''_x=0$$

解得

$$I''_x=-0.6\text{A}$$

电压源、电流源同时作用时，由叠加定理可得

$$I_x=I'_x+I''_x=4+(-0.6)=3.4(\text{A})$$

例 4-5　如图 4-5 所示电路是一线性电阻电路，已知：

(1) 当 $u_{S1}=0, u_{S2}=0$ 时，$u=1\text{V}$；

(2) 当 $u_{S1}=1\text{V}, u_{S2}=0$ 时，$u=2\text{V}$；

(3) 当 $u_{S1}=0, u_{S2}=1\text{V}$ 时，$u=-1\text{V}$。

试求出 u_{S1} 和 u_{S2} 为任意值时电压 u 的表达式。

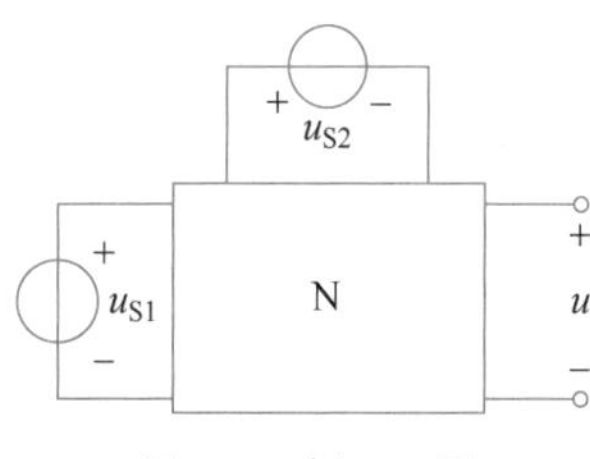

图 4-5　例 4-5 图

解：本例介绍了一种利用齐次定理与叠加定理研究线性网络响应与激励的关系的实验方法。

u 是二端电路的端电压，根据叠加定理可知，输出电压可表示为

$$u=u'+u''+u''' \tag{4-3}$$

式中：u'为网络 N 内所有独立源作用而其他独立源(u_{S1} 和 u_{S2})不作用时输出端的电压；u''为只有电压源 u_{S1} 独立作用(u_{S2} 和 N 中独立源不作用)时输出端的电压，即 u''只与电压源 u_{S1} 有关，由齐次定理可得

$$u''=k_1u_{S1} \tag{4-4}$$

u'''是只有电压源 u_{S2} 独立作用时的输出电压，u'''只与电压源 u_{S2} 有关，即

$$u'''=k_2u_{S2} \tag{4-5}$$

式(4-4)和式(4-5)中的 k_1、k_2 是常系数，将这两式代入式(4-3)可得

$$u=u'+k_1u_{S1}+k_2u_{S2} \tag{4-6}$$

将已知条件代入式(4-6)可得

$$\begin{cases}u'=1\\u'+k_1=2\\u'+k_2=-1\end{cases}$$

解得

$$u'=1\text{V},\quad k_1=1,\quad k_2=-2$$

所以

$$u=1+u_{S1}-2u_{S2}$$

4.2　替代定理

替代定理也称为置换定理，适合于线性和非线性电路。

例 4-6　如图 4-6(a)所示电路中，已知 $u_S=10\text{V}, i_S=1\text{A}, R_1=10\Omega, R_2=20\Omega, R_3=$

30Ω,试求各支路电流和电压。

解:利用网孔分析法求解。右边网孔电流为电流源电流 i_S,只需列出左边网孔方程:

$$(R_1+R_3)i_1+R_3 i_S=u_S$$

将数值代入

$$(10+30)i_1+30=10$$

解得

$$i_1=-0.5\text{A}$$

故

$$i_3=i_1+i_S=-0.5+1=0.5(\text{A})$$
$$u_3=R_3 i_3=30\times0.5=15(\text{V})$$
$$u_2=-R_2 i_S=-20\times1=-20(\text{V})$$

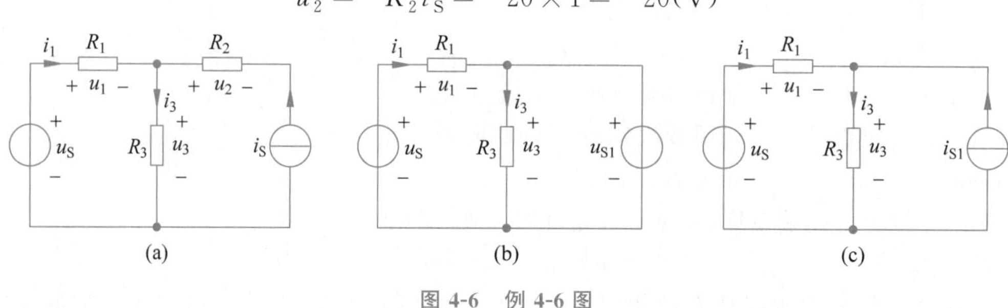

图 4-6 例 4-6 图

将图 4-6(a)中的 R_2 串联 i_S 支路用一个电压源 u_{S1} 替代,使 u_{S1} 的电压值与串联支路的端电压相等,即 $u_{S1}=u_3=15\text{V}$,极性与 u_3 相同,电路如图 4-6(b)所示;或将图 4-6(a)中的 R_2 串联 i_S 支路用一个电流源 i_{S1} 替代,电流源的电流为流过串联支路的电流,即 $i_{S1}=1\text{A}$,方向与 i_S 相同,电路如图 4-6(c)所示。重新计算图 4-6(b)和图 4-6(c)中各支路电流、电压,可知各部分的电流、电压均与图 4-6(a)计算出的值相同。如果电阻支路 R_3 的端电压或流过的电流已知,R_3 支路用等值的电压源或电流源替代,电路中各部分的电流、电压均与替代前相同(读者可自行验证)。此种现象可用替代定理描述。

替代定理:在任意的具有唯一解的线性和非线性电路中,若已知第 k 条支路的电压 u_k 和电流 i_k,无论该支路由什么元件组成,都可以把这条支路移去,而用一个电压源来替代,电压源电压的大小和极性与 k 支路的电压大小和极性一致;或用一个电流源来替代,该电流源的大小和极性与 k 支路电流的大小和极性一致。若替代后电路仍有唯一的解,则不会影响电路中其他部分的电流和电压。

替代定理的应用可以从一条支路推广到一部分电路,只要这部分电路与其他电路只有两个连接点,就可以利用替代定理替换这部分电路。当然,单口网络也可以用替代定理来替换。利用替代定理可把一个复杂电路分成若干部分,使计算得到简化。

替代定理的证明如下:

设某电路 N_1 与二端电路 K 相连,二端电路 K 端口的电压为 u_k、电流为 i_k,如图 4-7(a)所示。

设想在二端电路 K 的两端并联与其电流 i_k 值相同、参考方向相反的两个电流源,如图 4-7(b)所示。并入后,对二端电路 K 及 K 之外电路的工作状态均无影响。由图 4-7(b)

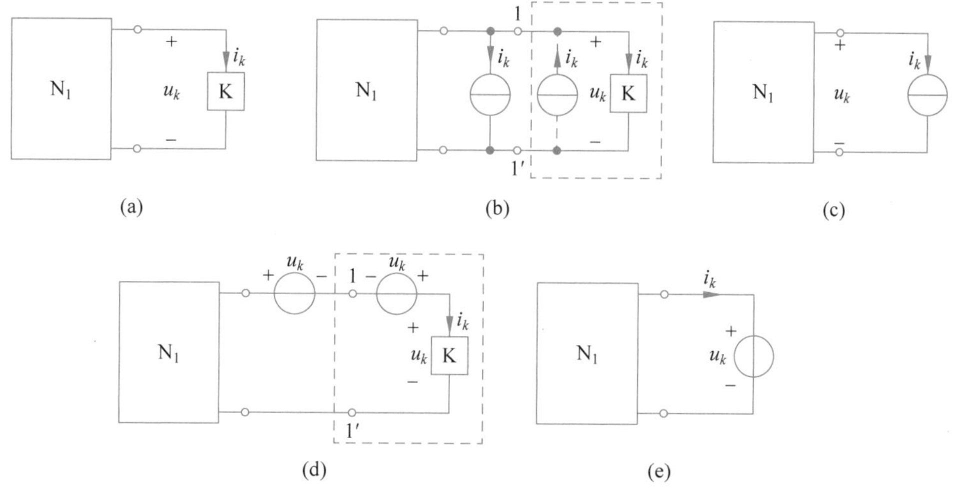

图 4-7　替代定理的证明图

可见，虚线方框内电路 K 的电流值和电流源 i_k 的电流值大小相同、方向相反，其作用相互抵消，对 1-1′端口而言相当于开路，即虚线方框中电路可去掉，如图 4-7(c)所示。表明二端电路可用与流过二端电路的电流 i_k 相同的电流源替代，不影响其他各支路的电压、电流。

同理，如果设想在二端电路 K 两端串联与 K 的端电压 u_k 值相同、参考极性相反的两个电压源，如图 4-7(d)所示，串入后，对二端电路 K 及 K 之外电路的工作状态均无影响，由图 4-7(d)可见，虚线方框内的二端电路 K 和电压源的电压值大小相同、极性相反，其作用相互抵消，对 1-1′端口而言相当于短路，即虚线方框中的电路可以去掉，如图 4-7(e)所示。表明二端电路可用与二端电路的电压 u_k 相同的电压源替代，不影响电路中其他各支路电压、电流。

因此，替代定理得证。

例 4-7　如图 4-8(a)所示电路中，已知 $u_{S1}=18\text{V}$，$u_{S2}=15\text{V}$，$u_{S3}=20\text{V}$，$i_S=2\text{A}$，$R_1=3\Omega$，$R_2=5\Omega$，$R_3=6\Omega$，$R_4=7\Omega$，$R_5=4\Omega$，$R_6=6\Omega$，求流过电阻 R_1 的电流 i_1。

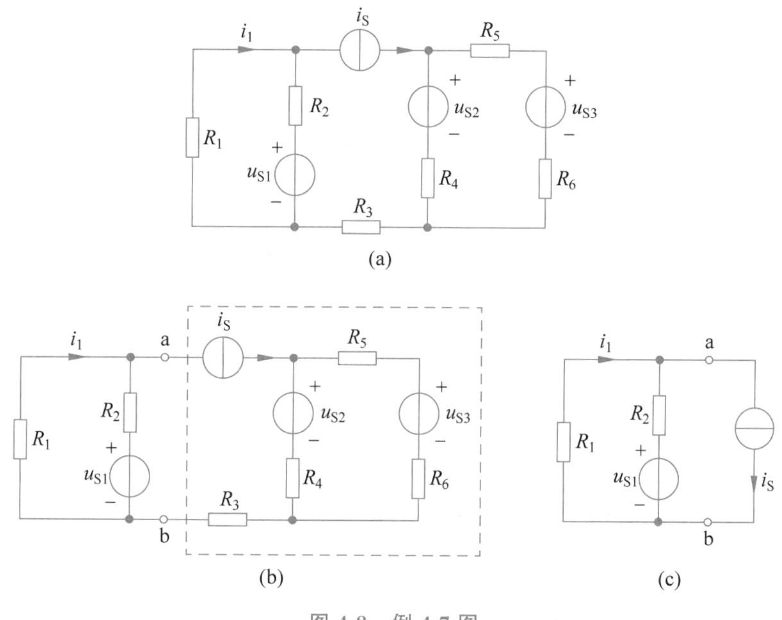

图 4-8　例 4-7 图

解：此电路看起来较复杂，如果直接求解比较麻烦。但观察可发现，电流源 i_S 先流过 u_{S2}、R_4、R_6、u_{S3}、R_5 组成的回路，然后流过电阻 R_3，如图 4-8(b)中虚线所示，从 a-b 端看，流过右边虚线方框中的电流为 i_S，由替代定理知，可用电流源 i_S 替代，如图 4-8(c)所示，左边网孔的网孔方程为

$$(R_1+R_2)i_1-R_2i_S=-u_{S1}$$

将数值代入

$$(3+5)i_1-5\times2=-18$$

解得

$$i_1=-1\text{A}$$

可见，在有些情况下用替代定理可简化电路的求解。

4.3 戴维南定理和诺顿定理

戴维南定理和诺顿定理主要用于求解内部含有独立源的线性单口网络的等效电路，是电路中的两个重要定理。

4.3.1 戴维南定理

戴维南定理是指对于任意一个含有独立源的线性单口网络 N，如图 4-9(a)所示，就其端口而言可等效为一个电压源串联电阻支路，如图 4-9(b)所示。电压源的电压为该单口网络 N 的开路电压 u_{OC}，如图 4-9(c)所示；串联电阻 R_{ab} 等于该网络 N 中所有独立电源为零时所得网络 N_0 的等效电阻，如图 4-9(d)所示。

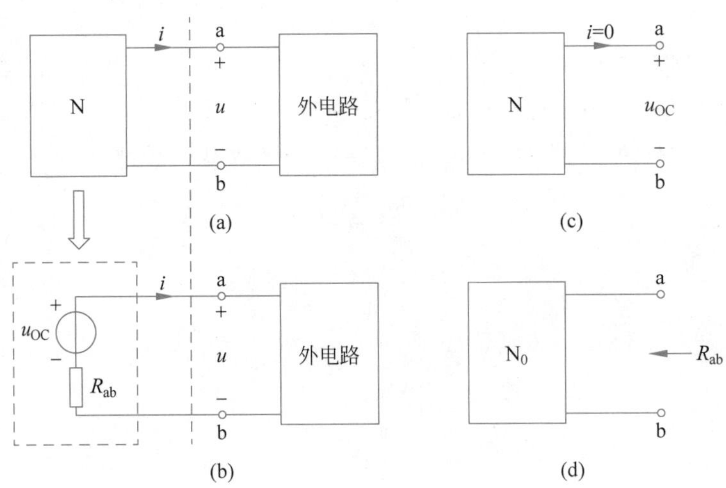

图 4-9 戴维南定理

如果线性含源单口网络 N 的端口电压 u 和电流 i 为图 4-9(b)所示的非关联参考方向，则端口的 VAR 为

$$u=u_{OC}-R_{ab}i \tag{4-7}$$

电压源 u_{OC} 和串联电阻 R_{ab} 的支路称为戴维南等效电路，其中串联电阻也称为输入电阻。

戴维南定理的证明如下：

设线性含源单口网络 N 与任一外电路相连，如图 4-10(a)所示，端口电压、电流分别为 u、i，根据替代定理知，外电路可用电流值为 i 的电流源 i_S 替代，如图 4-10(b)所示，由叠加定理可知

$$u = u' + u'' \tag{4-8}$$

式中：u'为网络 N 中所有独立源作用而电流源 i_S 不作用时产生的电压，即电流源 $i_S=0$(电流源开路)时，网络 N 的端电压，即网络 N 的开路电压 u_{OC}，如图 4-10(c)所示，有

$$u' = u_{OC} \tag{4-9}$$

u''为电流源 i_S 单独作用产生的电压，即网络 N 中所有独立源为零，此时 N 成为不含独立源的网络 N_0，其端口的等效电阻为 R_{ab}，如图 4-10(d)所示，有

$$u'' = -R_{ab}i \tag{4-10}$$

将式(4-9)、式(4-10)代入式(4-8)可得

$$u = u_{OC} - R_{ab}i \tag{4-11}$$

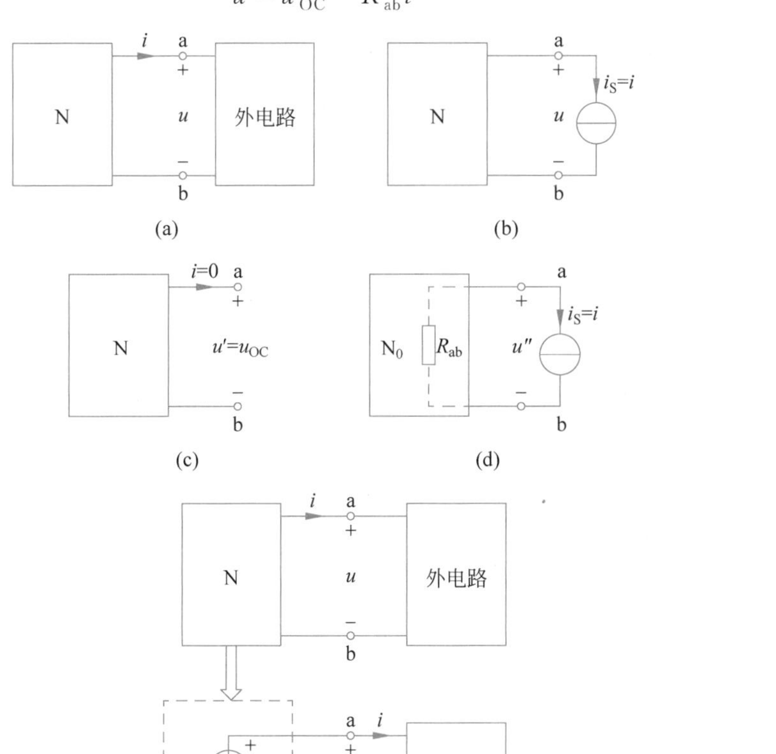

图 4-10 戴维南定理的证明图

式(4-11)是线性含源单口网络 N 在图 4-10(a)所示参考方向下 VAR 的一般形式。说明从网络 N 的两个端钮 a-b 来看，含源单口网络可等效为一个电压源串联电阻支路，其电压

源电压为 u_{OC}，串联电阻为 R_{ab}，如图 4-10(e)所示，定理得证。

例 4-8 如图 4-11(a)所示电路中，已知 $R_1=R_2=R_3=R_4=1\Omega$，$i_{S1}=2A$，$i_{S2}=2A$，$u_S=2V$，求戴维南等效电路及端口的 VAR。

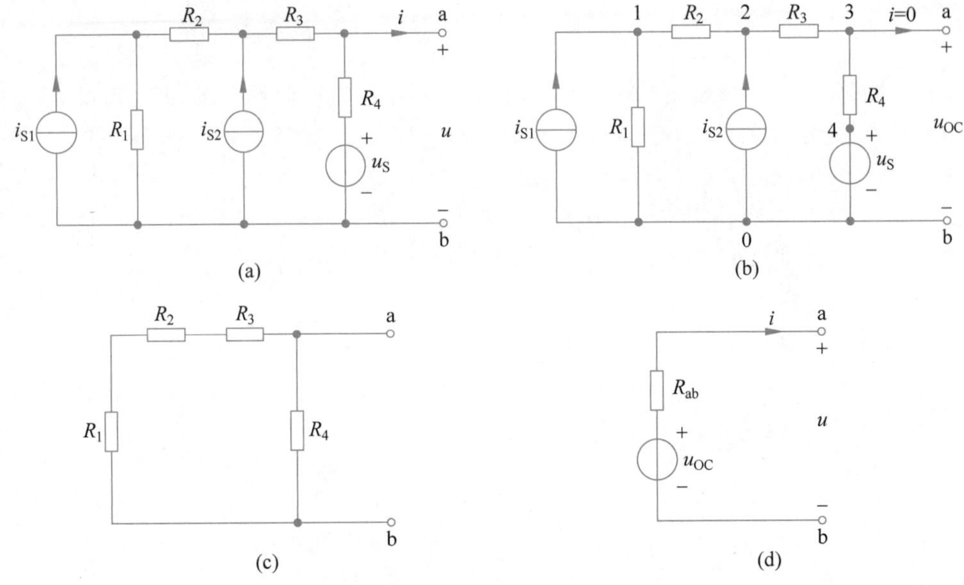

图 4-11 例 4-8 图

解：图 4-11(a)所示电路是线性含源单口网络，根据戴维南定理可知，对端口而言，可等效为电压源串联电阻支路。

(1) 求开路电压。

开路时 $i=0$，电路如图 4-11(b)所示，利用节点分析法求解。选节点 0 为参考节点，列节点方程：

$$\begin{cases}\left(\dfrac{1}{R_1}+\dfrac{1}{R_2}\right)u_1-\dfrac{1}{R_2}u_2=i_{S1}\\ \left(\dfrac{1}{R_2}+\dfrac{1}{R_3}\right)u_2-\dfrac{1}{R_2}u_1-\dfrac{1}{R_3}u_3=i_{S2}\\ \left(\dfrac{1}{R_3}+\dfrac{1}{R_4}\right)u_3-\dfrac{1}{R_3}u_2-\dfrac{1}{R_4}u_S=0\end{cases}$$

代入数值

$$\begin{cases}(1+1)u_1-u_2=2\\ (1+1)u_2-u_1-u_3=2\\ (1+1)u_3-u_2-2=0\end{cases}$$

解得

$$\begin{cases}u_1=3V\\ u_2=4V\\ u_3=3V\end{cases}$$

故

$$u_{OC}=u_3=3V$$

(2) 求等效电阻。

将网络内的电压源用短路线取代、电流源用开路线取代，得等效电路如图 4-11(c)所示，求得等效电阻：

$$R_{ab}=\frac{(R_1+R_2+R_3)R_4}{R_1+R_2+R_3+R_4}=\frac{(1+1+1)\times 1}{1+1+1+1}=\frac{3}{4}(\Omega)$$

(3) 求戴维南等效电路及端口的 VAR。

由戴维南定理可知，图 4-11(a)所示电路可等效为图 4-12(d)，其中，$u_{OC}=3V$，$R_{ab}=\frac{3}{4}\Omega$，由图 4-12(d)知端口 VAR 关系为

$$u=u_{OC}-R_{ab}i=3-\frac{3}{4}i$$

例 4-9 电路如图 4-12(a)所示，已知 $u_{S1}=18V$，$u_{S2}=15V$，$R_1=6\Omega$，$R_2=3\Omega$，$R_3=4\Omega$，$R_4=6\Omega$，$R_5=5.6\Omega$，$R_6=10\Omega$，试求流过 R_6 的电流 i。若 $R_6=15\Omega$，流过 R_6 的电流又为多少？

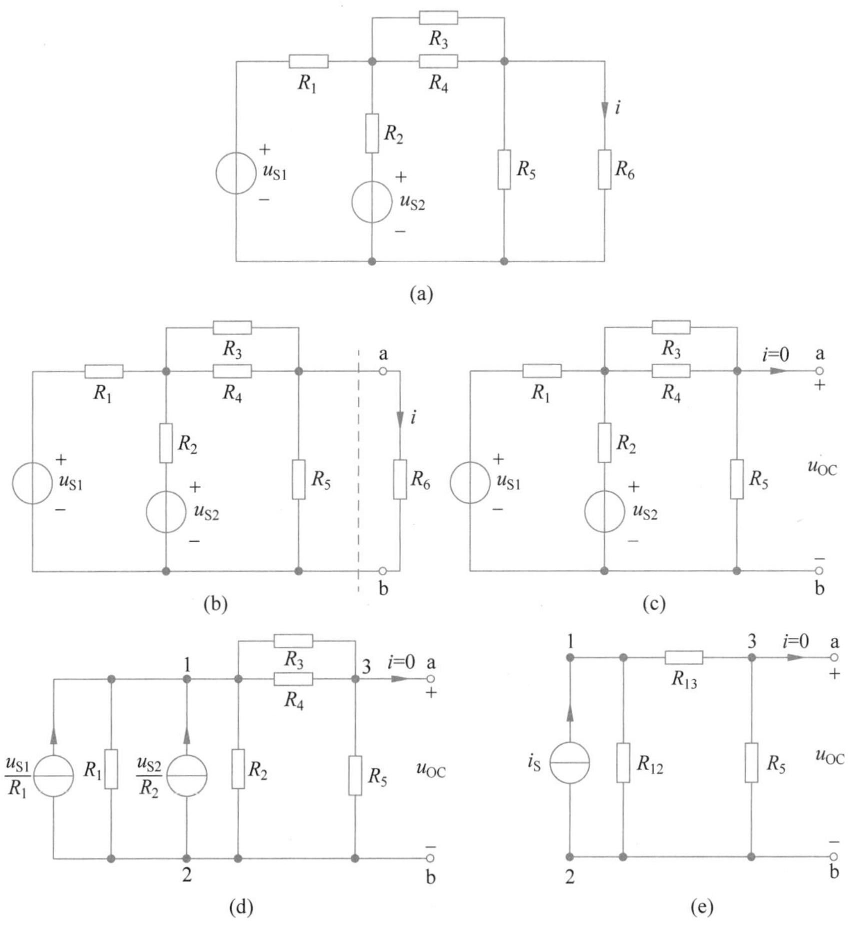

图 4-12 例 4-9 图

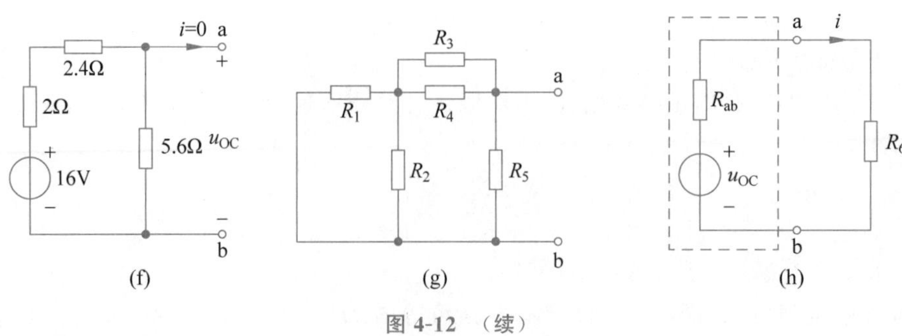

图 4-12 （续）

解：电路是含源的线性电路，将待求解电流 i 所在支路（R_6 所在支路）与其余电路分解开，如图 4-12(b)所示虚线，除 R_6 外，其余电路部分构成含源的单口网络，可以先利用戴维南定理求解其等效电路。

(1) 求单口网络的开路电压 u_{OC}。

电路如图 4-12(c)所示，将电压源串联电阻支路等效变换为电流源并联电阻支路，如图 4-12(d)所示，图中

$$\frac{u_{S1}}{R_1}=\frac{18}{6}=3(\mathrm{A})$$

$$\frac{u_{S2}}{R_2}=\frac{15}{3}=5(\mathrm{A})$$

将电流源并联电阻电路部分继续等效化简，如图 4-12(e)所示，图中

$$i_S=\frac{u_{S1}}{R_1}+\frac{u_{S2}}{R_2}=8(\mathrm{A})$$

$$R_{12}=R_1 /\!/ R_2=\frac{R_1R_2}{R_1+R_2}=\frac{6\times 3}{6+3}=2(\Omega)$$

$$R_{13}=R_3 /\!/ R_4=\frac{R_3R_4}{R_3+R_4}=\frac{4\times 6}{4+6}=2.4(\Omega)$$

可进一步化简为图 4-12(f)，应用分压公式可得

$$u_{OC}=\frac{16}{2+2.4+5.6}\times 5.6=8.96(\mathrm{V})$$

(2) 求单口网络的等效电阻 R_{ab}。

将图 4-12(c)中电压源用短路线取代，可得图 4-12(g)，有

$$R_{ab}=(R_1 /\!/ R_2+R_3 /\!/ R_4) /\!/ R_5=(R_{12}+R_{13}) /\!/ R_5$$
$$=\frac{(R_{12}+R_{13})R_5}{(R_{12}+R_{13})+R_5}=\frac{(2.4+2)\times 5.6}{(2.4+2)+5.6}\approx 2.46(\Omega)$$

(3) 求支路电流 i。

图 4-12(b)虚线部分可等效为图 4-12(h)虚线部分，通过电阻 R_6 的电流为

$$i=\frac{u_{OC}}{R_{ab}+R_6}=\frac{8.96}{2.46+10}\approx 0.72(\mathrm{A}) \tag{4-12}$$

(4) 若 $R_6=15\Omega$，求流过 R_6 的电流时，只需将式(4-12)中 R_6 的数值变为 15Ω 即可，故

$$i=\frac{u_{\mathrm{OC}}}{R_{\mathrm{ab}}+R_6}=\frac{8.96}{2.46+15}\approx 0.51(\mathrm{A})$$

可见，当研究某一个支路的电压或电流时，电路中其他部分相对于此支路而言可看作一个单口网络，先将单口网络用戴维南定理等效化简，再将被求支路接上（如本例 R_6 支路），可简化电路的求解。当待求支路的参数改变时，使用戴维南定理更加方便。

4.3.2 诺顿定理

诺顿定理表述为：任何一个线性含源二端网络 N 就其端口而言，可等效为一个电流源并联电阻支路，如图 4-13(a)虚线左边所示。电流源电流等于该有源单口网络端口的短路电流 i_{SC}，如图 4-13(b)所示，并联电阻 R_{ab} 等于该有源单口网络中所有独立电源不作用时相应的无源单口网络 N_0 的等效电阻，如图 4-13(c)所示。独立电源不作用指单口网络中电压源用短路代替，电流源用开路代替。i_{SC} 和 R_{ab} 并联组成的电路称为诺顿等效电路。当端口电压和电流参考方向如图 4-13(a)所示时，端口的 VAR 为

$$i=i_{\mathrm{SC}}-\frac{u}{R_{\mathrm{ab}}} \tag{4-13}$$

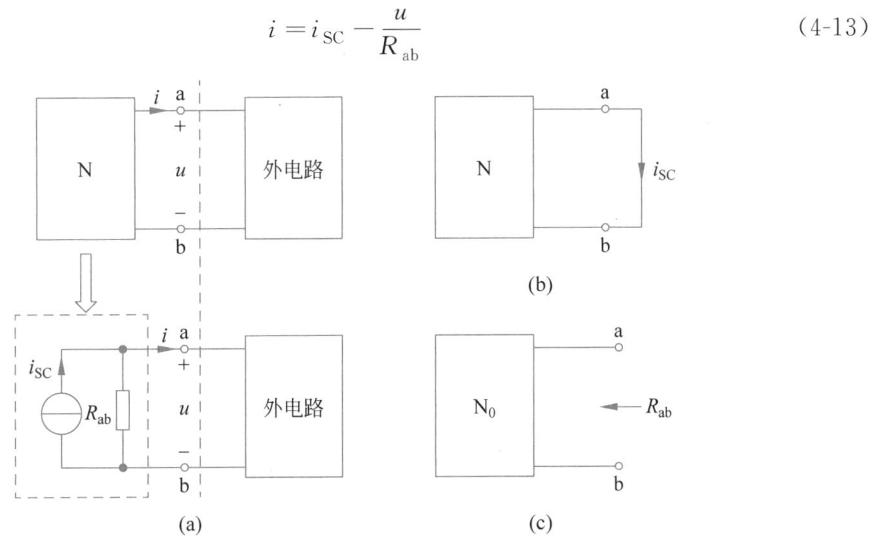

图 4-13 诺顿定理图

应用 2.3.3 节电压源串联电阻与电流源并联电阻的等效变换，可以从戴维南定理推得诺顿定理。

注意：不是任何单口网络都能化简为戴维南或诺顿等效电路。在求等效电路时，若算得的 R_{ab} 为无穷大，戴维南等效电路不存在。若 R_{ab} 为零，诺顿等效电路不存在。

例 4-10 如图 4-14(a)所示电路中，已知 $u_{\mathrm{S1}}=30\mathrm{V}$，$u_{\mathrm{S2}}=16\mathrm{V}$，$R_1=10\Omega$，$R_2=40\Omega$，$R_3=2\Omega$，用诺顿定理求流过电阻 R_3 的电流 i。

解：先将图 4-14(a)中 R_3 所在支路与其余电路分解开，并将除电阻 R_3 以外的电路部分（如图 4-14(b)所示），化简为诺顿等效电路。

(1) 求短路电流 i_{SC}。

将图 4-14(b)单口网络短路，如图 4-14(c)所示，根据叠加定理可得

$$i_{\mathrm{SC}}=\frac{u_{\mathrm{S1}}}{R_1}+\frac{u_{\mathrm{S2}}}{R_1 /\!/ R_2}=\frac{30}{10}+\frac{16}{10 /\!/ 40}=3+2=5(\mathrm{A})$$

(2) 求等效电阻。

将图 4-14(b)单口网络中的电压源用短路代替,可得图 4-14(d),有

$$R_{ab}=R_1 \mathbin{/\!/} R_2=10 \mathbin{/\!/} 40=\frac{400}{50}=8(\Omega)$$

(3) 利用诺顿定理求流出 R_3 支路的电流 i。

将电阻 R_3 接入诺顿等效电路端口,如图 4-14(e)所示,可得

$$i=i_{SC}\frac{R_{ab}}{R_{ab}+R_3}=5\times\left(\frac{8}{8+2}\right)=4(A)$$

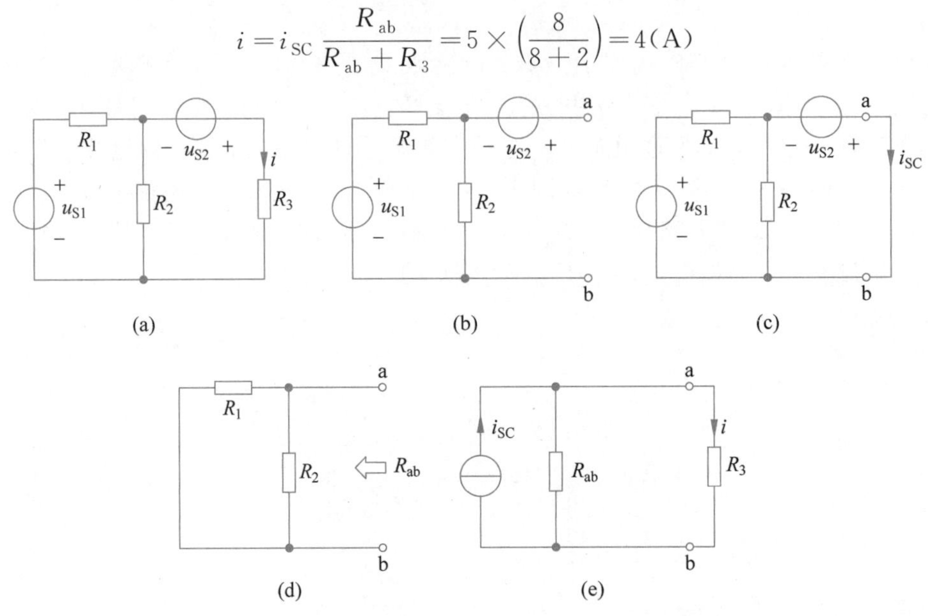

图 4-14 例 4-10 图

从上述几例可看出,求单口网络的开路电压 u_{OC}(或短路电流 i_{SC})时,可根据网络的实际情况,用前面所学过的分析方法求解。求等效电阻 R_{ab} 时,网络内部不含受控源,可将内部独立源置零,用电阻的串、并、混联公式求解。但当网络内部含有受控源时,等效电阻 R_{ab} 不能直接求出。此时可采用以下两种方法求等效电阻。

(1) 开路/短路法。

由戴维南定理可知,线性含源单口网络 N 可等效为开路电压 u_{OC} 和等效电阻 R_{ab} 的串联电路,如图 4-15(a)所示,当网络 N 的端口短路时,设短路电流为 i_{SC},如图 4-15(b)所示,根据图 4-15(b)所示的等效电路可得

$$R_{ab}i_{SC}-u_{OC}=0$$

故

$$R_{ab}=\frac{u_{OC}}{i_{SC}} \tag{4-14}$$

由式(4-14)知,只要求得线性含源单口网络的开路电压和短路电流,即可求得单口网络的等效电阻。对于内部连接方式及结构不明的网络,如果能接触到其两个端钮,可用电压表测得其开路电压,用电流表测得其短路电流,便可求出网络的戴维南和诺顿等效电路。这是一种很常用的利用实验求戴维南和诺顿等效电路的方法。

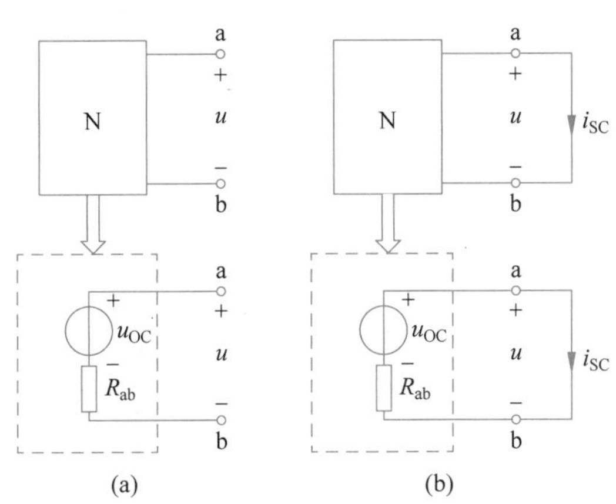

图 4-15 开路/短路法求等效电阻图

(2) 外施电源法。

令图 4-15(a)单口网络 N 中所有独立电源为零(若含有受控源,受控源保留),得到无源单口网络 N_0,在其端口处外加一个电压源 u,如图 4-16(a)所示,(或电流源 i,如图 4-16(b)所示),求出电压源提供的电流 i(或电流源两端的电压 u),在图示电压与电流的参考方向下(电压、电流对 N_0 为关联参考方向),可求出 a-b 端口 u、i 的关系式,进而求得等效电阻 R_{ab}

$$R_{ab}=\frac{u}{i}$$

具体外施电压源还是电流源视电路方便计算而定。

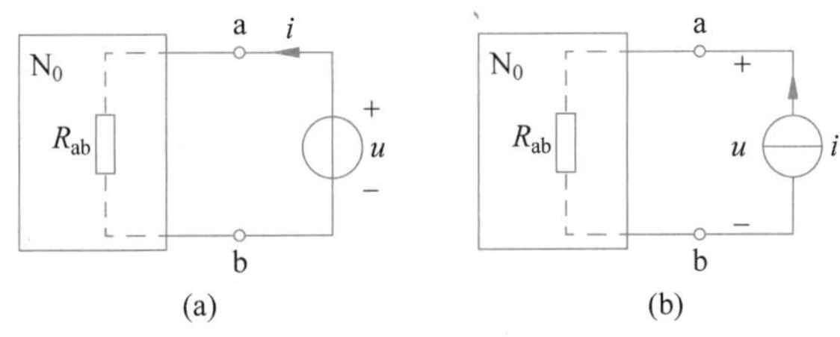

图 4-16 外施电源法求等效电阻图

例 4-11 如图 4-17(a)所示电路中,已知 $u_S=20V$,$R_1=R_2=2\Omega$,$R_3=1\Omega$,求戴维南及诺顿等效电路。

解:(1) 求开路电压 u_{OC}。

电路如图 4-17(b)所示,利用节点分析法求解。共 3 个节点,选节点 3 为参考节点,节点 1 的电压为已知电压 u_S,节点 2 的节点方程为

$$\left(\frac{1}{R_1}+\frac{1}{R_2}\right)u_2-\frac{1}{R_1}u_S=8i \tag{4-15}$$

由控制支路可得

$$u_S-u_2=R_1 i \tag{4-16}$$

联立式(4-15)和式(4-16),并代入数值,可得

$$\begin{cases}u_2=18V\\ i=1A\end{cases}$$

故

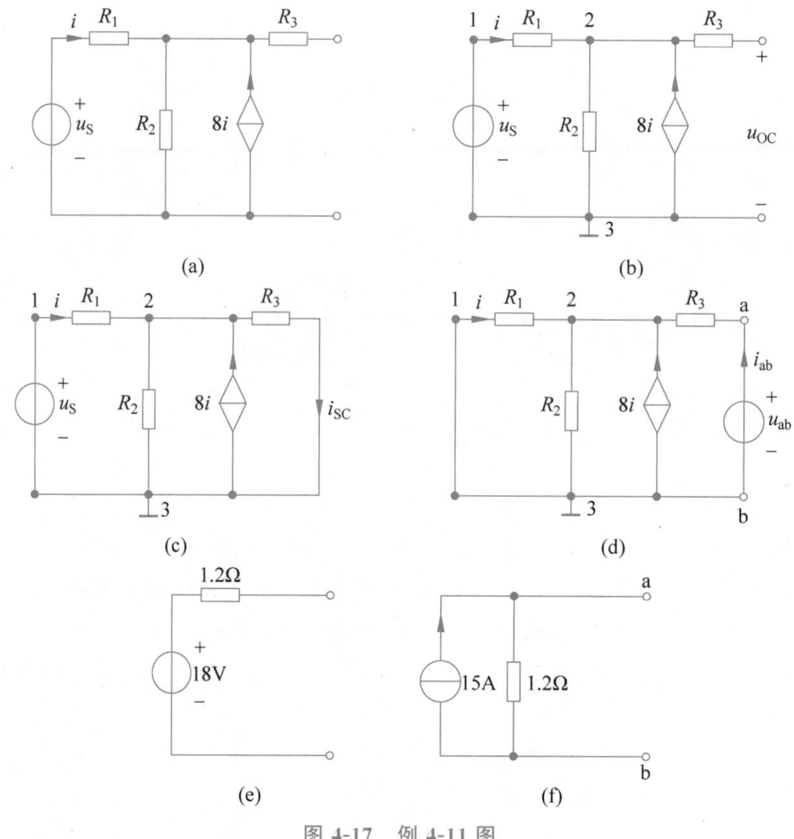

图 4-17　例 4-11 图

$$u_{OC}=u_2=18\text{V}$$

（2）求短路电流。

将图 4-17(a)端口短路，如图 4-17(c)所示，选节点 3 为参考节点，节点 2 的节点方程为

$$\left(\frac{1}{R_1}+\frac{1}{R_2}+\frac{1}{R_3}\right)u_2-\frac{1}{R_1}u_S=8i \tag{4-17}$$

由控制支路，可得

$$u_S-u_2=R_1 i \tag{4-18}$$

联立式(4-17)和式(4-18)，并代入数值，可得

$$\begin{cases}u_2=15\text{V}\\ i=2.5\text{A}\end{cases}$$

故

$$i_{SC}=\frac{u_2}{R_3}=\frac{15}{1}=15(\text{A})$$

（3）求等效电阻。

因电路中包含受控源（电流控制电流源），等效电阻可用两种方法求解。

方法一：利用开路/短路法求解，即

$$R_{ab}=\frac{u_{OC}}{i_{SC}}=\frac{18}{15}=1.2(\Omega)$$

方法二：外施电源法求解。将图 4-17(a)电路中的电压源用短路线代替，a-b 端口外施电压源 u_{ab}，如图 4-17(d)所示，选节点 3 为参考节点，节点 2 的节点方程为

$$\left(\frac{1}{R_1}+\frac{1}{R_2}+\frac{1}{R_3}\right)u_2-\frac{1}{R_3}u_{ab}=8i \tag{4-19}$$

由控制支路可得

$$R_1 i+u_2=0$$

即

$$i=-\frac{u_2}{R_1} \tag{4-20}$$

将式(4-20)代入式(4-19)，并代入数值，可得

$$u_2=\frac{1}{6}u_{ab} \tag{4-21}$$

对外施电压源所在回路列 KVL 方程：

$$u_{ab}=R_3 i_{ab}+u_2 \tag{4-22}$$

将式(4-21)代入式(4-22)，可得

$$5u_{ab}-6i_{ab}=0$$

故 a-b 端的等效电阻 R_{ab} 为

$$R_{ab}=\frac{u_{ab}}{i_{ab}}=\frac{6}{5}=1.2(\Omega)$$

计算结果与方法一相同。

根据戴维南定理，图 4-17(a)电路可等效为电压源串联电阻支路，如图 4-17(e)所示。据诺顿定理，图 4-17(a)电路可等效为电流源并联电阻支路，如图 4-17(f)所示。

在用戴维南定理(诺顿定理)求解时应注意：

(1) 戴维南定理(诺顿定理)讨论的是线性含源单口网络的简化问题，定理使用时对网络外部的负载是否线性没有要求，即无论外部电路是线性还是非线性都可以使用。

(2) 分析含受控源的电路时，不能将受控源的控制量和被控制量分放在两个网络，二者必须在同一个网络(控制量可为受控源所在网络的端口电压或电流)。

4.4　最大功率传递定理

实际使用的电源内部结构可能不同，但它们向外电路供电时都通过两个引出端接至负载，对负载而言，可看为一个线性含源单口网络。负载不同，单口网络传递给负载的功率也不同。在工程中常希望负载能从单口网络获得的功率最大，本节讨论负载获得最大功率的条件。

前面介绍过，对于一个线性含源单口网络 N 可用戴维南(或诺顿)等效电路替代，假设 N 用戴维南等效电路替代，如图 4-18 所示，图中 R_L 为负载电阻。流过 R_L 的电流为

$$i=\frac{u_{OC}}{R_{ab}+R_L}$$

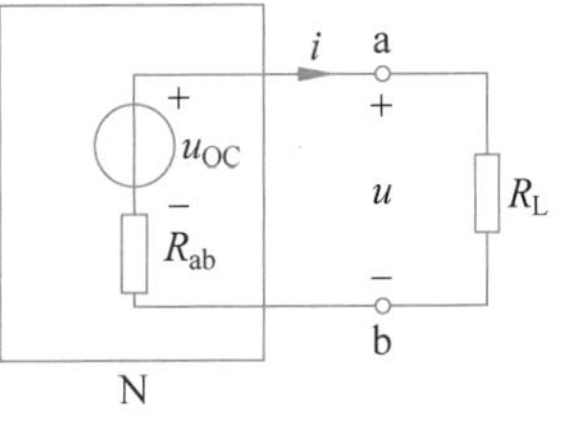

图 4-18　最大功率传递定理图

若单口网络 N 已知，u_{OC} 和 R_{ab} 为定值，当 R_L 很大时，流过 R_L 的电流 i 很小，R_L 的功率 i^2R_L 很小。当 R_L 很小

时，功率同样也很小。R_L 在任意时刻的功率为

$$p=i^2R_L=\left(\frac{u_{OC}}{R_{ab}+R_L}\right)^2R_L=f(R_L)$$

要使 p 有极值，应使

$$\frac{dp}{dR_L}=0$$

即

$$\frac{dp}{dR_L}=u_{OC}^2\,\frac{(R_{ab}+R_L)^2-2(R_{ab}+R_L)R_L}{(R_{ab}+R_L)^4}=u_{OC}^2\,\frac{R_{ab}-R_L}{(R_{ab}+R_L)^3}=0$$

由此可得

$$R_L=R_{ab}$$

又

$$\left.\frac{d^2p}{dR_L^2}\right|_{R_L=R_0}=-\frac{u_{OC}^2}{8R_{ab}^3}<0$$

所以当 $R_L=R_{ab}$ 时，p 有最大值，即负载电阻 R_L 等于线性含源单口网络的戴维南（或诺顿）等效电路中的等效电阻时，线性含源单口网络传递给可变负载 R_L 的功率最大。此为最大功率传递定理，也称为最大功率匹配。$R_L=R_{ab}$ 称为最大功率传递条件。

此时，负载所获得的最大功率为

$$p_{max}=\frac{u_{OC}^2}{4R_{ab}} \tag{4-23}$$

若用诺顿等效电路，则可得

$$p_{max}=\frac{i_{SC}^2R_{ab}}{4} \tag{4-24}$$

例 4-12 如图 4-19(a)所示电路中，已知 $u_S=5\text{V}$，$i_S=2\text{A}$，$R_1=10\Omega$，$R_2=5\Omega$，$R_3=15\Omega$，求 R_L 获得最大功率时的值及此时 R_L 获得的功率。

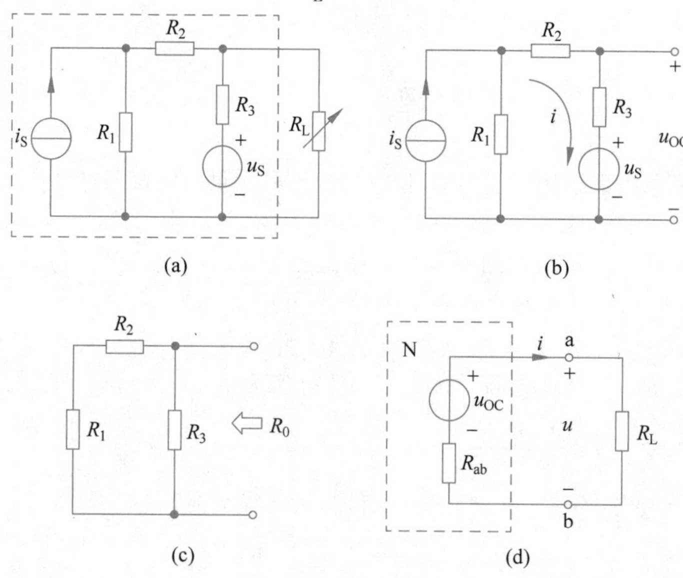

图 4-19 例 4-12 图

解：(1) 求虚线框内的戴维南等效电路。

求开路电压的电路如图 4-19(b)所示。用网孔分析法求解，左边网孔的电流为电流源电流，只需列右边网孔的网孔方程：

$$(R_1+R_2+R_3)i-R_1i_S=-u_S$$

代入数值，有

$$(10+5+15)i-10\times2=-5$$

解得

$$i=0.5\text{A}$$

故

$$u_{OC}=R_3i+u_S=15\times0.5+5=12.5(\text{V})$$

将图 4-19(b)的电压源短路，电流源开路，得到图 4-19(c)，等效电阻为

$$R_{ab}=(R_1+R_2)\ /\!/\ R_3=7.5(\Omega)$$

因此，当

$$R_L=R_{ab}=7.5\Omega$$

时，R_L 获得最大功率。

(2) 据式(4-23)，R_L 获得的最大功率为

$$p_{max}=\frac{u_{OC}^2}{4R_{ab}}=\frac{12.5^2}{4\times7.5}\approx5.2(\text{W})$$

例 4-13　如图 4-20(a)所示电路中，已知 $i_S=4\text{A}$，$R_1=\frac{1}{2}\Omega$，$R_2=1\Omega$，$R_3=\frac{1}{3}\Omega$，求戴维南等效电路和诺顿等效电路，说明外接负载 R_L 多大可获得最大功率？并求 R_L 获得的最大功率。

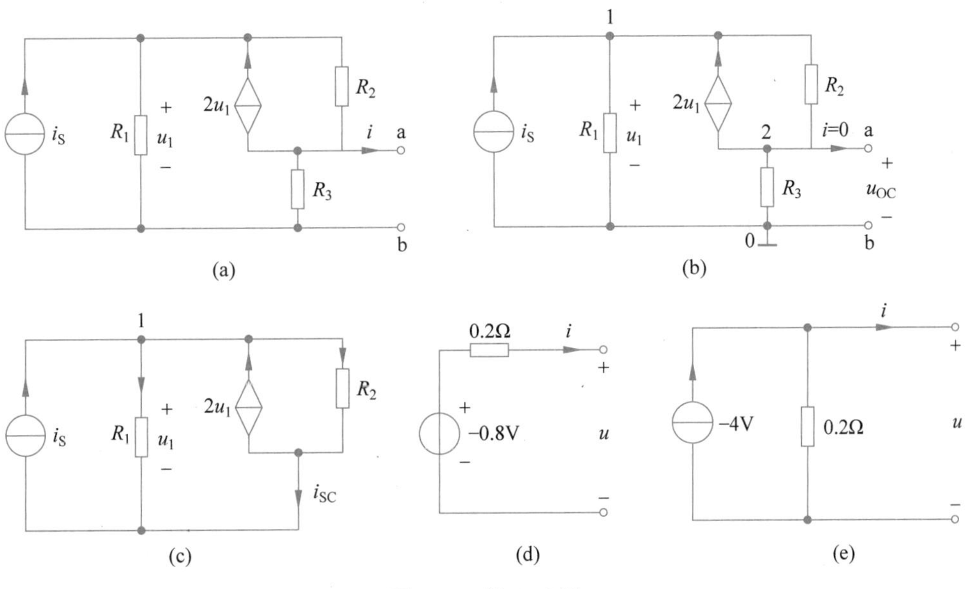

图 4-20　例 4-13 图

解：单口网络内部含有受控源，求解等效电阻用开路/短路法。

(1) 求开路电压。

端口开路时(图 4-20(a)中 $i=0$)的电路如图 4-20(b)所示，选节点 0 为参考节点，列出节点方程：

$$\begin{cases}\left(\dfrac{1}{R_1}+\dfrac{1}{R_2}\right)u_1-\dfrac{1}{R_2}u_{OC}=i_S+2u_1\\\left(\dfrac{1}{R_2}+\dfrac{1}{R_3}\right)u_{OC}-\dfrac{1}{R_2}u_1=-2u_1\end{cases}$$

数值代入，有

$$\begin{cases}(2+1)u_1-u_{OC}=4+2u_1\\(1+3)u_{OC}-u_1=-2u_1\end{cases}$$

解得

$$u_{OC}=-0.8\text{V}$$

(2) 求短路电流。

将 a、b 端口短路，电阻 R_3 被短路，如图 4-20(c)所示，列节点 1 的 KCL 方程：

$$\frac{u_1}{R_1}+\frac{u_1}{R_2}-i_S-2u_1=0$$

代入数值，有

$$(2+1)u_1-4-2u_1=0$$

解得

$$u_1=4\text{V}$$

故

$$i_{SC}=i_S-\frac{u_1}{R_1}=4-\frac{4}{0.5}=-4(\text{A})$$

(3) 求等效电阻。

$$R_{ab}=\frac{u_{OC}}{i_{SC}}=\frac{-0.8}{-4}=0.2(\Omega)$$

因此，戴维南等效电路如图 4-20(d)所示，诺顿等效电路如图 4-20(e)所示。

当 $R_L=R_{ab}=0.2\Omega$ 时，负载获得最大功率。此时，负载 R_L 获得的最大功率为

$$p_{max}=\frac{u_{OC}^2}{4R_{ab}}=\frac{(-0.8)^2}{4\times0.2}=0.8(\text{W})$$

或

$$p_{max}=\frac{i_{SC}^2R_{ab}}{4}=\frac{(-4)^2\times0.2}{4}=0.8(\text{W})$$

4.5 特勒根定理

特勒根定理是在基尔霍夫定律基础之上发展起来的，和基尔霍夫定律一样，它只与电路结构有关，而与电路性质无关，是电路理论中适用于任何集中参数电路的定理。特勒根定理

有两种形式。

如图 4-21 所示，有 6 条支路，假设各支路电压、支路电流分别为 $u_1, u_2, \cdots, u_6, i_1, i_2, \cdots, i_6$，各支路电压与支路电流取关联参考方向。4 个节点，选 n_4 节点为参考节点，其他节点的节点电压分别为 u_{n1}、u_{n2}、u_{n3}，各支路电压用节点电压表示如下：

$$\begin{cases} u_1 = u_{n1} \\ u_2 = u_{n2} \\ u_3 = u_{n3} \\ u_4 = u_{n1} - u_{n2} \\ u_5 = u_{n1} - u_{n3} \\ u_6 = u_{n2} - u_{n3} \end{cases} \tag{4-25}$$

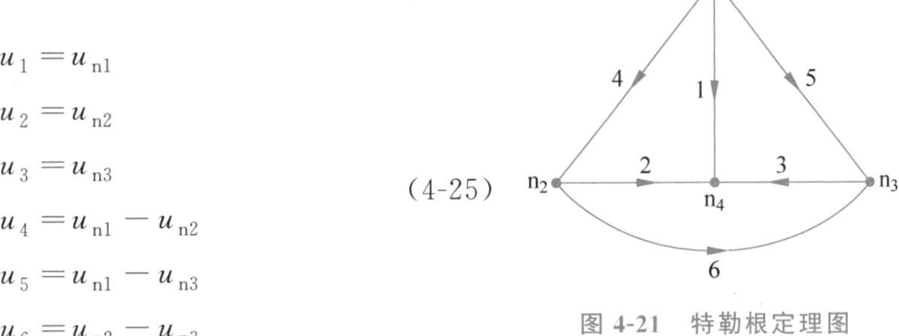

图 4-21 特勒根定理图

对节点 n_1、n_2、n_3 分别应用 KCL，可得

$$\begin{cases} i_1 + i_4 + i_5 = 0 \\ i_2 - i_4 + i_6 = 0 \\ i_3 - i_5 - i_6 = 0 \end{cases} \tag{4-26}$$

各支路电压、电流的乘积为

$$\sum_{k=1}^{6} u_k i_k = u_1 i_1 + u_2 i_2 + u_3 i_3 + u_4 i_4 + u_5 i_5 + u_6 i_6 \tag{4-27}$$

将式(4-25)代入式(4-27)并整理，可得

$$\sum_{k=1}^{6} u_k i_k = u_{n1}(i_1 + i_4 + i_5) + u_{n2}(i_2 - i_4 + i_6) + u_{n3}(i_3 - i_5 - i_6) \tag{4-28}$$

将式(4-26)代入式(4-28)，可得

$$\sum_{k=1}^{6} u_k i_k = 0 \tag{4-29}$$

将式(4-29)推广至任何具有 b 条支路、n 个节点的电路，有

$$\sum_{k=1}^{b} u_k i_k = 0$$

此结论可用特勒根定理Ⅰ(特勒根功率定理)描述：一个具有 b 条支路、n 个节点的任意集中参数电路，假设各支路电压和支路电流分别为 $u_1, u_2, \cdots, u_b, i_1, i_2, \cdots, i_b$，电压和电流取关联参考方向，在任何瞬间 t，各支路电压与支路电流乘积的代数和恒为零，即

$$\sum_{k=1}^{b} u_k i_k = 0 \tag{4-30}$$

式(4-30)说明在任何瞬间 t，电路中各支路吸收功率的代数和恒等于零，是功率守恒的数学表达式。

对两个具有 b 条支路、n 个节点的任意集中参数电路 N 和 $\hat{\text{N}}$，若它们具有相同的图，即两电路各元件间的连接情况及相应参考方向均相同，但支路上的元件不同，设 $u_1, u_2, \cdots, u_b, i_1, i_2, \cdots, i_b$ 和 $\hat{u}_1, \hat{u}_2, \cdots, \hat{u}_b, \hat{i}_1, \hat{i}_2, \cdots, \hat{i}_b$ 分别为 N 和 $\hat{\text{N}}$ 中各支路电压和支路电流，并且电压、电流取关联参考方向，则在任何瞬间 t，网络 N 的各支路电压(或电流)与网络 $\hat{\text{N}}$ 的

支路电流(或电压)乘积的代数和恒为零,即

$$\sum_{k=1}^{b} u_k \hat{i}_k = 0 \tag{4-31}$$

$$\sum_{k=1}^{b} \hat{u}_k i_k = 0 \tag{4-32}$$

证明:两个电路的图都如图 4-21 所示,电路 N 的支路电压表达式为(4-25),而电路 $\hat{\mathrm{N}}$ 的节点的 KCL 方程为

$$\begin{cases} \hat{i}_1 + \hat{i}_4 + \hat{i}_5 = 0 \\ \hat{i}_2 - \hat{i}_4 + \hat{i}_6 = 0 \\ \hat{i}_3 - \hat{i}_5 - \hat{i}_6 = 0 \end{cases} \tag{4-33}$$

电路 N 的各支路电压与 $\hat{\mathrm{N}}$ 的各支路电流的乘积为

$$\sum_{k=1}^{6} u_k \hat{i}_k = u_1 \hat{i}_1 + u_2 \hat{i}_2 + u_3 \hat{i}_3 + u_4 \hat{i}_4 + u_5 \hat{i}_5 + u_6 \hat{i}_6 \tag{4-34}$$

将式(4-25)、式(4-33)代入式(4-34)并整理,可得

$$\sum_{k=1}^{6} u_k \hat{i}_k = u_{\mathrm{n1}}(\hat{i}_1 + \hat{i}_4 + \hat{i}_5) + u_{\mathrm{n2}}(\hat{i}_2 - \hat{i}_4 + \hat{i}_6) + u_{\mathrm{n3}}(\hat{i}_3 - \hat{i}_5 - \hat{i}_6) = 0 \tag{4-35}$$

将式(4-35)推广至任何两个具有 b 条支路、n 个节点的相同的电路的图,有

$$\sum_{k=1}^{b} u_k \hat{i}_k = 0$$

同理,可证

$$\sum_{k=1}^{b} \hat{u}_k i_k = 0$$

由于这种形式的定理具有功率之和的形式,所以称为特勒根似功率定理(特勒根定理Ⅱ)。表明有向图相同的电路中,一个电路的支路电压和另一电路的支路电流,或同一电路在不同时刻的相应支路电压和支路电流应遵循的数学关系,没有实际物理意义。由于定理只与电路的结构有关,与元件无关,所以适合于任何集中参数电路,包括线性、非线性、时变、非时变电路。

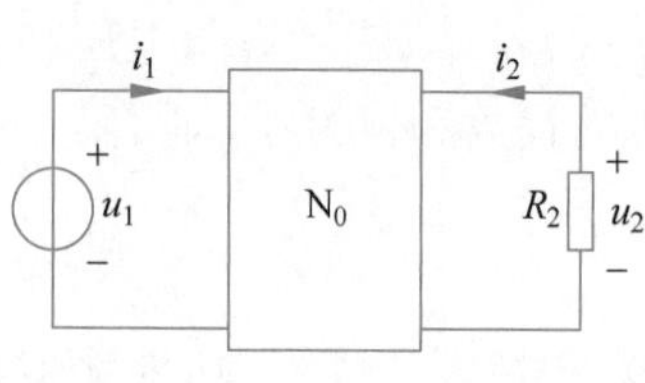

图 4-22 例 4-14 图

例 4-14 如图 4-22 所示电路,网络 N_0 由线性电阻组成,对不同的直流电压 u_1 及不同的负载 R_2 进行两次测量,$R_2=8\Omega$,$u_1=5\mathrm{V}$,$i_1=2\mathrm{A}$,$u_2=8\mathrm{V}$;$\hat{R}_2=4\Omega$,$\hat{u}_1=2\mathrm{V}$,$\hat{i}_1=4\mathrm{A}$。试求 $\hat{u}_2$。

解:设电路共有 b 条支路,线性电阻网络 N_0 内部各支路电压、电流取关联参考方向,N_0 以外的电压源 u_1 和电阻 R_2 所在的两条支路电压、电流为非关联参考方向。当电压、电流为关联参考方向时,特勒根定理的第二种形式中乘积项取"+"号,非关联参考方向时,乘积项取"−"号,有

$$\sum_{k=3}^{b} u_k \hat{i}_k - u_1 \hat{i}_1 - u_2 \hat{i}_2 = 0$$

$$\sum_{k=3}^{b}\hat{u}_k i_k - \hat{u}_1 i_1 - \hat{u}_2 i_2 = 0$$

即

$$\sum_{k=3}^{b}u_k \hat{i}_k - u_1 \hat{i}_1 - u_2 \hat{i}_2 = \sum_{k=3}^{b}\hat{u}_k i_k - \hat{u}_1 i_1 - \hat{u}_2 i_2 \tag{4-36}$$

对 N_0 内部各支路，有 $u_k = R_k i_k$，$\hat{u}_k = R_k \hat{i}_k$，所以

$$u_k \hat{i}_k = R_k i_k \hat{i}_k = R_k \hat{i}_k i_k = \hat{u}_k i_k$$

故

$$\sum_{k=3}^{b}u_k \hat{i}_k = \sum_{k=3}^{b}\hat{u}_k i_k \tag{4-37}$$

将式(4-37)代入式(4-36)，可得

$$u_1 \hat{i}_1 + u_2 \hat{i}_2 = \hat{u}_1 i_1 + \hat{u}_2 i_2 \tag{4-38}$$

元件 R_2 的 VAR 为

$$i_2 = -\frac{u_2}{R_2},\quad \hat{i}_2 = -\frac{\hat{u}_2}{\hat{R}_2} \tag{4-39}$$

将式(4-39)代入式(4-38)，并代入数值，有

$$5\times 4 - 8\times \frac{\hat{u}_2}{4} = 2\times 2 - \hat{u}_2 \times \frac{8}{8}$$

解得

$$\hat{u}_2 = 16\text{V}$$

可见，用特勒根定理求解某些网络问题较方便。

4.6　互易定理

互易定理用于分析线性纯电阻网络(仅含有线性电阻，不含有独立源和受控源)的响应与激励的关系。只有一个激励作用于线性纯电阻网络，当激励端口与响应端口位置互换时，只要激励不变，则响应不变。线性电阻电路的这种互易性称为互易定理。说明线性无源网络传输信号的双向性或可逆性，即甲方向乙方传输的效果和乙方向甲方传输的效果相同。根据激励和响应的不同，互易定理有三种形式。

互易定理形式Ⅰ：对一个仅含线性电阻的电路，激励为单一电压源，响应为电流，当激励和响应位置互换时，同一激励产生的响应相同。

如图 4-23(a)所示电路，共有 b 条支路，方框 N_0 内部仅含线性电阻，不含任何独立电源和受控源。激励端口 1-1′接电压源 u_{S1}，响应端口 2-2′ 接短路线，流过的电流为 i_2。N_0 内部各支路的电压、电流分别为 $u_3, u_4, \cdots, u_b, i_3, i_4, \cdots, i_b$。如果把图 4-23(a)中激励和响应位置互换，其他连接方式不变，得到图 4-23(b)，此时端口 2-2′ 成为激励端口，接电压源 $\hat{u}_{S2}$，端口 1-1′ 成为响应端口，接短路线，流过的电流为 $\hat{i}_1$。设 N_0 和 $\hat{N}_0$ 内部各支路电压、电流取关联参考方向。由于图 4-23(a)和图 4-23(b)具有相同的有向图，应用特勒根定理Ⅱ，有

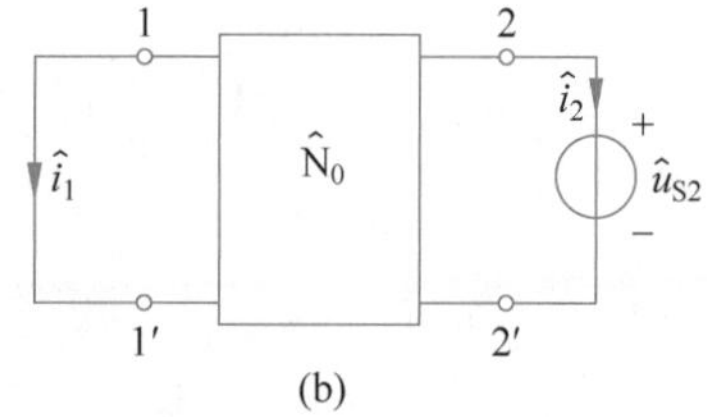

图 4-23　互易定理形式 Ⅰ

$$\begin{cases} u_1\hat{i}_1+u_2\hat{i}_2+\sum\limits_{k=3}^{b}u_k\hat{i}_k=0 \\ \hat{u}_1 i_1+\hat{u}_2 i_2+\sum\limits_{k=3}^{b}\hat{u}_k i_k=0 \end{cases} \tag{4-40}$$

由于方框内部仅为线性电阻，因此

$$u_k=R_k i_k,\quad \hat{u}_k=R_k\hat{i}_k,\quad k=3,4,\cdots,b \tag{4-41}$$

将式(4-41)代入式(4-40)，可得

$$\begin{cases} u_1\hat{i}_1+u_2\hat{i}_2+\sum\limits_{k=3}^{b}R_k i_k\hat{i}_k=0 \\ \hat{u}_1 i_1+\hat{u}_2 i_2+\sum\limits_{k=3}^{b}R_k\hat{i}_k i_k=\hat{u}_1 i_1+\hat{u}_2 i_2+\sum\limits_{k=3}^{b}R_k i_k\hat{i}_k=0 \end{cases}$$

故

$$u_1\hat{i}_1+u_2\hat{i}_2=\hat{u}_1 i_1+\hat{u}_2 i_2 \tag{4-42}$$

图 4-23(a)中

$$u_1=u_{S1},\quad u_2=0 \tag{4-43}$$

图 4-23(b)中

$$\hat{u}_1=0,\quad \hat{u}_2=\hat{u}_{S2} \tag{4-44}$$

将式(4-43)、式(4-44)代入式(4-42)，可得

$$u_{S1}\hat{i}_1=\hat{u}_{S2}i_2$$

即

$$\frac{i_2}{u_{S1}}=\frac{\hat{i}_1}{\hat{u}_{S2}}$$

取

$$\hat{u}_{S2}=u_{S1}$$

则有

$$\hat{i}_1=i_2$$

说明单一激励电压源，响应为电流，当激励端口与响应端口互换位置时，同一激励产生的响应相同。

若图 4-23(a)端口 1-1′接电流源 i_{S1}，2-2′端口为开路，开路电压为 u_2，则可得到图 4-24(a)。将图 4-24(a)中的激励和响应位置互换，得到图 4-24(b)。图 4-24(b)中，2-2′端口接电流源 $\hat{i}_{S2}$，1-1′端口为开路，开路电压为 $\hat{u}_1$。假设把电流源置零，则图 4-24(a)和图 4-24(b)的两个

电路完全相同。图 4-24(a)和图 4-24(b)具有相同的有向图,应用特勒根定理Ⅱ,有

$$u_1\hat{i}_1+u_2\hat{i}_2+\sum_{k=3}^{b}u_k\hat{i}_k=0$$

$$\hat{u}_1 i_1+\hat{u}_2 i_2+\sum_{k=3}^{b}\hat{u}_k i_k=0$$

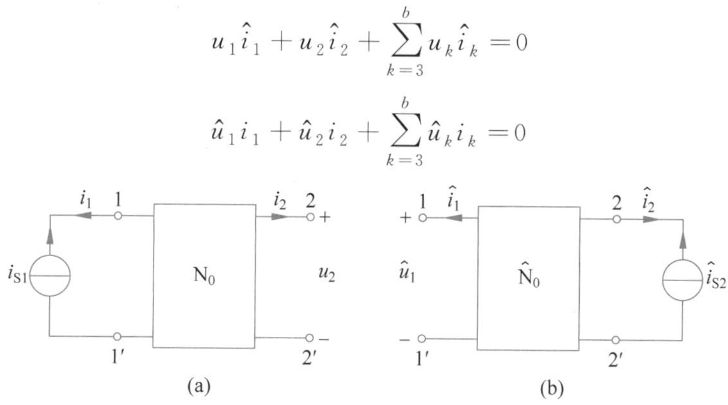

图 4-24 互易定理的形式Ⅱ

因方框内部仅为线性电阻,与互易定理形式Ⅰ证明类似,得到

$$u_1\hat{i}_1+u_2\hat{i}_2=\hat{u}_1 i_1+\hat{u}_2 i_2 \tag{4-45}$$

图 4-24(a)中

$$i_1=-i_{S1},\quad i_2=0 \tag{4-46}$$

图 4-24(b)中

$$\hat{i}_1=0,\quad \hat{i}_2=-\hat{i}_{S2} \tag{4-47}$$

将式(4-46)、式(4-47)代入式(4-45),可得

$$u_2\hat{i}_{S2}=\hat{u}_1 i_{S1}$$

即

$$\frac{u_2}{i_{S1}}=\frac{\hat{u}_1}{\hat{i}_{S2}}$$

取

$$i_{S1}=\hat{i}_{S2}$$

则有

$$u_2=\hat{u}_1$$

可见,激励为单一电流源、响应为电压,当激励端口与响应端口互换位置时,同一激励产生的响应相同。此为互易定理的形式Ⅱ。

若图 4-23(a)1-1′端口接电流源 i_{S1},2-2′端口短路,流过的电流为 i_2,则可得到图 4-25(a)。如果把激励改为电压源 $\hat{u}_{S2}$,且接于 2-2′端,而 1-1′开路,电压为 $\hat{u}_1$,则可得到图 4-25(b)。假设把电流源和电压源置零,可以看出激励和响应互换位置后,电路保持不变,即图 4-25(a)和图 4-25(b)两电路有向图相同。

对图 4-25(a)和图 4-25(b)应用特勒根定理,可得

$$u_1\hat{i}_1+u_2\hat{i}_2+\sum_{k=3}^{b}u_k\hat{i}_k=0$$

$$\hat{u}_1 i_1+\hat{u}_2 i_2+\sum_{k=3}^{b}\hat{u}_k i_k=0$$

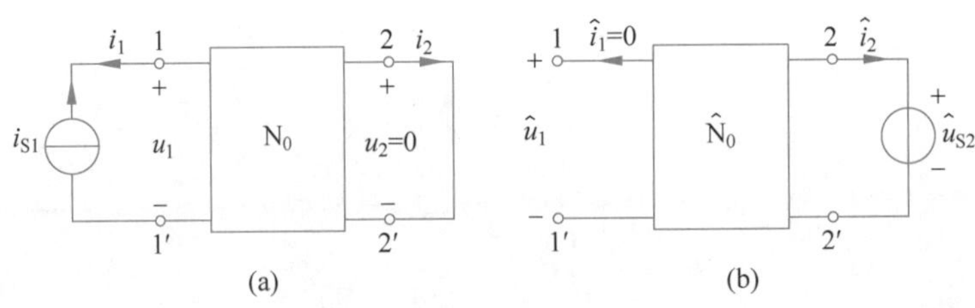

图 4-25　互易定理的形式Ⅲ

与证明定理的前两种形式类似，有

$$u_1\hat{i}_1+u_2\hat{i}_2=\hat{u}_1 i_1+\hat{u}_2 i_2 \tag{4-48}$$

图 4-25(a)中

$$i_1=-i_{S1},\quad u_2=0 \tag{4-49}$$

图 4-25(b)中

$$\hat{i}_1=0,\quad \hat{u}_2=\hat{u}_{S2} \tag{4-50}$$

将式(4-49)、式(4-50)代入式(4-48)，可得

$$-\hat{u}_1 i_{S1}+\hat{u}_{S2} i_2=0$$

即

$$\frac{i_2}{i_{S1}}=\frac{\hat{u}_1}{\hat{u}_{S2}}$$

若 i_2、i_{S1} 的单位相同，$\hat{u}_1$、$\hat{u}_{S2}$ 的单位相同，并且在数值上取

$$i_{S1}=\hat{u}_{S2}$$

则有

$$i_2=\hat{u}_1$$

可见，激励为电流源，响应为电流时，若用等值的激励电压源取代电流源，并互换位置，则短路端口的电流与开路端口的电压在数值上相等，即同一激励产生的响应相同。此为互易定理的形式Ⅲ。

应用互易定理注意以下三方面：

(1) 互易定理只适合于具有一个独立源的线性电阻网络，并且网络内不含受控源。

(2) 互易前后网络的拓扑结构和参数保持不变，只是理想电压源(或电流源)与另一支路的响应电流(或电压)进行互易，理想电压源所在支路有电阻时，电阻应保留在原电路中。

(3) 互易时应注意激励与响应的参考方向。各支路电压与电流为关联参考方向时乘积项为“+”；否则，乘积项为“－”。

例 4-15　如图 4-26(a)所示电路中，已知 $u_S=21\text{V}$，$R_1=6\Omega$，$R_2=3\Omega$，$R_3=4\Omega$，$R_4=4\Omega$，$R_5=3\Omega$，求 i_2。

解：电路只含一个独立源，其余为电阻元件，但电阻之间不是简单的串、并联，不能直接求出 i_2。图 4-26(a)中，1-1′ 的电压源作为激励端，i_2 所在支路作为响应端。为应用互易定理，将电阻 R_5 放于电阻网络内，短路线作为响应端 2-2′。将激励 1-1′的电压源与响应 2-2′的短路线互换位置，得到图 4-26(b)，由图 4-26(b)可见，电阻的连接变为简单的串、并联关系。

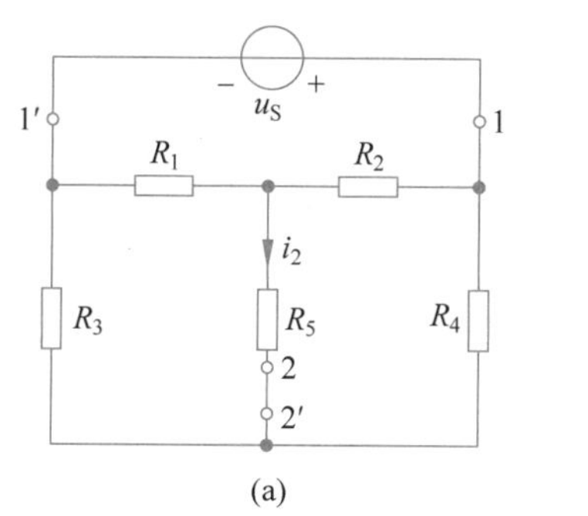

(a)

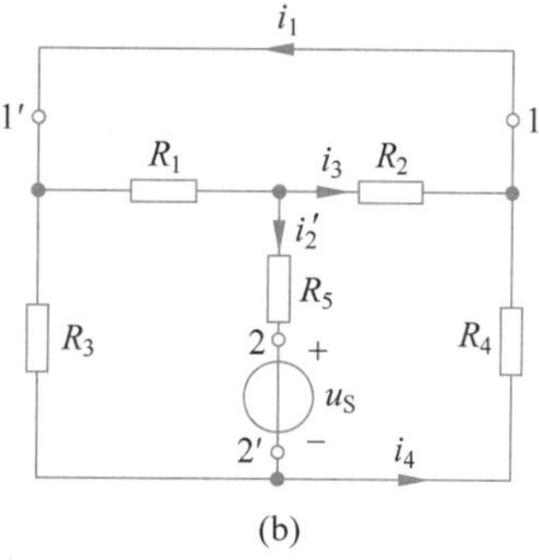

(b)

图 4-26　例 4-15 图

图 4-26(b)中

$$i'_2=-\frac{u_S}{R_5+R_1 /\!/ R_2+R_3 /\!/ R_4}=-\frac{21}{3+6 /\!/ 3+4 /\!/ 4}=-3(\mathrm{A})$$

由分流公式可得

$$i_3=-i'_2\frac{R_1}{R_1+R_2}=-(-3)\times\frac{6}{6+3}=2(\mathrm{A})$$

$$i_4=i'_2\frac{R_3}{R_3+R_4}=(-3)\times\frac{4}{4+4}=-1.5(\mathrm{A})$$

由 KCL 可得

$$i_1=i_3+i_4=2+(-1.5)=0.5(\mathrm{A})$$

根据互易定理可知,图 4-26(a)中的电流 i_2 等于图 4-26(b)中的电流 i_1,即

$$i_2=i_1=0.5\mathrm{A}$$

例 4-16　如图 4-27(a)和图 4-27(b)所示电路中网络 N_0 仅由电阻组成,已知 $U_2=2\mathrm{V}$,求图 4-27(b)中 U'_1。

解:互易定理互换时只互换激励所在支路,所以将 R_1、R_2 归入电阻网络 N_0,组成新的电阻网络 N'_0,如图 4-27(c)和图 4-27(d)所示。图 4-27(c)和图 4-27(d)为纯电阻网络,利用互易定理的形式Ⅱ,可得

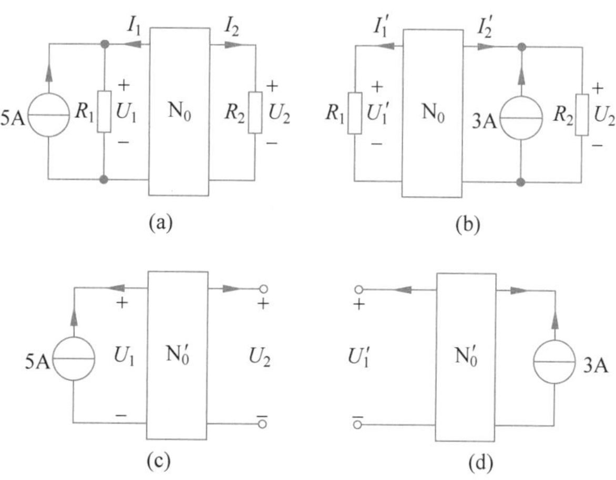

图 4-27　例 4-16 图

$$\frac{u_2}{i_{S1}}=\frac{\hat{u}_1}{\hat{i}_{S2}}$$

将 $u_2=U_2=2\text{V}$，$i_{S1}=5\text{A}$，$\hat{i}_{S2}=3\text{A}$ 代入上式，有

$$\frac{2}{5}=\frac{\hat{u}_1}{3}$$

解得

$$\hat{u}_1=1.2\text{V}$$

即
$$U_1'=\hat{u}_1=1.2\text{V}$$

4.7 对偶定理

电路中有许多明显的对偶关系，如电阻 R 的电压 u 与电流 i 的关系为 $u=Ri$，电导 G 的电压 u 与电流 i 的关系为 $i=Gu$，这些关系式中，如果把电压 u 与电流 i 互换，电阻 R 和电导 G 互换，对应关系可彼此转换。这种可以互换的元素称为对偶元素，如"电压"和"电流"，"电阻"和"电导"等。通过对偶元素互换能彼此转换的两个关系式（或两组方程）称为对偶关系（对偶方程）。

图 4-28(a)为 n 个电阻串联电路，图 4-28(b)为 n 个电导并联电路，图 4-28(a)所示电路的等效电阻为

$$R=R_1+R_2+\cdots+R_k+\cdots+R_n=\sum_{k=1}^{n}R_k$$

第 k 个电阻上的电压为

$$u_k=\frac{R_k}{R}u$$

图 4-28(b)所示电路的等效电导为

$$G=G_1+G_2+\cdots+G_k+\cdots+G_n=\sum_{k=1}^{n}G_k$$

第 k 个电导上的电流为

$$i_k=\frac{G_k}{G}i$$

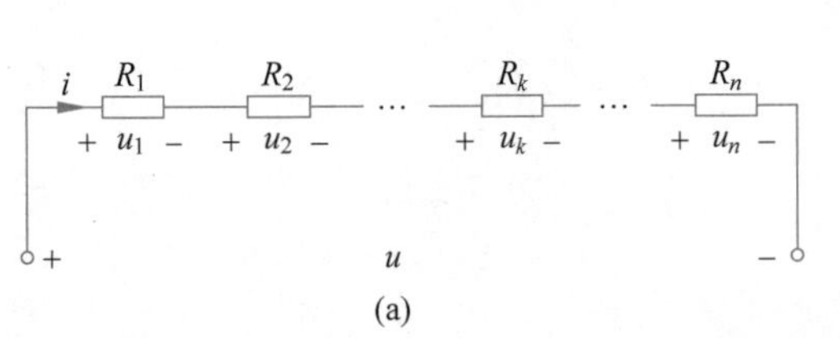

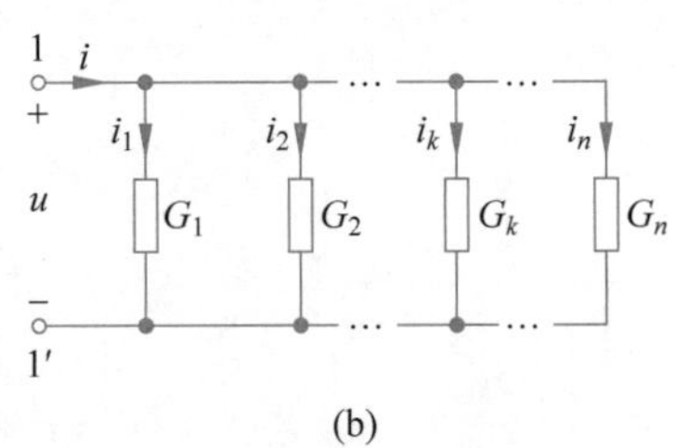

图 4-28 电阻的串联和并联

在上述各关系式中，如将电压和电流互换，电阻和电导互换，则对应串联和并联关系式可互相转换。

再如，图 4-29 所示的两个平面电路，图 4-29(a)电路的网孔方程为

$$\begin{cases}(R_1+R_2)i_{m1}-R_2i_{m2}=u_{S1}\\-R_2i_{m1}+(R_2+R_3)i_{m2}=-u_{S2}\end{cases} \tag{4-51}$$

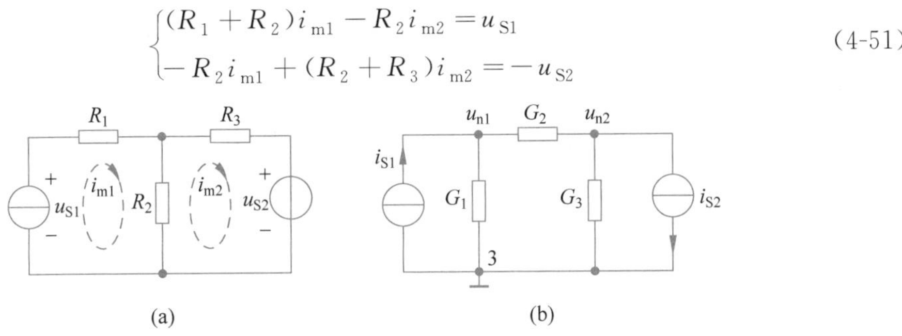

图 4-29 网孔电流方程和节点电压方程图

图 4-29(b)所示电路的节点电压方程为

$$\begin{cases}(G_1+G_2)u_{n1}-G_2u_{n2}=i_{S1}\\-G_2u_{n1}+(G_2+G_3)u_{n2}=-i_{S2}\end{cases} \tag{4-52}$$

如果把式(4-51)与式(4-52)中的 R 和 G、u_S 和 i_S、网孔电流 i_m 和节点电压 u_n 等对应元素互换，则上面两个方程可以彼此互换。这两个平面电路称为对偶电路，两组方程为对偶方程。这种将电路中某些元素之间的关系(或方程)用它们的对偶元素对应置换后，所得新关系(或新方程)也一定成立的原理称为对偶原理(principle of duality)。电路中还存在其他的对偶关系，读者可在后面的学习中不断总结。

表 4-1 列出部分对偶元素，供参考。

表 4-1 电路中的对偶元素表

1	电阻 R	电导 G	7	串联	并联
2	电感 L	电容 C	8	网孔	节点
3	电压 u	电流 i	9	网孔电流	节点电压
4	电压源	电流源	10	基本割集	基本回路
5	开路	短路	11	树支电压	连支电流
6	KCL	KVL	12	戴维南等效电路	诺顿等效电路

从上面分析可见，对偶关系中两个不同的元件或电路对偶量互换后，具有相同的数学表达式，所以对某电路得出的数学表达式可应用于对偶电路，通过对偶关系可以帮助理解记忆。但需注意“对偶”不同于“等效”，不可混淆。

本章小结

本章主要介绍了电路中常用的一些定理。其中齐次定理和叠加定理用于求解线性电路的响应。叠加定理的基本思想是将有多个独立源作用的复杂电路分解为多个较简单电路，首先分析求解各简单电路，然后进行代数和运算。分解时，每次只有一个(或一组)独立源作用，其余不作用的电压源用短路线取代，不作用的电流源用开路取代，所有的独立源必须都做作用过，但只能作用一次。

替代定理常用于等效变换。如果某段电路的端电压或流过的电流已知，那么该段电路

可用等值的电压源(或电流源)取代,不影响其余电路的电压或电流。

戴维南定理和诺顿定理用于求解线性含源单口网络的等效电路。线性含源单口网络可等效为电压源串联电阻支路(戴维南定理)或电流源并联电阻支路(诺顿定理)。应用时注意单口网络与外电路不能有耦合关系。应用这两个定理求解电路中某一支路的电压或电流时,求解过程可分为三步:①求除待求解支路之外的单口网络的开路电压或短路电流;②求等效电阻;③画出等效电路,接上待求支路,求得待求量。

最大功率传递定理用于求解线性含源单口网络在负载可变时其上所获得最大功率的条件。一般与戴维南或诺顿定理结合使用。当负载等于戴维南或诺顿定理的等效电阻时负载所获得的功率最大。

特勒根定理适用于任一集中参数电路,与元件的性质无关。由特勒根定理、KCL、KVL三个定理中的任意两个可推导出另外一个。

互易定理用于分析线性纯电阻网络的响应与激励的关系。当响应端口与激励端口互换位置时只要激励不变,则响应不变。据激励与响应是电压源还是电流源,互易定理有三种形式。

习题

一、选择题

1. 关于叠加定理的应用,下列叙述中正确的是(　　)。
   A. 不仅适用于线性电路,而且适用于非线性电路
   B. 仅适用于非线性电路的电压、电流计算
   C. 仅适用于线性电路,并能利用其计算各分电路的功率进行叠加得到原电路的功率
   D. 仅适用于线性电路的电压、电流计算
2. 关于齐次定理的应用,下列叙述中错误的是(　　)。
   A. 齐次定理仅适用于线性电路的计算
   B. 在应用齐次定理时,电路的某个激励增大 K 倍,则电路的总响应将同样增大 K 倍
   C. 在应用齐次定理时,激励是指独立源,不包括受控源
   D. 用齐次定理分析线性梯形电路特别有效
3. 关于替代定理的应用,下列叙述中错误的是(　　)。
   A. 替代定理不仅可以应用在线性电路,而且可以应用在非线性电路
   B. 用替代定理替代某支路,该支路既可以是无源的,也可以是有源的
   C. 如果已知某支路两端的电压大小和极性,则可以用电流源进行替代
   D. 如果已知某支路两端的电压大小和极性,则可以用与该支路大小和方向相同的电压源进行替代
4. 关于戴维南定理的应用,下列叙述中错误的是(　　)。
   A. 戴维南定理可将复杂的有源线性二端电路等效为一个电压源与电阻并联的电路模型

B. 求戴维南等效电阻是将有源线性二端电路内部所有的独立源置零后，从端口看进去的输入电阻

C. 为得到无源线性二端网络，可将有源线性二端网络内部的独立电压源短路、独立电流源开路

D. 在化简有源线性二端网络为无源线性二端网络时，受控源应保持原样，不能置于零

5. 关于诺顿定理的应用，下列叙述中错误的是(　　)。

A. 诺顿定理可将复杂的有源线性二端网络等效为一个电流源与电阻并联的电路模型

B. 在化简有源线性二端网络为无源线性二端网络时，受控源应保持原样，不能置于零

C. 诺顿等效电路中的电流源电流是有源线性二端网络端口的开路电流

D. 诺顿等效电路中的电阻是将有源线性二端网络内部独立源置零后，从端口看进去的等效电阻

6. 关于最大功率传输定理的应用，下列叙述中错误的是(　　)。

A. 最大功率传输定理是关于负载在什么条件下才能获得最大功率的定理

B. 当负载电阻 R_L 等于戴维南等效电阻 R_{eq} 时，负载能获得最大功率

C. 当负载电阻 $R_L=0$ 时，负载中的电流最大，负载能获得最大功率

D. 当负载电阻 $R_L\to\infty$时，负载中电流为零，负载的功率也将为零

二、填空题

1. 在使用叠加定理时应注意：叠加定理仅适用于________电路；在各分电路中，要把不作用的电源置零。不作用的电压源用________代替，不作用的电流源用________代替。电路中受控源________单独作用，功率______使用叠加定理来计算。

2. 诺顿定理指出：一个含有独立源、受控源和电阻的单口网络，对外电路来说，可以用一个电流源和一个电导的并联组合进行等效变换，电流源的电流等于单口网络的________电流，电导等于该单口网络全部________置零后的等效电导。

3. 当一个实际电流源(诺顿电路)开路时，该电源内部________(填写有或无)电流。

4. 如图 x4.1 所示电路中，$I_1=$________A，$I_2=$________A。

5. 如图 x4.2 所示电路，其端口的戴维南等效电路如图 x4.3 所示，其中 $u_{OC}=$______V，$R_{eq}=$________Ω。

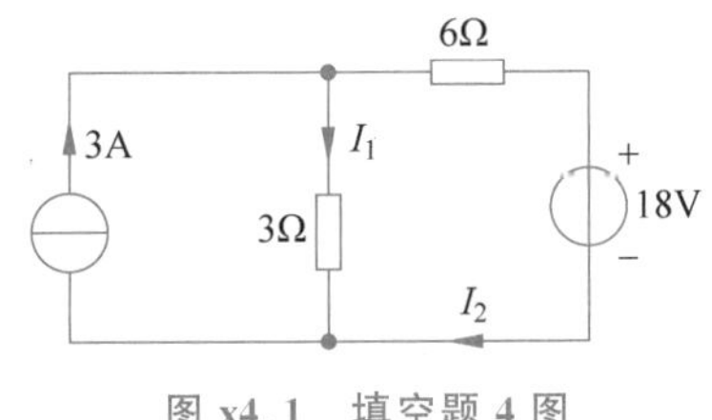

图 x4.1　填空题 4 图

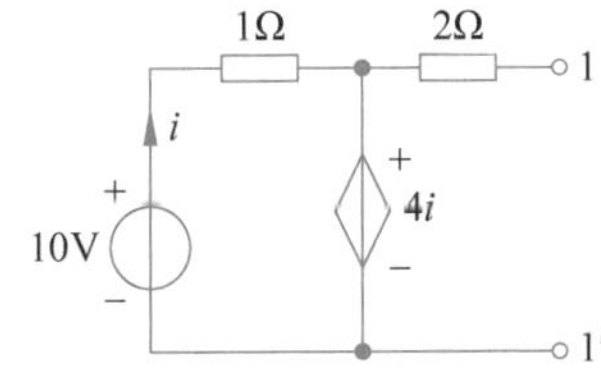

图 x4.2　填空题 5 图

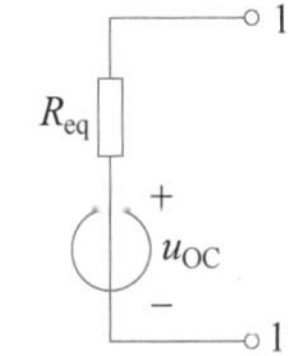

图 x4.3　填空题 5 图

三、计算题

1. 如图 x4.4 所示电路中，已知 $u_S=100V$，$i_{S1}=1A$，$i_{S2}=0.5A$，$R_1=200\Omega$，$R_2=50\Omega$，用叠加定理求图示电路中 i，并计算电路中每个元件吸收的功率。

2. 电路如图 x4.5 所示,用叠加定理求 I_x。

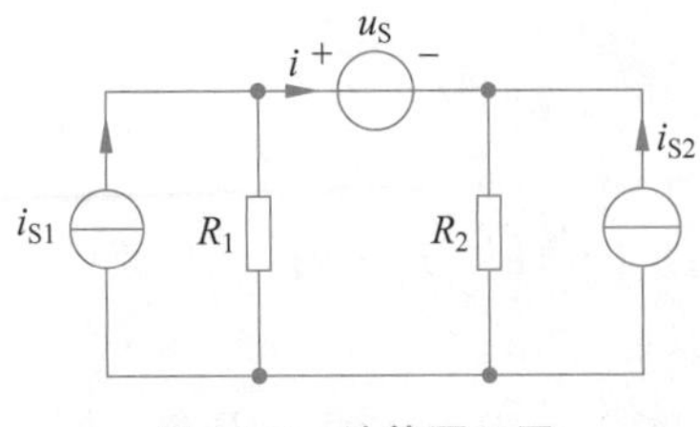

图 x4.4 计算题 1 图

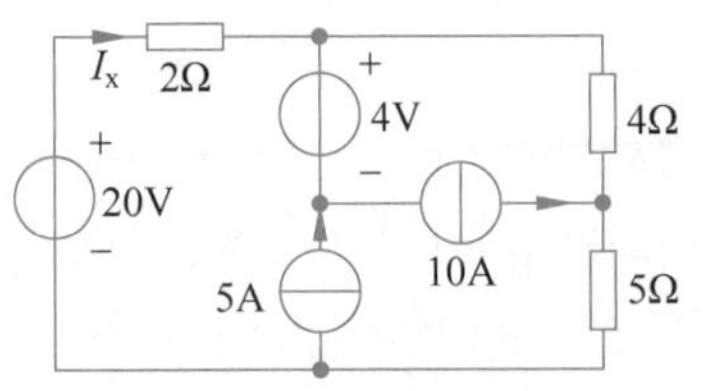

图 x4.5 计算题 2 图

3. 电路如图 x4.6 所示,用叠加定理求 I_1。

4. 如图 x4.7 所示电路中,已知 $u_{S1}=40\text{V}$,$u_{S2}=10\text{V}$,$i_S=1\text{A}$,$R_1=5\Omega$,$R_2=10\Omega$,$R_3=30\Omega$,$R_4=20\Omega$,试用替代定理求电流 i_1 和电压 u_x。

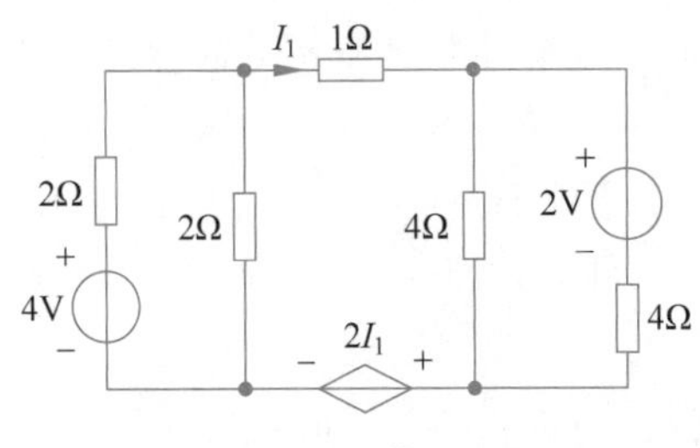

图 x4.6 计算题 3 图

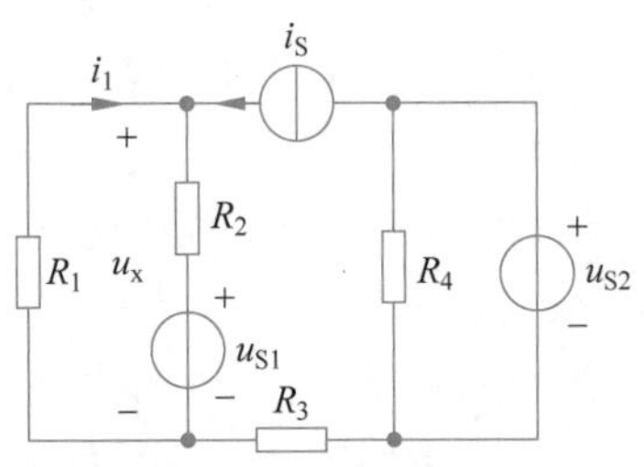

图 x4.7 计算题 4 图

5. 求如图 x4.8 所示电路的戴维南和诺顿等效电路。

6. 电路如图 x4.9 所示,用戴维南定理求电路中的电流 i。

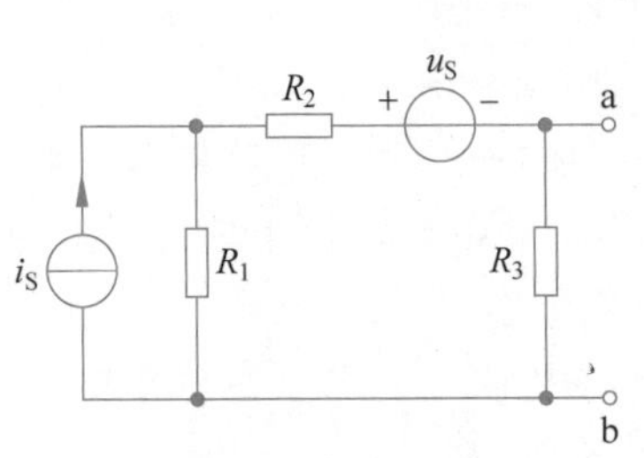

图 x4.8 计算题 5 图

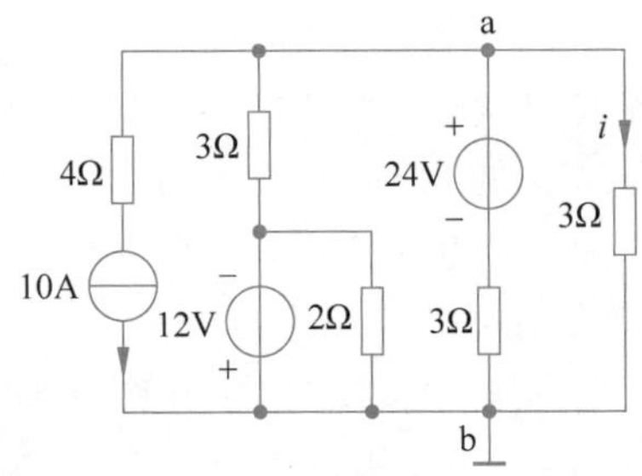

图 x4.9 计算题 6 图

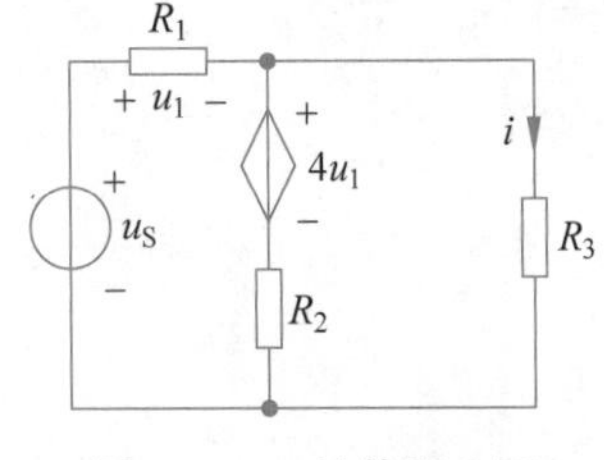

图 x4.10 计算题 7 图

7. 如图 x4.10 所示电路中,已知 $u_S=20\text{V}$,$R_1=1\Omega$,$R_2=5\Omega$,$R_3=2.5\Omega$,用戴维南定理求流过 R_3 的电流 i。

8. 如图 x4.11 所示电路中,已知 $u_S=12\text{V}$,$R_1=6\Omega$,$R_2=9\Omega$,$R_3=15\Omega$,$R_4=5\Omega$,$R_5=15\Omega$,求戴维南等效电路。

9. 求如图 x4.12 所示电路的戴维南和诺顿等效电路。已知图中 $R_1=15\Omega$,$R_2=5\Omega$,$R_3=10\Omega$,$R_4=7.5\Omega$,$U_S=10\text{V}$ 及 $I_S=1\text{A}$。

10. 如图 x4.13 电路中,已知 $u_S=100\text{V}$,$i_S=0.4\text{A}$,$R_1=1\text{k}\Omega$,$R_2=2\text{k}\Omega$,$R_3=0.5\text{k}\Omega$,R_L 可变,求 R_L 获得最大功率时的电阻值,并求其最大功率。

11. 如图 x4.14 电路中,已知 R_L 可变,求 R_L 获得最大功率时的电阻值,并求其最大功率。

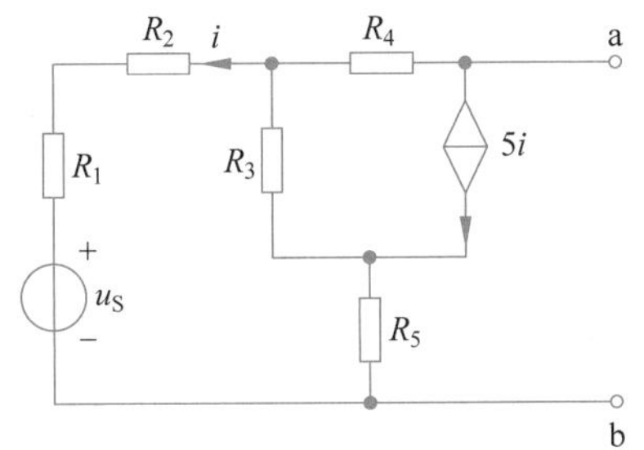

图 x4.11　计算题 8 图

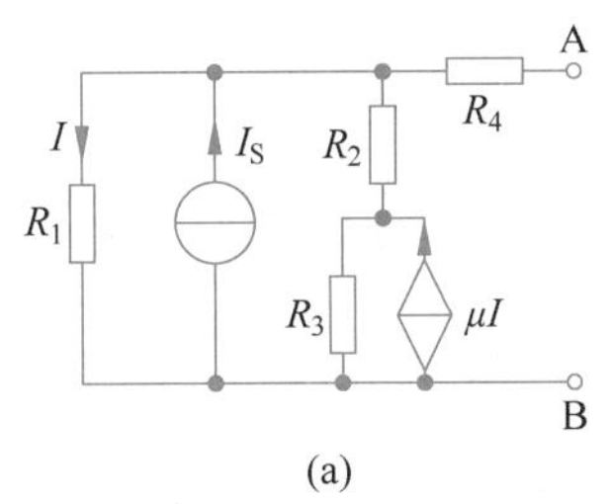

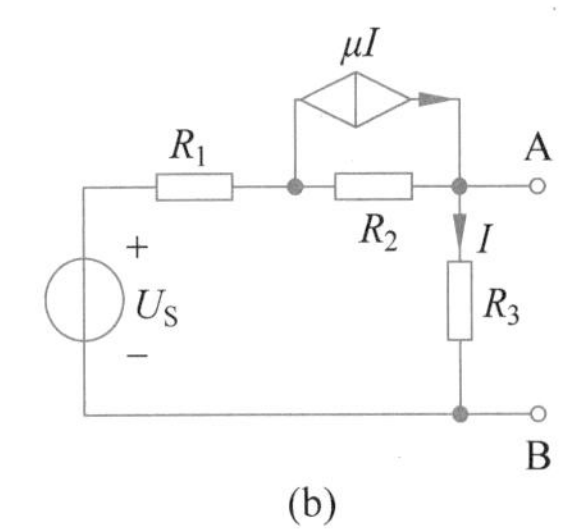

图 x4.12　计算题 9 图

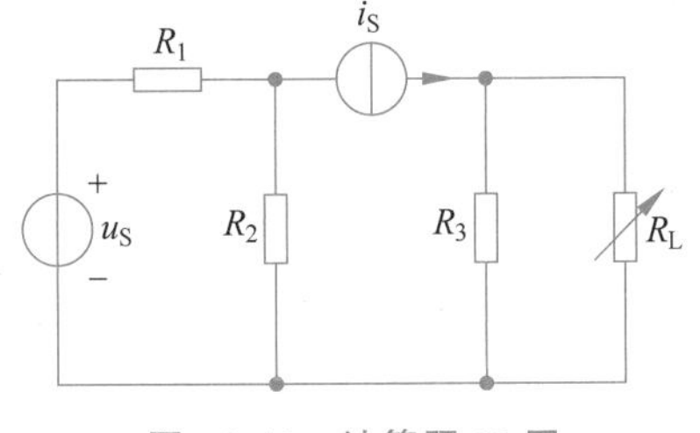

图 x4.13　计算题 10 图

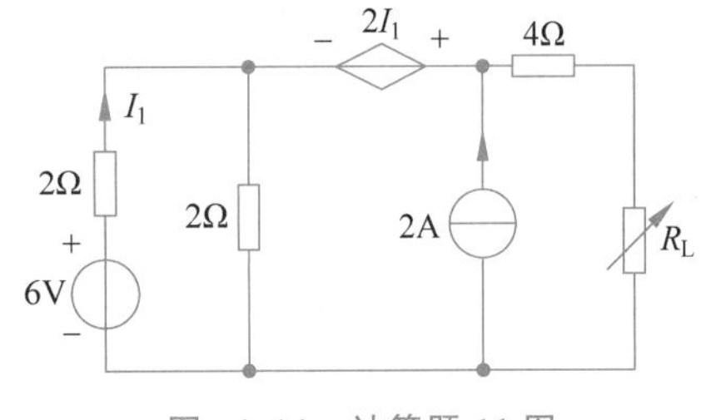

图 x4.14　计算题 11 图

12. 如图 x4.15 所示电路中，已知 $u_{S1}=6\text{V}$，$u_{S2}=10\text{V}$，$i_S=2\text{A}$，$R_1=6\Omega$，$R_2=1\Omega$，$R_3=3\Omega$，$R_4=2\Omega$，$R_5=1\Omega$，R_L 可变，求 R_L 为多少时获得最大功率？最大功率为多少？

13. 电路如图 x4.16 所示，负载电阻 R_L 可调，当 R_L 为何值时，获得最大功率？并计算最大功率。

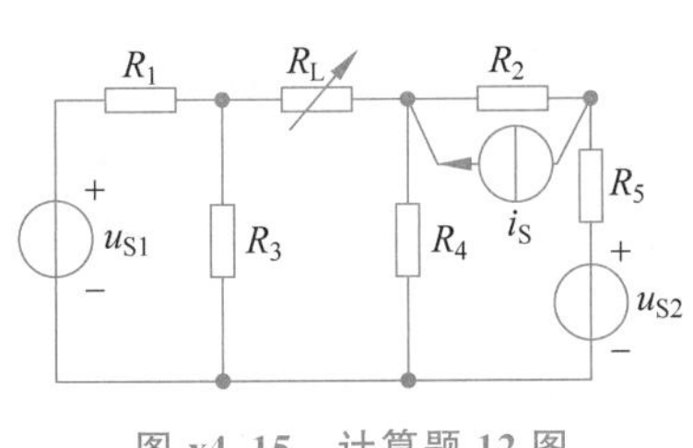

图 x4.15　计算题 12 图

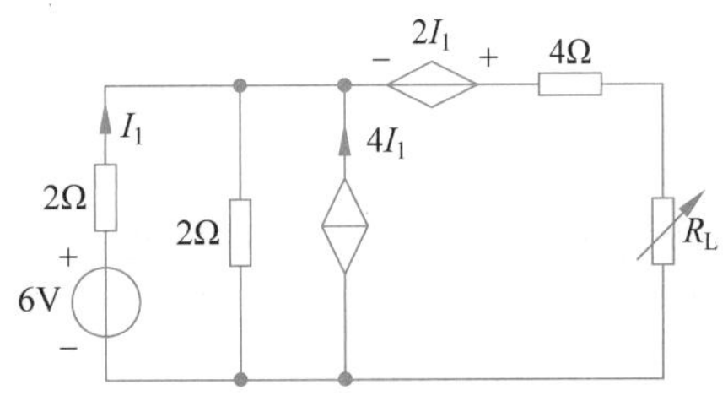

图 x4.16　计算题 13 图

14. 电路如图 x4.17 所示，网络 N_0 由线性电阻组成，对不同的直流电压 U_1 及不同的负载 R_1、R_2 进行两次测量：$R_1=R_2=2\Omega$ 时，$U_S=8\text{V}$，$I_1=2\text{A}$，$U_2=2\text{V}$；$R_1=1.4\Omega$，$R_2=0.8\Omega$ 时，$\hat{U}_S=9\text{V}$，$\hat{I}_1=3\text{A}$。试求 $\hat{U}_2$。

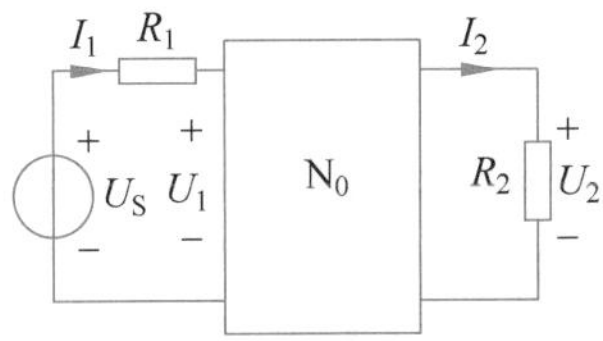

图 x4.17　计算题 14 图

视频

第5章 CHAPTER 5 直流动态电路的分析

本章主要内容：电路中常用的元件除了电阻元件之外，还有电容元件和电感元件。这两种元件为动态元件，含有动态元件的电路称为动态电路。在动态电路中，描述激励-响应关系的数学方程是微分方程。

本章首先介绍电容元件、电感元件，然后应用微分方程理论，从微分方程出发对一阶电路和二阶电路过渡过程进行分析。主要内容有一阶 RC、RL 电路的零输入响应、零状态响应、完全响应，二阶 RLC 串联电路的零输入响应，二阶 RLC 串联电路和 GCL 并联电路的完全响应。

5.1 动态元件

在电路分析中通常将电路中的独立源称为激励，在激励或元件内部储能作用下所产生的电压或电流称为响应。习惯上，电阻元件和直流电源构成的电路称为电阻电路。电阻电路在任意时刻 t 的响应只与同一时刻的激励有关，与过去的激励无关，因此电阻电路是"无记忆"功能的，或者说是"即时"的。电容元件和电感元件的伏安特性是微分或积分关系，称为动态元件。电路模型中出现动态元件的原因：一是在实际电路中为了能够实现某种功能，有意接入电容器、电感器等器件；二是当信号变化很快时，一些实际器件已不能再用电阻模型来表示。

知识点

5.1.1 电容元件

电容元件简称电容，是电路的基本元件，是实际电容器的理想化模型，表征电容器的主要物理特性。

电容器种类很多，构成原理基本相同，是由两个金属极板间隔以不同介质所组成的。按介质材料分有瓷片电容器、云母电容器、电解电容器等；按极板形状分有平板电容器、圆柱形电容器等。当两个极板与电源两端相连，电容器的两个极板分别存储等量的异性电荷，电子充满极板间的介质，形成电场，储存有电场能量，当电源移去后，绝缘介质不能中和电荷，能量能够继续保存，所以电容器为储能元件，广泛应用于电力、电子、通信等领域，起滤波、隔直、去噪等作用。

在任意时刻 t，电容元件的电荷 $q(t)$ 和电压 $u_C(t)$ 之间的关系可以用 q-u_C 平面上的一条曲线来确定，$q(t)$和$u_C(t)$分别为电荷和电压的瞬时值，如果q-u_C平面上的特性曲线是一条过原点的直线，且不随时间而变化，此电容元件称为线性时不变电容元件。

线性时不变电容元件的电路符号如图5-1所示。两极板之间的电压与极板上储存的电荷之间满足线性关系：

$$q(t)=Cu_C(t) \quad 或 \quad C=\frac{q(t)}{u_C(t)} \tag{5-1}$$

式中：C为正值，它是用来度量特性曲线斜率的，表示电容元件的参数，称为电容(量)，表征电容元件储存电荷的能力。在国际单位制中，电容C的单位为法拉(简称法)，用F表示。当电容两端充上1V的电压时，极板上若储存了1C的电量，则该电容的值为1F。在实际应用中，电容的单位法拉太大，常用微法(μF)和皮法(pF)，其换算关系是$1\mu F=10^{-6}F$，$1pF=10^{-12}F$。

当C为常数时，称为线性电容；当C不为常数时，称为非线性电容。C随时间变化，称为时变电容；否则，称为时不变电容。如无特别说明，本书讨论的均为线性时不变电容。

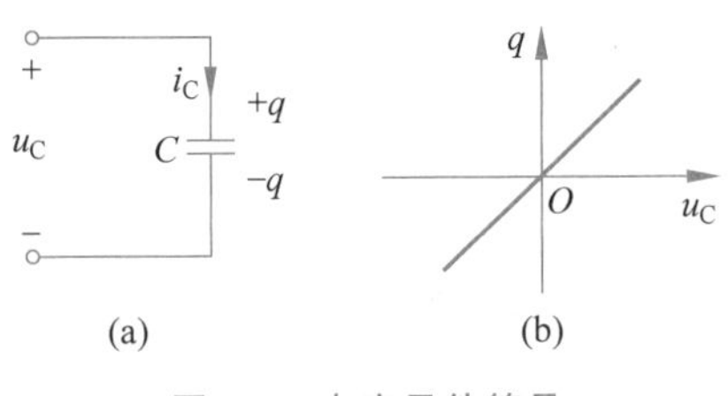

图5-1 电容元件符号

1. 电容元件的伏安关系

当电容元件两端的电压随时间变化时，极板上存储的电荷量随之变化，和极板相接的导线中就有电流。对于线性时不变电容，若u_C、i_C的参考方向是如图5-1(a)所示的关联参考方向时，则电容的伏安关系式为

$$i_C(t)=\frac{dq(t)}{dt}=\frac{dCu_C(t)}{dt}=C\frac{du_C(t)}{dt} \tag{5-2a}$$

对该式积分有

$$u_C(t)=\frac{1}{C}\int_{-\infty}^{t}i_C(\tau)d\tau \tag{5-2b}$$

若u_C、i_C的参考方向是非关联参考方向，则有

$$i_C(t)=-C\frac{du_C(t)}{dt}$$

式(5-2)表明：在某一时刻，电容的电流取决于该时刻电容电压的变化率。电容元件的电压与电流具有动态关系，是动态元件。

(1) 当电容上的电压发生剧变时，将会有非常大的电流流过电容。在实际电路中，通过电容的电流总为有限值，这意味着$\frac{du_C}{dt}$必须为有限值，也就是说，电容两端电压u_C必定是时间t的连续函数而不能跃变。

(2) 在直流电路中，由于电压不随时间变化，电容元件的电流为零，故电容元件相当于开路。电容元件有隔断直流的作用。

由式(5-2)可得电容上的电压为

$$u_C(t)=\frac{1}{C}\int_{-\infty}^{t}i_C(\tau)d\tau=u_C(t_0)+\frac{1}{C}\int_{t_0}^{t}i_C(\tau)d\tau \tag{5-3}$$

式中：$u_C(t_0)$为在$t=t_0$时电容上的电压。

式(5-3)表明：在某一时刻t，电容电压的数值不仅取决于该时刻的电流值，而且取决于从$-\infty$到t所有时刻的电流值，也就是说与电流的“全部过去历史”有关，因此说电容电压有“记忆”电流的性质，电容是一种“记忆元件”。通常研究问题总有一个起点，对此之前电容电流的情况不必了解，所以只需知道某一初始时刻t_0电容的初始电压值$u_C(t_0)$及t_0后电容的电流情况，即可确定t_0后电容的电压。

电容电压具有连续性，即若电容电流$i_C(t)$在闭区间$[t_a,t_b]$内为有界的，则电容电压$u_C(t)$在开区间(t_a,t_b)内为连续的。对任意时间t，且$t_a<t<t_b$，有

$$u_C(t_+)=u_C(t_-) \tag{5-4}$$

式(5-4)表明：任何时刻t，电容电压都不能跃变，在动态电路分析中经常要用到这一结论。但需注意应用的前提条件，当电容电流为无界时就不能使用。

2. 电容元件的储能

在关联参考方向下，电容的瞬时功率是电容电压和电容电流的乘积，即

$$p_C(t)=u_C(t)i_C(t) \tag{5-5}$$

若$p_C(t)$为正值，则表明该元件消耗或吸收功率；若$p_C(t)$为负值，则表明该元件产生或释放功率。

在$t_1\sim t_2$期间对电容C充电，在此期间供给电容的能量为

$$\begin{aligned}w_C(t_1,t_2)&=\int_{t_1}^{t_2}p_C(\tau)\mathrm{d}\tau=\int_{t_1}^{t_2}u_C(\tau)i_C(\tau)\mathrm{d}\tau\\&=\int_{t_1}^{t_2}u_C(\tau)C\,\frac{\mathrm{d}u_C(\tau)}{\mathrm{d}\tau}\mathrm{d}\tau=\frac{1}{2}C\left[u_C^2(t_2)-u_C^2(t_1)\right]\end{aligned} \tag{5-6}$$

式(5-6)表明：在$t_1\sim t_2$期间供给电容的能量只与时间端点的电压值$u_C(t_1)$和$u_C(t_2)$有关，与此期间的其他电压值无关。$\frac{1}{2}Cu_C^2(t_1)$表示t_1时刻电容的储能，即$w_C(t_1)=\frac{1}{2}Cu_C^2(t_1)$，$\frac{1}{2}Cu_C^2(t_2)$表示$t_2$时刻电容的储能，即$w_C(t_2)=\frac{1}{2}Cu_C^2(t_2)$。

电容C在某一时刻t的储能为

$$w_C(t)=\frac{1}{2}Cu_C^2(t) \tag{5-7}$$

式(5-7)表明：电容元件在某一时刻的储能只取决于该时刻的电压值，而与电压的过去变化进程无关。电容是一个储能元件，在$t_1\sim t_2$时间内，当$w_C(t_2)>w_C(t_1)$时，电容吸收能量，即电容充电；当$w_C(t_2)<w_C(t_1)$时，电容释放能量，即电容放电。电容与电路其他部分之间可实现能量的相互转换。理想电容元件在这种转换过程中其本身并不消耗能量。

例 5-1 如图 5-2(a)所示电路中的$u_S(t)$波形如图 5-2(b)所示，已知电容$C=1\text{F}$，求电流$i_C(t)$、功率$p_C(t)$和储能$w_C(t)$，并画出它们的波形。

解：由图 5-2(a)可以得出$u_C(t)=u_S(t)$，由图 5-2(b)$u_S(t)$波形可以写出$u_C(t)$的表达式为

$$u_C(t)=\begin{cases}0, & t<0\\ 2t, & 0\leqslant t\leqslant 1\\ -2(t-2), & 1<t<2\\ 0, & t\geqslant 2\end{cases}$$

由式(5-2)，可以得出电容电流的表达式为

$$i_C(t)=C\frac{du_C(t)}{dt}=\begin{cases}0, & t<0\\2, & 0\leqslant t<1\\-2, & 1\leqslant t<2\\0, & t\geqslant 2\end{cases}$$

电容电流的波形如图 5-2(c)所示。

根据式(5-5),可求得电容元件的瞬时功率为

$$p_C(t)=\begin{cases}0, & t\leqslant 0\\4t, & 0\leqslant t<1\\4(t-2), & 1\leqslant t<2\\0, & t\geqslant 2\end{cases}$$

电容元件的功率波形如图 5-2(d)所示。$p_C(t)>0$ 表示电容吸收功率,$p_C(t)<0$ 表示电容发出功率,两部分面积相等,说明电容元件不消耗功率,只与电源进行能量交换。

根据式(5-7)可求得电容元件的储能表达式为

$$w_C(t)=\begin{cases}0, & t\leqslant 0\\2t^2, & 0\leqslant t<1\\2(t-2)^2, & 1\leqslant t<2\\0, & t\geqslant 2\end{cases}$$

电容元件储能的波形如图 5-2(e)所示。

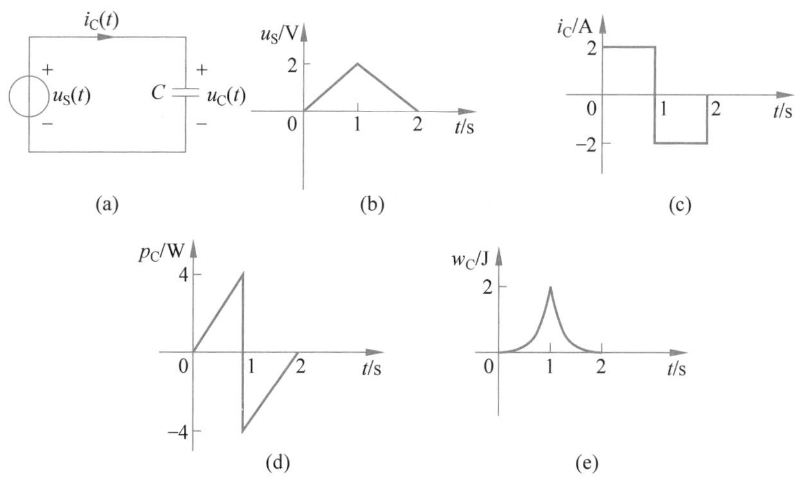

图 5-2 例 5-1 电路及波形

3. 电容元件的连接

使用电容不仅要看电容量是否符合需要,而且必须注意它的额定工作电压是多少。额定工作电压称为耐压。如果电容的实际电压超过额定电压太多,其介质会被击穿而导电,电容也就失去容纳电荷的功能。当电容的大小或耐压不符合要求时,可以把两个或两个以上的电容以适当的方式连接起来,得到电容和耐压符合要求的等效电容。

1) 电容元件的串联

图 5-3(a)为两个电容元件串联的电路。电容串联时,各电容的电流相等。根据电容元件的伏安关系,有

$$u_1(t)=\frac{1}{C_1}\int_{-\infty}^{t}i(\tau)\mathrm{d}\tau,\quad u_2(t)=\frac{1}{C_2}\int_{-\infty}^{t}i(\tau)\mathrm{d}\tau$$

图 5-3　电容元件的串联

根据 KVL，串联电路的总电压等于两个电容电压之和，有

$$\begin{aligned}u(t)&=u_1(t)+u_2(t)\\&=\frac{1}{C_1}\int_{-\infty}^{t}i(\tau)\mathrm{d}\tau+\frac{1}{C_2}\int_{-\infty}^{t}i(\tau)\mathrm{d}\tau\\&=\left(\frac{1}{C_1}+\frac{1}{C_2}\right)\int_{-\infty}^{t}i(\tau)\mathrm{d}\tau\end{aligned}\tag{5-8}$$

图 5-3(b)中，根据电容元件的伏安关系式，有

$$u(t)=\frac{1}{C}\int_{-\infty}^{t}i(\tau)\mathrm{d}\tau\tag{5-9}$$

若图 5-3(a)与图 5-3(b)所示电路等效，则两电路端口的伏安关系式对应相等，由式(5-8)和式(5-9)可得出

$$\frac{1}{C}=\frac{1}{C_1}+\frac{1}{C_2}\quad 或\quad C=\frac{C_1C_2}{C_1+C_2}\tag{5-10}$$

同理可推得，若有 n 个电容 $C_k(k=1,2,\cdots,n)$ 相串联，则其等效电容为

$$\frac{1}{C}=\sum_{k=1}^{n}\frac{1}{C_k}\tag{5-11}$$

式(5-11)表明，n 个电容串联的电路，其等效电容的倒数等于各串联电容的倒数之和。

由 $u_1(t)$、$u_2(t)$ 和 $u(t)$ 表达式可得各电容电压与端口电压的关系为

$$u_1=\frac{C_2}{C_1+C_2}u,\quad u_2=\frac{C_1}{C_1+C_2}u\tag{5-12}$$

即在两个电容串联的电路中，每个电容分配到的电压是总电压的一部分。

知识点

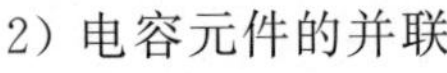
2）电容元件的并联

图 5-4(a)为两个电容元件并联的电路。电容并联时，各电容的电压相等。根据电容元件的伏安关系，有

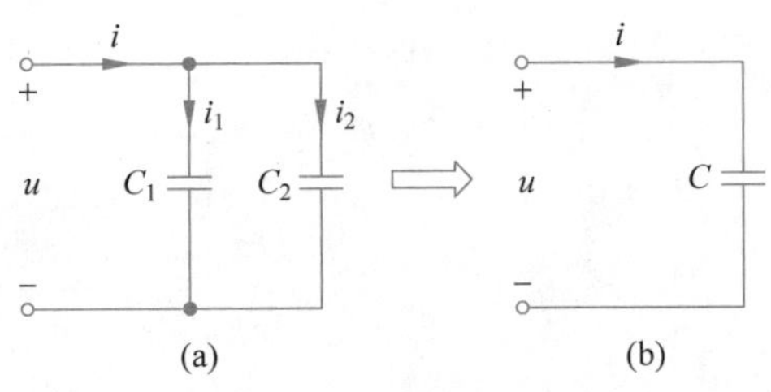

图 5-4　电容元件的并联

$$i_1(t)=C_1\frac{\mathrm{d}u(t)}{\mathrm{d}t},\quad i_2(t)=C_2\frac{\mathrm{d}u(t)}{\mathrm{d}t}$$

根据 KCL，有

$$i(t)=i_1(t)+i_2(t)=C_1\frac{\mathrm{d}u(t)}{\mathrm{d}t}+C_2\frac{\mathrm{d}u(t)}{\mathrm{d}t}=(C_1+C_2)\frac{\mathrm{d}u(t)}{\mathrm{d}t}\tag{5-13}$$

图 5-4(b)中，根据电容元件的伏安关系式，有

$$i(t)=C\frac{\mathrm{d}u(t)}{\mathrm{d}t}\tag{5-14}$$

若图 5-4(a)与图 5-4(b)所示电路等效，则两电路端口的伏安关系式对应相等，由式(5-13)和式(5-14)可得

$$C=C_1+C_2\tag{5-15}$$

同理可推得，若有 n 个电容 $C_k(k=1,2,\cdots,n)$ 并联时，其等效电容为

$$C=\sum_{k=1}^{n} C_k \tag{5-16}$$

式(5-16)表明，n 个电容并联的电路，其等效电容等于各并联电容之和。由 $i_1(t)$、$i_2(t)$ 和 $i(t)$ 表达式可得电容电流与端口电流的关系为

$$i_1=\frac{C_1}{C}i=\frac{C_1}{C_1+C_2}i,\quad i_2=\frac{C_2}{C}i=\frac{C_2}{C_1+C_2}i \tag{5-17}$$

即：两个电容并联的电路，每个电容可分得一部分电流。

例 5-2 电容 $C_1=200\mu F$，耐压 $U_{M1}=100V$，电容 $C_2=50\mu F$，耐压 $U_{M2}=500V$。(1)若将两电容串联使用，其等效电容和耐压各是多少？(2)若将两电容并联使用，其等效电容和耐压各是多少？

解：对于电容量一定的电容，当工作电压等于其耐压 U_M 时，它所带的电量 $q=Q_M=CU_M$ 即为其电量的限额。只要电量不超过此限额，电容的工作电压也就不会超过其耐压。

(1) 两电容串联的等效电容为

$$C=\frac{C_1C_2}{C_1+C_2}=\frac{200\times 50}{200+50}=40(\mu F)$$

由式(5-1)可得电容 C_1 和 C_2 存储的最大电荷为

$$Q_{M1}=C_1U_{M1}=200\times 10^{-6}\times 100=20\times 10^{-3}(C)$$

$$Q_{M2}=C_2U_{M2}=50\times 10^{-6}\times 500=25\times 10^{-3}(C)$$

由于 $Q_{M1}<Q_{M2}$，所以串联后的电量限额 $Q_M=20\times 10^{-3}C$。

串联后电路的耐压为

$$U_M=\frac{Q_M}{C}=\frac{20\times 10^{-3}}{40\times 10^{-6}}=500(V)$$

(2) 两电容并联的等效电容为

$$C=C_1+C_2=200+50=250(\mu F)$$

并联后电路的耐压为

$$U_M=100V$$

当几个电容串联时，各电容所带的电量相等，此时应根据各个电容与其耐压的乘积的最小值确定电量的限额，然后确定等效电容的耐压。

当几个电容并联时，工作电压不得超过它们中的最低额定电压。

5.1.2 电感元件

知识点

电感元件(简称电感)是电路的一种基本元件，是实际电感器的理想化模型，表征电感器的主要物理特性。实际常遇到的电感器是导线绕制成的电感线圈。电感线圈是一种能够储存磁场能量的器件。当电流流过线圈时，有磁通穿过线圈，周围有磁场产生，如图 5-5 所示。设线圈匝数为 N，每匝线圈产生的磁通为 Φ，N 匝线圈产生的总磁通称为磁链，用 Ψ 表示，$\Psi=N\Phi$。由流过线圈本身电流所产生的磁链，称为自感磁链。

在任意时刻 t，电感元件的电流 $i(t)$ 和它的磁链 $\Psi(t)$ 之间的关系可以用 Ψ-i 平面上的

一条曲线来确定，若 Ψ-i 平面上的特性曲线是一条过原点的直线，且不随时间而变化，则此电感元件称为线性时不变电感元件。线性电感元件的电路符号如图 5-6 所示。

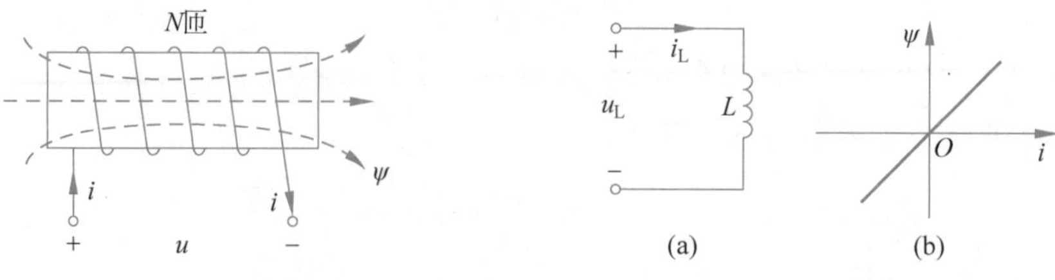

图 5-5　电感线圈及其磁链　　　　图 5-6　电感元件符号

电感元件是一种电流与磁链相约束的器件，磁链 $\Psi(t)$ 与电流 $i(t)$ 成正比，即

$$\Psi(t)=Li(t) \tag{5-18}$$

式中，L 为常数，称为线圈的电感或自感，电感的单位是亨(H)，有时还采用毫亨(mH)和微亨(μH)；电流的单位是安(A)；磁链的单位是韦(Wb)。

实际的电感器除了具备上述的存储磁能的主要性质外，还有一些能量损耗(由于构成电感器的导线有电阻)。一个实际的电感线圈，除了标明它的电感量外，还应标明它的额定工作电流。电流过大，会使线圈过热或使线圈受到过大的电磁力的作用而发生机械形变，甚至烧坏线圈。

只要线圈附近不存在铁磁材料，电感就是与电流大小无关的常量，这种电感称为线性电感。如果线圈绕在铁磁材料上，电感电流与磁链就不成正比关系，这种电感称为非线性电感。以后无特殊说明，本书讨论的均为线性时不变电感。

1. 电感元件的伏安关系

当变化的电流 $i(t)$ 通过电感线圈时，穿过线圈的磁链 $\Psi(t)$ 随之发生变化。磁链随时间变化时，在线圈的两端将产生感应电压，线圈本身产生的感应电压称为自感电压。根据电磁感应定律，如果自感电压 u_L 的参考方向与磁链 $\Psi(t)$ 成右螺旋关系，即电感元件 i_L、u_L 的方向如图 5-6 所示即关联参考方向时，

$$u_L(t)=\frac{\mathrm{d}\Psi(t)}{\mathrm{d}t}=\frac{\mathrm{d}Li_L(t)}{\mathrm{d}t}=L\ \frac{\mathrm{d}i_L(t)}{\mathrm{d}t} \tag{5-19a}$$

电流表示为电压的函数形式为

$$i_L(t)=\frac{1}{L}\int_{-\infty}^{t}u_L(\tau)\mathrm{d}\tau \tag{5-19b}$$

当 $i_L(t)$ 与 $u_L(t)$ 为非关联参考方向，式(5-19a、b)前面需要加“－”号。

式(5-19a)表明：在某一时刻，电感的电压取决于该时刻电感电流的变化率。电感元件的电压与电流具有动态关系，是动态元件。

(1) 当电感中电流发生剧变时，$\frac{\mathrm{d}i_L}{\mathrm{d}t}$ 很大，则电感两端会出现高电压。

(2) 如果电流不随时间变化，即 $\frac{\mathrm{d}i_L}{\mathrm{d}t}=0$，电感元件的端电压为零，所以电感元件对直流来说相当于短路。电感元件具有通直流的作用。

由式(5-19b)可得电感上的电流为

$$i_L(t)=\frac{1}{L}\int_{-\infty}^{t}u_L(\tau)\mathrm{d}\tau=i_L(t_0)+\frac{1}{L}\int_{t_0}^{t}u_L(\tau)\mathrm{d}\tau \tag{5-20}$$

式中：$i_L(t_0)$为在$t=t_0$时电感的初始电流。

式(5-20)表明，在某一时刻t，电感电流的数值取决于从$-\infty$到t所有时刻的电压值，也就是说与电压的“全部过去历史”有关，因此，电感电流有“记忆”电压的性质，电感也是一种“记忆元件”。

电感电流具有连续性，即若电感电压$u(t)$在闭区间$[t_a,t_b]$内为有界的，则电感电流$i_L(t)$在开区间(t_a,t_b)内为连续的。所以对任意时间t，且$t_a<t<t_b$，有

$$i_L(t_+)=i_L(t_-) \tag{5-21}$$

式(5-21)表明：任何时刻，电感电流都不能跃变，在动态电路分析问题中经常要用到这一结论，但需注意应用的前提条件。

2. 电感元件的储能

在关联参考方向下，电感的瞬时功率是电感电压和电感电流的乘积，即

$$p_L(t)=u_L(t)i_L(t) \tag{5-22}$$

则在t_1到t_2期间内供给电感的能量为

$$\begin{aligned}w_L(t_1,t_2)&=\int_{t_1}^{t_2}p_L(\tau)\mathrm{d}\tau=\int_{t_1}^{t_2}u_L(\tau)i_L(\tau)\mathrm{d}\tau\\&=\int_{t_0}^{t}i_L(\tau)L\frac{\mathrm{d}i_L(\tau)}{\mathrm{d}\tau}\mathrm{d}\tau=\frac{1}{2}L\left[i_L^2(t_2)-i_L^2(t_1)\right]\end{aligned} \tag{5-23}$$

由此可知，电感L在某一时刻t的储能为

$$w_L(t)=\frac{1}{2}Li_L^2(t) \tag{5-24}$$

式(5-24)表明：电感元件是一个储能元件，在某一时刻的储能只取决于该时刻的电流值，而与电流的过去变化进程无关。

例 5-3 如图5-7(a)所示电路，一个无储能电感$L=0.05\mathrm{H}$，在$t=0$时接入如图5-7(b)所示波形的电压$u_S(t)$。求(1) $t>0$时的$i_L(t)$，并绘出波形图。(2) $t=2.5\mathrm{s}$时，电感储存的能量是多少？

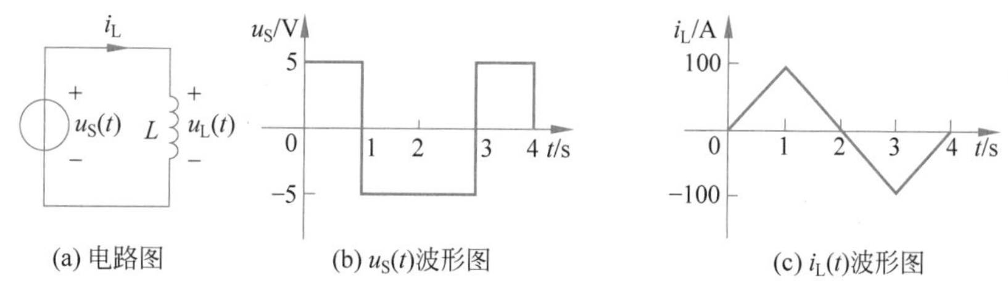

图 5-7 例 5-3 电路及波形

解：(1) 由$u_S(t)$波形可以写出函数的表达式：

$$u_S(t)=\begin{cases}5, & 0\leqslant t<1\\-5, & 1\leqslant t<3\\5, & 3\leqslant t<4\end{cases}$$

根据图5-7(a)可得

$$u_L(t)=u_S(t)=L\frac{di_L(t)}{dt}$$

$$i_L(t)=\frac{1}{L}\int_{-\infty}^{t}u_L(\tau)d\tau=i_L(t_0)+\frac{1}{L}\int_{t_0}^{t}u_L(\tau)d\tau$$

分段计算电流：

当 $0\leqslant t<1$ 时，因电感无储能，$i_L(0)=0A$，所以

$$i_L(t)=\frac{1}{0.05}\int_0^t 5d\tau=100t(A)$$

当 $t=1$ 时，有

$$i_L(t)=100A$$

当 $1<t<3$ 时，有

$$i_L(t)=100+\frac{1}{0.05}\int_1^t(-5)d\tau=200-100t(A)$$

当 $t=3s$ 时，有

$$i_L(t)=-100A$$

当 $3<t<4$ 时，有

$$i_L(t)=-100+\frac{1}{0.05}\int_3^t 5d\tau=-400+100t(A)$$

当 $t=4$ 时，有

$$i_L(t)=0A$$

按以上计算结果绘出 $i_L(t)$ 波形，如图 5-7(c)所示。

(2) 当 $t=2.5s$ 时，有

$$i_L(t)=200-100\times2.5=-50(A)$$

由式(5-24)可得

$$w_L=\frac{1}{2}Li_L^2(t)=\frac{1}{2}\times0.05\times(-50)^2=62.5(J)$$

3. 电感元件的连接

1) 电感元件的串联

图 5-8(a)为两个电感元件串联的电路。电感串联时，流经各电感的电流相同，根据电感元件的伏安关系式，有

$$u_1(t)=L_1\frac{di(t)}{dt},\quad u_2(t)=L_2\frac{di(t)}{dt}$$

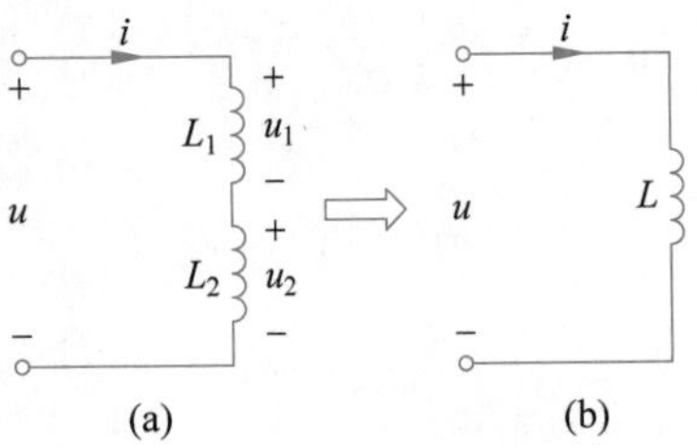

图 5-8　电感元件的串联

根据 KVL，串联电路的总电压等于两个电感电压之和，有

$$u(t)=u_1(t)+u_2(t)=L_1\frac{di(t)}{dt}+L_2\frac{di(t)}{dt}$$

$$=(L_1+L_2)\frac{di(t)}{dt}\tag{5-25}$$

图 5-8(b)中根据电感元件的伏安关系式，有

$$u(t)=L\frac{di(t)}{dt}\tag{5-26}$$

若图 5-8(a)与图 5-8(b)所示电路等效,则两电路的伏安关系式对应相等,由式(5-25)和式(5-26)可得

$$L = L_1 + L_2 \tag{5-27}$$

同理可推得,若有 n 个电感 $L_k(k=1,2,\cdots,n)$相串联,则其等效电感为

$$L = \sum_{k=1}^{n} L_k \tag{5-28}$$

由 $u_1(t)$,$u_2(t)$及 $u(t)$表达式可得各电感电压与端口电压的关系为

$$u_1 = \frac{L_1}{L}u = \frac{L_1}{L_1+L_2}u, \quad u_2 = \frac{L_2}{L}u = \frac{L_2}{L_1+L_2}u \tag{5-29}$$

2) 电感元件的并联

图 5-9(a)为两个电感元件并联的电路。电感并联时,各电感两端电压相等。根据电感元件的伏安关系式,有

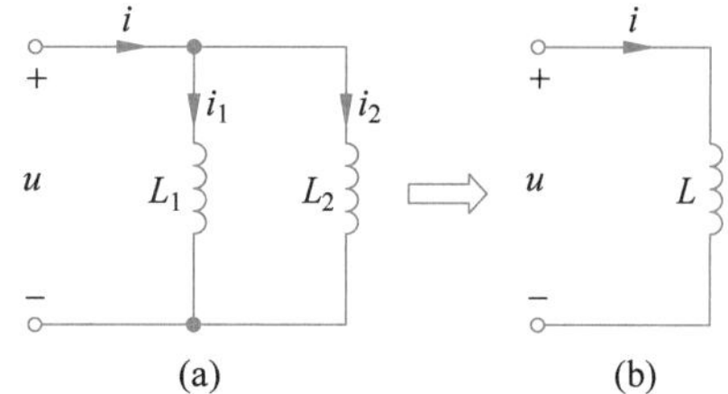

图 5-9 电感元件的并联

$$i_1(t) = \frac{1}{L_1}\int_{-\infty}^{t} u(\tau)\mathrm{d}\tau$$

$$i_2(t) = \frac{1}{L_2}\int_{-\infty}^{t} u(\tau)\mathrm{d}\tau$$

根据 KCL,有

$$i(t) = i_1(t) + i_2(t) = \frac{1}{L_1}\int_{-\infty}^{t} u(\tau)\mathrm{d}\tau + \frac{1}{L_2}\int_{-\infty}^{t} u(\tau)\mathrm{d}\tau = \left(\frac{1}{L_1} + \frac{1}{L_2}\right)\int_{-\infty}^{t} u(\tau)\mathrm{d}\tau \tag{5-30}$$

图 5-9(b)中,根据电感元件的伏安关系式,有

$$i_\mathrm{L}(t) = \frac{1}{L}\int_{-\infty}^{t} u(\tau)\mathrm{d}\tau \tag{5-31}$$

若图 5-9(b)与图 5-9(a)所示电路等效,则两电路的伏安关系式对应相等,由式(5-30)和式(5-31)可得出

$$\frac{1}{L} = \frac{1}{L_1} + \frac{1}{L_2} \quad 或 \quad L = \frac{L_1 L_2}{L_1 + L_2} \tag{5-32}$$

同理可推得,若有 n 个电感 $L_k(k=1,2,\cdots,n)$相并联,则其等效电感为

$$\frac{1}{L} = \sum_{k=1}^{n} \frac{1}{L_k} \tag{5-33}$$

式(5-33)表明: n 个电感并联的电路,其等效电感的倒数等于各并联电感的倒数之和。由 $i_1(t)$、$i_2(t)$及 $i(t)$表达式可得各电感电流与端口电流的关系为

$$i_1 = \frac{L}{L_1}i = \frac{L_2}{L_1+L_2}i, \quad i_2 = \frac{L}{L_2}i = \frac{L_1}{L_1+L_2}i \tag{5-34}$$

5.2 微分方程的求解

在前面 4 章讨论的直流电路中,所有响应恒定不变,电路的这种工作状态称为稳定状态,简称稳态。在电路的稳态分析中,所有元件的伏安特性均为代数方程,因此,在求解电路

的电压和电流时所得到的电路方程也为一组线性代数方程。如果电路的工作条件发生变化，可能使电路由原来的稳定状态转变到另一个稳定状态，这种改变通常需要经历一定时间，这一过程称为电路的过渡过程或暂态过程（也称为动态过程）。在过渡过程分析中，由于电容元件和电感元件的伏安特性是微分或积分关系，所以这时所得到的电路方程是以电压、电流为变量的微分方程。当电路的无源元件都是线性和时不变时，电路的方程是线性常系数微分方程。

过渡过程的分析方法有两种：一种是直接求解微分方程的方法，称为经典法。因为它是以时间 t 作为自变量的，所以又称为时域分析（time domain analysis）；另一种是采用某种积分变换求解微分方程的方法，比较普遍的是将自变量转换成复频率变量，故称为复频域分析。有关动态电路的复频域分析法将在第 12 章中介绍。凡含有未知函数导数的方程称为微分方程。若未知函数是一元函数，则称为常微分方程。在一个微分方程中所出现的未知函数导数的最高阶数称为微分方程的阶。若在微分方程的解中含有任意常数，且相互独立的任意常数的个数与微分方程的阶数相同，则这个解为微分方程的通解。

视频

1. 一阶微分方程的求解

形如

$$\frac{\mathrm{d}x(t)}{\mathrm{d}t}+Ax(t)=\omega(t),\quad A\text{ 为常数},\quad \omega(t)\text{ 为已知连续函数} \tag{5-35}$$

的微分方程称为一阶线性非齐次微分方程。

式(5-35)中 $\omega(t)=0$ 时形如

$$\frac{\mathrm{d}x(t)}{\mathrm{d}t}+Ax(t)=0 \tag{5-36}$$

的微分方程称为方程(5-35)对应的一阶线性齐次微分方程（简称齐次方程）。

一阶线性非齐次微分方程的通解由两部分组成：一部分是对应的齐次方程的通解；另一部分是非齐次方程的一个特解，即

$$x(t)=x_{\mathrm{h}}(t)+x_{\mathrm{p}}(t) \tag{5-37}$$

式中：$x_{\mathrm{h}}(t)$为齐次方程(5-36)的通解；$x_{\mathrm{p}}(t)$为非齐次方程(5-35)的一个特解。

(1) 齐次方程通解 $x_{\mathrm{h}}(t)$的求解方法：

设齐次方程(5-36)的通解为

$$x_{\mathrm{h}}(t)=K\mathrm{e}^{st} \tag{5-38}$$

代入齐次方程(5-36)，可得

$$Ks\mathrm{e}^{st}+AK\mathrm{e}^{st}=0$$

每项都除以 $K\mathrm{e}^{st}$，可得

$$s+A=0 \tag{5-39}$$

所以 $x_{\mathrm{h}}(t)=K\mathrm{e}^{st}=K\mathrm{e}^{-At}$，其中 K 为任意常数，它由初始条件确定。

式(5-39)称为特征方程，其解 $s=-A$ 称为微分方程的特征根或固有频率。

(2) 非齐次方程特解 $x_{\mathrm{p}}(t)$的求解方法：

非齐次方程特解 $x_{\mathrm{p}}(t)$的形式应根据 $\omega(t)$的形式而定，可以先按表 5-1 假设，然后把假设的特解 $x_{\mathrm{p}}(t)$代入原方程。用待定系数法，确定特解中的常数 Q 等。

表 5-1 非齐次微分方程的特解的形式

输入函数$\omega(t)$的形式	特解 $x_p(t)$的形式
P	Q
Pt	Q_0+Q_1t
P_0+P_1t	Q_0+Q_1t
$P\sin bt$	$Q\sin(bt+\theta)$
$P\cos bt$	$Q\cos(bt+\theta)$

(3) $x_h(t)$中常数 K 的确定：

$$x(t)=x_h(t)+x_p(t)=K\mathrm{e}^{st}+x_p(t) \tag{5-40}$$

若已知初始条件 $x(t_0)=X_0$，则由式(5-40)得

$$x(t_0)=K\mathrm{e}^{st_0}+x_p(t_0)=X_0$$

由此可以确定常数 K，从而求得非齐次方程(5-35)的通解。

2. 二阶微分方程的求解

视频

形如

$$\frac{\mathrm{d}^2x}{\mathrm{d}t^2}+p\frac{\mathrm{d}x}{\mathrm{d}t}+qx=\omega(t) \tag{5-41}$$

的微分方程称为二阶常系数线性非齐次微分方程。其中，p、q 为常数，$\omega(t)$为已知连续函数。

对应的二阶常系数线性齐次微分方程为

$$\frac{\mathrm{d}^2x}{\mathrm{d}t^2}+p\frac{\mathrm{d}x}{\mathrm{d}t}+qx=0 \tag{5-42}$$

式(5-41)的通解为

$$x(t)=x_h(t)+x_p(t) \tag{5-43}$$

式中：$x_h(t)$为齐次方程(5-42)的通解；$x_p(t)$为非齐次方程(5-41)的一个特解。

(1) 齐次方程通解 $x_h(t)$的求解方法。

设 $x_h(t)=k\mathrm{e}^{st}$，代入方程(5-42)得到对应的特征方程为

$$s^2+ps+q=0 \tag{5-44}$$

两个特征根为

$$s_{1,2}=\frac{-p\pm\sqrt{p^2-4q}}{2}$$

下面根据特征根的不同情形，分别讨论微分方程(5-42)的通解形式。

① 当 $p^2-4q>0$ 时，特征方程(5-44)有两个不相等的实根：

齐次方程(5-42)的通解为

$$x_h(t)=K_1\mathrm{e}^{s_1t}+K_2\mathrm{e}^{s_2t}$$

② 当 $p^2-4q=0$ 时，特征方程(5-44)有两个相等的实根：

$$s_1=s_2=-\frac{p}{2}$$

齐次方程(5-42)的通解为

$$x_h(t)=(K_1+K_2t)\mathrm{e}^{s_1t}$$

③ 当 $p^2-4q<0$ 时，特征方程(5-44)有一对共轭复根：

$$s_1=-\alpha+j\omega_d,\quad s_2=-\alpha-j\omega_d$$

式中：

$$\alpha=\frac{p}{2},\quad \omega_d=\frac{\sqrt{p^2-4q}}{2}>0$$

齐次方程(5-42)的通解为

$$x_h(t)=e^{-\alpha t}(K_1\cos\omega_d t+K_2\sin\omega_d t)$$

(2) 非齐次方程特解 $x_p(t)$ 的求解方法。

非齐次微分方程(5-41)的特解 x_p 应根据 $\omega(t)$ 的形式确定，可参考表 5-1 假设。把特解 x_p 代入方程(5-41)，用待定系数法确定特解 x_p 中的常数(如表 5-1 中的 Q 等)。

(3) $x_h(t)$ 中常数 K 的确定。

将初始条件代入式(5-43)中可以确定 $x_h(t)$ 中常数 K，从而求得二阶常系数线性非齐次微分方程(5-41)的通解。

5.3 直流一阶电路的分析

当电路中含有电容或电感时，由于这些元件的电压和电流的约束关系是以微分或积分形式来表示的，因此描述电路特性的方程是以电压或电流为变量的微分方程，这类电路称为动态电路。当电路中只含一个动态元件时，相应的方程是一阶微分方程，对应的电路为一阶电路。电阻电路是以代数方程来描述的，如果没有激励的作用，电路就不会出现响应。而动态电路则不同，没有激励时，如果动态元件上有储能，在能量释放时就会引起电路的响应。

动态电路在激励或内部储能作用下，会从一个稳定状态变化到另一个稳定状态，这个变化的过程称为过渡过程。电路产生过渡过程必须具备两个条件：一是电路中必须有储能元件(电感或电容)，并且当电路工作条件改变时，它们的储能状态发生变化；二是电路工作条件发生变化，统称为“换路”。工作条件发生变化包括：电路的连接方式改变(电路中开关的接通、断开)，电路参数的突然变化等。通常为了叙述方便，将换路的瞬间定义为 $t=0$(当然也可将它定义为 $t=t_0$)，把换路前的最终瞬间记为 $t=0_-$，把换路后的最初瞬间记为 $t=0_+$，换路经历的瞬间为 0_- 到 0_+。在一阶电路中，换路瞬间，根据电容电压(电感电流)的连续性，在电容电流(电感电压)有界的情况下，有 $u_C(0_+)=u_C(0_-)$，$i_L(0_+)=i_L(0_-)$。

如图 5-10(a)所示的电路中只有一个独立的电容，设电容初始电压 $u_C(0_-)=U_0$，U_S 为直流激励。由 KVL 得 $u_R+u_C=U_S$，因为

$$u_R=iR,\quad i=C\frac{du_C}{dt}$$

所以

$$RC\frac{du_C}{dt}+u_C=U_S \tag{5-45a}$$

即

$$\frac{du_C}{dt}+\frac{1}{RC}u_C=\frac{U_S}{RC} \tag{5-45b}$$

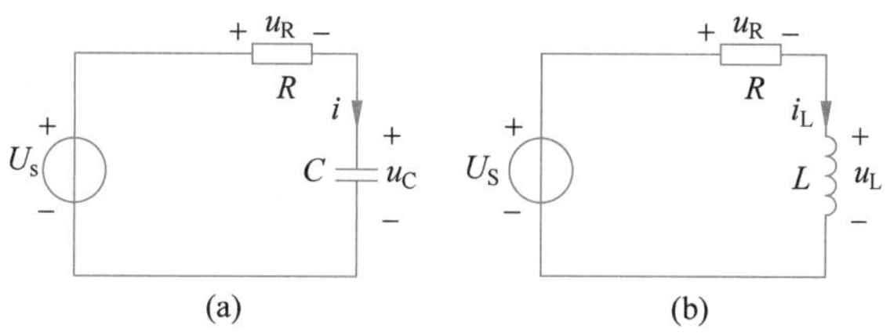

图 5-10 一阶 *RC* 电路

式(5-45)对应的齐次方程为

$$RC\frac{\mathrm{d}u_C}{\mathrm{d}t}+u_C=0 \tag{5-46a}$$

或

$$\frac{\mathrm{d}u_C}{\mathrm{d}t}+\frac{1}{RC}u_C=0 \tag{5-46b}$$

设齐次方程的通解为 $x_{Ch}(t)=K\mathrm{e}^{st}$，代入式(5-46)，可得

$$Ks\mathrm{e}^{st}+\frac{1}{RC}K\mathrm{e}^{st}=0$$

即

$$s+\frac{1}{RC}=0 \tag{5-47}$$

式(5-47)是式(5-46)的特征方程。由式(5-47)可得 $s=-\frac{1}{RC}$，有 $u_{Ch}=K\mathrm{e}^{-\frac{t}{RC}}$，其中 K 为任意常数，由初始条件确定。

U_S 为直流激励，根据表 5-1，式(5-45)的特解为常数，设特解 $u_{Cp}=Q$，代入式(5-45)，可得 $u_{Cp}=U_S$。所以式(5-45)的通解为

$$u_C(t)=K\mathrm{e}^{-\frac{t}{RC}}+U_S \tag{5-48}$$

根据电容电压的初始值 $u_C(0)=U_0$，可求得常数 $K=U_0-U_S$。将 K 值代入式(5-48)中，可得到电容电压的通解，即

$$u_C(t)=U_S+(U_0-U_S)\mathrm{e}^{-\frac{t}{RC}} \tag{5-49}$$

对于包含电感元件的一阶电路，如图 5-10(b)所示，电路中只有一个独立的电感，设电感电流初始值 $i_L(0)=I_0$，电源为直流电源 U_S，由 KVL 得 $u_R+u_L=U_S$，因为 $u_L=L\frac{\mathrm{d}i_L}{\mathrm{d}t}$，$u_R=i_LR$，所以有

$$L\frac{\mathrm{d}i_L}{\mathrm{d}t}+i_LR=U_S \tag{5-50a}$$

即

$$\frac{\mathrm{d}i_L}{\mathrm{d}t}+\frac{1}{L/R}i_L=\frac{U_S/R}{L/R} \tag{5-50b}$$

对应齐次方程为

$$L\frac{\mathrm{d}i_L}{\mathrm{d}t}+i_LR=0 \tag{5-51a}$$

即

$$\frac{\mathrm{d}i_{\mathrm{L}}}{\mathrm{d}t}+\frac{1}{L/R}i_{\mathrm{L}}=0 \tag{5-51b}$$

同理，式(5-50a)的通解为

$$i_{\mathrm{L}}(t)=K\mathrm{e}^{-\frac{t}{L/R}}+\frac{U_{\mathrm{S}}}{R} \tag{5-52a}$$

将电感电流的初始值 $i_{\mathrm{L}}(0)=I_0$ 代入式(5-52a)，可求得常数 $K=I_0-\dfrac{U_{\mathrm{S}}}{R}$，得到电感电流的通解

$$i_{\mathrm{L}}(t)=\frac{U_{\mathrm{S}}}{R}+\left(I_0-\frac{U_{\mathrm{S}}}{R}\right)\mathrm{e}^{-\frac{t}{L/R}} \tag{5-52b}$$

在图 5-10 中，U_{S} 为直流激励，$U_0(I_0)$为电容(电感)的初始储能。若 $U_{\mathrm{S}}=0$，且 $U_0\neq 0$(或 $I_0\neq 0$)，即电路无外加激励，电路的响应由动态元件的初始储能产生，称为一阶电路零输入响应。若 $U_{\mathrm{S}}\neq 0$，且 $U_0=0$(或 $I_0=0$)，即动态元件的初始储能为零，电路的响应由外加激励产生，称为一阶电路零状态响应。若 $U_{\mathrm{S}}\neq 0$，且 $U_0\neq 0$(或 $I_0\neq 0$)，即电路有外加激励，动态元件也有初始储能，此时电路的响应称为一阶电路完全响应。

由图 5-10 可以看出，如果电路中的储能元件只有一个独立的电感或一个独立的电容，则相应的电路方程是一阶微分方程，若激励为直流激励，则这样的电路称为直流一阶电路。求解复杂的一阶电路时，可将复杂电路看作一个动态元件与线性含源电阻网络相连的两个二端网络，可先借助戴维南(或诺顿)定理将线性含源的电阻网络等效为电压源串联电阻支路(或根据诺顿定理等效为电流源并联电阻支路)，再利用本节介绍的方法分析求解。含电容元件的复杂电路分解过程如图 5-11 所示。

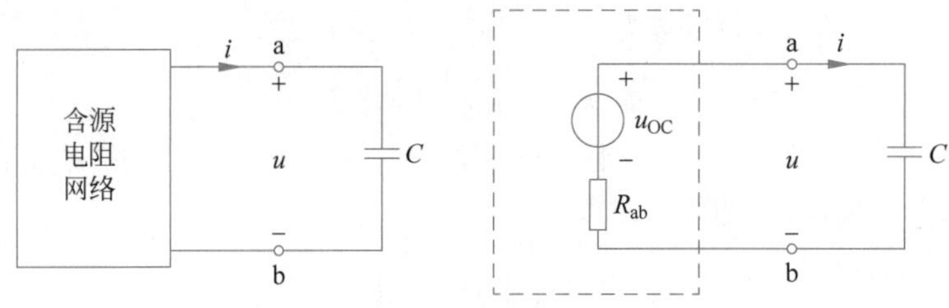

图 5-11 一阶动态电路的分解

5.3.1 一阶电路的零输入响应

1. 一阶 *RC* 电路的零输入响应

如图 5-12(a)所示 *RC* 电路，$t<0$ 时电路已处于稳态，即 $t=0_-$ 时电容充电完毕，电容相当于开路，如图 5-12(b)所示，$u_{\mathrm{C}}(0_-)=U_{\mathrm{S}}=U_0$，其初始储能为$\dfrac{1}{2}CU_0^2$。在 $t=0$ 时开关 S 由 1 合向 2。$t>0$ 后无激励，即 $U_{\mathrm{S}}=0$ 且 $U_0\neq 0$，故为 *RC* 电路的零输入响应。

对换路后的电路，由 KVL 得 $u_{\mathrm{R}}+u_{\mathrm{C}}=0$。因为

$$u_{\mathrm{R}}=Ri,\quad i=C\frac{\mathrm{d}u_{\mathrm{C}}}{\mathrm{d}t}$$

有

$$RC\frac{du_C}{dt}+u_C=0 \tag{5-53}$$

式(5-53)与式(5-46a)相同,同理可求得 $t\geqslant 0$ 电路的响应为 $u_C(t)=Ke^{-\frac{t}{RC}}$,其中 K 为常数,据 $u_C(0_+)=U_0$,得

$$k=u_C(0_+)=U_0$$

$$u_C(t)=u_C(0_+)e^{-\frac{t}{RC}}=U_0e^{-\frac{t}{\tau}} \tag{5-54a}$$

故得

$$i(t)=C\frac{du_C}{dt}=-\frac{u_C(0_+)}{R}e^{-\frac{t}{RC}}=-\frac{U_0}{R}e^{-\frac{t}{\tau}} \tag{5-54b}$$

$$u_R(t)=iR=-U_0e^{-\frac{t}{RC}}=-U_0e^{-\frac{t}{\tau}} \tag{5-54c}$$

式中:$\tau=RC$,具有时间的量纲,称为 RC 电路的时间常数。当 R 单位为欧,C 单位为法时,τ 的单位为秒。可见 τ 决定了 $u_C(t)$、$i(t)$ 及 $u_R(t)$衰减的速度。

式(5-54b)和式(5-54c)中的"—"表明:电流 $i(t)$及电阻上电压 $u_R(t)$的参考方向均与实际方向相反。u_C、u_R 和 i 随时间的变化曲线如图 5-13 所示。由上可知,在 $t<0$ 时电路已处于稳态。在 $t=0$ 时开关 S 将 RC 电路短接。$t>0$ 时电路进入电容 C 通过 R 放电的过渡过程。随着时间 t 的增加,RC 电路中的电流、电压由初始值开始按指数规律衰减,电路工作在过渡过程中,直到 $t\to\infty$,过渡过程结束,电路达到新的稳态。

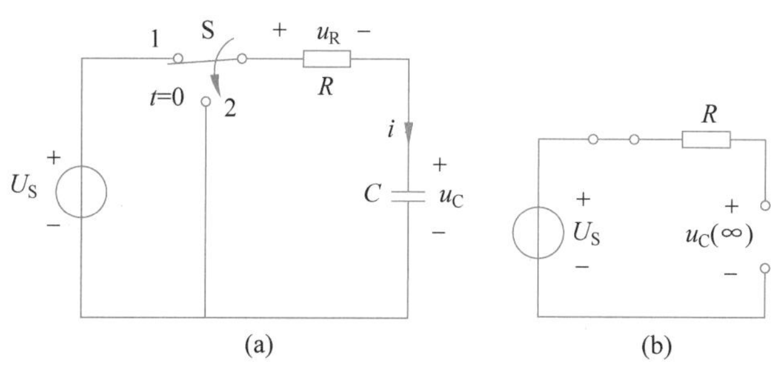

图 5-12 *RC* 电路的零输入响应

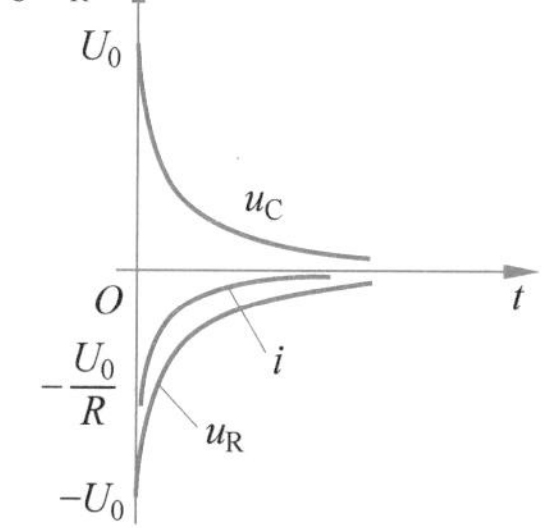

图 5-13 u_C、u_R 和 i 随时间的变化曲线

从理论上讲,只有当 $t\to\infty$时,电容电压才能达到稳态值。但是,指数函数开始变化较快,而后逐渐变慢,如表 5-2 所示。

表 5-2 $e^{-\frac{t}{\tau}}$ 随时间变化的数值

t	τ	2τ	3τ	4τ	5τ	…	∞
$e^{-\frac{t}{\tau}}$	0.3679	0.1353	0.04979	0.01832	0.006738	…	0
u_C	$0.3679U_0$	$0.1353U_0$	$0.04979U_0$	$0.01832U_0$	$0.006738U_0$	…	0

从表 5-2 中明显看出,当 $t=(3\sim5)\tau$ 时,u_C 与稳态值仅差 5%~0.7%,在工程实际中通常认为经过$(3\sim5)\tau$ 后,电路的过渡过程已经结束,电路进入稳定状态。

确定时间常数 τ 的三种常用方法:

(1) 由电路参数进行计算。RC 电路中的时间常数 $\tau=RC$。适当调节参数 R 和 C,就可控制 RC 电路过渡过程的快慢。

(2) 由电路的响应曲线求得。如已知 u_C 的曲线,且初始值为 U_0,由于 $u_C(\tau)=$

$u_C(0_+)e^{-1}=0.368U_0$，所以当 u_C 衰减到初始值的 36.8%时，对应的时间坐标即为时间常数 τ。另外，也可以选任意时刻 t_0 的电压 $u_C(t_0)$作为基准，当数值下降为 $u_C(t_0)$的 36.8%时，所需要的时间也正好是一个时间常数 τ，说明如下：

$$u_C(t_0+\tau)=U_0e^{-\frac{t_0+\tau}{\tau}}=0.368U_0e^{-\frac{t_0}{\tau}}=0.368u_C(t_0)$$

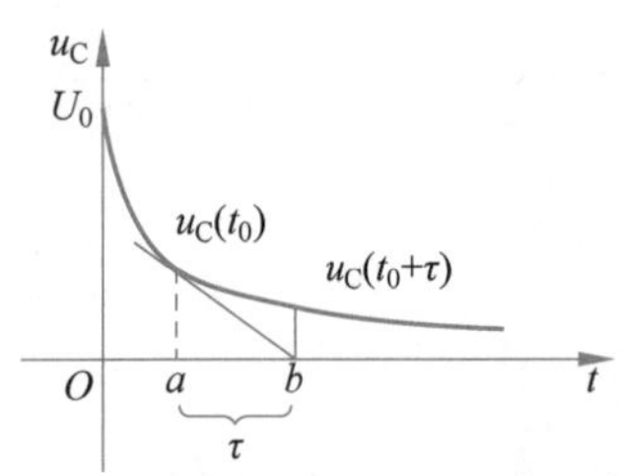

图 5-14 从 u_C 的曲线上估算 τ

(3) 对零输入响应曲线画切线确定时间常数。在工程上可以用示波器来观察 RC 电路 u_C 的变化曲线。可以证明，u_C 的指数曲线上任意点的次切距长度 ab 乘以时间轴的比例尺均等于时间常数 τ，如图 5-14 所示。

从能量关系上讲，RC 电路的零输入响应实际上是电容的电场能量转换为电阻上的热能的过程。整个放电过程中电阻 R 消耗的电能为

$$W_R=\int_0^\infty i^2R\,dt=\int_0^\infty\left(-\frac{U_0}{R}e^{-\frac{t}{\tau}}\right)^2R\,dt=\frac{1}{2}CU_0^2=W_C \tag{5-55}$$

与电容的初始储能$\frac{1}{2}CU_0^2$ 相等。

例 5-4 某高压电路中有一组 $C=40\mu F$ 的电容器，断开时电容器的电压为 5.77kV，断开后电容器经它本身的漏电阻放电。如电容器的漏电阻 $R=100M\Omega$，试问断开后经多长时间电容器的电压衰减为 1kV？若电路需要检修，应采取什么安全措施？

解：该题为 RC 电路的零输入响应。电路的时间常数为

$$\tau=RC=100\times10^6\times40\times10^{-6}=4000(s)$$

由式(5-54a)可得

$$u_C(t)=u_C(0_+)e^{-\frac{t}{RC}}=U_0e^{-\frac{t}{\tau}}$$

可得

$$u_C(t)=5.77e^{-\frac{t}{4000}}(kV)$$

把 $u_C=1kV$ 代入上式，可得

$$1=5.77e^{-\frac{t}{4000}}$$

由上式解得

$$t=4000\ln5.77=7011(s)$$

由于 R 和 C 的数值较大，所以电容器从电路断开后经过大约 2h，仍然有 1kV 的高电压。为安全起见，须待电容器充分放电后才能进行线路检修。为缩短电容器的放电时间，可以用一个阻值较小的电阻并联于电容器两端以加速放电过程。

2. 一阶 *RL* 电路的零输入响应

如图 5-15(a)所示一阶 RL 电路，$t<0$ 时电路处于稳态，即 $t=0_-$ 时电感充电完毕，此时电感可用短路线代替，如图 5-15(b)，$i_L(0_-)=\frac{U_S}{R}=I_0$，其初始储能为$\frac{1}{2}LI_0^2$。在 $t=0$ 时开关 S 由 1 切换至 2，在换路瞬时，电感端电压为有限值，所以电感电流连续，即 $i_L(0_+)=i_L(0_-)$。$t>0$ 时无激励，故为 RL 电路的零输入响应。

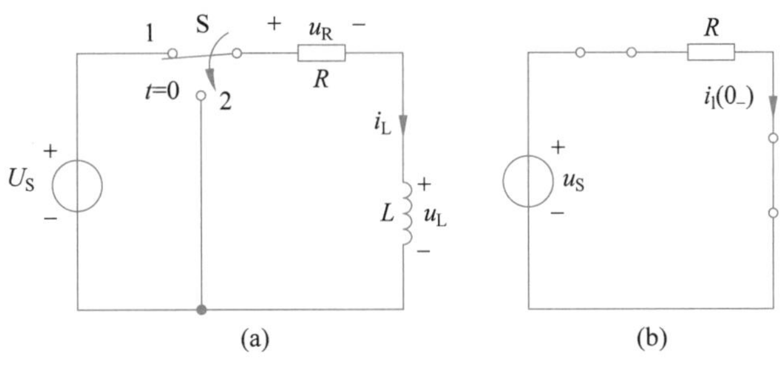

图 5-15 *RL* 电路的零输入响应

对换路后的电路，由 KVL 得 $u_R+u_L=0$，因为

$$u_R=Ri_L,\quad u_L=L\frac{\mathrm{d}i_L}{\mathrm{d}t}$$

所以有

$$L\frac{\mathrm{d}i_L}{\mathrm{d}t}+Ri_L=0 \tag{5-56}$$

式(5-56)与(5-51a)相同，可求得 $t\geqslant 0$ 时电路的响应为 $i_L(t)=Ke^{-\frac{t}{L/R}}$，其中 K 为常数。据 $i_L(0_+)=i_L(0_-)=\dfrac{U_S}{R}=I_0$，$K=I_0$ 得

$$i_L(t)=i_L(0_+)e^{-\frac{t}{L/R}}=I_0e^{-\frac{t}{\tau}} \tag{5-57a}$$

$$u_R(t)=i_LR=I_0Re^{-\frac{t}{\tau}} \tag{5-57b}$$

$$u_L(t)=L\frac{\mathrm{d}i_L}{\mathrm{d}t}=-I_0Re^{-\frac{t}{\tau}} \tag{5-57c}$$

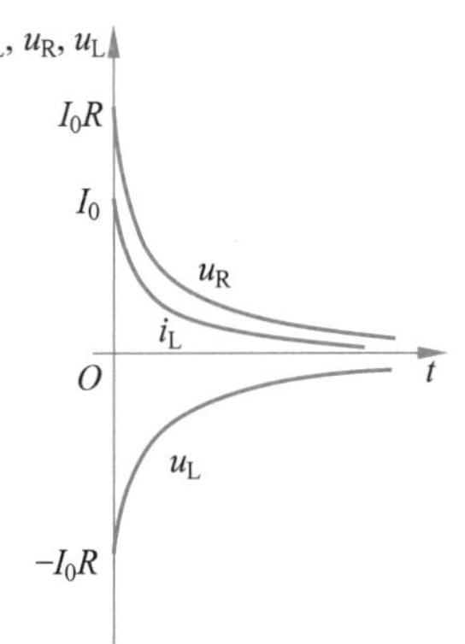

图 5-16 i_L、u_R 和 u_L 随时间的变化曲线

i_L、u_R 和 u_L 的变化曲线如图 5-16 所示。式(5-57)中 $\tau=L/R$，具有时间的量纲，称为 *RL* 电路的时间常数，当 L 的单位为 H、R 的单位为 Ω 时，L/R 的单位为 s。*RL* 电路的时间常数决定电感电流、电阻电压及电感电压衰减的快慢。

注意：*RL* 电路的时间常数 τ 与电感 L 成正比，而与电阻 R 成反比；但在 *RC* 电路中，时间常数 τ 是与电容 C 和电阻 R 成正比的。

RL 电路的零输入响应和 *RC* 电路的零输入响应相似，当 $t=(3\sim5)\tau$ 时，i_L 与稳态值仅差 5%～0.7%，从能量关系上讲，*RL* 电路的零输入响应实际上是把电感中原先储存的能量转换为电阻上的热能的过程。

从式(5-54)和式(5-57)可以看出：若初始状态增大 K 倍，则零输入响应也增大 K 倍。这种初始状态和零输入响应的正比关系称为零输入比例性，是线性电路激励与响应呈线性关系的反映。

例 5-5 如图 5-17(a)所示电路中，已知 $U_S=20\text{V}$，$L=1\text{H}$，$R=1\text{k}\Omega$，电压表的内阻 $R_V=500\text{k}\Omega$，在 $t=0$ 时开关 S 断开，断开前电路已处于稳态。试求开关 S 断开后电压表两端电压的变化规律。

解：换路前，电路已处于稳态，L 相当于短路，电路如图 5-17(b)所示。

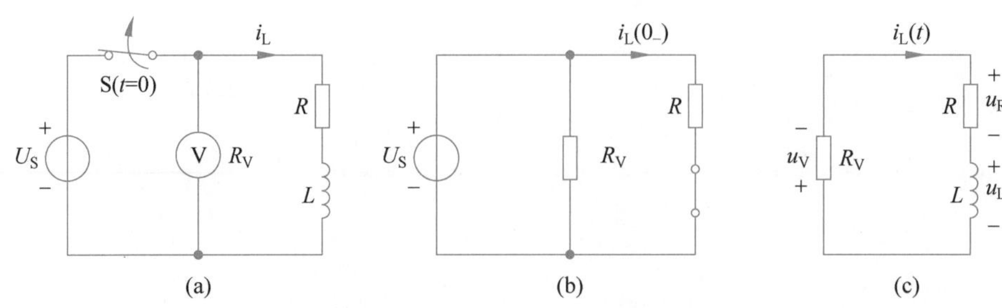

图 5-17　例 5-5 电路

$$i_L(0_-)=\frac{U_S}{R}=\frac{20}{10^3}=0.02(\text{A})$$

根据电感电流的连续性，有

$$i_L(0_+)=i_L(0_-)=0.02\text{A}$$

换路后，U_S 断开，电路如图 5-17(c)所示，故本题是求 RL 电路的零输入响应的问题。

列 KVL 方程：$u_R+u_L+u_V=0$，有 $i_L=L\dfrac{\mathrm{d}i_L}{\mathrm{d}t}$，$u_R=Ri_L$，$u_V=R_Vi_L$

代入得

$$\frac{\mathrm{d}i_L}{\mathrm{d}t}+\frac{(R+R_V)}{L}i_L=0$$

换路后电路的时间常数为

$$\tau=\frac{L}{R+R_V}=\frac{1}{(1+500)\times10^3}=\frac{1}{5.01\times10^5}(\text{s})$$

换路后电感电流为

$$i_L(t)=i_L(0_+)\mathrm{e}^{-\frac{t}{\tau}}=0.02\mathrm{e}^{-5.01\times10^5t}(\text{A})$$

所以，开关断开后电压表两端电压按下面的指数规律衰减：

$$u_V(t)=i_L(t)R_V=0.02\mathrm{e}^{-5.01\times10^5t}\times500\times10^3=10000\mathrm{e}^{-5.01\times10^5t}(\text{V})$$

以上计算可以看出，在换路的瞬间，电压表两端出现了 10000V 的高电压，尽管时间常数很小(μs 级)，过渡过程的时间很短，也可能使电压表击穿或把电压表的表针打弯。所以在有电感线圈的电路中要特别注意过电压现象，以免损坏电气设备。就测量电压而言，一般应该先移开电压表，再断开电源开关。

5.3.2　一阶电路的零状态响应

1. 一阶 *RC* 电路的零状态响应

如图 5-18 所示 RC 电路，当 $t<0$ 时，开关 S 闭合前电容未充电，无初始储能，即 $u_C(0_-)=0$。在 $t=0$ 时，合上开关 S，S 闭合瞬间，流过电容的电流为有限值，电容电压连续，即 $u_C(0_+)=u_C(0_-)=0$。在 $t>0$ 后，电路有外加直流激励 U_S，故为 RC 电路的零状态响应。

对换路后的电路，由 KVL 得 $u_R+u_C=U_S$，因为

$$u_R=Ri,\quad i=C\frac{\mathrm{d}u_C}{\mathrm{d}t}$$

所以有

$$RC\frac{\mathrm{d}u_C}{\mathrm{d}t}+u_C=U_S \tag{5-58}$$

式(5-58)与式(5-45a)相同，通解为 $u_C(t)=K\mathrm{e}^{-\frac{1}{RC}t}+U_S$，并将电容电压是初始值 $u_C(0_+)=0$ 代入，可得常数 $K=-U_S$，于是可求得 $t\geqslant 0$ 时电路的响应为

故
$$u_C(t)=U_S(1-\mathrm{e}^{-\frac{t}{RC}})=U_S(1-\mathrm{e}^{-\frac{t}{\tau}}) \tag{5-59a}$$

$$i(t)=C\frac{\mathrm{d}u_C}{\mathrm{d}t}=\frac{U_S}{R}\mathrm{e}^{-\frac{t}{RC}}=\frac{U_S}{R}\mathrm{e}^{-\frac{t}{\tau}} \tag{5-59b}$$

$$u_R(t)=Ri=U_S\mathrm{e}^{-\frac{t}{RC}}=U_S\mathrm{e}^{-\frac{t}{\tau}} \tag{5-59c}$$

其中，$\tau=RC$，与一阶 RC 电路零输入 τ 相同。u_C、u_R 和 i 的变化曲线如图 5-19 所示，按指数规律上升或衰减。可见，开关 S 闭合瞬间 C 相当于短路，电阻电压最大为 U_S，充电电流最大为 U_S/R。工程上，经过 $t=(3\sim5)\tau$ 时间后，充电过程结束，电路进入新的稳态，此时电容相当于开路，电容电流 $i(\infty)=0$，电容电压 $u_C(\infty)=U_S$，电阻电压 $u_R(\infty)=0$。

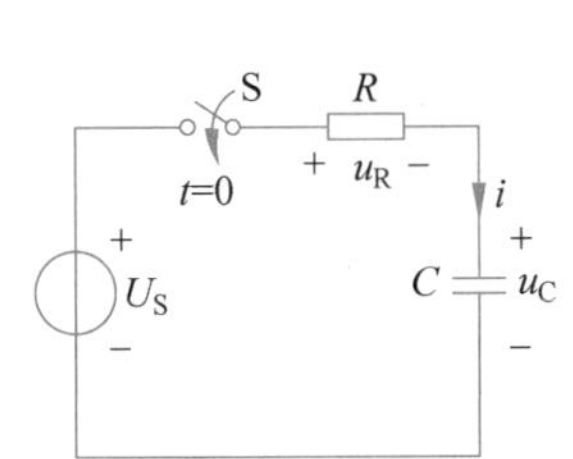

图 5-18 RC 电路的零状态响应

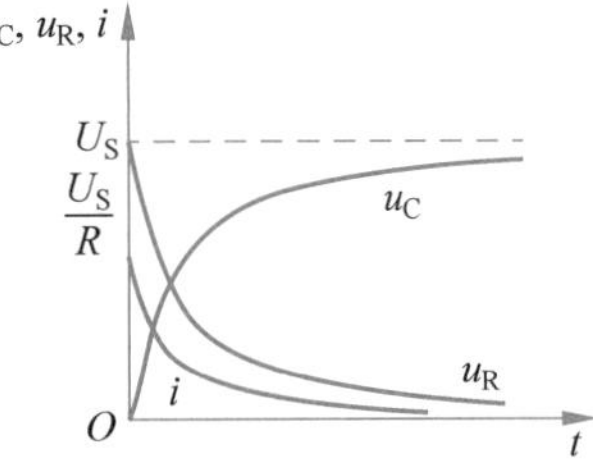

图 5-19 u_C、u_R 和 i 随时间的变化曲线

在整个充电过程中 R 消耗的电能为

$$W_R=\int_0^{\infty}i^2R\,\mathrm{d}t=\int_0^{\infty}\left(\frac{U_S}{R}\mathrm{e}^{-\frac{t}{\tau}}\right)^2R\,\mathrm{d}t=\frac{U_S^2}{R}\left(-\frac{RC}{2}\right)\mathrm{e}^{-\frac{2t}{RC}}\bigg|_0^{\infty}=\frac{1}{2}CU_S^2=W_C \tag{5-60}$$

整个充电过程中 R 消耗的电能等于充电结束后电容的储能，因此充电效率为 50%，充电效率并不高。

例 5-6 在图 5-18 电路中，电容原先未充电。已知 $U_S=100\mathrm{V}$，$R=500\Omega$，$C=10\mu\mathrm{F}$，在 $t=0$ 时将开关 S 闭合，试求：(1) u_C 和 i 随时间变化的规律；(2) 当充电时间为 8.05ms 时，u_C 达到多少伏？

解：(1) 电容原先未充电，有 $u_C(0_-)=0\mathrm{V}$，由电容电压的连续性知 $u_C(0_+)=u_C(0_-)=0\mathrm{V}$。在 $t=0$ 时将开关 S 闭合。本题是有关 RC 电路的零状态响应问题。

由图 5-18 电路知

$$u_R+u_C=u_S$$

换路后时间常数为

$$\tau=RC=500\times10\times10^{-6}=5\times10^{-3}(\mathrm{s})$$

由式(5-59a)得

$$u_C(t)=U_S(1-\mathrm{e}^{-\frac{t}{RC}})=U_S(1-\mathrm{e}^{-\frac{t}{\tau}})$$

代入数值可解得

$$u_C(t)=100(1-\mathrm{e}^{-200t})(\mathrm{V})$$

$$i(t)=C\frac{\mathrm{d}u_C}{\mathrm{d}t}=0.2\mathrm{e}^{-200t}(\mathrm{A})$$

（2）当充电时间为 8.05ms 时，电容电压为

$$u_C(t)=100(1-\mathrm{e}^{-200\times 8.05\times 10^{-3}})=100(1-\mathrm{e}^{-1.61})=80(\mathrm{V})$$

2. 一阶 RL 电路的零状态响应

如图 5-20 所示一阶 RL 电路，在 $t<0$ 时，开关 S 与 1 点接通，电感无初始储能，即 $i_L(0_-)=0$。在 $t=0$ 时，开关 S 由 1 切换至 2，在闭合瞬间，电感电压为有限值，电感电流连续，即 $i_L(0_+)=i_L(0_-)=0$。在 $t>0$ 时，有外加激励 U_S。故为 RL 电路的零状态响应。

对换路后的电路利用 KVL，可得

$$u_R+u_L=U_S$$

由于

$$u_L=L\frac{\mathrm{d}i_L}{\mathrm{d}t},\quad u_R=Ri_L$$

将它们代入上式，可得

$$L\frac{\mathrm{d}i_L}{\mathrm{d}t}+Ri_L=U_S \tag{5-61}$$

式(5-61)与式(5-50a)相同，通解为 $i_L(t)=K\mathrm{e}^{-\frac{t}{L/R}}+\frac{U_S}{R}$，将电感电流初始值 $i_L(0_+)=0$ 代入得 $K=-\frac{U_S}{R}$，于是可求得 $t\geqslant 0$ 时电路的响应为

$$i_L(t)=\frac{U_S}{R}(1-\mathrm{e}^{-\frac{t}{L/R}})=\frac{U_S}{R}(1-\mathrm{e}^{-\frac{t}{\tau}}) \tag{5-62a}$$

$$u_L(t)=U_S\mathrm{e}^{-\frac{t}{L/R}}=U_S\mathrm{e}^{-\frac{t}{\tau}} \tag{5-62b}$$

$$u_R(t)=U_S(1-\mathrm{e}^{-\frac{t}{L/R}})=U_S(1-\mathrm{e}^{-\frac{t}{\tau}}) \tag{5-62c}$$

式中，$\tau=L/R$，与一阶 RL 电路零输入 τ 相同。i_L、u_R 和 u_L 的变化曲线如图 5-21 所示。可见，开关 S 闭合瞬间 L 相当于开路，电感电压最大为 U_S，电阻电压为零。随着时间 t 的增加，充电电流按指数规律增大，电阻电压也随之增大，而电感电压则逐渐减小。经过 $t=(3\sim5)\tau$ 时间后，充电过程结束，电路进入新的稳态，此时电感相当于短路，电感电流 $i_L(\infty)=U_S/R$，电感电压 $u_L(\infty)=0$，电阻电压 $u_R(\infty)=U_S$。

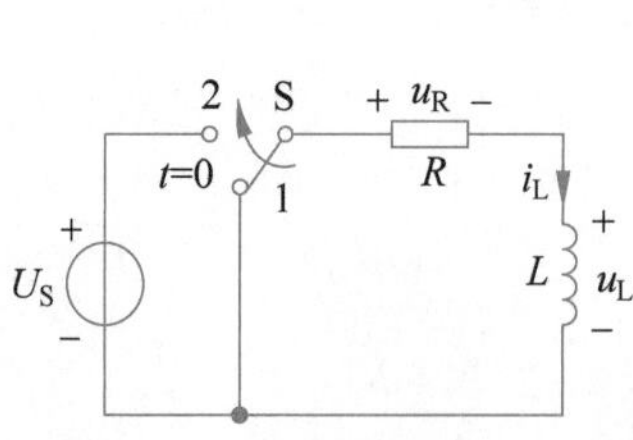

图 5-20 RL 电路的零状态响应

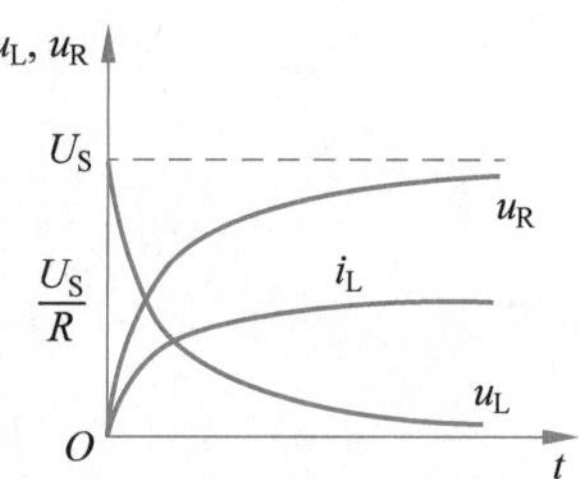

图 5-21 i_L、u_R 和 u_L 随时间的变化曲线

从式(5-59)和式(5-62)可以看出：若外加激励增大 K 倍，则零状态响应也增大 K 倍。这种外加激励和零状态响应的正比关系称为零状态比例性，是线性电路激励与响应呈线性关系的反映。如果有多个独立电源作用于电路，那么可以运用叠加定理求出零状态响应。

例 5-7　在图 5-22(a)电路中，已知 $U_S=36\text{V}, R_1=6\text{k}\Omega, R_2=3\text{k}\Omega, R_3=10\text{k}\Omega, L=12\text{mH}$，求开关 S 闭合后电感中的电流和电压(设 $i_L(0_-)=0\text{A}$)。

解：开关 S 闭合前，$i_L(0_-)=0\text{A}$，本题是求解 RL 电路的零状态响应问题。

$t>0$ 时的电路如图 5-22(b)所示，将电感与其余电阻网络分解为两个二端网络，电阻网络如图 5-22(c)所示，该电阻网络的戴维南等效电路如图 5-22(d)虚线左边所示，图中，

$$\begin{cases} U_{OC}=\dfrac{R_2}{R_1+R_2}U_S=\dfrac{3}{6+3}\times 36=12(\text{V}) \\ R_0=R_3+\dfrac{R_1R_2}{R_1+R_2}=10+\dfrac{6\times 3}{6+3}=12(\text{k}\Omega) \end{cases}$$

图 5-22(d)中，$u_{R0}+u_L=U_{OC}$，$u_{R0}=R_0 i_L$，$u_L=L\dfrac{\text{d}i_L}{\text{d}t}$，有 $L\dfrac{\text{d}i_L}{\text{d}t}+R_0 i_L=U_{OC}$，与式(5-61)相似，可解得电感中的电流为

$$i_L(t)=\frac{U_{OC}}{R_0}(1-\text{e}^{-\frac{t}{\tau}}),\quad 其中\ \tau=L/R_0=\frac{12\times 10^{-3}}{12\times 10^{3}}=10^{-6}(\text{s})$$

代入数值得

$$i_L(t)=1-\text{e}^{-10^6 t}(\text{mA})$$

电感的电压为

$$u_L(t)=L\frac{\text{d}i_L}{\text{d}t}=12\text{e}^{-10^6 t}(\text{V})$$

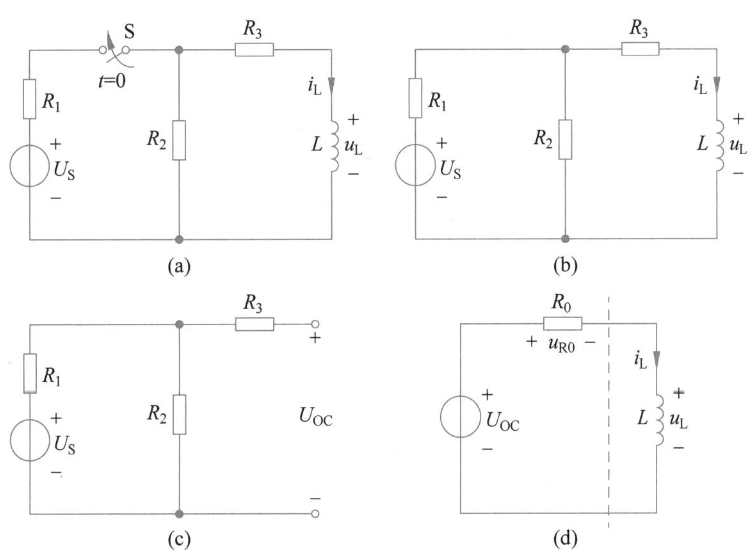

图 5-22　例 5-7 电路

5.3.3 一阶电路的完全响应

1. 一阶 *RC* 电路的完全响应

如图 5-23 所示 *RC* 电路，开关 S 闭合前电容已充电，即 $u_C(0_-)=U_0\neq 0$。在 $t=0$ 时，合上开关 S。可见，在 $t>0$ 时有直流激励 U_S，根据电容电压的连续性，有 $u_C(0_+)=u_C(0_-)=U_0\neq 0$，为 *RC* 电路的完全响应。

对换路后的电路，由 KVL 得 $u_R+u_C=U_S$，因为

$$u_R=Ri,\quad i=C\frac{du_C}{dt}$$

有

$$RC\frac{du_C}{dt}+u_C=U_S \tag{5-63}$$

式(5-63)与式(5-45a)相同，解方程，同理可求得 $t\geqslant 0$ 时电路的响应为

$$u_C(t)=U_S+(U_0-U_S)e^{-\frac{t}{RC}}=U_S+(U_0-U_S)e^{-\frac{t}{\tau}} \tag{5-64a}$$

因此，有

$$i(t)=\frac{U_S-U_0}{R}e^{-\frac{t}{RC}}=\frac{U_S-U_0}{R}e^{-\frac{t}{\tau}} \tag{5-64b}$$

$$u_R(t)=(U_S-U_0)e^{-\frac{t}{RC}}=(U_S-U_0)e^{-\frac{t}{\tau}} \tag{5-64c}$$

其中，$\tau=RC$。$0<U_0<U_S$ 时 u_C 的变化曲线如图 5-24 所示，u_C 以 U_0 为初始值逐渐上升，最终达到 U_S。若 $U_0>U_S>0$，或者一个为正，一个为负，则过渡过程中电容是充电还是放电？读者可自行分析。

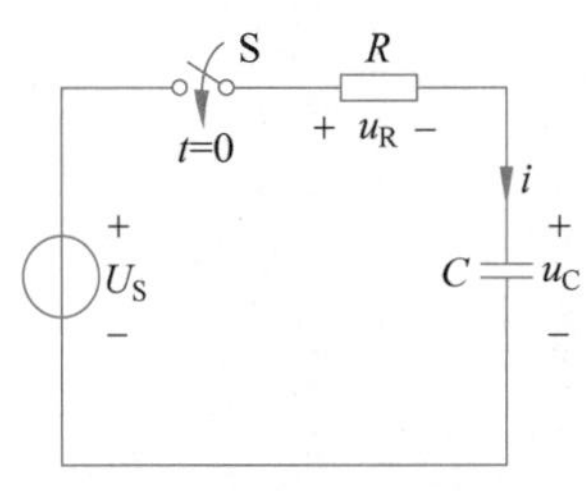

图 5-23 一阶 *RC* 电路的完全响应

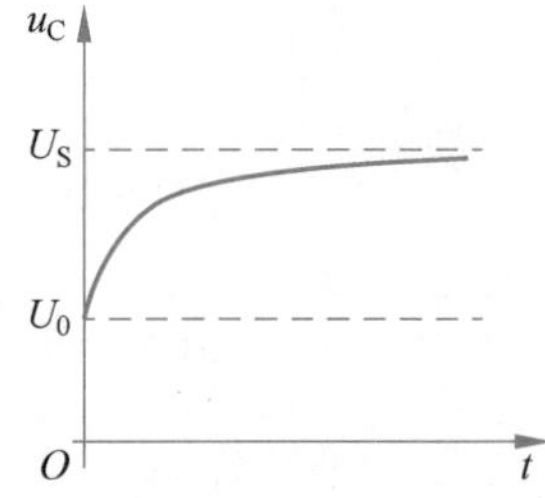

图 5-24 一阶 *RC* 电路的完全响应 u_C 波形

2. 一阶 *RL* 电路的完全响应

如图 5-25 所示一阶 *RL* 电路，在 $t<0$ 时，已知 $i_L(0_-)=I_0\neq 0$。在 $t=0$ 时，开关 S 由 1 切换至 2。根据电感电流的连续性，有 $i_L(0_+)=i_L(0_-)=I_0$，在 $t>0$ 时电路有外加激励 U_S，为 *RL* 电路的完全响应。

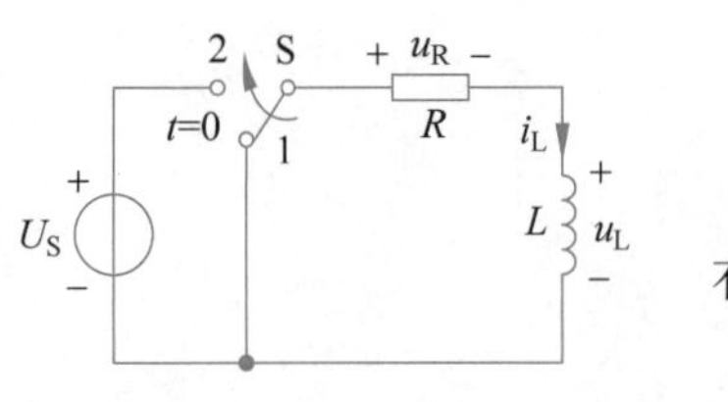

图 5-25 一阶 *RL* 电路的完全响应

对换路后的电路列 KVL 方程，得 $u_R+u_L=U_S$，因为

$$u_L=L\frac{di_L}{dt},\quad u_R=Ri_L$$

有

$$L\frac{di_L}{dt}+i_LR=U_S \tag{5-65}$$

式(5-65)与式(5-50a)相同,解方程同理可求得 $t \geqslant 0$ 时电路的响应为

$$i_L(t) = \frac{U_S}{R} + \left(I_0 - \frac{U_S}{R}\right) e^{-\frac{t}{L/R}} = \frac{U_S}{R} + \left(I_0 - \frac{U_S}{R}\right) e^{-\frac{t}{\tau}} \tag{5-66a}$$

因此,可得

$$u_L(t) = -I_0 R e^{-\frac{t}{L/R}} + U_S e^{-\frac{t}{L/R}} = -I_0 R e^{-\frac{t}{\tau}} + U_S e^{-\frac{t}{\tau}} \tag{5-66b}$$

$$u_R(t) = U_S + (I_0 R - U_S) e^{-\frac{t}{\tau}} \quad 其中,\tau = L/R \tag{5-66c}$$

5.3.4 一阶电路的求解方法

1. 直接解微分方程

5.3.1 节～5.3.3 节就是使用直接解微分方程对一阶电路进行分析。

2. 利用分解方法求解

直流一阶电路还可用以下两种分解方法求解(以 $u_C(t)$ 为例):

(1) 完全响应=稳态响应+暂态响应。

以图 5-23 所示 RC 电路为例,已求得在 $t \geqslant 0$ 时电容电压为式(5-64a),即

$$u_C(t) = U_S + (U_0 - U_S) e^{\frac{t}{RC}} \tag{5-67}$$

式(5-67)中右边第一项为稳态响应,右边第二项为暂态响应。两个响应的变化规律不同:稳态响应只与输入 U_S 有关,如果输入的是直流量,稳态响应就是恒定不变的;如果输入的是正弦量,稳态响应就是同频率的正弦量。暂态响应随着时间 t 的增长按指数规律逐渐衰减为零,一般可以认为在 $t=(3\sim5)\tau$ 后消失。暂态响应既与初始状态 U_0 有关,也与输入 U_S 有关,只有当 $U_0 - U_S \neq 0$ 时,才有暂态响应。

(2) 完全响应=零输入响应+零状态响应。

式(5-67)可改写成

$$u_C(t) = U_0 e^{-\frac{t}{RC}} + U_S(1 - e^{-\frac{t}{RC}}) \tag{5-68}$$

式(5-68)等号右边:第一项是一阶 RC 电路的零输入响应,见式(5-54a);第二项则是一阶 RC 电路的零状态响应,见式(5-59a)。表明一阶 RC 电路完全响应等于零输入响应和零状态响应的叠加,这是线性电路叠加性质的体现。当 $U_S=0, U_0 \neq 0$ 时,一阶 RC 电路完全响应即为零输入响应;当 $U_S \neq 0, U_0 = 0$ 时,一阶 RC 电路完全响应即为零状态响应。

把全响应分解为零输入响应和零状态响应,能较明显地反映电路响应与激励在能量方面的因果关系,并且便于分析计算。把全响应分解为稳态响应与暂态响应,能较明显地反映电路的工作状态,便于分析过渡过程的特点。这两种分解的概念都是很重要的。

3. 利用三要素法进行求解

设 $u_C(0_+)$ 及 $u_C(\infty)$ 表示 $u_C(t)$ 的初始值和稳态值,$\tau = RC$ 为时间常数,式(5-67)可写为

$$u_C(t) = U_S + (U_0 - U_S) e^{-\frac{t}{\tau}} = u_C(\infty) + (u_C(0_+) - u_C(\infty)) e^{-\frac{t}{\tau}} \tag{5-69}$$

式(5-69)表明,电压 $u_C(t)$ 是由 $u_C(0_+)$、$u_C(\infty)$ 及 τ 三个参量所确定的。即只要求得初始值、稳态值和时间常数这三个要素,就能确定 $u_C(t)$ 的解析表达式,而不用求解微分方程。

可以证明：在直流一阶 RC 电路中任何两个节点间的电压和任意支路中的电流都是按指数规律变化的，且具有与 $u_C(t)$ 相同的时间常数 τ。对于 RL 电路中的电感电流 $i_L(t)$，也能得出类似于式(5-69)的表达式。同样可以证明：在直流一阶 RL 电路中任何两个节点间的电压和任意支路中的电流都是按指数规律变化的，且具有与 $i_L(t)$ 相同的时间常数 τ。

因此，在直流一阶电路中，所有电压、电流均可在求得它们的初始值、稳态值和时间常数后直接写出它们的表达式，即

$$f(t)=f(\infty)+[f(0_+)-f(\infty)]\mathrm{e}^{-\frac{t}{\tau}} \tag{5-70}$$

它们具有相同的时间常数 τ，满足 $0<\tau<\infty$，式(5-70)中的 $f(t)$ 泛指直流一阶电路中的任意电压或电流。这种方法称为三要素法。

利用三要素法求解过渡过程的步骤如下：

(1) 确定初始值。

首先画出换路前 $t=0_-$ 的等效电路(在 $t=0_-$ 电路中，电路达到直流稳态时，电容元件视为开路，电感元件视为短路)、求出 $u_C(0_-)$ 或 $i_L(0_-)$。由电容电压和电感电流的连续性可得 $u_C(0_+)=u_C(0_-)$ 或 $i_L(0_+)=i_L(0_-)$。

其次画出换路后瞬间 $t=0_+$ 的等效电路(在 $t=0_+$ 电路中，电容元件用电压为 $u_C(0_+)$ 的电压源置换或电感元件用电流为 $i_L(0_+)$ 的电流源置换。如果 $u_C(0_+)=0$，则电容元件视为短路。如果 $i_L(0_+)=0$，则电感元件视为开路)。应用电路的分析方法，在 $t=0_+$ 电路中计算其他电压或电流的初始值，即 $u(0_+)$ 或 $i(0_+)$。

(2) 确定稳态值。

在直流电源激励条件下，换路后，当电路达到稳态时，电容元件用开路线代替，电感元件用短路线代替，画出直流稳态电路的等效电路，应用电路的分析方法求解电路中电压或电流的稳态值 $u(\infty)$ 或 $i(\infty)$。

(3) 计算时间常数。

将换路后电路中的储能元件(L 或 C)与其余电路分解为两个二端电路，除 L(或 C)之外的电路是一个电阻性有源二端网络，根据戴维南定理求得该网络的等效电阻 R_o。对于一阶 RC 电路，$\tau=R_oC$；对一阶 RL 电路，$\tau=L/R_o$。

(4) 写出电压或电流的表达式。

若 $0<\tau<\infty$，则根据求得的三要素，依照 $f(t)=f(\infty)+[f(0_+)-f(\infty)]\mathrm{e}^{-\frac{t}{\tau}}$ 的形式，直接写出电压或电流的表达式。

例 5-8 如图 5-26(a)所示电路原处于稳态，已知 $U_S=100\text{V}$，$R_1=R_2=4\Omega$，$L=0.4\text{H}$，在 $t=0$ 时将开关 S 断开，求 S 断开后电路中的电流 i_L 和电感的电压 u_L，并绘出电流 $i_L(t)$、电压 $u_L(t)$ 的变化曲线。

解：因为开关 S 断开前电路原处于稳态，电路初始条件不为零，开关 S 断开后 RL 电路有外加激励 U_S，所以此电路为全响应问题用三要素法求解。

(1) 求 $i_L(0_+)$。$t=0_-$ 时等效电路如图 5-26(b)所示，开关 S 断开前电路原处于稳态，电感相当于短路，所以

$$i_L(0_-)=\frac{U_S}{R_2}=\frac{100}{4}=25(\text{A})$$

根据电感电流的连续性可得

$$i_L(0_+)=i_L(0_-)=25(\mathrm{A})$$

(2) 求 $i_L(\infty)$。在 $t=0$ 时,开关 S 断开。在 $t=\infty$ 时,电路处于稳态,电感相当于短路,电路如图 5-26(c)所示,有

$$i_L(\infty)=\frac{U_S}{R_1+R_2}=\frac{100}{4+4}=12.5(\mathrm{A})$$

(3) 求 τ。换路后,从电感两端看进去的求解戴维南等效电路等效电阻的电路如图 5-26(d)所示,其中电压源用短路线代替,由图可见等效电阻为 R_1+R_2,有

$$\tau=\frac{L}{R_1+R_2}=\frac{0.4}{8}=0.05(\mathrm{s})$$

(4) 求电感电流和电感电压。

$$\begin{aligned}i_L(t)&=i_L(\infty)+[i_L(0_+)-i_L(\infty)]\mathrm{e}^{-\frac{t}{\tau}}\\&=12.5+(25-12.5)\mathrm{e}^{-20t}=12.5+12.5\mathrm{e}^{-20t}(\mathrm{A})\end{aligned}$$

有 $$u_L(t)=L\frac{\mathrm{d}i}{\mathrm{d}t}=0.4\times12.5\mathrm{e}^{-20t}\times(-20)=-100\mathrm{e}^{-20t}(\mathrm{V})$$

电感电流、电感电压的波形如图 5-26(e)、图 5-26(f)所示。

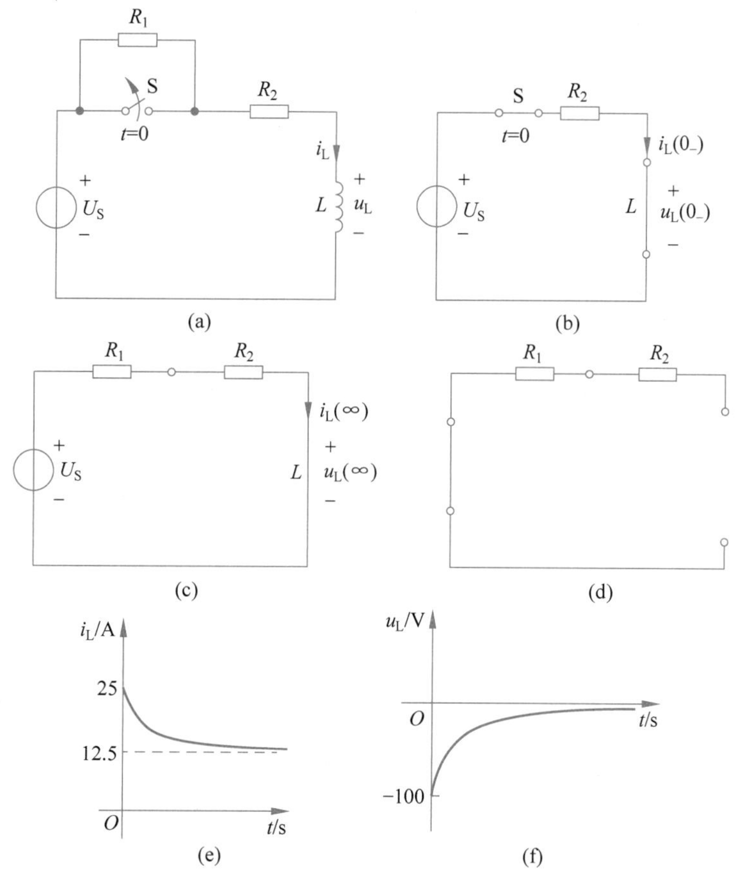

图 5-26 例 5-8 图

例 5-9 如图 5-27(a)所示电路原处于稳态，在 $t=0$ 时将开关 S 闭合，用三要素法求换路后电路中所示的电压和电流，并画出其变化曲线。

解：电路原处于稳态，电路初始条件不为零，在 $t=0$ 时将开关 S 闭合，开关 S 闭合后有外加激励 U_S，此电路为全响应问题。

(1) 求 $u_C(0_+)$、$i_C(0_+)$、$i_1(0_+)$、$i_2(0_+)$。

$t=0_-$ 的等效电路如图 5-27(b)所示。此时电路处于稳态，C 用开路线代替。可知 $u_C(0_-)=U_S=12\text{V}$，根据电容电压的连续性，得 $u_C(0_+)=u_C(0_-)=12\text{V}$。

$t=0_+$ 的等效电路如图 5-27(c)所示。此时电容元件用电压值为 $u_C(0_+)=12\text{V}$ 的电压源代替。可求得 $i_C(0_+)=-1\text{mA}$，$i_1(0_+)=\frac{2}{3}\text{mA}$，$i_2(0_+)=\frac{5}{3}\text{mA}$。

(2) 求 $u_C(\infty)$、$i_C(\infty)$、$i_1(\infty)$、$i_2(\infty)$。

$t=\infty$ 时等效电路如图 5-27(d)所示。此时电路处于一个新的稳态，C 用开路线代替。

$$u_C(\infty)=\frac{R_2}{R_1+R_2}U_S=\frac{6}{3+6}\times 12=8(\text{V})$$

$$i_C(\infty)=0\text{mA},\quad i_1(\infty)=i_2(\infty)=\frac{12}{(3+6)\times 10^3}=\frac{4}{3}(\text{mA})$$

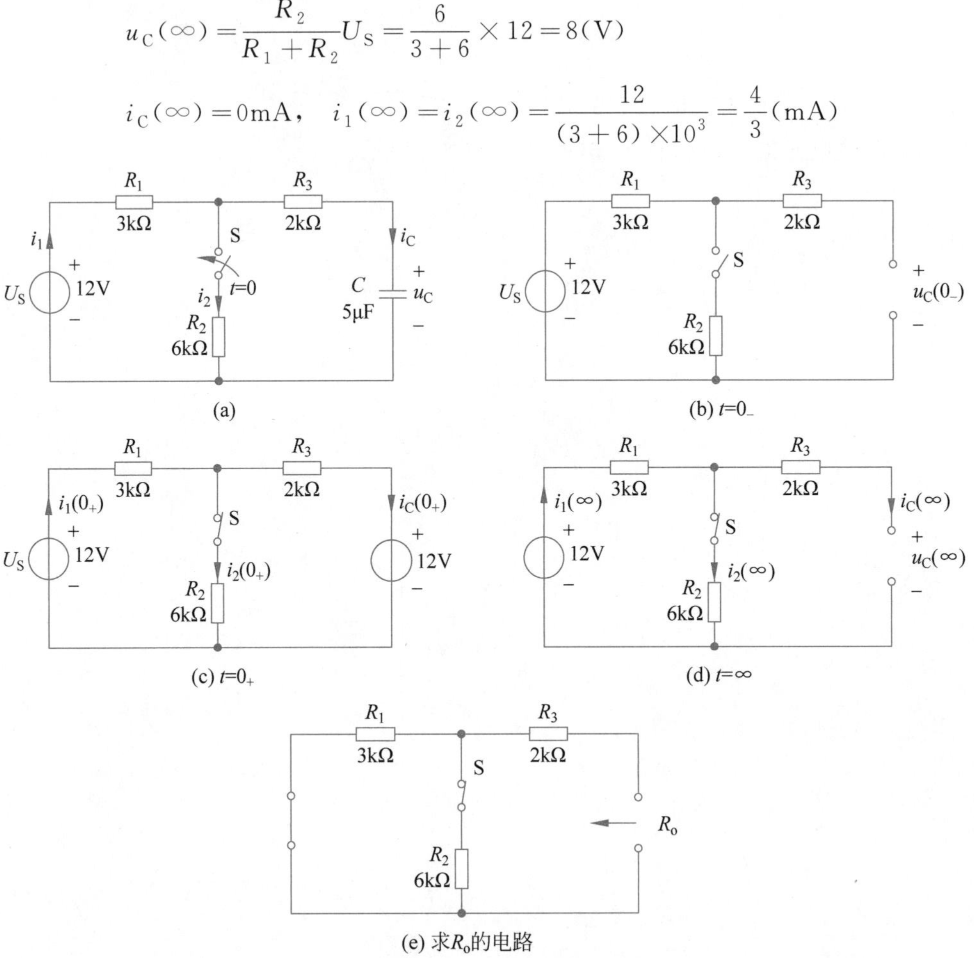

图 5-27 例 5-9 的电路

(3) 求 τ。

换路后，从电容两端看进去的求解戴维南等效电路等效电阻的电路如图 5-27(e)所示，

其中电压源用短路线代替，由图可见

$$R_o = R_1 \mathbin{/\!/} R_2 + R_3 = \frac{3\times 6}{3+6} + 2 = 4(\mathrm{k}\Omega)$$

$$\tau = R_o C = 4\times 10^3 \times 5\times 10^{-6} = 2\times 10^{-2}(\mathrm{s})$$

(4) 写出 $u_C(t)$、$i_C(t)$、$i_1(t)$、$i_2(t)$的表达式。

$$u_C(t) = u_C(\infty) + [u_C(0_+) - u_C(\infty)]\mathrm{e}^{-\frac{t}{\tau}} = 8 + 4\mathrm{e}^{-50t}(\mathrm{V})$$

$$i_C(t) = i_C(\infty) + [i_C(0_+) - i_C(\infty)]\mathrm{e}^{-\frac{t}{\tau}} = -\mathrm{e}^{-50t}(\mathrm{mA})$$

$$i_1(t) = i_1(\infty) + [i_1(0_+) - i_1(\infty)]\mathrm{e}^{-\frac{t}{\tau}} = \frac{4}{3} - \frac{2}{3}\mathrm{e}^{-50t}(\mathrm{mA})$$

$$i_2(t) = i_2(\infty) + [i_2(0_+) - i_2(\infty)]\mathrm{e}^{-\frac{t}{\tau}} = \frac{4}{3} + \frac{1}{3}\mathrm{e}^{-50t}(\mathrm{mA})$$

$u_C(t)$、$i_C(t)$、$i_1(t)$、$i_2(t)$的变化曲线如图 5-28 所示。

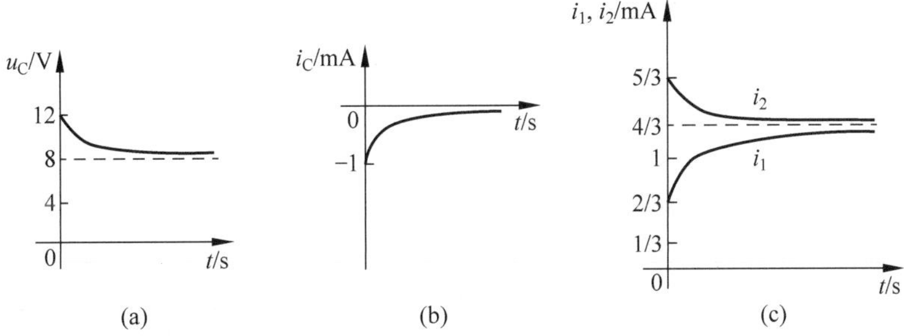

图 5-28 例 5-9 中 $u_C(t)$、$i_C(t)$、$i_1(t)$、$i_2(t)$的变化曲线

例 5-10 如图 5-29(a)所示电路，开关 S 合在 1 时电路已处于稳态。在 $t=0$ 时开关 S 由 1 切换至 2。试求 $t\geqslant 0$ 时的 $i_L(t)$、$u_L(t)$，并画出其变化曲线。

解：开关 S 合在 1 时电路已处于稳态，电路初始条件不为零。$t=0$ 时开关 S 由 1 切换至 2，有外加激励，为全响应问题。用三要素法求解如下：

(1) 求 $i_L(0_+)$。

$t=0_-$ 的等效电路如图 5-29(b)所示，此时电路处于稳态，L 用短路线代替。可知 $i_L(0_-)=-8/2=-4(\mathrm{A})$，根据电感电流的连续性得 $i_L(0_+)=i_L(0_-)=-4(\mathrm{A})$。

(2) 求 $i_L(\infty)$。

$t=0$ 时开关 S 由 1 切换至 2。$t>0$ 后的电路如图 5-29(c)所示。去除电感后如图 5-29(d)所示。由于含有受控源，故采用开路电压/短路电流的方法求等效电阻 R_o。

求开路电压的电路如图 5-29(d)所示，$i_{11}=2\mathrm{A}$，$u_{OC}=4i_{11}+2i_{11}=12(\mathrm{V})$。

求短路电流的电路如图 5-29(e)所示，

对右边回路，根据 KVL，有

$$4i_{SC} - 2i_{12} - 4i_{12} = 0$$

对 1 节点，根据 KCL，有

$$i_{12} + i_{SC} = 2$$

联立上面两式求解得 $i_{SC}=1.2\mathrm{A}$，所以

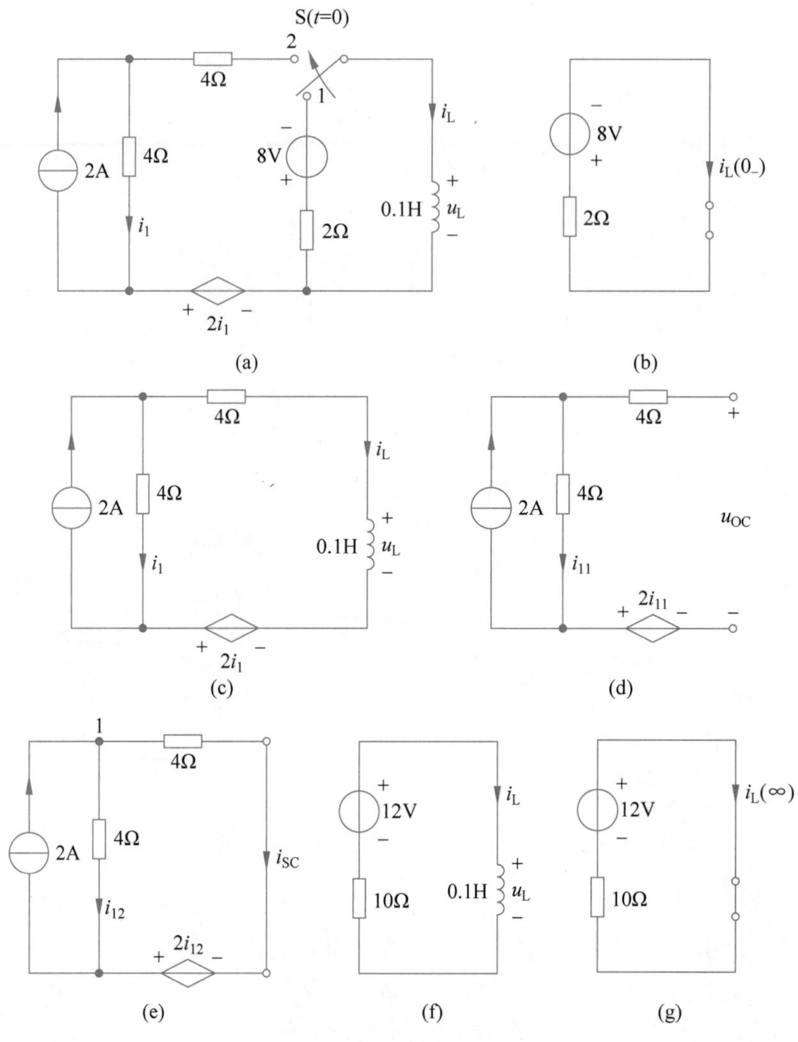

图 5-29 例 5-10 的电路

$$R_o=\frac{u_{OC}}{i_{SC}}=\frac{12}{1.2}=10(\Omega)$$

$t\geqslant 0$ 时的等效电路如图 5-29(f)所示。因 $t\to\infty$ 时电路处于新的稳态，图 5-29(f)中 L 用短路线代替，如图 5-29(g)所示，所以

$$i_L(\infty)=\frac{12}{10}=1.2(\text{A})$$

(3) 求 τ。

$$\tau=\frac{L}{R_o}=\frac{0.1}{10}=0.01(\text{s})$$

(4) 写出 $i_L(t)$ 的表达式，并求 $u_L(t)$。

$$i_L(t)=i_L(\infty)+[i_L(0_+)-i_L(\infty)]\,e^{-\frac{t}{\tau}}$$

$$=1.2+(-4-1.2)e^{-\frac{t}{0.01}}=1.2-5.2e^{-100t}(\text{A})$$

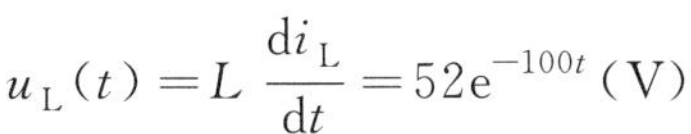

$$u_L(t)=L\frac{\mathrm{d}i_L}{\mathrm{d}t}=52\mathrm{e}^{-100t}(\mathrm{V})$$

(5) $i_L(t)$、$u_L(t)$的波形如图 5-30(a)、图 5-30(b)所示。

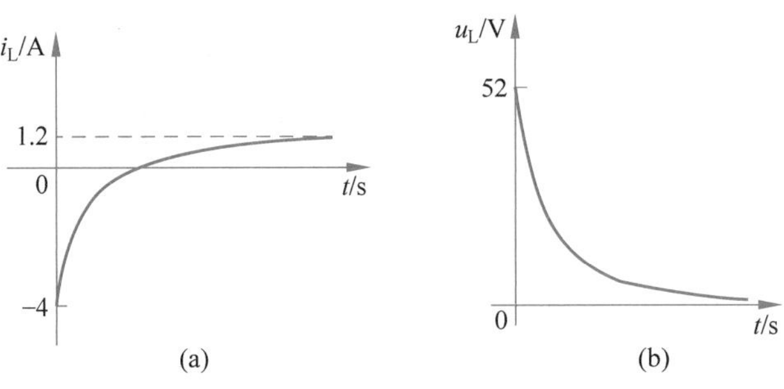

图 5-30　例 5-10 的 $i_L(t)$、$u_L(t)$的波形

5.4　直流二阶电路的分析

凡是能用二阶线性常微分方程描述的动态电路称为二阶(线性)电路。本节将在一阶电路的基础上分析二阶电路的过渡过程。在二阶电路中,给定的初始条件有两个,它们由储能元件的初始值决定。*RLC* 串联电路和 *GCL* 并联电路是最简单的二阶电路。

5.4.1　二阶串联电路的零输入响应

图 5-31 为 *RLC* 串联电路,若电容的初始电压 $u_C(0_+)=u_C(0_-)=U_0$,电感中的初始电流 $i(0_+)=i(0_-)=I_0$。在 $t=0$ 时合上开关 S,由于电路中无激励源,即为二阶串联电路的零输入响应。

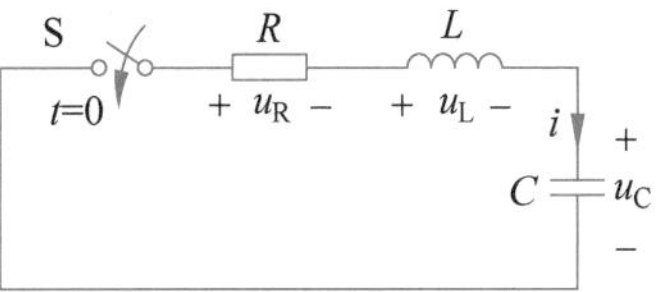

图 5-31　*RLC* 串联电路的零输入响应

对图 5-31 所示电路,S 闭合后按照 KVL 可写出

$$u_R+u_L+u_C=0 \tag{5-71}$$

将

$$i=C\frac{\mathrm{d}u_C}{\mathrm{d}t},\quad u_R=Ri=RC\frac{\mathrm{d}u_C}{\mathrm{d}t},\quad u_L=L\frac{\mathrm{d}i}{\mathrm{d}t}=LC\frac{\mathrm{d}^2u_C}{\mathrm{d}t^2}$$

代入式(5-71)可得

$$LC\frac{\mathrm{d}^2u_C}{\mathrm{d}t^2}+RC\frac{\mathrm{d}u_C}{\mathrm{d}t}+u_C=0 \tag{5-72}$$

式(5-72)是一个以 u_C 为未知量的二阶、线性、常系数、齐次微分方程。设齐次方程通解为 $x_h(t)=K\mathrm{e}^{st}$,将它代入式(5-72),得特征方程 $LCs^2+RCs+1=0$,其特征根为

$$s_{1,2}=-\frac{R}{2L}\pm\sqrt{\left(\frac{R}{2L}\right)^2-\frac{1}{LC}} \tag{5-73}$$

特征根有两个值,特征根是电路的固有频率,决定零输入响应的形式。*R*、*L*、*C* 参数取值不同,特征根 s_1、s_2 可能出现三种不同情况:

(1) 当$\left(\frac{R}{2L}\right)^2>\frac{1}{LC}$即$R>2\sqrt{\frac{L}{C}}$时，$s_1$、$s_2$ 是两个相异负实根；

(2) 当$\left(\frac{R}{2L}\right)^2=\frac{1}{LC}$即$R=2\sqrt{\frac{L}{C}}$时，$s_1$、$s_2$ 是两个相同负实根；

(3) 当$\left(\frac{R}{2L}\right)^2<\frac{1}{LC}$即$R<2\sqrt{\frac{L}{C}}$时，$s_1$、$s_2$ 是两个共轭复根，其实部为负数。

因此，RLC 电路的零输入响应分为下面三种情况来讨论。

(1) $R>2\sqrt{\frac{L}{C}}$时，称为过阻尼情况。

此时特征根是两个相异实根，而且均为负根，特征根为

$$s_1=-\frac{R}{2L}+\sqrt{\left(\frac{R}{2L}\right)^2-\frac{1}{LC}},\quad s_2=-\frac{R}{2L}-\sqrt{\left(\frac{R}{2L}\right)^2-\frac{1}{LC}}$$

其通解可表示为

$$u_C(t)=K_1e^{s_1t}+K_2e^{s_2t} \tag{5-74}$$

式中：K_1 和 K_2 为两个待定的系数，由电路的初始条件决定。

该电路有两个储能元件，相应的初始条件有两个，即电容电压和电感电流的初始值：

$$u_C(0_+)=u_C(0_-)=U_0,\quad i(0_+)=i(0_-)=I_0$$

因 $i=C\frac{du_C}{dt}$，所以有$\left.\frac{du_C}{dt}\right|_{t=0_+}=\frac{I_0}{C}$。将这两个初始条件代入式(5-74)，可得

$$\begin{cases}K_1+K_2=U_0\\ s_1K_1+s_2K_2=\frac{I_0}{C}\end{cases} \tag{5-75}$$

以上两个方程联立求解，可得常数 K_1 和 K_2：

$$\begin{cases}K_1=\frac{1}{s_2-s_1}\left(s_2U_0-\frac{I_0}{C}\right)\\ K_2=\frac{1}{s_1-s_2}\left(s_1U_0-\frac{I_0}{C}\right)\end{cases} \tag{5-76}$$

将式(5-76)代入式(5-74)并整理，可得

$$u_C(t)=\frac{U_0}{s_2-s_1}(s_2e^{s_1t}-s_1e^{s_2t})+\frac{I_0}{(s_2-s_1)C}(e^{s_2t}-e^{s_1t}) \tag{5-77}$$

根据 $i=C\frac{du_C}{dt}$，并利用 $s_1s_2=\frac{1}{LC}$，可得

$$i(t)=\frac{U_0}{L(s_2-s_1)}(e^{s_1t}-e^{s_2t})+\frac{I_0}{s_2-s_1}(s_2e^{s_2t}-s_1e^{s_1t}) \tag{5-78}$$

根据 $u_L=L\frac{di}{dt}$可得

$$u_L(t)=\frac{U_0}{s_2-s_1}(s_1e^{s_1t}-s_2e^{s_2t})+\frac{I_0L}{s_2-s_1}(s_2^2e^{s_2t}-s_1^2e^{s_1t}) \tag{5-79}$$

为了方便讨论，电压、电流的变化趋势，假设电容有初始储能而电感无初始储能，即

$U_0 \neq 0, I_0=0$，这时电容电压、电路电流、电感电压的表达式(式(5-77)～式(5-79))可简化为

$$u_C(t)=\frac{U_0}{s_2-s_1}(s_2 e^{s_1 t}-s_1 e^{s_2 t}) \tag{5-80}$$

$$i(t)=\frac{U_0}{L(s_2-s_1)}(e^{s_1 t}-e^{s_2 t}) \tag{5-81}$$

$$u_L(t)=\frac{U_0}{s_2-s_1}(s_1 e^{s_1 t}-s_2 e^{s_2 t}) \tag{5-82}$$

u_C、u_L 和 i 随时间的变化曲线如图 5-32 所示。因为 s_1、s_2 是两个负实数，所以电容电压由两个单调下降的指数函数组成，其放电过程是单调的衰减过程；至于电流 i，因为 $s_1>s_2$，根据式(5-81)，放电电流始终为负。在 $t=0$ 时，$i=0$，这是由电流的初始条件决定的。在 $t=\infty$时，电容的电场能量全部为电阻消耗，电流也是零。在中间某一时刻 $t=t_m$ 时，电流 i 数值最大。由 $di/dt=0$ 可计算出

$$t_m=\frac{\ln(s_2/s_1)}{s_1-s_2} \tag{5-83}$$

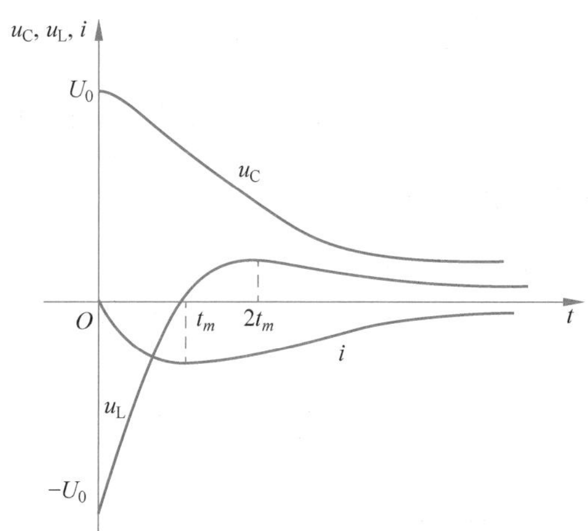

图 5-32　非振荡放电过程 u_C、u_L 和 i 随时间的变化曲线

在 $0\sim t_m$ 期间，电容中的电场能量一部分消耗在电阻上，另一部分则变为电感中的磁场能量。当 $t>t_m$ 时，电容中剩余的电场能量和电感中的磁场能量都逐渐消耗在电阻上；当 $t=t_m$ 时，电感电压过零点，当 $t=2t_m$ 时，电感电压为最大。可见，过渡过程为非振荡过程，即此时为过阻尼情况。

(2) $R=2\sqrt{\frac{L}{C}}$ 时，称为临界阻尼情况。

此时特征根是两个相等的负实根。特征根为 $s_1=s_2=-\frac{R}{2L}$，记 $\alpha=\frac{R}{2L}$，微分方程式(5-72)的通解为

$$u_C(t)=(K_1+K_2 t)e^{-\alpha t} \tag{5-84}$$

初始条件

$$u_C(0_+)=u_C(0_-)=U_0,\quad i(0_+)=i(0_-)=I_0$$

因为 $i=C\dfrac{\mathrm{d}u_C}{\mathrm{d}t}$，所以有 $\left.\dfrac{\mathrm{d}u_C}{\mathrm{d}t}\right|_{t=0_+}=\dfrac{I_0}{C}$。将这两个初始条件代入式(5-84)，可得

$$\begin{cases}K_1=U_0\\-\alpha K_1+K_2=\dfrac{I_0}{C}\end{cases}\tag{5-85}$$

求解可得

$$K_1=U_0,\quad K_2=\alpha U_0+\frac{I_0}{C}\tag{5-86}$$

把 K_1 和 K_2 代入式(5-84)，并整理，可得电容电压为

$$u_C(t)=U_0(1+\alpha t)\mathrm{e}^{-\alpha t}+\frac{I_0}{C}t\mathrm{e}^{-\alpha t}\tag{5-87}$$

电路电流为

$$\begin{aligned}i(t)&=C\frac{\mathrm{d}u_C}{\mathrm{d}t}=-U_0\alpha^2Ct\mathrm{e}^{-\alpha t}+I_0(1-\alpha t)\mathrm{e}^{-\alpha t}\\&=-\frac{U_0}{L}t\mathrm{e}^{-\alpha t}+I_0(1-\alpha t)\mathrm{e}^{-\alpha t}\end{aligned}\tag{5-88}$$

从式(5-87)、式(5-88)可以看出，电路的响应仍然属于非振荡性质。

(3) $R<2\sqrt{\dfrac{L}{C}}$ 时，称为欠阻尼情况。

此时特征根是两个共轭复根。特征根为

$$s_1=-\alpha+\mathrm{j}\omega_\mathrm{d},\quad s_2=-\alpha-\mathrm{j}\omega_\mathrm{d}\tag{5-89}$$

式中

$$\alpha=\frac{R}{2L},\quad \omega_\mathrm{d}=\sqrt{\frac{1}{LC}-\left(\frac{R}{2L}\right)^2}=\sqrt{\omega_0^2-\alpha^2},\quad \omega_0=\frac{1}{\sqrt{LC}}$$

此时微分方程(5-72)的通解可表示为

$$u_C(t)=\mathrm{e}^{-\alpha t}(K_1\cos\omega_\mathrm{d}t+K_2\sin\omega_\mathrm{d}t)\tag{5-90}$$

式(5-90)中 K_1 和 K_2 为两个待定的系数。由电容电压和电感电流的初始值

$$u_C(0_+)=u_C(0_-)=U_0,\quad i(0_+)=i(0_-)=I_0$$

可得

$$\begin{cases}K_1=U_0\\-\alpha K_1+\omega_\mathrm{d}K_2=\dfrac{I_0}{C}\end{cases}\tag{5-91}$$

求解，可得

$$K_2=\frac{1}{\omega_\mathrm{d}}\left(\alpha U_0+\frac{I_0}{C}\right)\tag{5-92}$$

把 K_1 和 K_2 代入式(5-90)，便可求得电容电压为

$$u_C(t)=U_0\frac{\omega_0}{\omega_\mathrm{d}}\mathrm{e}^{-\alpha t}\cos(\omega_\mathrm{d}t-\theta)+\frac{I_0}{\omega_\mathrm{d}C}\mathrm{e}^{-\alpha t}\sin\omega_\mathrm{d}t\tag{5-93}$$

电路电流为

$$i(t)=-U_0\frac{\omega_0^2C}{\omega_d}e^{-\alpha t}\sin\omega_d t+\frac{I_0\omega_0}{\omega_d}e^{-\alpha t}\cos(\omega_d t+\theta) \tag{5-94}$$

为了便于反映响应的特点，式(5-90)变换为

$$u_C(t)=e^{-\alpha t}(K_1\cos\omega_d t+K_2\sin\omega_d t)=Ke^{-\alpha t}\cos(\omega_d t+\theta) \tag{5-95}$$

式中

$$K=\sqrt{K_1^2+K_2^2},\quad \theta=-\arctan\frac{K_2}{K_1}$$

式(5-95)表明：$u_C(t)$是衰减振荡，它随时间变化的曲线如图5-33所示。它的振幅$Ke^{-\alpha t}$是随时间按指数规律衰减的。α称为衰减系数，α越大，衰减越快。ω_d是衰减振荡的角频率，T为振荡的周期，ω_d越大，T越小。该电路的振荡频率为

$$f=\frac{1}{T}=\frac{\omega_d}{2\pi}=\frac{1}{2\pi}\sqrt{\frac{1}{LC}-\left(\frac{R}{2L}\right)^2} \tag{5-96}$$

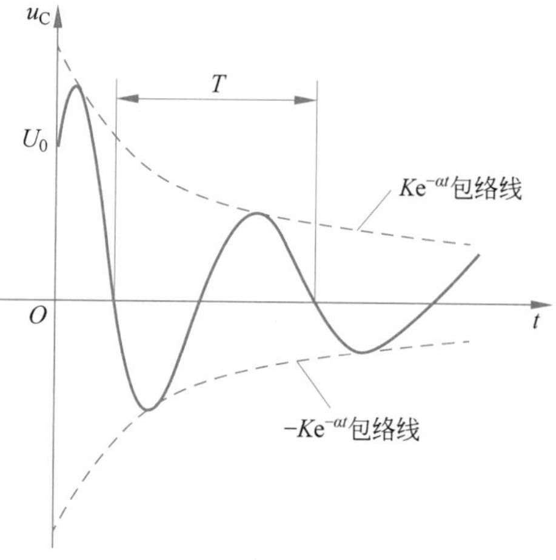

图5-33 振荡放电过程u_C随时间的变化曲线

振荡频率与电路参数有关，而与电源的频率无关，故称为自由振荡。

从能量关系看，在振荡放电过程中，电容中的电场能量和电感中的磁场能量反复交换，电容反复地充电放电，其两端电压和电路电流以及电感电压均周期变化，这种过程称为电磁振荡。由于电阻消耗能量，所以振荡过程中电磁能量不断减少，即电容电压和电路电流不断减少，最终全部消耗在电阻上，各电压电流都衰减到零。

当$R=0$时，$\alpha=0$，则

$$\omega_d=\omega_0=\sqrt{\frac{1}{LC}}$$

电容电压和电路电流分别为

$$u_C(t)=U_0\cos\omega_0 t+\frac{I_0}{\omega_0 C}\sin\omega_0 t \tag{5-97}$$

$$i(t)=-U_0\omega_0 C\sin\omega_0 t+I_0\cos\omega_0 t=-\frac{U_0}{\sqrt{L/C}}\sin\omega_0 t+I_0\cos\omega_0 t \tag{5-98}$$

由式(5-97)、式(5-98)可以看出：u_C、i的振幅并不衰减，这时的响应为等幅振荡，其振荡角频率为ω_0。当L、C为任意正值时，根据式(5-97)、式(5-98)可以得出，对所有$t\geqslant 0$，总有

$$w(t)=\frac{1}{2}u_C^2(t)+\frac{1}{2}Li^2(t)=\frac{1}{2}u_C^2(0)+\frac{1}{2}Li^2(0)=w(0) \tag{5-99}$$

式(5-99)表明，任何时刻储能总等于初始时刻的储能，能量不断往返于电场与磁场之间，永不消失。

综上所述，电路的零输入响应的性质取决于电路的固有频率s，固有频率可以是复数、实数或虚数，从而决定了响应为非振荡过程、衰减振荡过程或等幅振荡过程。

例 5-11　如图 5-34 所示电路，已知 $U_S=10V$，$C=1\mu F$，$R=4k\Omega$，$L=1H$，开关 S 原来闭合在 1，在 $t=0$ 时，开关 S 由 1 切换至 2。试求：(1)u_C、u_R、u_L、i；(2)i_{max}。

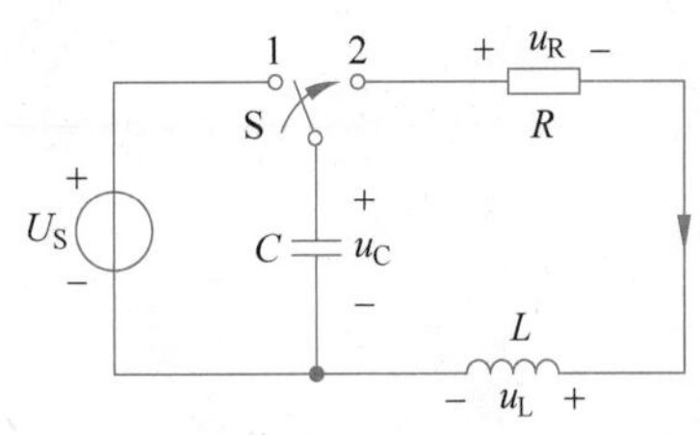

图 5-34　例 5-11 电路图

解：(1) 在 $t=0_-$ 时，电容用开路线代替，可得 $u_C(0_-)=U_S=10V$。

根据电容电压的连续性可得 $u_C(0_+)=u_C(0_-)=10V$。而 $i_L(0_+)=i_L(0_-)=I_0=0$。

$t>0$ 后该电路无激励，为零输入响应，据 KVL 可得

$$u_R+u_L-u_C=0$$

将

$$i=-C\frac{du_C}{dt},\quad u_R=Ri=-RC\frac{du_C}{dt},\quad u_L=L\frac{di}{dt}=-LC\frac{d^2u_C}{dt^2}$$

代入上式，可得

$$LC\frac{d^2u_C}{dt^2}+RC\frac{du_C}{dt}+u_C=0$$

由 R、L、C 参数可知

$$R=4k\Omega>2\sqrt{\frac{L}{C}}=2\sqrt{\frac{1}{10^{-6}}}=2(k\Omega)$$

为非振荡过程，特征根为

$$s_1=-\frac{R}{2L}+\sqrt{\left(\frac{R}{2L}\right)^2-\frac{1}{LC}}=-268,\quad s_2=-\frac{R}{2L}-\sqrt{\left(\frac{R}{2L}\right)^2-\frac{1}{LC}}=-3732$$

由于 $I_0=0$，据式(5-80)得电容电压

$$u_C(t)=\frac{U_0}{s_2-s_1}(s_2e^{s_1t}-s_1e^{s_2t})=(10.77e^{-268t}-0.773e^{-3732t})(V)$$

电路电流

$$i(t)=-C\frac{du_C}{dt}=\frac{U_0}{(s_2-s_1)L}(e^{s_2t}-e^{s_1t})=2.89(e^{-268t}-e^{-3732t})(mA)$$

电阻电压为

$$u_R=Ri=11.56(e^{-268t}-e^{-3732t})(V)$$

电感电压为

$$u_L=L\frac{di}{dt}=(10.77e^{-3732t}-0.773e^{-268t})(V)$$

(2) 电流最大值发生在 t_m 时刻，即

$$t_m=\frac{\ln(s_2/s_1)}{s_1-s_2}=7.60\times10^{-4}(s)$$

$$i_{max}=2.89(e^{-268\times7.6\times10^{-4}}-e^{-3732\times7.6\times10^{-4}})=2.19(mA)$$

例 5-12　某 RLC 串联电路的 $R=1\Omega$，固有频率为 $-3\pm j5$。电路中的 L、C 保持不变，试计算：(1)为获得临界阻尼响应所需的 R 值；(2)为获得过阻尼响应，且固有频率之一为 $s_1=-10$ 时所需的 R 值。

解：(1) 固有频率

$$s_{1,2}=-\frac{R}{2L}\pm\sqrt{\left(\frac{R}{2L}\right)^2-\frac{1}{LC}}=-3\pm \mathrm{j}5$$

可知

$$\frac{R}{2L}=3,\quad \sqrt{\left(\frac{R}{2L}\right)^2-\frac{1}{LC}}=\mathrm{j}5$$

则有

$$L=\frac{1}{6},\quad \frac{1}{LC}=34$$

现电路属于临界阻尼状态，应使

$$\left(\frac{R}{2L}\right)^2-\frac{1}{LC}=0$$

则

$$R=2L\sqrt{\frac{1}{LC}}=2\times\frac{1}{6}\times\sqrt{34}=1.94(\Omega)$$

(2) 要使

$$s_1=-\frac{R}{2L}\pm\sqrt{\left(\frac{R}{2L}\right)^2-\frac{1}{LC}}=-10$$

因为 $L=\frac{1}{6},\frac{1}{LC}=34$，所以 $-\frac{R}{2L}=-3R$，则

$$-3R-\sqrt{(3R)^2-34}=-10$$

解得

$$R=2.23\Omega$$

5.4.2 二阶串联电路的完全响应

如图 5-35 所示的 RLC 串联电路，若电容 C 原先已充电，其初始电压 $u_C(0_+)=u_C(0_-)=U_0$，电感中的初始电流 $i(0_+)=i(0_-)=I_0$。在 $t=0$ 时合上开关 S。$t>0$ 时电路中有直流激励源。即为 RLC 串联电路完全响应。

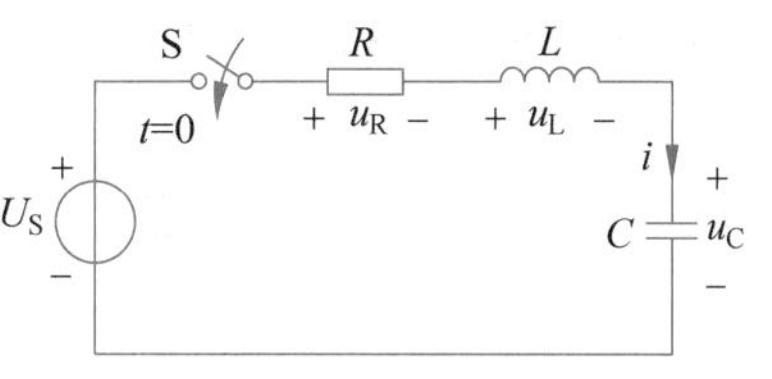

图 5-35 RLC 串联电路的完全响应

对图 5-35 所示电路，按照 KVL 可写出

$$u_R+u_L+u_C=U_S$$

将

$$i=C\frac{\mathrm{d}u_C}{\mathrm{d}t},\quad u_R=Ri=RC\frac{\mathrm{d}u_C}{\mathrm{d}t},\quad u_L=L\frac{\mathrm{d}i}{\mathrm{d}t}=LC\frac{\mathrm{d}^2u_C}{\mathrm{d}t^2}$$

代入上式，可得

$$LC\frac{\mathrm{d}^2u_C}{\mathrm{d}t^2}+RC\frac{\mathrm{d}u_C}{\mathrm{d}t}+u_C=U_S \tag{5-100}$$

式(5-100)是一个以 u_C 为未知量的二阶、线性、常系数、非齐次微分方程，它的解由该方程的特解和对应的齐次微分方程的通解组成。特解 $u_{CP}=U_S$；齐次方程通解设为 $u_{Ch}=K\mathrm{e}^{st}$，得特征方程 $LCs^2+RCs+1=0$，其特征根为

$$s_{1,2}=-\frac{R}{2L}\pm\sqrt{\left(\frac{R}{2L}\right)^2-\frac{1}{LC}} \tag{5-101}$$

R、L、C 参数取值不同，特征根 s_1、s_2 可能是两个相异实根、两个共轭复根或两个相等的实根，所以 RLC 串联电路的全响应也分为 3 种情况：

（1）$R>2\sqrt{\frac{L}{C}}$ 时，称为过阻尼情况。特征根是两个相异实根，而且均为负根，其通解可表示为

$$u_C(t)=K_1\mathrm{e}^{s_1t}+K_2\mathrm{e}^{s_2t}+U_S \tag{5-102}$$

（2）$R=2\sqrt{\frac{L}{C}}$ 时，称为临界阻尼情况。特征根是两个相等的负实根，即

$$s_1=s_2=-\frac{R}{2L}=-\alpha$$

其通解为

$$u_C(t)=(K_1+K_2t)\mathrm{e}^{-\alpha t}+U_S \tag{5-103}$$

（3）$R<2\sqrt{\frac{L}{C}}$ 时，称为欠阻尼情况。此时特征根是两个共轭复根，特征根为

$$s_1=-\alpha+\mathrm{j}\omega_d,\quad s_2=-\alpha-\mathrm{j}\omega_d$$

式中

$$\alpha=\frac{R}{2L},\quad \omega_d=\sqrt{\frac{1}{LC}-\left(\frac{R}{2L}\right)^2}=\sqrt{\omega_0^2-\alpha^2},\quad \omega_0=\frac{1}{\sqrt{LC}}$$

其通解为

$$u_C(t)=\mathrm{e}^{-\alpha t}(K_1\cos\omega_dt+K_2\sin\omega_dt)+U_S \tag{5-104}$$

式(5-102)～式(5-104)中 K_1 和 K_2 为两个待定的系数。由电容电压和电感电流的初始值 $u_C(0_+)=u_C(0_-)=U_0$，$i(0_+)=i(0_-)=I_0$ 决定。

例 5-13 电路如图 5-36(a)所示，当 $t<0$ 时，$u_S(t)=-1\mathrm{V}$，在 $t=0$ 时，$u_S(t)$突然增至 1V，以后一直保持为此值，如图 5-36(b)所示。试求电容电压和电感电流。

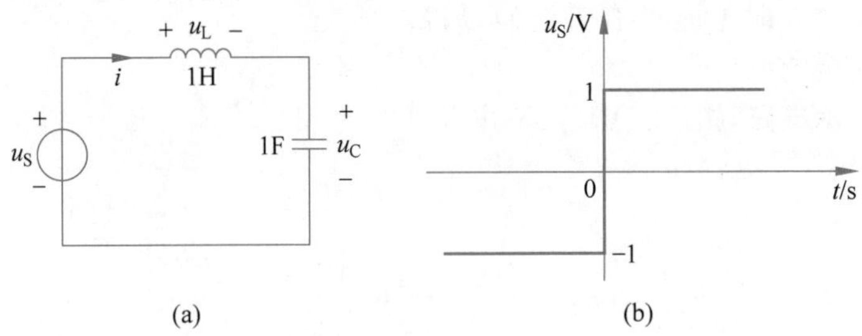

图 5-36 例 5-13 电路及输入波形

解：$t=0_-$ 时，电容用开路线代替，电感用短路线代替，可知 $u_C(0_-)=-1\mathrm{V}$，$i(0_-)=0\mathrm{A}$，根据电容电压和电感电流的连续性，有 $u_C(0_+)=-1\mathrm{V}$，$i(0_+)=0\mathrm{A}$。

$t>0$ 时为全响应，电路方程为

$$u_L+u_C=u_S,\quad u_L=L\frac{\mathrm{d}i}{\mathrm{d}t},\quad i=C\frac{\mathrm{d}u_C}{\mathrm{d}t}$$

有

$$LC\frac{d^2u_C}{dt^2}+u_C=u_S$$

因为 $R=0$,所以

$$\alpha=0,\quad \omega_d=\omega_0=\sqrt{\frac{1}{LC}}=1$$

对应的特征根为 $s_{1,2}=\pm j$,其通解为

$$u_C(t)=K_1\cos t+K_2\sin t+1$$

根据 $u_C(0)=-1V$,$i(0)=0A$,得 $K_1=-2$,$K_2=0$。所以

$$u_C(t)=-2\cos t+1(V)$$

$$i(t)=C\cdot\frac{du_C(t)}{dt}=2\sin t(A)$$

5.4.3 二阶并联电路的响应

图 5-37 为 GCL 并联电路,若电容的初始电压 $u_C(0_+)=u_C(0_-)=U_0$,电感的初始电流 $i(0_+)=i(0_-)=I_0$。在 $t=0$ 时合上开关 S。$t>0$ 时电路中有直流激励,即为 GCL 并联电路完全响应。

按照 KCL 可写出

$$i_R+i_L+i_C=I_S$$

将

$$i_G=Gu=GL\frac{di_L}{dt},\quad i_C=C\frac{du}{dt}=LC\frac{d^2i_L}{dt^2}$$

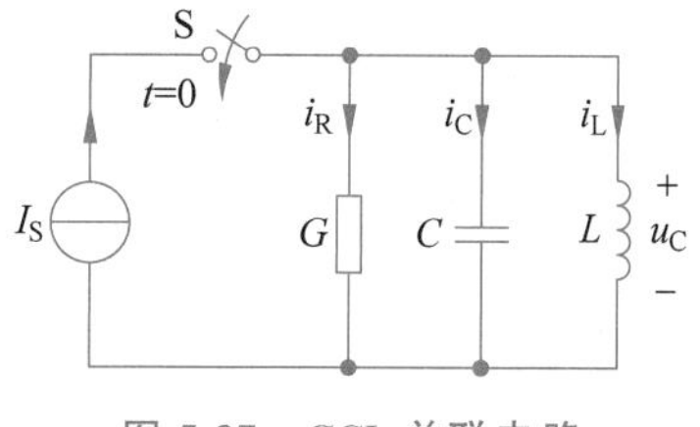

图 5-37 GCL 并联电路

代入上式,可得

$$LC\frac{d^2i_L}{dt^2}+GL\frac{di_L}{dt}+i_L=I_S \tag{5-105}$$

式(5-105)是一个以 i_L 为未知量的二阶、线性、常系数、非齐次微分方程。将式(5-105)和式(5-100)比较可以发现:把串联电路方程中的 u_C 换成 i_L,L 换成 C,C 换成 L,R 换成 G,U_S 换成 I_S 就会得到并联电路的方程。因此,按照对偶原理可以从已有的 RLC 串联电路的响应得到 GCL 并联电路的响应。

例 5-14 如图 5-37 所示 GCL 并联电路,已知 $u(0)=0V$,$i_L(0)=0A$,$L=1H$,$C=1F$,$I_S=1A(t>0)$。若 G 为 10S、2S、0.1S,求 $t>0$ 时 $i_L(t)$的响应。

解:该电路为 GCL 并联电路的零状态响应,微分方程为

$$LC\frac{d^2i_L}{dt^2}+GL\frac{di_L}{dt}+i_L=I_S$$

根据 RLC 串联电路和 GCL 并联电路的对偶原理,可得特征根为

$$s_{1,2}=-\frac{G}{2C}\pm\sqrt{\left(\frac{G}{2C}\right)^2-\frac{1}{LC}}$$

且特解 $i_{LP}=I_S=1A$。

(1) $G=10\text{S}$ 时，$\left(\dfrac{G}{2C}\right)^2>\dfrac{1}{LC}$，属于过阻尼，特征根为

$$s_1=-\frac{10}{2\times1}+\sqrt{\left(\frac{10}{2\times1}\right)^2-\frac{1}{1\times1}}=-5+2\sqrt{6},\quad s_2=-5-2\sqrt{6}$$

则通解为

$$i_L(t)=K_1e^{s_1t}+K_2e^{s_2t}+1$$

根据

$$u(0)=0\text{V},\quad i_L(0)=0\text{A}$$

可得

$$i_L(0)=K_1+K_2+1=0,\quad i'_L(0)=s_1K_1+s_2K_2=\frac{u(0)}{L}=0$$

由此解得

$$K_1=\frac{s_2}{s_2-s_1}=-\frac{5+2\sqrt{6}}{4\sqrt{6}},\quad K_2=\frac{s_1}{s_1-s_2}=\frac{5-2\sqrt{6}}{4\sqrt{6}}$$

所以

$$i_L(t)=1+\frac{1}{4\sqrt{6}}\left[(5-2\sqrt{6})e^{-(5+2\sqrt{6})t}-(5+2\sqrt{6})e^{-(5-2\sqrt{6})t}\right](\text{A}),\quad t\geqslant0$$

(2) $G=2\text{S}$ 时，$\left(\dfrac{G}{2C}\right)^2=\dfrac{1}{LC}$，属于临界阻尼，特征根为

$$s_1=s_2=-\frac{G}{2C}=-1$$

则通解为

$$i_L(t)=K_1e^{s_1t}+K_2te^{s_2t}+1$$

根据

$$u(0)=0\text{V},\quad i_L(0)=0\text{A}$$

可得

$$i_L(0)=K_1+1=0,\quad i'_L(0)=s_1K_1+K_2=\frac{u(0)}{L}=0$$

由此解得

$$K_1=-1,\quad K_2=-1$$

所以

$$i_L(t)=1-(1+t)e^{-t}(\text{A}),\quad t\geqslant0$$

(3) $G=0.1\text{S}$ 时，$\left(\dfrac{G}{2C}\right)^2<\dfrac{1}{LC}$，属于欠阻尼，特征根为

$$s_{1,2}=-\alpha\pm j\omega_d=-\frac{0.1}{2\times1}\pm\sqrt{\left(\frac{0.1}{2\times1}\right)^2-\frac{1}{1\times1}}\approx-0.05\pm j$$

则通解为

$$i_L(t)=e^{-\alpha t}(K_1\cos\omega_dt+K_2\sin\omega_dt)+1$$

根据

$$u(0)=0\text{V},\quad i_L(0)=0\text{A}$$

可得
$$i_L(0)=K_1+1=0,\quad i'_L(0)=-\alpha K_1+\omega_d K_2=\frac{u(0)}{L}=0$$

由此解得

$$K_1=-1,\quad K_2=-\frac{\alpha}{\omega_d}=-0.05$$

所以

$$i_L(t)=1-e^{-0.05t}(\cos t+0.05\sin\omega_d t)\approx 1-e^{-0.05t}\cos t(\text{A}),\quad t\geqslant 0$$

三种情况 i_L 的波形如图 5-38 所示。

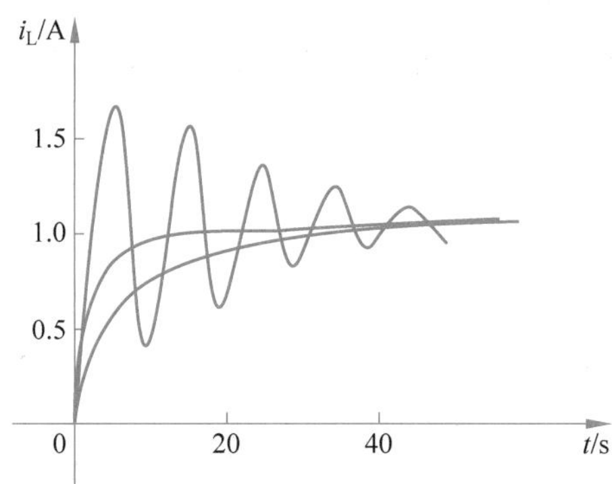

图 5-38 例 5-14 的电流波形

本章小结

1. 电容 C、电感 L 是两种基本电路元件，属于无源二端储能元件。在某一时刻 t，在关联参考方向下，电容 C 的伏安关系式为 $i_C=C\dfrac{du_C}{dt}$，储能为 $w_C(t)=\dfrac{1}{2}Cu_C^2(t)$；电感 L 的伏安关系式为 $u_L=L\dfrac{di_L}{dt}$，储能为 $w_L(t)=\dfrac{1}{2}Li_L^2(t)$。

2. 动态电路发生换路时，在激励或内部储能作用下，电路会从一个稳定状态变化到另一个稳定状态，这个变化的过程称为过渡过程。在有限激励作用下，储能元件的储能不能跃变，必须是连续的，若换路发生在 t_0 时刻，对于电容元件有 $u_C(t_{0_+})=u_C(t_{0_-})$，对于电感元件有 $i_L(t_{0_+})=i_L(t_{0_-})$。

3. 如果电路中的储能元件只有一个独立的电感或一个独立的电容，电路方程是一阶微分方程，这样的电路称为一阶电路，常见的一阶电路有 RC 电路和 RL 电路。若一阶电路激励为直流激励，称为直流一阶电路。求解直流一阶电路常用直接解微分方程、利用分解方法求解、利用三要素法进行求解等三种方法。

其中三要素法无须求解微分方程，响应的一般形式为 $f(t)=f(\infty)+[f(0_+)-f(\infty)]e^{-\frac{t}{\tau}}$，其中，$f(t)$可代表任意支路电压或支路电流；$f(0_+)$代表该支路电压或电流的初始值，$f(\infty)$代表该支路电压或电流的稳态值，$\tau$ 为一阶电路的时间常数。对一阶 RC 电路 $\tau=R_0C$，对一阶 RL 电路 $\tau=L/R_0$，其中 R_0 是换路后与动态元件两端相连的电阻网络的戴维南电路的等效电阻。

4. 用二阶微分方程描述的动态电路称为二阶电路。在二阶动态电路中，给定的初始条件有两个，它们由储能元件的初始值决定。其中 RLC 串联电路和 GCL 并联电路是最简单的二阶电路，其响应有过阻尼、临界阻尼、欠阻尼三种情况，具体取决于 R、L、C 的参数值。以 RLC 串联电路的零输入响应为例，依电路元件参数值的不同分以下三种情况：

（1）$R>2\sqrt{\dfrac{L}{C}}$ 时，称为过阻尼情况。过渡过程为非振荡放电过程。

（2）$R=2\sqrt{\dfrac{L}{C}}$ 时，称为临界阻尼情况。过渡过程为非振荡放电过程。

（3）$R<2\sqrt{\dfrac{L}{C}}$ 时，称为欠阻尼情况。过渡过程为振荡放电过程。

习题

一、选择题

1. 在关联参考方向下，R、L、C 三个元件的伏安关系式可分别用（　　）表示。

A. $i_R=Gu_R, u_L=u_L(0)+\dfrac{1}{L}\int_0^t i_L(\tau)d\tau, u_C=C\dfrac{di_C}{dt}$

B. $u_R=Ri_R, u_L=u_L(0)+\dfrac{1}{L}\int_0^t i_L(\tau)d\tau, u_C=C\dfrac{di_C}{dt}$

C. $u_R=Gi_R, u_L=L\dfrac{di_L}{dt}, u_C=u_C(0)+\dfrac{1}{C}\int_0^t i_C(\tau)d\tau$

D. $u_R=Ri_R, u_L=L\dfrac{di_L}{dt}, u_C=u_C(0)+\dfrac{1}{C}\int_0^t i_C(\tau)d\tau$

2. 一阶电路的零输入响应是指（　　）。

A. 电容电压 $u_C(0_-)\neq 0V$ 或电感电压 $u_L(0_-)\neq 0V$，且电路有外加激励作用

B. 电容电流 $i_C(0_-)\neq 0A$ 或电感电压 $u_L(0_-)\neq 0V$，且电路无外加激励作用

C. 电容电流 $i_C(0_-)\neq 0A$ 或电感电流 $i_L(0_-)\neq 0A$，且电路有外加激励作用

D. 电容电压 $u_C(0_-)\neq 0V$ 或电感电流 $i_L(0_-)\neq 0A$，且电路无外加激励作用

3. 若 C_1、C_2 两电容并联，则其等效电容 $C=$（　　）。

A. C_1+C_2　　B. $\dfrac{C_1C_2}{C_1+C_2}$　　C. $\dfrac{C_1+C_2}{C_1C_2}$　　D. C_1C_2

4. 已知电路如图 x5.1 所示，电路原已稳定，开关闭合后电容电压的初始值 $u_C(0_+)$ 等于（　　）。

A. $-2V$　　B. 2V

C. 6V　　D. 8V

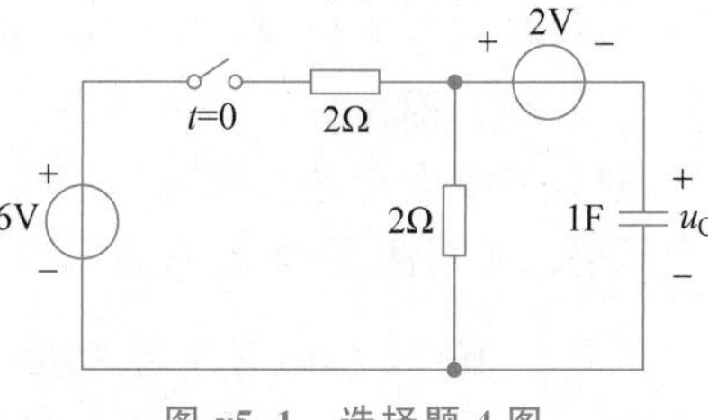

图 x5.1　选择题 4 图

5. 已知 $u_C(t)=15e^{-\frac{t}{\tau}}$ V，当 $t=2s$ 时，$u_C=6V$，电路的时间常数 τ 等于（　　）。

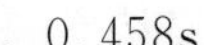

A. 0.458s　　B. 2.18s　　C. 0.2s　　D. 0.1s

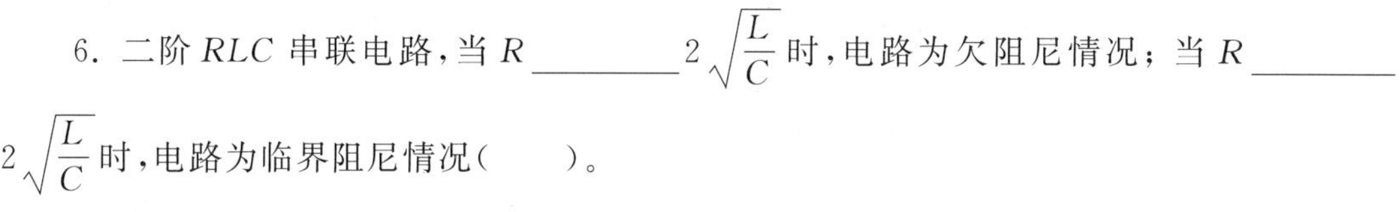

6. 二阶 RLC 串联电路，当 R ________ $2\sqrt{\frac{L}{C}}$ 时，电路为欠阻尼情况；当 R ________ $2\sqrt{\frac{L}{C}}$ 时，电路为临界阻尼情况（　　）。

A. ＞、＝　　B. ＜、＝　　C. ＜、＞　　D. ＞、＜

二、填空题

1. 若 L_1 与 L_2 两电感串联，则其等效电感 $L=$ ________；若这两个电感并联，则等效电感 $L=$ ________。

2. 一般情况下，电感的________不能跃变，电容的________不能跃变。

3. 在一阶 RC 电路中，若 C 不变，R 越大，则换路后过渡过程越________。

4. 二阶 RLC 串联电路，当 R ________ $2\sqrt{L/C}$ 时，电路为振荡放电；当 $R=$ ________时，电路发生等幅振荡。

5. 如图 x5.2 所示电路中，开关闭合前电路处于稳态，$u_C(0_+)=$ ________V，$\left.\frac{du_C}{dt}\right|_{0+}=$ ________V/s。

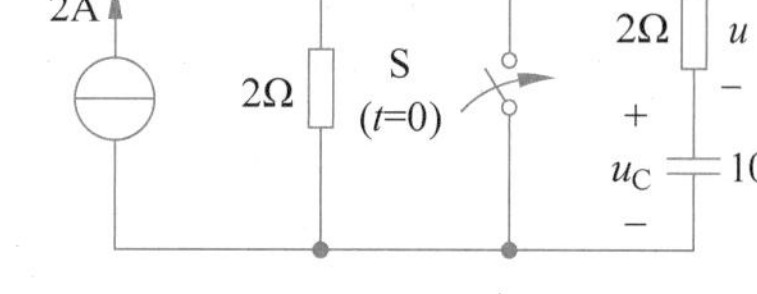

图 x5.2　填空题 5 图

6. $R=1\Omega$ 和 $C=1F$ 的并联电路与电流源 I_S 接通。当 $I_S=2A(t\geqslant 0)$，电容初始电压为 1V 时，$u_C(t)=(2-e^{-t})(V)(t\geqslant 0)$，则当激励 I_S 增大 1 倍（$I_S=4A$），而初始电压保持原值，$t\geqslant 0$ 时，$u_C(t)$ 应为________V。

三、计算题

1. 电路如图 x5.3 所示，求图 x5.3(a)中 a-b 端的等效电容以及图 x5.3(b)中 a-b 端的等效电感。

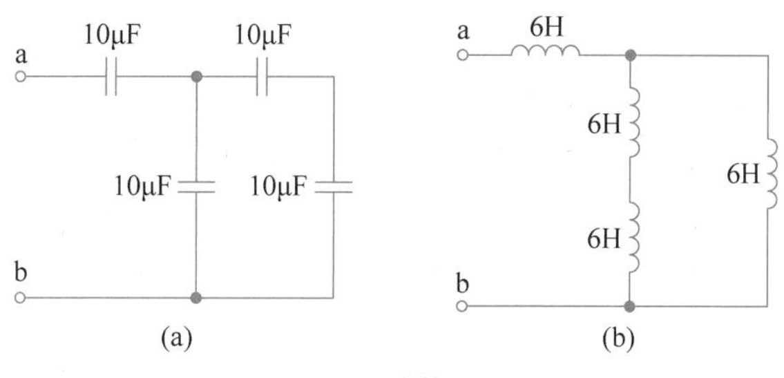

图 x5.3　计算题 1 图

2. 电路如图 x5.4(a)所示，电压源 u_S 波形如图 x5.4(b)所示，求电容电流并画出波形图，以及电容的储能并画出电容储能随时间变化的曲线。

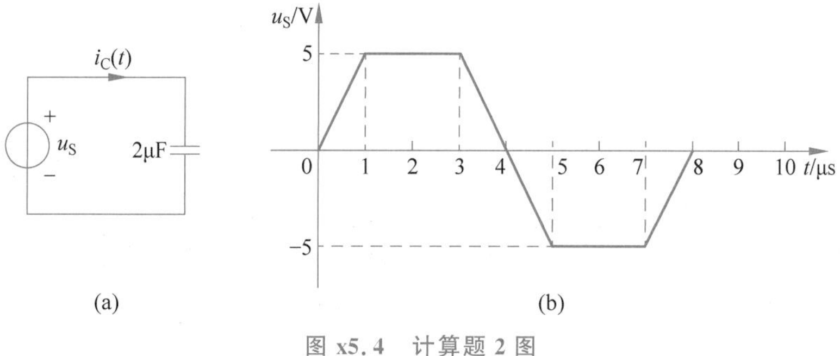

图 x5.4　计算题 2 图

3. 如图 x5.5(a)所示电路，$i_L(0)=0$A，电压源 u_S 的波形如图 x5.5(b)所示。求当 t 分别为 1s、2s、3s、4s 时的电感电流 i_L。

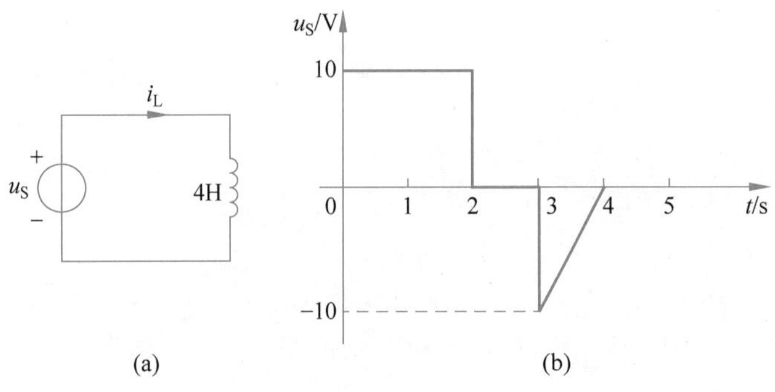

图 x5.5　计算题 3 图

4. 如图 x5.6 所示 S 在 $t=0$ 时闭合，闭合前已达稳态，求初始值 $u_C(0_+)$、$i_C(0_+)$。

5. 如图 x5.7 所示电路，S 在 $t=0$ 时闭合，闭合前已稳定，求闭合后 i_L 的初始值、稳态值以及电路的时间常数 τ，如 R_1 增大，电路的时间常数 τ 如何变化？

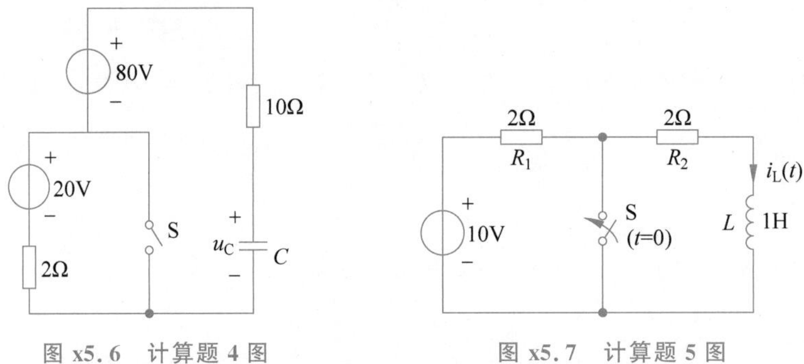

图 x5.6　计算题 4 图　　图 x5.7　计算题 5 图

6. 如图 x5.8 所示电路，已知 $E=6$V，$R_1=5\Omega$，$R_2=4\Omega$，$R_3=1\Omega$，开关 S 闭合前电路处于稳态，$t=0$ 时闭合开关 S，求换路瞬间的 $u_C(0_+)$、$i_C(0_+)$。

7. 如图 x5.9 所示电路，已知 $I_S=5$A，$R_1=10\Omega$，$R_2=10\Omega$，$R_3=5\Omega$，$C=250\mu$F，$t=0$ 时开关 S 闭合，求 $t\geqslant0$ 时的 $u_C(t)$、$i_C(t)$ 和 $i_3(t)$。(开关闭合前电路已处于稳态)

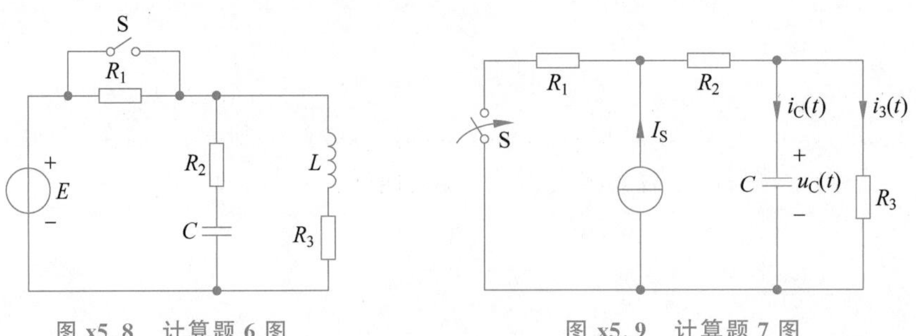

图 x5.8　计算题 6 图　　图 x5.9　计算题 7 图

8. 如图 x5.10 所示电路，$t=0$ 时开关 S_1 打开，S_2 闭合。试用三要素法求出 $t\geqslant0$ 时的 $i_L(t)$ 和 $u_L(t)$。(注：在开关动作前，电路已达稳态)

9. 如图 x5.11 所示电路，在 $t<0$ 时已处于稳态，在 $t=0$ 时将开关 S 由 1 切换至 2，求换路后的电容电压 $u_C(t)$，以及 $t=20$ms 时的电容元件的储能。

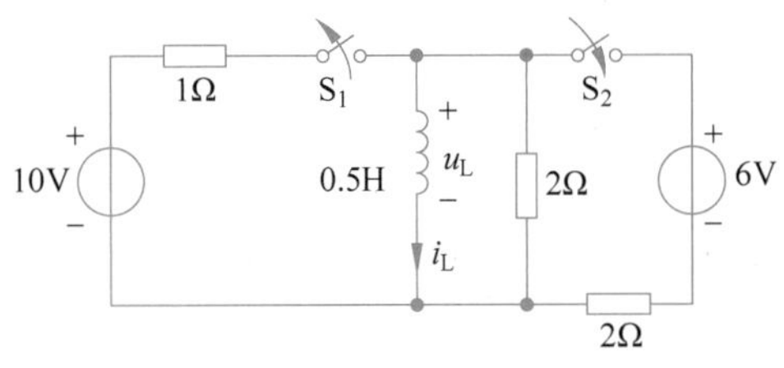

图 x5.10 计算题 8 图

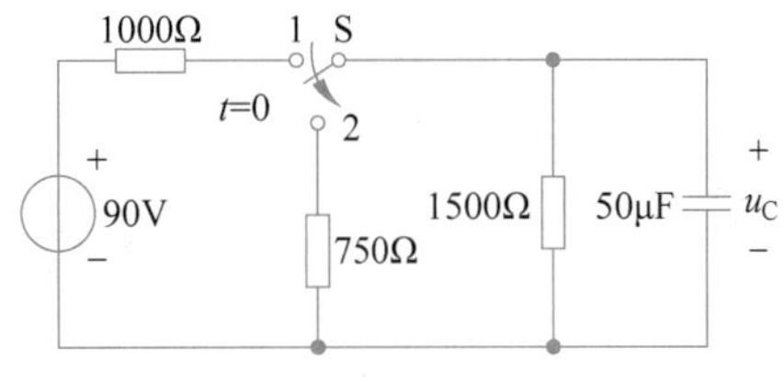

图 x5.11 计算题 9 图

10. 电路如图 x5.12 所示，电路原处于稳态。在 $t=0$ 时，将开关 S 由位置 1 合向位置 2，试求 $t>0$ 时 $i_L(t)$ 和 $i(t)$，并画出它们随时间变化的曲线。

11. 如图 x5.13 所示电路，已知 $U_S=10V$，$L=1H$，$C=1\mu F$，开关 S 原来合在触点 1 处，在 $t=0$ 时，开关由触点 1 合到触点 2 处。求 R 分别为 2000Ω、4000Ω 和 5000Ω 时的 u_C、u_R、u_L 和 i。

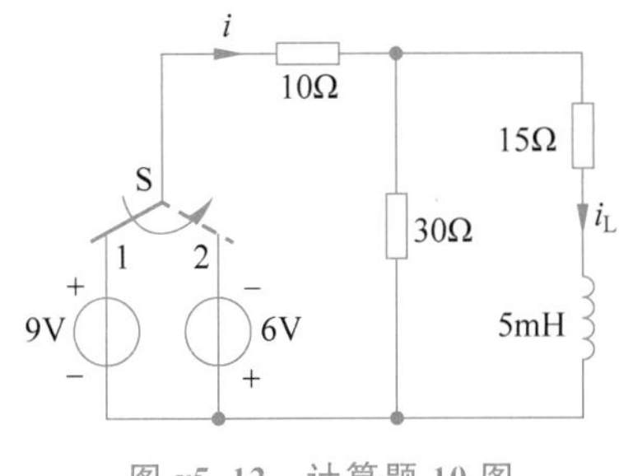

图 x5.12 计算题 10 图

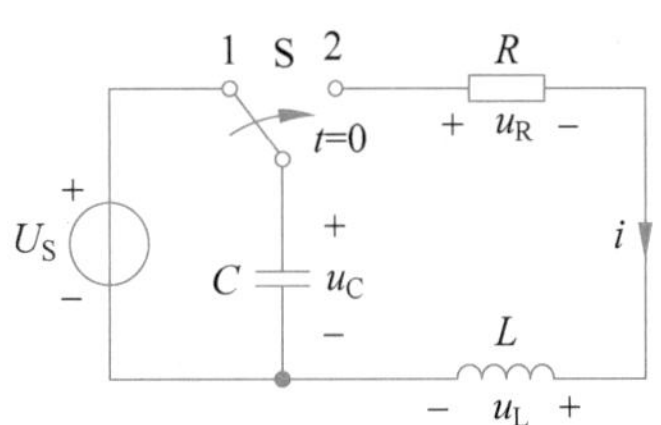

图 x5.13 计算题 11 图

12. 如图 x5.14 所示电路，在开关 S 闭合前已达稳态，$t=0$ 时，S 由 1 切换至 2，已知 $U_{S1}=4V$，$U_{S2}=6V$，$R=2\Omega$，$L=1H$，$C=0.2F$，求 $t>0$ 时的 $i(t)$。

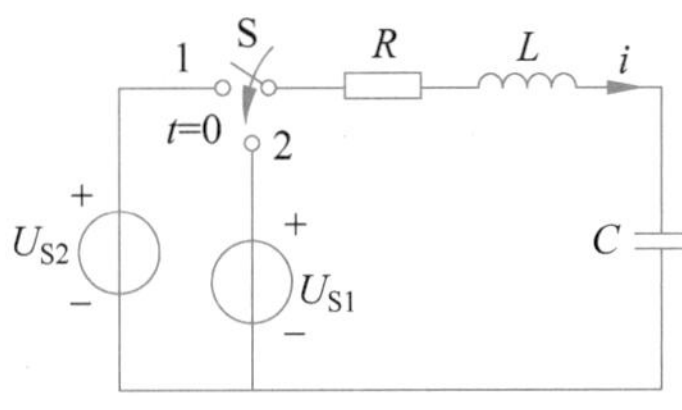

图 x5.14 计算题 12 图

第 6 章 CHAPTER 6 非直流动态电路的分析

本章主要内容：本书前五章讨论的是在直流电源作用下电路的响应问题，但在实际电路的应用中还会大量使用非直流电源，且以正弦交流电路为主。本章将讨论在非直流电源作用下电路的响应问题。

本章首先介绍正弦量的概念以及在正弦激励下一阶动态电路的响应，然后引入相量法基础，最后介绍相量法运算涉及的几个引理。

6.1 正弦交流动态电路的分析

6.1.1 正弦电压(电流)

1. 正弦电压(电流)的三要素

电路中按正弦规律变化的交流电压(电流)称为正弦电压(正弦电流)。正弦电压(电流)是使用最广泛的一种交流电压(电流)，称为交流电，用 AC 或 ac 表示。若交流动态电路中所含有的独立源随时间按正弦规律变化，则这种交流电路称为正弦交流电路或正弦电路。

对一个正弦量来说，既可以用正弦函数表示也可以用余弦函数表示，本书全部采用余弦函数表示。

以正弦电流为例，其瞬时表示式为

$$i(t)=I_m\cos(\omega t+\theta_i) \tag{6-1}$$

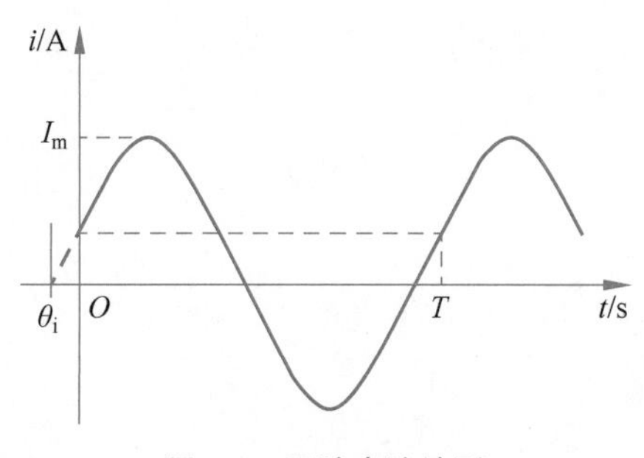

图 6-1　正弦电流波形

正弦电流波形如图 6-1 所示。式(6-1)中 I_m、ω、θ_i 分别称为正弦量的振幅、角频率和初相角，统称为正弦量的三要素。知道了正弦量的三要素，就可以完全确定一个正弦量，正弦量的三要素是正弦量之间进行比较和区分的依据，而且相位差是区分两个同频率正弦量的要素。

初相角通常在 $|\theta_i|\leqslant\pi$ 的主值范围内取值，单位为弧度(rad)或度(°)，其大小与计时起点的选择有关。角频率 ω 表示相位角随时间变化的速度，单位为弧度/秒(rad/s)。角频率与正弦量的周期 T 和频率 f 之间的关系为

$$\omega=\frac{2\pi}{T}=2\pi f \tag{6-2}$$

2. 有效值

周期电压(电流)的瞬时值是随时间变化的,而平均值有时又为零,这就需要为周期量规定一个能表征其总体效应的量,这就是有效值。有效值是一个表征周期量总体做功效应的量,根据这点可以推导出其定义式。

以周期电流为例,设有两个相同的电阻 R,分别给它们通以直流电流 I 和周期电流 $i(t)$,若在周期电流一个周期 T 内这两个电阻所消耗的电能相等,也就是说在做功方面直流电流 I 和周期电流 $i(t)$ 在一个周期内的平均做功能力是相等的,则该直流电流 I 就是周期电流 $i(t)$ 的有效值。

在一个周期 T 内,直流电流 I 通过电阻 R 所消耗的电能为

$$W_1=PT=I^2RT$$

周期电流 $i(t)$ 通过电阻 R 所消耗的电能为

$$W_2=\int_0^T p(t)\mathrm{d}t=\int_0^T i^2(t)R\mathrm{d}t$$

如果 $W_1=W_2$,即

$$I^2RT=\int_0^T i^2(t)R\mathrm{d}t \tag{6-3}$$

由式(6-3)可得

$$I=\sqrt{\frac{1}{T}\int_0^T i^2(t)\mathrm{d}t} \tag{6-4}$$

这就是周期电流 $i(t)$ 的有效值定义式。

同理,可得周期电压有效值为

$$U=\sqrt{\frac{1}{T}\int_0^T u^2(t)\mathrm{d}t} \tag{6-5}$$

可以看出,周期量的有效值等于它的瞬时值的平方在一个周期 T 内积分的平均值再取平方根,因此有效值又称为方均根值。

对周期量来说,可以用有效值表示其总体做功效能,正弦量属于周期量,且在一个周期内的平均值为零,因此可以用有效值表征其总体做功效能。以正弦电流为例,将式(6-1)代入式(6-4),可得

$$\begin{aligned}I&=\sqrt{\frac{1}{T}\int_0^T i^2(t)\mathrm{d}t}=\sqrt{\frac{1}{T}\int_0^T I_\mathrm{m}^2\cos^2(\omega t+\theta_\mathrm{i})\mathrm{d}t}\\&=\sqrt{\frac{1}{T}\int_0^T \frac{1}{2}I_\mathrm{m}^2[\cos(2\omega t+2\theta_\mathrm{i})+1]\mathrm{d}t}\\&=\frac{1}{\sqrt{2}}I_\mathrm{m}=0.707I_\mathrm{m}\end{aligned} \tag{6-6}$$

同理,可得正弦电压的有效值为

$$U=\sqrt{\frac{1}{T}\int_0^T u^2(t)\mathrm{d}t}=\frac{1}{\sqrt{2}}U_\mathrm{m}=0.707U_\mathrm{m} \tag{6-7}$$

在工程上一般所讲的正弦电流或电压，若无特别说明都是指有效值。交流电表上指示的电流、电压，电气设备铭牌上标注的额定值都是有效值，但各种器件和电气设备的耐压值应该按最大值来考虑。

引入有效值后，式(6-1)所示的正弦电流也可以写为

$$i(t)=I_m\cos(\omega t+\theta_i)=\sqrt{2}I\cos(\omega t+\theta_i) \tag{6-8}$$

正弦电压的表示式可以写为

$$u(t)=U_m\cos(\omega t+\theta_u)=\sqrt{2}U\cos(\omega t+\theta_u) \tag{6-9}$$

3. 同频率正弦量的比较

两个同频率正弦量之间的相位之差称为相位差，用 θ_{12} 表示。例如，有两个同频率的正弦电压和电流分别为

$$u_1(t)=U_{m1}\cos(\omega t+\theta_{u1}),\quad i_2(t)=I_{m2}\cos(\omega t+\theta_{i2})$$

即

$$\theta_{12}=(\omega t+\theta_{u1})-(\omega t+\theta_{i2})=\theta_{u1}-\theta_{i2}$$

可见，对两个同频率的正弦量来说，相位差在任何时刻都是一个与时间无关的常量，且在数值上恰好等于初相角之差，因此相位差与计时起点的选择无关。相位差是区分两个同频率正弦量的重要标志之一。相位差常采用主值范围内的弧度或角度来表示，即 $|\theta_{12}|\leqslant\pi$。若 $\theta_{12}>0$，则称电压 u_1 超前于电流 i_2 的相位为 θ_{12}，或称电流 i_2 滞后于电压 u_1 的相位为 θ_{12}。若 $\theta_{12}<0$，则称电压 u_1 滞后于电流 i_2 的相位为 θ_{12}，或称电流 i_2 超前电压 u_1 的相位为 θ_{12}。若 $\theta_{12}=0$，则称电压 u_1 与电流 i_2 同相位；若 $\theta_{12}=\pm\pi/2$，则称电压 u_1 与电流 i_2 相位正交；若 $\theta_{12}=\pi$，则称电压 u_1 与电流 i_2 反相。

例如，已知正弦电压 $u(t)=15\cos(314t+150°)$ 和电流 $i(t)=8\cos(314t-45°)$，则电压 $u(t)$ 超前于电流 $i(t)$ 的相位 $\theta=\theta_u-\theta_i=150°-(-45°)=195°$，显然，此时 θ 值超出主值范围，故可表示为电压 $u(t)$ 滞后于电流 $i_2(t)$ 的相位差为 $360°-195°=165°$。

不同频率两个正弦量之间的相位差不再是一个常数，而是时间的函数，此处不作讨论，后续所述的相位差都是指同频率正弦量之间的相位差。

6.1.2 正弦激励下一阶动态电路的分析

如图 6-2 所示 RL 电路，$t=0$ 时开关 S 闭合，且 $i_L(0_-)=0$A。设其外施激励为正弦电压 $u_S(t)=U_{Sm}\cos(\omega t+\theta_u)$V，$t\geqslant 0$，根据电路列出回路的 KVL 方程如下：

$$u_L(t)+u_R(t)=u_S(t),\quad t\geqslant 0$$

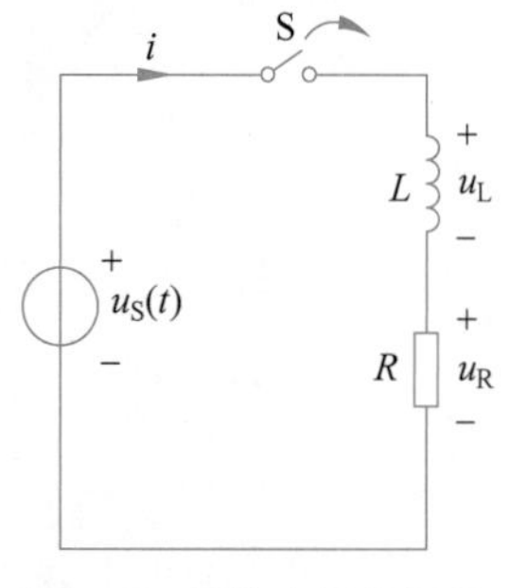

图 6-2 正弦电压作用于 RL 电路

代入各元件的 VAR 关系式可得微分方程：

$$L\frac{\mathrm{d}i_L(t)}{\mathrm{d}t}+Ri_L(t)=u_S(t),\quad t\geqslant 0 \tag{6-10}$$

初始条件为 $i_L(0_+)=i_L(0_-)=0$A，则式(6-10)的解为对应齐次方程的通解 $i_{Lh}(t)$ 加非齐次方程的特解 $i_{Lp}(t)$。其对应齐次方程的通解为 $i_{Lh}(t)=K\mathrm{e}^{-\frac{t}{\tau}}$，其中，$\tau=\dfrac{L}{R}$；$K$ 为常数，由初始条件来确定。

下面求非齐次方程特解 $i_{Lp}(t)$，特解形式根据方程右端 $u_S(t)$的形式可设为同一频率的正弦时间函数，即

$$i_{Lp}(t)=I_{Lm}\cos(\omega t+\theta_i) \tag{6-11}$$

式中：I_{Lm} 和 θ_i 为待定的常数。

把式(6-11)代入式(6-10)，可得

$$L\frac{d[I_{Lm}\cos(\omega t+\theta_i)]}{dt}+RI_{Lm}\cos(\omega t+\theta_i)=u_S(t)$$

$$-\omega LI_{Lm}\sin(\omega t+\theta_i)+RI_{Lm}\cos(\omega t+\theta_i)=U_{Sm}\cos(\omega t+\theta_u) \tag{6-12}$$

根据

$$a\cos\theta-b\sin\theta=\sqrt{a^2+b^2}\cos\left(\theta+\arctan\frac{b}{a}\right)$$

可将式(6-12)表示为

$$\sqrt{(\omega LI_{Lm})^2+(RI_{Lm})^2}\cos\left(\omega t+\theta_i+\arctan\frac{\omega L}{R}\right)=U_{Sm}\cos(\omega t+\theta_u) \tag{6-13}$$

式(6-13)要成立，需满足

$$\sqrt{(\omega LI_{Lm})^2+(RI_{Lm})^2}=U_{Sm} \tag{6-14}$$

$$\omega t+\theta_i+\arctan\frac{\omega L}{R}=\omega t+\theta_u \tag{6-15}$$

由式(6-14)和式(6-15)可得

$$I_{Lm}=\frac{U_{Sm}}{\sqrt{(\omega L)^2+R^2}} \tag{6-16}$$

$$\theta_i=\theta_u-\arctan\frac{\omega L}{R} \tag{6-17}$$

因此，微分方程式(6-10)的通解为

$$i_L(t)=Ke^{-\frac{t}{\tau}}+I_{Lm}\cos(\omega t+\theta_i),\quad t\geqslant 0 \tag{6-18}$$

式中：常数 K 根据初始条件 $i_L(0_+)=i_L(0_-)=0$ 来确定，即

$$i_L(0)=K+I_{Lm}\cos\theta_i=0$$

则

$$K=i_L(0)-I_{Lm}\cos\theta_i=-I_{Lm}\cos\theta_i$$

可得

$$i_L(t)=-I_{Lm}\cos\theta_i e^{-\frac{t}{\frac{L}{R}}}+I_{Lm}\cos(\omega t+\theta_i),\quad t\geqslant 0 \tag{6-19}$$

由式(6-19)可知，该电路的响应由两部分组成：一个是暂态响应分量，即对应齐次微分方程的通解，当 t 趋于无穷大时，理论上该项趋于零。另一个是稳态响应分量，即非齐次微分方程的特解，当 t 趋于无穷大时，有

$$i_L(\infty)\approx I_{Lm}\cos(\omega t+\theta_i) \tag{6-20}$$

可以看出，这个电路存在两种工作状态，首先是达到稳态前的过渡状态，在此期间电路的响应由暂态响应分量和稳态响应分量共同构成，显然此时响应不是按正弦规律变化的。暂态响应分量之所以会存在，是为了使电路的响应满足初始条件，以保证换路瞬间电感电流

不能发生跃变。在暂态响应的过渡过程结束后,电路进入稳定状态。在稳态时,响应将按式(6-20)所示的正弦规律变化,且与外施正弦激励同频率,这一状态称为正弦稳态。与稳态响应过程相比,过渡过程是非常短暂的,一般在 $t>4\tau$ 时就可认为电路已进入正弦稳态,如图 6-3 所示。

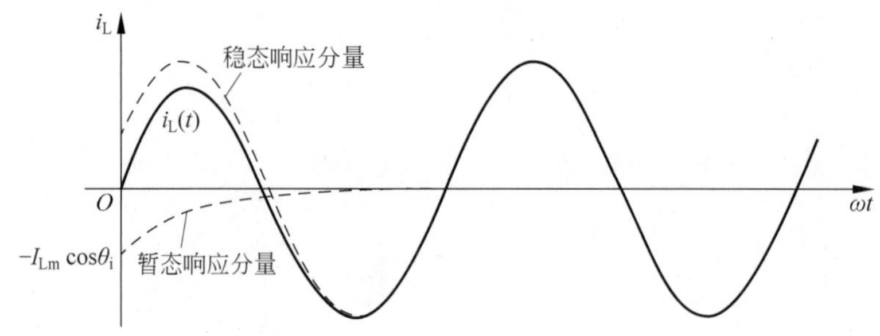

图 6-3 *RL* 电路的响应 $I_L(t)$,$I_L(0)=0$

根据稳态响应表示式(6-20)可得出结论:稳态响应按与外施正弦激励同频率的正弦规律变化,但是稳态响应的幅值和初相角一般与外施正弦电源的幅值和初相角不同。因此,求解稳态响应的关键是确定正弦量的振幅和初相角。

6.2 复数

由正弦激励下一阶动态电路的分析可知,在正弦稳态时,若所有的激励都是同频率的正弦量,则电路中各支路的电压和电流将按与激励同频率的正弦规律变化,这样,电路中的电压和电流只需确定振幅和初相角两个要素。相量法就是一种用来确定正弦量的振幅和初相角的较简便方法。此时,电路分析变量需从时域转换至复数。

复数是分析计算正弦稳态交流电路的一种重要工具。

一个复数可以用多种形式表示。复数 A 的代数形式或直角坐标形式为

$$A=a_1+\mathrm{j}a_2 \tag{6-21}$$

式中:a_1 为复数的实部,a_2 为复数的虚部,且 a_1 和 a_2 全是实数,即 $a_1=\mathrm{Re}(A)$,$a_2=\mathrm{Im}(A)$;$\mathrm{j}=\sqrt{-1}$,为虚数单位。

复数 A 的三角形式写为

$$A=|A|\cos\theta+\mathrm{j}|A|\sin\theta=|A|(\cos\theta+\mathrm{j}\sin\theta) \tag{6-22}$$

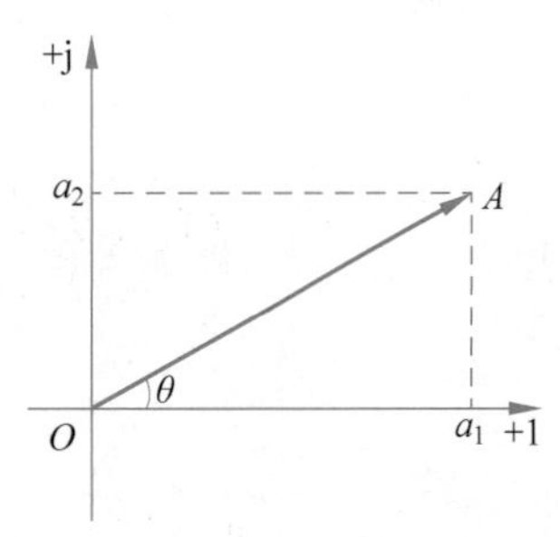

图 6-4 复数的表示方法

式中:$\theta=\arctan\dfrac{a_2}{a_1}$,为复数 A 的辐角;$|A|$为复数 A 的模。

由欧拉公式 $\mathrm{e}^{\mathrm{j}\theta}=\cos\theta+\mathrm{j}\sin\theta$,得到复数 A 的指数形式为

$$A=|A|\cos\theta+\mathrm{j}|A|\sin\theta=|A|(\cos\theta+\mathrm{j}\sin\theta)=|A|\mathrm{e}^{\mathrm{j}\theta} \tag{6-23}$$

复数 A 的极坐标形式为

$$A=|A|\angle\theta \tag{6-24}$$

一个复数 A 还可以在复平面上表示,如图 6-4 所示。其中从原点 O 指向点 A 的有向线段长度等于复数 A 的模$|A|$,

且 $|A|=\sqrt{a_1^2+a_2^2}$，有向线段与横轴正方向的夹角为复数 A 的辐角 θ。

复数要进行相加或相减运算，最好用代数形式。例如，有两个复数 A 和 B，且 $A=a\underline{/\theta}$，$B=b_1+\mathrm{j}b_2$，则

$$A\pm B=a\underline{/\theta}\pm(b_1+\mathrm{j}b_2)=(a\cos\theta\pm b_1)+\mathrm{j}(a\sin\theta\pm b_2) \tag{6-25}$$

两个复数相乘或相除时，用代数形式表示为

$$A\cdot B=(a_1+\mathrm{j}a_2)(b_1+\mathrm{j}b_2)=(a_1b_1-a_2b_2)+\mathrm{j}(a_1b_2+a_2b_1) \tag{6-26}$$

$$\frac{A}{B}=\frac{a_1+\mathrm{j}a_2}{b_1+\mathrm{j}b_2}=\frac{(a_1+\mathrm{j}a_2)(b_1-\mathrm{j}b_2)}{(b_1+\mathrm{j}b_2)(b_1-\mathrm{j}b_2)}=\frac{(a_1b_1+a_2b_2)+\mathrm{j}(a_2b_1-a_1b_2)}{b_1^2+b_2^2} \tag{6-27}$$

在进行复数的乘除运算时，用指数形式或极坐标形式更为方便，两个复数相乘时，其模相乘，辐角相加，两个复数相除时，其模相除，辐角相减，即

$$A\cdot B=|A|\,\mathrm{e}^{\mathrm{j}\theta_1}\cdot|B|\,\mathrm{e}^{\mathrm{j}\theta_2}=|A||B|\,\mathrm{e}^{\mathrm{j}(\theta_1+\theta_2)}=|A||B|\underline{/\theta_1+\theta_2} \tag{6-28}$$

$$\frac{A}{B}=\frac{|A|\,\mathrm{e}^{\mathrm{j}\theta_1}}{|B|\,\mathrm{e}^{\mathrm{j}\theta_2}}=\frac{|A|}{|B|}\mathrm{e}^{\mathrm{j}(\theta_1-\theta_2)}=\frac{|A|}{|B|}\underline{/\theta_1-\theta_2} \tag{6-29}$$

另外，在进行复数的加减运算时，还可以在复平面采用平行四边形法则进行。

复数 $\mathrm{e}^{\mathrm{j}\theta}=1\underline{/\theta}$ 是一个模等于 1 而辐角为 θ 的复数，称为旋转因子。因为任意复数 A 乘以 $\mathrm{e}^{\mathrm{j}\theta}=1\underline{/\theta}$，等于把复数 A 逆时针旋转一个角度 θ，而 A 的模 $|A|$ 不变。

另外可得，$\mathrm{e}^{\mathrm{j}\pi/2}=\mathrm{j}$，$\mathrm{e}^{-\mathrm{j}\pi/2}=-\mathrm{j}$，$\mathrm{e}^{\mathrm{j}\pi}=-1$。这样 $\pm\mathrm{j}$ 和 -1 都可以看成是旋转因子。例如，一个复数 A 乘以 j 等于把复数 A 逆时针旋转 $\pi/2$。

若两个复数的实部相等，虚部互为相反数，则这两个复数称为共轭复数，复数 A 的共轭复数用 A^* 表示。在 $A=a_1+\mathrm{j}a_2$ 时，它的共轭复数 $A^*=a_1-\mathrm{j}a_2$。可见，两个共轭复数的模相等，辐角互为相反数。

例 6-1 把下列复数化为极坐标形式：

(1) $A=30-\mathrm{j}40$；　　(2) $A=-5.7+\mathrm{j}16.9$；

(3) $A=32+\mathrm{j}41$；　　(4) $A=-8-\mathrm{j}7$。

解：(1) $A=30-\mathrm{j}40=50\underline{/-53.1^\circ}$　　(2) $A=-5.7+\mathrm{j}16.9=17.84\underline{/108.6^\circ}$

(3) $A=32+\mathrm{j}41=52\underline{/52^\circ}$　　(4) $A=-8-\mathrm{j}7=10.63\underline{/-138.8^\circ}$

6.3 相量法基础

6.3.1 正弦量的相量形式

设有一个复数为 $U_\mathrm{m}\mathrm{e}^{\mathrm{j}(\omega t+\theta_\mathrm{u})}$，其对应的三角形式为

$$U_\mathrm{m}\mathrm{e}^{\mathrm{j}(\omega t+\theta_\mathrm{u})}=U_\mathrm{m}\cos(\omega t+\theta_\mathrm{u})+\mathrm{j}U_\mathrm{m}\sin(\omega t+\theta_\mathrm{u}) \tag{6-30}$$

可见，该复数的实部恰好为一个正弦电压，设该正弦电压为 $u(t)$，则有

$$u(t)=U_\mathrm{m}\cos(\omega t+\theta_\mathrm{u})=Re[U_\mathrm{m}\mathrm{e}^{\mathrm{j}(\omega t+\theta_\mathrm{u})}] \tag{6-31}$$

这表明，通过数学方法可以把一个正弦量与一个复数一一对应起来，即

$$u(t)=\mathrm{Re}[U_{\mathrm{m}}\mathrm{e}^{\mathrm{j}(\omega t+\theta_{\mathrm{u}})}]=\mathrm{Re}(U_{\mathrm{m}}\mathrm{e}^{\mathrm{j}\theta_{\mathrm{u}}}\mathrm{e}^{\mathrm{j}\omega t})=\mathrm{Re}(\dot{U}_{\mathrm{m}}\mathrm{e}^{\mathrm{j}\omega t})$$

式中：$\dot{U}_{\mathrm{m}}=U_{\mathrm{m}}\mathrm{e}^{\mathrm{j}\theta_{\mathrm{u}}}=U_{\mathrm{m}}\underline{/\theta_{\mathrm{u}}}$ 是一个与时间无关的复值常数，它包含了正弦电压的振幅和初相角两个因素，这样，在角频率 ω 已知时，就可以完全确定正弦电压 $u(t)$。因此，$\dot{U}_{\mathrm{m}}$ 便是一个足以表征正弦电压的复值常数，称为正弦电压 $u(t)$ 的振幅相量，记作

$$\dot{U}_{\mathrm{m}}=U_{\mathrm{m}}\mathrm{e}^{\mathrm{j}\theta_{\mathrm{u}}}=U_{\mathrm{m}}\underline{/\theta_{\mathrm{u}}} \tag{6-32}$$

再由正弦量的振幅和有效值之间的关系可得

$$\dot{U}_{\mathrm{m}}=U_{\mathrm{m}}\mathrm{e}^{\mathrm{j}\theta_{\mathrm{u}}}=U_{\mathrm{m}}\underline{/\theta_{\mathrm{u}}}=\sqrt{2}U\underline{/\theta_{\mathrm{u}}}=\sqrt{2}\dot{U}$$

即正弦电压的有效值相量为

$$\dot{U}=U\mathrm{e}^{\mathrm{j}\theta_{\mathrm{u}}}=U\underline{/\theta_{\mathrm{u}}} \tag{6-33}$$

振幅相量和有效值相量之间的关系为

$$\dot{U}_{\mathrm{m}}=\sqrt{2}\dot{U} \tag{6-34}$$

在实际中所涉及的大多数是正弦量的有效值，因此一般所说的相量是指有效值相量，并简称为相量。用振幅相量时，需加下标 m。相量 $\dot{U}$ 上所加的黑点是用来与普通复数相区别的记号。

相量是一个复数，可以在复平面上用有向线段来表示，这种用来表示相量的图称为相量图。图 6-5 给出了电压相量 $\dot{U}$ 的相量图，图中有向线段的长度为相量的模，即正弦量的有效值，有向线段与横轴的夹角为相量的辐角，即正弦量的初相角。

复数 $U_{\mathrm{m}}\mathrm{e}^{\mathrm{j}(\omega t+\theta_{\mathrm{u}})}=\dot{U}_{\mathrm{m}}\mathrm{e}^{\mathrm{j}\omega t}$ 中的 $\mathrm{e}^{\mathrm{j}\omega t}$ 是一个随时间变化而旋转的因子，该旋转因子在复平面上以原点为中心、以角速度 ω 不断旋转。这样复数 $U_{\mathrm{m}}\mathrm{e}^{\mathrm{j}(\omega t+\theta_{\mathrm{u}})}$ 可以理解为相量 $\dot{U}_{\mathrm{m}}$ 乘以旋转因子 $\mathrm{e}^{\mathrm{j}\omega t}$，并在复平面上不断旋转，如图 6-6 所示。

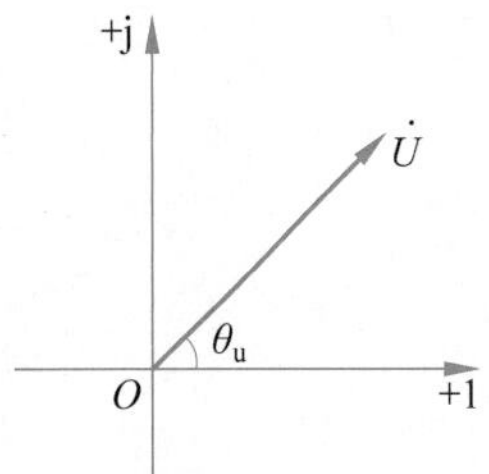

图 6-5　电压相量图

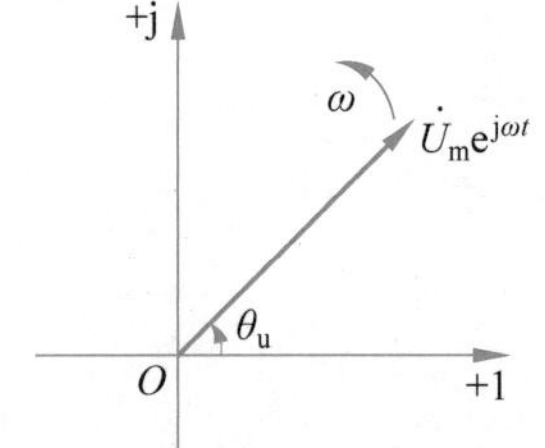

图 6-6　旋转电压相量图

可以看出，正弦电压 $u(t)$ 在任何时刻的瞬时值等于对应的旋转相量 $U_{\mathrm{m}}\mathrm{e}^{\mathrm{j}(\omega t+\theta_{\mathrm{u}})}$ 同一时刻在实轴上的投影，其几何意义可以用图 6-7 说明。图 6-7(a)表示了旋转相量 $\dot{U}_{\mathrm{m}}\mathrm{e}^{\mathrm{j}\omega t}$ 在 t 为 0 和 t_1 时的位置。在 $t=0$ 时，$\dot{U}_{\mathrm{m}}\mathrm{e}^{\mathrm{j}\omega t}$ 在实轴上的投影为 $U_{\mathrm{m}}\cos\theta_{\mathrm{u}}$，其数值恰好为正弦电压 $u(t)=U_{\mathrm{m}}\cos(\omega t+\theta_{\mathrm{u}})$ 在 $t=0$ 时的值。在 $t=t_1$ 时，旋转相量 $\dot{U}_{\mathrm{m}}\mathrm{e}^{\mathrm{j}\omega t}$ 由 $t=0$ 时的位置逆时针旋转一个角度 ωt_1，与实轴的夹角变为 $\omega t_1+\theta_{\mathrm{u}}$，在实轴上的投影为 $U_{\mathrm{m}}\cos(\omega t_1+\theta_{\mathrm{u}})$，该数值恰好为正弦电压 $u(t)=U_{\mathrm{m}}\cos(\omega t+\theta_{\mathrm{u}})$ 在 $t=t_1$ 时的值。对任何时刻 t，旋转相量

$U_m e^{j(\omega t+\theta_u)}$ 与实轴的夹角为 $\omega t+\theta_u$，其在实轴上的投影等于该旋转相量所代表的正弦量在同一时刻的瞬时值。把旋转相量 $U_m e^{j(\omega t+\theta_u)}$ 在实轴上的各个不同时刻的投影在图 6-7(b)中逐点描绘出来，便可得到一条正弦波曲线，旋转相量旋转一周，正弦曲线也变化一个周期。

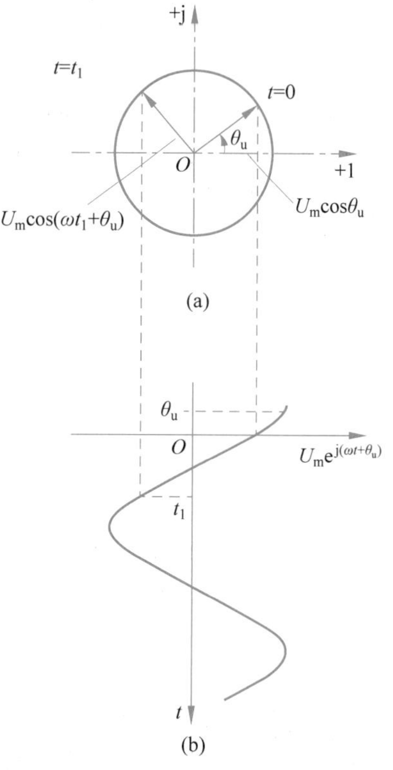

图 6-7 复数 $U_m e^{j(\omega t+\theta_u)}$ 及其在实轴上的投影

在正弦电路中，若所有的激励都是同频率的正弦量，则当电路处于稳态时，各个支路的响应也是和激励同频率的正弦量，从而在每一个表示正弦量的相量中都有相同的旋转因子 $e^{j\omega t}$，即各旋转相量的旋转角速度是相同的，这样在任何时刻它们之间的相对位置就保持不变。因此，当只需要考虑它们的大小和相位时，可以不需要考虑它们在旋转，而只需指明它们的初始位置，从而画出各正弦量的相量就足够了，这样画出的图就是相量图。同时，在表示式中可以省去 $e^{j\omega t}$，只用代表正弦量的相量 $\dot{U}_m$ 或 $\dot{U}$ 表示正弦电压就可以了。

可见，只有具有相同频率的正弦量才可以画在同一个相量图上，因为它们省去了相同的旋转因子 $e^{j\omega t}$；不同频率的正弦量具有不同的旋转因子 $e^{j\omega t}$，一般不能画在同一个相量图上。

每个正弦量都有与之对应的相量，相应地，在角频率 ω 已知时，知道了相量也就可以写出它所代表的正弦量。

注意，相量只是用来表征或代表正弦量，并不等于正弦量。对应关系可以用符号"⇔"表示，即 $\dot{U}\Leftrightarrow u(t)$。

要表示一个正弦量对应的相量形式，需要首先将其化简为如式 $u(t)=\sqrt{2}U\cos(\omega t+\theta_u)$（或 $i(t)=\sqrt{2}I\cos(\omega t+\theta_i)$）的标准形式，然后根据标准形式直接写出其对应的相量形式 $\dot{U}=U\angle\theta_u$（或 $\dot{I}=I\angle\theta_i$）即可。

例 6-2 已知 $u_1(t)=10\sqrt{2}\cos(314t+30^\circ)$V，$u_2(t)=14.14\sin(3140t+30^\circ)$V，$i_1(t)=-10\cos(314t+60^\circ)$A，试写出代表各正弦量的相量，并画出相量图。

解：$u_1(t)=10\sqrt{2}\cos(314t+30^\circ)$V 本身为标准形式，因此可直接写出电压 $u_1(t)$对应的相量形式为

$$\dot{U}_1=10e^{j30^\circ}=10\angle 30^\circ=(8.66+j5)\text{V}$$

$$u_2(t)=14.14\sin(3140t+30^\circ)=10\sqrt{2}\cos(3140t-60^\circ)\text{V}$$

则代表 $u_2(t)$的相量形式为

$$\dot{U}_2=10e^{-j60^\circ}=10\angle -60^\circ=(5-j8.66)\text{V}$$

$$i_1(t)=-10\cos(314t+60^\circ)=10\cos(314t-120^\circ)\text{A}$$

则代表 $i_1(t)$ 的相量形式为

$$\dot{I}_1=\frac{10}{\sqrt{2}}e^{-j120^\circ}=\frac{10}{\sqrt{2}}\angle -120^\circ=(-3.54-j6.12)\text{A}$$

各正弦量对应的相量图如图 6-8 所示。其中 $u_1(t)$、$i_1(t)$ 为同频率的正弦量，可以画在一个相量图中，如图 6-8(a)所示，而 $u_2(t)$ 与 $u_1(t)$、$i_1(t)$ 频率不同，需要画在另一个相量图中，如图 6-8(b)所示。

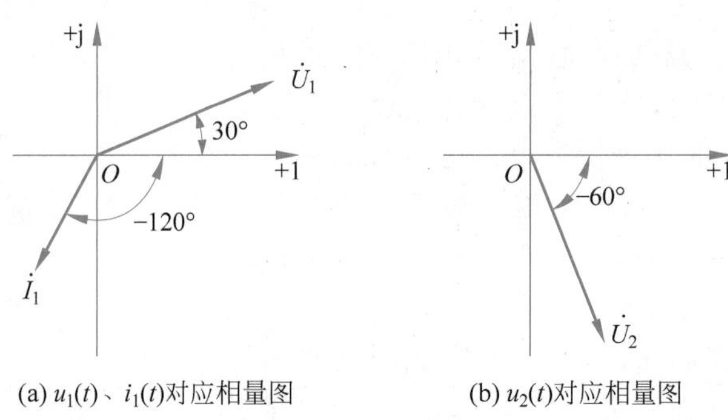

(a) $u_1(t)$、$i_1(t)$对应相量图　　(b) $u_2(t)$对应相量图

图 6-8　例 6-2 相量图

6.3.2　相量法运算几个引理

用相量代表正弦时间函数可将同频率正弦量之间的运算转换为相量的运算，从而使正弦量之间的运算得到简化，下面介绍几个有关的引理。

引理 6.1　唯一性引理：两个同频率的正弦量相等的充要条件是它们的相量形式对应相等。即有任意两个同频率的正弦量

$$x_1(t)=\sqrt{2}X_1\cos(\omega t+\theta_1)=\text{Re}[\sqrt{2}\dot{X}_1e^{j\omega t}] \tag{6-35}$$

$$x_2(t)=\sqrt{2}X_2\cos(\omega t+\theta_2)=\text{Re}[\sqrt{2}\dot{X}_2e^{j\omega t}] \tag{6-36}$$

对应的相量形式分别为 $\dot{X}_1=X_1\angle\theta_1$，$\dot{X}_2=X_2\angle\theta_2$，则对所有时刻 t，两个正弦量相等的充要条件是

$$\dot{X}_1=\dot{X}_2 \tag{6-37}$$

证明：(1) 充分性。

因为 $\dot{X}_1=\dot{X}_2$，所以 $\sqrt{2}\dot{X}_1=\sqrt{2}\dot{X}_2$，在所有的时刻 t，有

$$\sqrt{2}\dot{X}_1e^{j\omega t}=\sqrt{2}\dot{X}_2e^{j\omega t} \tag{6-38}$$

根据复数相等的条件可得

$$\text{Re}[\sqrt{2}\dot{X}_1e^{j\omega t}]=\text{Re}[\sqrt{2}\dot{X}_2e^{j\omega t}]$$

也就是

$$x_1(t)=x_2(t) \tag{6-39}$$

(2) 必要性。

因为对所有的时刻 t，两个正弦量都相等，即

$$\text{Re}[\sqrt{2}\dot{X}_1e^{j\omega t}]=\text{Re}[\sqrt{2}\dot{X}_2e^{j\omega t}] \tag{6-40}$$

或者

$$\mathrm{Re}[\dot{X}_1 \mathrm{e}^{\mathrm{j}\omega t}] = \mathrm{Re}[\dot{X}_2 \mathrm{e}^{\mathrm{j}\omega t}] \tag{6-41}$$

则在 $t=0$ 时，由 $\mathrm{e}^{\mathrm{j}\omega t}\big|_{t=0}=1$，可得

$$\mathrm{Re}[\dot{X}_1] = \mathrm{Re}[\dot{X}_2] \tag{6-42}$$

在 $t=\pi/(2\omega)$时，由 $\mathrm{e}^{\mathrm{j}\omega t}\big|_{t=\pi/(2\omega)}=\mathrm{j}$，可得

$$\mathrm{Re}[\mathrm{j}\dot{X}_1] = \mathrm{Re}[\mathrm{j}\dot{X}_2] \tag{6-43}$$

即

$$\mathrm{Im}[\dot{X}_1] = \mathrm{Im}[\dot{X}_2] \tag{6-44}$$

根据复数相等的条件可得

$$\dot{X}_1 = \dot{X}_2 \tag{6-45}$$

引理 6.2 线性引理：n 个同频率的正弦量 $x_1(t)=\mathrm{Re}[\dot{X}_1\mathrm{e}^{\mathrm{j}\omega t}]$，$x_2(t)=\mathrm{Re}[\dot{X}_2\mathrm{e}^{\mathrm{j}\omega t}]$，…，$x_n(t)=\mathrm{Re}[\dot{X}_n\mathrm{e}^{\mathrm{j}\omega t}]$的线性组合仍为一个同频率的正弦量 $x(t)=\mathrm{Re}[\dot{X}\mathrm{e}^{\mathrm{j}\omega t}]$，且正弦量 $x(t)=\mathrm{Re}[\dot{X}\mathrm{e}^{\mathrm{j}\omega t}]$的相量形式为各个正弦量的相量的同一线性组合。即若

$$x(t) = \alpha_1 x_1(t) + \alpha_2 x_2(t) + \cdots + \alpha_n x_n(t) \tag{6-46}$$

式中：$\alpha_1,\alpha_2,\cdots,\alpha_n$ 均为实常数。则有

$$\dot{X} = \alpha_1\dot{X}_1 + \alpha_2\dot{X}_2 + \cdots + \alpha_n\dot{X}_n \tag{6-47}$$

证明：

$$\begin{aligned} x(t) &= \mathrm{Re}[\dot{X}\mathrm{e}^{\mathrm{j}\omega t}] = \alpha_1 x_1(t) + \alpha_2 x_2(t) + \cdots + \alpha_n x_n(t) \\ &= \alpha_1\mathrm{Re}[\dot{X}_1\mathrm{e}^{\mathrm{j}\omega t}] + \alpha_2\mathrm{Re}[\dot{X}_2\mathrm{e}^{\mathrm{j}\omega t}] + \cdots + \alpha_n\mathrm{Re}[\dot{X}_n\mathrm{e}^{\mathrm{j}\omega t}] \\ &= \mathrm{Re}[\alpha_1\dot{X}_1\mathrm{e}^{\mathrm{j}\omega t}] + \mathrm{Re}[\alpha_2\dot{X}_2\mathrm{e}^{\mathrm{j}\omega t}] + \cdots + \mathrm{Re}[\alpha_n\dot{X}_n\mathrm{e}^{\mathrm{j}\omega t}] \\ &= \mathrm{Re}[\alpha_1\dot{X}_1\mathrm{e}^{\mathrm{j}\omega t} + \alpha_2\dot{X}_2\mathrm{e}^{\mathrm{j}\omega t} + \cdots + \alpha_n\dot{X}_n\mathrm{e}^{\mathrm{j}\omega t}] \\ &= \mathrm{Re}[(\alpha_1\dot{X}_1 + \alpha_2\dot{X}_2 + \cdots + \alpha_n\dot{X}_n)\mathrm{e}^{\mathrm{j}\omega t}] \end{aligned} \tag{6-48}$$

则可得

$$\dot{X} = \alpha_1\dot{X}_1 + \alpha_2\dot{X}_2 + \cdots + \alpha_n\dot{X}_n \tag{6-49}$$

即 $x(t)=\alpha_1x_1(t)+\alpha_2x_2(t)+\cdots+\alpha_nx_n(t)$的相量形式 $\dot{X}$ 可用$\alpha_1\dot{X}_1+\alpha_2\dot{X}_2+\cdots+\alpha_n\dot{X}_n$表示。

引理 6.3 微分引理：若正弦量 $x(t)=\sqrt{2}X\cos(\omega t+\theta)$的相量形式为 $\dot{X}=X\underline{/\theta}$，则$\mathrm{j}\omega\dot{X}$为正弦量$\dfrac{\mathrm{d}x(t)}{\mathrm{d}t}$的相量形式。

证明：由

$$x(t) = \sqrt{2}X\cos(\omega t + \theta) = \mathrm{Re}[\sqrt{2}X\mathrm{e}^{\mathrm{j}\theta}\mathrm{e}^{\mathrm{j}\omega t}] = \mathrm{Re}[\sqrt{2}\dot{X}\mathrm{e}^{\mathrm{j}\omega t}] \tag{6-50}$$

则

$$\begin{aligned} \frac{\mathrm{d}x(t)}{\mathrm{d}t} &= \frac{\mathrm{d}[\sqrt{2}X\cos(\omega t+\theta)]}{\mathrm{d}t} = -\sqrt{2}X\omega\sin(\omega t+\theta) \\ &= \sqrt{2}X\omega\cos(\omega t+\theta+90^\circ) = \mathrm{Re}[\sqrt{2}X\omega\mathrm{e}^{\mathrm{j}\theta}\mathrm{e}^{\mathrm{j}90^\circ}\mathrm{e}^{\mathrm{j}\omega t}] \end{aligned}$$

$$=\mathrm{Re}[\sqrt{2}\,\mathrm{j}\omega X\mathrm{e}^{\mathrm{j}\theta}\mathrm{e}^{\mathrm{j}\omega t}]=\mathrm{Re}[\sqrt{2}\,\mathrm{j}\omega\dot{X}\mathrm{e}^{\mathrm{j}\omega t}] \tag{6-51}$$

即正弦量$\frac{\mathrm{d}x(t)}{\mathrm{d}t}$的相量形式为

$$\mathrm{j}\omega\dot{X}=\omega X\underline{/\theta+90^\circ} \tag{6-52}$$

其模是 ωX,辐角超前于原正弦量相量角 90°。

例 6-3　两个同频率的正弦电压 $u_1(t)=10\sqrt{2}\cos(2t+30^\circ)\mathrm{V}$,$u_2(t)=20\sqrt{2}\cos(2t-120^\circ)\mathrm{V}$,求 $2u_1+\frac{\mathrm{d}u_2}{\mathrm{d}t}$。

解:已知正弦量的相量形式如下:

$$\dot{U}_1=10\underline{/30^\circ}=(8.66+\mathrm{j}5)\mathrm{V},\quad \dot{U}_2=20\underline{/-120^\circ}=(-10-\mathrm{j}17.32)\mathrm{V}$$

设

$$u=2u_1+\frac{\mathrm{d}u_2}{\mathrm{d}t}=2u_1+u_3$$

根据引理 6.2 可得 $\dot{U}=2\dot{U}_1+\dot{U}_3$,再根据引理 6.3 可得,$u_3=\frac{\mathrm{d}u_2}{\mathrm{d}t}$对应的相量形式为

$$\dot{U}_3=\mathrm{j}\omega\dot{U}_2=2\times 20\underline{/-120^\circ+90^\circ}=40\underline{/-30^\circ}=(34.64-\mathrm{j}20)\mathrm{V}$$

因此

$$\dot{U}=2\dot{U}_1+\dot{U}_3=2(8.66+\mathrm{j}5)+(34.64-\mathrm{j}20)=51.96-\mathrm{j}10=52.91\underline{/-10.89^\circ}\mathrm{V}$$

则

$$u=2u_1+\frac{\mathrm{d}u_2}{\mathrm{d}t}=2u_1+u_3$$

的瞬时表示式为

$$u(t)=52.91\sqrt{2}\cos(2t-10.89^\circ)\mathrm{V}$$

可见,采用相量形式进行同频率正弦量之间的运算时,可以免去求导和复杂的三角运算,只需进行复数的运算即可,因此今后一般采用相量形式进行正弦稳态电路的求解。

拓展阅读

6.4　阶跃响应和冲激响应

6.4.1　一阶电路的阶跃响应

6.4.2　一阶电路的冲激响应

拓展阅读

6.5　动态电路的应用

6.5.1　积分电路

6.5.2　耦合电路

6.5.3　微分电路

本章小结

正弦电流(电压)是交流动态电路中使用最广泛的一种交流电，正弦电流(电压)的瞬时表示式可由正弦电流(电压)的振幅、初相角和角频率三个要素完全确定，正弦量的三要素是正弦量之间进行比较和区分的依据，而相位差则是区分两个同频率正弦量的重要标志。

本章分析了在正弦激励下的一阶动态电路，该电路的响应由两部分组成：一个是暂态响应分量，也就是对应齐次微分方程的通解，当 t 趋于无穷大时，理论上该项趋于零；另一个是稳态响应分量，也就是非齐次微分方程的特解。这个电路存在两种工作状态，首先是达到稳态前的过渡状态，在此期间电路的响应由暂态响应分量和稳态响应分量共同构成，此时响应不是按正弦规律变化的。过渡过程与稳态响应过程相比非常短暂。在暂态响应的过渡过程结束后，电路进入稳定状态。稳态响应按与外施正弦激励同频率的正弦规律变化；稳态响应的幅值和初相角一般与外施正弦电源的幅值和初相角不同。因此，求解稳态响应的关键是确定正弦量的振幅和初相角。

相量是一个可以用来表征正弦量的复数，每个正弦量都有与之对应的相量，知道了相量也可以根据对应关系写出它所代表的正弦量。运用相量及有关引理可使正弦量之间的运算得到简化，其中包括：两个同频率正弦量相等的充要条件是它们的相量形式对应相等；若干同频率正弦量线性组合的相量等于各个正弦量相量的同一线性组合；正弦量导数的相量为原正弦量对应的相量乘以 $\mathrm{j}\omega$。

习题

一、选择题

1. 若两个正弦量分别为 $u_1(t)=-5\cos(100t+60^\circ)\mathrm{V}$，$u_2(t)=5\sin(100t+60^\circ)\mathrm{V}$，则 u_1 与 u_2 的相位差为(　　)。

   A. 0°　　B. 90°　　C. -90°　　D. 180°

2. 以下正弦量之间的相位差是 45°的为(　　)。

   A. $\cos(\omega t+30^\circ)$，$\cos(\omega t-15^\circ)$　　B. $\sin(\omega t+45^\circ)$，$\cos\omega t$

   C. $\sin(\omega t+75^\circ)$，$\sin(2\omega t+30^\circ)$　　D. $\cos(\omega t+45^\circ)$，$\cos 2\omega t$

3. 某正弦交流电流的初相角 $\varphi=30^\circ$，在 $t=0$ 时，$i(0)=10\mathrm{A}$，则该电流的时域表示式为(　　)。

   A. $i(t)=\dfrac{20}{\sqrt{3}}\cos(100\pi t+30^\circ)\mathrm{A}$　　B. $i(t)=10\sin(50\pi t+30^\circ)\mathrm{A}$

   C. $i(t)=14.14\sin(50\pi t+30^\circ)\mathrm{A}$　　D. $i(t)=28.28\cos(100\pi t+30^\circ)\mathrm{A}$

4. 下列说法中正确的是(　　)。

   A. 同频率正弦量之间的相位差与频率密切相关

   B. 两个同频率正弦量的相位差等于它们的初相位之差，是一个与时间无关的常数

   C. 两个同频率正弦量的振幅相等

   D. 两个同频率正弦量的角频率不一定相等

5. 已知 $u_1(t)=10\sqrt{2}\cos(2t+30^\circ)\,\mathrm{V}$，$u_2(t)=8\sqrt{2}\sin(10t+30^\circ)\,\mathrm{V}$，则两个电压变量对应相量形式表示为(　　)。

A. $\dot{U}_1=10\angle 30^\circ\,\mathrm{V}, \dot{U}_2=8\angle -60^\circ\,\mathrm{V}$　　B. $\dot{U}_1=10\sqrt{2}\angle 30^\circ\,\mathrm{V}, \dot{U}_2=8\sqrt{2}\angle -60^\circ\,\mathrm{V}$

C. $\dot{U}_1=10\angle 30^\circ\,\mathrm{V}, \dot{U}_2=8\angle 30^\circ\,\mathrm{V}$　　D. $\dot{U}_1=10\sqrt{2}\angle 30^\circ\,\mathrm{V}, \dot{U}_2=8\sqrt{2}\angle 30^\circ\,\mathrm{V}$

6. 已知 $u_1(t)=6\sqrt{2}\cos(10t+90^\circ)\,\mathrm{V}$，$i_1(t)=8\sqrt{2}\cos(10t+30^\circ)\,\mathrm{V}$，则下列说法正确的是(　　)。

A. 电压 $u_1(t)$ 和电流 $i_1(t)$ 为同频率正弦量，二者相量形式可以画在同一个相量图

B. 电压 $u_1(t)$ 和电流 $i_1(t)$ 分别为电压变量和电流变量，为两种不同变量，不能画在同一个相量图

C. 电压 $u_1(t)$ 和电流 $i_1(t)$ 虽为同频率正弦量，但为两种不同变量，不能求得二者相位差

D. 电压 $u_1(t)$ 和电流 $i_1(t)$ 为同频率正弦量，且电压 $u_1(t)$ 滞后于电流 $i_1(t)$ 60°

二、填空题

1. 正弦量的三个要素是指______、______和______。

2. 两个同频率正弦量的相位差等于它们的______之差。

3. 已知某正弦电流 $i=7.07\cos(314t-30^\circ)\,\mathrm{A}$，则该正弦电流的有效值是______A，频率是______Hz。

4. 正弦电压为 $u_1=-10\cos\left(100\pi t+\frac{3\pi}{4}\right)\mathrm{V}$，$u_2=10\cos\left(100\pi t+\frac{\pi}{4}\right)\mathrm{V}$，则 $u_1(t)$ 的相量为______，$u_1(t)+u_2(t)=$______。

5. 一个正弦量与其对应相量形式为________(相等、互相表征)关系，但二者不相等，其原因是____________。

6. 一个正弦量 $x(t)$ 的相量形式为 $\dot{X}$，则 $\mathrm{d}x(t)/\mathrm{d}t$ 的相量形式为________；现有另一个与 $x(t)$ 同频率正弦量 $y(t)$ 的相量形式为 $\dot{Y}$，则 $3\mathrm{d}x(t)/\mathrm{d}t+2y(t)$ 的相量形式为__________。

三、计算题

1. 绘出函数 $u(t)=20\cos(1000t-60^\circ)\,\mathrm{V}$ 的波形图，该函数的最大值、有效值、角频率、频率、周期和初相角各为多少？此函数分别与函数 $i_1(t)=\cos 1000t\,\mathrm{A}$，$u_2(t)=20\sin(1000t-60^\circ)\,\mathrm{V}$ 的相位差角为多少？

2. 已知 $i_1=10\sqrt{2}\cos 10t\,\mathrm{A}$，$i_2(t)=20(\cos 10t+\sqrt{3}\sin 10t)\,\mathrm{A}$，求 $i_1(t)$ 和 $i_2(t)$ 的相位差，并确定 $i_1(t)$ 是超前还是滞后于 $i_2(t)$。

3. 利用相量法求下列各组正弦量之和，并画出相量图。

(1) $i_1(t)=\cos(314t+53.1^\circ)\,\mathrm{A}$，$i_2(t)=-2\cos(314t-36.9^\circ)\,\mathrm{A}$；

(2) $u_1(t)=3.125\sin(314t-53.1^\circ)\,\mathrm{V}$，$u_2(t)=5\cos(314t+30^\circ)\,\mathrm{V}$；

(3) $u_1(t)=-12\sin(314t+45^\circ)\,\mathrm{V}$，$u_2(t)=6\cos(314t-60^\circ)\,\mathrm{V}$。

4. 已知图 x6.1 中，$u_S=2\sin t\,\mathrm{V}$，$i_S=\mathrm{e}^{-t}\,\mathrm{A}$，$R_1=1\Omega$，$R_2=1\Omega$，用叠加定理求解图中的电流 i。

5. 如图 x6.2 所示电路，已知 $u_S(t)=100\sqrt{2}\cos(t+30°)$ V，当 $t=0$ 时，开关 S 闭合，$i_L(0_-)=0$A，试求：(1) $i_L(t)$的表示式；(2) $t=1.785$s 时的 $i_L(t)$；(3)稳态时电源电压和电流的相位差。

6. 如图 x6.3 所示电路，已知 $R=2\Omega$，$L=1$H，$C=0.01$F，$u_C(0)=0$V，若电路的输入电流源分别为 $i_S=2\sin\left(2t+\frac{\pi}{3}\right)$A，$i_S=e^{-t}$A。试求解在两种情况下，当 $t>0$ 时，$u_R+u_L+u_C$ 的值。

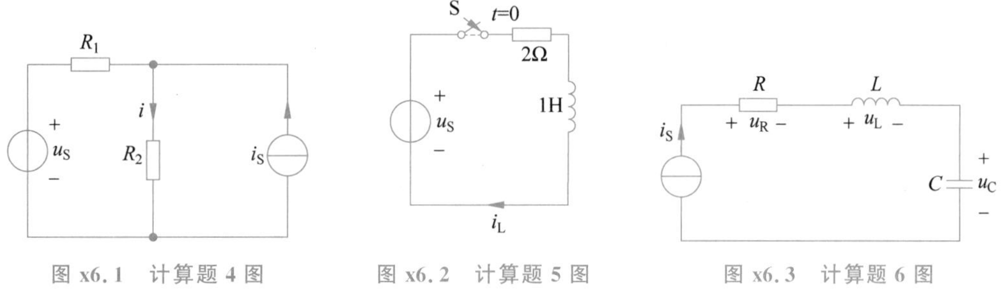

图 x6.1 计算题 4 图　　图 x6.2 计算题 5 图　　图 x6.3 计算题 6 图

7. 如图 x6.4 所示电路，已知 $u_R(t)=6\cos(\omega t+45°)$ V，$u_C(t)=8\cos(\omega t-45°)$ V，试用相量法求电压 $u(t)$，并画出相量图。

8. 如图 x6.5 所示电路，已知 $u_S(t)=18\sqrt{2}\cos(t+45°)$ V，试用相量法求解电容电压 $u_C(t)$的特解。

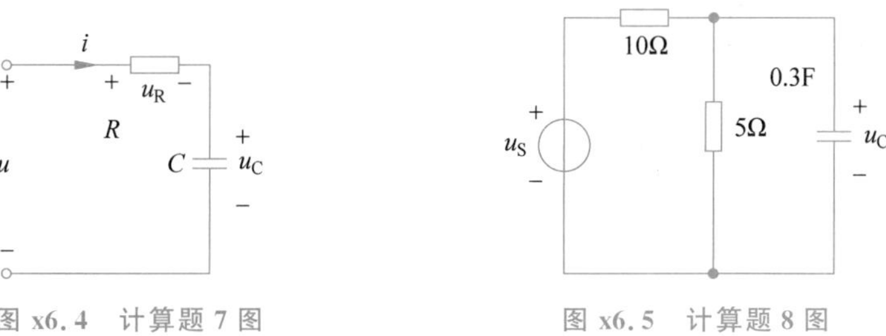

图 x6.4 计算题 7 图　　图 x6.5 计算题 8 图

第7章 正弦稳态电路分析

CHAPTER 7

本章主要内容：首先介绍基尔霍夫定律和元件 VAR 的相量形式；然后引入阻抗、导纳以及电路相量模型的概念，并介绍正弦稳态电路的分析方法及最大功率传输问题；最后介绍正弦稳态电路的功率，包括有功功率、无功功率、视在功率和复功率等。

视频

7.1 基尔霍夫定律的相量形式

由前述讨论可知，利用相量法可使同频率正弦量之间的运算得到简化。本节讨论如何采用相量法对单一频率正弦稳态电路进行分析，以简化电路正弦稳态响应求解过程。其基本思路是通过建立电路相量形式的约束关系，不必列写电路时域方程就能直接写出电路的相量方程，进而简化分析过程。本节讨论 KCL、KVL 的相量形式。

7.1.1 基尔霍夫电流定律的相量形式

对于集中参数电路的任一个节点，根据 KCL 可得

$$\sum_{k=1}^{n} i_k(t)=0 \tag{7-1}$$

若电路是在单一频率 ω 的正弦激励下，则电路进入正弦稳态时，各支路的电流都将是同频率的正弦量。设 $i_k(t)$对应的相量形式为 $\dot{I}_k$（或 $\dot{I}_{km}$），则对任何时刻 t，根据引理 6.1 及引理 6.2 可得

$$\sum_{k=1}^{n} \dot{I}_{km}=0 \quad 或 \quad \sum_{k=1}^{n} \dot{I}_k=0 \tag{7-2}$$

式(7-2)表明，在正弦稳态电路中，流入（或流出）各节点的各支路电流的有效值（或振幅）相量形式代数和恒等于零，这就是相量形式的 KCL 方程。在列写相量形式的 KCL 方程时，各电流可以是振幅相量也可以是有效值相量，且在规定了各支路电流的参考方向后，仍需先规定流出（或流入）电流前取“+”号，则流入（或流出）电流前取“−”号。

7.1.2 基尔霍夫电压定律的相量形式

对于集中参数电路的任何一个回路，根据 KVL 可得

$$\sum_{k=1}^{n} u_k(t)=0 \tag{7-3}$$

若电路是在单一频率 ω 的正弦激励下，则电路进入正弦稳态时，各支路电压都是同频率的正弦量。设 $u_k(t)$ 对应的相量形式为 $\dot{U}_k$（或 $\dot{U}_{km}$），则对任何时刻 t，根据引理 6.1 及引理 6.2 可得

$$\sum_{k=1}^{n} \dot{U}_{km}=0 \quad 或 \quad \sum_{k=1}^{n} \dot{U}_k=0 \tag{7-4}$$

这就是相量形式的 KVL 方程。式(7-4)表明，在单一频率的正弦稳态电路中，沿每个回路各支路电压降的有效值（或振幅）相量形式代数和恒等于零。在列写相量形式的 KVL 方程时，凡支路电压降参考方向与回路绕行方向一致的电压项前取“+”号，否则取“−”号。

例 7-1 如图 7-1(a)所示电路，已知

$$i_1(t)=10\sqrt{2}\cos(\omega t+30^\circ)\text{A}, \quad i_2(t)=5\sqrt{2}\sin\omega t\,\text{A},$$

$$u_1(t)=-10\sqrt{2}\cos(\omega t+30^\circ)\text{V}, \quad u_2(t)=8\sqrt{2}\cos(\omega t+90^\circ)\text{V},$$

试求电流源电流 $\dot{I}_S$ 及其两端电压 $\dot{U}$，并写出其瞬时值表示式。

解：采用相量法分析电路时，需要先写出已知量的相量形式，即

由 $i_1(t)=10\sqrt{2}\cos(\omega t+30^\circ)$A 可得

$$\dot{I}_1=10\angle 30^\circ \text{A}$$

由 $i_2(t)=5\sqrt{2}\sin\omega t=5\sqrt{2}\cos(\omega t-90^\circ)$A 可得

$$\dot{I}_2=5\angle -90^\circ \text{A}$$

同理，可得

$$\dot{U}_1=10\angle -150^\circ \text{V}, \quad \dot{U}_2=8\angle 90^\circ \text{V}$$

图 7-1(a)所示电路中节点 1 相量形式的 KCL 方程为

$$-\dot{I}_1+\dot{I}_2+\dot{I}_S=0$$

则

$$\begin{aligned}\dot{I}_S&=\dot{I}_1-\dot{I}_2=10\angle 30^\circ-5\angle -90^\circ\\&=8.66+\text{j}5-(-\text{j}5)=8.66+\text{j}10=13.23\angle 49.1^\circ(\text{A})\end{aligned}$$

电流 $\dot{I}_S$ 对应的瞬时值表示式为

$$i_S(t)=13.23\sqrt{2}\cos(\omega t+49.1^\circ)\text{A}$$

根据 KVL，以顺时针为绕行方向，回路 1 相量形式的 KVL 方程为

$$\dot{U}_1-\dot{U}_2-\dot{U}=0$$

代入已知量 $\dot{U}_1$、$\dot{U}_2$，求得

$$\begin{aligned}\dot{U}&=\dot{U}_1-\dot{U}_2=10\angle -150^\circ-8\angle 90^\circ\\&=-8.66-\text{j}5-\text{j}8=-8.66-\text{j}13=15.62\angle -123.7^\circ(\text{V})\end{aligned}$$

电压 $u(t)$ 的瞬时表示式为

$$u(t)=15.62\sqrt{2}\cos(\omega t-123.7°)(\mathrm{V})$$

运用相量图求解方法：在复平面上画出已知的电流相量 $\dot{I}_1$ 和 $\dot{I}_2$，如图 7-1(b)所示，再用相量运算的平行四边形法则求得电流相量 $\dot{I}_S$。可见，相量图简单直观，虽然不够精确，但可以用来检验计算的结果是否基本正确。根据相量图还可以清楚地看出各正弦量的相位关系。电压相量图如图 7-1(c)所示。

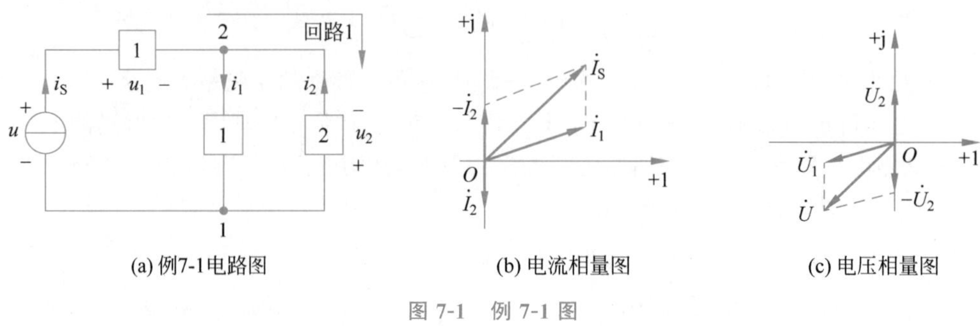

图 7-1　例 7-1 图

7.2　基本元件伏安关系的相量形式

7.2.1　线性电阻元件

在单一频率 ω 正弦稳态电路中，设流过线性电阻元件的电流为 $i_R(t)$，两端电压为 $u_R(t)$，且

$$i_R(t)=\sqrt{2}I_R\cos(\omega t+\theta_i)\Leftrightarrow\dot{I}_R=I_R\angle\theta_i$$

$$u_R(t)=\sqrt{2}U_R\cos(\omega t+\theta_u)\Leftrightarrow\dot{U}_R=U_R\angle\theta_u$$

则在关联参考方向下，可得

$$u_R(t)=\sqrt{2}U_R\cos(\omega t+\theta_u)=Ri_R(t)=\sqrt{2}RI_R\cos(\omega t+\theta_i)\tag{7-5}$$

式(7-5)表明，在单一频率正弦稳态电路中，电阻元件两端电压与电流为同频率正弦量，且上式反映的是线性电阻元件电压与电流瞬时值之间的关系，称为时域关系，波形如图 7-2(a)所示。再根据引理 6.1、引理 6.2 可得，线性电阻元件电压、电流相量形式之间关系为

$$\dot{U}_R=R\dot{I}_R\quad\text{或}\quad U_R\angle\theta_u=RI_R\angle\theta_i\tag{7-6}$$

式(7-6)就是线性电阻元件 VAR 的相量形式。可见，在正弦稳态电路中，电阻元件两端电压的有效值与流过电阻的电流有效值之间符合欧姆定律，电阻元件两端电压与流过电阻的电流是同相位的，即

$$\begin{cases}U_R=RI_R\\ \theta_u=\theta_i\end{cases}\tag{7-7}$$

反映电阻元件相量关系的相量图如图 7-2(b)所示。

元件的相量模型：如果把元件两端电压及流过元件的电流均用相量形式表示出来，元件参数用电压相量与电流相量之比进行标注，所得的电路就称为元件的相量模型。在元件的相量模型中，元件的单位都是欧(Ω)。

由式(7-6)可知，电阻元件电压相量与电流相量之比为常数 R，因此电阻元件相量模型参数仍然标注为 R，单位欧(Ω)，但其两端电压及流过的电流需用相量形式标注，如图 7-2(c)所示。

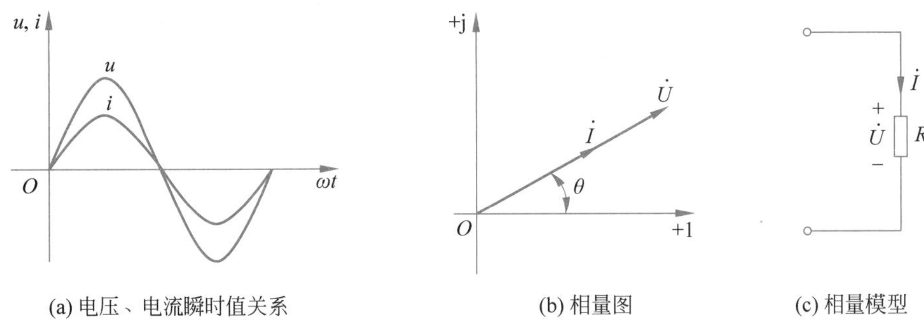

(a) 电压、电流瞬时值关系　(b) 相量图　(c) 相量模型

图 7-2 线性电阻元件

7.2.2 线性电感元件

在关联参考方向时，线性电感元件两端电压与流过的电流满足

$$u_{\mathrm{L}}(t)=L\frac{\mathrm{d}i_{\mathrm{L}}(t)}{\mathrm{d}t}$$

当流过电感的电流随时间按正弦规律变化时，即

$$i_{\mathrm{L}}(t)=\sqrt{2}I_{\mathrm{L}}\cos(\omega t+\theta_{\mathrm{i}})$$

可得电感两端电压为

$$\begin{aligned}u_{\mathrm{L}}(t)&=L\frac{\mathrm{d}}{\mathrm{d}t}[\sqrt{2}I_{\mathrm{L}}\cos(\omega t+\theta_{\mathrm{i}})]=-\sqrt{2}\omega LI_{\mathrm{L}}\sin(\omega t+\theta_{\mathrm{i}})\\&=\sqrt{2}\omega LI_{\mathrm{L}}\cos(\omega t+\theta_{\mathrm{i}}+90^\circ)=\sqrt{2}U_{\mathrm{L}}\cos(\omega t+\theta_{\mathrm{u}})\end{aligned}\tag{7-8}$$

上式表明，当流过电感的电流为正弦量时，电感电压也是同频率的正弦量，且电感电压超前于电流 90°。反映电感元件电压、电流瞬时值关系的波形图如图 7-3(a)所示。

根据引理 6.3，若 $i_{\mathrm{L}}(t)$对应相量形式为 $\dot{I}_{\mathrm{L}}$，则$\dfrac{\mathrm{d}i_{\mathrm{L}}(t)}{\mathrm{d}t}$对应的相量形式为 $\mathrm{j}\omega\dot{I}_{\mathrm{L}}$，从而 $u_{\mathrm{L}}(t)=L\dfrac{\mathrm{d}i_{\mathrm{L}}(t)}{\mathrm{d}t}$对应的相量形式为

$$\dot{U}_{\mathrm{L}}=\mathrm{j}\omega L\dot{I}_{\mathrm{L}}\tag{7-9}$$

这就是电感元件 VAR 的相量形式，相量图如图 7-3(b)所示。

由式(7-9)可得

$$U_{\mathrm{L}}\underline{/\theta_{\mathrm{u}}}=\mathrm{j}\omega LI_{\mathrm{L}}\underline{/\theta_{\mathrm{i}}}=\omega LI_{\mathrm{L}}\underline{/\theta_{\mathrm{i}}+90^\circ}$$

由此得电感元件电压、电流有效值之间以及辐角之间的关系为

$$\begin{cases}U_{\mathrm{L}}=\omega LI_{\mathrm{L}}\\\theta_{\mathrm{u}}=\theta_{\mathrm{i}}+90^\circ\end{cases}\tag{7-10}$$

由式(7-10)可知，与电阻元件不同的是，电感元件电压与电流有效值之间的关系不仅与 L 有关，而且与角频率 ω 有关。在电流有效值一定的条件下，ω 越大，电压有效值越大；ω

越小，电压有效值越小。当 $\omega=0$ 时，相当于直流电源激励，电感两端电压等于零，电感元件相当于短路线；当 $\omega\to\infty$ 时，相当于突然合闸，此时 $\omega L\to\infty$，$u_L\to\infty$，电感元件相当于开路。因此，电感元件有通直流、阻交流，通低频、阻高频的特性。同时，电感电流滞后于电压的角度为 90°，这与波形图反映的是一致的。

由式(7-9)可进一步得 $\dfrac{\dot{U}_L}{\dot{I}_L}=\mathrm{j}\omega L$，这样用相量模型表示电感元件时，电感元件上标注为 $\mathrm{j}\omega L$，$\mathrm{j}\omega L$ 不再是一个常数，而是随频率改变发生变化的量，单位为欧(Ω)，如图 7-3(c)所示。

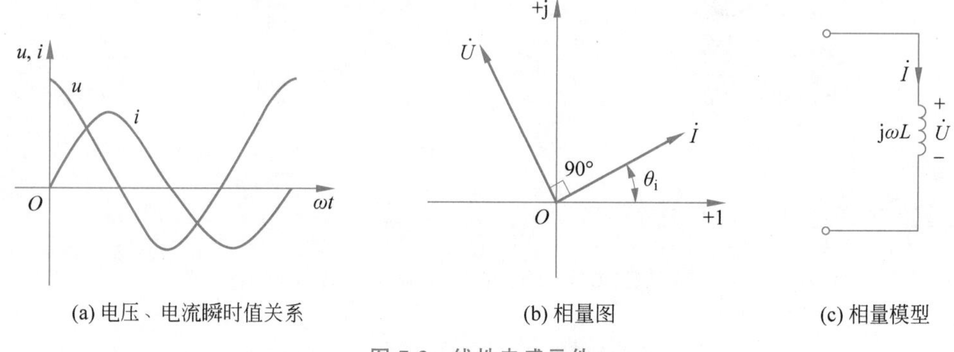

(a) 电压、电流瞬时值关系　　(b) 相量图　　(c) 相量模型

图 7-3　线性电感元件

7.2.3　线性电容元件

在关联参考方向时，电容元件电压、电流满足

$$i_C(t)=C\frac{\mathrm{d}u_C(t)}{\mathrm{d}t}$$

当电容两端电压随时间按正弦规律变化时，即

$$u_C(t)=\sqrt{2}U_C\cos(\omega t+\theta_u)$$

流过电容的电流为

$$\begin{aligned}i_C(t)&=C\frac{\mathrm{d}}{\mathrm{d}t}[\sqrt{2}U_C\cos(\omega t+\theta_u)]=-\sqrt{2}\omega CU_C\sin(\omega t+\theta_u)\\&=\sqrt{2}\omega CU_C\cos(\omega t+\theta_u+90^\circ)=\sqrt{2}I_C\cos(\omega t+\theta_i)\end{aligned}\tag{7-11}$$

上式表明，电容元件的电压与电流是同一频率的正弦时间函数。反映电容元件电压、电流瞬时值关系的波形图如图 7-4(a)所示。

要得出电容元件 VAR 的相量形式，可利用对偶原理从电感元件的 VAR 推出。把电感元件 VAR 相量形式中的对偶元素互换，可得

$$\dot{I}_C=\mathrm{j}\omega C\dot{U}_C\tag{7-12}$$

这就是电容元件 VAR 的相量形式，其相量图如图 7-4(b)所示。

另外，由式(7-12)可得

$$I_C\underline{/\theta_i}=\mathrm{j}\omega CU_C\underline{/\theta_u}=\omega CU_C\underline{/\theta_u+90^\circ}$$

由此可得电容元件电压与电流有效值之间以及辐角之间的关系为

$$\begin{cases} I_C = \omega C U_C \\ \theta_i = \theta_u + 90^\circ \end{cases} \quad 或 \quad \begin{cases} U_C = \dfrac{I_C}{\omega C} \\ \theta_u = \theta_i - 90^\circ \end{cases} \tag{7-13}$$

上式表明,电压与电流有效值之间的关系不仅与 C 有关,而且与角频率 ω 有关。在 C 一定时,对一定的电压 U 来说,频率越高,I 越大,也就是说电流越容易通过;频率越低,I 越小,电流就越难通过。当 $\omega=0$,即直流时,$\dfrac{1}{\omega C}\to\infty$,电容元件相当于开路,当 $\omega\to\infty$,即高频时,$\dfrac{1}{\omega C}\to 0$,电容元件相当于短路,体现了电容元件隔直流、通交流的特性。另外,电容电流超前于电压角度为 90°,正好与电感元件相反。

由式(7-12)可得 $\dfrac{\dot{U}_C}{\dot{I}_C}=\dfrac{1}{j\omega C}$,这样用相量模型表示电容元件时,电容元件上标注为 $\dfrac{1}{j\omega C}$,$\dfrac{1}{j\omega C}$ 也不再是一个常数,而是随频率改变发生变化的量,单位为欧(Ω),如图 7-4(c)所示。

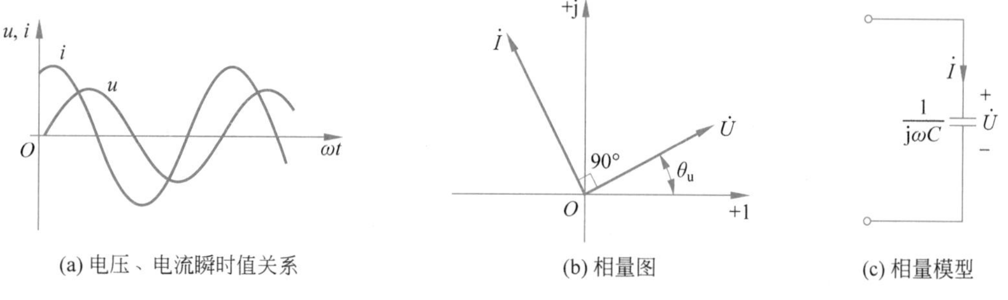

(a) 电压、电流瞬时值关系　　(b) 相量图　　(c) 相量模型

图 7-4　线性电容元件

例 7-2　如图 7-5(a)所示电路,已知 V_1 表读数为 30V,V_2 表读数为 80V,V_3 表读数为 40V,求 V 表的读数。

解:求解前,首先弄清楚各电压表的读数指的是各支路电压的有效值,且各支路电压有效值是不满足 KVL 的。如果电路中接有电流表,同样如此。

设电流源电流 $\dot{I}_S=I_S\angle 0^\circ$A,并根据电压表 V_1 读数为 30V 可知,电压 u_1 的有效值为 30V,由此得

$$\dot{U}_1=R\dot{I}_S=U_1\angle 0^\circ=30\angle 0^\circ(\text{V})$$

同样,由 V_2 表读数为 80V,V_3 表读数为 40V,可得

$$\dot{U}_2=j\omega L\dot{I}_S=U_2\angle 90^\circ=80\angle 90^\circ=j80(\text{V})$$

$$\dot{U}_3=\frac{\dot{I}_S}{j\omega C}=U_3\angle -90^\circ=40\angle -90^\circ=-j40(\text{V})$$

电路相量形式的 KVL 方程为

$$\dot{U}_1+\dot{U}_2+\dot{U}_3=30+j80+(-j40)=30+j40=50\angle 53.13^\circ(\text{V})$$

则电压的有效值为 50V,所以电压表 V 的读数为 50V。相量图如图 7-5(b)所示。

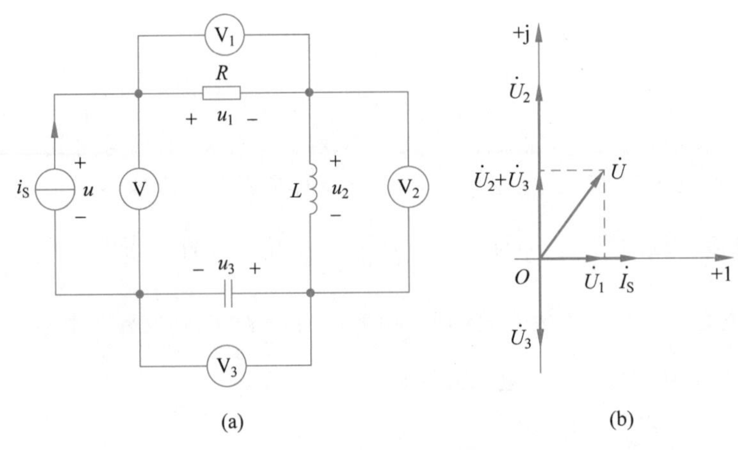

图 7-5 例 7-2 电路图及相量图

7.3 阻抗、导纳和相量模型

7.3.1 阻抗和导纳

1. 阻抗

图 7-6(a)是一个含有线性电阻、电容或电感等元件,但不含有独立源的单口网络。当在该端口施以正弦电压时,端口电流将是同频率的正弦量。把端口电压相量 $\dot{U}=U\underline{/\theta_u}$ 与端口电流相量 $\dot{I}=I\underline{/\theta_i}$ 之比定义为该端口的复阻抗,简称阻抗。阻抗用字母 Z 表示,在电路中用图 7-6(b)所示的符号表示,即

$$Z=\frac{\dot{U}}{\dot{I}}=\frac{U}{I}\underline{/\theta_u-\theta_i}=|Z|\underline{/\theta_Z} \tag{7-14}$$

式中：Z 的模 $|Z|$ 称为阻抗模；辐角 θ_Z 称为阻抗角。阻抗的单位是欧(Ω)。

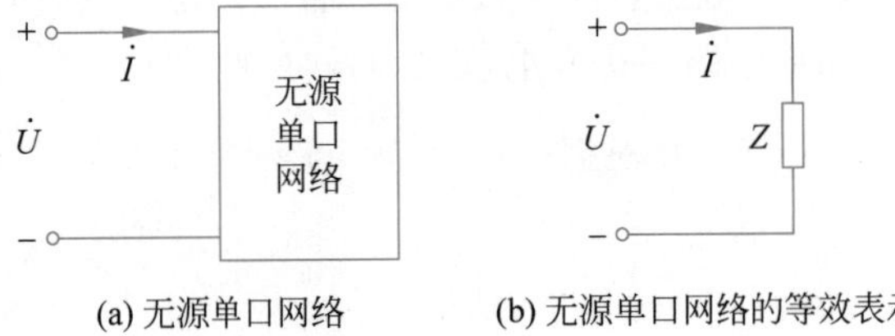

(a) 无源单口网络　　(b) 无源单口网络的等效表示

图 7-6 无源单口网络及其等效符号

由定义式可得

$$|Z|=\frac{U}{I},\quad \theta_Z=\theta_u-\theta_i$$

阻抗 Z 也可以表示为代数形式,即

$$Z=R+jX \tag{7-15}$$

其实部 $\mathrm{Re}[Z]=|Z|\cos\theta_Z=R$ 称为电阻,虚部 $\mathrm{Im}[Z]=|Z|\sin\theta_Z=X$ 称为电抗。由此可知,单口网络的阻抗与其电阻和电抗分量三者构成了直角三角形关系,称为阻抗三角形。

再来看上述所讨论的三种基本元件 VAR 的相量形式,在关联参考方向时,它们分别为

$$\dot{U}_{\mathrm{R}}=R\dot{I}_{\mathrm{R}}$$

$$\dot{U}_{\mathrm{L}}=\mathrm{j}\omega L\dot{I}_{\mathrm{L}}$$

$$\dot{U}_{\mathrm{C}}=\frac{1}{\mathrm{j}\omega C}\dot{I}_{\mathrm{C}}$$

则三种基本元件 VAR 的相量形式可统一表示为

$$\dot{U}=Z\dot{I} \tag{7-16}$$

式(7-16)称为欧姆定律的相量形式。

三种基本元件电阻 R、电感 L 和电容 C 的阻抗分别为

$$\begin{cases}Z_{\mathrm{R}}=R\\ Z_{\mathrm{L}}=\mathrm{j}\omega L\\ Z_{\mathrm{C}}=\dfrac{1}{\mathrm{j}\omega C}\end{cases} \tag{7-17}$$

由此可知,电阻 R 的阻抗即为其电阻 R,而电感和电容的阻抗为纯虚数。电感阻抗的虚部可用 X_{L} 表示,且 $X_{\mathrm{L}}=\omega L$,称为电感的电抗,简称感抗;电容阻抗的虚部用 X_{C} 表示,且 $X_{\mathrm{C}}=-\dfrac{1}{\omega C}$,称为电容的电抗,简称容抗。可以看出,感抗和容抗全是频率 ω 的函数。

2. 导纳

阻抗的倒数定义为复导纳,简称导纳,用 Y 表示,即

$$Y=\frac{1}{Z}=\frac{\dot{I}}{\dot{U}}=\frac{I}{U}\underline{/\theta_{\mathrm{i}}-\theta_{\mathrm{u}}}=|Y|\underline{/\theta_{\mathrm{Y}}} \tag{7-18}$$

式中:Y 的模 $|Y|$ 称为导纳模;辐角 θ_{Y} 称为导纳角。导纳的单位为西(S),且 $|Y|=\dfrac{I}{U}$,$\theta_{\mathrm{Y}}=\theta_{\mathrm{i}}-\theta_{\mathrm{u}}$。

导纳 Y 的代数形式为

$$Y=G+\mathrm{j}B \tag{7-19}$$

其实部 $\mathrm{Re}[Y]=|Y|\cos\theta_{\mathrm{Y}}=G$ 称为电导,虚部 $\mathrm{Im}[Y]=|Y|\sin\theta_{\mathrm{Y}}=B$ 称为电纳。由此可知,单口网络的导纳与其电导和电纳三者构成了直角三角形关系,称为导纳三角形。

三种基本元件的导纳分别为

$$\begin{cases}Y_{\mathrm{R}}=G=\dfrac{1}{R}\\ Y_{\mathrm{L}}=\dfrac{1}{\mathrm{j}\omega L}=-\mathrm{j}\dfrac{1}{\omega L}\\ Y_{\mathrm{C}}=\mathrm{j}\omega C\end{cases} \tag{7-20}$$

可见,电阻 R 的导纳即为其电导 G,而电感和电容的导纳仍为纯虚数,其虚部用 B 表示。其中 $B_{\mathrm{L}}=-\dfrac{1}{\omega L}$,称为电感的电纳,简称感纳;$B_{\mathrm{C}}=\omega C$,称为电容的电纳,简称容纳。

用导纳表示的欧姆定律相量形式为

$$\dot{I}=Y\dot{U} \tag{7-21}$$

根据阻抗和导纳的定义可知，同一个单口网络或者同一个二端元件的阻抗与导纳是互为倒数的。

7.3.2 相量模型

基尔霍夫定律的相量形式与三种基本元件 VAR 的相量形式是列写电路相量方程的基本依据，也是对电路中各电压、电流变量所施加的全部约束。可以看出，基尔霍夫定律以及各元件 VAR 的时域和相量形式在形式上是一致的，差别仅在于在相量形式中各支路使用的是相应电压和电流的相量，并且表明各元件的参数也是用阻抗和导纳表示的。这样，如果把原时域模型电路中的各支路电压和电流用相应的相量形式表示出来，各元件参数用相应的阻抗和导纳表示出来后所得到的模型就是原电路的相量模型。

需要注意的是，相量模型只是一种假想的模型，是对正弦稳态电路进行分析的一种有效工具。这是因为在相量模型中，各支路的电压、电流都是代表原电路各正弦电压、电流的相量，但由于实际中并不存在用虚数来计量的电压和电流，也没有一个元件的参数会是虚数，因此相量模型只是一种假想的模型。另外，相量模型只适用于对输入是单一频率的正弦稳态电路进行分析。

1. 串联电路的等效阻抗

首先分析图 7-7(a)所示 RLC 串联电路的等效阻抗。

要求出等效阻抗，可将各元件参数用阻抗表示，各支路电压、电流也用相量形式代替，从而得到图 7-7(b)所示 RLC 串联电路的相量模型。由图可得

$$\dot{U}=\dot{U}_{\mathrm{R}}+\dot{U}_{\mathrm{L}}+\dot{U}_{\mathrm{C}}$$

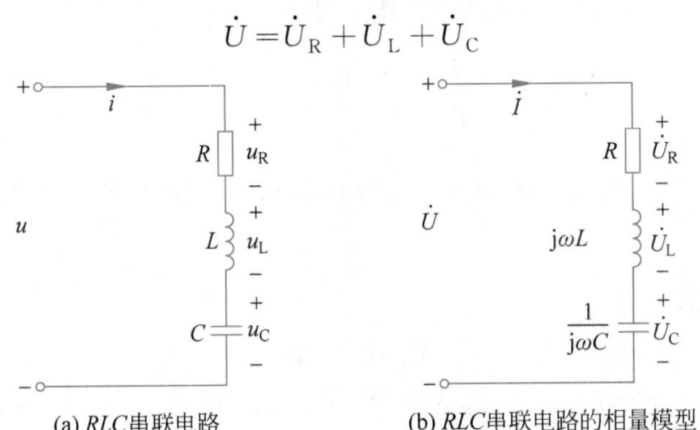

图 7-7 *RLC* 串联电路及其等效相量模型

将 $\dot{U}_{\mathrm{R}}=R\dot{I}$，$\dot{U}_{\mathrm{L}}=\mathrm{j}\omega L\dot{I}$ 及 $\dot{U}_{\mathrm{C}}=\dfrac{1}{\mathrm{j}\omega C}\dot{I}$ 代入上式，可得

$$\dot{U}=\left(R+\mathrm{j}\omega L+\frac{1}{\mathrm{j}\omega C}\right)\dot{I}$$

则 RLC 串联电路的等效阻抗为

$$Z=\frac{\dot{U}}{\dot{I}}=R+\mathrm{j}\omega L+\frac{1}{\mathrm{j}\omega C}=R+\mathrm{j}\left(\omega L-\frac{1}{\omega C}\right)$$

$$=\sqrt{R^{2}+\left(\omega L-\frac{1}{\omega C}\right)^{2}}\ \underline{\Big/\arctan\frac{\omega L-\frac{1}{\omega C}}{R}}$$

其等效阻抗模为

$$|Z|=\sqrt{R^2+\left(\omega L-\frac{1}{\omega C}\right)^2}$$

辐角为

$$\theta=\arctan\frac{\omega L-\dfrac{1}{\omega C}}{R}$$

这样，当 $\theta>0°$时，其等效阻抗的虚部 $X>0$，单口网络呈现感性；当 $\theta<0°$时，其等效阻抗的虚部 $X<0$，单口网络呈现容性；当 $\theta=0°$时，其等效阻抗的虚部 $X=0$，单口网络等效为一个电阻。

根据 RLC 串联电路等效阻抗的表示式可得

$$Z=Z_R+Z_L+Z_C$$

同理可得，对由 n 个阻抗串联组成的单口网络，其等效阻抗为

$$Z_{eq}=Z_1+Z_2+\cdots+Z_n=\sum_{k=1}^{n}Z_k \tag{7-22}$$

与分压电阻电路相似，对由 n 个阻抗串联组成的单口网络，若 $\dot{U}$ 为 n 个串联阻抗的总电压，则第 k 个阻抗的电压 $\dot{U}_k$ 为

$$\dot{U}_k=\frac{Z_k}{Z_{eq}}\dot{U},\quad k=1,2,\cdots,n \tag{7-23}$$

2. 并联电路的等效阻抗

下面分析图 7-8(a)所示 RLC 并联电路的等效导纳。

图 7-8(b)为 RLC 并联电路的相量模型，由图可得

$$\dot{I}=\dot{I}_R+\dot{I}_L+\dot{I}_C=\frac{1}{R}\dot{U}_R+\frac{1}{j\omega L}\dot{U}_L+j\omega C\dot{U}_C=\left(\frac{1}{R}+\frac{1}{j\omega L}+j\omega C\right)\dot{U}$$

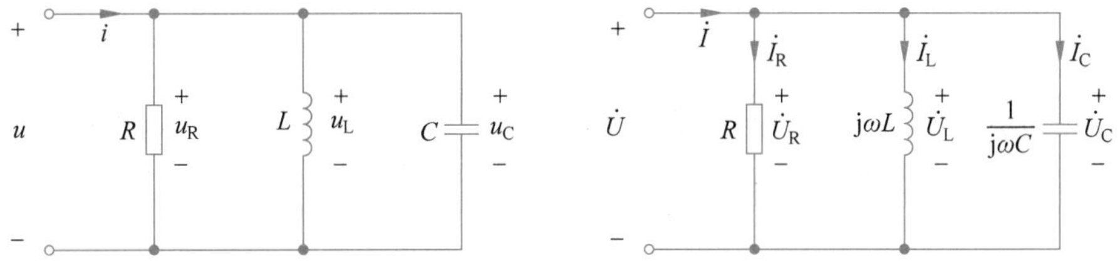

(a) RLC并联电路

(b) RLC并联电路对应相量模型

图 7-8 RLC 并联电路及其等效相量模型

则有

$$Y=\frac{\dot{I}}{\dot{U}}=\frac{1}{R}+j\omega C+\frac{1}{j\omega L}=Y_G+Y_C+Y_L=G+j\left(\omega C-\frac{1}{\omega L}\right)$$

$$=\sqrt{G^2+\left(\omega C-\frac{1}{\omega L}\right)^2}\angle\arctan\frac{\omega C-\dfrac{1}{\omega L}}{G}$$

其等效导纳模为

$$|Y|=\sqrt{G^2+\left(\omega C-\frac{1}{\omega L}\right)^2}$$

辐角为

$$\theta_Y=\arctan\frac{\omega C-\frac{1}{\omega L}}{G}$$

这样，当 $\theta_Y>0°$时，其等效导纳的虚部 $\omega C-\frac{1}{\omega L}>0$，单口网络呈现容性；当 $\theta<0°$时，其等效导纳的虚部 $\omega C-\frac{1}{\omega L}<0$，单口网络呈现感性；当 $\theta=0°$时，其等效导纳的虚部 $\omega C-\frac{1}{\omega L}=0$，单口网络等效为一个电导。

同理，对由 n 个导纳并联组成的单口网络，其等效导纳为

$$Y_{eq}=Y_1+Y_2+\cdots+Y_n=\sum_{k=1}^{n}Y_k$$

若 $\dot{I}$ 为 n 个并联导纳的总电流，则第 k 个导纳的电流 $\dot{I}_k$ 为

$$\dot{I}_k=\frac{Y_k}{Y_{eq}}\dot{I},\quad k=1,2,\cdots,n$$

注意，任意一个单口网络等效阻抗的实部不一定只由网络中的电阻元件来决定，虚部也不一定只由电感和电容元件来决定，它们都应该由网络内各元件参数以及频率等共同决定。

7.3.3 无源单口网络相量模型的等效

单口网络等效的概念同样适用于正弦稳态电路单口网络的相量模型。图 7-9(a)为不含独立源但可以含有受控源的单口网络，其 VAR 可以表示为 $\dot{U}=Z\dot{I}$，其中 Z 称为无源单口网络的等效阻抗或输入阻抗，一般为复数，可以写为

$$Z=\frac{\dot{U}}{\dot{I}}=R+\mathrm{j}X=|Z|\angle\theta_Z \tag{7-24}$$

式中：R、X 分别称为等效阻抗的电阻和电抗分量，它们都是由网络中各元件参数和频率共同决定的函数。其等效相量模型可表示为 R 和 $\mathrm{j}X$ 的串联组合，如图 7-9(b)所示。

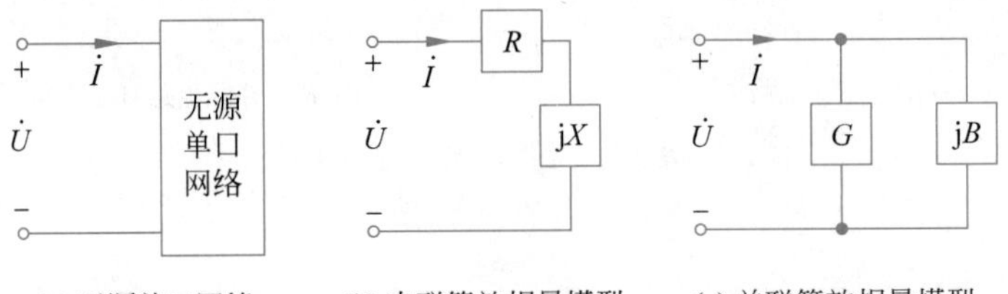

(a) 无源单口网络　(b) 串联等效相量模型　(c) 并联等效相量模型

图 7-9　无源单口网络及其两种等效相量模型

另外，对无源单口网络来说，其 VAR 也可以表示为 $\dot{I}=Y\dot{U}$，其中 Y 称为单口网络的等效导纳或输入导纳，可以写为

$$Y=\frac{\dot{I}}{\dot{U}}=G+\mathrm{j}B=|Y|\underline{/\theta_Y} \tag{7-25}$$

式中：G、B 分别称为等效导纳的电导和电纳分量，它们也是网络中各元件参数和频率的函数。其等效相量模型可表示为 G 和 $\mathrm{j}B$ 的并联组合，如图 7-9(c)所示。

对同一个无源单口网络来说，其阻抗和导纳互为倒数，即

$$Z=\frac{1}{Y} \tag{7-26}$$

例 7-3 图 7-10(a)为单口网络，求 $\omega=3\mathrm{rad/s}$ 时单口网络的等效阻抗、等效导纳及其相应的等效电路。

解：当 $\omega=3\mathrm{rad/s}$ 时，原单口网络的相量模型如图 7-10(b)所示。由图可得

$$Z(\mathrm{j}3)=(2-\mathrm{j}10)\ /\!/\ (1+\mathrm{j}3)=\frac{(2-\mathrm{j}10)(1+\mathrm{j}3)}{2-\mathrm{j}10+1+\mathrm{j}3}=\frac{32-\mathrm{j}4}{3-\mathrm{j}7}=(2.14+\mathrm{j}3.66)(\Omega)$$

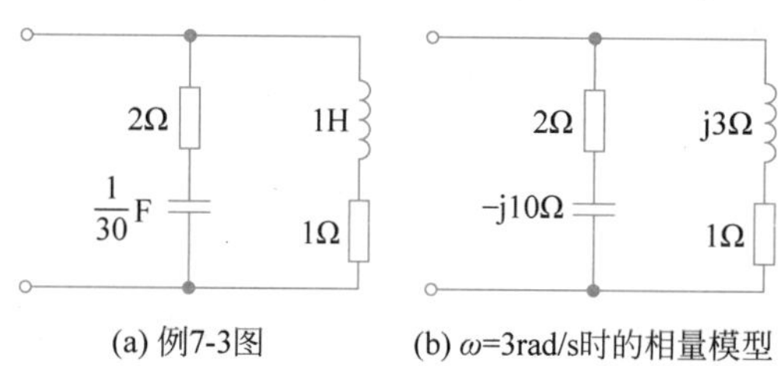

图 7-10 例 7-3 单口网络及其等效相量模型

则串联形式的等效相量模型如图 7-11(a)所示，与其对应的时域电路如图 7-11(b)所示。注意，这两个单口网络只在 $\omega=3\mathrm{rad/s}$ 的正弦稳态时才是等效的。

单口网络的等效导纳为

$$Y(\mathrm{j}3)=\frac{1}{Z}=\frac{1}{2.14+\mathrm{j}3.66}=\frac{2.14-\mathrm{j}3.66}{(2.14+\mathrm{j}3.66)(2.14-\mathrm{j}3.66)}=(0.119-\mathrm{j}0.204)(\mathrm{S})$$

则并联形式的等效相量模型如图 7-11(c)所示，与其对应的时域电路如图 7-11(d)所示。其中 $1/0.119=8.403\Omega$；再由 $1/\omega L=0.204$ 解得，$L=1/(3\times0.204)=1.634(\mathrm{H})$。

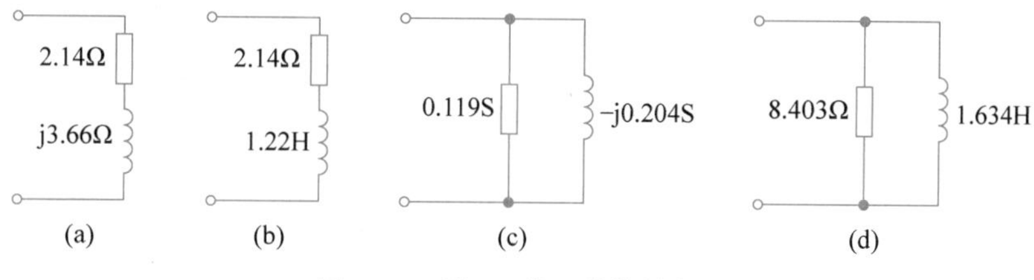

图 7-11 例 7-3 的两种等效电路

7.4 正弦稳态电路的分析

根据电路的相量模型可以把线性电阻电路的分析方法运用到正弦稳态电路的分析中，以建立相量形式的电路方程，进而通过求解复数方程得到电路的稳态响应，这种方法称为相量法。相量法是用于分析正弦稳态电路的一种主要方法。

相量形式的电路方程和电阻电路的电路方程是一样的，也是线性代数方程，只是所得的方程系数一般是复数，这样，用于分析线性电阻电路的各种方法、原理和定理等，如网孔分析法、节点分析法、叠加定理和戴维南定理等都可以推广运用到正弦稳态电路的相量法分析中。

7.4.1 一般正弦稳态电路的分析

用相量法分析正弦稳态电路的基本步骤归纳如下：

(1) 写出各已知正弦量相应的相量形式。

(2) 根据原电路的时域模型得出电路的相量模型。

在相量模型中，各元件的参数均用其相应的阻抗或导纳来表示，即电阻元件的 R 或 G 保持不变，电感元件用其阻抗 $\mathrm{j}\omega L$ 或用其导纳 $1/\mathrm{j}\omega L$ 来代替，电容元件用其阻抗 $1/\mathrm{j}\omega C$ 或用其导纳 $\mathrm{j}\omega C$ 来代替。对正弦电压源或电流源，也采用相应的相量形式来标注，各支路电压、电流用相量形式代替，参考方向保持不变。

(3) 根据相量模型建立相量方程，求出各响应相量。求解时，可以运用网孔分析法、节点分析法、叠加定理和戴维南定理及诺顿定理等对原电路的相量模型进行分析。

(4) 将所求得的各支路响应相量形式变换成相应的时域表达式。

下面通过例子来说明网孔分析法、节点分析法、叠加定理和戴维南定理等在正弦稳态电路分析中的应用。

例 7-4 图 7-12(a)所示电路，已知 $u_{\mathrm{S1}}(t)=40\sqrt{2}\cos 400t\,\mathrm{V}$，$u_{\mathrm{S2}}(t)=30\sqrt{2}\cos(400t+90°)\,\mathrm{V}$，$i_{\mathrm{S1}}(t)=5\sqrt{2}\cos(400t+180°)\,\mathrm{A}$，$i_{\mathrm{S2}}(t)=6\sqrt{2}\cos(400t-90°)\,\mathrm{A}$，试用网孔分析法求电流 $i_1(t)$。

解：(1) 已知量的相量形式为

$$\dot{U}_{\mathrm{S1}}=40\underline{/0°}\,\mathrm{V},\quad \dot{U}_{\mathrm{S2}}=30\underline{/90°}=\mathrm{j}30(\mathrm{V})$$

$$\dot{I}_{\mathrm{S1}}=5\underline{/180°}=-5\mathrm{A},\quad \dot{I}_{\mathrm{S2}}=6\underline{/-90°}=-\mathrm{j}6(\mathrm{A})$$

(2) 原电路的相量模型如图 7-12(b)所示，其中

$$\mathrm{j}\omega L=\mathrm{j}\times 400\times 0.025=\mathrm{j}10\Omega,\quad \frac{1}{\mathrm{j}\omega C}=\frac{1}{\mathrm{j}\times 400\times 50\times 10^{-6}}=-\mathrm{j}50(\Omega)$$

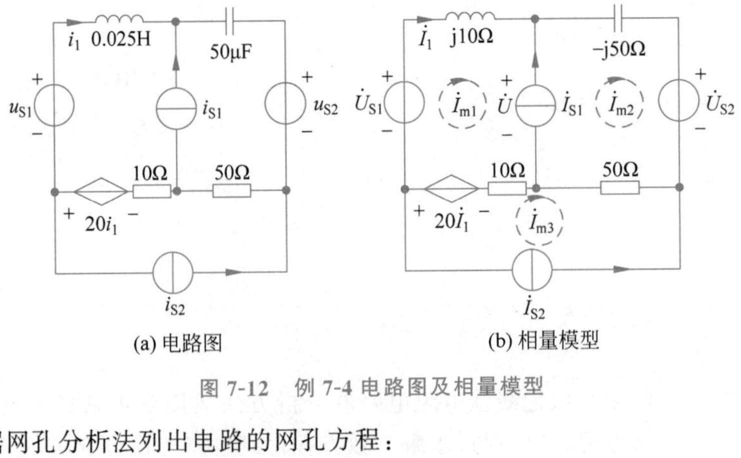

图 7-12 例 7-4 电路图及相量模型

(3) 根据网孔分析法列出电路的网孔方程：

$$(10+\mathrm{j}10)\dot{I}_{\mathrm{m1}}-10\dot{I}_{\mathrm{m3}}=-\dot{U}+20\dot{I}_1+\dot{U}_{\mathrm{S1}}$$

$$(50-\mathrm{j}50)\dot{I}_{m2}-50\dot{I}_{m3}=-\dot{U}_{S2}+\dot{U}$$

$$\dot{I}_{m3}=-\dot{I}_{S2}=\mathrm{j}6$$

又有 $$\dot{I}_{S1}=\dot{I}_{m2}-\dot{I}_{m1},\quad \dot{I}_1=\dot{I}_{m1}$$

求解以上方程组可得

$\dot{I}_1=\dot{I}_{m1}=2.625+\mathrm{j}4.625=5.32\underline{/60.42^\circ}(\mathrm{A})$，$\dot{I}_{m2}=-2.375+\mathrm{j}4.625=5.20\underline{/117.18^\circ}(\mathrm{A})$

(4) 电流的时域表示式为

$$i_1(t)=5.32\sqrt{2}\cos(400t+60.42^\circ)(\mathrm{A})$$

例 7-5 图 7-13(a)所示电路，已知 $i_S(t)=\sqrt{2}\cos t\,\mathrm{A}$，$u_{S1}(t)=2\sqrt{2}\cos t\,\mathrm{V}$，$u_{S2}(t)=4\sqrt{2}\cos(t+90^\circ)\mathrm{V}$，试用节点分析法求各节点电压。

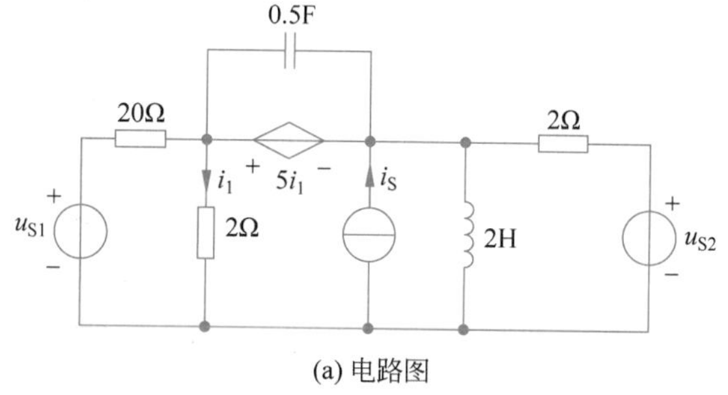

(a) 电路图

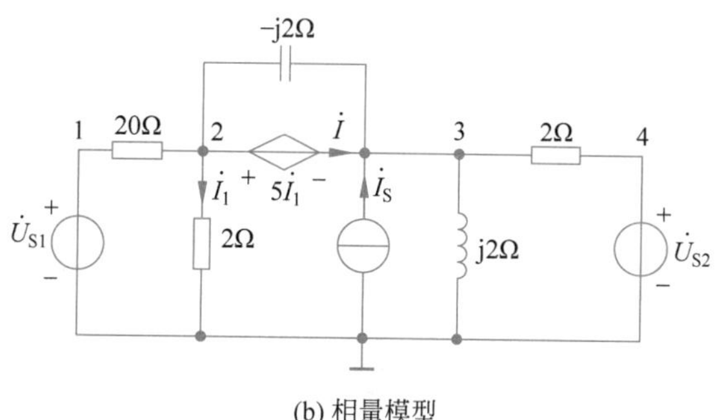

(b) 相量模型

图 7-13 例 7-5 电路图及相量模型

解：原电路的相量模型如图 7-13(b)所示，图中标出了参考节点及独立节点，其中 $\dot{I}_S=1\underline{/0^\circ}\mathrm{A}$，$\dot{U}_{S1}=2\underline{/0^\circ}\mathrm{V}$，$\dot{U}_{S2}=4\underline{/90^\circ}\mathrm{V}$。设流过受控电压源的电流为 $\dot{I}$，利用节点分析法列写节点方程如下：

$$\dot{U}_1=\dot{U}_{S1}=2\underline{/0^\circ}\ \mathrm{V}$$

$$\left(\frac{1}{20}+\frac{1}{2}+\frac{1}{-\mathrm{j}2}\right)\dot{U}_2-\frac{1}{20}\dot{U}_1-\frac{1}{-\mathrm{j}2}\dot{U}_3=-\dot{I}$$

$$\left(\frac{1}{2}+\frac{1}{\mathrm{j}2}+\frac{1}{-\mathrm{j}2}\right)\dot{U}_3-\frac{1}{-\mathrm{j}2}\dot{U}_2-\frac{1}{2}\dot{U}_4=\dot{I}_S+\dot{I}$$

$$\dot{U}_4=\dot{U}_{S2}=4\underline{/90^\circ}\mathrm{V}$$

又 $$\dot{U}_2-\dot{U}_3=5\dot{I}_1$$

$$\dot{I}_1=\frac{\dot{U}_2}{2}$$

联立以上方程解得 $\dot{U}_2=2.93\angle -43.74°(\mathrm{V})$，$\dot{U}_3=4.40\angle 136.26°(\mathrm{V})$。

例 7-6 图 7-14(a)所示电路，已知 $\dot{I}_S=1\angle 0°\mathrm{A}$，$\dot{U}_S=1\angle 0°\mathrm{V}$，试用叠加定理求电流 $\dot{I}$。

解：$\dot{U}_S$ 单独作用时的等效电路如图 7-14(b)所示，由图列两个网孔的网孔方程如下：

$$(-\mathrm{j}1+1)\dot{I}'_1-\dot{I}'=-2\dot{I}'_1+\dot{U}_S$$

$$(2+\mathrm{j}1)\dot{I}'-\dot{I}'_1=2\dot{I}'_1$$

联立以上两个方程解得

$$\dot{I}'=\frac{3}{4+\mathrm{j}}\mathrm{A}$$

$\dot{I}_S$ 单独作用时的等效电路如图 7-14(c)所示，由图可知用节点分析法求解较容易。以下面节点为参考节点，列节点 1、2 的节点电压方程如下：

$$\left(\frac{1}{1}+\frac{1}{\mathrm{j}1}\right)\dot{U}_1-\frac{\dot{U}_2}{1}=\dot{I}_S$$

$$\left(\frac{1}{1}+\frac{1}{1}+\frac{1}{-\mathrm{j}1}\right)\dot{U}_2-\frac{\dot{U}_1}{1}-\frac{2\dot{I}''_1}{1}=0$$

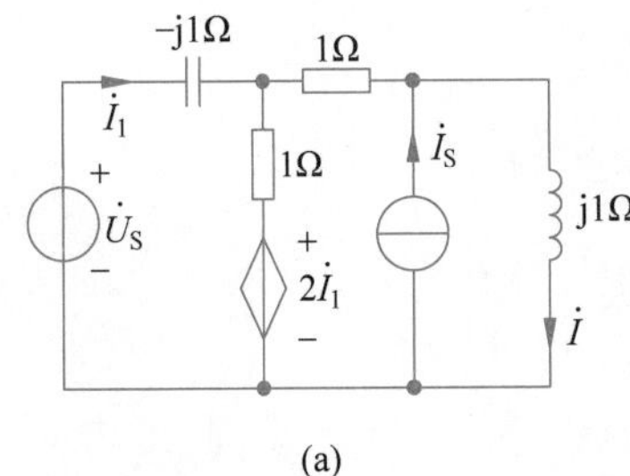

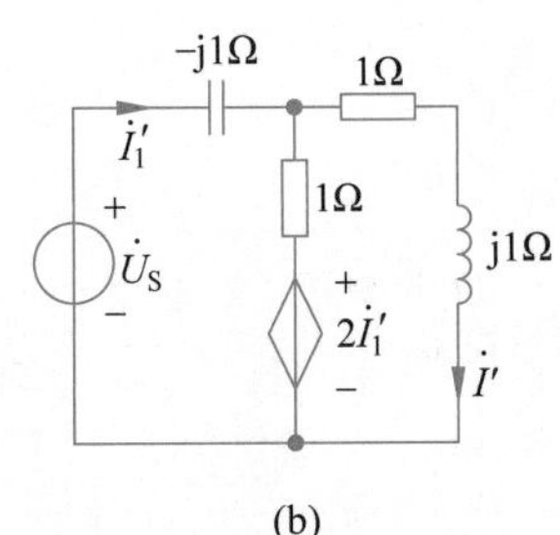

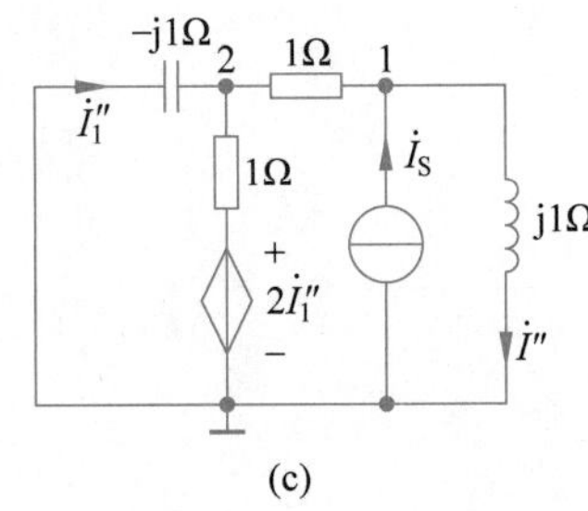

图 7-14 例 7-6 电路图

再根据受控源控制支路可得

$$\dot{I}''_1=-\frac{\dot{U}_2}{-\mathrm{j}1}$$

联立以上三个方程解得

$$\dot{U}_1=\frac{2+3\mathrm{j}}{4+\mathrm{j}}(\mathrm{V})$$

再由电感 VAR 进一步解得

$$\dot{I}''=\frac{\dot{U}_1}{\mathrm{j}1}=\frac{3-2\mathrm{j}}{4+\mathrm{j}}(\mathrm{A})$$

则根据叠加定理可得

$$\dot{I}=\dot{I}'+\dot{I}''=\frac{6-2\mathrm{j}}{4+\mathrm{j}}=1.53\angle -32.49°(\mathrm{A})$$

7.4.2 线性含源单口网络电路分析

根据戴维南定理，在正弦稳态电路中，含有独立源的单口网络相量模型可以等效为一个电压源 $\dot{U}_{OC}$ 和等效阻抗 Z_{eq} 的串联组合，其中电压源的电压 $\dot{U}_{OC}$ 是原单口网络相量模型的开路电压，等效阻抗 Z_{eq} 为原网络中所有独立源置零时单口网络的等效阻抗。

求解开路电压 $\dot{U}_{OC}$ 时，究竟采用哪种求解方法可根据具体电路来选择。等效阻抗的求解方法总结如下：

(1) $Z_{eq}=\dfrac{\text{开路电压}\ \dot{U}_{OC}}{\text{短路电流}\ \dot{I}_{SC}}$。

特别要注意的是，求解端口开路电压相量 $\dot{U}_{OC}$ 和端口短路电流相量 $\dot{I}_{SC}$ 时，独立源仍需保留在原单口网络中。求解出 $\dot{U}_{OC}$ 和 $\dot{I}_{SC}$ 后，则

$$Z_{eq}=\frac{\dot{U}_{OC}}{\dot{I}_{SC}} \tag{7-27}$$

(2) 用外施电源的方法。

求解时，先把独立源置零，再在端口外施一个电压源 $\dot{U}_S$(或电流源 $\dot{I}_S$)，求解出端口电流表示式 $\dot{I}$(或电压 $\dot{U}$)，则

$$Z_{eq}=\frac{\dot{U}_S}{\dot{I}} \quad \text{或} \quad Z_{eq}=\frac{\dot{U}}{\dot{I}_S} \tag{7-28}$$

(3) 设受控源控制量等于 1 的方法。

求解时，先把独立源置零，再设受控源的控制量等于 1(若是 VCVS 或 VCCS，则控制支路是电压，因此设控制支路的电压为 $1\angle 0°$V；若是 CCVS 或 CCCS，则设控制支路的电流为 $1\angle 0°$A)，然后根据具体电路结构求出端口电压和电流的数值，则端口电压和电流的比值就是其等效阻抗。这种方法只适用于求解含有受控源的无源单口网络的等效阻抗。

(4) 若单口网络在把独立源置零后，只含有一些阻抗或导纳的组合，则直接用串并联公式或△-Y 间的等效变换计算即可。这种方法不适用于含有受控源的单口网络。

例 7-7 图 7-15(a)所示单口网络，试用戴维南定理求出其戴维南等效电路。在 $\omega=$ 1rad/s 时，画出其等效电路的时域模型。

解：(1) 求开路电压 $\dot{U}_{OC}$。在端口开路时，可把图 7-15(a)所示单口网络等效变换为图 7-15(b)所示电路。设回路电流为 $\dot{I}$，列出 KVL 方程如下：

$$\mathrm{j}5\dot{I}+4\dot{U}_1+\dot{U}_1-10\angle 0°=0$$

式中

$$\dot{U}_1=0.5(1+\mathrm{j})\dot{I}$$

联立以上两个方程解得

$$\dot{I}=\frac{4}{1+\mathrm{j}3}\mathrm{A}$$

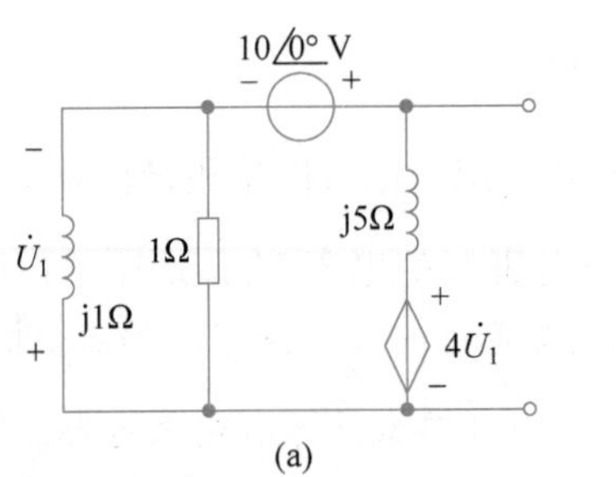

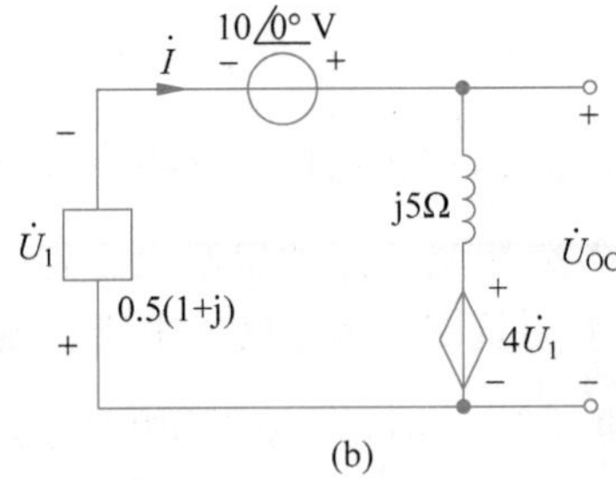

图 7-15　例 7-7 图

则有

$$\dot{U}_{OC}=j5\dot{I}+4\dot{U}_1=j5\dot{I}+4\times0.5(1+j)\dot{I}=\frac{8+j28}{1+j3}=9.2+j0.4=9.209\angle 2.49°(V)$$

（2）求等效阻抗。

第一种方法：$Z_{eq}=\dfrac{开路电压\ \dot{U}_{OC}}{短路电流\ \dot{I}_{SC}}$。

开路电压已经求出，下面求短路电流，端口短路时的等效电路如图 7-16 所示。

列出回路 1 的 KVL 方程如下：

$$-10\angle 0°+0.5(1+j)\dot{I}=0$$

解方程可得

$$\dot{I}=\frac{20}{1+j}=10(1-j)(A)$$

根据左边回路可得

$$\dot{U}_1=10\angle 0°V$$

再列右边回路 KVL 方程可得

$$j5\times(\dot{I}-\dot{I}_{SC})+4\dot{U}_1=j5\times(\dot{I}-\dot{I}_{SC})+4\times10=0$$

代入 $\dot{I}$ 解可得

$$\dot{I}_{SC}=\frac{8+j28}{-1+j}=(10-j18)(A)$$

则有

$$Z_{eq}=\frac{\dot{U}_{OC}}{\dot{I}_{SC}}=\frac{8+j28}{1+j3}\div\frac{8+j28}{-1+j}=(0.2+j0.4)(\Omega)$$

第二种方法：外施电源法。将独立源置零，在端口外施一个电压源，如图 7-17 所示。

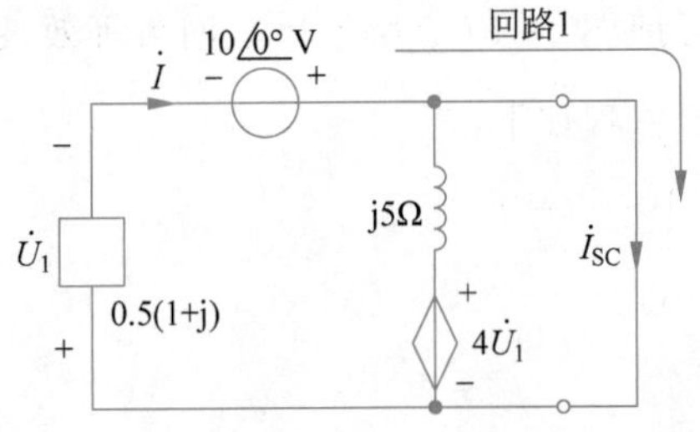

图 7-16　单口网络端口短路时的等效电路

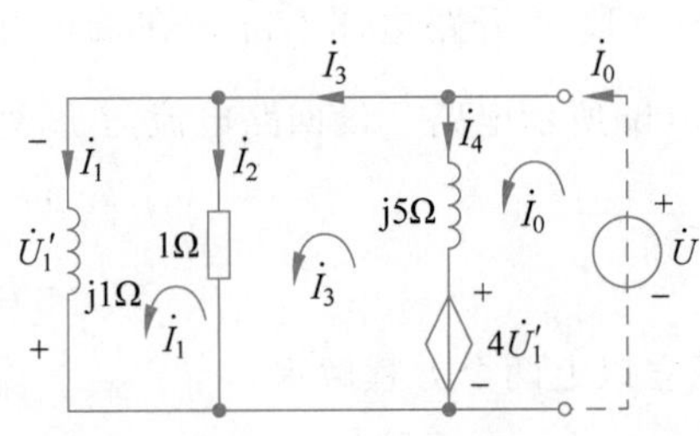

图 7-17　外施电源法

由图列出三个网孔的网孔方程为

$$(1+\mathrm{j}1)\dot{I}_1-\dot{I}_3=0$$

$$(1+\mathrm{j}5)\dot{I}_3-\dot{I}_1-\mathrm{j}5\dot{I}_0=4\dot{U}'_1$$

$$\mathrm{j}5\dot{I}_0-\mathrm{j}5\dot{I}_3+4\dot{U}'_1=\dot{U}$$

再由受控源控制量所在支路可得

$$\dot{U}'_1=-\mathrm{j}1\dot{I}_1$$

联立以上四个方程解得

$$\frac{\dot{U}}{\dot{I}_0}=\frac{1+\mathrm{j}2}{5}=(0.2+\mathrm{j}0.4)(\Omega)$$

则有

$$Z_{\mathrm{eq}}=\frac{\dot{U}}{\dot{I}_0}=(0.2+\mathrm{j}0.4)(\Omega)$$

求出开路电压及等效阻抗后，即可得到原单口网络的戴维南等效相量模型，如图 7-18(a)所示。在 $\omega=1\mathrm{rad/s}$ 时的等效时域模型如图 7-18(b)所示。

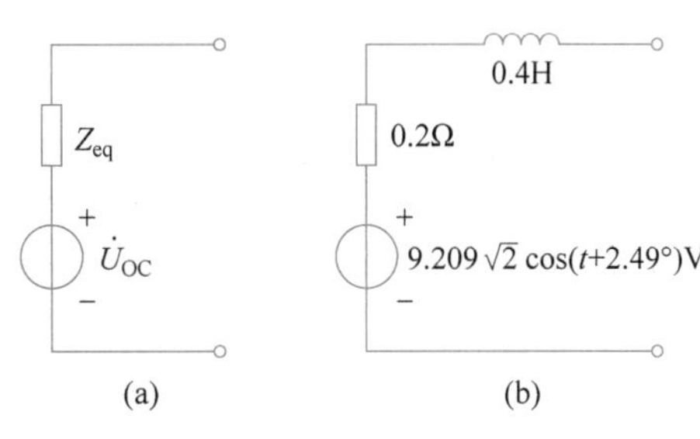

图 7-18 戴维南等效电路

7.4.3 最大功率传输

最大功率传输问题是直流电阻电路中的一个重要问题。在正弦稳态电路中，若正弦电源及其内阻抗保持不变，电路中接入怎样的负载，才可使负载获得的功率最大，仍是需要关注的问题。

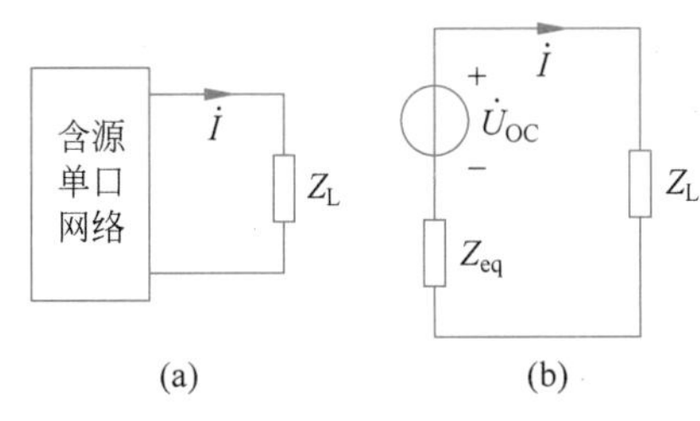

图 7-19 说明最大功率传输的电路

如图 7-19(a)所示电路为一个含源单口网络外接一个可变负载，则在含源单口网络一定时，根据戴维南定理，可将图 7-19(a)简化为图 7-19(b)所示等效电路。电路中的电流为

$$\dot{I}=\frac{\dot{U}_{\mathrm{OC}}}{Z_{\mathrm{eq}}+Z_{\mathrm{L}}}$$

首先来看当负载表示为代数形式，且负载的电阻与电抗均可独立变化时的情况。此时设

$$Z_{\mathrm{eq}}=R_{\mathrm{eq}}+\mathrm{j}X_{\mathrm{eq}},\quad Z_{\mathrm{L}}=R_{\mathrm{L}}+\mathrm{j}X_{\mathrm{L}}$$

则电流的有效值为

$$I=\frac{U_{\mathrm{OC}}}{\sqrt{(R_{\mathrm{eq}}+R_{\mathrm{L}})^2+(X_{\mathrm{eq}}+X_{\mathrm{L}})^2}}$$

负载吸收的功率为

$$P=I^2R_{\mathrm{L}}=\frac{U_{\mathrm{OC}}^2R_{\mathrm{L}}}{(R_{\mathrm{eq}}+R_{\mathrm{L}})^2+(X_{\mathrm{eq}}+X_{\mathrm{L}})^2}$$

可以看出，X_L 仅在分母出现，这样，对任何的 R_L，要使功率为最大，当 $X_L=-X_{eq}$ 时分母极小，这样可先确定 X_L 值为 $X_L=-X_{eq}$。在 X_L 确定后，功率表示式可写为

$$P=\frac{U_{OC}^2R_L}{(R_{eq}+R_L)^2}$$

为确定 P 为最大时的 R_L 值，求出 P 对 R_L 的导数，可得

$$\frac{dP}{dR_L}=U_{OC}^2\frac{(R_{eq}+R_L)^2-2(R_{eq}+R_L)R_L}{(R_{eq}+R_L)^4}$$

令上式等于零，解得

$$R_L=R_{eq}$$

因此，负载获得最大功率时，负载阻抗应满足的条件为

$$\begin{cases}X_L=-X_{eq}\\R_L=R_{eq}\end{cases}\tag{7-29}$$

即负载阻抗与电源内阻抗或单口网络的等效阻抗成共轭复数时，负载可获得最大功率。满足这一条件时，称负载阻抗和电源内阻抗为最大功率匹配或共轭匹配，简称负载与电源匹配。在这种条件下负载所获得的最大功率为

$$P_{max}=\frac{U_{OC}^2}{4R_{eq}}\tag{7-30}$$

由于负载也可表示为极坐标形式，此时负载的模和辐角均可独立地变化，但讨论起来比较复杂，此处假定负载的模可调而辐角不变。设负载

$$Z_L=|Z_L|\underline{/\theta_L}=|Z_L|\cos\theta_L+j|Z_L|\sin\theta_L$$

于是，电流的有效值为

$$I=\frac{U_{OC}}{\sqrt{(R_{eq}+|Z_L|\cos\theta_L)^2+(X_{eq}+|Z_L|\sin\theta_L)^2}}$$

负载吸收的功率为

$$P=I^2|Z_L|\cos\theta_L=\frac{U_{OC}^2|Z_L|\cos\theta_L}{(R_{eq}+|Z_L|\cos\theta_L)^2+(X_{eq}+|Z_L|\sin\theta_L)^2}$$

在 $|Z_L|$ 可变时，要使功率为最大，可对变量 $|Z_L|$ 求导，则有

$$\frac{dP}{d|Z_L|}=U_{OC}^2\cos\theta_L\left\{\frac{(R_{eq}+|Z_L|\cos\theta_L)^2+(X_{eq}+|Z_L|\sin\theta_L)^2}{[(R_{eq}+|Z_L|\cos\theta_L)^2+(X_{eq}+|Z_L|\sin\theta_L)^2]^2}-\frac{2|Z_L|[\cos\theta_L(R_{eq}+|Z_L|\cos\theta_L)+\sin\theta_L(X_{eq}+|Z_L|\sin\theta_L)]}{[(R_{eq}+|Z_L|\cos\theta_L)^2+(X_{eq}+|Z_L|\sin\theta_L)^2]^2}\right\}$$

令

$$\frac{dP}{d|Z_L|}=0$$

可解得

$$|Z_L|^2=R_{eq}^2+X_{eq}^2$$

即

$$|Z_L|=\sqrt{R_{eq}^2+X_{eq}^2}\tag{7-31}$$

也就是负载阻抗模与电源内阻抗模相等是此种情况下负载获得最大功率的条件，此时称为模匹配。但是，一般情况下此时获得的最大功率小于共轭匹配时获得的功率，所以这一情况并非为可能获得的最大功率值。如果阻抗角也可调节，那么还能使负载获得更大一些的功率。

在电子和通信设备中常常要求满足共轭匹配，以使负载获得最大功率。此时，如果负载不能任意变化，那么可以在含源单口网络与负载之间插入一个匹配网络以满足负载获得最大功率的条件。

例 7-8 图 7-20(a)所示电路，已知 $i_S(t)=4\sqrt{2}\cos 10t(\mathrm{A})$，如果外接一个可调负载 Z_L，求负载阻抗为何值时可使负载获得最大功率？最大功率值为多少？

解：去掉负载 Z_L 后原电路成为一个含源单口网络，其相量模型如图 7-20(b)所示。要使负载获得最大功率，首先需要将去掉负载后的含源单口网络简化为其戴维南等效电路。根据图 7-20(b)可得开路电压：

$$\dot{U}_{OC}=\dot{I}_S\times[\mathrm{j}2 /\!/ (6-\mathrm{j}4)]=4\times(0.6+\mathrm{j}2.2)=2.4+\mathrm{j}8.8=9.12\angle 74.74^\circ(\mathrm{V})$$

独立源置零后的无源单口网络如图 7-20(c)所示。由图可知，其等效阻抗为

$$Z_{eq}=1-\mathrm{j}0.5+\mathrm{j}2 /\!/ (6-\mathrm{j}4)=1-\mathrm{j}0.5+(0.6+\mathrm{j}2.2)=(1.6+\mathrm{j}1.7)(\Omega)$$

原电路的戴维南等效电路如图 7-20(d)所示。

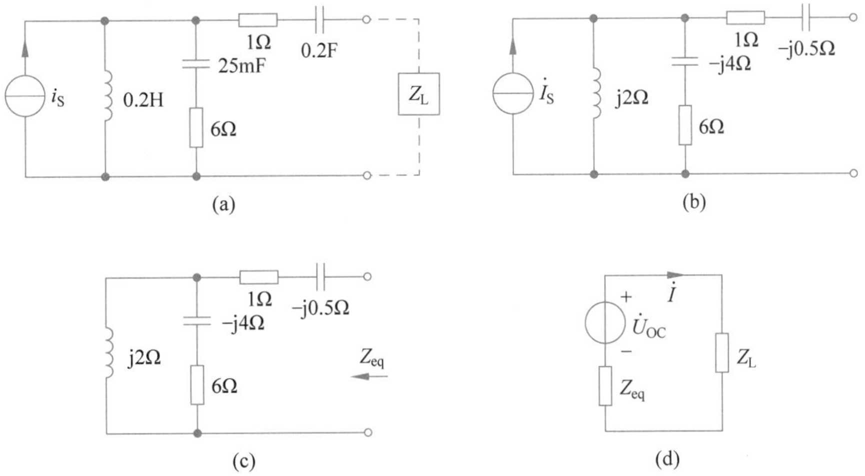

图 7-20 例 7-8 图

根据最大功率传递定理，负载要获得最大功率，其值应与含源单口网络的等效阻抗共轭匹配，即

$$Z_L=Z_{eq}^*=(1.6-\mathrm{j}1.7)(\Omega)$$

此时，负载获得的最大功率为

$$P_{max}=\frac{9.12^2}{4\times 1.6}=13(\mathrm{W})$$

7.5 正弦稳态电路的功率

从本节开始讨论正弦稳态电路的功率问题。由前面分析可知，在正弦稳态时，正弦稳态电路各支路电压和电流都是随时间变化的正弦量，这样电路在每一时刻的功率和能量也是

瞬时变化的，但我们通常关心的并不是它们的瞬时值，而是电路消耗功率的平均值以及储藏能量的平均值，因而与线性电阻电路比较起来，正弦稳态电路的功率要复杂得多，下面详细讨论。

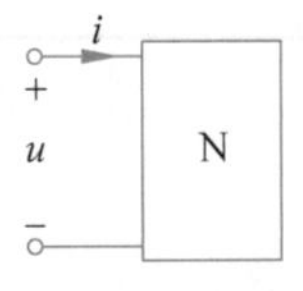

图 7-21 单口网络

如图 7-21 所示单口网络在正弦稳态时，其端口电压和电流是同频率的正弦量，则在电压、电流为关联参考方向时，网络在任一瞬间吸收的功率等于电压与电流瞬时值的乘积，该乘积是一个随时间变化的量，称为瞬时功率。瞬时功率用小写字母 p 表示，其定义式为

$$p(t)=u(t)i(t) \tag{7-32}$$

这样，当 $p>0$ 时，表示单口网络吸收功率；当 $p<0$ 时，表示单口网络释放功率。瞬时功率的单位是瓦(W)。

瞬时功率在一个周期内的平均值称为平均功率，用大写字母 P 表示，其定义式为

$$P=\frac{1}{T}\int_0^T p(t)\mathrm{d}t=\frac{1}{T}\int_0^T u(t)i(t)\mathrm{d}t \tag{7-33}$$

平均功率代表了电路实际所消耗的功率，所以又称有功功率，习惯上常把“平均”或“有功”二字省略，简称为功率，单位为瓦(W)。通常所说的功率都是指平均功率。例如，某灯泡额定电压为 220V，功率为 40W 时，表示该灯泡接在 220V 电源时，其消耗的平均功率为 40W。

7.5.1 有功功率

1. 单口网络有功功率

在正弦稳态时，设图 7-21 所示单口网络端口电压超前于电流的相位角为 θ。为分析方便，将其端口电流、电压分别表示为

$$i(t)=I_{\mathrm{m}}\cos\omega t$$

$$u(t)=U_{\mathrm{m}}\cos(\omega t+\theta)$$

则网络在任一时刻的功率为

$$p(t)=u(t)i(t)=U_{\mathrm{m}}\cos(\omega t+\theta)\times I_{\mathrm{m}}\cos\omega t=U_{\mathrm{m}}I_{\mathrm{m}}\cos(\omega t+\theta)\cos\omega t$$

利用三角公式

$$\cos\alpha\cos\beta=\frac{1}{2}[\cos(\alpha+\beta)+\cos(\alpha-\beta)]$$

则有

$$p(t)=\frac{1}{2}U_{\mathrm{m}}I_{\mathrm{m}}[\cos(2\omega t+\theta)+\cos\theta]=UI\cos(2\omega t+\theta)+UI\cos\theta \tag{7-34}$$

式中：$UI\cos(2\omega t+\theta)$ 是一个随时间以 2ω 角频率变化的正弦分量，$UI\cos\theta$ 是一个常量，两项相加的波形如图 7-22 所示。由图可见，瞬时功率 p 时正时负：当 $p>0$ 时，单口网络从外电路吸收功率，外电路给网络提供能量；当 $p<0$ 时，网络向外电路释放功率，单口网络给外电路提供能量。瞬时功率的这种变化规律表明了网络与外部电路间存在着能量的交换。若在一个周期中 $p>0$ 的部分大于 $p<0$ 的部分，则说明网络吸收的功率大于其所释放的功率，表明了网络内存在着能量的消耗，这是网络内所包含的电阻元件引起的。

单口网络的平均功率为

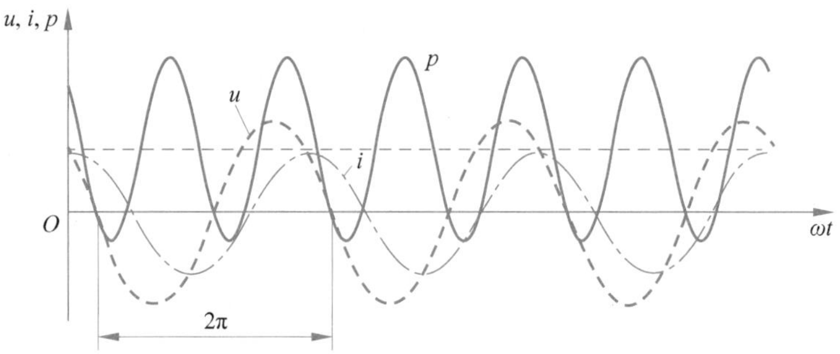

图 7-22 单口网络在正弦稳态时的功率波形图

$$P=\frac{1}{T}\int_0^T p(t)\mathrm{d}t=\frac{1}{T}\int_0^T UI[\cos(2\omega t+\theta)+\cos\theta]\mathrm{d}t=UI\cos\theta \tag{7-35}$$

若单口网络内只含有电容或电感元件,则此时 $\theta=\pm 90°$,因而 $P=0$。

若只含有电阻元件,则此时 $\theta=0°$,因而 $P=UI$。同时,对电阻元件,利用其电压、电流有效值之间关系 $U=RI$,可进一步得其平均功率求解公式:

$$P=UI=\frac{1}{2}U_{\mathrm{m}}I_{\mathrm{m}}=I^2R=\frac{U^2}{R} \tag{7-36}$$

由此可见,在正弦稳态电路中电阻的平均功率计算公式与直流电阻电路中电阻的功率计算公式完全相同;但必须注意在正弦稳态电路中 U、I 都是指有效值而言。

另外,对无源单口网络来说,其端口电压、电流满足 $U=I|Z|$,且 $Z=|Z|\underline{/\theta}$,其中 Z 为无源单口网络的等效阻抗,θ 为无源单口网络的等效阻抗角,则得

$$P=UI\cos\theta=I^2|Z|\cos\theta=I^2\mathrm{Re}Z \tag{7-37}$$

进一步可得单口网络的等效导纳为

$$Y=\frac{1}{Z}=\frac{1}{|Z|\underline{/\theta}}=\frac{1}{|Z|}\underline{/-\theta}=\frac{1}{|Z|}\cos(-\theta)+\mathrm{j}\frac{1}{|Z|}\sin(-\theta)$$

则有

$$|Y|=\frac{1}{|Z|},\quad \mathrm{Re}Y=\frac{1}{|Z|}\cos(-\theta)=\frac{1}{|Z|}\cos\theta$$

$$P=UI\cos\theta=U\times\frac{U}{|Z|}\cos\theta=U^2\times\frac{1}{|Z|}\cos\theta=U^2\mathrm{Re}Y \tag{7-38}$$

式(7-37)、式(7-38)表明,欲求解无源单口网络的平均功率,可根据所给网络已知条件的不同选用上式中不同的公式进行求解。若端口电流、电压均已知,直接利用 $P=UI\cos\theta$ 求解即可;若端口电流已知,且较易求得单口网络的等效阻抗,则可利用 $P=I^2\mathrm{Re}Z$ 求解;若端口电压已知,则可对应求解单口网络的等效导纳,进而利用 $P=U^2\mathrm{Re}Y$ 求解。

2. 电容元件的平均储能

在正弦稳态时,电容上的电流超前于电压 90°,可设 $\theta_{\mathrm{u}}=0°$,此时有 $\theta_{\mathrm{i}}=90°$,则

$$u(t)=U_{\mathrm{m}}\cos\omega t=\sqrt{2}U\cos\omega t$$

$$i(t)=I_{\mathrm{m}}\cos(\omega t+90°)=-\sqrt{2}I\sin\omega t$$

则电容的瞬时功率为

$$p_{\mathrm{C}}(t)=u(t)i(t)=-\sqrt{2}U\cos\omega t\times\sqrt{2}I\sin\omega t=-UI\sin2\omega t \tag{7-39}$$

图 7-23(a)给出了电容元件电压、电流及瞬时功率波形图。由图可见，电容的瞬时功率是以 2ω 为角频率的正弦量，且功率时正时负，但在正弦波一个周期内功率曲线与横轴所围面积上半部分与下半部分相等，这与电容元件平均功率为零结论一致。

瞬时功率反映的是能量的交换而不是能量的消耗。在一段时间内，电容元件从电路中吸收电能并将其转化为电场能量存储起来，此时 p 为正值；在另一段时间内，又将所储存的电场能量向外电路释放出去，此时 p 为负值；之后按此规律周而复始地循环下去。

电容元件的平均功率为零，表明电容元件既不会产生功率，也不会消耗功率。

电容元件的瞬时储能为

$$\begin{aligned}w_{\mathrm{C}}(t)&=\frac{1}{2}Cu^{2}(t)=\frac{1}{2}C(\sqrt{2}U\cos\omega t)^{2}\\&=\frac{1}{2}CU^{2}\times2\cos^{2}\omega t=\frac{1}{2}CU^{2}(1+\cos2\omega t)\end{aligned} \tag{7-40}$$

波形如图 7-23(b)所示。可以看出，电容元件的瞬时储能是以 2ω 为角频率变化的周期量，但在任何时刻其瞬时储能 $w_{\mathrm{C}}(t)\geqslant0$。

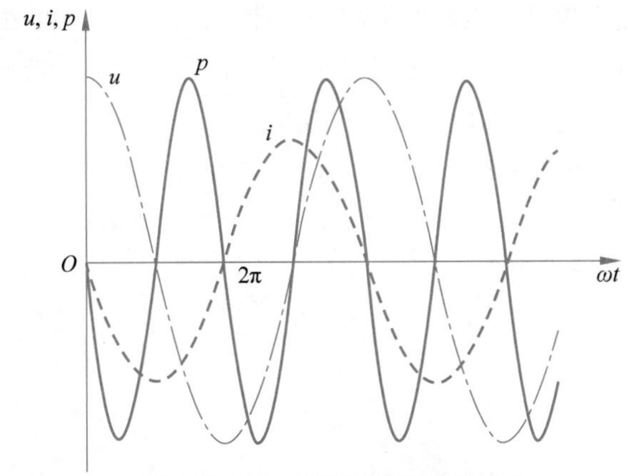

(a) 电容的电压、电流和瞬时功率波形图

(b) 电容的能量波形图

图 7-23 电容的电压、电流和瞬时功率及能量波形图

电容的平均储能为

$$W_{\mathrm{C}}=\frac{1}{T}\int_{0}^{T}w_{\mathrm{C}}(t)\mathrm{d}t=\frac{1}{2}CU^{2} \tag{7-41}$$

3. 电感的平均储能

在正弦稳态时，电感上的电压超前于电流 90°，可设 $\theta_u=0°$，有 $\theta_i=-90°$，则

$$u(t)=U_m\cos\omega t=\sqrt{2}U\cos\omega t$$

$$i(t)=I_m\cos(\omega t-90°)=\sqrt{2}I\sin\omega t$$

瞬时功率为

$$p_L(t)=u(t)i(t)=\sqrt{2}U\cos\omega t\times\sqrt{2}I\sin\omega t=UI\sin2\omega t \tag{7-42}$$

波形如图 7-24 所示。

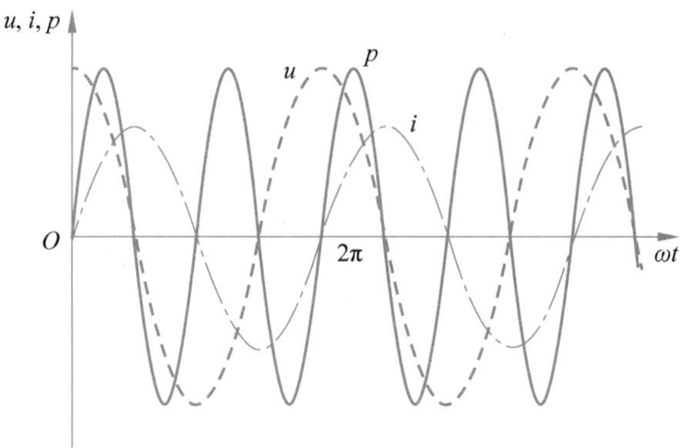

图 7-24 电感元件的功率波形图

电感元件平均功率为零，表明电感元件既不会产生功率，也不会消耗功率。当瞬时功率大于零时，它吸收功率，当瞬时功率小于零时，它释放功率，但在一个周期内，其所吸收的功率和释放的功率相等。

电感的瞬时储能为

$$\begin{aligned}w_L(t)&=\frac{1}{2}Li^2(t)=\frac{1}{2}L(\sqrt{2}I\sin\omega t)^2\\&=\frac{1}{2}LI^2\times2\sin^2\omega t=\frac{1}{2}LI^2(1-\cos2\omega t)\end{aligned} \tag{7-43}$$

波形如图 7-25 所示。可以看出，电感元件的瞬时储能也是以 2ω 为角频率变化的周期量，但在任何时刻其瞬时储能 $w_L(t)\geqslant0$。

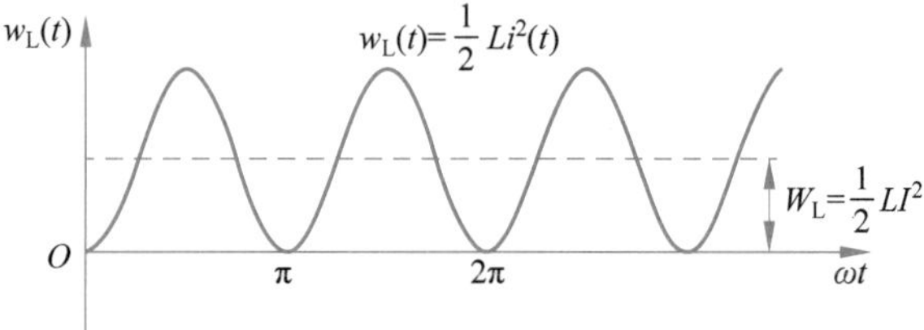

图 7-25 电感的能量波形图

电感的平均储能为

$$W_L=\frac{1}{T}\int_0^T w_L(t)\mathrm{d}t=\frac{1}{2}LI^2 \tag{7-44}$$

平均储能越大，说明储能元件进行能量交换的数值也越大。

7.5.2 无功功率

无功功率用字母 Q 表示，其定义式为

$$Q = UI\sin\theta \tag{7-45}$$

无功功率表示了无源单口网络中电抗分量与外电路之间存在着能量的往返转移，其数值表示了单口网络中储能元件与外电路间能量交换的最大值，反映了网络与电源往返交换能量的程度。根据瞬时功率表示式

$$\begin{aligned} p(t) &= u(t)i(t) = U_{\mathrm{m}}\cos(\omega t+\theta)\times I_{\mathrm{m}}\cos\omega t = UI[\cos(2\omega t+\theta)+\cos\theta] \\ &= UI\cos2\omega t\cos\theta - UI\sin2\omega t\sin\theta + UI\cos\theta \\ &= UI\cos\theta(1+\cos2\omega t) - UI\sin\theta\sin2\omega t \end{aligned}$$

式中：$UI\cos\theta(1+\cos2\omega t)$始终为正值，反映了单口网络从外电路吸收的功率，其平均值恰好为网络的平均功率；$UI\sin\theta\sin2\omega t$ 则反映了单口网络与外电路交换能量的特性，其振幅恰好为单口网络的无功功率 $UI\sin\theta$，平均值为零。

无功功率也具有功率的量纲，但为了区别于有功功率，其基本单位为乏(var)，即无功伏安。

对电阻元件来说，其 $\theta=0°$，因此纯电阻支路的无功功率 $Q=0$。

纯电感支路的无功功率为

$$Q_{\mathrm{L}} = UI\sin90° = UI = \frac{U^2}{\omega L} = \omega LI^2 = 2\omega\times\frac{1}{2}LI^2 = 2\omega W_{\mathrm{L}} \tag{7-46}$$

纯电容支路的无功功率为

$$Q_{\mathrm{C}} = -UI = -\frac{I^2}{\omega C} = -\omega CU^2 = -2\omega\times\frac{1}{2}CU^2 = -2\omega W_{\mathrm{C}} \tag{7-47}$$

由式(7-46)、式(7-47)可以看出，电感吸收的无功功率为正，电容吸收的无功功率为负，这是因为选取了 $\theta=\theta_{\mathrm{u}}-\theta_{\mathrm{i}}$；若选取 $\theta=\theta_{\mathrm{i}}-\theta_{\mathrm{u}}$，则有相反的结果。这样，对感性电路来说，其电压超前电流，所以 $Q>0$；对容性电路来说，其电流超前电压，所以 $Q<0$。另外，在同一电压(或同一电流)下，Q_{C} 和 Q_{L} 仅差一个负号，说明了感性和容性元件的无功功率是互补的。电感元件释放(吸收)能量的时刻恰好是电容元件吸收(释放)能量的时刻。

同样，对无源单口网络来说，将 $U=I|Z|$代入无功功率定义式，可得

$$Q = UI\sin\theta = I^2|Z|\sin\theta = I^2\mathrm{Im}Z$$

再由

$$\mathrm{Im}Y = \frac{1}{|Z|}\sin(-\theta) = -\frac{1}{|Z|}\sin\theta$$

可得

$$Q = UI\sin\theta = U\times\frac{U}{|Z|}\sin\theta = U^2\times\frac{1}{|Z|}\sin\theta = -U^2\mathrm{Im}Y$$

可见，对无源单口网络来说，计算无功功率时，也可根据不同情况分别选用以下公式：

$$Q = UI\sin\theta = I^2\mathrm{Im}Z = -U^2\mathrm{Im}Y \tag{7-48}$$

7.5.3 视在功率和功率因数

1. 视在功率

视在功率是单口网络端口电压有效值与端口电流有效值的乘积，用字母 S 表示，其定

义式为

$$S = UI = \frac{1}{2}U_m I_m \tag{7-49}$$

视在功率表明了单口网络可能达到的最大功率，在实际应用中常用来表示一个发电设备的容量。视在功率的单位为伏·安(V·A)。

有功功率 P、无功功率 Q 与视在功率 S 三者之间可构成一个直角三角形，称为功率三角形，如图 7-26 所示。功率三角形与阻抗三角形相似，把阻抗三角形各边乘上端口电流有效值的平方 I^2，就可得到功率三角形，即

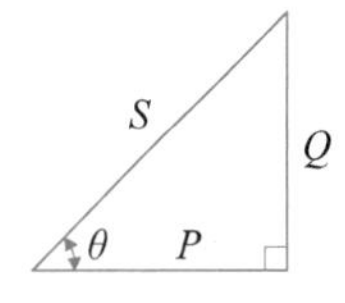

图 7-26 功率三角形

$$P = I^2R,\quad Q = I^2X = I^2(X_L - X_C),\quad S = I^2|Z|$$

显然，对无源单口网络来说，计算其视在功率时，也可根据情况选用以下公式：

$$S = UI = I^2|Z| = U^2|Y| \tag{7-50}$$

2. 功率因数

单口网络平均功率表示式中的 $\cos\theta$ 表示了功率的利用程度，称为功率因数，记作 λ，即

$$\lambda = \cos\theta \tag{7-51}$$

式中：θ 为功率因数角，$\theta = \theta_u - \theta_i$，为单口网络端口电压、电流的相位差角。

当单口网络呈现纯电阻特性时，功率因数角为零，因而 $\cos\theta = 1$，此时 $P = UI$，功率利用程度最高。

当单口网络呈现容性或感性时，$0° < |\theta| < 90°$，无论 θ 是正是负，总有 $0 < \cos\theta < 1$，因此 $P < UI$。

当单口网络是纯电抗元件时，$|\theta| = 90°$，$\cos\theta = 0$，$P = 0$。表明电抗元件不消耗能量，所以称电感、电容为无损元件。

如果单口网络内含有独立源，θ 就是端口电压与电流的相位差角，此时 P 可能为正值，也可能为负值。

另外，由平均功率定义式可得功率因数为

$$\lambda = \cos\theta = \frac{P}{UI} = \frac{P}{S} \tag{7-52}$$

在实际用电设备中大多数负载是感性负载，功率因数一般为 0.75～0.85，轻载时低于 0.5。这样，在传送相同功率的情况下，负载的功率因数低，流过负载的电流就必然相对大，电源设备向负载提供的电流也大，从而使线路上电压降和功率损耗增加，电能消耗也较大，降低了输电效率。另外，在电源电压、电流一定的情况下，功率因数越小，电源输出功率就越低，降低了电源输出功率的能力，所以有必要提高功率因数。在实际中，通常是在用电设备的配电房中集中配置一定的电容元件，使各电感设备上的无功功率与电容的无功功率互补，称为感性负载无功功率的补偿。

例 7-9 图 7-27(a)所示单口网络，已知端口电流 $i(t) = 5\sqrt{2}\cos(200t + 23.13°)$ A，求单口网络的 P、Q、S 以及 λ。

解： 图 7-27(a)为一个无源单口网络，且端口电流已知，因此可先求出其等效阻抗。根据图 7-27(b)所示相量模型可得其等效阻抗为

$$Z=3+\frac{(3+j4)(-j25)}{3+j4+(-j25)}=3+\frac{100-j75}{3-j21}=3+\frac{125\angle -36.87°}{21.21\angle -81.87°}$$

$$=3+5.89\angle 45°=7.16+j4.17=8.28\angle 30.16°\Omega$$

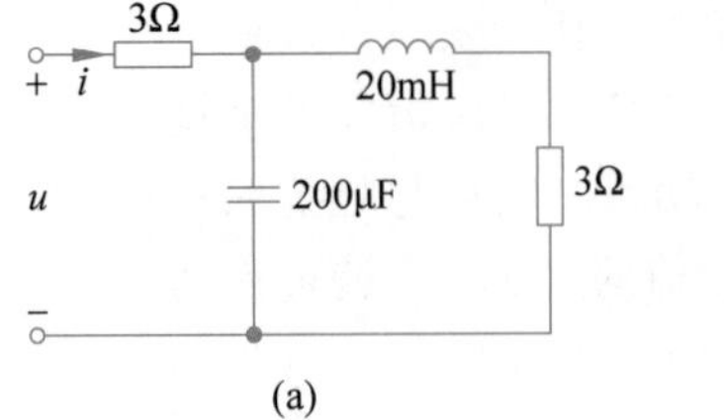

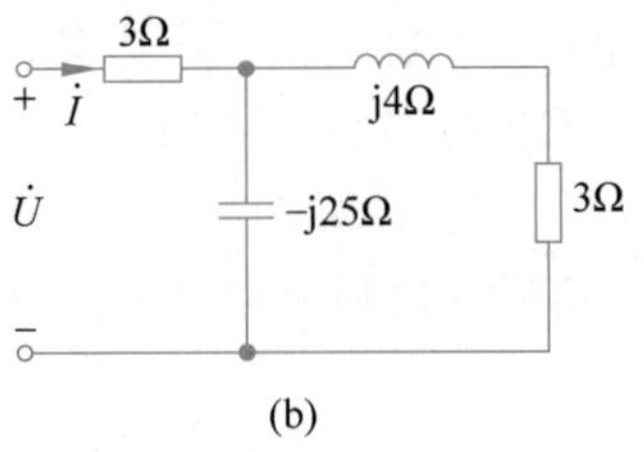

图 7-27 例 7-9 图

单口网络各功率量求解如下:

$$P=I^2\text{Re}Z=5^2\times 7.16=179(\text{W})$$

$$Q=I^2\text{Im}Z=5^2\times 4.16=104(\text{var})$$

$$S=UI=I^2\mid Z\mid=5^2\times 8.28=207(\text{V}\cdot\text{A})$$

$$\lambda=\cos\theta=\cos 30.16°=0.86$$

例 7-10 日光灯电路的模型实质是一个电阻和一个电感元件串联组成的,功率因数小于1,要求线路提供的电流较大,应提高日光灯电路的功率因数,可在输入端并联一个适当数值的电容元件以抵消电感分量,使其端口特性接近于纯电阻而使功率因数接近于 1。图 7-28(a)所示电路中,在 $f=50\text{Hz}$ 时,试问在端口 a、b 并联多大的电容,可使功率因数提高到 1。

解:由图 7-28(a)可知

$$\dot{I}=\dot{I}_1=\frac{10\angle 0°}{5+j5}=\sqrt{2}\angle -45°=1.414\angle -45°(\text{A})$$

此时电路的相量图如图 7-28(b)所示。

日光灯电路所吸收的平均功率为

$$P=UI\cos\theta=10\times 1.414\times\cos[0°-(-45°)]=10(\text{W})$$

功率因数为

$$\lambda=\cos\theta=\cos[0°-(-45°)]=0.707$$

可见,功率因数较低。此时

$$\dot{U}_L=j\omega L\dot{I}=j5\times\sqrt{2}\angle -45°=5\sqrt{2}\angle 45°(\text{V})$$

$$Q_L=U_L I_L=5\sqrt{2}\times\sqrt{2}=10(\text{var})$$

要提高功率因数,可在端口 a、b 并联一个电容,如图 7-28(c)所示。

此时,电源提供的无功功率为

$$Q=Q_L+Q_C$$

当 $\lambda=1$ 时,$Q=0$,因此

$$Q_C=-Q_L=-10(\text{var})$$

由式(7-47)可得

$$Q_C=-\omega CU^2=-10(\text{var})$$

则

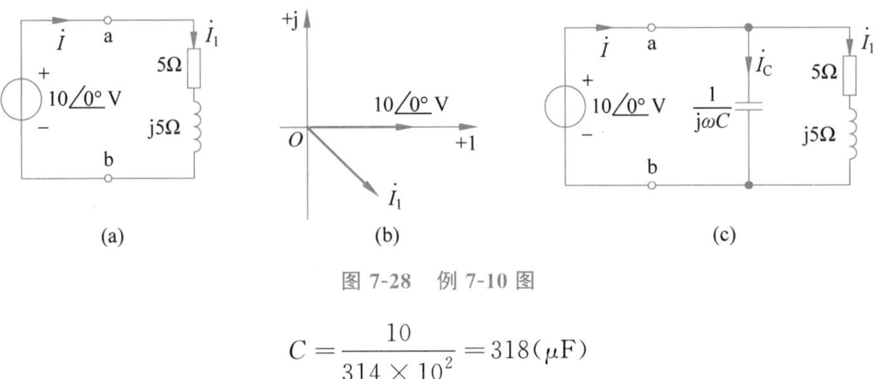

图 7-28 例 7-10 图

$$C=\frac{10}{314\times 10^2}=318(\mu F)$$

此时,电源提供的电流为

$$\begin{aligned}\dot{I}&=\dot{I}_1+\dot{I}_C=\dot{I}_1+j\omega C\dot{U}\\&=1.414\underline{/-45^\circ}+j314\times 318\times 10^{-6}\times 10\underline{/0^\circ}=1\underline{/0^\circ}(A)\end{aligned}$$

可见,电源提供的电流已经由 1.414A 下降为 1A。

另外,由 $\dot{I}_C=j\omega C\dot{U}$ 可知,在单一频率正弦稳态电路中,若单口网络端口电压一定,则增大 C 可使 $\dot{I}_C$ 增大,此处恰好使 $I_C=I_1\sin\theta$,如图 7-29(a) 中的 $\dot{I}_{C1}$,此时电源提供的电流为图 7-29(a)中的 $\dot{I}'$,电路的功率因数为 1;若 C 较小,则 $I_C<I_1\sin\theta$,功率因数小于 1,流过电容的电流如图 7-29(b)中的 $\dot{I}_{C2}$,此时电源提供的电流为图 7-29(b)中的 $\dot{I}''$;但若增大 C 较多,使 $I_C>I_1\sin\theta$ 时,功率因数反而会下降,且使电路呈现容性,流过电容的电流如图 7-29(c)中的 $\dot{I}_{C3}$,此时电源提供的电流为图 7-29(c)中的 $\dot{I}'''$。实际工程应用中,一般并联电容时不必将功率因数提高到 1,以避免使电容设备的投资增加,通常使功率因数在 0.9 左右即可。

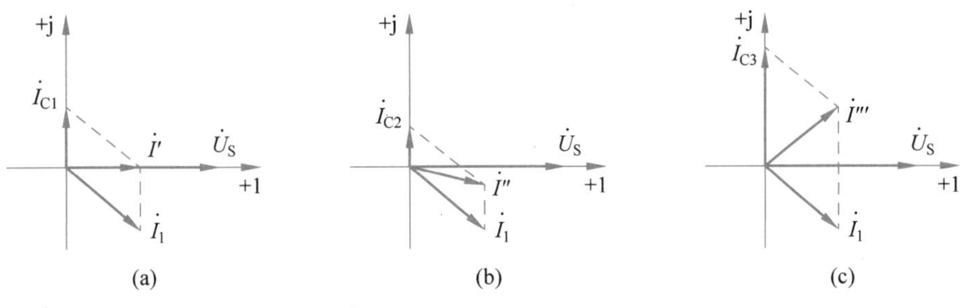

图 7-29 提高功率因数的相量图

7.5.4 复功率

复功率是一个可以把单口网络的有功功率、无功功率和视在功率以及功率因数角用一个表示式紧密联系起来的量,其表示符号为 $\tilde{S}$。设 $\dot{U}=U\underline{/\theta_u}$ 为单口网络端口电压相量,$\dot{I}=I\underline{/\theta_i}$ 为端口电流相量,其共轭复数 $(\dot{I})^*=I\underline{/-\theta_i}$,则单口网络的复功率定义为端口电压相量与端口电流相量共轭复数的乘积,即

$$\begin{aligned}\widetilde{S} &= \dot{U}(\dot{I})^* = U\underline{/\theta_u} \times I\underline{/-\theta_i} = UI\underline{/\theta_u - \theta_i} \\ &= UI\underline{/\theta} = UI(\cos\theta + j\sin\theta) = P + jQ\end{aligned} \tag{7-53}$$

可以看出，复功率的实部是有功功率 P，虚部是无功功率 Q，模是视在功率 S，辐角为功率因数角 θ，因此复功率把有关功率的概念运用一个式子表示了出来。

必须明确指出，复功率是用来计算功率的复数量，它本身不代表正弦量，也不是功率，但引入了复功率的概念，用于分析正弦稳态电路的相量分析法也可以用于研究功率，简化了功率的计算。复功率的单位与视在功率相同，也是伏·安(V·A)。

表 7-1 给出了有关正弦稳态单口网络功率的计算公式。

表 7-1　有关正弦稳态单口网络功率的计算公式

名　称	公　式
瞬时功率 $p(t)$	$p(t)=u(t)i(t)$
平均功率 P(有功功率)	$P=UI\cos\theta=I^2\mathrm{Re}Z=U^2\mathrm{Re}Y=\mathrm{Re}[\dot{U}(\dot{I})^*]$
无功功率 Q	$Q=UI\sin\theta=I^2\mathrm{Im}Z=-U^2\mathrm{Im}Y=\mathrm{Im}[\dot{U}(\dot{I})^*]$
视在功率 S	$S=UI=\sqrt{P^2+Q^2}=\dfrac{P}{\cos\theta}=\dfrac{Q}{\sin\theta}=I^2\|Z\|=U^2\|Y\|=\|\dot{U}(\dot{I})^*\|$
复功率 $\widetilde{S}$	$\widetilde{S}=\dot{U}(\dot{I})^*=P+jQ$
功率因数 λ	$\lambda=\cos\theta=\dfrac{P}{UI}=\dfrac{P}{S}=\dfrac{R}{\|Z\|}=\dfrac{G}{\|Y\|}$

对于正弦稳态电路来说，由于有功功率和无功功率都是守恒的，所以复功率也守恒。也就是说，由电路中每个独立电源发出的复功率的总和等于电路中其他电路元件所吸收的复功率的总和。设电路有 b 条支路，其中第 k 条支路的电压、电流分别记为 $\dot{U}_k$、$\dot{I}_k$，则根据复功率守恒可得

$$\sum_{k=1}^{b}\widetilde{S}_k = \sum_{k=1}^{b}\dot{U}_k(\dot{I}_k)^* = \sum_{k=1}^{b}(P_k + jQ_k) = 0 \tag{7-54}$$

即

$$\begin{cases}\displaystyle\sum_{k=1}^{b}P_k = 0 \\ \displaystyle\sum_{k=1}^{b}Q_k = 0\end{cases} \tag{7-55}$$

上式说明，在正弦稳态下电路的所有支路的有功功率之和为零，无功功率之和也为零。表明了电路中由各电源所发出的有功功率的总和等于电路中其余电路元件所吸收的有功功率总和，由各电源所发出的无功功率之和等于电路中其余电路元件所吸收的无功功率总和。

例 7-11　图 7-30(a)所示电路，求 2Ω 电阻吸收的平均功率 P，并求出 Q_C、Q_L 以及 $\omega=1\mathrm{rad/s}$ 时的 W_C、W_L。

解：求电阻吸收的平均功率，需要先求出流过电阻的电流相量或电阻两端的电压相量，此处采用网孔分析法求流过电阻的电流 $\dot{I}$。设两个网孔电流分别为 $\dot{I}_1$、$\dot{I}_2$，方向如图 7-30(b)所示。列出网孔方程如下：

$$(2-\mathrm{j}2)\dot{I}_1 - 2\dot{I}_2 = 20\underline{/0^\circ}$$

$$(2+\mathrm{j}2)\dot{I}_2 - 2\dot{I}_1 = -30\underline{/0^\circ}$$

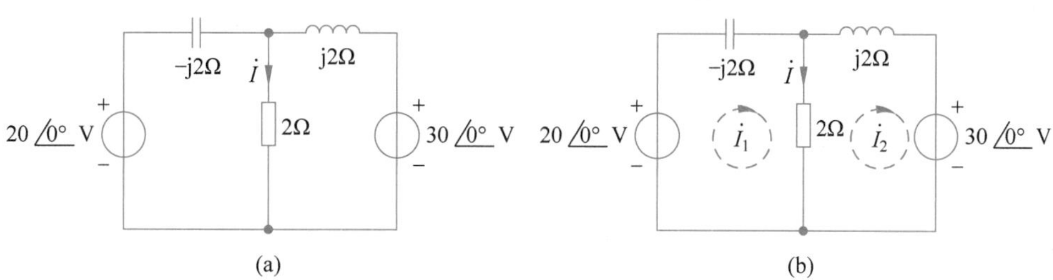

图 7-30 例 7-11 图

联立方程解得

$$\dot{I}_1 = -5+\mathrm{j}10 = 11.18\underline{/116.57^\circ}(\mathrm{A})$$

$$\dot{I}_2 = -5+\mathrm{j}15 = 15.81\underline{/108.43^\circ}(\mathrm{A})$$

则有

$$\dot{I} = \dot{I}_1 - \dot{I}_2 = -\mathrm{j}5 = 5\underline{/90^\circ}(\mathrm{A})$$

$$P = I^2R = 25\times 2 = 50(\mathrm{W})$$

$$Q_\mathrm{C} = -\frac{I_1^2}{\omega C} = I_1^2X_\mathrm{C} = 11.18^2\times(-2)\approx -250(\mathrm{var})$$

$$Q_\mathrm{L} = \omega L I_2^2 = 2\times 15.81^2 = 500(\mathrm{var})$$

下面求平均储能。由 $\omega=1\mathrm{rad/s}$，$\omega L=2$，$1/\omega C=2$，可得 $L=2\mathrm{H}$，$C=0.5\mathrm{F}$。则有

$$W_\mathrm{L} = \frac{1}{2}LI_2^2 = \frac{1}{2}\times 2\times 15.81^2\approx 250(\mathrm{J})$$

$$U_\mathrm{C} = \frac{I_\mathrm{C}}{\omega C} = \frac{I_1}{\omega C} = 11.18\times 2 = 22.36(\mathrm{V})$$

$$W_\mathrm{C} = \frac{1}{2}CU_\mathrm{C}^2 = \frac{1}{2}\times 0.5\times 22.36^2\approx 125(\mathrm{J})$$

例 7-12 求例 7-11 所示电路中各支路的复功率，并检验复功率是否守恒。

解：首先求电容所在支路的复功率。电容两端电压为

$$\dot{U}_1 = \dot{I}_1(-\mathrm{j}2) = (-5+\mathrm{j}10)(-\mathrm{j}2) = (20+\mathrm{j}10)\mathrm{V}$$

则电容元件的复功率为

$$\widetilde{S}_1 = \dot{U}_1(\dot{I}_1)^* = (20+\mathrm{j}10)(-5-\mathrm{j}10) = -\mathrm{j}250(\mathrm{V\cdot A})$$

电阻元件的复功率为

$$\widetilde{S}_\mathrm{R} = \dot{U}(\dot{I})^* = (-\mathrm{j}5\times 2)\times \mathrm{j}5 = 50(\mathrm{V\cdot A})$$

电感元件的复功率为

$$\widetilde{S}_2 = \dot{U}_2(\dot{I}_2)^* = \mathrm{j}2\times\dot{I}_2\times(\dot{I}_2)^* = \mathrm{j}2\times I_2^2 = \mathrm{j}2\times 15.81^2 = \mathrm{j}500(\mathrm{V\cdot A})$$

左侧电压源的复功率为

$$\widetilde{S}_{S1} = \dot{U}_{S1}(-\dot{I}_1)^* = 20(5-j10)^* = (100+j200)(V \cdot A)$$

右侧电压源的复功率为

$$\widetilde{S}_{S2} = \dot{U}_{S2} \times (\dot{I}_2)^* = 30(-5-j15) = (-150-j450)(V \cdot A)$$

可以看出

$$\widetilde{S}_1 + \widetilde{S}_2 + \widetilde{S}_R + \widetilde{S}_{S1} + \widetilde{S}_{S2} = 0$$

也就是各支路吸收的总复功率和电源发出的复功率是相等的，所以复功率是守恒的。

本章小结

线性时不变动态电路在单一频率的正弦激励下，随着时间的延长，电路将处于正弦稳定状态，电路中的各支路电压、电流将是与激励同频率的正弦量，这种电路称为正弦稳态电路。

本章首先介绍了正弦稳态电路两类约束的相量形式，即 KCL、KVL 和三种基本二端元件 VAR 的相量形式，然后引入了阻抗、导纳的概念，阻抗指的是端口电压相量与端口电流相量的比值，同一单口网络（或二端元件）的导纳与阻抗互为倒数。

相量模型是把原时域模型电路中的各支路电压和电流用相应的相量形式表示出来，各元件参数用相应的阻抗和导纳表示出来后所得到的模型。相量模型只是一种假想的模型，是对单一频率正弦稳态电路进行分析的一种有效工具。对无源单口网络来说，其等效相量模型为一个等效阻抗，含源单口网络的等效相量模型为单口网络的戴维南等效电路相量形式。用相量模型分析正弦稳态电路的主要步骤：①画出时域电路的相量模型；②列出相量方程并求解；③写出所求变量的时域表示式。其中网孔分析法、节点分析法、叠加定理以及戴维南定理等用于正弦稳态电路的分析方法是重点掌握的内容。最大功率传输问题也是正弦稳态电路需重点掌握内容。一个含源单口网络向可变负载传输最大平均功率的条件是负载阻抗与电源内阻抗呈共轭匹配，其最大平均功率的计算与直流电阻电路的最大功率计算公式形式相同，但使用的是端口开路电压或短路电流的有效值，等效电阻指的是单口网络等效阻抗的实部。

正弦稳态电路的功率问题较复杂，对一个单口网络来说，平均功率 P 表示了一个单口网络实际消耗的功率，无功功率 Q 反映了单口网络与外界交换能量的规模，功率因数 λ 则体现了功率的利用程度，其值越大，功率利用程度越高，视在功率 S 表明了单口网络可能达到的最大功率，复功率 $\widetilde{S}$ 是一个可以把 P、Q、S 及 λ 运用一个式子紧密联系起来的量，$\widetilde{S}$ 的引入，简化了有关功率的求解过程。

习题

一、选择题

1. 下列说法中正确的是（　　）。

A. 若某负载阻抗为电阻，则该电路只包含电阻元件

B. 若电压与电流取关联参考方向，则感性负载的电压相量滞后其电流相量 90°

C. 容性负载的电抗为正值

D. 若某负载的电压相量与其电流相量正交，则该负载可以等效为纯电感或纯电容

2. 下列说法中错误的是(　　)。

A. *RLC* 串联电路等效复阻抗不一定总是复数

B. 对一个 *RL* 串联电路来说,其等效复阻抗总是固定的复常数

C. 电容元件与电感元件消耗的平均功率总是零,电阻元件消耗的无功功率总是零

D. 有功功率和无功功率都满足功率守恒定律,视在功率不满足功率守恒定律

3. 已知 *RC* 并联电路的电阻电流 $I_R=6\text{A}$,电容电流 $I_C=8\text{A}$,则该电路的端电流 I 为(　　)。

A. 2A　　B. 14A　　C. $\sqrt{14}$ A　　D. 10A

4. 已知 *RLC* 串联电路的电阻电压 $U_R=4\text{V}$,电感电压 $U_L=3\text{V}$,电容电压 $U_C=6\text{V}$,则端电压 U 为(　　)。

A. 13V　　B. 7V　　C. 5V　　D. 1V

5. 已知某电路的电源频率 $f=50\text{Hz}$,复阻抗 $Z=60\underline{/30^\circ}\Omega$,若用 *RL* 串联电路来等效,则电路等效元件的参数为(　　)。

A. $R=51.96\Omega, L=0.6\text{H}$　　B. $R=30\Omega, L=51.96\text{H}$

C. $R=51.96\Omega, L=0.096\text{H}$　　D. $R=30\Omega, L=0.6\text{H}$

6. 已知电路如图 x7.1 所示,则下列关系式总成立的是(　　)。

A. $\dot{U}=(R+\text{j}\omega C)\dot{I}$

B. $\dot{U}=(R+\omega C)\dot{I}$

C. $\dot{U}=\left(R+\frac{1}{\text{j}\omega C}\right)\dot{I}$

D. $\dot{U}=\left(R-\frac{1}{\text{j}\omega C}\right)\dot{I}$

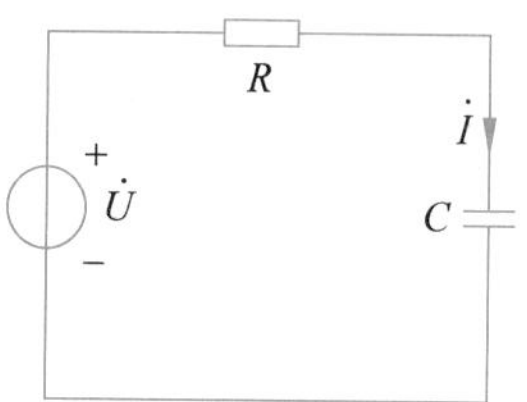

图 x7.1　选择题 6 图

二、填空题

1. 电感的电压相量______于电流相量 π/2,电容的电压相量______于电流相量 π/2。

2. 当取关联参考方向时,理想电容元件的电压与电流的时域关系式为________,相量关系式为________。

3. 若电路的导纳 $Y=G+\text{j}B$,则阻抗 $Z=R+\text{j}X$ 中的电阻分量 $R=$________,电抗分量 $X=$________(用 G 和 B 表示)。

4. 阻抗为 Z_1,Z_2 及 Z_3 的三个元件,其串联电路的等效复阻抗 $Z=$________,等效导纳 $Y=$__________。

5. 若某 *RL* 串联电路在某频率下的等效复阻抗为 $(1+\text{j}2)\Omega$,且其消耗的有功功率为 9W,则该串联电路的电流有效值为________A,该电路吸收的无功功率为________var。

6. 正弦稳态电路中,若含源单口网络等效电压源有效值为 U,等效阻抗为 $Z_0=R+\text{j}X$,则可变负载 Z 可获得最大平均功率的条件为________,其获得的最大平均功率 $P_{max}=$________。

三、计算题

1. 已知某二端元件的电压、电流采用的是关联参考方向,若其电压、电流的瞬时值表示式分别为

(1) $u_1(t)=15\cos(100t+30^\circ)\text{V}$, $i_1(t)=3\sin(100t+30^\circ)\text{A}$;

(2) $u_2(t)=10\sin(400t+50^\circ)\text{V}$，$i_2(t)=2\cos(400t+50^\circ)\text{A}$；

(3) $u_3(t)=10\cos(200t+60^\circ)\text{V}$，$i_3(t)=5\sin(200t+150^\circ)\text{A}$。

试判断每种情况下二端元件分别是什么元件？

2. 求如图 x7.2 所示单口网络的等效阻抗和等效导纳。

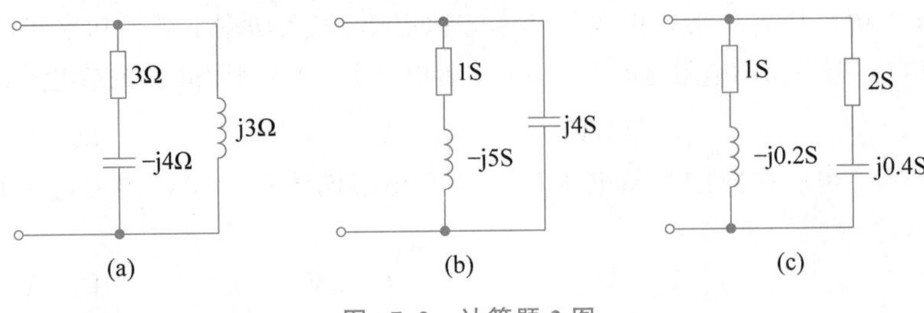

图 x7.2　计算题 2 图

3. 如图 x7.3 所示电路，V_1 表读数为 20V，V_2 表读数为 40V，V_3 表读数为 100V，求 V 表读数。若维持 V_1 表读数不变，而把电源频率提高 1 倍，V 表读数又为多少？

4. 如图 x7.4 所示电路，已知 $U=10\text{V}$，$\omega=1\text{rad/s}$，求 i_1、i_2 和 i。

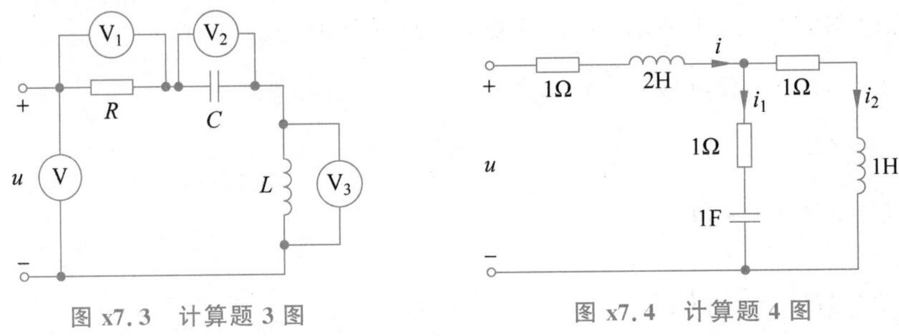

图 x7.3　计算题 3 图　　图 x7.4　计算题 4 图

5. 如图 x7.5 电路，已知 $u_1(t)=5\sqrt{2}\cos 2t\,\text{V}$，$u_2(t)=5\sqrt{2}\cos(2t+30^\circ)\text{V}$，用网孔分析法求各网孔电流。

6. 如图 x7.6 电路，已知 $u_S(t)=4\cos 100t\,\text{V}$，$i_S(t)=4\sin(100t+90^\circ)\text{A}$，试用节点分析法求电流 i。

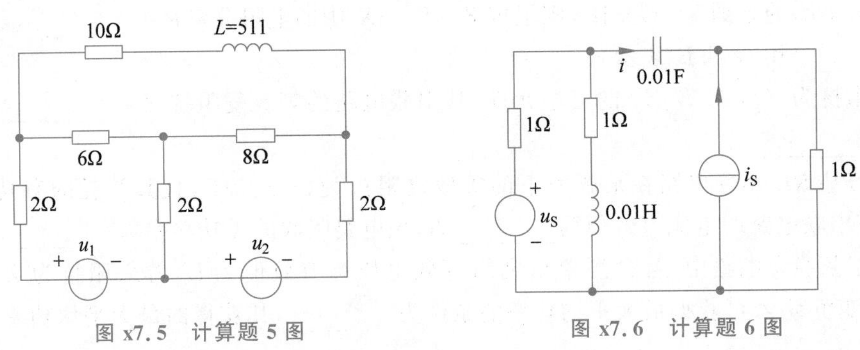

图 x7.5　计算题 5 图　　图 x7.6　计算题 6 图

7. 如图 x7.7 所示电路，试用网孔分析法、节点分析法、叠加定理和戴维南定理求电流 $\dot{I}$。

8. 如图 x7.8 所示电路，求其戴维南等效相量模型。

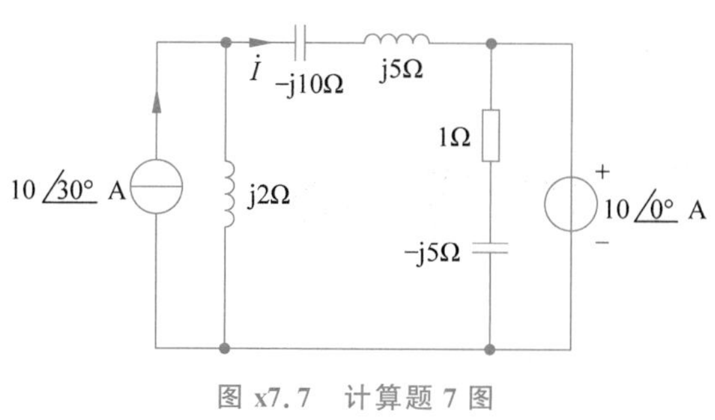

图 x7.7 计算题 7 图

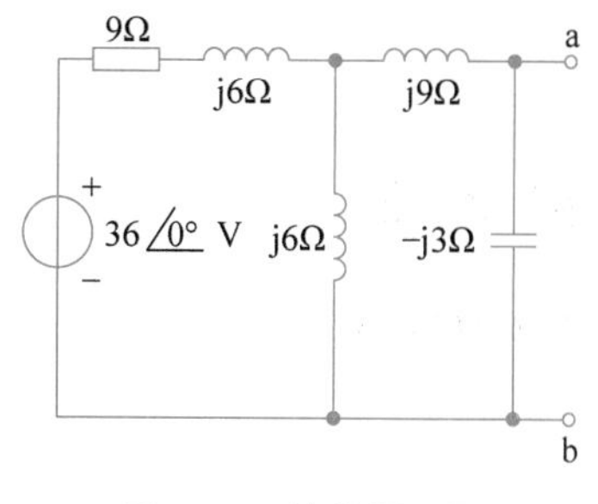

图 x7.8 计算题 8 图

9. 如图 x7.9 所示电路，求其诺顿等效相量模型，并求出在 $\omega=5\text{rad/s}$ 时的等效时域模型。

10. 如图 x7.10 所示电路，已知 $u_S(t)=220\sqrt{2}\cos 50t(\text{V})$，求各支路电流及电源的有功功率和无功功率。

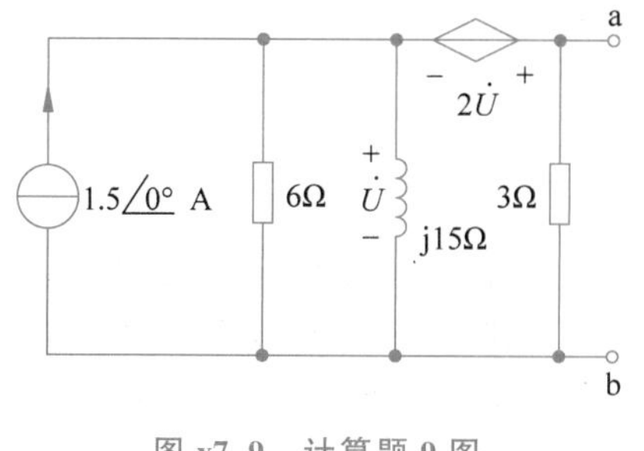

图 x7.9 计算题 9 图

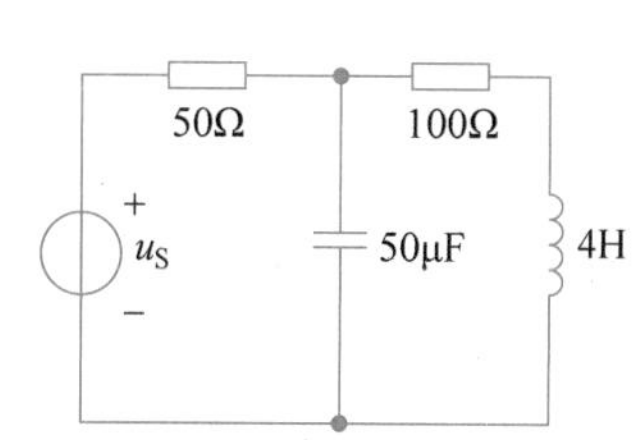

图 x7.10 计算题 10 图

11. 如图 x7.11 所示电路有三个负载，它们的平均功率分别为 $P_1=220\text{W}$，$P_2=220\text{W}$，$P_3=180\text{W}$，功率因数分别为 $\cos\theta_1=0.75$（感性），$\cos\theta_2=0.8$（容性），$\cos\theta_3=0.6$（感性），且端口电压 $U=220\text{V}$，$f=50\text{Hz}$，求电路端口总电流及总功率因数角。

12. 如图 x7.12 所示电路，$R_1=3\Omega$，$R_2=5\Omega$，$C=4\text{mF}$，$L_1=2\text{mH}$，$L_2=4\text{mH}$，$i_S(t)=5\sqrt{2}\cos 1000t(\text{A})$，$u_S(t)=10\sqrt{2}\cos 1000t(\text{V})$，求电压源、电流源产生的有功功率和无功功率。

13. 如图 x7.13 所示电路，已知 $\dot{I}_S=0.2\angle 0°\text{A}$，$R=250\Omega$，$X_C=-250\Omega$，$\beta=0.5$，为使负载获得最大平均功率，负载阻抗 Z_L 应为多少？负载所获得的最大平均功率为多少？

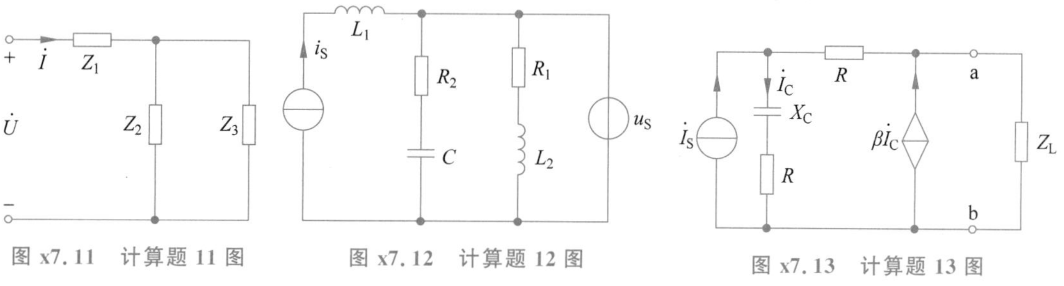

图 x7.11 计算题 11 图

图 x7.12 计算题 12 图

图 x7.13 计算题 13 图

第 8 章 三相电路

CHAPTER 8

本章主要内容：电能的产生、传输和分配大多采用三相正弦交流电形式。本章主要介绍三相交流电源的产生、特点，三相电路电源和负载的连接形式，三相电路中相电压和线电压之间的关系以及对称和不对称三相电路的分析计算方法。

知识点

8.1 三相电路概述

三相电路是由三相电源、三相传输线路和三相负载组成的电路，三相电路广泛用于电力系统（三相电力系统），即由三相交流发电机产生交流电并经三相输电配电线路传输给用电设备。三相交流电与单相交流电相比，在发电、输电以及电能转换为机械能等方面都具有明显的优越性。例如，在相同尺寸时，三相发电机比单相发电机的输出功率大；传输电能时，在电气指标（距离、功率等）相同时，三相电路比单相电路经济效益更高，传输更稳定。日常生活用电也是取自三相电中的一相。

由三相交流发电机同时产生的三个正弦电压，称为三相电源，如图 8-1 所示，每一个电压源称为一相。工程上一般将正极性端分别记为 A、B、C，负极性端分别记为 X、Y、Z，三个电压源分别称为 A 相、B 相、C 相，分别用黄色、绿色、红色标记。在三相交流电源中，通常将三相交流电源依次出现最大值的先后顺序称为三相电源的相序。如果相序依次出现的顺序为 A、B、C，那么称为正序；反之，称为逆序。电力系统一般采用正序。

如果三个正弦电压频率相同、振幅相等、相位差依次为 120°，那么称为对称三相电源。图 8-2 为三相交流发电机产生的对称三相电源的波形图。

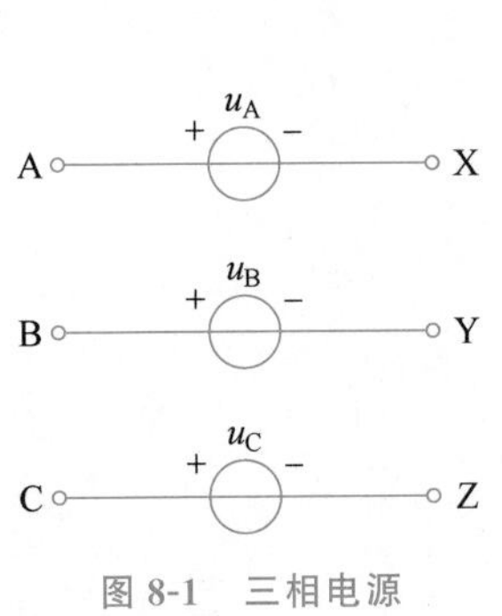

图 8-1 三相电源

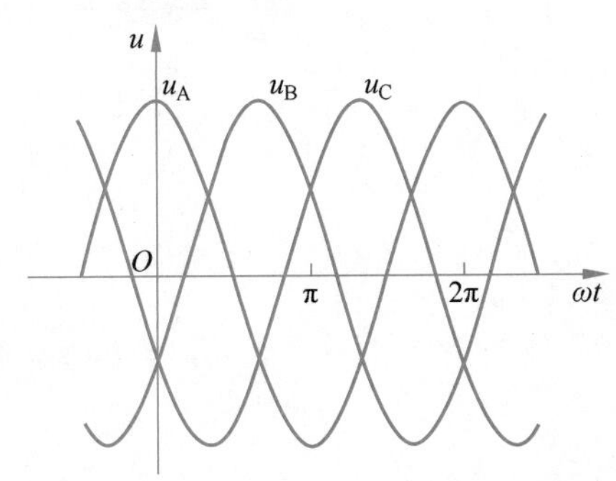

图 8-2 对称三相电源的波形图

若以 A 相作为参考，则对称三相电源中各相电压的瞬时值可分别表示为

$$u_{\mathrm{A}}(t)=\sqrt{2}U\cos\omega t$$

$$u_{\mathrm{B}}(t)=\sqrt{2}U\cos(\omega t-120^\circ)$$

$$u_{\mathrm{C}}(t)=\sqrt{2}U\cos(\omega t-240^\circ)=\sqrt{2}U\cos(\omega t+120^\circ)$$

相量表示式为

$$\begin{cases}\dot{U}_{\mathrm{A}}=U\angle 0^\circ=U\mathrm{e}^{\mathrm{j}0^\circ}=U\\ \dot{U}_{\mathrm{B}}=U\angle -120^\circ=U\mathrm{e}^{-\mathrm{j}120^\circ}=U\left(-\dfrac{1}{2}-\mathrm{j}\dfrac{\sqrt{3}}{2}\right)\\ \dot{U}_{\mathrm{C}}=U\angle 120^\circ=U\mathrm{e}^{\mathrm{j}120^\circ}=U\left(-\dfrac{1}{2}+\mathrm{j}\dfrac{\sqrt{3}}{2}\right)\end{cases}\tag{8-1}$$

图 8-3 相量图

相量图如图 8-3 所示。不难证明：

$$\begin{cases}u_{\mathrm{A}}(t)+u_{\mathrm{B}}(t)+u_{\mathrm{C}}(t)=0\\ \dot{U}_{\mathrm{A}}+\dot{U}_{\mathrm{B}}+\dot{U}_{\mathrm{C}}=0\end{cases}\tag{8-2}$$

即对称三相电源其代数和为零。

8.2 三相电路的连接

知识点

在三相交流电路中，每相电源的电压称为相电压，流过每相电源的电流称为相电流，三相电源的连接方式有星(Y)形和三角(△)形两种。三相负载也有星(Y)形和三角(△)形两种连接方式。三相电源与三相负载之间通过传输线相连，两条传输线之间的电压称为线电压，流过传输线的电流称为线电流。

8.2.1 三相电源的连接

1. 星形连接

在低压供电系统中，星形连接是最常见的连接方式。如图 8-4 所示，从三个电源正极性端 A、B、C 引出的传输线称为相线或端线，俗称火线；三个电源负极性端 X、Y、Z 连在一起形成公共的端点 N，称为中点或中性点。从 N 点引出的线称为中线或零线，零线接地也称地线，一般用黑色标记。没有中线的三相输电系统称为三相三线制，有中线的三相输电系统称为三相四线制。

由图 8-4 易知，线电流等于相电流。线电压(任意两条相线之间的电压)$\dot{U}_{\mathrm{AB}}$、$\dot{U}_{\mathrm{BC}}$、$\dot{U}_{\mathrm{CA}}$与相电压(相线与中线之间的电压)之间的关系为

$$\begin{cases}\dot{U}_{\mathrm{AB}}=\dot{U}_{\mathrm{A}}-\dot{U}_{\mathrm{B}}\\ \dot{U}_{\mathrm{BC}}=\dot{U}_{\mathrm{B}}-\dot{U}_{\mathrm{C}}\\ \dot{U}_{\mathrm{CA}}=\dot{U}_{\mathrm{C}}-\dot{U}_{\mathrm{A}}\end{cases}\tag{8-3}$$

对于对称三相电源，相电压的有效值记为 U_{P}，线电压的有效值记为 U_{L}，将式(8-1)代入式(8-3)，可得

$$\begin{cases}\dot{U}_{AB}=\sqrt{3}U_P\underline{/30^\circ}=U_L\underline{/30^\circ}\\ \dot{U}_{BC}=\sqrt{3}U_P\underline{/-90^\circ}=U_L\underline{/-90^\circ}\\ \dot{U}_{CA}=\sqrt{3}U_P\underline{/150^\circ}=U_L\underline{/150^\circ}\end{cases} \tag{8-4}$$

式中：U_P 为相电压的有效值，$U_P=U$；U_L 为线电压的有效值，$U_L=U_{AB}=U_{BC}=U_{CA}$。

相电压及线电压相量图如图 8-5 所示。可见，若相电压是对称的，则线电压也是对称的，而且线电压的有效值是相电压有效值的$\sqrt{3}$倍，即 $U_L=\sqrt{3}U_P$。同时，线电压超前于相应相电压 30°，如 $\dot{U}_{AB}$ 超前于 $\dot{U}_A$ 30°，$\dot{U}_{BC}$ 超前于 $\dot{U}_B$ 30°，$\dot{U}_{CA}$ 超前于 $\dot{U}_C$ 30°。常见的供电系统中，相电压 $U_P=220$V，线电压 $U_L=380$V。

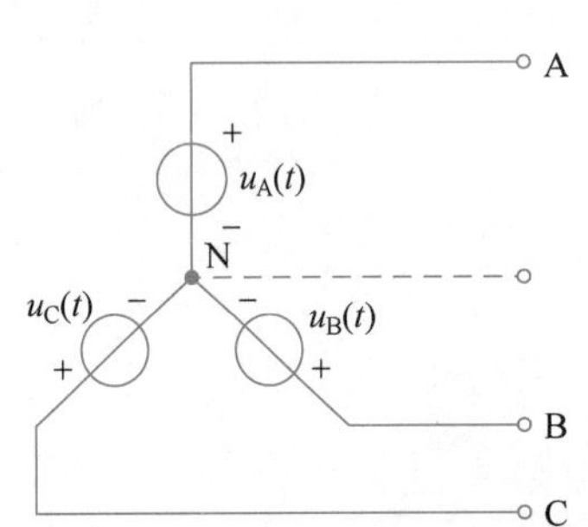

图 8-4　三相电源的星形连接

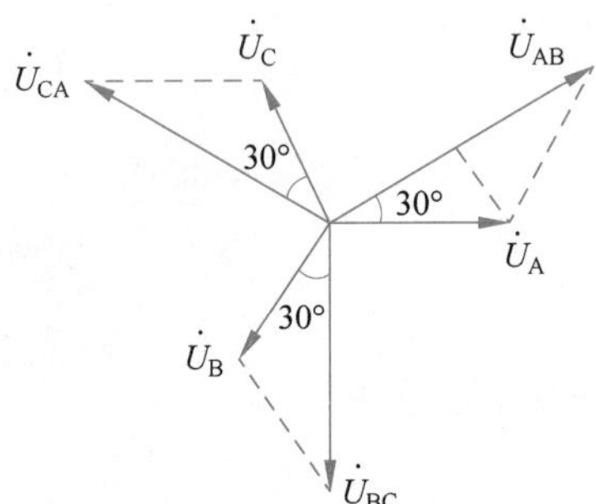

图 8-5　相电压、线电压相量图

需要特别指出，三相设备（包括电源和负载）铭牌上标出的额定电压指的是线电压。如三相四线制供电系统中，380/220V 就是指线电压为 380V，相电压为 220V。

2. 三角形连接

如果将三相电源的三个相电压顺次连接，即 X 与 B、Y 与 C、Z 与 A 相接形成一个回路，并从三个连接点 A、B、C 处引出三根相线，就构成了三角形连接方式，如图 8-6 所示。

在三角形连接方式中，对称三相电源的线电压等于相电压，即 $u_L=u_P$，由式(8-2)知，其回路总电压 $u_A(t)+u_B(t)+u_C(t)=0$，相量图如图 8-7(a)所示。如果对称三相电源有某相电压源的极性接反，那么三个相电压的和将不再为零，电源回路中将产生较大的电流，导致烧坏三相发电机等事故。如 C 相接反，回路总电压为

$$\dot{U}=\dot{U}_A+\dot{U}_B+\dot{U}_C=-2\dot{U}_C$$

相当于有一个大小为相电压 2 倍的电压源作用于闭合回路，相量图如图 8-7(b)所示。

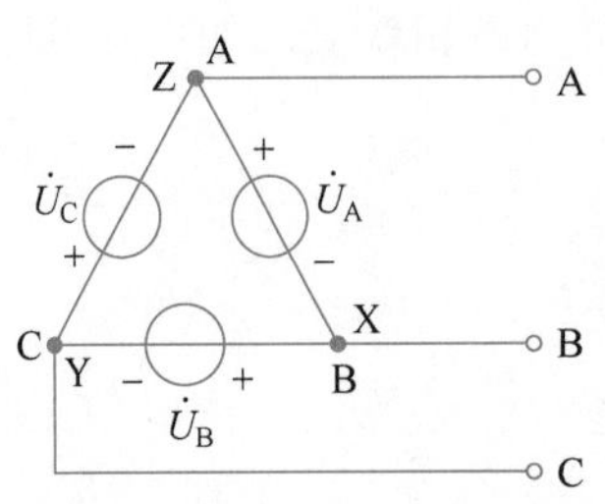

图 8-6　三相电源的三角形连接

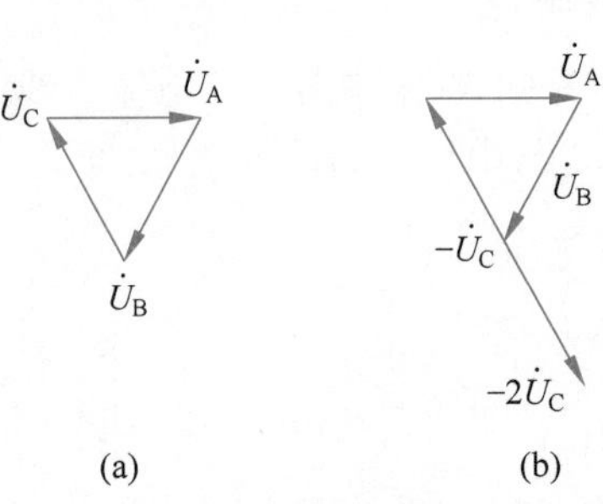

图 8-7　相量图

显然，采用三角形连接的三相电源从端点引出三根导线向用户供电，是三相三线制供电方式。

8.2.2 三相负载的连接

在三相电路中，负载也有星形和三角形两种连接方式，如图 8-8 所示。每一个负载称为三相负载的一相，每相负载的端电压称为负载的相电压，流过该负载的电流称为负载的相电流。三个负载向外引出的传输线上的电流称为负载的线电流，如图 8-8 中 $\dot{I}_A$、$\dot{I}_B$、$\dot{I}_C$，传输线之间的电压称为负载的线电压，如图 8-8 中的 $\dot{U}_{AB}$、$\dot{U}_{BC}$。如果三个负载都具备相同的参数，即三相负载阻抗的模和辐角完全相同，称为对称三相负载；否则，称为不对称三相负载。

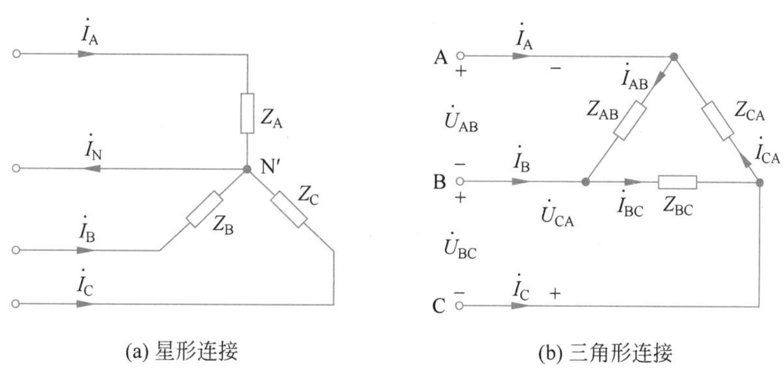

图 8-8 三相负载的连接

在三相负载 Y 形连接方式中，每相负载的相电压即为电源的相电压，即 $U_P=\frac{1}{\sqrt{3}}U_L$；流过每相负载的电流即为相线中的线电流，即 $I_P=I_L$。

在三相负载△形连接方式中，每相负载的相电压即为电源的线电压，即 $U_P=U_L$；对称负载时，三相负载中的相电流 $\dot{I}_{AB}$、$\dot{I}_{BC}$、$\dot{I}_{CA}$ 与线电流 $\dot{I}_A$、$\dot{I}_B$ 及 $\dot{I}_C$ 之间的关系，根据 KCL 可知，满足以下条件：

$$\begin{cases}\dot{I}_A=\dot{I}_{AB}-\dot{I}_{CA}\\ \dot{I}_B=\dot{I}_{BC}-\dot{I}_{AB}\\ \dot{I}_C=\dot{I}_{CA}-\dot{I}_{BC}\end{cases}$$

其中，$\dot{I}_{AB}$、$\dot{I}_{BC}$、$\dot{I}_{CA}$ 为对称关系，即相位互差 120°，$I_{AB}=I_{BC}=I_{CA}=I_P$。设 $\dot{I}_{AB}=I_P\angle 0°$，可解得 $\dot{I}_A=\sqrt{3}I_P\angle -30°$，即 $\dot{I}_A$ 滞后 $\dot{I}_{AB}$30°；类似可得 $\dot{I}_B$ 滞后 $\dot{I}_{BC}$30°，$\dot{I}_C$ 滞后 $\dot{I}_{CA}$30°。综上，在对称三相负载为△形连接方式时，线电流比相应的相电流滞后 30°，线电流的有效值是相电流有效值的 $\sqrt{3}$ 倍，即 $I_L=\sqrt{3}I_P$。

用电设备的额定电压应与电源的电压相符，否则设备不能正常工作。当三相负载的额定电压等于三相电源线电压的 $1/\sqrt{3}$ 时，三相负载采用星形连接方式；当三相负载的额定电压等于电源的线电压时，三相负载采用三角形连接方式。

8.3 三相电路的计算

三相电源通过传输线与三相负载相连构成三相电路。由于电源的连接方式（Y 形和△形）和负载的连接方式（Y 形和△形）不同，三相电路有 Y-Y、Y-△、△-Y 和△-△四种连接方式。三相电路实际上是正弦交流电路的一种特殊形式，因此正弦交流电路的分析方法对三相电路完全适用。

8.3.1 对称三相电路的计算

由对称三相电源和对称三相负载组成的三相电路称为对称三相电路。

图 8-9 为 Y 形电源和 Y 形负载连接而成的对称三相四线制的简化电路。其中 $\dot{U}_A$、$\dot{U}_B$、$\dot{U}_C$ 组成对称三相电源；$Z_A=Z_B=Z_C=Z=|Z|\angle\varphi$ 组成对称三相负载，Z_1 为传输线等效阻抗，Z_N 为中线等效阻抗。

以 N 点为参考节点，A、B、C 点的节点电压分别为相电压 $\dot{U}_A$、$\dot{U}_B$、$\dot{U}_C$，N′点的节点电压方程为

$$\left(\frac{1}{Z_1+Z_A}+\frac{1}{Z_1+Z_B}+\frac{1}{Z_1+Z_C}+\frac{1}{Z_N}\right)\dot{U}_{N'}-\frac{1}{Z_1+Z_A}\dot{U}_A-\frac{1}{Z_1+Z_B}\dot{U}_B-\frac{1}{Z_1+Z_C}\dot{U}_C=0$$

由于是对称三相电路，有 $Z_A=Z_B=Z_C=Z=|Z|\angle\varphi$，整理可得

$$\left(\frac{3}{Z_1+Z}+\frac{1}{Z_N}\right)\dot{U}_{N'}-\frac{1}{Z_1+Z}(\dot{U}_A+\dot{U}_B+\dot{U}_C)=0$$

由式(8-2)，即 $\dot{U}_A+\dot{U}_B+\dot{U}_C=0$，可知 $\dot{U}_{N'}=0$，即 N′点和 N 点等电位，中线上没有电流流过，表明在星形电源和星形负载连接的对称三相电路中有没有中线效果一样，中线可以省去。求得相电流为

$$\dot{I}_A=\frac{\dot{U}_A}{Z_A+Z_1}=\frac{\dot{U}_A}{Z+Z_1}=\frac{U_P\angle 0^\circ}{|Z'|\angle\varphi'}=\frac{U_P}{|Z'|}\angle(0^\circ-\varphi')=I_P\angle-\varphi'$$

$$\dot{I}_B=\frac{\dot{U}_B}{Z_B+Z_1}=\frac{\dot{U}_B}{Z+Z_1}=\frac{U_P\angle-120^\circ}{|Z'|\angle\varphi'}=I_P\angle(-120^\circ-\varphi')$$

$$\dot{I}_C=\frac{\dot{U}_C}{Z_C+Z_1}=\frac{\dot{U}_C}{Z+Z_1}=\frac{U_P\angle 120^\circ}{|Z'|\angle\varphi'}=I_P\angle(120^\circ-\varphi')$$

可见，三个相电流的相位互差 120°，而且 $I_A=I_B=I_C=I_P$，所以在计算时只需要计算其中的一相，便可以利用对称性推算出其他两相的相关参数。图 8-10 为对称三相负载的相量图。

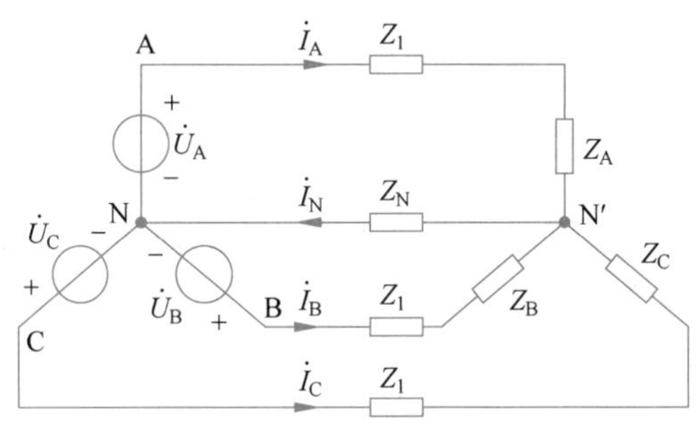

图 8-9 对称三相电路

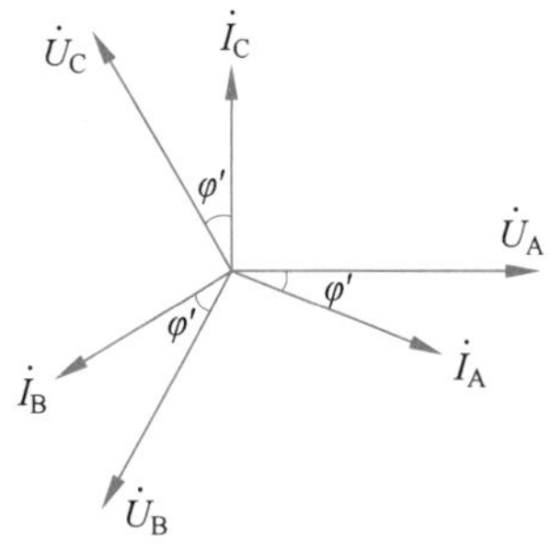

图 8-10 对称负载的相量图

例 8-1 有 Y-Y 连接的对称三相电路如图 8-11 所示，每相阻抗 $R=30\Omega$，$X_L=40\Omega$，设电源线电压 $u_{AB}=380\sqrt{2}\cos(\omega t+30°)$V，试求各相电流的瞬时表达式。

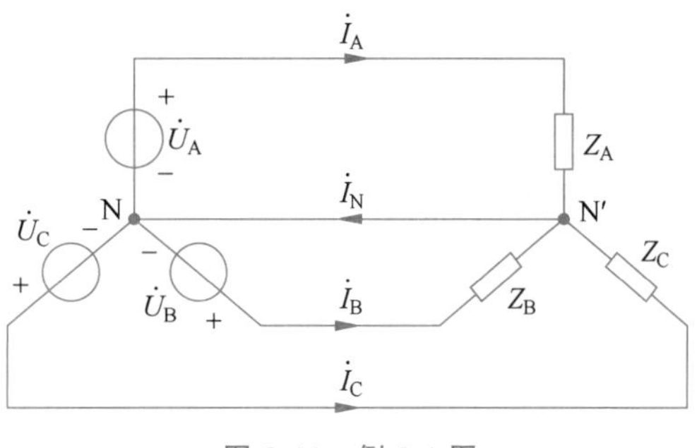

图 8-11 例 8-1 图

解：该三相电路为对称三相电路，只需计算一相(如 A 相)，其他两相便可推知。

由式(8-4)可知

$$U_A=\frac{U_{AB}}{\sqrt{3}}=\frac{380}{\sqrt{3}}=220(\text{V})$$

$\dot{U}_A$ 比 $\dot{U}_{AB}$ 滞后 30°，所以 $u_A=220\sqrt{2}\cos\omega t$(V)。

A 相电流为

$$I_A=\frac{U_A}{|Z_A|}=\frac{220}{\sqrt{30^2+40^2}}=\frac{220}{50}=4.4(\text{A})$$

A 相阻抗角为

$$\varphi=\arctan\frac{X_L}{R}=\arctan\frac{40}{30}=53.1°$$

由此可得

$$i_A=4.4\sqrt{2}\cos(\omega t-53°)(\text{A})$$

$$i_B=4.4\sqrt{2}\cos(\omega t-53°-120°)=4.4\sqrt{2}\cos(\omega t-173°)(\text{A})$$

$$i_C=4.4\sqrt{2}\cos(\omega t-53°+120°)=4.4\sqrt{2}\cos(\omega t+67°)(\text{A})$$

例 8-2 对称三相电源的线电压 $U_L=380$V，对称三相负载作三角形连接，每相阻抗 $Z=(16+\text{j}12)\Omega$，试求各相负载的相电流 I_P 和线电流 I_L。

解：负载作三角形连接时，不论电源是三角形还是星形连接，各相负载的电压等于电源的线电压。负载线电流有效值为相电流有效值的$\sqrt{3}$倍，设负载线电压和相电压有效值分别为 U_L 和 U_P，有 $U_P=U_L=380$V。

各相负载的阻抗为

$$Z=16+\text{j}12=20\angle 36.9°(\Omega)$$

负载各相电流的有效值为

$$I_P=\frac{U_P}{|Z|}=\frac{380}{20}=19(\mathrm{A})$$

各线电流的有效值为

$$I_L=\sqrt{3}I_P=\sqrt{3}\times 19=32.9(\mathrm{A})$$

在分析计算对称三相负载为△连接方式、线路阻抗不能忽略的电路时，往往可以根据△-Y 阻抗等效互换关系，将△负载连接转换为 Y 负载连接方式的三相电路，其转换关系为 $Z_Y=\frac{Z_\triangle}{3}$。再利用对称 Y-Y 三相电路的分析方法进行计算。

例 8-3 对称三相电路如图 8-12(a)所示，已知 $Z=(19.2+\mathrm{j}14.4)\Omega$，线路阻抗 $Z_L=(3+\mathrm{j}4)\Omega$，对称线电压 $U_L=380\mathrm{V}$，试求负载端的线电压、线电流和相电流。

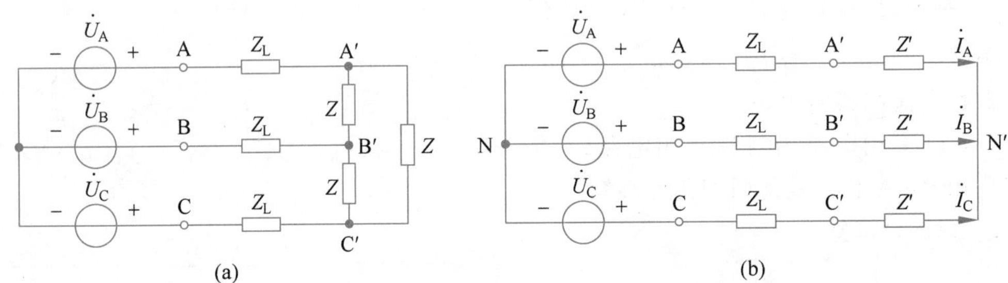

图 8-12 例 8-3 图

解：该对称三相电路为 Y-△连接方式，将△形连接的负载阻抗利用△-Y 阻抗等效互换关系变换为 Y 形连接方式，相应对称 Y-△电路变为对称的 Y-Y 电路，如图 8-12(b)所示，图中 Z'为三角形负载变换为星形负载的等效阻抗。

$$Z'=\frac{Z}{3}=\frac{19.2+\mathrm{j}14.4}{3}=6.4+\mathrm{j}4.8=8\angle 36.87^\circ(\Omega)$$

因 $U_L=380\mathrm{V}$，可知，相电压有效值 $U_P=U_L/\sqrt{3}=220\mathrm{V}$，有 $U_A=U_B=U_C=220\mathrm{V}$。

以 N 为参考节点，令 $\dot{U}_A=220\angle 0^\circ\mathrm{V}$，对对称三相 Y-Y 电路，可得 $U_{N'N}=0\mathrm{V}$，计算可得负载端的线电流为

$$\dot{I}_A=\frac{\dot{U}_A}{Z_L+Z'}=17.1\angle -43.2^\circ\mathrm{A},\quad \dot{I}_B=17.1\angle -163.2^\circ\mathrm{A},\quad \dot{I}_C=17.1\angle 76.8^\circ\mathrm{A}$$

$$\dot{U}_{A'N'}=\dot{I}_AZ'=136.8\angle -6.3^\circ\mathrm{V}$$

根据线电流与相电流的关系，可得

$$\dot{U}_{A'B'}=\dot{U}_{A'N'}\sqrt{3}\angle 30^\circ=236.9\angle 23.7^\circ(\mathrm{V})$$

$$\dot{U}_{B'C'}=236.9\angle -96.3^\circ\mathrm{V}$$

$$\dot{U}_{C'A'}=236.9\angle 143.7^\circ\mathrm{V}$$

根据负载端的线电压可以求出负载中的相电流为

$$\dot{I}_{A'B'}=\frac{\dot{U}_{A'B'}}{Z}=9.9\angle -13.2^\circ\mathrm{A},\quad \dot{I}_{B'C'}=9.9\angle -133.2^\circ\mathrm{A},\quad \dot{I}_{C'A'}=9.9\angle 106.8^\circ\mathrm{A}$$

8.3.2　不对称三相电路的计算

三相电路中只要电源或负载端有一部分不对称，就称为不对称三相电路。对称三相电路某一相负载短路或开路、某条传输线断开等故障也会失去对称性，成为不对称三相电路。本节只简单讨论负载不对称电路的计算。

如图 8-13 所示 Y-Y 形式连接电路中，三相电源对称，三相负载不对称。每相负载电流、电压关系式为

$$\dot{I}_A=\frac{\dot{U}_A}{Z_A},\quad \dot{I}_B=\frac{\dot{U}_B}{Z_B},\quad \dot{I}_C=\frac{\dot{U}_C}{Z_C}$$

显然，三个电流不再对称，且$\dot{I}_N=\dot{I}_A+\dot{I}_B+\dot{I}_C\neq 0$，此时中线不可省去。

例 8-4　如图 8-14 所示的不对称三相电路，已知 $\dot{U}_A=220\angle 0°\text{V}$，$\dot{U}_B=220\angle -120°\text{V}$，$\dot{U}_C=220\angle 120°\text{V}$，如果 $Z_A=484\Omega$，$Z_B=242\Omega$，$Z_C=121\Omega$，各相负载的额定电压为 220V，试求各相负载实际承受的电压是多少？

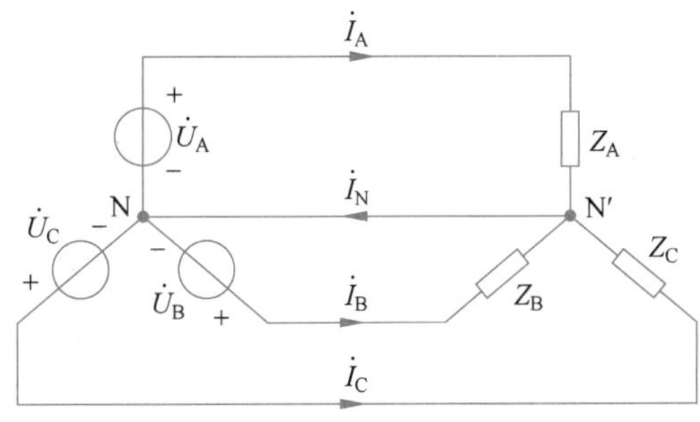

图 8-13　不对称三相电路

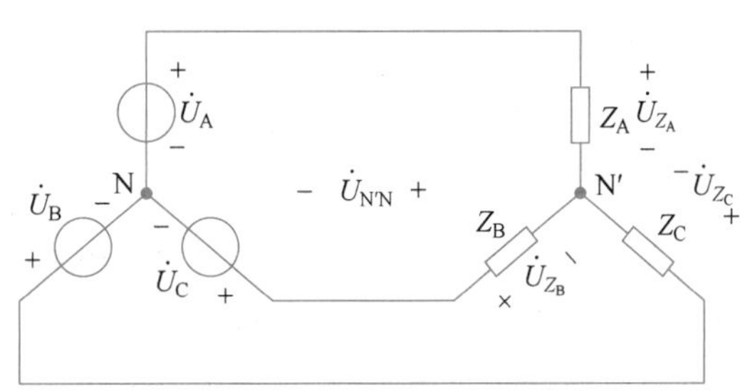

图 8-14　例 8-4 电路

解：设各相负载的电压分别为 $\dot{U}_{Z_A}$、$\dot{U}_{Z_B}$、$\dot{U}_{Z_C}$，选 N 点为参考节点，列 N′点的节点电压方程：

$$\left(\frac{1}{Z_A}+\frac{1}{Z_B}+\frac{1}{Z_C}\right)\dot{U}_{N'N}-\frac{\dot{U}_A}{Z_A}-\frac{\dot{U}_B}{Z_B}-\frac{\dot{U}_C}{Z_C}=0$$

将已知条件代入，有

$$\dot{U}_{N'N}=\frac{\dfrac{220}{484}+\dfrac{220\angle -120°}{242}+\dfrac{220\angle 120°}{121}}{\dfrac{1}{484}+\dfrac{1}{242}+\dfrac{1}{121}}=-62.86+\text{j}54.43=83.15\angle 139.1°(\text{V})$$

各相负载实际承受的电压分别为

$$\dot{U}_{Z_A}=\dot{U}_A-\dot{U}_{N'N}=220-(-62.86+\text{j}54.43)=288.0\angle -10.9°(\text{V})$$

$$\dot{U}_{Z_B}=\dot{U}_B-\dot{U}_{N'N}=-110-\text{j}190.5-(-62.86+\text{j}54.43)=249.4\angle -100.9°(\text{V})$$

$$\dot{U}_{Z_C}=\dot{U}_C-\dot{U}_{N'N}=-110+\text{j}190.5-(-62.86+\text{j}54.43)=144.0\angle 109.1°(\text{V})$$

可见，在 Y-Y 连接的三相电路中，当负载不对称时，如果中线断开，此时负载相电压与电源相电压发生偏离，各相负载均不能工作在额定电压下，出现欠压或过压故障，负载容易损害。因此，在三相负载不对称的情况下必须要有中线，才能使得三相负载的相电压对称，保证负载正常工作。

8.4 三相电路的功率

三相负载消耗的总功率（总有功功率）等于各相功率（有功功率）之和，即

$$P = P_A + P_B + P_C = U_A I_A \cos\varphi_A + U_B I_B \cos\varphi_B + U_C I_C \cos\varphi_C$$

当三相负载对称时，$P = 3U_P I_P \cos\varphi$。

实际三相电路中，测量线电压和线电流较为方便，因此三相电路总功率常用线电压与线电流计算。

当负载为星形连接时，由前述知识可知，$U_L = \sqrt{3}U_P$，$I_L = I_P$，总功率可表示为

$$P = \sqrt{3}U_L I_L \cos\varphi \tag{8-5}$$

当负载为三角形连接时，由前述知识，$U_L = U_P$，$I_L = \sqrt{3}I_P$，总功率可表示为

$$P = \sqrt{3}U_L I_L \cos\varphi \tag{8-6}$$

因此，对于三相对称负载，无论是星形还是三角形连接，都有 $3U_P I_P = \sqrt{3}U_L I_L$，因此

$$P = 3U_P I_P \cos\varphi = \sqrt{3}U_L I_L \cos\varphi \tag{8-7}$$

在三相电路中，总的瞬时功率为各相负载瞬时功率之和，即 $p = p_A + p_B + p_C$。将各相负载的瞬时电压和瞬时电流值代入瞬时功率计算式，可进一步证明对称三相电路，负载所消耗的总瞬时功率是恒定的，且等于负载的总有功功率（功率），即

$$p = p_A + p_B + p_C = P = \sqrt{3}U_L I_L \cos\varphi$$

表明对于对称三相电路，虽然每相电流（或电压）随时间变化，但总功率是恒定的。这是对称三相电路的一个优越性能。习惯上把这一性能称为瞬时功率平衡。

类似可求出三相对称负载的无功功率为

$$Q = 3U_P I_P \sin\varphi = \sqrt{3}U_L I_L \sin\varphi \tag{8-8}$$

三相对称负载的视在功率为

$$S = \sqrt{P^2 + Q^2} = 3U_P I_P = \sqrt{3}U_L I_L \tag{8-9}$$

当三相负载不对称时，负载的有功功率、无功功率分别为各相负载的有功功率、无功功率的代数和，即

$$P = P_A + P_B + P_C,\quad Q = Q_A + Q_B + Q_C,\quad S = \sqrt{P^2 + Q^2}$$

例 8-5 某三相对称负载 $Z = (6 + \mathrm{j}8)\Omega$，接于线电压 $U_L = 380\mathrm{V}$ 的三相对称电源上，求负载星形连接和三角形连接时的有功功率。

解：$Z = 6 + \mathrm{j}8 = 10\angle 53.13^\circ\Omega$，即 $|Z| = 10\Omega$，$\varphi = 53.13^\circ$。

(1) 负载星形连接时，有

$$U_P = \frac{U_L}{\sqrt{3}} = \frac{380}{\sqrt{3}} = 220(\text{V})$$

$$I_L = I_P = \frac{U_P}{|Z|} = \frac{220}{10} = 22(\text{A})$$

$$P_Y = \sqrt{3}U_L I_L \cos\varphi = \sqrt{3} \times 380 \times 22\cos 53.13^\circ = 8688\text{W} = 8.688(\text{kW})$$

(2) 负载三角形连接时，有

$$U_L = U_P = 380\text{V}$$

$$I_P = \frac{U_P}{|Z|} = \frac{380}{10} = 38(\text{A}), \quad I_L = \sqrt{3}I_P = \sqrt{3} \times 38 = 65.82(\text{A})$$

$$P_\triangle = \sqrt{3}U_L I_L \cos\varphi = \sqrt{3} \times 380 \times 65.82\cos 53.13^\circ = 25998(\text{W}) \approx 26(\text{kW})$$

读者可自行证明：U_L 一定时，同一负载接成星形时的功率 P_Y 与接成三角形时的功率 $P_\triangle$ 间的关系为 $P_\triangle = 3P_Y$。

本章小结

三相交流发电机产生的三相正弦交流电压是对称的，其幅值、频率相等，相位互差120°。经过电力网、变压器传输分配到用户。我国低压电力系统普遍使用的三相四线制供电方式可以为用户提供两种电源电压，即线电压 $U_L = 380\text{V}$ 和相电压 $U_P = 220\text{V}$。

当负载为星形连接时，每相负载的相电流等于线电流，线电压是相电压的$\sqrt{3}$倍(无论负载对称与否)，线电压超前相应的相电压 30°；当负载为三角形连接时，线电压等于相电压，负载对称时，线电流是相电流的$\sqrt{3}$倍，线电流滞后相应的相电流 30°，负载不对称时，线电流不等于相电流的$\sqrt{3}$倍。

三相电路的分析计算是以单相交流电路为基础的。对称三相电路可以先计算出其中的一相，其他两相可根据对称关系直接得出。

三相电路的总功率为各相功率之和，也就是三相电路中所有器件消耗的功率之和。当三相负载对称时，不论 Y 形还是△形连接，其计算公式如下：

有功功率为

$$P = 3U_P I_P \cos\varphi = \sqrt{3}U_L I_L \cos\varphi$$

无功功率为

$$Q = 3U_P I_P \sin\varphi = \sqrt{3}U_L I_L \sin\varphi$$

视在功率为

$$S = \sqrt{P^2 + Q^2} = 3U_P I_P = \sqrt{3}U_L I_L$$

当三相负载不对称时，其功率计算公式分别为

$$P = P_A + P_B + P_C$$

$$Q = Q_A + Q_B + Q_C$$

$$S = \sqrt{P^2 + Q^2}$$

习题

一、选择题

1. 某三相四线制供电电路中，相电压为220V，则线电压为（　　）。

A. 220V　　B. 311V　　C. 380V　　D. 190V

2. 三相四线制电路，已知 $\dot{I}_A=10\angle 20°\text{A}$，$\dot{I}_B=10\angle -100°\text{A}$，$\dot{I}_C=10\angle 140°\text{A}$，则中性线电流 $\dot{I}_N$ 为（　　）。

A. 10A　　B. 0A　　C. 30A　　D. $10\sqrt{3}$A

3. 一台三相电动机绕组作星形连接，接到线电压为380V的三相电源上，测得线电流 $I_1=10\text{A}$，则电动机每组绕组的阻抗为（　　）。

A. 38Ω　　B. 22Ω　　C. 66Ω　　D. 11Ω

4. 对称三相电路负载作三角形连接，电源线电压为380V，负载复阻抗 $Z=(8-\text{j}6)\Omega$，则线电流为（　　）。

A. 38A　　B. 22A　　C. 0A　　D. 65.82A

5. 对称三相电源接对称三相负载，负载三角形连接，A相线电流 $\dot{I}_A=38.1\angle -66.9°\text{A}$，则B相线电流 $\dot{I}_B=$（　　）。

A. $22\angle -36.9°\text{A}$　　B. $38.1\angle -186.9°\text{A}$　　C. $38.1\angle 53.1°\text{A}$　　D. $22\angle 83.1°\text{A}$

二、填空题

1. 若正序对称三相电源电压 $u_A=U_m\cos\left(\omega t+\frac{\pi}{2}\right)\text{V}$，则 $u_B=$________V。

2. 对称三相电路是指三相电源________和三相负载________的电路。

3. 对称三相负载星形连接时，线电压是相电压的________倍，且相位________相应的相电压________；三角形连接时，线电流是相电流的________倍，且相位________相应的相电流________。

4. 在对称三相电路中，设线电压和线电流分别为 U_L、I_L，每一相的功率因数都是 $\cos\varphi$，则三相电路的总功率为________。

5. 如图x8.1所示对称三相三角形连接电路中，若已知线电流 $\dot{I}_A=10\angle 60°\text{A}$，则相电流 $\dot{I}_{BC}=$________。

6. 如图x8.2所示对称三相电路中，已知线电流 $I_L=17.32\text{A}$，若此时图中m点处发生断路，则此时 $I_A=$________A，$I_B=$________A，$I_C=$________A。

图 x8.1　填空题5图

图 x8.2　填空题6图

三、计算题

1. 有一电源和负载都是星形连接的对称三相电路，已知电源相电压为 220V，负载每相阻抗模 $|Z|=10\Omega$，试求负载的相电流和线电流，电源的相电流和线电流。

2. 有一个三相四线制照明电路，相电压为 220V，已知三相的照明灯组分别由 34 只、45 只、56 只白炽灯并联组成，每只白炽灯的功率都是 100W，求三个线电流和中线电流有效值。

3. 在图 x8.3 所示的三相电路中，$R=X_C=X_L=25\Omega$，接于线电压为 220V 的对称三相电源上，求各相线中的电流。

4. 试分析图 x8.4 所示的对称三相电路，工作中在 M 处断线和 N 处断线两种情况下的各线电流、相电流和有功功率的变化。

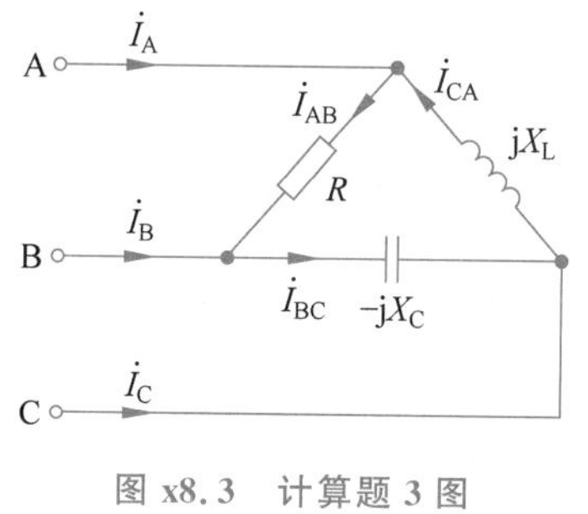

图 x8.3 计算题 3 图

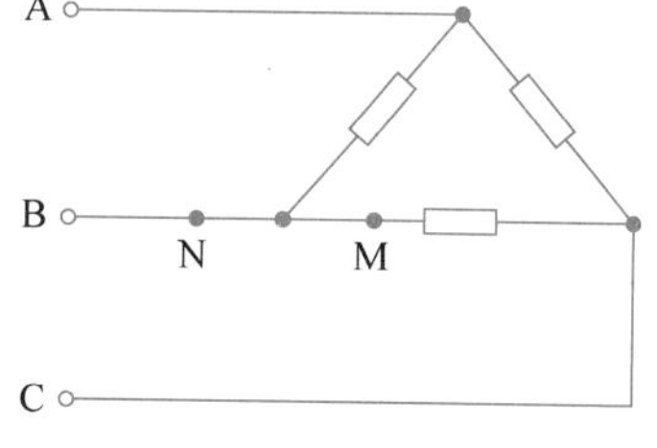

图 x8.4 计算题 4 图

5. 图 x8.5 为对称的 Y-Y 三相电路，其中电压表的读数为 1143.16V，$Z=(15+j15\sqrt{3})\Omega$，$Z_L=(1+j2)\Omega$，求图示电路电流表的读数和线电压 U_{AB}。

6. 某幢楼房有 3 层，计划在每层安装 10 盏 220V、100W 的白炽灯，用 380V 的三相四线制电源供电。

(1) 画出合理的电路图；

(2) 若所有白炽灯同时点亮，则线电流和中性线电流是多少？

(3) 若只有第 1 层和第 2 层点亮，则中性线电流是多少？

7. 三角形连接法的三相对称电路，线电压为 380V，每相负载的电阻 $R=24\Omega$，感抗 $X_L=18\Omega$，求负载的相电流，并画出各线电压，线电流的相量图。

8. 已知对称三相电路的星形负载阻抗 $Z=(165+j84)\Omega$，端线阻抗 $Z_1=(2+j1)\Omega$，中线阻抗 $Z_N=(1+j1)\Omega$，线电压 $U_1=380V$，求负载端的电流和线电压，并作电路的相量图。

9. 如图 x8.6 所示三相电路中，已知 $Z_1=22\angle-60^\circ\Omega$，$Z_2=11\angle 0^\circ\Omega$，电源线电压为 380V。试问：

(1) 各仪表的读数是多少？

(2) 两组负载共消耗多少功率？

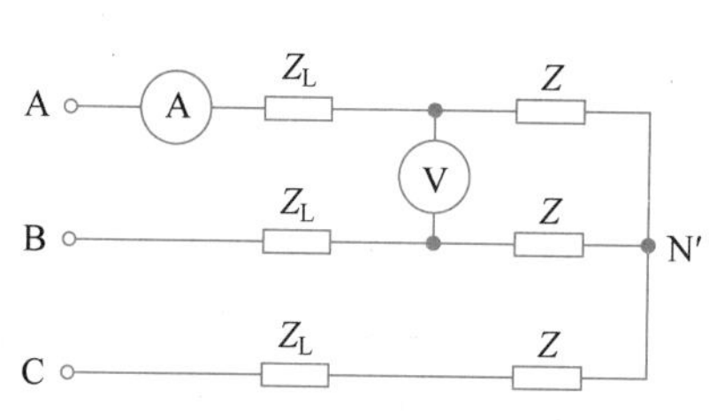

图 x8.5 计算题 5 图

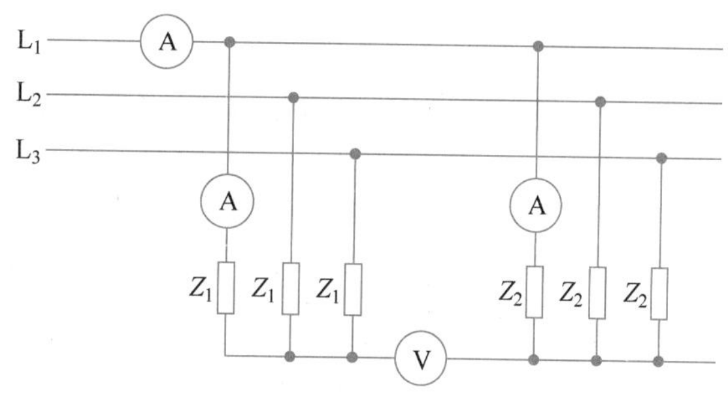

图 x8.6 计算题 9 图

第 9 章 电路的频率响应

CHAPTER 9

本章主要内容：首先讨论在多个正弦激励及非正弦周期函数激励下稳态电路的分析方法；然后引入电路的频率响应，给出网络函数的概念，运用网络函数详细讨论 RLC 串、并联电路的频率响应以及谐振现象；最后介绍由动态元件构成的滤波器电路及其频率响应。

9.1 正弦激励下稳态电路的响应

含有多个正弦电源激励的线性非时变电路，求解该电路达到稳态时的响应，需要分两种不同情况进行讨论，一种情况是各正弦电源的频率都相同，另一种情况是各正弦电源的频率不相同。

9.1.1 同频率正弦激励下稳态电路的响应

当正弦稳态电路中各个正弦电源的频率都相同时，电路的响应仍是同频率的正弦量，这与第 7 章讨论的正弦稳态电路情况是完全相同的，因此第 7 章所述的网孔分析法、节点分析法、叠加定理以及戴维南定理等都可以用来分析同频率正弦激励下稳态电路的响应，此处不再详述。

9.1.2 不同频率正弦激励下稳态电路的响应

当同一电路中各个正弦电源的频率不相同时，可用线性电路的叠加定理对电路进行分析。在运用叠加定理时，由于各不同频率正弦量激励下电路的响应分量是不同频率的正弦量，不同频率的正弦量之和不再是正弦量，这表明，在不同频率正弦量激励下，电路的响应不再按正弦规律变化。因此，在用线性电路的叠加定理分析时，需要首先求解出各响应分量的时域表示式，这些时域表示式为一些不同频率正弦量，再把这些不同频率正弦量相加就是所求电路的响应。注意，不同频率正弦量的时域表示式可以相加，但它们的相量形式是不能相加的，因为相加是无意义的。

如图 9-1 所示电路含有多个独立源，且各个电源的频率不同，若要求某支路电流 $i_k(t)$，仍可用相量法求各响应分量 $\dot{I}_{k1}, \dot{I}_{k2}, \cdots$，但需要根据各自相应的相量模型(见图 9-2)分别求解，再写出各响应分量相应的时域表示式 $i_{k1}(t), i_{k2}(t), \cdots$，最后运用叠加定理可得

$$i_k(t)=i_{k1}(t)+i_{k2}(t)+\cdots$$

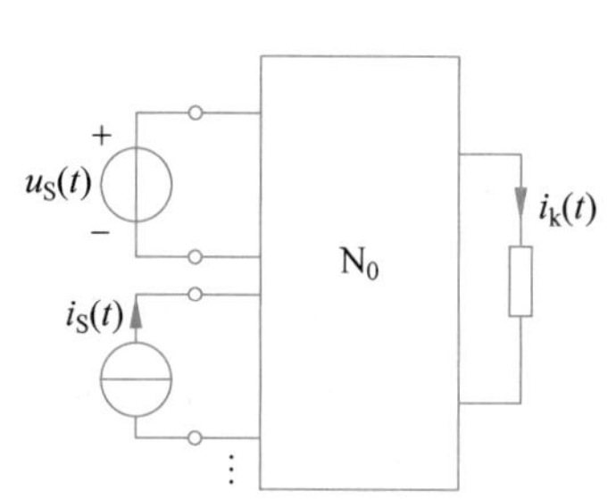

图 9-1 含有多个独立源的电路

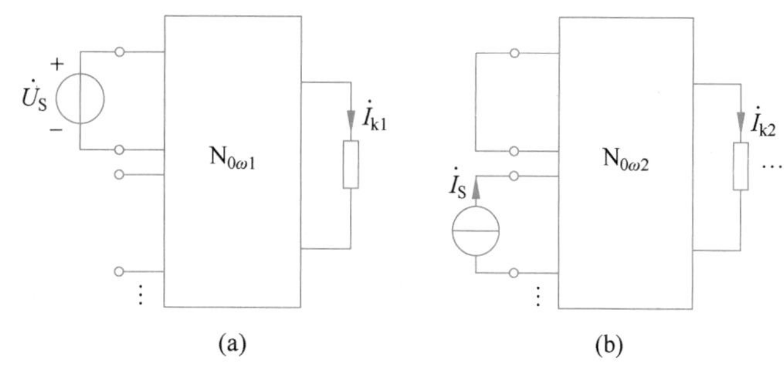

图 9-2 不同频率独立源分别作用时的相量模型

式中

$$i_{k1}(t)=\sqrt{2}I_{k1}\cos(\omega_1 t+\theta_1)$$

$$i_{k2}(t)=\sqrt{2}I_{k2}\cos(\omega_2 t+\theta_2)$$

$$\cdots$$

例 9-1 如图 9-3(a)所示电路,已知 $u_S(t)=4\sqrt{2}\cos 2t\,\text{V}$,$i_S(t)=4\sqrt{2}\cos 4t\,\text{A}$,求 $u_C(t)$。

解:题中两个正弦电源的频率不同,不能画出两个独立源共同作用时的相量模型。但是,在求解每个独立源单独作用的响应时,仍可根据各自的相量模型进行求解。

(1) $u_S(t)$单独作用时,相应的相量模型如图 9-3(b)所示,其中

$$\text{j}\omega L=\text{j}\times 2\times 1=\text{j}2\Omega,\quad \frac{1}{\text{j}\omega C}=\frac{1}{\text{j}\times 2\times 1}=-\text{j}0.5(\Omega)$$

则可得

$$\dot{U}'_C=\frac{4\angle 0^\circ}{1+\text{j}2-\text{j}0.5}\times(-\text{j}0.5)=-0.92-\text{j}0.62=1.11\angle -146^\circ(\text{V})$$

所以

$$u'_C(t)=1.11\sqrt{2}\cos(2t-146^\circ)(\text{V})$$

(2) $i_S(t)$单独作用时,相应的相量模型如图 9-3(c)所示,其中

$$\text{j}\omega L=\text{j}\times 4\times 1=\text{j}4\Omega,\quad \frac{1}{\text{j}\omega C}=\frac{1}{\text{j}\times 4\times 1}=-\text{j}0.25(\Omega)$$

则可得

$$\dot{U}''_C=\frac{4\angle 0^\circ}{1+\text{j}4-\text{j}0.25}\times(-\text{j}0.25)=-0.25-\text{j}0.066=0.26\angle -165^\circ(\text{V})$$

所以

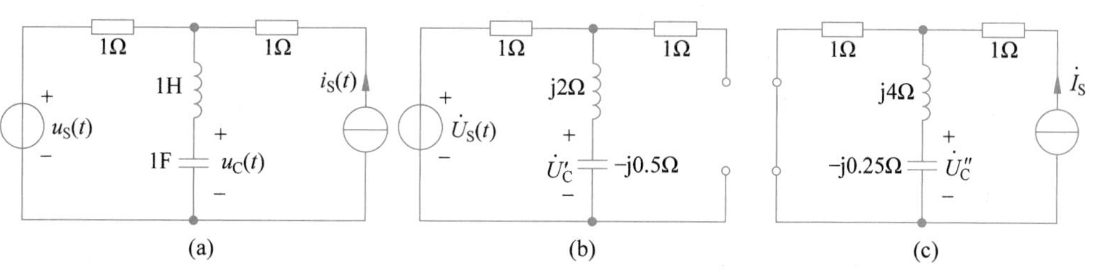

图 9-3 例 9-1 电路图

$$u''_C(t)=0.26\sqrt{2}\cos(4t-165°)\text{V}$$

(3) 由叠加定理可得

$$u_C(t)=u'_C(t)+u''_C(t)=1.11\sqrt{2}\cos(2t-146°)+0.26\sqrt{2}\cos(4t-165°)(\text{V})$$

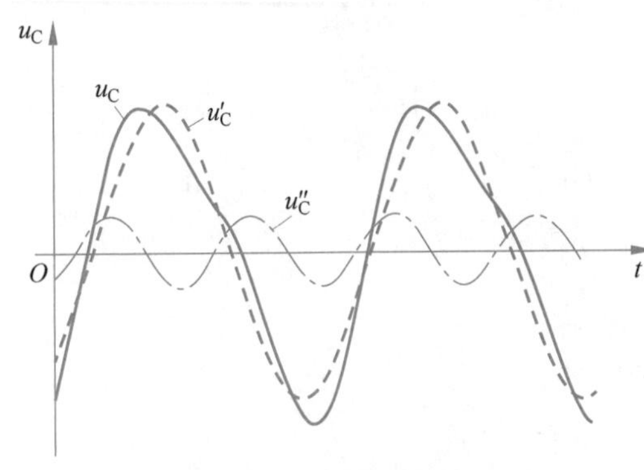

图 9-4 两个不同频率正弦量的叠加

绘出 $u_C(t)$ 的波形如图 9-4 所示。可以看出,两个不同频率正弦量相加得到的是一个非正弦周期量,但这并不表明所有不同频率正弦量相加得到的都是周期量,叠加结果是否是周期量,要根据两个正弦量的频率之间关系来判断。

设有两个不同频率的正弦量 $i_{k_1}(t)$、$i_{k_2}(t)$,其周期分别为 T_1、T_2,则 $f_1=1/T_1$,$f_2=1/T_2$。在 $f_1=rf_2(r\neq1)$时,若 r 为有理数,则一定存在一个公周期 T_C,在每个公周期内包含着整数个 T_1 和 T_2,即 $T_C=mT_1=nT_2$,m、n 为恰当的正整数,且 $m=rn$。

两个正弦量叠加后得到的 $i_k(t)$就是一个以 T_C 为周期的非正弦量。在例 9-1 中 $r=0.5$,可得 $T_C=T_1=2T_2$。

若 $f_1=rf_2(r\neq1)$,但 r 为无理数时,则响应 $i_k(t)$将是非周期性的。

9.2 非正弦周期函数激励下稳态电路的分析

9.2.1 非正弦周期函数激励下稳态电路的响应

对外施激励为一个或多个按正弦规律变化的正弦稳态电路的响应已做了分析,但在实际中还会出现大量的非正弦量。如果这些非正弦规律变化的电压或电流能按一定规律周而复始地变动,就称为非正弦周期量。

非正弦周期激励下稳态电路的响应可以应用叠加定理进行分析。分析时首先应用傅里叶级数把非正弦周期信号分解为许多不同频率的正弦量之和,然后应用相量法分别计算各不同频率正弦量作用下的响应,再将这些响应分量的瞬时表示式相加求得所需结果。其实质是把非正弦周期电路的计算转换为一系列正弦电路的计算,这样仍可利用相量法进行分析。

应用傅里叶级数可以把非正弦周期信号分解为一个直流分量和一系列频率成整数倍的正弦成分之和,其中频率与非正弦周期信号频率相同的分量称为基波或一次谐波分量,其他各项统称为高次谐波,即 2 次,3 次,4 次,…,n 次谐波。

如图 9-5 给出了三种典型的非正弦周期量的波形,它们的傅里叶级数展开式分别如下:

如图 9-5(a)所示矩形波:

$$f(t)=\frac{4A}{\pi}\left(\sin\omega t+\frac{1}{3}\sin3\omega t+\frac{1}{5}\sin5\omega t+\cdots+\frac{1}{k}\sin k\omega t+\cdots\right),\quad k\text{ 为奇数}$$

如图 9-5(b)所示等腰三角波:

$$f(t)=\frac{8A}{\pi^2}\left(\sin\omega t-\frac{1}{9}\sin3\omega t+\frac{1}{25}\sin5\omega t-\cdots+\frac{(-1)^{\frac{k-1}{2}}}{k^2}\sin k\omega t+\cdots\right),\quad k\ 为奇数$$

如图 9-5(c)所示锯齿波：

$$f(t)=\frac{A}{2}-\frac{A}{\pi}\left(\sin\omega t+\frac{1}{2}\sin2\omega t+\frac{1}{3}\sin3\omega t+\cdots+\frac{1}{k}\sin k\omega t+\cdots\right)$$

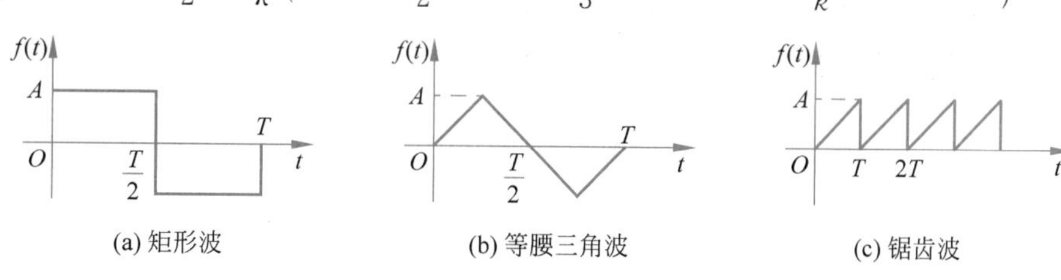

(a) 矩形波　(b) 等腰三角波　(c) 锯齿波

图 9-5　三种典型的非正弦周期信号

例 9-2　如图 9-6(a)所示 RLC 电路，已知 $R=10\Omega$，$\omega L=10\Omega$，$1/\omega C=20\Omega$，外施电压源 $u_S(t)=[10+10\sqrt{2}\cos\omega t+5\sqrt{2}\cos(3\omega t+30°)]\text{V}$，求电路中的电流 $i(t)$。

解：(1) 直流分量 $U_{S1}=10\text{V}$ 单独作用时的等效电路如图 9-6(b)所示，由图可得

$$i_1=0\angle 0°\text{A},\quad 故\quad i_1(t)=0\text{A}$$

(2) 基波分量作用时的相量模型如图 9-6(c)所示，其中

$$\dot{U}_{S2}=10\angle 0°\text{V},\quad \text{j}\omega L=\text{j}10\Omega,\quad 1/\text{j}\omega C=-\text{j}20\Omega$$

则有

$$\dot{I}_2=\frac{\dot{U}_{S2}}{10+\text{j}10-\text{j}20}=\frac{10\angle 0°}{10-\text{j}10}=0.707\angle 45°(\text{A})$$

所以

$$i_2(t)=0.707\sqrt{2}\cos(\omega t+45°)(\text{A})$$

(3) 3 次谐波分量作用时的相量模型如图 9-6(d)所示，其中

$$\dot{U}_{S3}=5\angle 30°\text{V},\quad \text{j}3\omega L=\text{j}30\Omega,\quad 1/\text{j}3\omega C=-\text{j}\,\frac{20}{3}=-\text{j}6.67(\Omega)$$

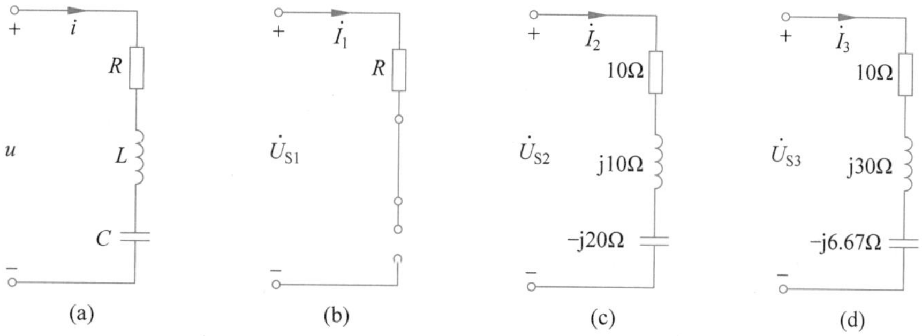

(a)　(b)　(c)　(d)

图 9-6　例 9-2 电路图

则有

$$\dot{I}_3=\frac{\dot{U}_{S3}}{10+\text{j}30-\text{j}6.67}=\frac{5\angle 30°}{10+\text{j}23.33}=0.197\angle -36.8°(\text{A})$$

所以

$$i_3(t)=0.197\sqrt{2}\cos(3\omega t-36.8^\circ)\text{A}$$

(4) 由叠加定理得,电路中的电流为

$$i(t)=i_1(t)+i_2(t)+i_3(t)=[0.707\sqrt{2}\cos(\omega t+45^\circ)+0.197\sqrt{2}\cos(3\omega t-36.8^\circ)](\text{A})$$

绘出 $i(t)$的波形如图 9-7 所示。由图可以看出,在非正弦周期激励下,稳态电路的响应仍为一个非正弦周期量,其周期与一次谐波分量相同。

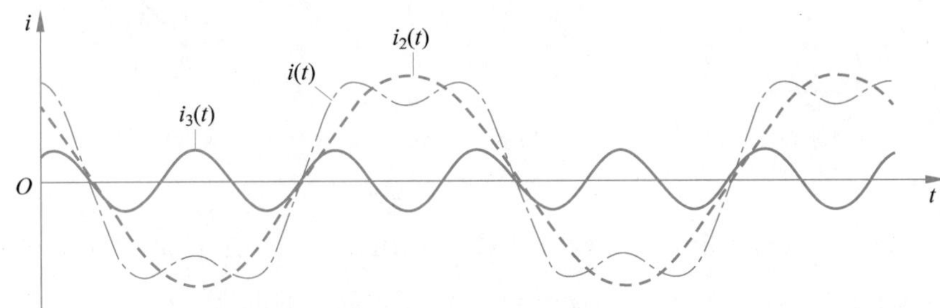

图 9-7 非正弦周期量 $i(t)$的波形

9.2.2 非正弦周期函数激励下的有效值

下面分析这种非正弦周期量的有效值,其有效值可根据第 6 章给出的周期量有效值定义式求解。设非正弦周期电压为

$$u(t)=U_0+\sum_{k=1}^{\infty}U_{km}\cos(k\omega t+\theta_k)$$

则该电压的有效值为

$$U=\sqrt{\frac{1}{T}\int_0^T u^2(t)\mathrm{d}t}$$

式中

$$\begin{aligned}u^2(t)&=[U_0+\sum_{k=1}^{\infty}U_{km}\cos(k\omega t+\theta_k)]^2\\&=U_0^2+\sum_{k=1}^{\infty}U_{km}^2\cos^2(k\omega t+\theta_k)+2U_0\sum_{k=1}^{\infty}U_{km}\cos(k\omega t+\theta_k)+\\&\quad 2\sum_{k=1}^{\infty}\sum_{\substack{n=1\\n\neq k}}^{\infty}U_{km}\cos(k\omega t+\theta_k)U_{nm}\cos(n\omega t+\theta_n)\end{aligned}\tag{9-1}$$

将式(9-1)代入有效值定义式,可得

$$U=\sqrt{U_0^2+\frac{1}{2}\sum_{k=1}^{\infty}U_{km}^2}=\sqrt{U_0^2+\sum_{k=1}^{\infty}U_k^2}=\sqrt{U_0^2+U_1^2+U_2^2+U_3^2+\cdots}\tag{9-2}$$

这就是非正弦周期电压信号的有效值计算式,它等于各次谐波有效值平方和的平方根。同理,若用 I 代表非正弦周期电流的有效值,则

$$I=\sqrt{\sum_{k=0}^{\infty}I_k^2}=\sqrt{I_0^2+I_1^2+I_2^2+I_3^2+\cdots}\tag{9-3}$$

9.2.3 非正弦周期函数激励下的平均功率

下面分析非正弦周期电路中平均功率的计算问题。

设如图 9-8 所示二端网络 N 的端口电压、电流是非正弦周期量,即

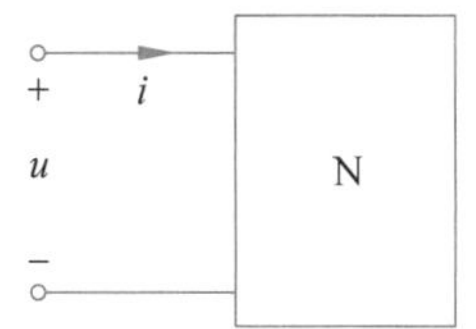

图 9-8 非正弦周期量作用下的二端网络

$$u(t)=U_0+\sum_{k=1}^{\infty}U_{km}\cos(k\omega t+\theta_{uk})$$

$$i(t)=I_0+\sum_{k=1}^{\infty}I_{km}\cos(k\omega t+\theta_{ik})$$

则其平均功率为

$$P=\frac{1}{T}\int_0^T u(t)i(t)\mathrm{d}t=\frac{1}{T}\int_0^T\left[U_0+\sum_{k=1}^{\infty}U_{km}\cos(k\omega t+\theta_{uk})\right]\times$$

$$\left[I_0+\sum_{k=1}^{\infty}I_{km}\cos(k\omega t+\theta_{ik})\right]\mathrm{d}t$$

其中,电压和电流的乘积展开后为下面四项:

$$U_0I_0$$

$$U_0\sum_{k=1}^{\infty}I_{km}\cos(k\omega t+\theta_{ik}),\quad I_0\sum_{k=1}^{\infty}U_{km}\cos(k\omega t+\theta_{uk})$$

$$\sum_{k=1}^{\infty}U_{km}\cos(k\omega t+\theta_{uk})I_{km}\cos(k\omega t+\theta_{ik})$$

$$\sum_{p=1}^{\infty}U_{pm}\cos(p\omega t+\theta_{up})\sum_{q=1}^{\infty}I_{qm}\cos(q\omega t+\theta_{iq})(p\neq q)$$

以上四项对时间 t 在周期 T 内积分,可得

$$\frac{1}{T}\int_0^T U_0I_0\mathrm{d}t=U_0I_0$$

$$\frac{1}{T}\int_0^T\sum_{k=1}^{\infty}U_{km}\cos(k\omega t+\theta_{uk})I_{km}\cos(k\omega t+\theta_{ik})\mathrm{d}t=\sum_{k=1}^{\infty}U_kI_k\cos(\theta_{uk}-\theta_{ik})$$

$$=\sum_{k=1}^{\infty}U_kI_k\cos\theta_k$$

其余两项的积分结果为零。

这样可以得到网络所吸收的平均功率为

$$P=U_0I_0+\sum_{k=1}^{\infty}U_kI_k\cos\theta_k=P_0+\sum_{k=1}^{\infty}P_k=\sum_{k=0}^{\infty}P_k \tag{9-4}$$

上式表明,非正弦周期电路的平均功率等于直流分量与各次谐波产生的平均功率之和。在非正弦周期电路中,叠加定理对平均功率是适用的。

例 9-3 如图 9-8 所示二端网络的端口电压、电流分别为

$$u(t)=[10+5\cos\omega t+10\cos2\omega t+2\cos3\omega t]\mathrm{V}$$

$$i(t)=[1+10\cos(\omega t-60°)+10\cos(3\omega t-45°)]\mathrm{A}$$

试求该二端网络吸收的平均功率。

解：由式(9-4)可得

$$P=U_0I_0+\sum_{k=1}^{3}U_kI_k\cos\theta_k=P_0+U_1I_1\cos\theta_1+U_2I_2\cos\theta_2+U_3I_3\cos\theta_3$$

式中

$$P_0=U_0I_0=10\times1=10(\text{W})$$

$$P_1=U_1I_1\cos(\theta_{u1}-\theta_{i1})=\frac{5}{\sqrt{2}}\times\frac{10}{\sqrt{2}}\cos60^\circ=12.5(\text{W})$$

由

$$\dot{U}_2=\frac{10}{\sqrt{2}}\angle0^\circ\text{V},\quad \dot{I}_2=0\text{A}$$

可得

$$P_2=0\text{W}$$

$$P_3=U_3I_3\cos(\theta_{u3}-\theta_{i3})=\frac{2}{\sqrt{2}}\times\frac{10}{\sqrt{2}}\cos45^\circ=7.07(\text{W})$$

则有

$$P=P_0+P_1+P_2+P_3=10+12.5+0+7.07=29.57(\text{W})$$

9.3 频率响应

9.3.1 正弦稳态的网络函数

当电路中包含储能元件时，由于储能元件的阻抗是频率的函数，使同一电路对不同频率的激励信号会产生不同的响应，这种同一电路的响应随频率的改变而发生变化的现象是用电路的频率特性来描述的；在电路分析中，频率特性是通过正弦稳态电路的网络函数来讨论的。下面首先来看网络函数的定义。

对单输入单输出电路来说，正弦稳态网络函数是指响应（输出）相量与激励（输入）相量之比，记作 $H(\text{j}\omega)$，即

$$H(\text{j}\omega)=\frac{\text{响应相量}}{\text{激励相量}}=\frac{\dot{R}(\text{j}\omega)}{\dot{E}}\tag{9-5}$$

式中：$\dot{E}$ 为输入正弦激励的相量形式，可以是电压源或电流源的相量；$\dot{R}(\text{j}\omega)$为响应相量，是要研究的某条支路的电压或流过某条支路的电流的相量形式。

由于激励和响应都是频率的函数，所以网络函数又称为频率响应函数，简称频响。

当响应和激励属于电路的同一端口时，该网络函数称为策动点函数或驱动点函数。根据输入、输出的不同，策动点函数又分为：策动点阻抗函数和策动点导纳函数。策动点阻抗函数的输入是电流源输出是电压，策动点导纳函数的输入是电压源输出是电流，如图 9-9(a)和图 9-9(b)所示。

当响应和激励属于电路的不同端口时，该网络函数称为转移函数。根据输入、输出的不同，转移函数分为：电压转移函数、电流转移函数、转移阻抗函数和转移导纳函数。电压转移函数的输入、输出为两个不同端口的电压，电流转移函数的输入、输出为两个不同端口的电流，转移阻抗函数的输入是电流输出为电压，转移导纳函数的输入是电压输出为电流，如

图 9-9(c)～图 9-9(f)所示。

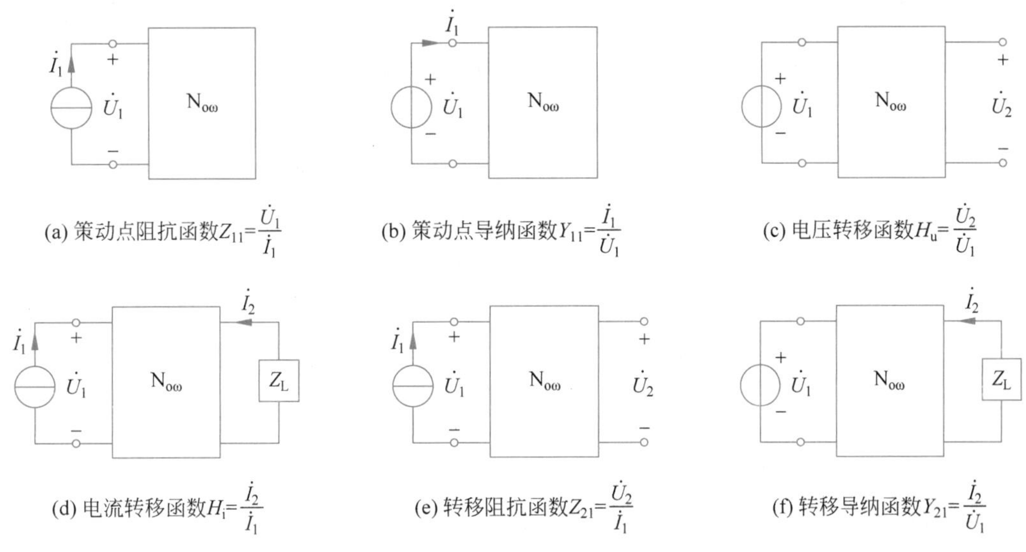

图 9-9 六种网络函数的定义

网络函数 $H(\mathrm{j}\omega)$是频率 ω 的复值函数，表征了在单一正弦激励作用下响应相量随频率 ω 变化的情况，写作

$$H(\mathrm{j}\omega)=|H(\mathrm{j}\omega)|\mathrm{e}^{\mathrm{j}\theta(\omega)}=|H(\mathrm{j}\omega)|\underline{/\theta(\omega)} \tag{9-6}$$

式中：$|H(\mathrm{j}\omega)|$为 $H(\mathrm{j}\omega)$的模，它是 ω 的实函数，反映了响应与激励的幅值之比(或有效值之比)随 ω 变化的规律，称作电路的幅频特性，以 ω 为横轴、$|H(\mathrm{j}\omega)|$为纵轴绘出$|H(\mathrm{j}\omega)|$随 ω 的变化曲线称为幅频特性曲线；$\theta(\omega)$为 $H(\mathrm{j}\omega)$的辐角，它也是 ω 的实函数，反映了响应与激励的相位差随 ω 变化的规律，以 ω 为横轴、$\theta(\omega)$为纵轴绘出 $\theta(\omega)$随 ω 的变化曲线称为相频特性曲线。

根据幅频特性曲线和相频特性曲线可以直观看出电路对不同频率激励所呈现出的不同特性，在电子和通信工程中被广泛采用。分析电路的频率特性，就是分析电路的幅频特性和相频特性，这些都需要根据网络函数来确定。下面讨论网络函数的求解方法。

网络函数 $H(\mathrm{j}\omega)$是由电路的结构和参数来决定的，与电路的输入无关。在电路的结构和参数已知的条件下，求解电路的网络函数可以用外施电源法。另外，求解策动点阻抗或导纳时，如果只有阻抗或导纳的串并联组合，则直接用阻抗的串并联公式或 Y-△的等效变换计算。求解转移函数时，可以用分压、分流公式直接进行计算。

实际电路的网络函数还可用实验的方法来确定，如果电路的内部结构及元件参数不太清楚，但输入、输出端钮可以触及时，可以将一个正弦信号发生器接到被测电路的输入端，用示波器观测输入、输出波形，在信号发生器频率改变时，测得不同频率下的输出与输入幅度之比，即可求得$|H(\mathrm{j}\omega)|$，再从输出和输入的相位差可进一步确定 $\theta(\omega)$。

例 9-4 求解如图 9-10(a)所示电路在负载端开路时的策动点阻抗 $\dot{U}_1/\dot{I}_1$ 和转移阻抗 $\dot{U}_2/\dot{I}_1$。

解：单口网络的相量模型如图 9-10(b)所示。

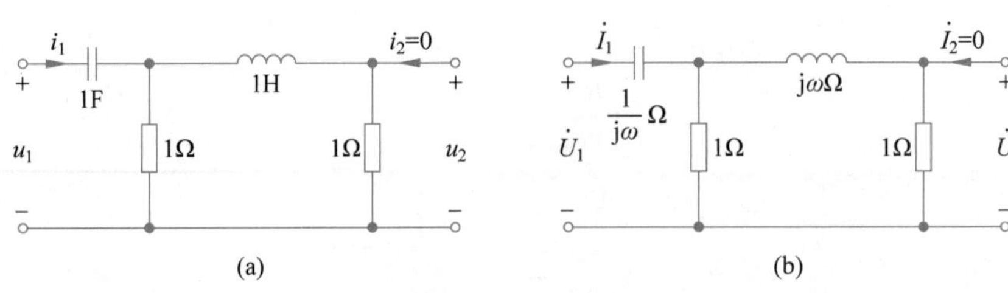

图 9-10　例 9-4 电路图

求解策动点阻抗时，可以直接利用阻抗的串并联公式，即

$$Z_{11}=\frac{\dot{U}_1}{\dot{I}_1}=\frac{1}{j\omega}+\frac{1\times(1+j\omega)}{1+1+j\omega}=-j\frac{1}{\omega}+\frac{(1+j\omega)(2-j\omega)}{4+\omega^2}$$

$$=\frac{2+\omega^2}{4+\omega^2}-j\frac{4}{(4+\omega^2)\omega}$$

求转移阻抗时，可外加电流源 $\dot{I}_1$，则

$$\dot{U}_2=\frac{1\times\dot{I}_1}{1+1+j\omega}\times1=\frac{1}{2+j\omega}\dot{I}_1=\frac{2-j\omega}{4+\omega^2}\dot{I}_1$$

由此可得

$$Z_{21}=\frac{\dot{U}_2}{\dot{I}_1}=\frac{2}{4+\omega^2}-j\frac{\omega}{4+\omega^2}$$

可以看出，所求的策动点阻抗和转移阻抗皆是频率 ω 的函数，随着频率 ω 的改变，相应的阻抗也会发生变化。

9.3.2　*RLC* 电路的频率响应

当正弦激励的频率变化时，*RLC* 电路的响应也会发生相应的变化，*RLC* 电路的响应随频率变化的这种关系，称为 *RLC* 电路的频率响应。本节主要研究 *RLC* 串联电路和并联电路的频率响应。

1. 串联电路的频率响应

RLC 串联电路如图 9-11 所示，其中输入为电源电压 $u_S(t)$，输出为电阻电压 $u_R(t)$。这样，当 $\omega=0$ 时，电容相当于开路，电感相当于短路，$u_R(t)=0$；当 $\omega\to\infty$ 时，电容相当于短路，电感相当于开路，$u_R(t)=0$。当 ω 在 $0\to\infty$ 变化时，电容和电感均有有限的阻抗，电路电流不再为零，R 上会有一定的输出电压。

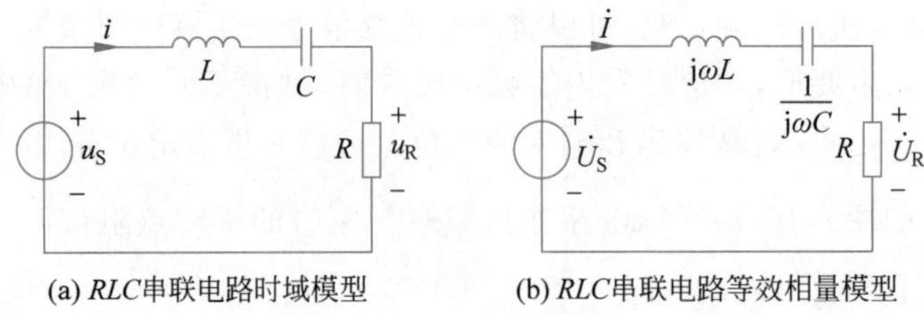

图 9-11　*RLC* 串联电路

电路的电压转移函数为

$$H(\mathrm{j}\omega)=\frac{\dot{U}_{\mathrm{R}}}{\dot{U}_{\mathrm{S}}}=\frac{R}{R+\mathrm{j}\omega L+\dfrac{1}{\mathrm{j}\omega C}}=\frac{R}{\dfrac{\mathrm{j}\omega CR+(\mathrm{j}\omega)^2LC+1}{\mathrm{j}\omega C}}=\frac{\mathrm{j}\omega CR}{1-\omega^2LC+\mathrm{j}\omega CR}$$
$$=\frac{\omega CR}{\sqrt{(1-\omega^2LC)^2+(\omega CR)^2}}\angle\left(90^\circ-\arctan\frac{\omega CR}{1-\omega^2LC}\right) \tag{9-7}$$

所以

$$|H(\mathrm{j}\omega)|=\frac{\omega CR}{\sqrt{(1-\omega^2LC)^2+(\omega CR)^2}} \tag{9-8}$$

$$\theta=90^\circ-\arctan\frac{\omega CR}{1-\omega^2LC} \tag{9-9}$$

根据式(9-8)、式(9-9)绘出 RLC 串联电路的幅频特性曲线和相频特性曲线，如图 9-12 所示。

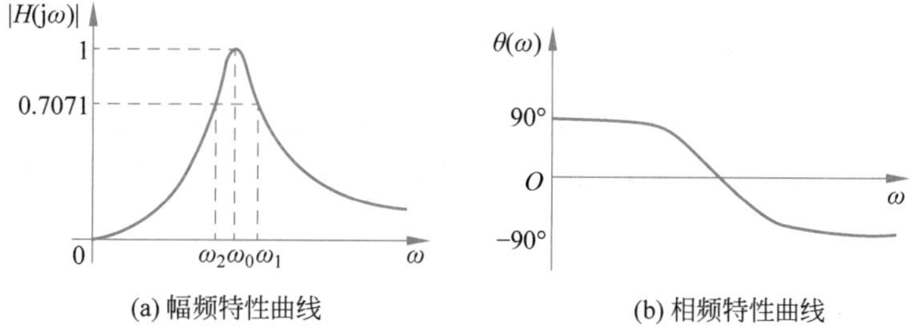

图 9-12 RLC 串联电路的幅频特性曲线和相频特性曲线

由 $|H(\mathrm{j}\omega)|$ 可知，当 $\omega=0$ 或 $\omega=\infty$ 时，$|H(\mathrm{j}\omega)|=0$。当 $1-\omega^2LC=0$ 时，可得 $\omega=\dfrac{1}{\sqrt{LC}}$，$|H(\mathrm{j}\omega)|=1$ 达到最大值，记 $\omega=\omega_0$，称为中心频率；若电源电压 u_{S} 有效值为定值，此时输出电压 u_{R} 及回路电流 i 均达到最大值，称电路达到了谐振状态。

RLC 串联电路阻抗

$$Z=R+\mathrm{j}\omega L-\mathrm{j}\frac{1}{\omega C}=R+\mathrm{j}\left(\omega L-\frac{1}{\omega C}\right)=|Z(\mathrm{j}\omega)|\angle\theta(\omega)$$

谐振时，等效阻抗模达到最小值，其虚部为零，等效阻抗等效为一个纯电阻，电容和电感串联组合支路的等效阻抗等于零，即 $\omega L-\dfrac{1}{\omega C}=0$，此时频率称为谐振频率。可见，中心频率等于谐振频率，其值为

$$\omega=\omega_0=\frac{1}{\sqrt{LC}} \tag{9-10}$$

此时，流过回路的电流为

$$\dot{I}=\frac{\dot{U}}{Z}=\frac{\dot{U}}{R} \tag{9-11}$$

电阻元件两端电压为

$$\dot{U}_R = R\dot{I} = \dot{U} \tag{9-12}$$

又由

$$\dot{U} = \dot{U}_L + \dot{U}_C + \dot{U}_R$$

可得

$$\dot{U}_L + \dot{U}_C = 0$$

表明串联电路达到谐振时，电容和电感元件串联组合支路等效为短路，电容电压和电感电压大小相等方向相反，且两者的电压分别为

$$\dot{U}_L = j\omega_0 L\dot{I} = j\omega_0 L\,\frac{\dot{U}}{R} \tag{9-13}$$

$$\dot{U}_C = \frac{\dot{I}}{j\omega_0 C} = -j\,\frac{1}{\omega_0 RC}\dot{U} \tag{9-14}$$

进一步分析 $|H(j\omega)|$ 特性可知，当 ω 高于或低于 ω_0 时，$|H(j\omega)|$ 均将下降，并最终趋于零。为了表明 RLC 电路对不同频率信号的选择性，通常将 $|H(j\omega)| \geqslant 1/\sqrt{2}$ 所对应的频率范围定义为通频带，在 $|H(j\omega)| = 1/\sqrt{2}$ 时，电路所损耗的功率恰好为 $|H(j\omega)| = 1$ 时的一半，因此转移函数 $|H(j\omega)| = 1/\sqrt{2}$ 时所对应的两个频率 ω_1、ω_2 分别称为上半功率频率和下半功率频率，前者高于中心频率也称为上截止频率，后者低于中心频率也称为下截止频率。

在 $|H(j\omega)| = \dfrac{1}{\sqrt{2}}$ 时，可得 $1-\omega^2 LC = \pm\omega CR$，即

$$\omega^2 LC \pm \omega CR - 1 = 0$$

解得

$$\omega = \frac{\mp CR \pm \sqrt{(CR)^2 + 4LC}}{2LC}$$

因为 ω 应始终为正值，所以上式开方项前均取正号，则得两个截止频率为

$$\begin{cases} \omega_1 = \dfrac{R}{2L} + \sqrt{\left(\dfrac{R}{2L}\right)^2 + \dfrac{1}{LC}} \\ \omega_2 = -\dfrac{R}{2L} + \sqrt{\left(\dfrac{R}{2L}\right)^2 + \dfrac{1}{LC}} \end{cases} \tag{9-15}$$

ω_0 与 ω_1、ω_2 的关系为 $\omega_0 = \sqrt{\omega_1\omega_2}$，可见 ω_0 并不是位于 ω_1 与 ω_2 之间的中心位置。

上截止频率和下截止频率的差值就是通频带，通频带的宽度即带宽为

$$BW = \omega_1 - \omega_2 = \frac{R}{L} \tag{9-16}$$

RLC 电路幅频特性曲线的陡峭程度可以用品质因数衡量。品质因数是指中心频率对带宽的比值，通常用 Q 表示，即

$$Q = \frac{\omega_0}{\omega_1 - \omega_2} \tag{9-17}$$

可见，在 ω_0 一定时，带宽 BW 与品质因数 Q 成反比，Q 越大，BW 越小，通频带越窄，曲

线越尖锐，电路对偏离中心频率信号的抑制能力越强，对信号的选择性越好；反之，Q 越小，带宽 BW 越大，通频带越宽，曲线越平坦，电路对信号的选择性越差。所以品质因数 Q 是描述电路频率选择性优劣的物理量。

对 RLC 串联电路来说，其品质因数为

$$Q=\frac{\omega_0 L}{R} \tag{9-18}$$

图 9-13 为 RLC 串联电路对不同 Q 值的幅频特性曲线和相频特性曲线。

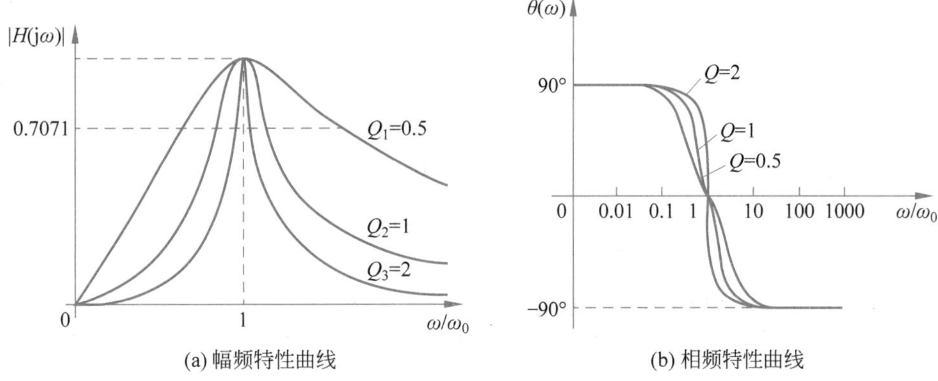

(a) 幅频特性曲线　　(b) 相频特性曲线

图 9-13　RLC 串联电路对不同 Q 值的幅频特性曲线和相频特性曲线

依据式(9-13)、式(9-14)可进一步得到，谐振时

$$\dot U_{\mathrm L}=\mathrm j\omega_0 L\dot I=\mathrm j\omega_0 L\frac{\dot U}{R}=\mathrm jQ\dot U,\quad \dot U_{\mathrm C}=\frac{\dot I}{\mathrm j\omega_0 C}=-\mathrm j\frac{1}{\omega_0 RC}\dot U=-\mathrm jQ\dot U$$

此时，对串联电路来说，其品质因数可进一步表示为

$$Q=\frac{\omega_0 L}{R}=\frac{1}{\omega_0 RC} \tag{9-19}$$

综上所述，串联电路达到谐振时，电容和电感串联组合支路的等效阻抗等于零，电容和电感串联组合的支路相当于短路。此时电路等效为纯电阻，电阻两端的电压与端口电压相等，但电感和电容电压为端口电压的 Q 倍，所以串联电路谐振又称为电压谐振。谐振时的相量图如图 9-14 所示。

例 9-5　如图 9-15 所示电路，已知 $U_{\mathrm S}=10\mathrm V, L=50\mathrm{mH}, C=1\mu\mathrm F, R=10\Omega$，求电路的谐振频率 ω_0、品质因数 Q，谐振时电路中的电流 I 以及电感和电容上的电压 $U_{\mathrm L}$、$U_{\mathrm C}$。

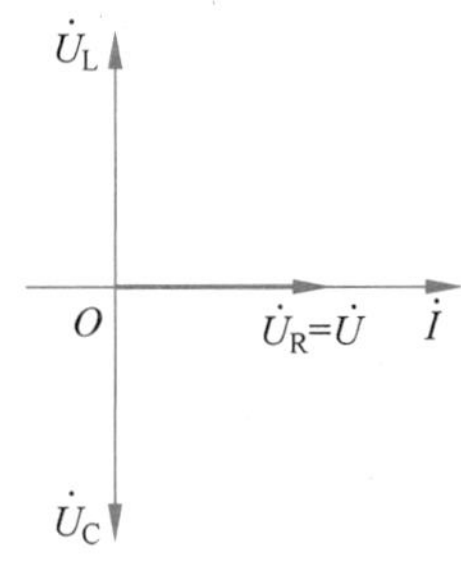

图 9-14　串联谐振时的相量图

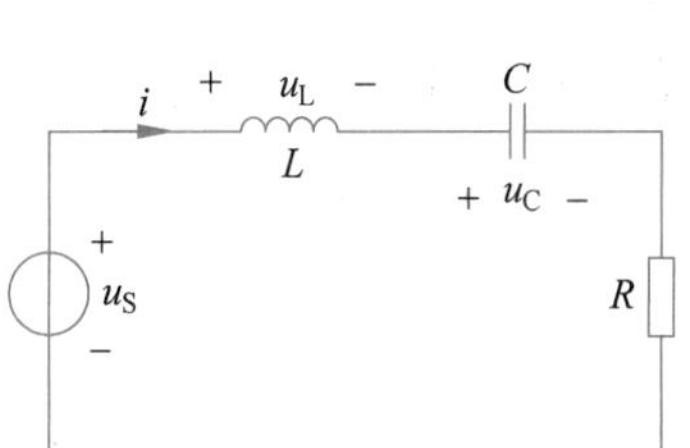

图 9-15　例 9-5 电路图

解：谐振频率为

$$\omega_0=\frac{1}{\sqrt{LC}}=\frac{1}{\sqrt{50\times10^{-3}\times1\times10^{-6}}}=4472(\mathrm{rad/s})$$

品质因数为

$$Q=\frac{\omega_0 L}{R}=\frac{4472\times50\times10^{-3}}{10}=22.36$$

谐振时电路中的电流为

$$I=\frac{U_S}{R}=\frac{10}{10}=1(\mathrm{A})$$

谐振时电感和电容上的电压为

$$U_L=U_C=QU_S=22.36\times10=223.6(\mathrm{V})$$

注意：串联谐振电路可广泛应用于电子技术中，如天线接收信号输入回路中。但是，在电力系统中，由于电压较高，应尽量避免出现较大 Q 值的谐振或者接近谐振的工作状态。

2. 并联电路的频率响应

下面分析 RLC 并联电路的频率响应。

如图 9-16 所示电路是由 RLC 并联组成的单口网络，设该单口网络的等效导纳为 Y，则有

$$Y=\frac{1}{R}+\mathrm{j}\omega C+\frac{1}{\mathrm{j}\omega L}$$

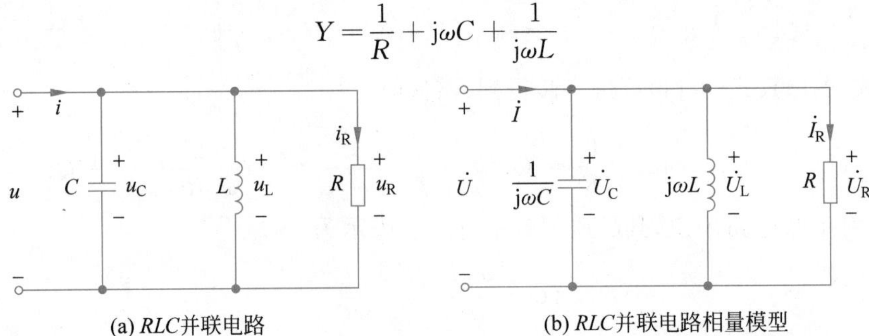

(a) RLC并联电路　　(b) RLC并联电路相量模型

图 9-16　RLC 并联电路

若输出取自电流 $\dot{I}_R$，则电流转移函数为

$$H(\mathrm{j}\omega)=\frac{\dot{I}_R}{\dot{I}}=\frac{\frac{1}{R}\dot{U}}{Y\dot{U}}=\frac{\frac{1}{R}}{\frac{1}{R}+\mathrm{j}\omega C+\frac{1}{\mathrm{j}\omega L}}=\frac{\mathrm{j}\omega LG}{1-\omega^2LC+\mathrm{j}\omega LG} \tag{9-20}$$

比较式(9-20)与 RLC 串联电路的电压转移函数式(9-7)可知，如果把式(9-7)中的各参数用它们的对偶元素代替，也可得到式(9-20)。

由电流转移函数可知

$$|H(\mathrm{j}\omega)|=\frac{\omega LG}{\sqrt{(1-\omega^2LC)^2+(\omega LG)^2}} \tag{9-21}$$

$$\theta=90^\circ-\arctan\frac{\omega LG}{1-\omega^2LC} \tag{9-22}$$

同理，在 $|H(\mathrm{j}\omega)|=\frac{1}{\sqrt{2}}$ 时，两个截止频率分别为

$$\begin{cases}\omega_1=\dfrac{G}{2C}+\sqrt{\left(\dfrac{G}{2C}\right)^2+\dfrac{1}{LC}}\\ \omega_2=-\dfrac{G}{2C}+\sqrt{\left(\dfrac{G}{2C}\right)^2+\dfrac{1}{LC}}\end{cases} \tag{9-23}$$

因此，RLC 并联电路的带宽为

$$\mathrm{BW}=\omega_1-\omega_2=\frac{G}{C} \tag{9-24}$$

对 RLC 并联电路来说，其品质因数为

$$Q=\frac{\omega_0 C}{G} \tag{9-25}$$

RLC 并联电路从左侧端口看进去的等效导纳为

$$Y=\frac{1}{R}+\mathrm{j}\omega C-\mathrm{j}\frac{1}{\omega L}=G+\mathrm{j}\left(\omega C-\frac{1}{\omega L}\right) \tag{9-26}$$

如果端口外接一个电流源，电流源的电流一定时，端口两端电压为

$$\dot{U}=\frac{\dot{I}}{Y}=\frac{\dot{I}}{G+\mathrm{j}\left(\omega C-\dfrac{1}{\omega L}\right)}$$

可见，当 $\omega C-\dfrac{1}{\omega L}=0$ 时，等效导纳的虚部为零，单口网络端口两端的电压将达到最大值，而且电压与电流同相，此时称电路进入了谐振状态。谐振时，单口网络的等效导纳 $Y=G$ 的模达到最小值，而等效阻抗 $Z=1/G=R$ 的模则达到最大值。

根据 $\mathrm{Im}[Y]=0$ 可解得 RLC 并联电路的谐振频率

$$\omega C-\frac{1}{\omega L}=0\Rightarrow\omega=\omega_0=\frac{1}{\sqrt{LC}} \tag{9-27}$$

可见，RLC 串联电路和 RLC 并联电路的谐振频率都是由元件 L 和 C 的参数来决定的，与外施激励无关，所以谐振现象是电路的一种固有特性。

并联电路达到谐振时，单口网络端口两端电压为

$$\dot{U}=\frac{\dot{I}}{Y}=\frac{\dot{I}}{G}=R\dot{I} \tag{9-28}$$

此时，各元件上流过的电流分别为

$$\dot{I}_G=G\dot{U}=\dot{I} \tag{9-29}$$

$$\dot{I}_L=\frac{\dot{U}}{\mathrm{j}\omega_0 L}=-\mathrm{j}\frac{R}{\omega_0 L}\dot{I} \tag{9-30}$$

$$\dot{I}_C=\mathrm{j}\omega_0 C\dot{U}=\mathrm{j}\omega_0 CR\dot{I} \tag{9-31}$$

将 ω_0 代入式(9-30)及式(9-31)可知 $\dot{I}_L+\dot{I}_C=0$，两者相量和为零，表明谐振时流过电容和电感的电流大小相等方向相反，此时 $\mathrm{j}\omega_0 C+\dfrac{1}{\mathrm{j}\omega_0 L}=0$，电容和电感的导纳和等于零，电容和电感并联的支路相当于开路，单口网络等效为纯电导，流过电导的电流与外施电流源电流相等。

谐振时的品质因数为

$$Q=\frac{\omega_0 C}{G}=\omega_0 RC=\frac{R}{\omega_0 L}=R\sqrt{\frac{C}{L}} \tag{9-32}$$

将 GCL 并联电路的品质因数代入式(9-30)、式(9-31)，可得

$$\dot{I}_{\mathrm{L}}=-\mathrm{j}\frac{R}{\omega_0 L}\dot{I}=-\mathrm{j}Q\dot{I} \tag{9-33}$$

$$\dot{I}_{\mathrm{C}}=\mathrm{j}\omega_0 CR\dot{I}=\mathrm{j}Q\dot{I} \tag{9-34}$$

可见，RLC 并联电路达到谐振时，流过电感和电容两条支路的电流恰好是外施电流源电流的 Q 倍，即 $I_{\mathrm{L}}=I_{\mathrm{C}}=QI$，所以并联电路谐振又称为电流谐振。谐振时电路的相量图如图 9-17 所示。

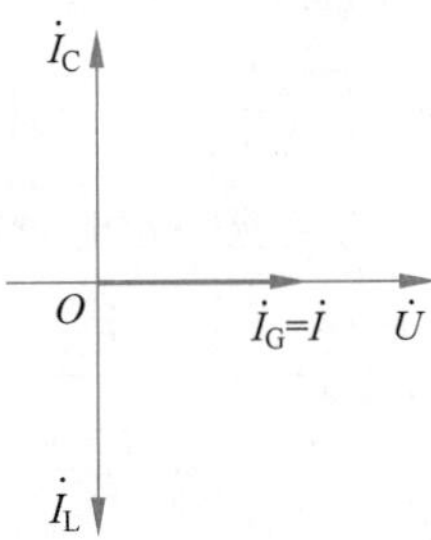

图 9-17　*GCL* 并联电路谐振时的相量图

拓展阅读

9.4　滤波器

9.4.1　低通滤波器

9.4.2　高通滤波器

9.4.3　带通滤波器

9.4.4　带阻滤波器

拓展阅读

9.5　波特图

本章小结

不同频率正弦激励下电路的稳态响应可以运用叠加定理求解，稳态响应是否是周期量则要根据频率关系进行判断。非正弦周期激励下稳态响应的求解，可应用傅里叶级数把非正弦周期信号分解为直流分量和各次谐波分量之和，再根据叠加定理进行求解。

非正弦周期电路的平均功率等于直流分量与各次谐波产生的平均功率之和。在非正弦周期电路中，叠加定理对平均功率是适用的。

对单输入单输出电路来说，正弦稳态网络函数是频率的函数，是由电路的结构和参数来

决定的,与外施激励无关。

谐振是电路的一种固有特性。对 RLC 串联单口网络来说,在端口电压一定的条件下,当端口电压和电流同相时,端口电流将达到最大值,此时电路达到了谐振状态。谐振时,电容和电感串联组合支路相当于短路,单口网络等效为纯电阻,电阻电压与端口电压相等,电容和电感电压为端口电压的 Q 倍,所以串联谐振又称为电压谐振。对 GCL 并联单口网络来说,在端口电流一定的条件下,端口电压和电流同相时,端口两端电压将达到最大值,此时电路达到了谐振状态。谐振时,电容和电感并联组合支路相当于开路,单口网络等效为纯电导,流过电导的电流与端口电流相等,流过电容和电感电流则为端口电流的 Q 倍,所以并联谐振又称为电流谐振。

习题

一、选择题

1. 处于谐振状态的 RLC 串联电路,当电源频率升高时,电路将呈(　　)。

A. 电阻性　　B. 电感性

C. 电容性　　D. 视电路元件参数而定

2. RLC 串联电路中,发生谐振时测得电阻两端电压为 6V,电感两端电压为 8V,则电路总电压是(　　)。

A. 8V　　B. 10V　　C. 6V　　D. 14V

3. $R=5\Omega$、$L=50\text{mH}$,与电容 C 串联,接到频率为 1kHz 的正弦电压源上,为使电阻两端电压达到最大,电容应该为(　　)。

A. 5.066μF　　B. 0.5066μF　　C. 20μF　　D. 2μF

4. 下列关于谐振说法中不正确的是(　　)。

A. RLC 串联电路由感性变为容性的过程中必然经过谐振点

B. 串联谐振时阻抗最小,并联谐振时导纳最小

C. 串联谐振又称为电压谐振,并联谐振又称为电流谐振

D. 串联谐振电路不仅广泛应用于电子技术中,而且广泛应用于电力系统中

5. 如图 x9.1 所示 RLC 并联电路,$\dot{I}_S$ 保持不变,发生并联谐振的条件为(　　)。

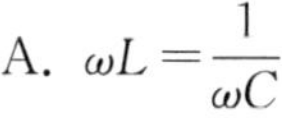

A. $\omega L=\dfrac{1}{\omega C}$　　B. $\mathrm{j}\omega L=\dfrac{1}{\mathrm{j}\omega C}$

C. $L=\dfrac{1}{C}$　　D. $R+\mathrm{j}\omega L=\dfrac{1}{\mathrm{j}\omega C}$

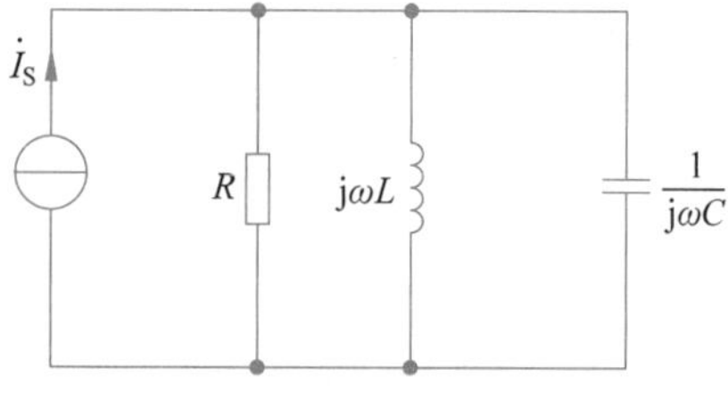

图 x9.1 选择题 5 图

6. 若 $i=i_1+i_2$,且 $i_1=10\sin\omega t\,(\text{A})$,$i_2=10\sin(2\omega t+90°)(\text{A})$,则 i 的有效值为(　　)。

A. 20A　　B. $20\sqrt{2}$ A　　C. 10A　　D. $10/\sqrt{2}$ A

二、填空题

1. 在含有 L、C 的电路中出现总电压、电流同相位的现象,这种现象称为________。

2. RLC 串联电路发生谐振时,电路中的角频率 $\omega_0=$________,$f_0=$________。

3. $R=10\Omega, L=1\text{H}, C=100\mu\text{F}$，串联谐振时，电路的等效阻抗 $Z=$______，品质因数 $Q=$______。

4. 对某 RLC 并联电路端口外加电流源供电，改变 ω 使该端口处于谐振状态时，______达到最大，______达到最小，品质因数 $Q=$______。

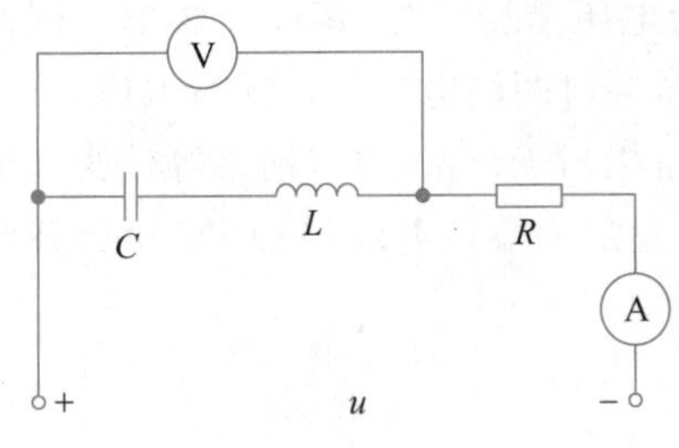

图 x9.2　填空题 6 图

5. 施加于 10Ω 电阻两端的电压为 $u(t)=[10+10\sqrt{2}\cos(\omega t-45^\circ)+10\sqrt{2}\cos(3\omega t+45^\circ)]\text{V}$，则该电压的有效值为______V，$10\Omega$ 电阻消耗的平均功率为______W。

6. 如图 x9.2 所示电路，已知 $u(t)=(10+5\sqrt{2}\cos 3\omega t)\text{V}$，$R=\omega L=5\Omega$，$\dfrac{1}{\omega C}=45\Omega$，电压表和电流表均测有效值，则电压表读数为______V，电流表为______A。

三、计算题

1. 如图 x9.3 所示电路，已知 $i_S(t)=6\text{A}$，$u_S(t)=15\sqrt{2}\cos t\,\text{V}$，求电压 $u(t)$。

2. 如图 x9.4 所示电路，已知 $i_S(t)=(10+6\sqrt{2}\cos\omega t+3\sqrt{2}\cos 2\omega t)\text{A}$，$R=2\Omega$，$L=1\text{H}$，$C_1=1\text{F}$，$C_2=0.5\text{F}$，$\omega=1\text{rad/s}$，求电容 C_1 两端电压的瞬时表达式。

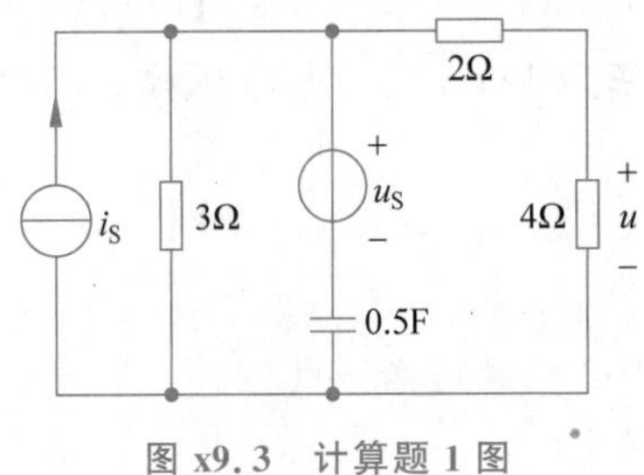

图 x9.3　计算题 1 图

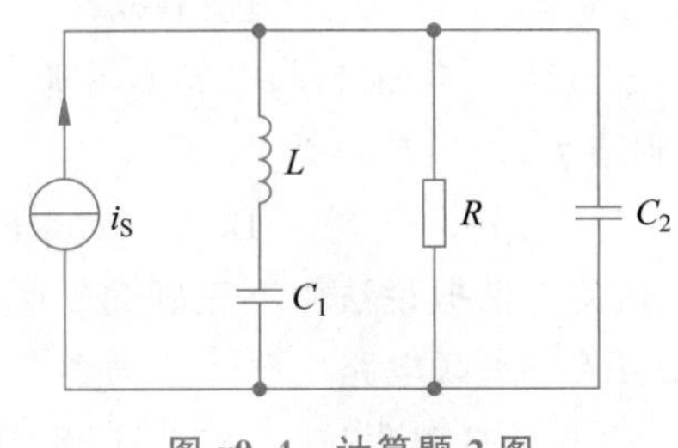

图 x9.4　计算题 2 图

3. 如图 x9.5 所示 RLC 串联组成的单口网络，已知 $R=75\Omega$，$\omega L=100\Omega$，$\dfrac{1}{\omega C}=200\Omega$，端口电压为 $u(t)=[100+100\sqrt{2}\cos\omega t+50\sqrt{2}\cos(2\omega t+30^\circ)]\text{V}$，试计算电路中的电流 $i(t)$ 及其有效值，并求出单口网络所吸收的平均功率。

4. 如图 x9.6 所示电路，求 $\dfrac{\dot{I}_2}{\dot{I}_1}$。

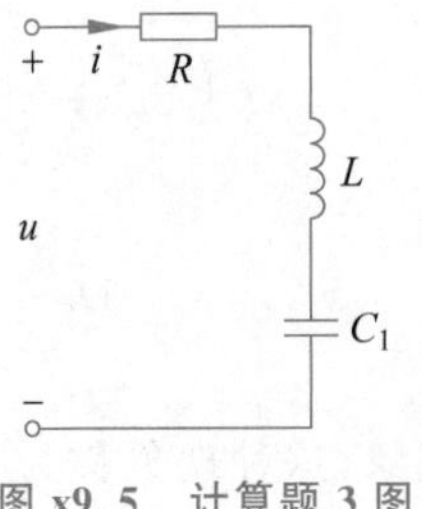

图 x9.5　计算题 3 图

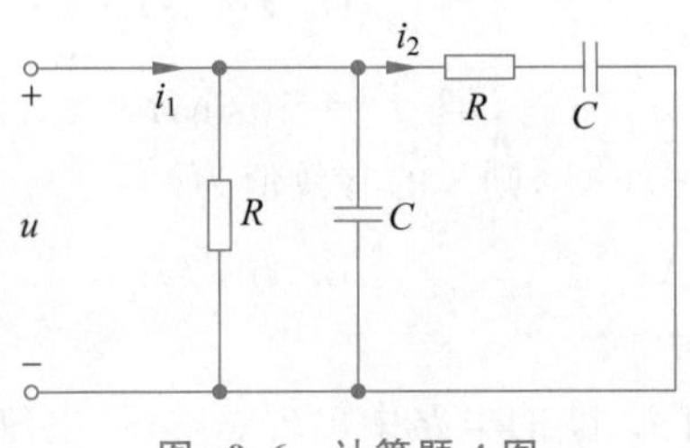

图 x9.6　计算题 4 图

5. RLC 串联组成的单口网络如图 x9.7 所示，已知 $R=100\Omega, L=0.1\text{mH}, C=10\text{pF}$，求谐振频率 ω_0、品质因数 Q 以及带宽 BW。

6. RLC 并联电路如图 x9.8 所示，已知 $i_S(t)=10\cos(10^5 t+30°)\text{A}, R=10\text{k}\Omega, L=1\text{mH}, C=0.1\mu\text{F}$，求 $u(t)$、$i_R(t)$、$i_L(t)$以及 $i_C(t)$。

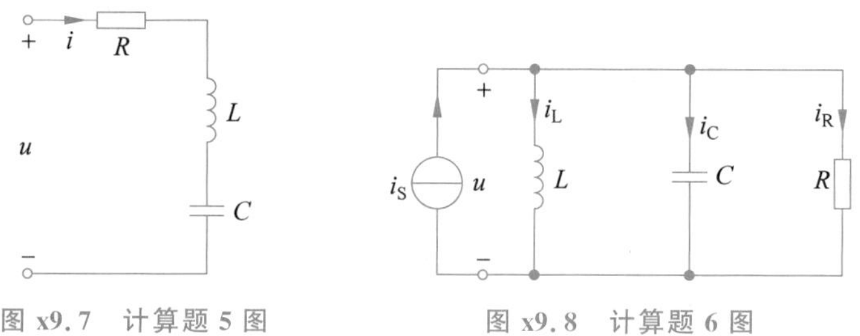

图 x9.7　计算题 5 图　　图 x9.8　计算题 6 图

7. 如图 x9.9 所示电路，求电路的谐振角频率 ω_0。

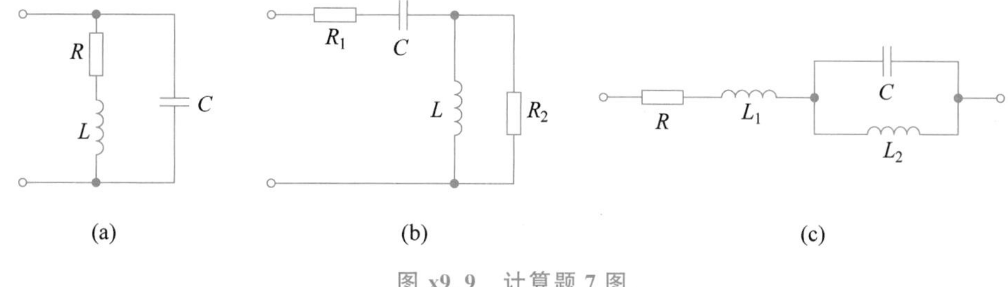

图 x9.9　计算题 7 图

8. 如图 x9.10 所示电路，已知 $R=10\Omega, L=10\text{mH}$，在 $f=100\text{kHz}$ 时，通过负载 R 的电流为零，$f=50\text{kHz}$ 时，通过负载 R 的电流达到最大值，求 C_1、C_2。

9. 如图 x9.11 所示电路，已知 $R_1=R_2=50\Omega, C_1=5\mu\text{F}, C_2=10\mu\text{F}, L_1=0.2\text{H}, L_2=0.1\text{H}$。若电流 $\dot{I}_2=0$，端口电压 u 的有效值为 220V，求 $\dot{I}_1$、$\dot{I}_3$、$\dot{I}_4$ 以及 $\dot{U}_1$、$\dot{U}_2$。

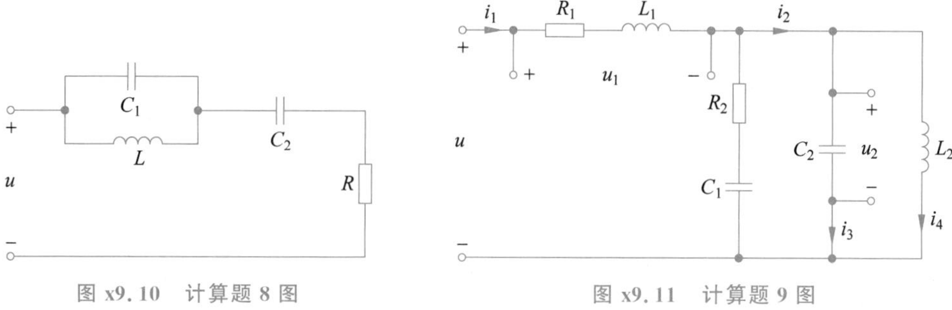

图 x9.10　计算题 8 图　　图 x9.11　计算题 9 图

10. 如图 x9.12 所示电路，已知 $R=10\text{k}\Omega, C=0.02\mu\text{F}$，试推导电压转移函数 $\dfrac{\dot{U}_2}{\dot{U}_1}$，并绘出幅频波特图和相频波特图。

11. 如图 x9.13 所示电路，试推导 $\dfrac{\dot{U}_2}{\dot{U}_1}$，若用该电路设计一个 $\omega_C=1000\text{rad/s}$ 的低通滤波器，试确定 R、C 的参数值。

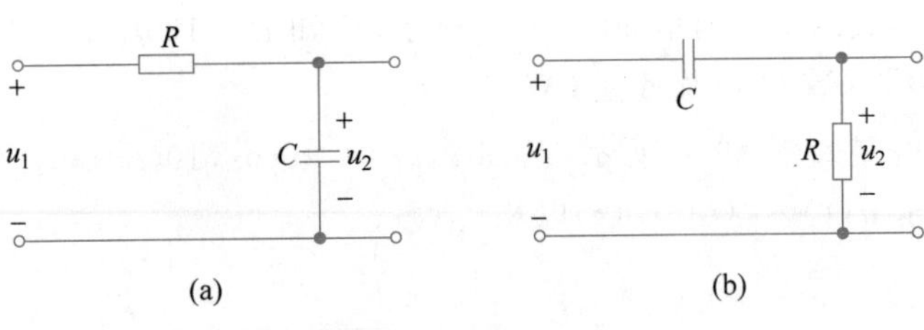

图 x9.12 计算题 10 图

12. 如图 x9.14 所示电路,试推导电压转移函数$\frac{\dot{U}_2}{\dot{U}_1}$,若用该电路设计一个低通滤波器,试确定各元件参数值,要求 $H_u(j\omega)=\frac{1}{(j\omega)^2+1.414j\omega+1}$。

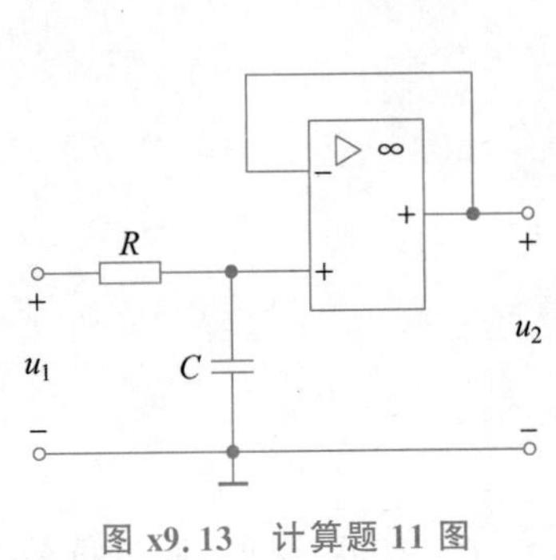

图 x9.13 计算题 11 图

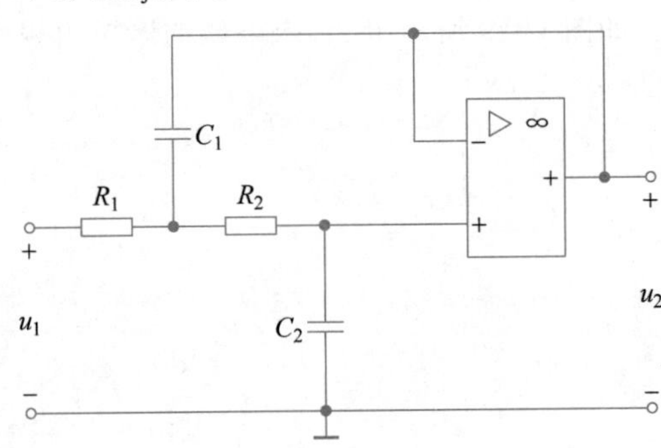

图 x9.14 计算题 12 图

第 10 章 含有耦合电感和理想变压器电路的分析

CHAPTER 10

本章主要内容：耦合电感和理想变压器在实际中应用广泛。本章介绍耦合电感和理想变压器的伏安特性及互感、耦合系数等概念；并介绍含有耦合电感、空心变压器、理想变压器的电路分析方法。

10.1 耦合电感的电路模型及伏安关系

由第 5 章电感元件的知识可知，对图 10-1 所示的电感线圈，当流过线圈的电流 i 随时间变化时，在线圈两端将产生自感电压。当自感电压与电流为关联参考方向时，根据电磁感应定律，自感电压与线圈中电流的关系可表示为

$$u = L\frac{\mathrm{d}i}{\mathrm{d}t}$$

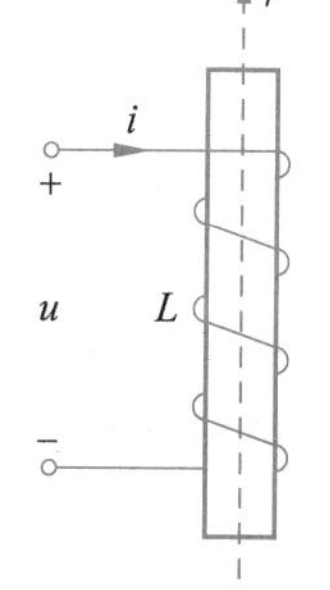

图 10-1 电感线圈

实际电路中常遇到一些两线圈相邻的现象，如收音机、电视机中使用的中低频变压器（中周）、振荡线圈等。当任意一个线圈中通过电流时，必然会在其自身线圈中产生自感磁链，同时自感磁链的一部分也必然会穿过相邻线圈。即穿过每个线圈的磁链不仅与线圈本身电流有关，而且与相邻线圈的电流有关，根据两个线圈的绕向、电流参考方向和两线圈的相对位置，按右手螺旋法则可判定电流产生的磁链方向和两线圈的相互交链情况。这种载流线圈之间磁链相互作用的物理现象称为磁耦合或互感现象，具有磁耦合的线圈称为耦合电感线圈或互感线圈。耦合电感线圈的理想化模型称为耦合电感或互感。图 10-2 为两个相邻的线圈 L_1、L_2，设流过线圈 L_1、L_2 的电流分别为 i_1、i_2，电流 i_1 产生的磁链穿过自身线圈 L_1 的部分（Ψ_{11}）称为自感磁链，穿过线圈 L_2 的部分（Ψ_{21}）称为互感磁链。同理，电流 i_2 产生的磁链穿过自身线圈 L_2 的部分（Ψ_{22}）称为自感磁链，穿过线圈 L_1 的部分（Ψ_{12}）称为互感磁链。因此，每个耦合线圈中的磁链由自感磁链和互感磁链两部分组成，为自感磁链与互感磁链两部分的代数和。

设 L_1 线圈中的磁链为 Ψ_1，L_2 线圈中的磁链为 Ψ_2，在图 10-2(a)所示方向下有

$$\begin{cases}\Psi_1 = \Psi_{11} + \Psi_{12} \\ \Psi_2 = \Psi_{21} + \Psi_{22}\end{cases} \tag{10-1}$$

由第 5 章电感元件的知识可知，自感磁链 $\Psi_{11} = L_1 i_1$，$\Psi_{22} = L_2 i_2$。

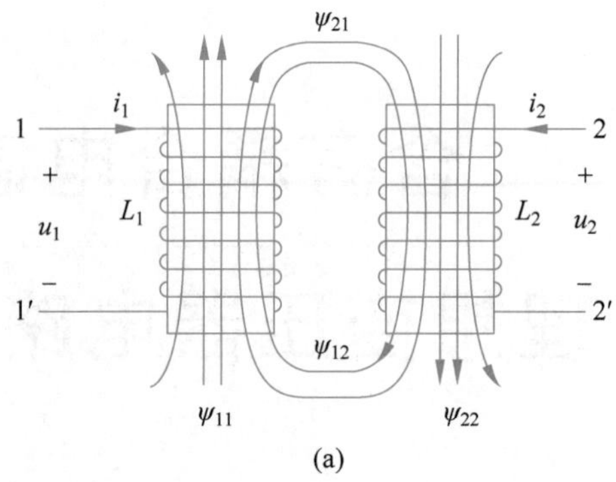

(a)

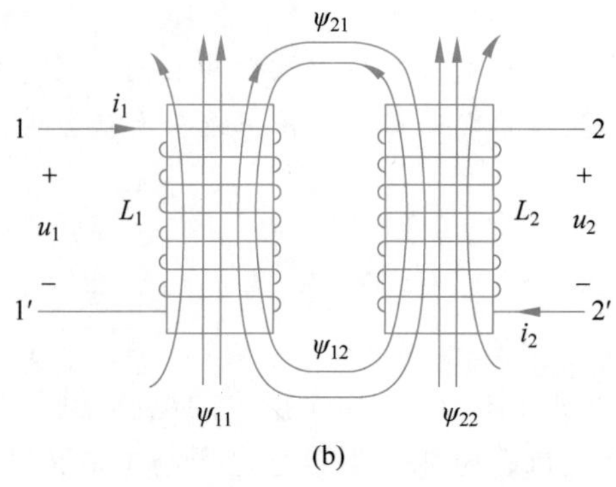

(b)

图 10-2　互感线圈

互感磁链 Ψ_{12}、Ψ_{21} 相应可分别表示为

$$\Psi_{12}=M_{12}i_2,\quad \Psi_{21}=M_{21}i_1$$

式中：M_{12}、M_{21} 称为互感系数，简称互感，单位为亨(H)。可以证明 $M_{12}=M_{21}$，当只有两个电感线圈有耦合时，略去 M_{12}、M_{21} 的下标，令 $M=M_{12}=M_{21}$，本书 M 取正值，其大小表明一个线圈中的电流在另一个线圈中建立磁场的能力，M 越大，能力越强。

式(10-1)可表示为

$$\begin{cases}\Psi_1=L_1i_1+Mi_2\\ \Psi_2=L_2i_2+Mi_1\end{cases}\tag{10-2}$$

图 10-2(a)中，耦合电感每个电感线圈端电压降的参考方向与磁链的参考方向符合右手螺旋法则，即电感线圈的端电压、电流为关联参考方向，根据电磁感应定律，有

$$u_1=\frac{\mathrm{d}\Psi_1}{\mathrm{d}t},\quad u_2=\frac{\mathrm{d}\Psi_2}{\mathrm{d}t}$$

将式(10-2)代入上式可得

$$\begin{cases}u_1=L_1\dfrac{\mathrm{d}i_1}{\mathrm{d}t}+M\dfrac{\mathrm{d}i_2}{\mathrm{d}t}\\ u_2=L_2\dfrac{\mathrm{d}i_2}{\mathrm{d}t}+M\dfrac{\mathrm{d}i_1}{\mathrm{d}t}\end{cases}\tag{10-3}$$

式中：L_1、L_2 为自感系数，$L_1\dfrac{\mathrm{d}i_1}{\mathrm{d}t}$和 $L_2\dfrac{\mathrm{d}i_2}{\mathrm{d}t}$称为自感电压；$M$ 为互感系数，$M\dfrac{\mathrm{d}i_2}{\mathrm{d}t}$和 $M\dfrac{\mathrm{d}i_1}{\mathrm{d}t}$

称为互感电压。

式(10-3)为耦合电感的伏安关系式。

若图 10-2(a)中通过线圈 L_2 的电流方向与图示相反，即 i_2 从 2′端流入、2 端流出，如图 10-2(b)所示，则有

$$\begin{cases}\Psi_1=\Psi_{11}-\Psi_{12}\\ \Psi_2=\Psi_{22}-\Psi_{21}\end{cases}$$

相应的耦合电感的伏安关系式为

$$\begin{cases}u_1=L_1\dfrac{\mathrm{d}i_1}{\mathrm{d}t}-M\dfrac{\mathrm{d}i_2}{\mathrm{d}t}\\ u_2=L_2\dfrac{\mathrm{d}i_2}{\mathrm{d}t}-M\dfrac{\mathrm{d}i_1}{\mathrm{d}t}\end{cases}$$

可见，电流流入线圈的方向不同，互感磁链极性不同，相应的互感电压极性也不同。类似可知，线圈绕向不同互感磁链极性也不相同。在实际应用中，线圈往往是密封的，看不到实际绕向，互感电压的极性难以确定，而且在电路图中绘出绕向也不方便。为此，引入同名端的概念。

图 10-3 为耦合电感电路模型，耦合电感的同名端可通过实验方法确定，在耦合电感的一个线圈(如 L_1)的一端(如 a)，输入正值且为增长的电流(如 i_1)，在另一个线圈(如 L_2)将产生互感电压，将电流流入端和互感电压的高电位端(如 c)做相同的标记，通常用“•”(或“*”)表示，标有相同标记的一对端钮称为同名端(见图 10-3(a)a、c 端)，另一对没有标记的端钮也为同名端(见图 10-3(a)b、d 端)；有标记和没有标记的一对端钮称为异名端(见图 10-3(a)a、d 端和 b、c 端)。

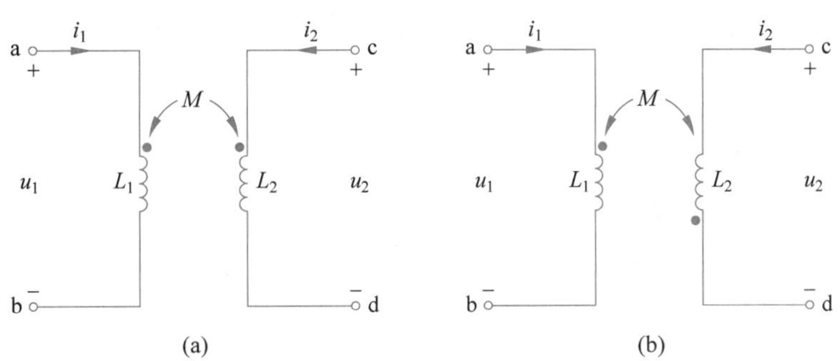

图 10-3 耦合电感的电路模型

利用同名端可判定耦合电感互感电压的参考极性，其方法：如图 10-3(a)所示，当电流(如 i_1)从线圈的同名端(如 a 端)流入时，在另一线圈上所产生的互感电压的参考极性由同名端指向另一端(如由 c 端指向 d 端)，即互感电压的“+”极性端与同名端一致。互感电压的极性确定后，便可列出耦合电感的伏安关系式。如图 10-3(a)所示的伏安关系式为

$$\begin{cases}u_1=L_1\dfrac{\mathrm{d}i_1}{\mathrm{d}t}+M\dfrac{\mathrm{d}i_2}{\mathrm{d}t}\\ u_2=L_2\dfrac{\mathrm{d}i_2}{\mathrm{d}t}+M\dfrac{\mathrm{d}i_1}{\mathrm{d}t}\end{cases}\tag{10-4}$$

图 10-3(b)所示耦合电感的伏安关系式为

$$\begin{cases} u_1 = L_1 \dfrac{\mathrm{d}i_1}{\mathrm{d}t} - M \dfrac{\mathrm{d}i_2}{\mathrm{d}t} \\ u_2 = L_2 \dfrac{\mathrm{d}i_2}{\mathrm{d}t} - M \dfrac{\mathrm{d}i_1}{\mathrm{d}t} \end{cases} \tag{10-5}$$

上式表明：

(1) 耦合电感端口电压为自感电压与互感电压的代数和。

(2) 自感电压的极性取决于线圈自身流过的电流，如果自感电压的参考极性与流过的电流为关联参考方向，那么自感电压为正；否则，自感电压为负。

(3) 一个线圈的互感电压取决于相邻线圈的电流和同名端位置。当相邻线圈的电流从同名端流入时，在该线圈上产生的互感电压的参考极性由该线圈的同名端指向另一端(该线圈的同名端为参考正端)。

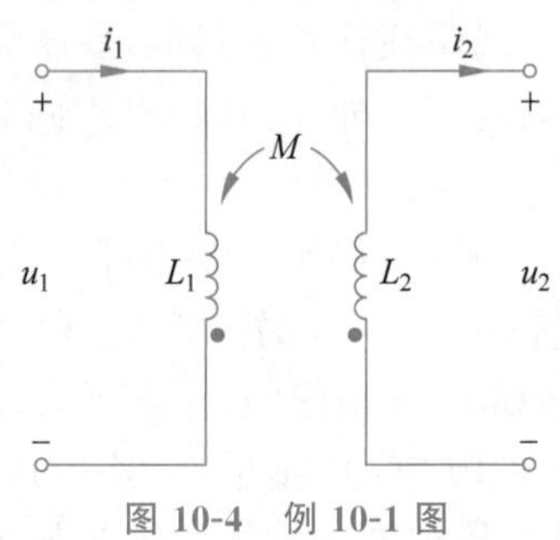

图 10-4 例 10-1 图

例 10-1 如图 10-4 所示耦合线圈，写出其端口的伏安关系式。

解：(1) i_1 与 u_1 为关联参考方向，自感电压为正；i_2 从带"•"的同名端流入，在 L_1 上产生的互感电压"+"极性端与 L_1 的同名端一致，即下"+"上"−"，与 u_1 极性相反，互感电压为负，有

$$u_1 = L_1 \frac{\mathrm{d}i_1}{\mathrm{d}t} - M \frac{\mathrm{d}i_2}{\mathrm{d}t}$$

(2) i_2 与 u_2 非关联参考方向，自感电压为负；i_1 从不带"• "的同名端流入，在 L_2 上产生的互感电压"+"极性端与同名端一致，即上"+"下"−"，与 u_2 极性相同，互感电压为正，有

$$u_2 = -L_2 \frac{\mathrm{d}i_2}{\mathrm{d}t} + M \frac{\mathrm{d}i_1}{\mathrm{d}t}$$

两个耦合线圈之间的耦合紧密程度工程上用耦合系数 k 定量表示，定义为两个线圈的互感磁链与自感磁链的比值的几何平均值，即

$$k = \sqrt{\frac{|\Psi_{12}|}{\Psi_{11}} \frac{|\Psi_{21}|}{\Psi_{22}}}$$

对于耦合线圈而言，每个线圈的互感磁链总是小于或等于自感磁链的，因此 $0 \leqslant k \leqslant 1$。当 $k=1$ 时，L_1、L_2 线圈耦合紧密，无漏磁现象，称为全耦合状态；当 $k=0$ 时，L_1 和 L_2 线圈互不影响，称为无耦合状态。k 接近 1 时，L_1 和 L_2 称为紧耦合状态，k 接近 0 时，L_1 和 L_2 称为松耦合状态。

将自感磁链 $\Psi_{11}=L_1 i_1$，$\Psi_{22}=L_2 i_2$ 和互感磁链 $\Psi_{12}=Mi_2$，$\Psi_{21}=Mi_1$ 的表达式代入上式，可得

$$k = \frac{M}{\sqrt{L_1 L_2}} \tag{10-6}$$

有 $M \leqslant \sqrt{L_1 L_2}$。

10.2 耦合电感的去耦等效电路

在分析求解含有耦合电感的电路时，耦合电感的互感作用可用受控源等效。有一个公共端的耦合电感可用三个没有耦合作用的电感元件等效。

10.2.1 受控源表示的耦合电感去耦等效电路

为方便比较，将图 10-3(a)重画为图 10-5(a)，由前述知其伏安关系式为

$$\begin{cases} u_1 = L_1 \dfrac{di_1}{dt} + M \dfrac{di_2}{dt} \\ u_2 = L_2 \dfrac{di_2}{dt} + M \dfrac{di_1}{dt} \end{cases} \tag{10-7}$$

该伏安关系式对应的等效电路可用图 10-5(b)表示，由于图 10-5(b)与图 10-5(a)伏安关系式完全相同，根据等效电路的概念，图 10-5(b)与图 10-5(a)等效。可见，耦合电感的互感作用可用受控源(电流控制电压源)等效。

实际电路中，耦合电感主要工作在正弦稳态电路中，将相量引理代入式(10-7)，得到

$$\begin{cases} \dot{U}_1 = j\omega L_1 \dot{I}_1 + j\omega M \dot{I}_2 \\ \dot{U}_2 = j\omega L_2 \dot{I}_2 + j\omega M \dot{I}_1 \end{cases} \tag{10-8}$$

式(10-8)即为耦合电感伏安关系式的相量形式，对应的相量模型如图 10-5(c)所示。

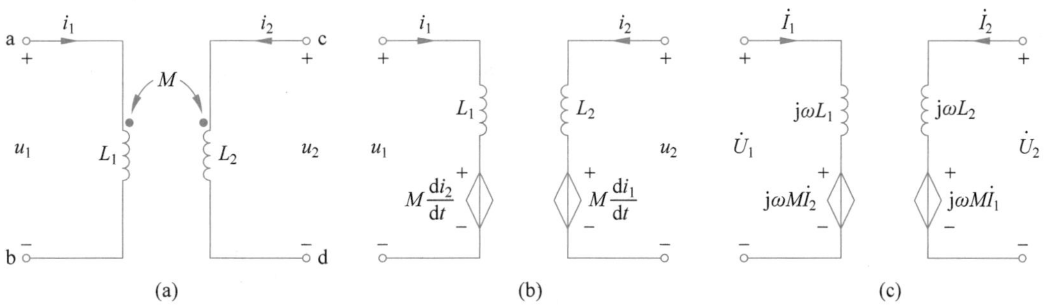

图 10-5 受控源表示的去耦等效电路

10.2.2 有一个公共端的耦合电感去耦等效电路(T 形电路去耦)

对于耦合电感元件两个互感支路有公共节点的电路，可以将含耦合电感元件变换为无耦等效电路来进行分析计算。图 10-6(a)为有一个公共端的耦合电感元件，可以用三个电感元件组成的 T 形网络来等效，如图 10-6(b)所示。

对图 10-6(a)所示电路，由式(10-7)可知其端口的 VAR 为

$$\begin{cases} u_1 = L_1 \dfrac{di_1}{dt} + M \dfrac{di_2}{dt} \\ u_2 = L_2 \dfrac{di_2}{dt} + M \dfrac{di_1}{dt} \end{cases} \tag{10-9}$$

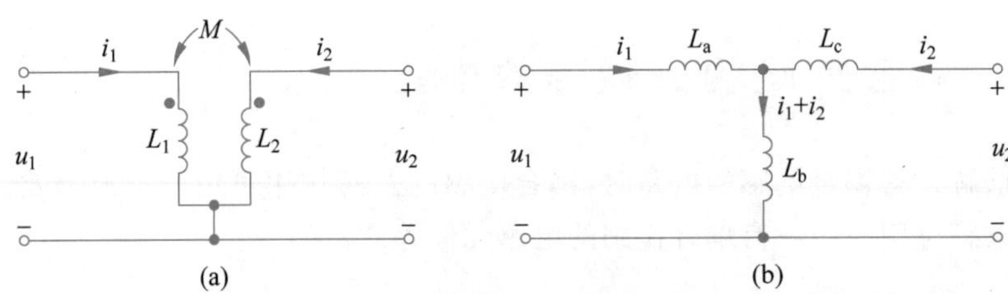

图 10-6　同名端耦合电感及其等效变换

对图 10-6(b)所示电路，由 KVL 可知其端口的 VAR 为

$$\begin{cases} u_1 = L_a \dfrac{di_1}{dt} + L_b \dfrac{d(i_1+i_2)}{dt} = (L_a + L_b)\dfrac{di_1}{dt} + L_b \dfrac{di_2}{dt} \\ u_2 = L_c \dfrac{di_2}{dt} + L_b \dfrac{d(i_1+i_2)}{dt} = (L_b + L_c)\dfrac{di_2}{dt} + L_b \dfrac{di_1}{dt} \end{cases} \tag{10-10}$$

若图 10-6(a)和图 10-6(b)等效，则其端口的伏安关系式对应相同，即式(10-9)和式(10-10)相同，其系数有如下关系：

$$L_1 = L_a + L_b$$
$$L_2 = L_c + L_b$$
$$M = L_b$$

整理可得

$$\begin{cases} L_a = L_1 - M \\ L_b = M \\ L_c = L_2 - M \end{cases} \tag{10-11}$$

如果改变图 10-6(a)中同名端的位置，如图 10-7 所示，同理可知图 10-7 也可等效为图 10-6(b)，但其中

$$\begin{cases} L_a = L_1 + M \\ L_b = -M \\ L_c = L_2 + M \end{cases} \tag{10-12}$$

即式(10-11)中 M 前的符号相应改变。

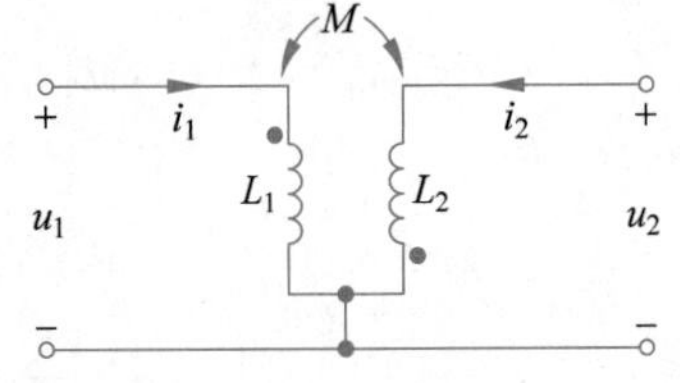

图 10-7　异名端耦合电感及其等效变换

注意：

(1) 去耦等效电路只适用于线性耦合电感元件。如果是非线性耦合，那么去耦等效电路不适用。

(2) 去耦等效电路只是对耦合元件端口而言等效，它只能用来分析计算耦合电感元件端口的电流和电压。

(3) T 形电路去耦时，耦合电感元件两个互感支路应有公共节点。

(4) 在去耦等效电路的参数中出现 $-M$，它本身没有实际的物理意义。

例 10-2　电路如图 10-8(a)所示，已知 $u_S(t) = 100\sqrt{2}\cos 10^4 t\,\mathrm{V}$，$R = 80\Omega$，$L_1 = 9\mathrm{mH}$，$L_2 = 6\mathrm{mH}$，$M = 4\mathrm{mH}$，$C = 5\mu\mathrm{F}$，求 $i(t)$ 及 $u_C(t)$。

解：图中的耦合电感为同名端耦合，利用有一个公共端的去耦等效电路分析方法，画出去耦等效电路的相量模型如图 10-8(b)所示。

$$j\omega(L_1-M)=j10^4\times(9-4)\times10^{-3}=j50(\Omega)$$

$$j\omega(L_2-M)=j10^4\times(6-4)\times10^{-3}=j20(\Omega)$$

$$j\omega M=j40\Omega,\quad -j\frac{1}{\omega C}=-j\frac{1}{10^4\times5\times10^{-6}}=-j20(\Omega)$$

$$j\omega M-j\frac{1}{\omega C}=j(40-20)=j20(\Omega)$$

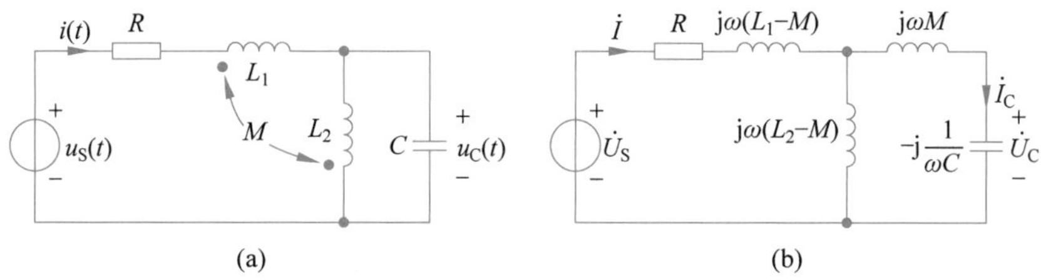

图 10-8 例 10-2 电路图

输入阻抗为

$$Z_i=R+j\omega(L_1-M)+j\omega(L_2-M)\ /\!/\ \left(j\omega M-j\frac{1}{\omega C}\right)$$

$$=80+j50+(j20\ /\!/\ j20)=80+j60=100\underline{/36.9^\circ}(\Omega)$$

$$\dot{I}=\frac{\dot{U}_S}{Z_i}=\frac{100\underline{/0^\circ}}{100\underline{/36.9^\circ}}=1\underline{/-36.9^\circ}(A)$$

$$\dot{I}_C=\frac{j\omega(L_2-M)}{j\omega(L_2-M)+\left(j\omega M-j\frac{1}{\omega C}\right)}\dot{I}=\frac{1}{2}\dot{I}=0.5\underline{/-36.9^\circ}(A)$$

$$\dot{U}_C=-j\frac{1}{\omega C}\dot{I}_C=-j20\times0.5\underline{/-36.9^\circ}=10\underline{/-126.9^\circ}(V)$$

则有

$$i(t)=\sqrt{2}\cos(10^4t-36.9^\circ)(A)$$

$$u_C(t)=10\sqrt{2}\cos(10^4t-126.9^\circ)(V)$$

10.3 含有耦合电感电路的分析

在含有耦合电感的电路中,其正弦稳态分析仍可采用相量法,而且KCL形式不变,但列KVL方程时要注意互感的影响。耦合电感每一个线圈上的电压都包含自感电压和互感电压两部分,即耦合电感支路的电压不仅与本支路电流有关,而且和那些与之具有互感关系的支路电流有关,其伏安关系体现为多种不同形式。

10.3.1 耦合电感的串联等效电路

图10-9(a)、图10-9(c)为耦合电感线圈串联的连接电路,M表示互感。图10-9(a)电路中,同一电流依次从L_1、L_2两个线圈同名端流入(流出),即两耦合电感线圈异名端相接,称

为顺串。图 10-9(c)电路中，同一电流从一个线圈同名端流入，从另一线圈同名端流出，即两耦合线圈同名端相接，称为反串。

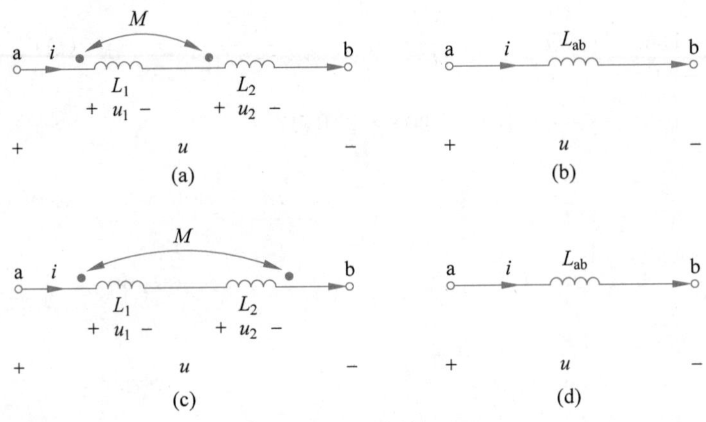

图 10-9　耦合电感的串联及等效

如图 10-9(a)所示，当顺串时，有

$$u_1 = L_1 \frac{\mathrm{d}i}{\mathrm{d}t} + M \frac{\mathrm{d}i}{\mathrm{d}t}$$

$$u_2 = L_2 \frac{\mathrm{d}i}{\mathrm{d}t} + M \frac{\mathrm{d}i}{\mathrm{d}t}$$

有

$$u = u_1 + u_2 = (L_1 + L_2 + 2M) \frac{\mathrm{d}i}{\mathrm{d}t} \tag{10-13}$$

对图 10-9(b)所示电路，有

$$u = L_{ab} \frac{\mathrm{d}i}{\mathrm{d}t} \tag{10-14}$$

若图 10-9(b)所示电路与图 10-9(a)所示电路等效，则两电路端口的伏安关系式相同，即式(10-13)与式(10-14)相同，有

$$L_{ab} = L_1 + L_2 + 2M \tag{10-15}$$

可以看出，顺串使等效电感加大。

对图 10-9(c)所示电路，有

$$u_1 = L_1 \frac{\mathrm{d}i}{\mathrm{d}t} - M \frac{\mathrm{d}i}{\mathrm{d}t}$$

$$u_2 = L_2 \frac{\mathrm{d}i}{\mathrm{d}t} - M \frac{\mathrm{d}i}{\mathrm{d}t}$$

$$u = u_1 + u_2 = (L_1 + L_2 - 2M) \frac{\mathrm{d}i}{\mathrm{d}t}$$

对图 10-9(d)所示电路，有

$$u = L_{ab} \frac{\mathrm{d}i}{\mathrm{d}t}$$

若图 10-9(d)所示电路与图 10-9(c)等效，同理可得等效电感为

$$L_{ab} = L_1 + L_2 - 2M \tag{10-16}$$

表明反串使等效电感减小。

例 10-3 已知耦合电感 $L_1=16\text{mH}$，$L_2=4\text{mH}$，当其耦合系数 $k=0.8$ 时，分别求解两电感顺串和反串时的等效电感。

解：顺串时，有

$$L=L_1+L_2+2M=L_1+L_2+2k\sqrt{L_1L_2}=16+4+2\times0.8\times\sqrt{16\times4}$$
$$=20+1.6\times8=20+12.8=32.8(\text{mH})$$

反串时，有

$$L=L_1+L_2-2M=L_1+L_2-2k\sqrt{L_1L_2}=16+4-2\times0.8\times\sqrt{16\times4}$$
$$=20-12.8=7.2(\text{mH})$$

10.3.2 耦合电感的并联等效电路

具有耦合关系的两个线圈也可以采用并联形式连接，其并联连接方式也有两种，即同名端相连和异名端相连。同名端相连是指两个线圈同名端连接在一起，也称同侧并联，如图 10-10(a)所示。异名端相连是指两个线圈异名端连接在一起，也称异侧并联，如图 10-10(b)所示。

如图 10-10(a)所示，同侧并联时，有

$$u=L_1\frac{\text{d}i_1}{\text{d}t}+M\frac{\text{d}i_2}{\text{d}t}$$
$$u=L_2\frac{\text{d}i_2}{\text{d}t}+M\frac{\text{d}i_1}{\text{d}t}$$

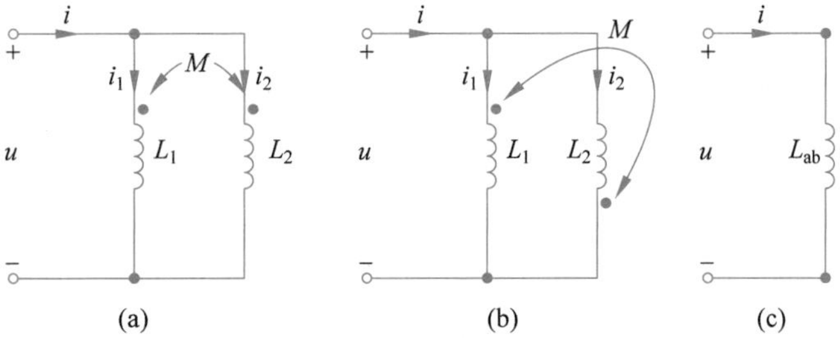

(a) (b) (c)

图 10-10 耦合电感的串联

由 KCL 可知 $i=i_1+i_2$，将$\frac{\text{d}i_1}{\text{d}t}$和$\frac{\text{d}i_2}{\text{d}t}$解出并代入此式，可得

$$u=\frac{L_1L_2-M^2}{L_1+L_2-2M}\frac{\text{d}i}{\text{d}t}$$

对图 10-10(c)所示电路，$u=L_{\text{ab}}\frac{\text{d}i}{\text{d}t}$，若图 10-10(a)所示电路与 10-10(c)所示电路等效，可得同侧并联的等效电感为

$$L_{\text{ab}}=\frac{L_1L_2-M^2}{L_1+L_2-2M} \tag{10-17}$$

如图 10-10(b)所示，异侧并联时，同理可推导出其等效电感为

$$L_{\text{ab}}=\frac{L_1L_2-M^2}{L_1+L_2+2M} \tag{10-18}$$

对于上述耦合电感串、并联等效电感的求解也可根据有一个公共端的耦合电感的去耦

等效电路推导,也可采用相量模型进行推导。

10.3.3 空心变压器电路

变压器是电路、电子技术中常见的电气设备,是一种应用广泛的多端子磁耦合电路元件,利用互感实现从一个电路向另一个电路传输能量。常用的实际变压器有空心变压器和铁芯变压器两种类型,是典型的耦合电感应用实例。

空心变压器由两个耦合绕组绕在同一个非铁磁性材料的芯柱上制成,属于松耦合情况,如图 10-11(a)所示,接电源端的绕组称为一次侧绕组,一次侧绕组所在的回路称为一次侧回路,L_1 为一次侧绕组的等效电感,R_1 为一次侧绕组等效电阻;接到负载端的绕组称为二次侧绕组,二次侧绕组所在回路称为二次侧回路,L_2 为二次侧绕组的等效电感,R_2 为二次侧绕组等效电阻,R_L 和 L 为负载绕组的等效电阻和等效电感;L_1、L_2 互感为 M,变压器通过耦合电感将电源能量传递给负载。其相量模型如图 10-11(b)所示,$\dot{U}_S$ 为电源电压相量,$Z_L=R_L+j\omega L=R_L+jX_L$ 为负载复阻抗。去耦等效电路相量模型如图 10-11(c)所示。

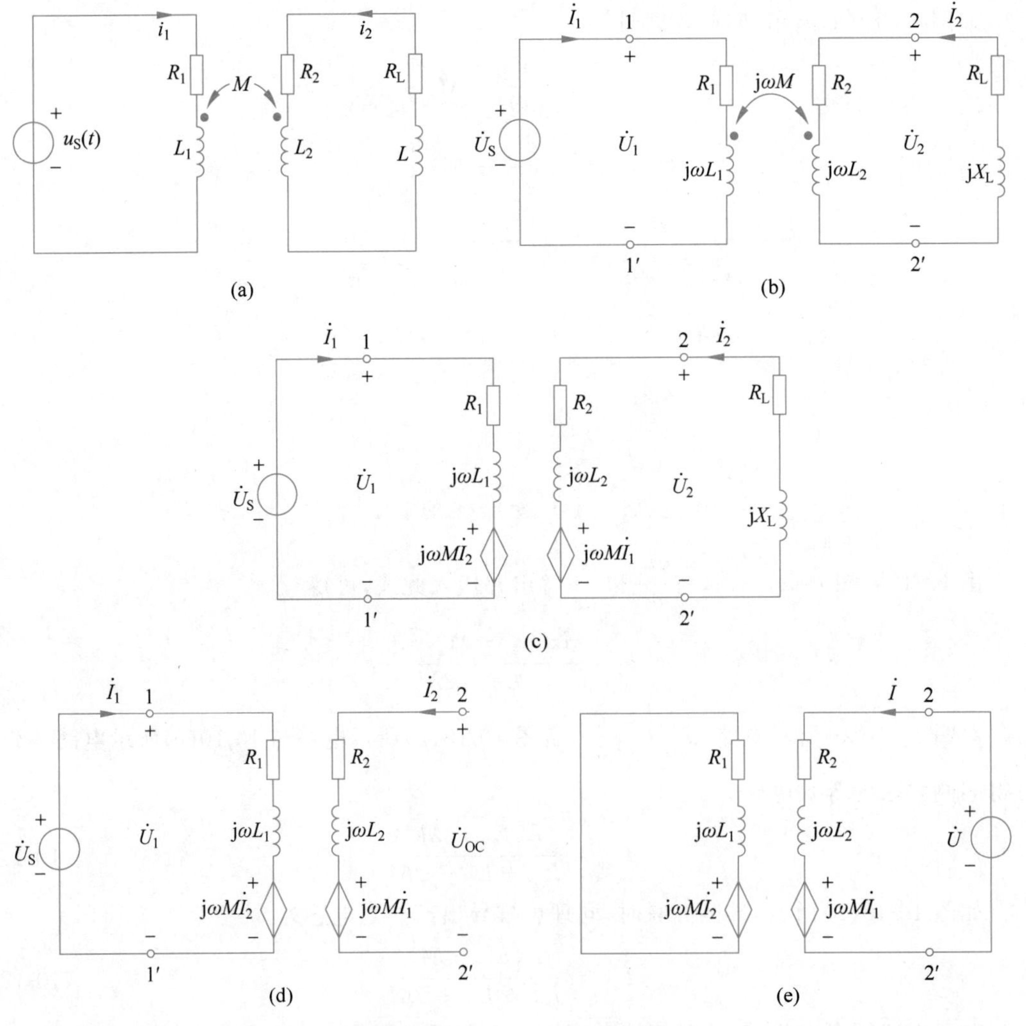

图 10-11 空心变压器相量模型

对图 10-11(c)列出：

一次侧回路 KVL 方程为

$$(R_1+\mathrm{j}\omega L_1)\dot{I}_1+\mathrm{j}\omega M\dot{I}_2=\dot{U}_1=\dot{U}_S \tag{10-19}$$

二次侧回路 KVL 方程为

$$(R_2+\mathrm{j}\omega L_2)\dot{I}_2+\mathrm{j}\omega M\dot{I}_1+(R_L+\mathrm{j}X_L)\dot{I}_2=0$$

二次侧回路 KVL 方程整理，可得

$$\mathrm{j}\omega M\dot{I}_1+(R_2+\mathrm{j}\omega L_2+R_L+\mathrm{j}X_L)\dot{I}_2=0 \tag{10-20}$$

记 $R_1+\mathrm{j}\omega L_1=Z_{11}$ 为一次侧回路自阻抗，$R_2+\mathrm{j}\omega L_2+R_L+\mathrm{j}X_L=Z_{22}$ 为二次侧回路自阻抗，$\mathrm{j}\omega M=Z_M$ 为互阻抗，式(10-19)和式(10-20)可表示为

$$Z_{11}\dot{I}_1+Z_M\dot{I}_2=\dot{U}_1$$

$$Z_M\dot{I}_1+Z_{22}\dot{I}_2=0$$

求解可得

$$\dot{I}_1=\frac{\dot{U}_1}{Z_{11}-\dfrac{Z_M^2}{Z_{22}}}=\frac{\dot{U}_1}{Z_{11}+\dfrac{(\omega M)^2}{Z_{22}}} \tag{10-21}$$

$$\dot{I}_2=\frac{-Z_M\dot{U}_1}{Z_{11}Z_{22}-Z_M^2}=\frac{-\mathrm{j}\omega M\dot{U}_1}{Z_{11}Z_{22}+(\omega M)^2}=\frac{-\mathrm{j}\omega M\dot{I}_1}{Z_{22}} \tag{10-22}$$

空心变压器从电源端看进去的输入阻抗为

$$Z_{in}=\frac{\dot{U}_1}{\dot{I}_1}=Z_{11}-\frac{Z_M^2}{Z_{22}}=Z_{11}+\frac{(\omega M)^2}{Z_{22}} \tag{10-23}$$

式中：$\dfrac{(\omega M)^2}{Z_{22}}$为引入阻抗(或反映阻抗)，其大小表明二次侧的回路阻抗对一次侧输入阻抗的影响，反映对一次侧电流的影响程度。若二次侧不接负载，即 Z_{22} 无穷大，则二次侧对一次侧的影响不存在。空心变压器一次侧等效电路如图 10-12 所示。

为了求解二次侧等效电路，将负载与电路的其余部分分开，即将图 10-11(b)的 2、2′处分解开，如图 10-11(d)所示，从端口 2、2′看，左边电路为单口网络，可用戴维南定理等效为开路电压源串联电阻支路。

由于 $\dot{I}_2=0$，开路电压为

$$\dot{U}_{OC}=\mathrm{j}\omega M\dot{I}_1=\mathrm{j}\omega M\dot{U}_S/Z_{11}$$

等效阻抗可用外施独立源法求解，如图 10-11(e)所示，可得

$$Z_{eq}=\frac{\dot{U}}{\dot{I}}=R_2+\mathrm{j}\omega L_2+(\omega M)^2/Z_{11}$$

二次侧等效电路如图 10-13 所示。一次侧回路以激励源形式对二次侧产生影响。等效激励源大小、极性和相位与耦合电感同名端、一次侧、二次侧电流参考方向有关。

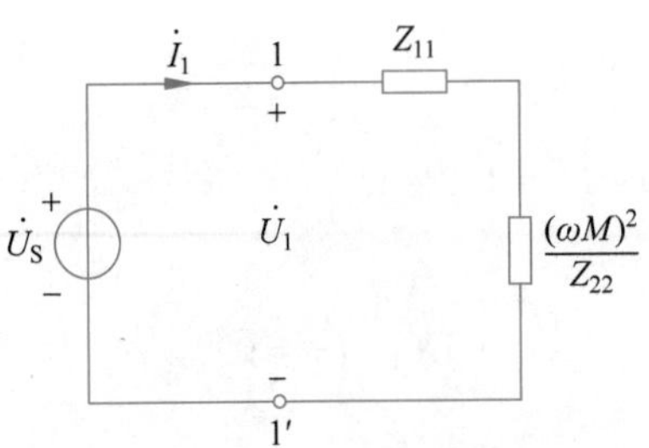

图 10-12　空心变压器一次侧等效电路

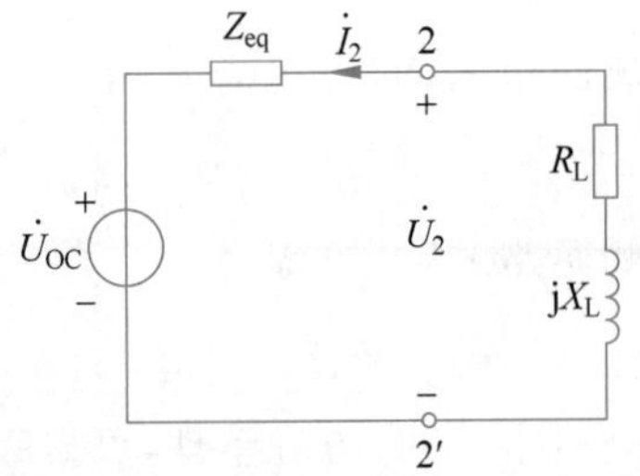

图 10-13　空心变压器二次侧等效电路

例 10-4　如图 10-14(a)所示电路，已知 $R_1=20\Omega, L_1=3.6\text{H}, L_2=0.06\text{H}, R_2=0.08\Omega, R_L=42\Omega, M=0.465\text{H}, u_S(t)=115\sqrt{2}\cos 314t(\text{V})$，求 $i_1(t)$ 和 $i_2(t)$。

解：首先画出相量模型，如图 10-14(b)所示，计算电路一次侧回路和二次侧回路的自阻抗：

$$Z_{11}=R_1+\text{j}\omega L_1=20+\text{j}314\times 3.6=(20+\text{j}1130)(\Omega)$$

$$Z_{22}=R_2+R_L+\text{j}\omega L_2=(42.08+\text{j}18.84)(\Omega)$$

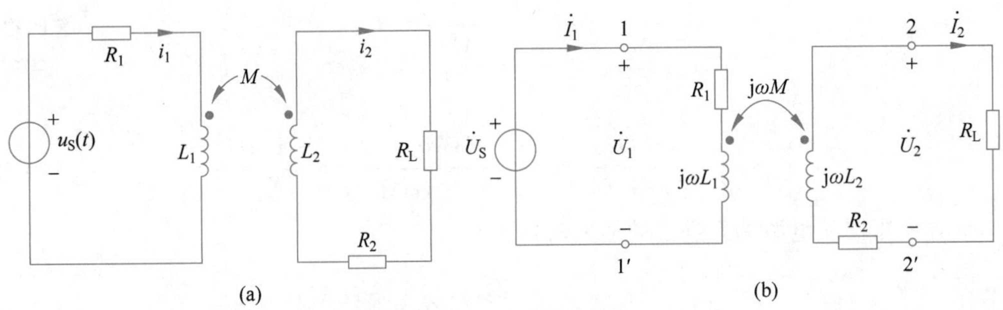

图 10-14　例 10-4 电路图

反映阻抗：

$$\frac{(\omega M)^2}{Z_{22}}=\frac{(314\times 0.465)^2}{46.1\angle 24.1^\circ}=462.4\angle -24.1^\circ=(422-\text{j}189)(\Omega)$$

利用式(10-21)计算一次侧回路的电流：

$$\dot{I}_1=\frac{\dot{U}_S}{Z_{in}}=\frac{\dot{U}_S}{Z_{11}+\frac{(\omega M)^2}{Z_{22}}}=\frac{115\angle 0^\circ}{20+\text{j}1130+422-\text{j}189}$$

$$=\frac{115\angle 0^\circ}{442+\text{j}941}=\frac{115\angle 0^\circ}{1040\angle 64.8^\circ}=110.6\angle -64.8^\circ(\text{mA})$$

利用式(10-22)计算二次侧回路的电流：

$$\dot{I}_2=\frac{\text{j}\omega M\dot{I}_1}{Z_{22}}=\frac{314\times 0.465\angle 90^\circ\times 110.6\times 10^{-3}\angle -64.8^\circ}{46.1\angle 24.1^\circ}=0.35\angle 1.1^\circ(\text{A})$$

有

$$i_1(t)=110.6\sqrt{2}\cos(314t-64.8^\circ)(\text{mA})$$

$$i_2(t)=0.35\sqrt{2}\cos(314t+1.1°)(\mathrm{A})$$

10.4 理想变压器

理想变压器是从实际变压器中抽象出来的，是实际变压器满足理想极限条件下的模型。一次侧绕组从电源吸收电能并转换为磁场能，再转换成二次侧绕组回路负载所需电能，完成信号或能量的传递，并且具备电压变换、电流变换和阻抗变换的特性。

10.4.1 理想变压器的实现条件

当空心变压器满足下列三个极限化条件时，可以看成理想变压器：

(1) 耦合系数 $k=1$，即无漏磁，全耦合。

(2) 每个线圈的自感系数 L_1、L_2 无穷大，$M=\sqrt{L_1L_2}$ 也为无穷大，但 $\sqrt{L_1/L_2}=n$ 保持不变，n 为一次侧绕组 L_1 的匝数 N_1 和二次侧绕组 L_2 的匝数 N_2 的比值，即 $n=\dfrac{N_1}{N_2}$。

(3) 耦合绕组无损耗，不消耗能量，即一次侧绕组和二次侧绕组内阻 R_1 和 R_2 为零。

理想变压器可以看成实际变压器的理想模型，是“理想化”“极限化”条件下的耦合电感，匝数比 n 是表征理想变压器性能的唯一参数。

在实际工程中为了近似获得理想变压器的特性，常用磁导率较高的磁性材料作为变压器内部的芯子，并在保证匝数比 N_1/N_2 不变的情况下，通过增加匝数来增大一、二次侧绕组的自感系数并尽量实现电感之间的磁耦合。

10.4.2 理想变压器的电路模型及伏安关系

如图 10-15 所示，N_1、N_2 分别为一次侧和二次侧绕组的匝数，$n=\dfrac{N_1}{N_2}$，n 称为变比或匝比，是一次侧绕组匝数与二次侧绕组匝数比。

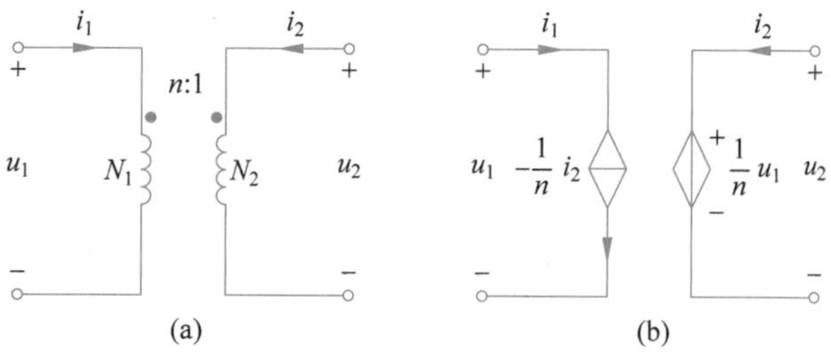

图 10-15 理想变压器模型

1. 电压变换

在如图 10-15(a)所示关联参考方向下，若 u_1、u_2 参考方向的“+”极性端都分别设在同名端(两电压参考极性相对于同名端相同)，则有

$$\frac{u_1}{u_2}=\frac{N_1}{N_2}=n,\quad u_2=\frac{u_1}{n} \tag{10-24}$$

电压比等于匝数比。若 $N_1>N_2$，则 $u_1>u_2$，为降压变压器；若 $N_1<N_2$，则 $u_1<u_2$，

为升压变压器。若 u_1、u_2 参考方向的"+"极性端分别设在异名端(相对于同名端相反),则有

$$\frac{u_1}{u_2}=-\frac{N_1}{N_2}=-n,\quad u_2=-\frac{u_1}{n} \tag{10-25}$$

注意：在进行变压计算时,选用式(10-24)还是式(10-25)取决于两电压参考方向与同名端的位置关系,与两个绕组中的电流参考方向无关。

2. 电流变换

在如图 10-15(a)所示电路中,i_1、i_2 的参考方向都流入同名端,则有

$$\frac{i_1}{i_2}=-\frac{N_2}{N_1}=-\frac{1}{n},\quad i_2=-ni_1 \tag{10-26}$$

匝数比的倒数取负(正)与两绕组上电压极性方向无关。

若 i_1、i_2 的参考方向都流出同名端,式(10-26)仍然成立。

若 i_1、i_2 参考方向一个从同名端流入,另一个从同名端流出,则

$$\frac{i_1}{i_2}=\frac{N_2}{N_1}=\frac{1}{n},\quad i_2=ni_1 \tag{10-27}$$

式(10-26)和式(10-27)表明电流比为匝数比的倒数,选用哪个公式取决于两电流参考方向与同名端位置。两电流均流入(或流出)同名端,选用式(10-26);否则,选用式(10-27)。

由于理想变压器的变压、变流特性相互独立,且只有匝数比(变比)表示其特性,根据变压、变流关系,其瞬时功率为

$$p(t)=u_1(t)i_1(t)+u_2(t)i_2(t)=0$$

故理想变压器具备不储能也不耗能的特点,将能量由一次侧全部传输到二次侧。在传输过程中,仅仅将电压、电流按变比做数值变换,属无记忆多端元件,不是动态元件。理想变压器受控源电路模型如图 10-15(b)所示。

3. 阻抗变换

理想变压器对电压、电流的变换作用也可反映在阻抗变换上。如图 10-16(a)所示,输入电阻为

$$R_\mathrm{i}=\frac{u_1}{i_1}=\frac{nu_2}{-\dfrac{1}{n}i_2}=-n^2\left(\frac{u_2}{i_2}\right)$$

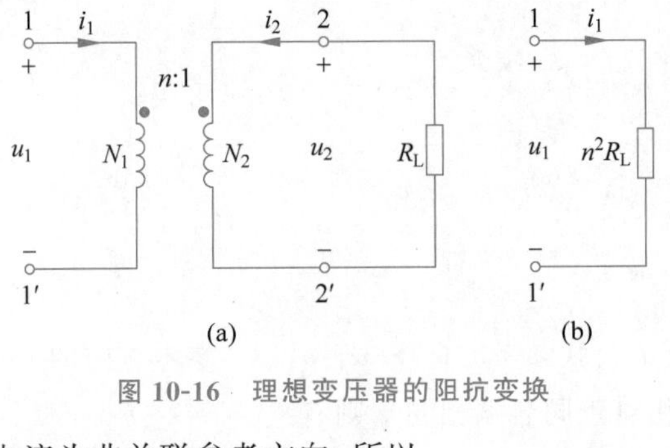

图 10-16　理想变压器的阻抗变换

因为负载上电压、电流为非关联参考方向,所以

$$u_2=-i_2R_\mathrm{L},\quad R_\mathrm{L}=-\frac{u_2}{i_2}$$

有
$$R_i = n^2 R_L \tag{10-28}$$

由式(10-28)可知，在正弦稳态电路中，二次侧绕组所接负载复阻抗若为 Z_L，折合到一次侧的输入阻抗 Z_{11} 为 $n^2 Z_L$，也称二次侧对一次侧的折合阻抗或等效阻抗。故可利用变压器匝数比改变输入阻抗，实现与电源的匹配，使负载上获得最大功率。如在晶体管收音机中把输出变压器接在扬声器和功率放大器之间，就是要使放大器得到最佳匹配，使负载上获得最大功率。阻抗变换等效电路如图 10-16(b)所示。

注意：(1) 若将一次侧阻抗折合到二次侧，则应该将一次侧阻抗除以 n^2。

(2) 若 $Z_L=0$，则 $Z_{11}=0$，说明二次侧短路相当于一次侧短路。若 $Z_L \to \infty$，则 $Z_{11} \to \infty$，说明二次侧开路相当于一次侧开路。

需要特别注意：理想变压器无论什么时候也不论其端口连接何种元件，其变压关系和变流关系始终都是成立的。但对于正常运行的实际变压器，其二次侧绕组不允许随便短路或开路，否则容易造成电气设备的损坏，造成严重的事故，并且实际变压器有隔断直流的作用，因而不能用来变换直流电压和电流。

例 10-5 某理想变压器额定电压为 10000V/230V，接一感性负载 $Z_L=j0.996\Omega$，负载额定电压为 230V。设变压器处于额定工作状态，试求：(1) 变压器的变比 n；(2) 变压器的额定电流 I_{1N} 和 I_{2N}；(3) 匹配阻抗 Z'_L。

解：(1) 电压的变比为

$$n = \frac{U_{1N}}{U_{2N}} = \frac{10000}{230} = 43.5$$

(2) 变压器额定工作时，$Z_L=j0.996\Omega$，负载额定电压为 230V，那么

$$I_{2N} = \frac{U_{2N}}{|Z_L|} = \frac{230}{0.996} = 230.92(\text{A})$$

由变压器的变流关系可得

$$I_{1N} = \frac{I_{2N}}{n} = \frac{230.92}{43.5} = 5.31(\text{A})$$

(3) 根据变压器的阻抗变换关系，可得匹配阻抗 Z'_L 为

$$Z'_L = n^2 Z_L = 43.5^2 \times j0.996 = j1884.681(\Omega)$$

10.5 含理想变压器电路的分析

理想变压器在电路中具有非常重要的作用，属于线性非时变无损耗元件，能够按照匝数比来完成一、二次侧回路间的电压变换、电流变换和阻抗变换。通常可利用理想变压器的端口伏安关系式来求解电路中的相关参数。

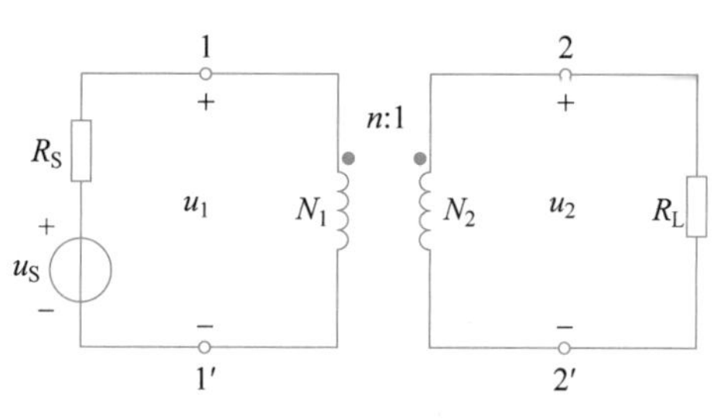

图 10-17 例 10-6 电路图

例 10-6 含理想变压器电路如图 10-17 所示，负载 $R_L=2\Omega$，信号源内阻 $R_S=8\Omega$，为使负载上获得最大功率，理想变压器的匝数比 n 应为多少？

解：当满足阻抗匹配关系时，负载上可获得最大功率。

由一次侧等效电路可得 $R_i=R_S$，则有

$$R_i = n^2 R_L$$

即

$$R_S = n^2 R_L$$

$$8 = n^2 \times 2 \quad n = 2$$

因此，理想变压器匝数比为 2∶1。

例 10-7　电路如图 10-18(a)所示，试求电压 $\dot{U}_2$。

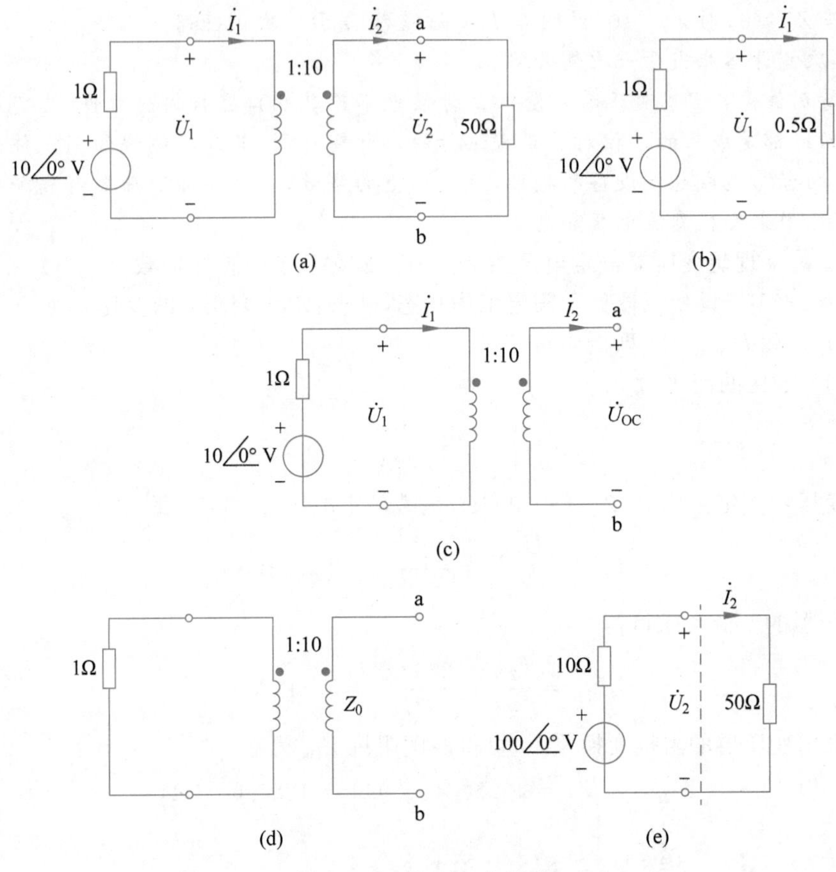

图 10-18　例 10-7 电路图

解：由图可知，匝数比 $n = \frac{1}{10}$。

方法一：用回路法求解。

由一次侧电路可得

$$\dot{I}_1 \times 1 + \dot{U}_1 = 10\underline{/0^\circ}, \quad \dot{I}_2 \times 50 = \dot{U}_2$$

$$\dot{U}_2 = 10\dot{U}_1, \quad \dot{I}_2 = \frac{1}{10}\dot{I}_1$$

$$\dot{U}_2 = 10\dot{U}_1 = 10 \times (10 - \dot{I}_1) = 100 - 10\dot{I}_1 = 100 - 100\dot{I}_2 = 100 - \frac{100}{50}\dot{U}_2$$

解得

$$\dot{U}_2 = 33.3\angle 0^\circ(\text{V})$$

方法二：用阻抗变换法求解。

二次侧电阻在一次侧表现为

$$n^2 50 = \frac{50}{100} = 0.5(\Omega)$$

得到等效一次侧电路如图 10-18(b)所示，则有

$$\dot{U}_1 = 10\angle 0^\circ \times \frac{0.5}{1+0.5} = 3.33\angle 0^\circ(\text{V})$$

$$\dot{U}_2 = \frac{1}{n}\dot{U}_1 = 10 \times 3.33\angle 0^\circ = 33.3\angle 0^\circ(\text{V})$$

方法三：用戴维南定理求解。

将图 10-18(a)电路在 a、b 两端开路，如图 10-18(c)所示，求其左侧部分的戴维南等效电路。

由于 a、b 两端开路，$\dot{I}_2=0$，则 $\dot{I}_1=0$。由于$\dot{U}_1 = 10\angle 0^\circ$V，则有

$$\dot{U}_{OC} = \frac{\dot{U}_1}{n} = 10\dot{U}_1 = 100\angle 0^\circ\text{V}$$

求等效阻抗时，内部电压源用短路线取代，如图 10-18(d)所示，利用阻抗变换关系求得

$$Z_0 = \frac{1}{n^2}Z = 10^2 \times 1 = 100(\Omega)$$

Z_0 即为戴维南等效阻抗，故图 10-18(a)电路 a、b 端左边电路戴维南等效电路如图 10-18(e)虚线左边所示，有

$$\dot{U}_2 = \frac{50}{100+50} \times 100\angle 0^\circ = 33.3\angle 0^\circ(\text{V})$$

本章小结

耦合电感是线性电路中一种重要的多端元件，耦合电感端电压由自感电压和互感电压两部分组成，其伏安关系体现为多种不同形式。耦合电感的连接有串联和并联两种方式，其等效电感可根据同名端的位置按照伏安关系进行推导。

变压器是电路、电子技术中常见的电气设备，由一次侧绕组和二次侧绕组组成，通过磁耦合将电源能量传递给负载。理想变压器是实际变压器的理想化模型，其主要作用体现为电压变换、电流变换和阻抗变换。

本章介绍了含有耦合电感、空心变压器或理想变压器的电路的基本分析方法。

习题

一、选择题

1. 两个互感线圈，顺向串联时互感起(　　)作用，反向串联时互感起(　　)作用。

A. 削弱，增强　　　　B. 增强，增强

C. 削弱，削弱　　　　D. 增强，削弱

2. 如图 x10.1 所示，该理想变压器的传输方程为（　　）。

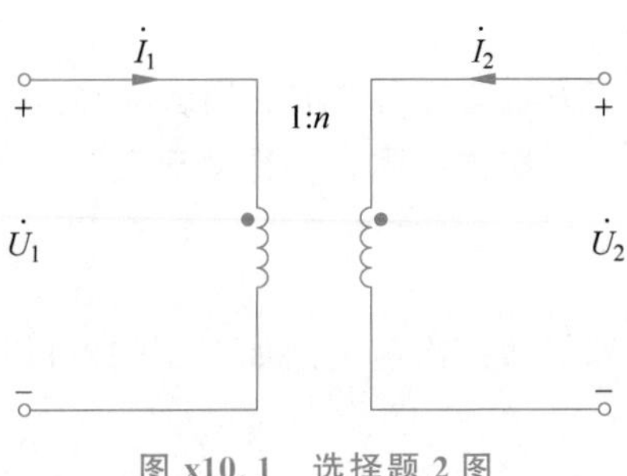

图 x10.1　选择题 2 图

A. $\dot{U}_1=n\dot{U}_2, \dot{I}_1=-\frac{1}{n}\dot{I}_2$

B. $\dot{U}_1=n\dot{U}_2, \dot{I}_2=-\frac{1}{n}\dot{I}_1$

C. $\dot{U}_1=\frac{1}{n}\dot{U}_2, \dot{I}_1=n\dot{I}_2$

D. $\dot{U}_1=\frac{1}{n}\dot{U}_2, \dot{I}_1=-n\dot{I}_2$

3. 耦合线圈的自感 L_1 和 L_2 分别为 2H 和 8H，则互感 M 至多只能为（　　）。

A. 8H　　B. 16H　　C. 4H　　D. 6H

4. 下列选项中，属于理想变压器特点的是（　　）。

A. 耦合系数为零

B. 无损耗

C. 互感系数 M 为有限值

D. 变压器吸收的功率不为零

5. 两互感线圈同侧并联时，其等效电感 L_{eq} =（　　）。

A. $\frac{L_1L_2-M^2}{L_1+L_2-2M}$　　B. $\frac{L_1L_2-M^2}{L_1+L_2+2M^2}$　　C. $\frac{L_1L_2-M^2}{L_1+L_2-M^2}$　　D. $\frac{L_1L_2-M^2}{L_1+L_2+2M}$

6. 两互感线圈顺向串联时，其等效电感 L_{eq} =（　　）。

A. L_1+L_2-2M　　B. L_1+L_2+M　　C. L_1+L_2+2M　　D. L_1+L_2-M

二、填空题

1. 同一施感电流所产生的自感电压与互感电压的同极性端互为________，从同名端流入增大的电流，会引起另一线圈同名端的电位________。

2. 两个互感线圈顺向串联时的等效电感为 $L_{顺}$，反向串联时的等效电感为 $L_{反}$，则互感 M=________。

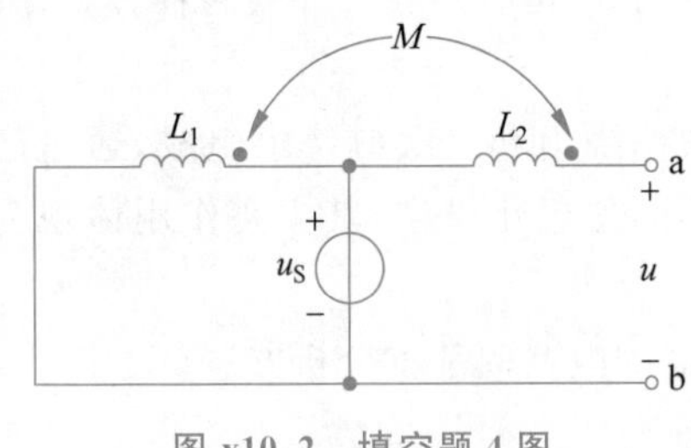

图 x10.2　填空题 4 图

3. 设理想变压器的变比为 n，当 $n>1$ 时为________变压器，当 $n<1$ 时为________变压器。

4. 如图 x10.2 所示正弦稳态电路中，已知 $u_S=8\sin 10t$ (V)，$L_1=0.5$H，$L_2=0.3$H，$M=0.1$H，ab 端电压 u=________。

5. 自感为 L_1 和 L_2，互感为 M 的两线圈反相串联时，其等效电感为________。

6. 当流过一个线圈中的电流发生变化时，在线圈本身所引起的电磁感应现象称为________现象；若本线圈电流的变化在相邻线圈中引起感应电压，则称为________现象。

三、计算题

1. 写出如图 x10.3 所示的各耦合电感的 VAR 方程。

2. 如图 x10.4 所示，耦合线圈 $L_1=0.5\text{H}$，$L_2=1.2\text{H}$，耦合系数 $k=0.5$，$i_1=2i_2=2\sin(100t+30°)\text{A}$，求电压 u_1 和 u_2。

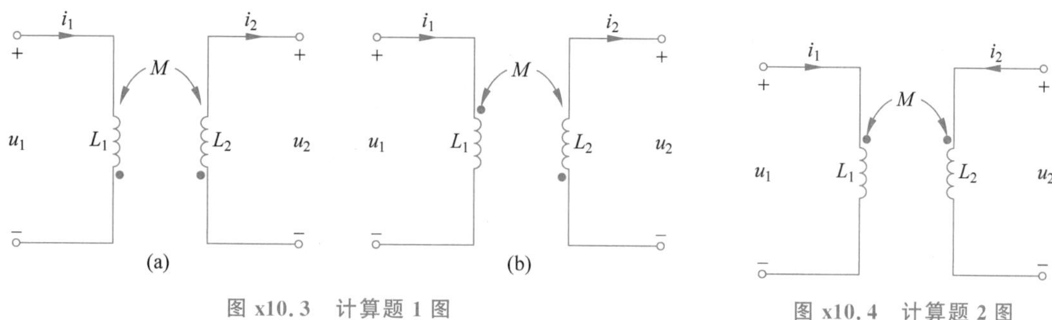

图 x10.3 计算题 1 图

图 x10.4 计算题 2 图

3. 耦合电感 $L_1=8\text{H}$，$L_2=6\text{H}$，$M=4\text{H}$，试求其串联、并联时的等效电感值。

4. 如图 x10.5 所示，耦合线圈 $L_1=6\text{H}$，$L_2=4\text{H}$，$M=3\text{H}$，试求：

(1) 若 L_2 两端短路，则 L_1 端的等效电感值是多少？

(2) 若 L_1 两端短路，则 L_2 端的等效电感值是多少？

5. 如图 x10.6 所示的变压器电路，已知 $R_1=30\Omega$，$\omega L_1=40\Omega$，$\omega L_2=120\Omega$，$R_2=10\Omega$，$\omega M=30\Omega$，一次侧接电源电压 $\dot{U}_S=10\angle 0°\text{V}$，二次侧接负载电阻 $R=90\Omega$，求一次侧电流 $\dot{I}_1$ 和通过互感耦合传送到二次侧回路的功率。

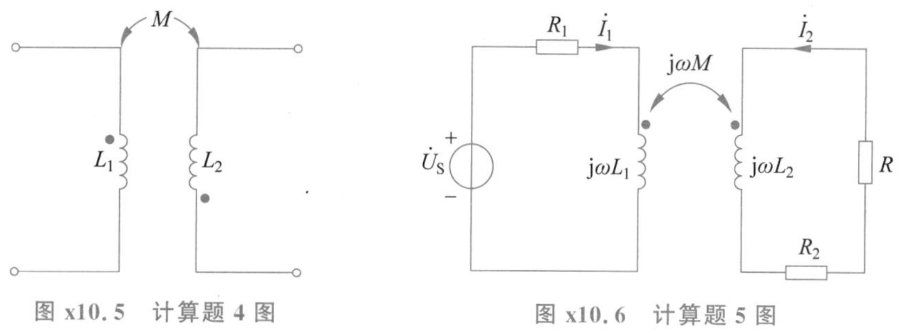

图 x10.5 计算题 4 图

图 x10.6 计算题 5 图

6. 图 x10.7 为理想变压器电路，试求电路中的电流 $\dot{I}$。

7. 图 x10.8 为理想变压器电路，试求电路中的电压 $\dot{U}_2$。

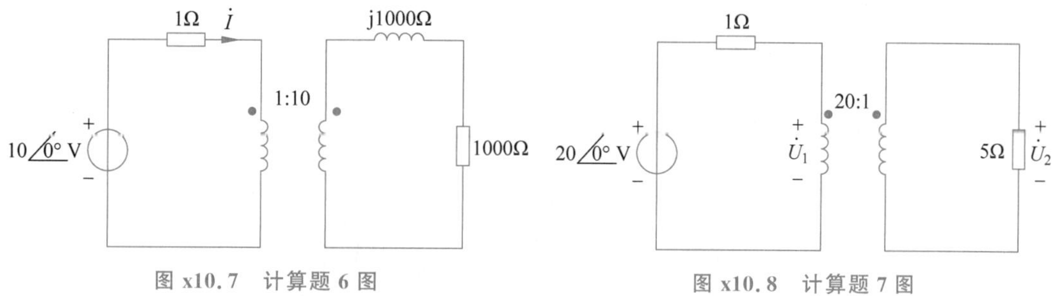

图 x10.7 计算题 6 图

图 x10.8 计算题 7 图

8. 如图 x10.9 所示电路，已知 $\dot{U}_S=10\angle 0°\text{V}$，$\omega=10^6\text{rad/s}$，$L_1=L_2=1\text{mH}$，$C_1=C_2=1000\text{pF}$，$R_1=10\Omega$，$M=20\mu\text{H}$。负载电阻 R_L 可任意改变，问 R_L 等于多大时其可获得最大

功率，并求出此时的最大功率 P_{Lmax} 及电容 C_2 上的电压有效值 U_{C_2}。

9. 如图 x10.10 所示电路，已知电源的角频率 $\omega=100\mathrm{rad/s}$，$\dot{U}_S=10\angle 0°\mathrm{V}$，$R_1=10\Omega$，$L_1=40\mathrm{mH}$，$L_2=50\mathrm{mH}$，$R_2=6\Omega$，求电路中的电流 $\dot{I}_1$ 和 $\dot{I}_2$。

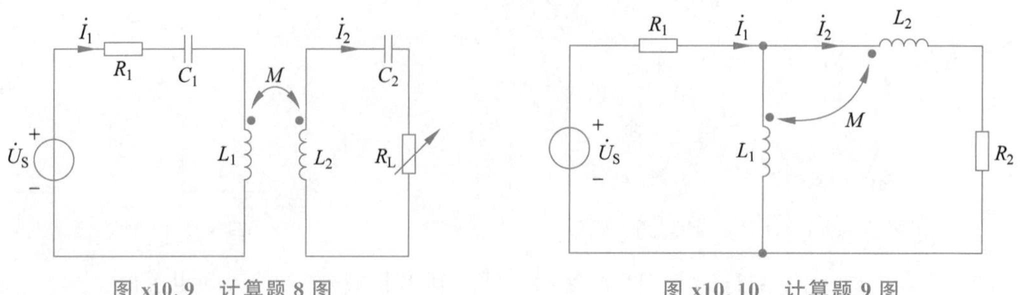

图 x10.9 计算题 8 图　　图 x10.10 计算题 9 图

10. 将两个线圈串联起来接到 50Hz、220V 的正弦电源上，顺接时电流为 2.7A，吸收的功率为 218.7W，反接时电流为 7A，求互感 M。

11. 如图 x10.11 所示电路，求输出电压 $\dot{U}_2$。

12. 如图 x10.12 所示电路，已知 $L_1=6\mathrm{H}$，$L_2=4\mathrm{H}$，两耦合线圈顺向串联时，电路的谐振频率是反向串联时谐振频率的 1/2 倍，求互感 M。

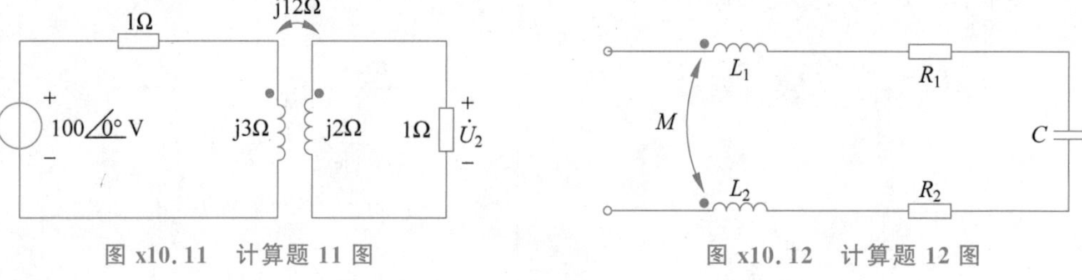

图 x10.11 计算题 11 图　　图 x10.12 计算题 12 图

第11章 双口网络

CHAPTER 11

本章主要内容：介绍双口网络的伏安关系式、双口网络的 Y、Z、T、H 等参数矩阵以及相互之间的关系。另外，还介绍两种等效电路和双口网络的连接。

11.1 双口网络概述

在实际的电路分析中常遇到有两个端口四个端钮的四端网络，如图 11-1 所示。图中，1-1′是一对端，2-2′是一对端，每一对端称为一端口，如果满足 $i_{1'}=i_1$，$i_{2'}=i_2$，就称为双口网络或二端口网络；如果有一个条件不满足，就只能称为四端网络。

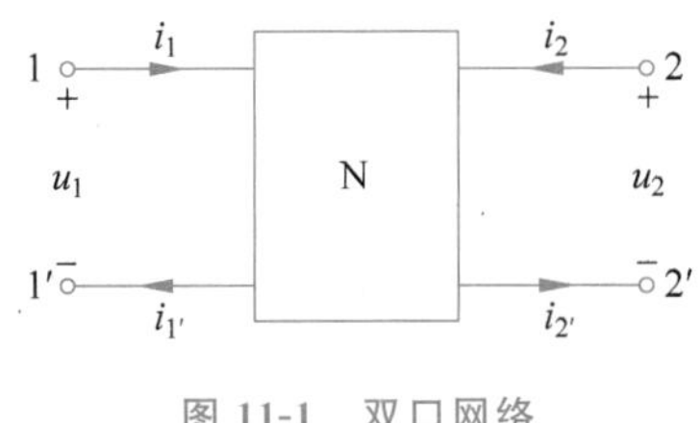

图 11-1　双口网络

双口网络一定是四端网络，但四端网络不一定是双口网络。本章仅讨论双口网络。

在实际应用中，双口网络可作为电路连接环节，实现能量的分配与转换和信号的控制与传递，如空心变压器、理想变压器、回转器、负阻抗变换器、晶体管放大电路和电力传输线等。

11.2 双口网络的伏安关系

在实际应用中，对于双口网络内部结构及内部的电压电流分析并没有太大意义，因为内部网络一般较复杂，无法实现精确分析。双口网络在电路中所起的作用，只需通过分析双口网络外部伏安特性就可得到，而与内部结构无关。

双口网络的伏安特性关系式可用双口网络的参数来表示。这些参数只与构成双口网络的元件参数及连接方式有关。一旦元件参数和连接方式确定，表征双口网络的参数以及端口上电压、电流的变化规律也就确定。若 u_1、i_1 发生变化，则根据伏安关系式就可算出另一端口上的 u_2、i_2。

11.2.1 双口网络的导纳矩阵和阻抗矩阵及其相互关系

1. 双口网络的导纳矩阵（参数）

图 11-2 为一个线性无源双口网络（只含线性 RLC 元件，不含独立源，可包含线性受控源），1-1′端口的 $\dot{U}_1$、$\dot{I}_1$，2-2′端口的 $\dot{U}_2$、$\dot{I}_2$ 为关联参考方向。已知 $\dot{U}_1$、$\dot{U}_2$，利用叠加原理，

$\dot{I}_1$ 和 $\dot{I}_2$ 分别等于各个独立源单独作用时所产生的电流之和：

$$\begin{cases}\dot{I}_1 = Y_{11}\dot{U}_1 + Y_{12}\dot{U}_2 \\ \dot{I}_2 = Y_{21}\dot{U}_1 + Y_{22}\dot{U}_2\end{cases} \tag{11-1}$$

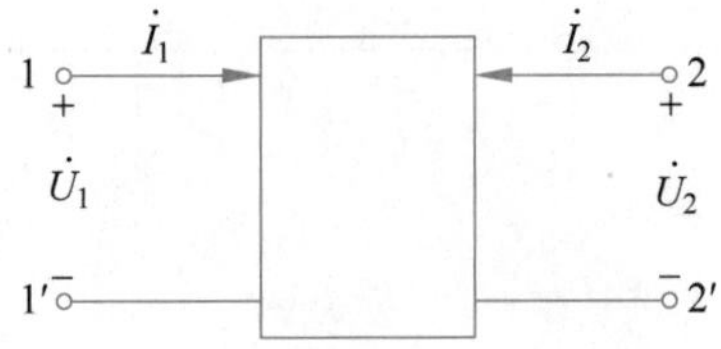

图 11-2 线性无源双口网络

改写成矩阵形式，有

$$\begin{bmatrix}\dot{I}_1 \\ \dot{I}_2\end{bmatrix} = \begin{bmatrix}Y_{11} & Y_{12} \\ Y_{21} & Y_{22}\end{bmatrix}\begin{bmatrix}\dot{U}_1 \\ \dot{U}_2\end{bmatrix} = \boldsymbol{Y}\begin{bmatrix}\dot{U}_1 \\ \dot{U}_2\end{bmatrix}$$

式中：$\boldsymbol{Y}$ 为双口网络的 Y 参数矩阵；Y_{11}、Y_{12}、Y_{21}、Y_{22} 为双口网络的 Y 参数，且有

$$Y_{11} = \left.\frac{\dot{I}_1}{\dot{U}_1}\right|_{\dot{U}_2=0}, \quad Y_{21} = \left.\frac{\dot{I}_2}{\dot{U}_1}\right|_{\dot{U}_2=0}$$

$$Y_{12} = \left.\frac{\dot{I}_1}{\dot{U}_2}\right|_{\dot{U}_1=0}, \quad Y_{22} = \left.\frac{\dot{I}_2}{\dot{U}_2}\right|_{\dot{U}_1=0}$$

Y_{11} 表示端口 2-2′短路时，端口 1-1′处的输入导纳或驱动点导纳；Y_{21} 表示端口 2-2′短路时，端口 2-2′与端口 1-1′之间的转移导纳；Y_{12} 表示端口 1-1′短路时，端口 1-1′与端口 2-2′之间的转移导纳；Y_{22} 表示端口 1-1′短路时，端口 2-2′的输入导纳。由于 Y 参数都是在一个端口短路情况下通过计算或测试求得的，所以又称为短路导纳参数。

在无受控源的双口网络中，总满足互易定理，即两个端口互换位置后与外电路连接，其外部特性将不会有任何变化，有 $Y_{12}=Y_{21}$。若 $Y_{11}=Y_{22}$，则双口网络电气上对称，即两端电气特性一致。

2. 双口网络阻抗矩阵（参数）

如图 11-2 所示双口网络的 $\dot{I}_1$ 和 $\dot{I}_2$ 已知，同理利用叠加原理，$\dot{U}_1$、$\dot{U}_2$ 应等于各个电流源单独作用时产生的电压之和，即

$$\begin{cases}\dot{U}_1 = Z_{11}\dot{I}_1 + Z_{12}\dot{I}_2 \\ \dot{U}_2 = Z_{21}\dot{I}_1 + Z_{22}\dot{I}_2\end{cases} \tag{11-2}$$

改写成矩阵形式，有

$$\begin{bmatrix}\dot{U}_1 \\ \dot{U}_2\end{bmatrix} = \begin{bmatrix}Z_{11} & Z_{12} \\ Z_{21} & Z_{22}\end{bmatrix}\begin{bmatrix}\dot{I}_1 \\ \dot{I}_2\end{bmatrix} = \boldsymbol{Z}\begin{bmatrix}\dot{I}_1 \\ \dot{I}_2\end{bmatrix}$$

式中：$\boldsymbol{Z}$ 为双口网络的 Z 参数矩阵；Z_{11}、Z_{12}、Z_{21}、Z_{22} 为双口网络的 Z 参数，且有

$$Z_{11}=\left.\frac{\dot{U}_1}{\dot{I}_1}\right|_{\dot{I}_2=0},\quad Z_{21}=\left.\frac{\dot{U}_2}{\dot{I}_1}\right|_{\dot{I}_2=0}$$

$$Z_{12}=\left.\frac{\dot{U}_1}{\dot{I}_2}\right|_{\dot{I}_1=0},\quad Z_{22}=\left.\frac{\dot{U}_2}{\dot{I}_2}\right|_{\dot{I}_1=0}$$

Z_{11} 表示端口 2-2′开路时，端口 1-1′的开路输入阻抗；Z_{21} 表示端口 2-2′开路时，端口 2-2′与端口 1-1′之间的开路转移阻抗；Z_{12} 表示端口 1-1′开路时，端口 1-1′与端口 2-2′之间的开路转移阻抗；Z_{22} 表示端口 1-1′开路时，端口 2-2′的开路输入阻抗。Z 参数称为开路阻抗参数。

同理，对于线性无受控源的双口网络，互易定理也成立，即 $Z_{12}=Z_{21}$。若 $Z_{11}=Z_{22}$，则双口网络电气上对称。

通过观察可以看出，开路阻抗矩阵 $\boldsymbol{Z}$ 与短路导纳矩阵 $\boldsymbol{Y}$ 之间互为可逆，即

$$\boldsymbol{Z}=\boldsymbol{Y}^{-1}\quad 或\quad \boldsymbol{Y}=\boldsymbol{Z}^{-1}$$

对于含有受控源的线性双口网络，互易定理不成立，因此 $Y_{12}\neq Y_{21}$、$Z_{12}\neq Z_{21}$。

11.2.2 双口网络的混合矩阵和传输矩阵

1. 双口网络的混合矩阵

当双口网络 $\dot{I}_1$、$\dot{U}_2$ 已知时，有如下关系式：

$$\begin{cases}\dot{U}_1=H_{11}\dot{I}_1+H_{12}\dot{U}_2\\ \dot{I}_2=H_{21}\dot{I}_1+H_{22}\dot{U}_2\end{cases}\tag{11-3}$$

改写成矩阵形式，有

$$\begin{bmatrix}\dot{U}_1\\ \dot{I}_2\end{bmatrix}=\begin{bmatrix}H_{11} & H_{12}\\ H_{21} & H_{22}\end{bmatrix}\begin{bmatrix}\dot{I}_1\\ \dot{U}_2\end{bmatrix}=\boldsymbol{H}\begin{bmatrix}\dot{I}_1\\ \dot{U}_2\end{bmatrix}$$

式中：$\boldsymbol{H}$ 为双口网络的 H 参数矩阵；H_{11}、H_{12}、H_{21}、H_{22} 为双口网络的 H 参数，且有

$$H_{11}=\left.\frac{\dot{U}_1}{\dot{I}_1}\right|_{\dot{U}_2=0},\quad H_{12}=\left.\frac{\dot{U}_1}{\dot{U}_2}\right|_{\dot{I}_1=0}$$

$$H_{21}=\left.\frac{\dot{I}_2}{\dot{I}_1}\right|_{\dot{U}_2=0},\quad H_{22}=\left.\frac{\dot{I}_2}{\dot{U}_2}\right|_{\dot{I}_1=0}$$

H_{11} 表示策动点 1-1′的输入阻抗；H_{21} 表示 $\dot{I}_2$ 与 $\dot{I}_1$ 的转移电流比；H_{12} 表示 $\dot{U}_1$ 与 $\dot{U}_2$ 的转移电压比；H_{22} 表示策动点 2-2′的输入导纳。H 参数矩阵称为双口网络的混合参数矩阵。

对于线性无受控源的双口网络，互易定理成立，即 $H_{12}=-H_{21}$。对于对称双口网络，由于 $Y_{11}=Y_{22}$ 或 $Z_{11}=Z_{22}$，则有 $H_{11}H_{22}-H_{12}H_{21}=1$。

2. 双口网络的传输矩阵

当双口网络 2-2′端口的 $\dot{U}_2$、$\dot{I}_2$ 已知时，有如下关系式：

$$\begin{cases}\dot{U}_1 = A\dot{U}_2 + B(-\dot{I}_2) \\ \dot{I}_1 = C\dot{U}_2 + D(-\dot{I}_2)\end{cases} \tag{11-4}$$

改写成矩阵形式，有

$$\begin{bmatrix}\dot{U}_1 \\ \dot{I}_1\end{bmatrix} = \begin{bmatrix}A & B \\ C & D\end{bmatrix}\begin{bmatrix}\dot{U}_2 \\ -\dot{I}_2\end{bmatrix}$$

令

$$\boldsymbol{T} = \begin{bmatrix}A & B \\ C & D\end{bmatrix}$$

$$A = \left.\frac{\dot{U}_1}{\dot{U}_2}\right|_{\dot{I}_2=0}, \quad B = \left.\frac{\dot{U}_1}{-\dot{I}_2}\right|_{\dot{U}_2=0}$$

$$C = \left.\frac{\dot{I}_1}{\dot{U}_2}\right|_{\dot{I}_2=0}, \quad D = \left.\frac{\dot{I}_1}{-\dot{I}_2}\right|_{\dot{U}_2=0}$$

T 参数矩阵称为双口网络的传输参数矩阵。其中 A、B、C、D 称为双口网络的一般参数、传输参数、T 参数或 A 参数，A 是两个电压的比值，B 是短路转移阻抗，C 是开路转移导纳，D 是两个电流的比值。

对于线性无受控源的双口网络，互易定理成立，即 $AD-BC=1$。对于对称双口网络，由于 $Y_{11}=Y_{22}$，则有 $A=D$。

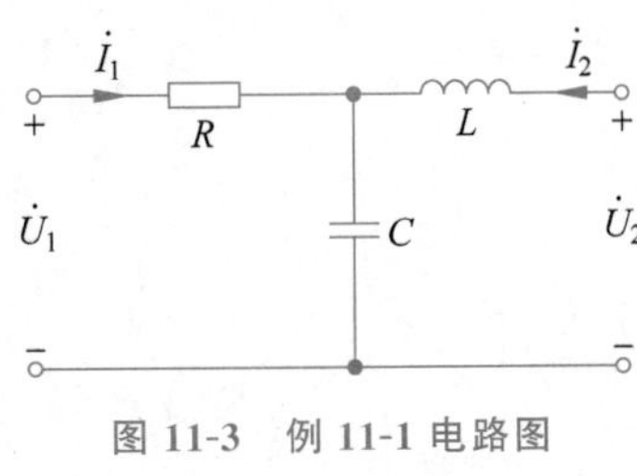

图 11-3　例 11-1 电路图

例 11-1　如图 11-3 所示电路，求电路的开路阻抗矩阵 $\boldsymbol{Z}$。

解：根据求解双口网络的开路阻抗矩阵 $\boldsymbol{Z}$ 的方法可得

$$Z_{11} = \left.\frac{\dot{U}_1}{\dot{I}_1}\right|_{\dot{I}_2=0} = \frac{\left(R + \frac{1}{\mathrm{j}\omega C}\right)\dot{I}_1}{\dot{I}_1} = R + \frac{1}{\mathrm{j}\omega C}$$

$$Z_{21} = \left.\frac{\dot{U}_2}{\dot{I}_1}\right|_{\dot{I}_2=0} = \frac{\frac{1}{\mathrm{j}\omega C}\dot{I}_1}{\dot{I}_1} = \frac{1}{\mathrm{j}\omega C}$$

$$Z_{12} = \left.\frac{\dot{U}_1}{\dot{I}_2}\right|_{\dot{I}_1=0} = \frac{\frac{1}{\mathrm{j}\omega C}\dot{I}_2}{\dot{I}_2} = \frac{1}{\mathrm{j}\omega C}$$

$$Z_{22} = \left.\frac{\dot{U}_2}{\dot{I}_2}\right|_{\dot{I}_1=0} = \frac{\left(\mathrm{j}\omega L + \frac{1}{\mathrm{j}\omega C}\right)\dot{I}_2}{\dot{I}_2} = \mathrm{j}\omega L + \frac{1}{\mathrm{j}\omega C}$$

则可得开路阻抗矩阵为

$$\boldsymbol{Z}=\begin{bmatrix} R+\dfrac{1}{\mathrm{j}\omega C} & \dfrac{1}{\mathrm{j}\omega C} \\ \dfrac{1}{\mathrm{j}\omega C} & \mathrm{j}\omega L+\dfrac{1}{\mathrm{j}\omega C} \end{bmatrix}$$

例 11-2　求图 11-4 所示双口网络的 Y、Z 和 T、H 参数矩阵。

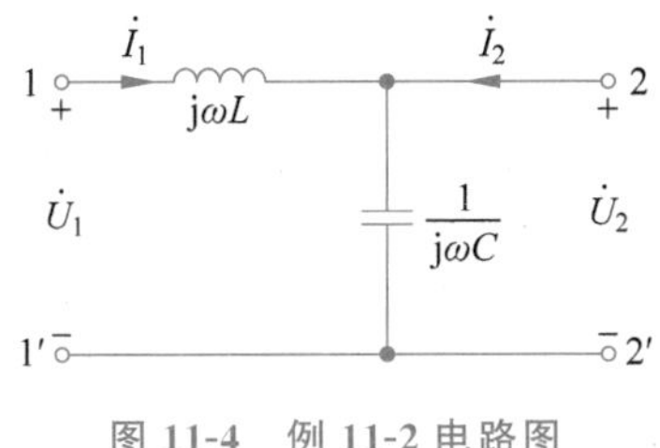

图 11-4　例 11-2 电路图

解：如图 11-4 所示，根据电路的元件约束(VAR)和结构约束(KVL、KCL)可得

$$\dot{I}_1=\frac{1}{\mathrm{j}\omega L}(\dot{U}_1-\dot{U}_2)=\frac{1}{\mathrm{j}\omega L}\dot{U}_1-\frac{1}{\mathrm{j}\omega L}\dot{U}_2=-\mathrm{j}\,\frac{1}{\omega L}\dot{U}_1+\mathrm{j}\,\frac{1}{\omega L}\dot{U}_2$$

$$\dot{I}_2=-\frac{1}{\mathrm{j}\omega L}(\dot{U}_1-\dot{U}_2)+\mathrm{j}\omega C\dot{U}_2=\mathrm{j}\,\frac{1}{\omega L}\dot{U}_1+\mathrm{j}\left(\omega C-\frac{1}{\omega L}\right)\dot{U}_2$$

则 Y 参数矩阵为

$$\boldsymbol{Y}=\begin{bmatrix} -\mathrm{j}\,\dfrac{1}{\omega L} & \mathrm{j}\,\dfrac{1}{\omega L} \\ \mathrm{j}\,\dfrac{1}{\omega L} & \mathrm{j}\left(\omega C-\dfrac{1}{\omega L}\right) \end{bmatrix}$$

同理，可得

$$\dot{U}_1=\mathrm{j}\omega L\dot{I}_1+\frac{1}{\mathrm{j}\omega C}(\dot{I}_1+\dot{I}_2)=\mathrm{j}\left(\omega L-\frac{1}{\omega C}\right)\dot{I}_1+\frac{1}{\mathrm{j}\omega C}\dot{I}_2$$

$$\dot{U}_2=\frac{1}{\mathrm{j}\omega C}(\dot{I}_1+\dot{I}_2)=\frac{1}{\mathrm{j}\omega C}\dot{I}_1+\frac{1}{\mathrm{j}\omega C}\dot{I}_2$$

则 Z 参数矩阵为

$$\boldsymbol{Z}=\begin{bmatrix} \mathrm{j}\left(\omega L-\dfrac{1}{\omega C}\right) & \dfrac{1}{\mathrm{j}\omega C} \\ \dfrac{1}{\mathrm{j}\omega C} & \dfrac{1}{\mathrm{j}\omega C} \end{bmatrix}$$

根据 KVL、KCL 可得出端口 1-1′处电压 $\dot{U}_1$ 和电流 $\dot{I}_1$ 为

$$\dot{U}_1=\mathrm{j}\omega L\dot{I}_1+\dot{U}_2$$

$$\dot{I}_1=\mathrm{j}\omega C\dot{U}_2-\dot{I}_2$$

结合上面两式可得

$$\dot{U}_1=\mathrm{j}\omega L(\mathrm{j}\omega C\dot{U}_2-\dot{I}_2)+\dot{U}_2=(1-\omega^2 LC)\dot{U}_2-\mathrm{j}\omega L\dot{I}_2$$

则 T 参数矩阵为

$$\boldsymbol{T}=\begin{bmatrix} 1-\omega^2 LC & \mathrm{j}\omega L \\ \mathrm{j}\omega C & 1 \end{bmatrix}$$

对上式进行变形，可得

$$\dot{U}_1=\mathrm{j}\omega L\dot{I}_1+\dot{U}_2$$

$$\dot{I}_2=-\dot{I}_1+\mathrm{j}\omega C\dot{U}_2$$

则 H 参数矩阵为

$$\boldsymbol{H}=\begin{bmatrix}\mathrm{j}\omega L & 1\\ -1 & \mathrm{j}\omega C\end{bmatrix}$$

以上参数矩阵还可以利用参数矩阵之间的关系进行求解。

11.2.3 各参数矩阵之间的关系

前面所讨论的 Y 参数、Z 参数、T 参数、H 参数之间存在变换关系。因为网络的结构、元件参数不变，只是其端口上的电压与电流的关系用不同的参数矩阵表示而已，根据双口网络的伏安关系可推导出相互的矩阵关系：

$$\boldsymbol{Y}=\begin{bmatrix}Y_{11} & Y_{12}\\ Y_{21} & Y_{22}\end{bmatrix}=\boldsymbol{Z}^{-1}=\begin{bmatrix}\dfrac{Z_{22}}{Z_{11}Z_{22}-Z_{12}Z_{21}} & -\dfrac{Z_{12}}{Z_{11}Z_{22}-Z_{12}Z_{21}}\\ -\dfrac{Z_{21}}{Z_{11}Z_{22}-Z_{12}Z_{21}} & \dfrac{Z_{11}}{Z_{11}Z_{22}-Z_{12}Y_{21}}\end{bmatrix}$$

$$=\begin{bmatrix}\dfrac{1}{H_{11}} & -\dfrac{H_{12}}{H_{11}}\\ \dfrac{H_{21}}{H_{11}} & \dfrac{H_{11}H_{22}-H_{12}H_{21}}{H_{11}}\end{bmatrix}=\begin{bmatrix}\dfrac{D}{B} & -\dfrac{AD-BC}{B}\\ -\dfrac{1}{B} & \dfrac{A}{B}\end{bmatrix}$$

$$\boldsymbol{Z}=\begin{bmatrix}Z_{11} & Z_{12}\\ Z_{21} & Z_{22}\end{bmatrix}=\boldsymbol{Y}^{-1}=\begin{bmatrix}\dfrac{Y_{22}}{Y_{11}Y_{22}-Y_{12}Y_{21}} & -\dfrac{Y_{12}}{Y_{11}Y_{22}-Y_{12}Y_{21}}\\ -\dfrac{Y_{21}}{Y_{11}Y_{22}-Y_{12}Y_{21}} & \dfrac{Y_{11}}{Y_{11}Y_{22}-Y_{12}Y_{21}}\end{bmatrix}$$

$$=\begin{bmatrix}\dfrac{H_{11}H_{22}-H_{12}H_{21}}{H_{22}} & \dfrac{H_{12}}{H_{22}}\\ -\dfrac{H_{21}}{H_{22}} & \dfrac{1}{H_{22}}\end{bmatrix}=\begin{bmatrix}\dfrac{A}{C} & \dfrac{AD-BC}{C}\\ \dfrac{1}{C} & \dfrac{D}{C}\end{bmatrix}$$

$$\boldsymbol{H}=\begin{bmatrix}H_{11} & H_{12}\\ H_{21} & H_{22}\end{bmatrix}=\begin{bmatrix}\dfrac{1}{Y_{11}} & -\dfrac{Y_{12}}{Y_{11}}\\ \dfrac{Y_{21}}{Y_{11}} & \dfrac{Y_{11}Y_{22}-Y_{12}Y_{21}}{Y_{11}}\end{bmatrix}=\begin{bmatrix}\dfrac{Z_{11}Z_{22}-Z_{12}Z_{21}}{Z_{22}} & \dfrac{Z_{12}}{Z_{22}}\\ -\dfrac{Z_{21}}{Z_{22}} & \dfrac{1}{Z_{22}}\end{bmatrix}$$

$$=\begin{bmatrix}\dfrac{B}{D} & \dfrac{AD-BC}{D}\\ -\dfrac{1}{D} & \dfrac{C}{D}\end{bmatrix}$$

$$\boldsymbol{T}=\begin{bmatrix}A & B\\ C & D\end{bmatrix}=\begin{bmatrix}-\dfrac{Y_{22}}{Y_{21}} & -\dfrac{1}{Y_{21}}\\ -\dfrac{Y_{11}Y_{22}-Y_{12}Y_{21}}{Y_{21}} & -\dfrac{Y_{11}}{Y_{21}}\end{bmatrix}=\begin{bmatrix}\dfrac{Z_{11}}{Z_{21}} & \dfrac{Z_{11}Z_{22}-Z_{12}Z_{21}}{Z_{21}}\\ \dfrac{1}{Z_{21}} & \dfrac{Z_{22}}{Z_{21}}\end{bmatrix}$$

$$=\begin{bmatrix}-\dfrac{H_{11}H_{22}-H_{12}H_{21}}{H_{21}} & -\dfrac{H_{11}}{H_{21}}\\ -\dfrac{H_{22}}{H_{21}} & -\dfrac{1}{H_{21}}\end{bmatrix}$$

对于线性无受控源的双口网络，互易定理成立，则双口网络是互易网络，其中网络参数只有三个元独立。若原网络含受控源，则不是互易网络，互易条件不成立。

注意：(1) 互易条件，$Z_{12}=Z_{21}$，$Y_{12}=Y_{21}$，$H_{12}=-H_{21}$，$AD-BC=1$。

(2) 对称条件，$Z_{11}=Z_{22}$，$Y_{11}=Y_{22}$，$H_{11}H_{22}-H_{12}H_{21}=1$，$A=D$。

11.3 双口网络的等效电路

11.3.1 无源双口网络的等效电路

对于一个线性无源二端网络，就其外特性而言，可以等效为一个阻抗或导纳，端口上的伏安特性可以由这个阻抗(或导纳)来表征。对于无源的双口网络可以由最简单的双口网络电路来等效。由于无源网络中参数矩阵只有三个参数是独立的，因此最简单的等效电路具有三个元件，如 T 形或 π 形网络，这个等效电路端口的伏安特性与原复杂的双口网络的伏安特性相同。

如果给定双口网络的 Z 参数，且 $Z_{12}=Z_{21}$，确定此双口网络的等效 T 形电路中的 Z_1、Z_2、Z_3 的值，根据 T 形回路电流方程

$$\begin{aligned}\dot{U}_1&=Z_1\dot{I}_1+Z_2(\dot{I}_1+\dot{I}_2)\\ \dot{U}_2&=Z_2(\dot{I}_1+\dot{I}_2)+Z_3\dot{I}_2\end{aligned}\quad\Leftrightarrow\quad\begin{aligned}\dot{U}_1&=(Z_{11}-Z_{12})\dot{I}_1+Z_{12}(\dot{I}_1+\dot{I}_2)\\ \dot{U}_2&=Z_{12}(\dot{I}_1+\dot{I}_2)+(Z_{22}-Z_{12})\dot{I}_2\end{aligned}$$

可得

$$Z_1=Z_{11}-Z_{12},\quad Z_2=Z_{12},\quad Z_3=Z_{22}-Z_{12}$$

等效电路如图 11-5 所示。

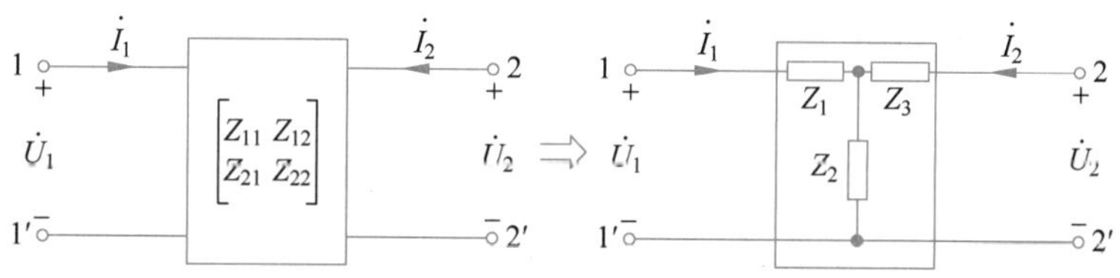

图 11-5 无源网络的 T 形等效电路

如果给定双口网络的 Y 参数，且 $Y_{12}=Y_{21}$，同理可确定等效 π 形电路中的 Y_1、Y_2、Y_3 的数值。可得

$$Y_1=Y_{11}+Y_{12},\quad Y_2=-Y_{12}=-Y_{21},\quad Y_3=Y_{22}+Y_{21}$$

等效电路如图 11-6 所示。

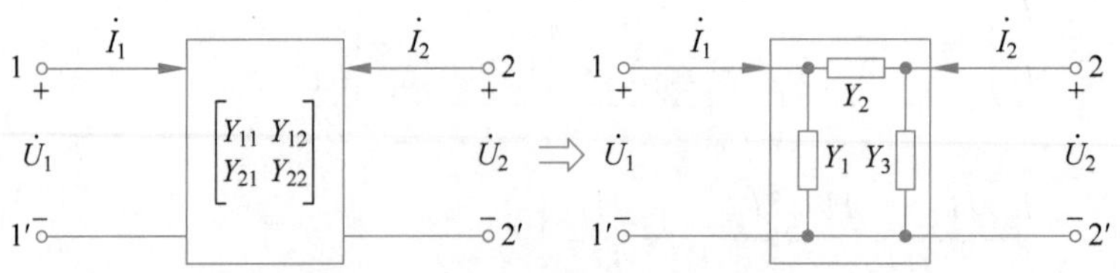

图 11-6　无源网络的 π 形等效电路

根据双口网络各个网络参数的关系，可将其他参数转换成 Z 参数或 Y 参数，再求得等效后的 T 形网络或 π 形网络的参数值。

对于对称的双口网络，由于 $Z_{11}=Z_{22}$，$Y_{11}=Y_{22}$，$A=D$，故其等效电路也一定是对称的，且有 $Y_1=Y_3$，$Z_1=Z_3$。

11.3.2　含有受控源的双口网络的等效电路

在含有受控源的双口网络中，如果其中 Z 参数中 $Z_{12}\neq Z_{21}$，Y 参数中 $Y_{12}\neq Y_{21}$，双口网络就不是互易网络，参数矩阵中四个参数是独立的，此时必须用四个元件才能表征其端口特性。

若已知 Z 参数，则有

$$\dot{U}_1=Z_{11}\dot{I}_1+Z_{12}\dot{I}_2$$

$$\dot{U}_2=Z_{21}\dot{I}_1+Z_{22}\dot{I}_2$$

可变换为

$$\begin{cases}\dot{U}_1=Z_{11}\dot{I}_1+Z_{12}\dot{I}_2\\ \dot{U}_2=Z_{12}\dot{I}_1+Z_{22}\dot{I}_2+(Z_{21}-Z_{12})\dot{I}_1\end{cases}$$

$$\Rightarrow\begin{cases}\dot{U}_1=(Z_{11}-Z_{12})\dot{I}_1+Z_{12}(\dot{I}_1+\dot{I}_2)\\ \dot{U}_2=(Z_{22}-Z_{12})\dot{I}_2+Z_{12}(\dot{I}_1+\dot{I}_2)+(Z_{21}-Z_{12})\dot{I}_1\end{cases}$$

式中：$(Z_{21}-Z_{12})\dot{I}_1$ 为电压 $\dot{U}_2$ 的一个分量，而且是电流 $\dot{I}_1$ 的函数。因此，可以将其看作一个受 $\dot{I}_1$ 控制的 CCVS，其等效电路如图 11-7 所示。

例 11-3　现有一双口网络，已知其网络开路阻抗矩阵 $\boldsymbol{Z}=\begin{bmatrix}8 & 3\\ 5 & 4\end{bmatrix}\Omega$，试问该端口是否有受控源，并求其等效 T 形网络。

解：由 Z 参数矩阵可知 $Z_{12}=3\Omega$，$Z_{21}=5\Omega$。$Z_{12}\neq Z_{21}$，则该双口网络端口含有受控源。

$$Z_1=Z_{11}-Z_{12}=8-3=5(\Omega)$$

$$Z_2=Z_{12}=3\Omega$$

$$Z_3=Z_{22}-Z_{12}=4-3=1(\Omega)$$

$$\dot{U}_{\mathrm{d}}=(Z_{21}-Z_{12})\dot{I}_1=(5-3)\dot{I}_1=2\dot{I}_1$$

等效后电路如图 11-8 所示。

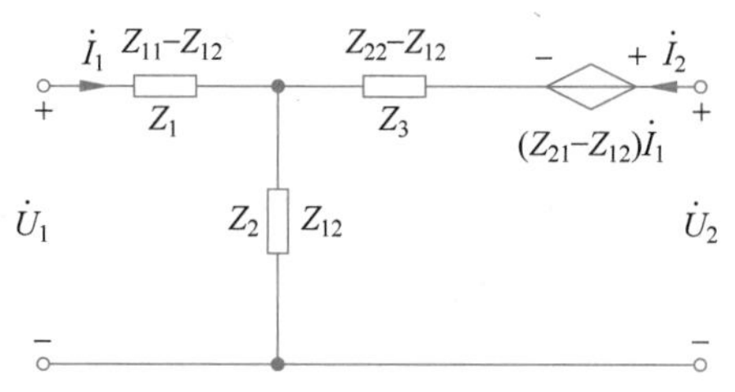

图 11-7 含有受控源的双口网络 T 形等效电路

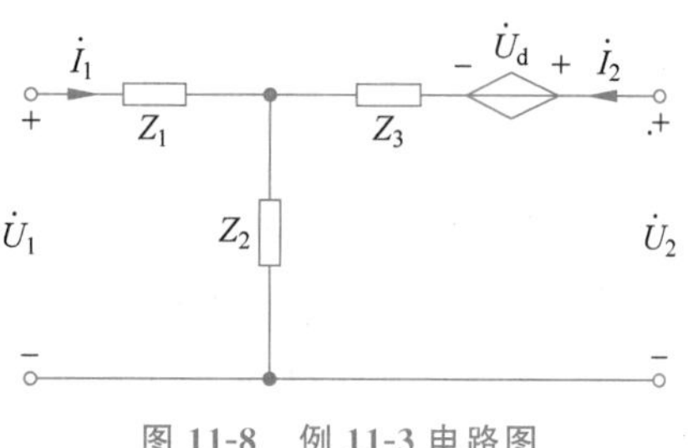

图 11-8 例 11-3 电路图

若已知 Y 参数，则有

$$\dot{I}_1=Y_{11}\dot{U}_1+Y_{12}\dot{U}_2$$

$$\dot{I}_2=Y_{21}\dot{U}_1+Y_{22}\dot{U}_2$$

可变换为

$$\begin{cases}\dot{I}_1=Y_{11}\dot{U}_1+Y_{12}\dot{U}_2\\ \dot{I}_2=Y_{12}\dot{U}_1+Y_{22}\dot{U}_2+(Y_{21}-Y_{12})\dot{U}_1\end{cases}$$

$$\Rightarrow\begin{cases}\dot{I}_1=(Y_{11}+Y_{12})\dot{U}_1-Y_{12}(\dot{U}_1-\dot{U}_2)\\ \dot{I}_2=(Y_{22}+Y_{12})\dot{U}_2-Y_{12}(\dot{U}_2-\dot{U}_1)+(Y_{21}-Y_{12})\dot{U}_1\end{cases}$$

式中：$(Y_{21}-Y_{12})\dot{U}_1$ 为电流 $\dot{I}_2$ 的一个分量，而且是电压 $\dot{U}_1$ 的函数。因此，可以将其看作一个受 $\dot{U}_1$ 控制的 VCCS，其等效电路如图 11-9 所示。

例 11-4 已知双口网络的短路导纳矩阵 $\boldsymbol{Y}=\begin{bmatrix}5 & -2\\ 0 & 3\end{bmatrix}$S，试问该端口是否有受控源，并求它的等效 π 形电路。

解：由 Y 参数矩阵可知 $Y_{12}\neq Y_{21}$，则该双口网络中含有受控源。其等效后的 π 形电路如图 11-10 所示。

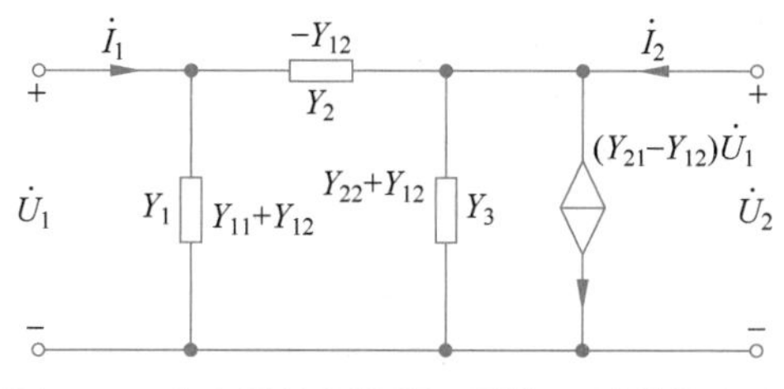

图 11-9 含有受控源的双口网络 π 形等效电路

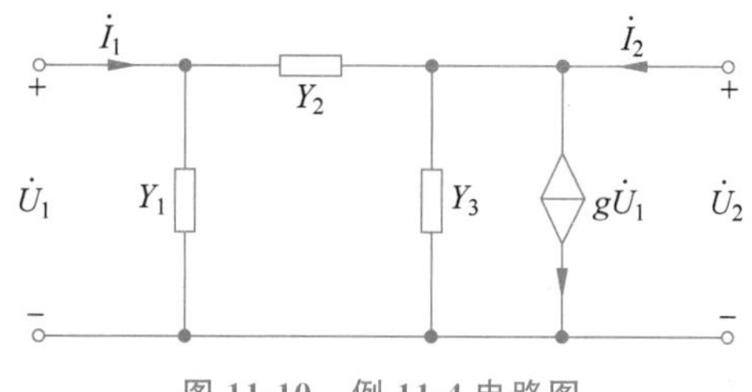

图 11-10 例 11-4 电路图

参数方程为

$$\dot{I}_1=(Y_1+Y_2)\dot{U}_1-Y_2\dot{U}_2$$

$$\dot{I}_2=(-Y_2+g)\dot{U}_1+(Y_2+Y_3)\dot{U}_2$$

$$Y_1+Y_2=5,\quad -Y_2=-2,\quad -Y_2+g=0,\quad Y_2+Y_3=3$$

可得

$$Y_1=3\text{S},\quad Y_2=2\text{S},\quad g=Y_2=2\text{S},\quad Y_3=1\text{S}$$

11.4 双口网络的连接

一个复杂的双口网络可以看成由若干简单的双口网络按照某种方式连接而成，通过结构形式所反映的情况可以简化电路。另外，在实际工程领域，由于电气性能的要求，往往将若干双口网络连接起来以满足一定的工作需要。

双口网络可按多种方式相互连接，有串联、并联、串并联、并串联和级联。

11.4.1 双口网络的串联

双口网络串联如图 11-11 所示。串联后仍然是双口网络，满足双口网络的端口特性条件 $\dot{I}_1=\dot{I}_{1'}$，$\dot{I}_2=\dot{I}_{2'}$。

连接后，A 网络的端口特性 $\dot{I}_{1A}=\dot{I}_{1'A}$，$\dot{I}_{2A}=\dot{I}_{2'A}$，B 网络的端口特性 $\dot{I}_{1B}=\dot{I}_{1'B}$，$\dot{I}_{2B}=\dot{I}_{2'B}$ 仍然成立。不难通过双口网络的伏安特性推导出 $\boldsymbol{Z}=\boldsymbol{Z}_A+\boldsymbol{Z}_B$。

若串联后不改变每个双口网络的端口特性条件，则这种串联称为有效串联，可直接利用串联后的复合阻抗公式求解。若端口特性条件不成立，原来两个双口网络的端口特性被破坏了，则双口网络的 Z 参数必须重新计算或测量。

11.4.2 双口网络的并联

双口网络并联如图 11-12 所示，满足端口特性条件为有效并联。两个双口的输入电压和输出电压被分别强制为相同，即 $\dot{U}_{1A}=\dot{U}_{1B}=\dot{U}_1$，$\dot{U}_{2A}=\dot{U}_{2B}=\dot{U}_2$。

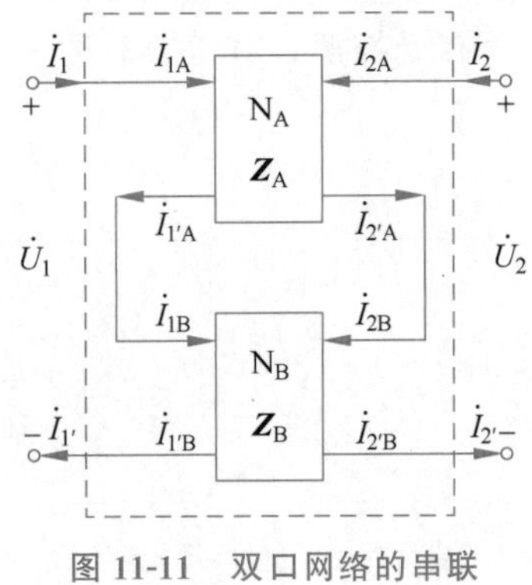

图 11-11 双口网络的串联

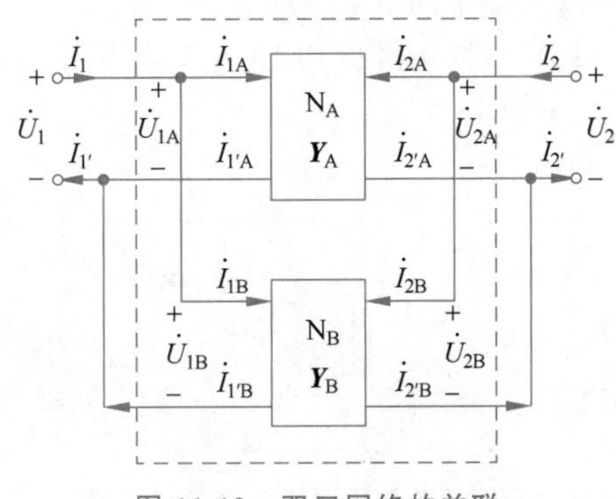

图 11-12 双口网络的并联

复合双口网络的总端口电流应为

$$\dot{I}_1=\dot{I}_{1A}+\dot{I}_{1B},\quad \dot{I}_2=\dot{I}_{2A}+\dot{I}_{2B}$$

经推导可得出 $\boldsymbol{Y}=\boldsymbol{Y}_A+\boldsymbol{Y}_B$。

若端口特性条件不成立，同理双口网络的 Y 参数也必须重新计算或测量。另外，三端双口网络的串并联总是有效的，如图 11-13 所示。

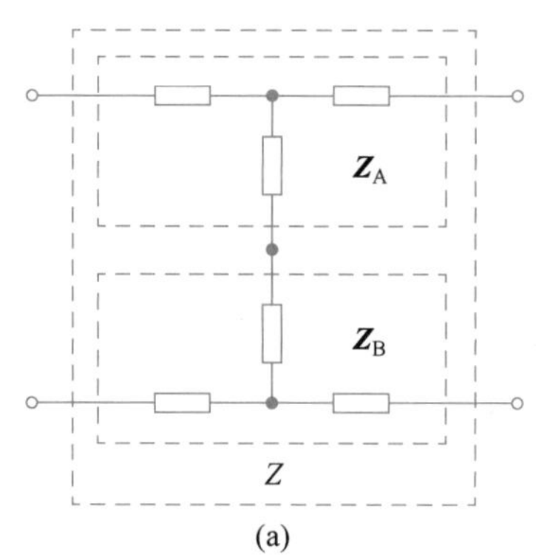

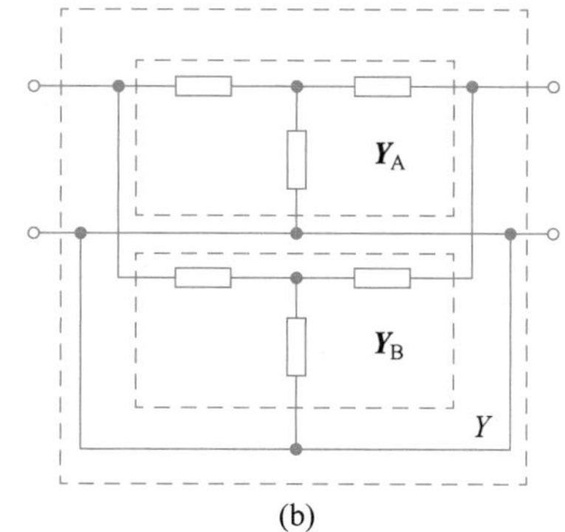

图 11-13 T 形网络的串并联

三端双口网络 T 形串联有效连接时 $\boldsymbol{Z}=\boldsymbol{Z}_A+\boldsymbol{Z}_B$，并联有效连接时 $\boldsymbol{Y}=\boldsymbol{Y}_A+\boldsymbol{Y}_B$。

11.4.3 双口网络的串并联和并串联

双口网络的串并联和并串联同样遵守双口网络的端口特性条件，为有效连接，其等效连接如图 11-14 所示。

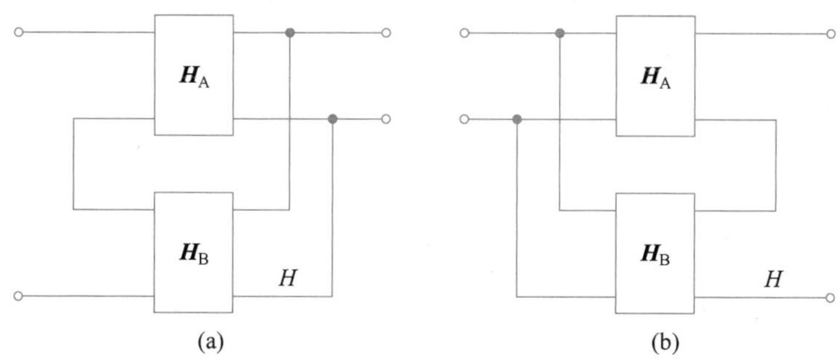

图 11-14 双口网络的串并联和并串联

双口网络的有效串并联时 $\boldsymbol{H}=\boldsymbol{H}_A+\boldsymbol{H}_B$，有效并串联时 $\boldsymbol{H}^{-1}=\boldsymbol{H}_A^{-1}+\boldsymbol{H}_B^{-1}$。

11.4.4 双口网络的级联

两个双口网络按照级联方式连接可构成一个复合双口网络，如图 11-15 所示。

$$\begin{bmatrix}\dot{U}_1\\\dot{I}_1\end{bmatrix}=\boldsymbol{T}_A\begin{bmatrix}\dot{U}_{2A}\\-\dot{I}_{2A}\end{bmatrix},\quad\begin{bmatrix}\dot{U}_{2A}\\-\dot{I}_{2A}\end{bmatrix}=\begin{bmatrix}\dot{U}_{1B}\\\dot{I}_{1B}\end{bmatrix},\quad\begin{bmatrix}\dot{U}_{1B}\\\dot{I}_{1B}\end{bmatrix}=\boldsymbol{T}_B\begin{bmatrix}\dot{U}_2\\-\dot{I}_2\end{bmatrix}$$

$$\begin{bmatrix}\dot{U}_1\\\dot{I}_1\end{bmatrix}=\boldsymbol{T}_A\boldsymbol{T}_B\begin{bmatrix}\dot{U}_2\\-\dot{I}_2\end{bmatrix},\quad\begin{bmatrix}\dot{U}_1\\\dot{I}_1\end{bmatrix}=\boldsymbol{T}\begin{bmatrix}\dot{U}_2\\-\dot{I}_2\end{bmatrix}$$

$$\boldsymbol{T}=\boldsymbol{T}_A\boldsymbol{T}_B$$

若有 n 个双口网络相级联，则 $\boldsymbol{T}=\boldsymbol{T}_1\boldsymbol{T}_2\cdots\boldsymbol{T}_n=\prod_{i=1}^{n}\boldsymbol{T}_i$，级联总是有效的。

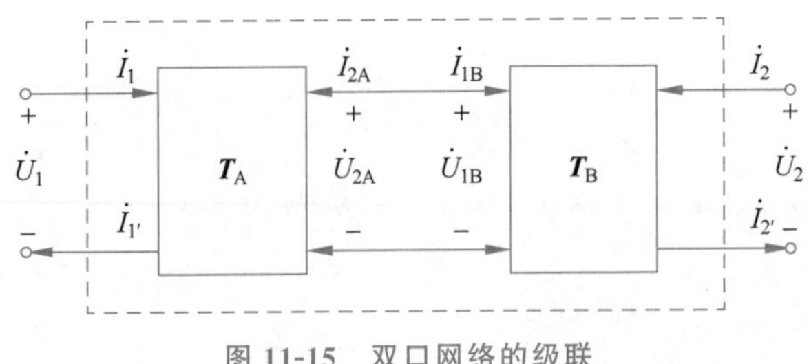

图 11-15 双口网络的级联

本章小结

对于双口网络，主要分析端口的电压和电流，并通过端口电压电流的伏安关系来表征网络的电气特性，不涉及网络内部电路的工作状况。

本章重点研究双口网络的 Y、Z、T、H 四组网络参数，这些参数只取决于构成双口网络的元件及它们的连接方式，其中要考虑双口网络是否满足互易条件及对称条件。

双口网络一般以分析线性无源网络为主，但也要考虑实际情况，根据实际确定相应等效模型。一般的双口网络独立参数为四个，互易的双口网络为三个，对称的双口网络仅为两个。

习题

一、选择题

1. 如图 x11.1 所示双口网络的 Z 参数矩阵为（　　）。

A. $\begin{bmatrix}1/3 & 1/3\\1/3 & 1/3\end{bmatrix}\Omega$　　B. $\begin{bmatrix}1/3 & -1/3\\-1/3 & 1/3\end{bmatrix}\Omega$

C. $\begin{bmatrix}3 & 3\\3 & 3\end{bmatrix}\Omega$　　D. $\begin{bmatrix}3 & -3\\-3 & 3\end{bmatrix}\Omega$

2. 如图 x11.2 所示双口网络的阻抗矩阵为（　　）。

A. $\begin{bmatrix}Z & 0\\0 & Z\end{bmatrix}$　　B. $\begin{bmatrix}Z & Z\\Z & Z\end{bmatrix}$　　C. $\begin{bmatrix}0 & Z\\Z & 0\end{bmatrix}$　　D. $\begin{bmatrix}0 & 0\\0 & 0\end{bmatrix}$

3. 如图 x11.3 所示双口网络的传输参数矩阵为（　　）。

A. $\begin{bmatrix}n & 0\\0 & -1/n\end{bmatrix}$　　B. $\begin{bmatrix}1/n & 0\\0 & n\end{bmatrix}$　　C. $\begin{bmatrix}1/n & 0\\0 & -n\end{bmatrix}$　　D. $\begin{bmatrix}n & 0\\0 & 1/n\end{bmatrix}$

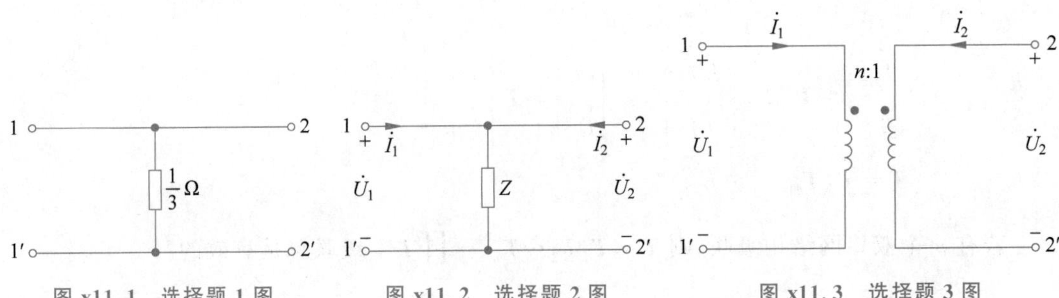

图 x11.1 选择题 1 图　　图 x11.2 选择题 2 图　　图 x11.3 选择题 3 图

4. 对于互易双口网络,下列关系中( )是错误的。

A. $Y_{12}=Y_{21}$ B. $Z_{12}=Z_{21}$

C. $H_{12}=H_{21}$ D. $AD-BC=1$

5. 互易双口网络独立参数为( )。

A. 2 个 B. 3 个 C. 4 个 D. 1 个

6. 测量导纳参数 Y_{11} 时,需要将端口 2-2′( )处理,而测量阻抗参数 Z_{12} 时,需要将端口 1-1′( )处理。

A. 开路,短路 B. 短路,开路 C. 开路,开路 D. 短路,短路

二、填空题

1. 有两个线性无源双口网络 N_1 和 N_2,它们的传输参数分别为 T_1 和 T_2,它们按级联方式连接后的新双口网络的传输参数为 T,则 $T=$________。

2. 对于所有的时间 t,通过理想回转器两个端口的功率之和等于________。

3. 两个双口网络进行有效并联时,复合双口网络的参数和子双口网络的参数之间的关系是________。

4. 两个双口网络进行有效串联时,复合双口网络的参数和子双口网络的参数之间的关系是________。

5. 互易双口网络 T 参数满足的互易条件是________。

6. 若一个双口网络的 Y 参数或 Z 参数存在逆矩阵,则两种参数之间的关系为______。

三、计算题

1. 求图 x11.4 所示双口网络的 Y 参数和 Z 参数。

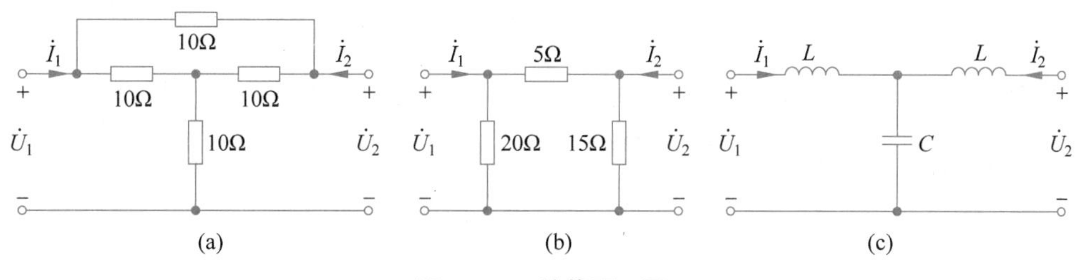

图 x11.4 计算题 1 图

2. 求如图 x11.5 所示双口网络的 Y 参数和 Z 参数。

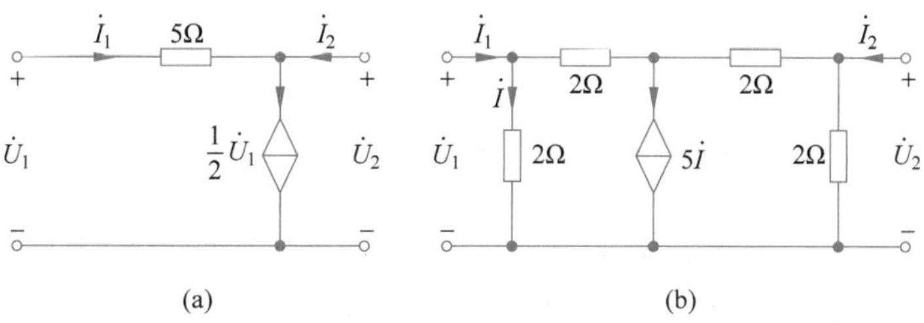

图 x11.5 计算题 2 图

3. 如图 x11.6 所示,已知 $\dot{U}_S=400\underline{/-30^\circ}$V,$R_S=100\Omega$,$Z_L=20\underline{/30^\circ}\Omega$,双口网络的 Y 参数为 $Y_{11}=0.01$S,$Y_{12}=-0.02$S,$Y_{21}=0.03$S,$Y_{22}=0.02$S,求输出电压 $\dot{U}_2$。

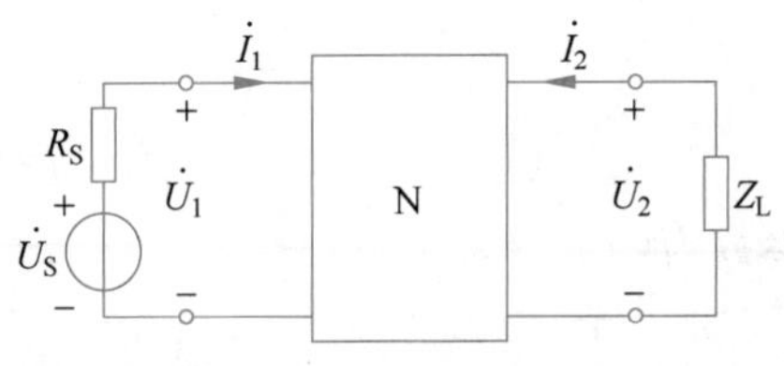

图 x11.6 计算题 3 图

4. 求如图 x11.7 所示双口网络的 H 参数。

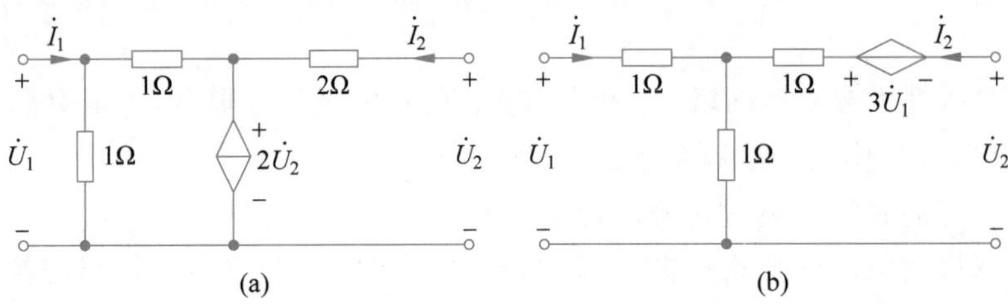

图 x11.7 计算题 4 图

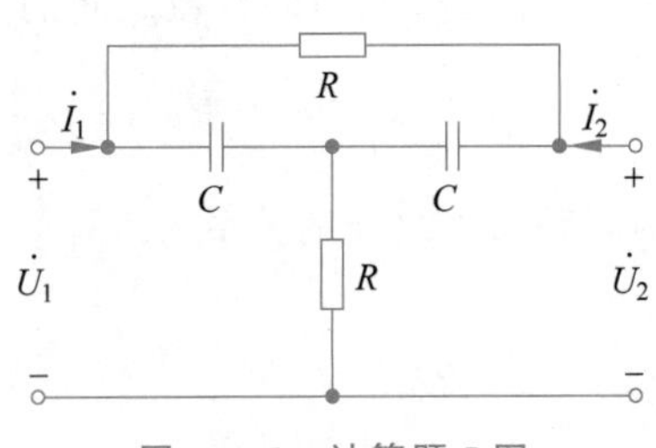

图 x11.8 计算题 5 图

5. 求图 x11.8 所示桥 T 形双口网络的 Y 参数。

6. 已知双口网络的 Y 参数矩阵 $\boldsymbol{Y}=\begin{bmatrix}1.5 & -1.2\\ -1.2 & 1.8\end{bmatrix}$S,根据参数矩阵的变换原则,求 H 参数,并说明该双口网络是否含有受控源。

7. 已知双口网络的 T 参数矩阵 $\boldsymbol{T}=\begin{bmatrix}1.5 & 4\Omega\\ 0.5\text{S} & 2\end{bmatrix}$,试判断双口网络是否为互易对称网络,并求此双口网络的 T 形等效和 π 形等效电路。

8. 如图 x11.9 所示,$\boldsymbol{T}_1=\begin{bmatrix}1 & 10\Omega\\ 0 & 1\end{bmatrix}$,$\boldsymbol{T}_2=\begin{bmatrix}1 & 0\\ 0.05\text{S} & 1\end{bmatrix}$,试求 $\dot{U}_2$ 和 $\dot{I}_2$。

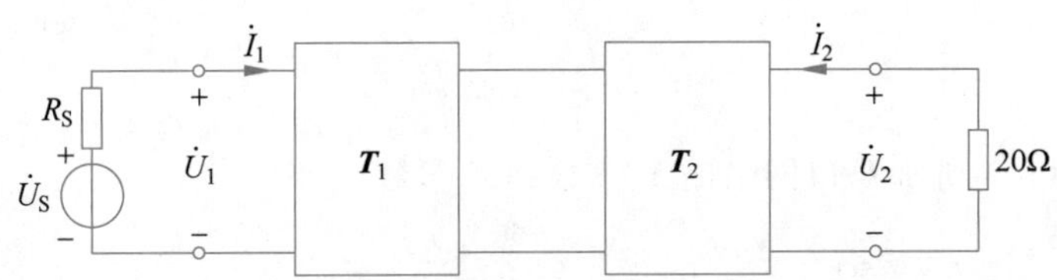

图 x11.9 计算题 8 图

9. 求如图 x11.10 所示电路的 $Z(\text{j}\omega)$、$Y(\text{j}\omega)$、$H(\text{j}\omega)$矩阵。

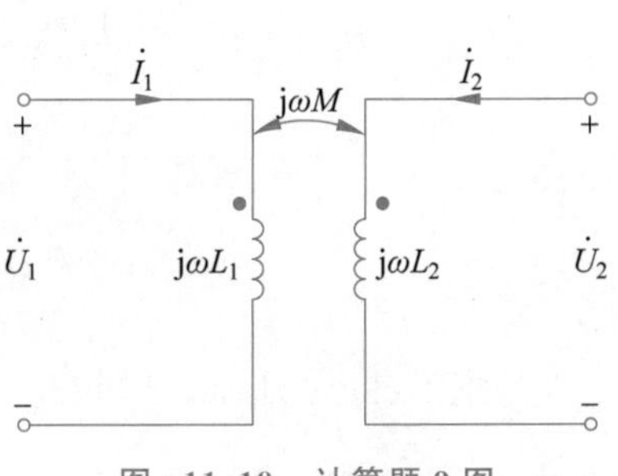

图 x11.10 计算题 9 图

10. 如图 x11.11(a)所示电路是一个双口网络,已知 $R_1=10\Omega$,$R_2=40\Omega$。(1)求此双口网络的 T 参数;(2)在此双口网络的两端接上电源和负载,如图 x11.11(b)所示,已知 $R_3=20\Omega$,此时电流 $I_2=2\text{A}$,根据 T 参数计算 U_{S1} 及 I_1。

11. 将如图 x11.12 所示双口网络绘成由两个双

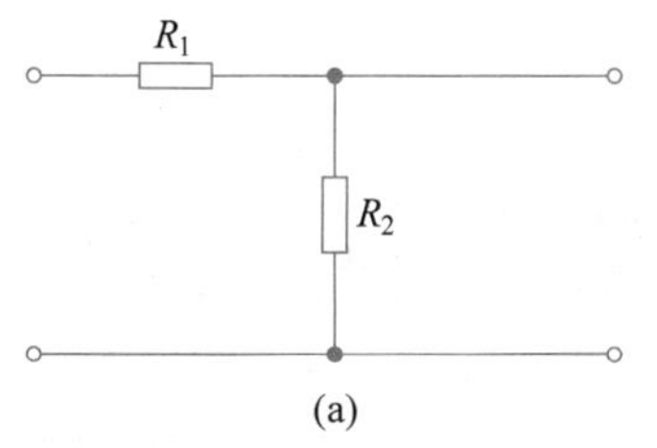

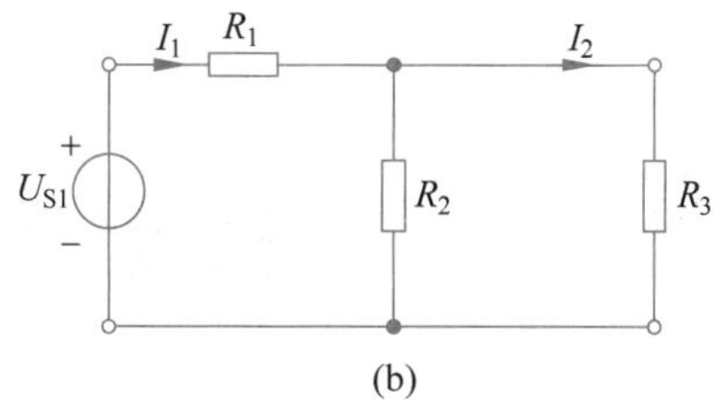

图 x11.11 计算题 10 图

口网络连接而成的复合双口网络，据此求出原双口网络的 Z 参数。

12. 如图 x11.13 所示双口网络 N_0 的 Y 参数矩阵 $\boldsymbol{Y}=\begin{bmatrix}3 & -1\\20 & 2\end{bmatrix}$S，求$\dfrac{U_2}{U_S}$的值。

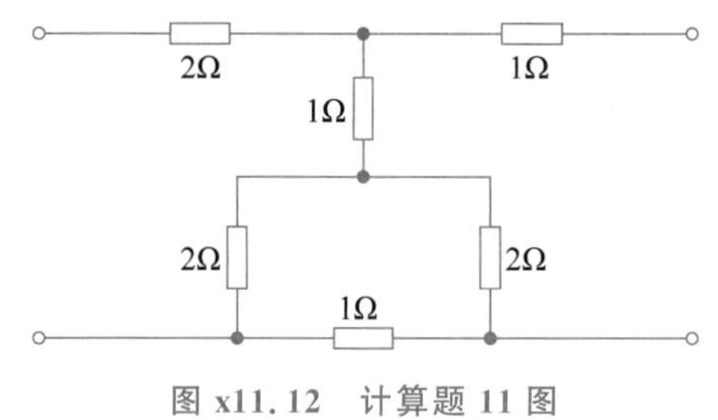

图 x11.12 计算题 11 图

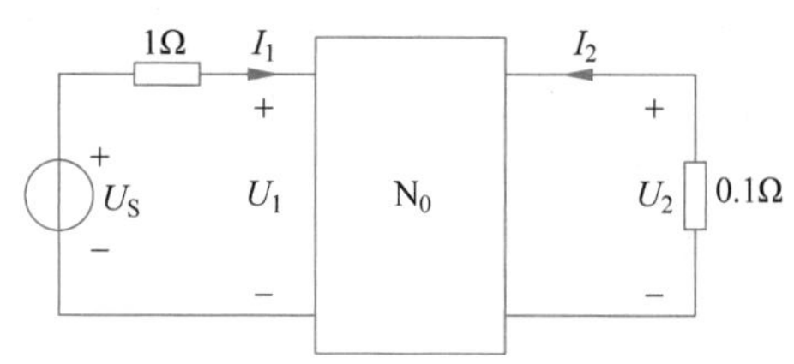

图 x11.13 计算题 12 图

第 12 章 拉普拉斯变换及其在线性电路中的应用

CHAPTER 12

本章主要内容：本章介绍分析线性时不变动态电路的拉普拉斯变换方法，主要内容有拉普拉斯变换的定义以及常用信号的拉普拉斯变换，拉普拉斯变换的基本性质，拉普拉斯反变换的部分分式法，还将介绍电路元件和基尔霍夫定律的复频域形式以及线性时不变动态电路的复频域分析法。

12.1 拉普拉斯变换

12.1.1 拉普拉斯变换的定义

拉普拉斯变换（简称拉氏变换）不仅是分析线性时不变系统的有效工具，而且在其他技术领域中得到广泛应用。

一个定义在$[0,\infty)$区间上的实函数 $f(t)$，它的单边拉氏变换定义为

$$F(s)=\int_{0_-}^{\infty} f(t)\mathrm{e}^{-st}\,\mathrm{d}t \tag{12-1}$$

式中：$s=\sigma+\mathrm{j}\omega$ 为复数，σ 是使以上积分收敛而选定的一个常数，ω 是角频率变量，复变量 s 又称为复频率。σ、ω、s 都具有频率的量纲，其单位都为赫兹，故称 $F(s)$为 $f(t)$的象函数，$f(t)$为 $F(s)$的原函数。拉氏变换的积分下限取 0_- 是将 $t=0$ 处可能含有的冲激函数 $\delta(t)$ 包含到了积分变换中。

如果已知象函数 $F(s)$，要求其原函数 $f(t)$，这种由频域到时域的变换称为拉普拉斯反变换（简称拉氏反变换），可定义为

$$f(t)=\frac{1}{2\pi\mathrm{j}}\int_{\sigma-\mathrm{j}\infty}^{\sigma+\mathrm{j}\infty} F(s)\mathrm{e}^{st}\,\mathrm{d}s \tag{12-2}$$

原函数与象函数之间有着一一对应的关系，二者构成拉氏变换对，可以记为

$$F(s)=L\,[f(t)],\quad f(t)=L^{-1}\,[F(s)]$$

上述变换的对应关系也经常简记为

$$f(t)\leftrightarrow F(s)$$

原函数一般用小写字母表示，如 $f(t)$、$u(t)$、$i(t)$等，象函数一般用大写字母表示，如 $F(s)$、$U(s)$、$I(s)$等。

12.1.2 常用信号的拉氏变换

1. 指数函数 $f(t)=\mathrm{e}^{at}\varepsilon(t)$（$a$ 为实数，且 $a>0$）

根据定义有

$$F(s)=\int_{0_-}^{\infty} e^{at}\varepsilon(t)e^{-st}\,dt=\int_{0_-}^{\infty} e^{-(s-a)t}\,dt$$

$$=\frac{-1}{s-a}e^{-(s-a)t}\Bigg|_{0_-}^{\infty}=\frac{1}{s-a}\left[1-\lim_{t\to\infty}e^{-(s-a)t}\right] \tag{12-3}$$

由于 $s=\sigma+j\omega$，故上式括号内第二项可以写为

$$\lim_{t\to\infty}e^{-(s-a)t}=\lim_{t\to\infty}e^{-(\sigma-a)t}e^{-j\omega t} \tag{12-4}$$

只要选择 $\sigma>a$，则 $e^{-(\sigma-a)t}$ 将随时间 t 的增长而衰减。当 $t\to\infty$ 时，有

$$\lim_{t\to\infty}e^{-(s-a)t}=0,\quad \sigma>a$$

从而式(12-3)的积分收敛，得到 $f(t)$ 的象函数为

$$F(s)=\frac{1}{s-a}$$

即

$$e^{at}\varepsilon(t)\leftrightarrow\frac{1}{s-a} \tag{12-5}$$

当 $\sigma<a$ 时，显然，$e^{-(\sigma-a)t}$ 将随时间 t 的增长而增大。当 $t\to\infty$ 时，$\lim_{t\to\infty}e^{-(s-a)t}\to\infty$，从而式(12-3)的积分不收敛，$f(t)$ 的象函数不存在。

当 $\sigma>a$ 时，积分收敛，称为 $F(s)$ 的收敛域。电路分析中所遇到的大多数函数都可进行拉氏变换。一般情况下不再讨论拉氏变换的收敛域。

2. 单位斜坡函数 $f(t)=t\varepsilon(t)$

$$F(s)=\int_{0_-}^{\infty} t\varepsilon(t)e^{-st}\,dt=\int_{0}^{\infty} te^{-st}\,dt=-\frac{t}{s}e^{-st}\Bigg|_{0}^{\infty}+\int_{0}^{\infty}\frac{e^{-st}}{s}dt=\frac{1}{s^2}$$

即

$$t\varepsilon(t)\leftrightarrow\frac{1}{s^2} \tag{12-6}$$

3. 单位阶跃函数 $f(t)=\varepsilon(t)$

$$F(s)=\int_{0_-}^{\infty}\varepsilon(t)e^{-st}\,dt=\int_{0}^{\infty}e^{-st}\,dt=\frac{-1}{s}e^{-st}\Big|_{0}^{\infty}=\frac{1}{s}$$

即

$$\varepsilon(t)\leftrightarrow\frac{1}{s} \tag{12-7}$$

由于 $f(t)$ 的单边拉氏变换其积分区间为 $[0_-,\infty)$，故对定义在 $(-\infty,\infty)$ 上的实函数 $f(t)$ 进行单边拉氏变换时，相当于 $f(t)\varepsilon(t)$ 的变换。所以常数 1 的拉氏变换与 $\varepsilon(t)$ 的拉氏变换相同，有

$$1\leftrightarrow\frac{1}{s}$$

同理，常数 A 的拉氏变换为 $\frac{A}{s}$，即

$$A\leftrightarrow\frac{A}{s}$$

4. 单位冲激函数 $f(t)=\delta(t)$

$$F(s)=\int_{0_-}^{\infty}\delta(t)\mathrm{e}^{-st}\,\mathrm{d}t=\int_{0_-}^{0_+}\delta(t)\mathrm{e}^{-st}\,\mathrm{d}t=\int_{0_-}^{0_+}\delta(t)\,\mathrm{d}t=1$$

即

$$\delta(t)\leftrightarrow 1 \tag{12-8}$$

表 12-1 列出常用函数及其对应的象函数。

表 12-1　常用函数及其对应的象函数

原函数 $f(t)(t>0)$	象函数 $F(s)$	原函数 $f(t)(t>0)$	象函数 $F(s)$
$A\delta(t)$	A	$\cos(\omega_0 t)$	$\frac{s}{s^2+\omega_0^2}$
$\delta'(t)$	s	$\mathrm{e}^{-at}\sin(\omega_0 t)$	$\frac{\omega_0}{(s+a)^2+\omega_0^2}$
$\delta''(t)$	s^2	$\mathrm{e}^{-at}\cos(\omega_0 t)$	$\frac{s+a}{(s+a)^2+\omega_0^2}$
$A\varepsilon(t)$	$\frac{A}{s}$	$t\mathrm{e}^{-at}$	$\frac{1}{(s+a)^2}$
$A\mathrm{e}^{-at}$	$\frac{A}{s+a}$	t	$\frac{1}{s^2}$
$1-\mathrm{e}^{-at}$	$\frac{a}{s(s+a)}$	$\frac{1}{2}t^2$	$\frac{1}{s^3}$
$(1-at)\mathrm{e}^{-at}$	$\frac{s}{(s+a)^2}$	$\frac{1}{n!}t^n$	$\frac{1}{s^{n+1}}$
$\sin(\omega_0 t)$	$\frac{\omega_0}{s^2+\omega_0^2}$		

12.1.3　拉氏变换的性质

拉氏变换有许多重要性质，下面仅介绍一些在分析线性时不变电路时有用的基本性质，利用这些性质可以容易求得一些比较复杂函数的象函数，同时可以将线性电路在时域内的线性常微分方程变换为复频域内的线性代数方程。

1. 线性性质

若已知 A、B 为两个任意常数，$f_1(t)\leftrightarrow F_1(s)$，$f_2(t)\leftrightarrow F_2(s)$，则

$$Af_1(t)+Bf_2(t)\leftrightarrow AF_1(s)+BF_2(s) \tag{12-9}$$

2. 时域微分性质

若 $f(t)\leftrightarrow F(s)$，且函数 $f(t)$ 的导数的拉氏变换存在，则

$$f'(t)\leftrightarrow sF(s)-f(0_-) \tag{12-10}$$

进而有

$$f^{(n)}(t)\leftrightarrow s^nF(s)-s^{n-1}f(0_-)-s^{n-2}f'(0_-)-\cdots-f^{(n-1)}(0_-) \tag{12-11}$$

应用拉氏变换时域微分性质可以将时域内的微分方程转化为 s 域内的代数方程，并且使系统的初始值 $f(0_-)$，$f'(0_-)$，$f''(0_-)$，…很方便地归并到变换式中去，再对 s 域内的代数方程求解后，就可以通过反变换直接求出系统的全响应。

3. 时域积分性质

若

$$f(t)\leftrightarrow F(s)$$

则

$$\int_{0_-}^{t} f(\tau)\mathrm{d}\tau \leftrightarrow \frac{F(s)}{s} \tag{12-12}$$

4. 延时性质

若

$$f(t)\varepsilon(t)\leftrightarrow F(s)$$

则

$$f(t-t_0)\varepsilon(t-t_0)\leftrightarrow \mathrm{e}^{-st_0}F(s),\quad t_0>0 \tag{12-13}$$

例 12-1 利用线性性质求正弦函数 $\sin\omega_0 t$ 和余弦函数 $\cos\omega_0 t$ 的象函数，利用时域微分性质求余弦函数 $\cos\omega_0 t$ 的象函数。

解：(1) 由于

$$\sin\omega_0 t=\frac{1}{2\mathrm{j}}(\mathrm{e}^{\mathrm{j}\omega_0 t}-\mathrm{e}^{-\mathrm{j}\omega_0 t}),\quad \cos\omega_0 t=\frac{1}{2}(\mathrm{e}^{\mathrm{j}\omega_0 t}+\mathrm{e}^{-\mathrm{j}\omega_0 t})$$

利用拉氏变换的线性性质，故

$$\mathscr{L}[\sin\omega_0 t]=\mathscr{L}\left[\frac{1}{2\mathrm{j}}(\mathrm{e}^{\mathrm{j}\omega_0 t}-\mathrm{e}^{-\mathrm{j}\omega_0 t})\right]=\frac{1}{2\mathrm{j}}\left(\frac{1}{s-\mathrm{j}\omega_0}-\frac{1}{s+\mathrm{j}\omega_0}\right)=\frac{\omega_0}{s^2+\omega_0^2}$$

即

$$\sin\omega_0 t\leftrightarrow \frac{\omega_0}{s^2+\omega_0^2}$$

同理，可得

$$\cos\omega_0 t\leftrightarrow \frac{s}{s^2+\omega_0^2}$$

(2) 因为

$$\frac{\mathrm{d}(\sin\omega_0 t)}{\mathrm{d}t}=\omega_0\cos\omega_0 t$$

所以

$$\cos\omega_0 t=\frac{1}{\omega_0}\frac{\mathrm{d}(\sin\omega_0 t)}{\mathrm{d}t}$$

$$\mathscr{L}[\cos\omega_0 t]=\frac{1}{\omega_0}\mathscr{L}\left[\frac{\mathrm{d}(\sin\omega_0 t)}{\mathrm{d}t}\right]=\frac{1}{\omega_0}\{s\mathscr{L}[\sin\omega_0 t]-\sin\omega_0 t\,|_{t=0_-}\}$$

$$=\frac{1}{\omega_0}\left(s\,\frac{\omega_0}{s^2+\omega_0^2}-0\right)=\frac{s}{s^2+\omega_0^2}$$

例 12-2 试计算如图 12-1 所示函数的象函数。

解：由图 12-1(a)可知

$$f_1(t)=\varepsilon(t)+2\varepsilon(t-1)-\varepsilon(t-2)-3\varepsilon(t-3)+\varepsilon(t-4)$$

利用拉氏变换的延时性质可得

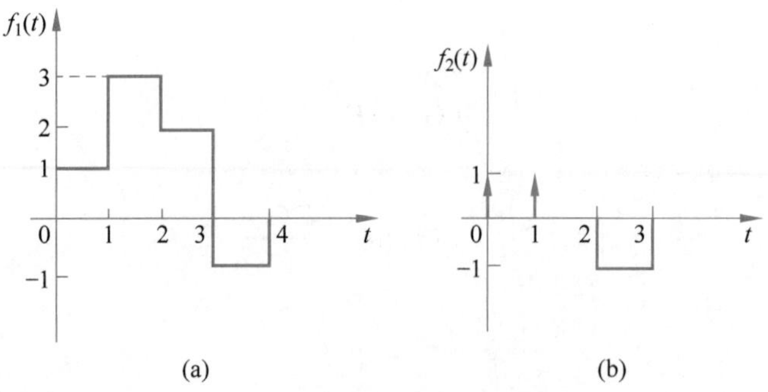

图 12-1 例 12-2 的波形

$$F_1(s)=\frac{1}{s}+\frac{2}{s}e^{-s}-\frac{1}{s}e^{-2s}-\frac{3}{s}e^{-3s}+\frac{1}{s}e^{-4s}=\frac{1}{s}(1+2e^{-s}-e^{-2s}-3e^{-3s}+e^{-4s})$$

由图 12-1(b)可知

$$f_2(t)=\delta(t)+\delta(t-1)-\varepsilon(t-2)+\varepsilon(t-3)$$

利用拉氏变换的延时性质可得

$$F_2(s)=1+e^{-s}-\frac{1}{s}e^{-2s}+\frac{1}{s}e^{-3s}$$

12.2 拉氏反变换

用拉氏变换求解线性动态电路的时域响应时,需要把求得的响应的拉氏变换反变换为时间函数。拉氏反变换可以用式(12-2)求得,但涉及一个复变函数的积分,比较复杂。如果象函数比较简单,根据表 12-1 可以查出其原函数。对于不能从表中查出原函数的情况,可采用部分分式展开法求其原函数。

电路响应的象函数通常可以表示为两个实系数 s 的多项式之比,即

$$F(s)=\frac{N(s)}{D(s)}=\frac{b_m s^m+b_{m-1}s^{m-1}+\cdots+b_1 s+b_0}{a_n s^n+a_{n-1}s^{n-1}+\cdots+a_1 s+a_0}$$

式中:m 和 n 为正整数,若 $m<n$,为有理分式。对此形式的象函数可以用部分分式展开法将其表示为许多简单分式之和的形式,而这些简单项的反变换都可以在拉氏变换表中找到。首先求出 $D(s)=0$ 的根,下面分三种情况讨论。

1. $D(s)=0$ 的根为 n 个不同实根

若 $D(s)=0$ 的 n 个单实根分别为 $s_1,s_2,\cdots,s_n$,于是 $F(s)$ 可以表示为

$$F(s)=\frac{K_1}{s-s_1}+\frac{K_2}{s-s_2}+\cdots+\frac{K_n}{s-s_n}=\sum_{i=1}^{n}\frac{K_i}{s-s_i} \tag{12-14}$$

式中:$K_1,K_2,\cdots,K_n$ 为待定系数。

将式(12-14)两边都乘以 $s-s_1$,可得

$$(s-s_1)F(s)=K_1+(s-s_1)\left(\frac{K_2}{s-s_2}+\cdots+\frac{K_n}{s-s_n}\right)$$

令 $s=s_1$,则

$$K_1=[(s-s_1)F(s)]_{s=s_1}$$

同理，可求得 $K_2, K_3, \cdots, K_n$。并用通式表示为

$$K_i = [(s - s_i)F(s)]_{s=s_i} \tag{12-15}$$

因为

$$\frac{K_i}{s - s_i} \leftrightarrow K_i e^{s_i t} \quad (i = 1, 2, \cdots)$$

所以原函数为

$$f(t) = \sum_{i=1}^{n} K_i e^{s_i t} \tag{12-16}$$

在电路分析中一般不出现 $m > n$ 的情况，若遇到 $m = n$，则先将 $F(s)$ 的分子分母相除成为常数项与真分式之和的形式，即

$$F(s) = K + \frac{N_0(s)}{D(s)}$$

2. $D(s)=0$ 的根有共轭复根

由于 $D(s)$ 是 s 的实系数多项式，若 $D(s)=0$ 出现复根，则必然是成对共轭的。设 $D(s)=0$ 中含有一对共轭复根，如 $s_1 = \alpha + j\omega$，$s_2 = \alpha - j\omega$，则 $F(s)$ 的展开式中将含有以下两项：

$$\frac{K_1}{s - \alpha - j\omega} + \frac{K_2}{s - \alpha + j\omega}$$

则

$$K_1 = [(s - \alpha - j\omega)F(s)]_{s=\alpha+j\omega} = |K_1| e^{j\varphi_1}$$

$$K_2 = [(s - \alpha + j\omega)F(s)]_{s=\alpha-j\omega} = |K_1| e^{-j\varphi_1}$$

其中：K_1、K_2 为共轭复数；$|K_1|$ 为复数 K_1 的模，φ_1 为复数 K_1 的辐角。这时原函数为

$$\begin{aligned} f(t) &= K_1 e^{(\alpha+j\omega)t} + K_2 e^{(\alpha-j\omega)t} = |K_1| e^{j\varphi_1} e^{(\alpha+j\omega)t} + |K_1| e^{-j\varphi_1} e^{(\alpha-j\omega)t} \\ &= |K_1| e^{\alpha t} [e^{j(\omega t+\varphi_1)} + e^{-j(\omega t+\varphi_1)}] = 2|K_1| e^{\alpha t} \cos(\omega t + \varphi_1) \end{aligned} \tag{12-17}$$

例 12-3 设 $F(s) = \dfrac{s}{s^2 + 2s + 5}$，求 $f(t)$。

解法一：按一般的方法求解。

因为分母多项式有一对共轭复根，$s_1 = -1 + j2$，$s_2 = -1 - j2$，故

$$F(s) = \frac{s}{s^2 + 2s + 5} = \frac{K_1}{s - (-1 + j2)} + \frac{K_2}{s - (-1 - j2)}$$

$$K_1 = [(s - s_1)F(s)]_{s=-1+j2} = \frac{1}{4}(2 + j) = 0.559e^{j26.57^\circ}$$

同理，可得

$$K_2 = \frac{1}{4}(2 - j) = 0.559e^{-j26.57^\circ}$$

利用式(12-17)，这时原函数为

$$f(t) = 1.118e^{-t}\cos(2t + 26.57^\circ) \quad (t \geqslant 0)$$

解法二：将分母配成二项式的平方，也就是把一对共轭复根作为一个整体考虑，即

$$F(s)=\frac{s}{s^2+2s+5}=\frac{s}{(s+1)^2+2^2}=\frac{s+1}{(s+1)^2+2^2}-\frac{1}{(s+1)^2+2^2}$$

利用表 12-1 可得

$$f(t)=\mathrm{e}^{-t}\cos 2t-\frac{1}{2}\mathrm{e}^{-t}\sin 2t=1.118\mathrm{e}^{-t}\cos(2t+26.57°)\quad (t\geqslant 0)$$

3. $D(s)=0$ 含有重根

若 $D(s)=0$ 在 $s=s_1$ 时有三重根，其余为单根，于是 $F(s)$ 可以表示为

$$F(s)=\frac{K_{11}}{(s-s_1)^3}+\frac{K_{12}}{(s-s_1)^2}+\frac{K_{13}}{s-s_1}+\left(\frac{K_2}{s-s_2}+\cdots\right)\tag{12-18}$$

式中：K_{11}、K_{12}、K_{13}、K_2、…为待定系数。

将式(12-18)两边都乘以 $(s-s_1)^3$，可得

$$(s-s_1)^3F(s)=K_{11}+(s-s_1)K_{12}+(s-s_1)^2K_{13}+(s-s_1)^3\left(\frac{K_2}{s-s_2}+\cdots\right)\tag{12-19}$$

令 $s=s_1$，则

$$K_{11}=[(s-s_1)^3F(s)]_{s=s_1}$$

对式(12-19)两边求导，可得

$$\frac{\mathrm{d}}{\mathrm{d}s}[(s-s_1)^3F(s)]=K_{12}+2(s-s_1)K_{13}+\frac{\mathrm{d}}{\mathrm{d}s}\left[(s-s_1)^3\left(\frac{K_2}{s-s_2}+\cdots\right)\right]$$

令 $s=s_1$，则

$$K_{12}=\frac{\mathrm{d}}{\mathrm{d}s}[(s-s_1)^3F(s)]_{s=s_1}$$

用同样的方法可以确定 K_{13} 为

$$K_{13}=\frac{1}{2}\frac{\mathrm{d}^2}{\mathrm{d}s^2}[(s-s_1)^3F(s)]_{s=s_1}$$

例 12-4 设 $F(s)=\dfrac{s-2}{s(s+1)^3}$，求 $f(t)$。

解：这里 $s=0$ 为单根，$s=-1$ 为三重根，于是 $F(s)$ 可以表示为

$$F(s)=\frac{K_{11}}{(s-s_1)^3}+\frac{K_{12}}{(s-s_1)^2}+\frac{K_{13}}{s-s_1}+\frac{K_2}{s}$$

则

$$K_{11}=[(s+1)^3F(s)]_{s=-1}=3$$

$$K_{12}=\frac{\mathrm{d}}{\mathrm{d}s}[(s+1)^3F(s)]_{s=-1}=\frac{\mathrm{d}}{\mathrm{d}s}\left(\frac{s-2}{s}\right)\bigg|_{s=-1}=2$$

$$K_{13}=\frac{1}{2}\frac{\mathrm{d}^2}{\mathrm{d}s^2}[(s+1)^3F(s)]_{s=-1}=\frac{1}{2}\frac{\mathrm{d}^2}{\mathrm{d}s^2}\left(\frac{s-2}{s}\right)\bigg|_{s=-1}=2$$

$$K_2=[sF(s)]_{s=0}=-2$$

于是

$$F(s)=\frac{3}{(s+1)^3}+\frac{2}{(s+1)^2}+\frac{2}{s+1}-\frac{2}{s}$$

所以原函数为

$$f(t)=\left(\frac{3}{2}t^2\mathrm{e}^{-t}+2t\mathrm{e}^{-t}+2\mathrm{e}^{-t}-2\right)\varepsilon(t)$$

12.3 线性电路的复频域解法

我们已经知道，通过拉普拉斯变换可以将微分方程变换为代数方程，从而简化了动态电路的求解。但是，这种方法仍然需要列出电路的时域方程。事实上，像相量法一样，电路的时域方程的列写可以省去，而按电路结构直接列出其复频域的代数方程，使分析方法变得简单。为此，应该首先推导出元件的伏安关系及电路基本定律的复频域形式。

12.3.1 电路元件的复频域形式

1. 电阻元件

如图 12-2(a)所示电阻元件的电压与电流关系为

$$u(t)=Ri(t)$$

上式两边取拉氏变换得象函数

$$U(s)=RI(s) \tag{12-20}$$

上式就是电阻元件在复频域中的伏安关系，称为欧姆定律的复频域形式。由式(12-20)画出电阻元件的复频域模型，如图 12-2(b)所示。

i(t) R
\+ u(t) −
(a)

I(s) R
\+ U(s) −
(b)

图 12-2 电阻的复频域电路模型

2. 电感元件

如图 12-3(a)所示电感元件的电压与电流关系为

$$u(t)=L\frac{\mathrm{d}i(t)}{\mathrm{d}t}$$

上式两边取拉氏变换，利用微分性质得象函数：

$$U(s)=sLI(s)-Li(0_-) \tag{12-21}$$

或

$$I(s)=\frac{1}{sL}U(s)+\frac{i(0_-)}{s} \tag{12-22}$$

由式(12-21)、式(12-22)可以画出电感元件的复频域电路模型，如图 12-3(b)、图 12-3(c)所示。其中，sL 和$\frac{1}{sL}$分别为电感元件的运算阻抗和运算导纳，$Li(0_-)$和$\frac{i(0_-)}{s}$分别为与电感中初始电流 $i(0_-)$有关的附加电压源和附加电流源的数值。电感的两种复频域模型是互相等效的，可以根据选用的电路分析方法选用不同的模型。采用回路分析法时选用图 12-3(b)较为方便，而采用节点分析法时选用图 12-3(c)较为方便。

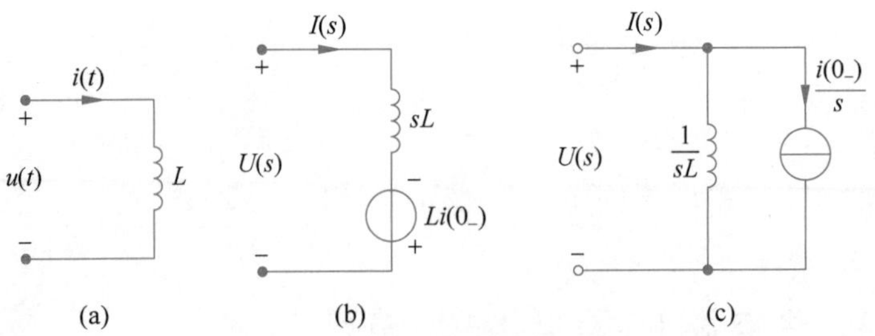

图 12-3　电感的复频域电路模型

3. 电容元件

如图 12-4(a)所示电容元件的电压与电流关系为

$$i(t)=C\frac{\mathrm{d}u(t)}{\mathrm{d}t}$$

上式两边取拉氏变换,利用微分性质得象函数：

$$I(s)=sCU(s)-Cu(0_-) \tag{12-23}$$

或

$$U(s)=\frac{1}{sC}I(s)+\frac{1}{s}u(0_-) \tag{12-24}$$

由式(12-23)、式(12-24)可以画出电容元件的复频域电路模型,如图 12-4(c)、图 12-4(b)所示。其中,$\frac{1}{sC}$和 sC 分别为电容元件的运算阻抗和运算导纳,$Cu(0_-)$和$\frac{u(0_-)}{s}$分别为与电容上初始电压 $u(0_-)$有关的附加电流源和附加电压源的数值。电容的两种复频域模型也是互相等效的,可以根据选用的电路分析方法选用不同的模型。

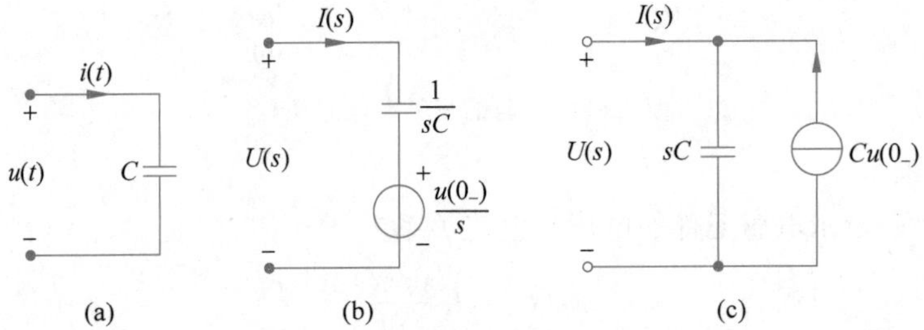

图 12-4　电容的复频域电路模型

4. 耦合电感

具有耦合的两个电感线圈如图 12-5(a)所示,其电压与电流关系为

$$u_1(t)=L_1\frac{\mathrm{d}i_1}{\mathrm{d}t}+M\frac{\mathrm{d}i_2}{\mathrm{d}t},\quad u_2(t)=L_2\frac{\mathrm{d}i_2}{\mathrm{d}t}+M\frac{\mathrm{d}i_1}{\mathrm{d}t}$$

上式两边取拉氏变换,利用微分性质得象函数：

$$U_1(s)=sL_1I_1(s)+sMI_2(s)-L_1i_1(0_-)-Mi_2(0_-) \tag{12-25}$$

$$U_2(s)=sL_2I_2(s)+sMI_1(s)-L_2i_2(0_-)-Mi_1(0_-) \tag{12-26}$$

式中：sM 为互感运算阻抗；$L_1i_1(0_-)$、$L_2i_2(0_-)$为自感附加电压源；而 $Mi_2(0_-)$、$Mi_1(0_-)$为互感附加电压源。耦合电感的复频域电路模型如图 12-5(b)所示。

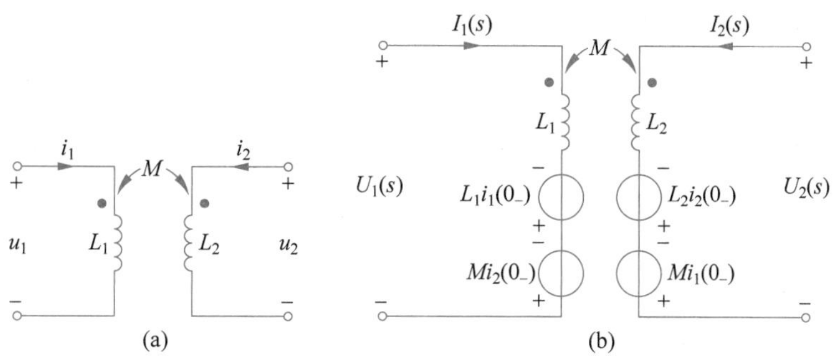

图 12-5 耦合电感的复频域电路模型

12.3.2 基尔霍夫定律的复频域形式

KCL 在时域中的数学表示式：

对任意节点，有

$$\sum i(t)=0$$

上式两边取拉氏变换，可得

$$\sum I(s)=0 \tag{12-27}$$

式(12-27)称为 KCL 的复频域形式。它表明，对任意节点，流出(或流入)该节点的象电流的代数和为零。

KVL 在时域中的数学表示式：

对任意回路，有

$$\sum u(t)=0$$

上式两边取拉氏变换，可得

$$\sum U(s)=0 \tag{12-28}$$

式(12-28)称为 KVL 的复频域形式。它表明，沿任意闭合回路，各段象电压的代数和为零。

显然，基尔霍夫定律的复频域形式与时域形式在形式上相同，差别仅在于一个用象函数为变量，另一个用时域函数为变量。

12.3.3 线性动态电路的复频域分析法

利用电路元件的复频域模型以及基尔霍夫定律的复频域形式可以很方便地求解电路的动态过程。前面导出的各种电路分析方法和定理也可以用于电路的复频域分析。用拉氏变换分析计算线性电路的步骤如下：

(1) 由换路前的电路，确定 $t=0_-$ 时动态元件的初始值 $u_C(0_-)$ 和 $i_L(0_-)$，以确定附加电源。

(2) 把换路后的时域电路变换为复频域电路模型。在复频域电路模型中，各电路元件用复频域模型表示，已知的电压源、电流源和电路中的各电流、电压均用象函数。

(3) 在复频域电路模型中，应用电路的各种分析方法求出响应的象函数。

（4）对响应的象函数进行拉氏反变换，求出响应的时域解。

例 12-5 在图 12-6(a)的电路中，已知 $L=4\text{H}$，$C=\dfrac{1}{4}\text{F}$，$U_S=28\text{V}$，$R_1=12\Omega$，$R_2=R_3=2\Omega$，当 $t=0$ 时，S 断开，开关断开前电路已处于稳态，求 S 断开后的电压 $u_C(t)$。

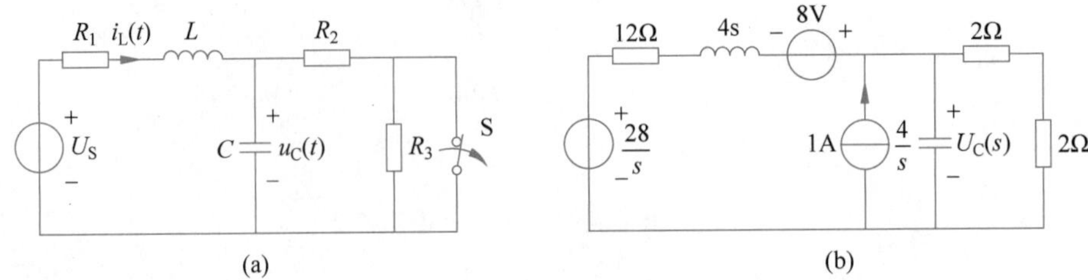

图 12-6 例 12-5 电路图

解：（1）由换路前的电路，确定 $t=0_-$ 时 $i_L(0_-)$、$u_C(0_-)$，以确定附加电源。

$$\begin{cases} i_L(0_-)=\dfrac{U_S}{R_1+R_2}=\dfrac{28}{12+2}=2(\text{A}) \\ u_C(0_-)=i_L(0_-)R_2=2\times 2=4(\text{V}) \end{cases}$$

（2）复频域电路模型如图 12-6(b)所示。

（3）根据节点分析法列出电路方程：

$$\left(\frac{1}{12+4s}+\frac{1}{\frac{4}{s}}+\frac{1}{2+2}\right)U_C(s)-\frac{1}{12+4s}\left(\frac{28}{s}+8\right)=1$$

$$U_C(s)=\frac{4(s^2+5s+7)}{s(s^2+4s+4)}=\frac{7}{s}-\frac{3s+8}{(s+2)^2}$$

（4）求 $U_C(s)$ 的拉氏反变换，可得

$$u_C(t)=[7-2(t+1.5)\mathrm{e}^{-2t}]\varepsilon(t)(\text{V})$$

例 12-6 在图 12-7(a)的电路中，已知 $U=10\text{V}$，$R_1=R_2=5\Omega$，$L_1=L_2=1\text{H}$，$M=0.5\text{H}$，当 $t=0$ 时，将开关 S 闭合，求 $t\geqslant 0$ 时的 $i_1(t)$、$i_2(t)$。

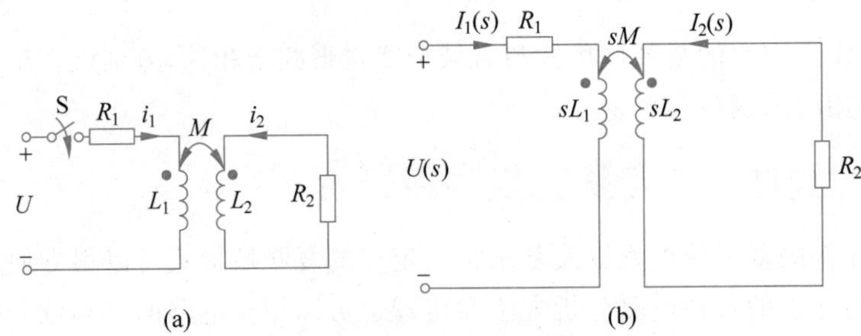

图 12-7 例 12-6 电路图

解：（1）因为当 $t=0_-$ 时开关 S 断开，所以 $i_1(0_-)=i_2(0_-)=0$，无附加电压源。

（2）电路的复频域电路模型如图 12-7(b)所示。

（3）根据网孔分析法列出电路方程：

$$\begin{cases}(R_1+sL_1)I_1(s)+sMI_2(s)=U(s)\\ sMI_1(s)+(R_2+sL_2)I_2(s)=0\end{cases}$$

代入已知数据，可得

$$\begin{cases}(5+s)I_1(s)+0.5sI_2(s)=\dfrac{10}{s}\\ 0.5sI_1(s)+(5+s)I_2(s)=0\end{cases}$$

解得

$$\begin{cases}I_1(s)=\dfrac{10s+50}{s(0.75s^2+10s+25)}=\dfrac{13.33s+66.67}{s(s^2+13.333s+33.33)}\\ \qquad=\dfrac{13.33s+66.67}{s(s+3.333)(s+10)}=\dfrac{K_1}{s}+\dfrac{K_2}{s+3.333}+\dfrac{K_3}{s+10}\\ I_2(s)=\dfrac{-5}{0.75s^2+10s+25}=\dfrac{-6.667}{s^2+13.333s+33.33}\\ \qquad=\dfrac{-6.667}{(s+3.333)(s+10)}=\dfrac{K_4}{s+3.333}+\dfrac{K_5}{s+10}\end{cases}$$

（4）求 $I_1(s)$和 $I_2(s)$的拉氏反变换：

$$K_1=[sI_1(s)]_{s=0}=\left[\frac{13.33s+66.67}{(s+3.333)(s+10)}\right]_{s=0}=2$$

$$K_2=[(s+3.333)I_1(s)]_{s=-3.333}=\left[\frac{13.33s+66.67}{s(s+10)}\right]_{s=-3.333}=-1$$

$$K_3=[(s+10)I_1(s)]_{s=-10}=\left[\frac{13.33s+66.67}{s(s+3.333)}\right]_{s=-10}=-1$$

所以

$$I_1(s)=\frac{2}{s}-\frac{1}{s+3.333}-\frac{1}{s+10}$$

可得

$$i_1(t)=(2-e^{-3.333t}-e^{-10t})\text{A}\quad(t\geqslant 0)$$

$$K_4=[(s+3.333)I_2(s)]_{s=-3.333}=\left[\frac{-6.667}{s+10}\right]_{s=-3.333}=-1$$

$$K_5=[(s+10)I_2(s)]_{s=-10}=\left[\frac{-6.667}{s+3.333}\right]_{s=-10}=1$$

所以

$$I_2(s)=-\frac{1}{s+3.333}+\frac{1}{s+10}$$

可得

$$i_2(t)=(-e^{-3.333t}+e^{-10t})\text{A}\quad(t\geqslant 0)$$

例 12-7 在图 12-8(a)的电路中，已知 $u_S(t)=[60\cos(314t-30°)\varepsilon(t)]$V，电路原来未充电，试求 $t>0$ 时的电阻电流 $i_R(t)$。

解：（1）由于电路原来未充电，所以 $i_L(0_-)=0$，无附加电压源。

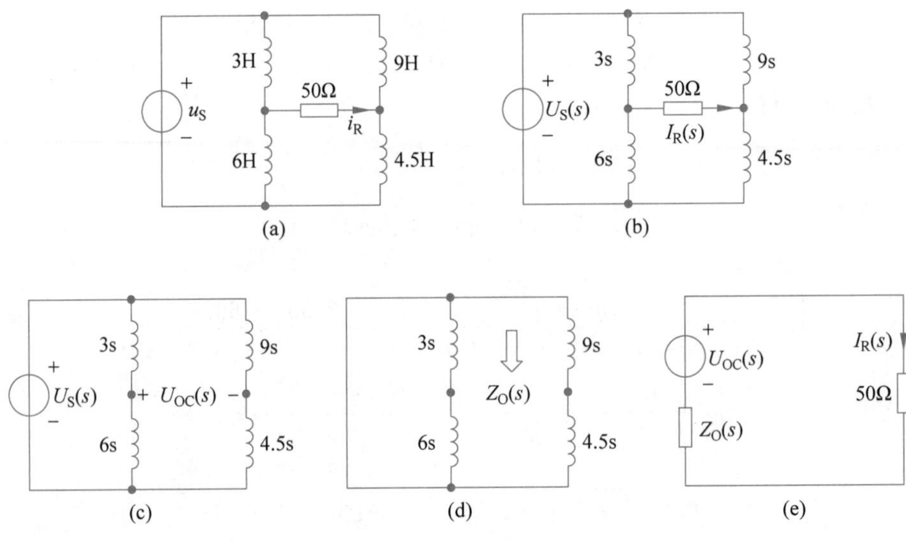

图 12-8 例 12-7 电路图

（2）因为

$$u_S(t)=60\cos(314t-30^\circ)\varepsilon(t)=\left[(30\sqrt{3}\cos 314t+30\sin 314t)\varepsilon(t)\right]\text{ V}$$

设 $\omega=314\text{rad/s}$，则

$$U_S(s)=\frac{30\sqrt{3}s}{s^2+\omega^2}+\frac{30\omega}{s^2+\omega^2}=\frac{30\sqrt{3}s+30\omega}{s^2+\omega^2}$$

相应的复频域电路模型如图 12-8(b)所示。

（3）采用戴维南定理求 $I_R(s)$。首先求开路电压 $U_{OC}(s)$，电路如图 12-8(c)所示。

$$U_{OC}(s)=\frac{6s}{3s+6s}U_S(s)-\frac{4.5s}{4.5s+9s}U_S(s)=\frac{1}{3}U_S(s)$$

其次求戴维南等效运算阻抗 $Z_O(s)$，电路如图 12-8(d)所示。

$$Z_O(s)=\frac{3s\cdot 6s}{3s+6s}+\frac{4.5s\cdot 9s}{4.5s+9s}=2s+3s=5s$$

戴维南等效电路如图 12-8(e)所示，有

$$I_R(s)=\frac{U_{OC}(s)}{Z_O(s)+50}=\frac{\frac{1}{3}U_S(s)}{5s+50}=\frac{\frac{1}{15}}{s+10}\cdot\frac{30\sqrt{3}s+30\omega}{s^2+\omega^2}=\frac{2\sqrt{3}s+2\omega}{(s+10)(s^2+\omega^2)}$$

（4）求 $I_R(s)$的拉氏反变换。

$$I_R(s)=\frac{K_1}{s+10}+\frac{K_2}{s+\mathrm{j}\omega}+\frac{K_3}{s-\mathrm{j}\omega}$$

$$K_1=[(s+10)I_R(s)]_{s=-10}=\left[\frac{2\sqrt{3}s+2\omega}{(s^2+\omega^2)}\right]_{s=-10}=\frac{-20\sqrt{3}+2\omega}{10^2+\omega^2}$$

$$K_2=[(s+\mathrm{j}\omega)I_R(s)]_{s=-\mathrm{j}\omega}=\left[\frac{2\sqrt{3}s+2\omega}{(s+10)(s-\mathrm{j}\omega)}\right]_{s=-\mathrm{j}\omega}=\frac{(10\sqrt{3}-\omega)+\mathrm{j}(\sqrt{3}\omega+10)}{10^2+\omega^2}$$

$$K_3=K_2^*$$

把 $\omega=314\text{rad/s}$ 代入，可得

$$\begin{cases} K_1 = 6.012 \times 10^{-3} \\ K_2 = -3.006 \times 10^{-3} + \mathrm{j}5.612 \times 10^{-3} = 6.366 \times 10^{-3} \mathrm{e}^{\mathrm{j}118.2^\circ} \\ K_3 = K_2^* = 6.366 \times 10^{-3} \mathrm{e}^{-\mathrm{j}118.2^\circ} \end{cases}$$

利用式(12-17)可得

$$i_R(t) = [6.012\mathrm{e}^{-10t} + 12.73\cos(314t - 118.2^\circ)]\varepsilon(t)(\mathrm{mA})$$

本章小结

1. 拉氏变换的定义

在$[0,\infty)$区间上的实函数$f(t)$，它的单边拉氏变换定义为

$$F(s) = \int_{0_-}^{\infty} f(t)\mathrm{e}^{-st}\mathrm{d}t$$

式中：$s=\sigma+\mathrm{j}\omega$为复数，$F(s)$为$f(t)$的拉氏变换(或象函数)，$f(t)$为$F(s)$的拉氏反变换(或原函数)。

拉氏反变换可定义为

$$f(t) = \frac{1}{2\pi\mathrm{j}}\int_{\sigma-\mathrm{j}\infty}^{\sigma+\mathrm{j}\infty} F(s)\mathrm{e}^{st}\mathrm{d}s$$

上述变换的对应关系也经常简记为

$$f(t) \leftrightarrow F(s)$$

2. 常用信号的拉氏变换

$$\delta(t) \leftrightarrow 1, \quad \varepsilon(t) \leftrightarrow \frac{1}{s}, \quad t\varepsilon(t) \leftrightarrow \frac{1}{s^2}, \quad \mathrm{e}^{at} \leftrightarrow \frac{1}{s-a}$$

3. 拉氏变换的性质

线性性质：$Af_1(t)+Bf_2(t) \leftrightarrow AF_1(s)+BF_2(s)$

时域微分性质：$f'(t) \leftrightarrow sF(s)-f(0_-)$

时域积分性质：$\int_{0_-}^{t} f(\tau)\mathrm{d}\tau \leftrightarrow \frac{F(s)}{s}$

延时性质：$f(t-t_0)\varepsilon(t-t_0) \leftrightarrow \mathrm{e}^{-st_0}F(s), t_0>0$

4. 电路定律的复频域形式

电阻元件：$U(s)=RI(s)$

电感元件：$U(s)=sLI(s)-Li(0_-)$

电容元件：$U(s)=\frac{1}{sC}I(s)+\frac{1}{s}u(0_-)$

基尔霍夫定律：$\sum I(s)=0, \sum U(s)=0$

5. 线性电路的复频域求解步骤

(1) 由换路前的电路，确定$t=0_-$时动态元件的初始值$u_C(0_-)$和$i_L(0_-)$，以确定附加电源。

(2) 把换路后的时域电路变换为复频域电路模型。在复频域电路模型中，各电路元件用复频域模型表示，已知的电压源、电流源和电路中的各电流、电压均用象函数表示。

（3）在复频域模型中，应用电路的各种分析方法求出响应的象函数。

（4）对响应的象函数进行拉氏反变换，求出响应的时域解。

习题

一、选择题

1. 对于电感 L 元件，运算阻抗形式为（　　）。

A. $\frac{L}{s}$　　B. $\frac{s}{L}$　　C. $\frac{1}{sL}$　　D. sL

2. 对于电容 C 元件，运算阻抗形式为（　　）。

A. $\frac{C}{s}$　　B. $\frac{s}{C}$　　C. $\frac{1}{sC}$　　D. sC

3. 已知电容 C 的电压初始值 $u_C(0_-)=20\text{V}$，在运算电路图中由此初始电压引起的附加电压源大小为（　　）。

A. $20s$　　B. $20C$　　C. $\frac{20}{s}$　　D. $\frac{20}{C}$

4. 已知电感 L 的电流初始值 $i_L(0_-)=4\text{A}$，在运算电路图中由此初始电流引起的附加电压源大小为（　　）。

A. $4L$　　B. $\frac{4}{L}$　　C. $4s$　　D. $\frac{4}{s}$

5. 已知象函数 $F(s)=\frac{30(s+1)(s+5)}{s(s+2)^2(s+4)^3}$，如果利用部分分式展开法将它进行拉氏反变换，可将此式展开为（　　）个分式。

A. 2　　B. 3　　C. 5　　D. 6

6. 已知象函数 $F(s)=\frac{(s+2)}{(s+1)(s+3)^3}$，为求它的原函数 $f(t)$，可利用部分分式展开法，将 $F(s)$ 展开为（　　）。

A. $F(s)=\frac{A_1}{s+1}+\frac{A_2}{(s+3)^3}$

B. $F(s)=\frac{A_1}{s+1}+\frac{A_2}{(s+3)^3}+\frac{A_3}{s+2}$

C. $F(s)=\frac{A_1}{s+1}+\frac{A_{23}}{s+3}+\frac{A_{22}}{(s+3)^2}+\frac{A_{21}}{(s+3)^3}$

D. $F(s)=\frac{A_1}{s+3}+\frac{A_2}{(s+3)^2}+\frac{A_3}{(s+3)^3}$

二、填空题

1. KCL 的复频域形式为________，KVL 的复频域形式为________。

2. 已知线性电路中的网络函数 $H(t)=\frac{4}{s+2}$，则对应此电路中的单位冲激响应 $h(t)=$ ________。

3. 已知线性电路中的单位冲激响应 $h(t)=5\mathrm{e}^{-3t}$，则对应的网络函数 $H(s)=$________。

4. 已知象函数 $F(s)=\dfrac{2}{s(s+2)}$，对应此象函数的原函数 $f(t)=$________。

三、计算题

1. 求下列函数的单边拉氏变换：

(1) $\delta(t)+\mathrm{e}^{-3t}$　　(2) $2-\mathrm{e}^{-3t}$　　(3) $\mathrm{e}^{-t}\cos t$

2. 求下列函数的拉氏反变换：

(1) $\dfrac{1}{s^2+6s+5}$　　(2) $\dfrac{s+2}{s(s^2+1)}$　　(3) $\dfrac{3s+2}{(s+1)(s+2)^2}$

3. 试用拉氏变换求解微分方程 $\dfrac{\mathrm{d}y(t)}{\mathrm{d}t}+2y(t)=\sin 2t, t\geqslant 0$，初始条件 $y(0_-)=0$。

4. 已知象函数 $F(s)=\dfrac{s}{s^2+4^2}$，求对应此象函数的原函数 $f(t)$。

5. 在图 x12.1 所示电路中，已知激励信号 $u_S(t)=20\varepsilon(t)\mathrm{V}$，电路元件参数 $R_1=0.2\Omega$，$R_2=1\Omega$，$L=0.5\mathrm{H}$，$C=1\mathrm{F}$，试求零状态响应 $i_L(t)$。

6. 在图 x12.2 所示电路中，已知 $L=0.1\mathrm{H}$，$C=0.5\mathrm{F}$，$u_S(t)=\mathrm{e}^{-5t}\varepsilon(t)\mathrm{V}$，$R_1=1\Omega$，$R_2=R_3=1\Omega$，求电流 $i(t)$ 的零状态响应。

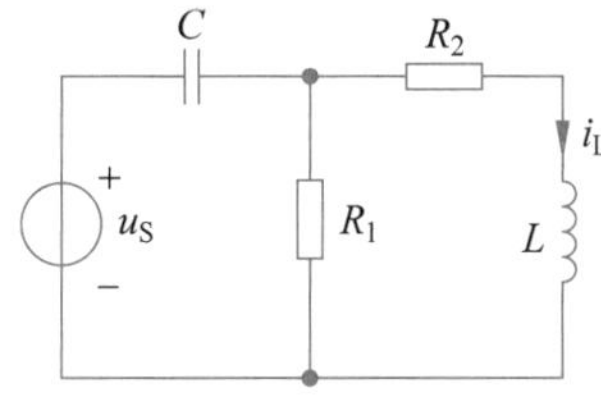

图 x12.1　计算题 5 图

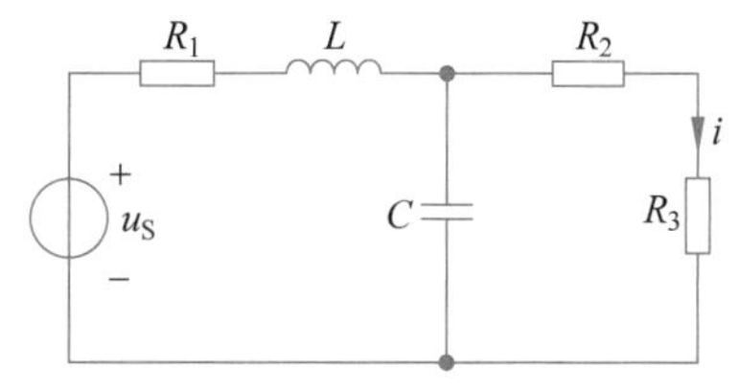

图 x12.2　计算题 6 图

7. 如图 x12.3 所示电路中，已知 $R=1\Omega$，$L=0.1\mathrm{H}$，$C=\dfrac{1}{3}\mathrm{F}$，$i_S(t)=2\varepsilon(t)\mathrm{A}$，初始条件为 $u_C(0_-)=1\mathrm{V}$，$i_L(0_-)=0\mathrm{A}$，求 $t\geqslant 0$ 时电容电压 $u_C(t)$。

8. 在图 x12.4 所示 RLC 并联电路中，已知 $i_S(t)=0.1\delta(t)\mathrm{A}$，$R=10\Omega$，$L=1\mathrm{H}$，$C=1000\mu\mathrm{F}$，初始条件为 $u_C(0_-)=100\mathrm{V}$，$i_L(0_-)=0.1\mathrm{A}$，求电路的响应 $u_C(t)$。

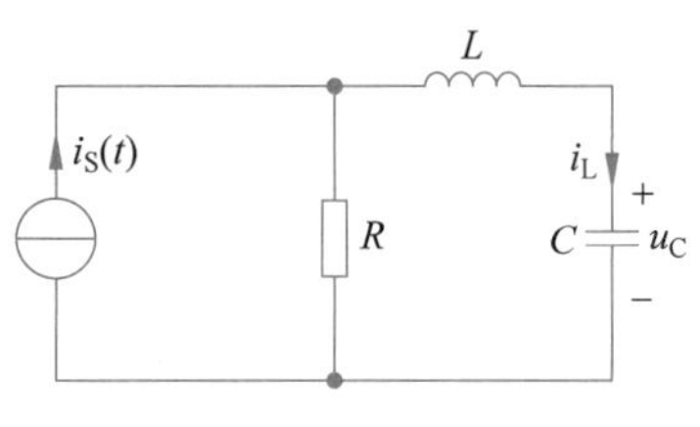

图 x12.3　计算题 7 图

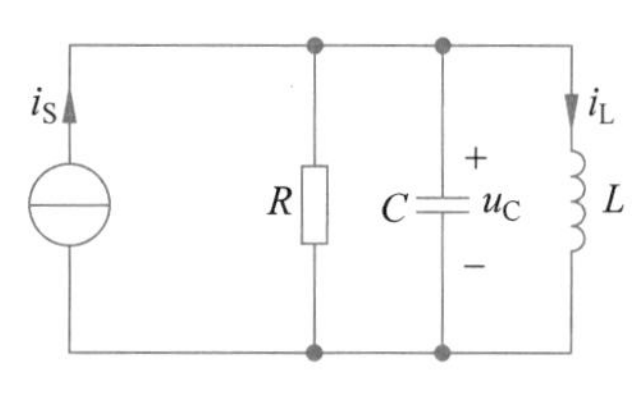

图 x12.4　计算题 8 图

9. 在图 x12.5 所示电路中，已知 $U_S=1\mathrm{V}$，$R_1=R_2=1\Omega$，$L_1=1\mathrm{H}$，$L_2=4\mathrm{H}$，$M=2\mathrm{H}$，电感中原无磁场能量。在 $t=0$ 时将开关 S 闭合，求 $t>0$ 的 $i_1(t)$、$i_2(t)$。

10. 在图 x12.6 所示电路中，已知 $u_S(t)=\mathrm{e}^{-2t}\varepsilon(t)\mathrm{V}$，求电路的零状态响应 $u_L(t)$。

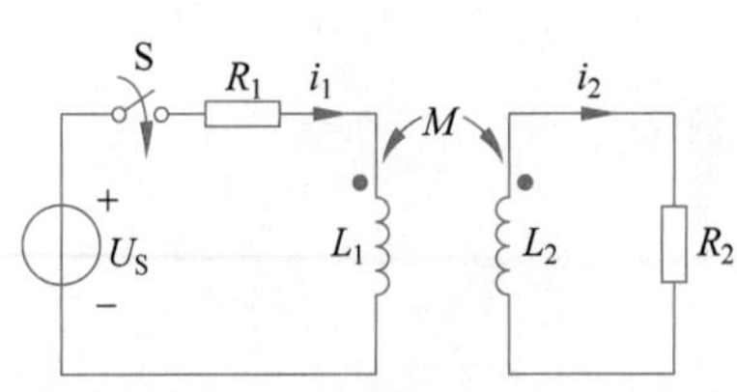

图 x12.5　计算题 9 图

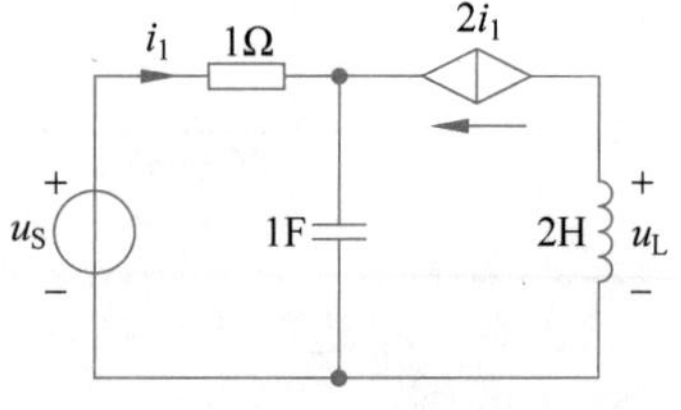

图 x12.6　计算题 10 图

11. 在图 x12.7 所示电路中，已知 $i_S(t)=[\cos\omega t\varepsilon(t)]$V，求电路的零状态响应 $i_R(t)$。

12. 电路如图 x12.8 所示，电路原处于稳态，若开关 S 在 $t=0$ 时闭合，画出 $t\geqslant 0$ 时的运算电路图，并在运算电路图中利用节点电压法求出 $t\geqslant 0$ 时的电容电压 $u_C(t)$。

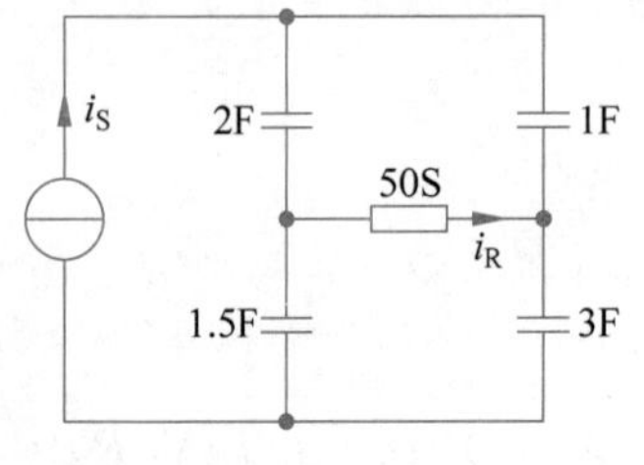

图 x12.7　计算题 11 图

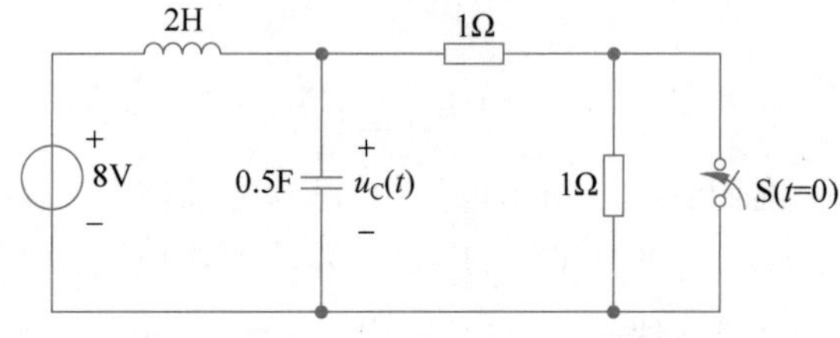

图 x12.8　计算题 12 图

第 13 章

CHAPTER 13

非线性电路简介

本章主要内容：简要介绍非线性电阻元件、非线性电容元件、非线性电感元件，并举例说明非线性电路方程的建立方法；同时介绍分析非线性电阻电路常用的分析方法，如图解法、小信号分析法、分段线性化法。与前面讨论线性电路相类似，只研究非线性时不变电路。

13.1 非线性电阻元件

线性元件的参数都是不随其电流、电压而改变的常量。如果元件的参数与电流、电压有关，则称该元件为非线性元件。

13.1.1 非线性电阻元件的伏安特性

线性电阻元件的伏安特性曲线为通过 $u\text{-}i$ 平面上坐标原点的直线，它的性能可以用一个电阻值来表示，其伏安特性遵循欧姆定律。非线性电阻元件的电压和电流不成正比，它的电阻值不是常数，其伏安特性不再是通过 $u\text{-}i$ 平面上坐标原点的直线而是曲线。非线性电阻元件的电路符号如图 13-1 所示，其伏安关系一般可以通过电压和电流的函数关系或曲线来描述，通常为

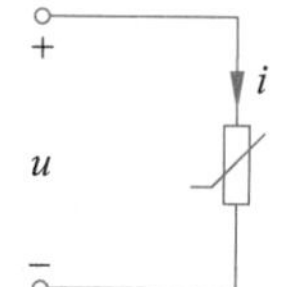

图 13-1 非线性电阻元件

$$f(u,i)=0 \tag{13-1}$$

非线性电阻元件一般可分为电流控制型电阻元件（简称流控电阻）、电压控制型电阻元件（简称压控电阻）和单调型电阻元件。

电流控制型电阻元件是一个二端元件，电阻两端电压可以表示为端电流的单值函数，即

$$u=f(i) \tag{13-2}$$

也就是说每给定一个电流值，可以确定唯一的电压值；但是，对于同一电压值，电流可能是多值的。充气二极管是具有流控电阻元件特性的典型器件，其伏安特性如图 13-2 所示。

电压控制型电阻元件也是一个二端元件，电阻中的电流可以表示为端电压的单值函数，即

$$i=g(u) \tag{13-3}$$

也就是说每给定一个电压值，可以确定唯一的电流值；但是，对于同一电流值，电压可能是多值的。隧道二极管是具有压控电阻元件特性的典型器件，其伏安特性如图 13-3 所示。

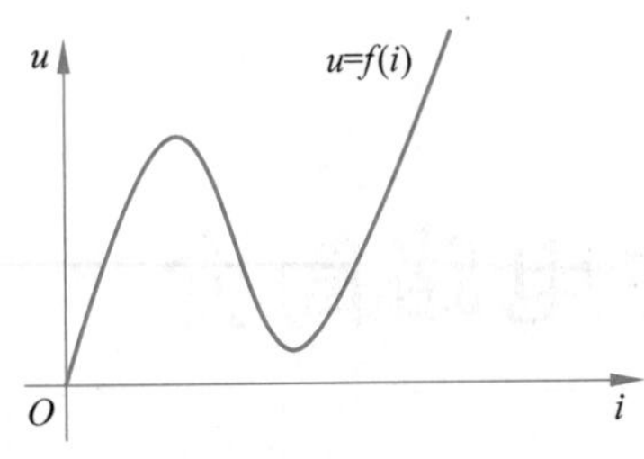

图 13-2　充气二极管的伏安特性

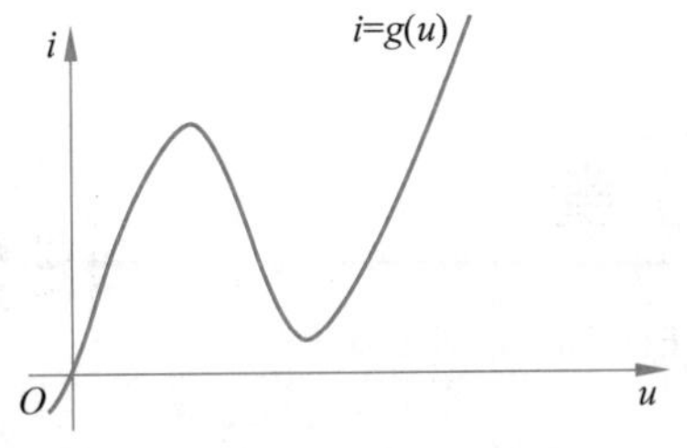

图 13-3　隧道二极管的伏安特性

如果非线性电阻元件的端电压可以表示为电流的单值函数，电流又可以表示为端电压的单值函数，即

$$u=f(i),\quad i=g(u)$$

同时成立，并且 f 和 g 互为反函数，这样的非线性电阻元件既是流控的又是压控的，称为单调型非线性电阻元件。PN 结二极管是最常见的一种单调型非线性电阻元件，它的伏安特性可以用公式表示为

$$i=I_{\mathrm{S}}(\mathrm{e}^{\frac{qu}{kT}}-1) \tag{13-4}$$

式中：I_{S} 为与外加电压无关的常数，称为反向饱和电流，取值在微安数量级；q 为电子的电荷量，$q=1.602\times10^{-19}\mathrm{C}$；$k$ 是玻耳兹曼常数，$k=1.38\times10^{-23}\mathrm{J/K}$；$T$ 为热力学温度，单位为 K，例如在室温为 25℃时，$T=273+25=298(\mathrm{K})$，这时

$$\frac{q}{kT}=\frac{1.602\times10^{-19}}{1.38\times10^{-23}\times298}=38.96(\mathrm{V}^{-1})$$

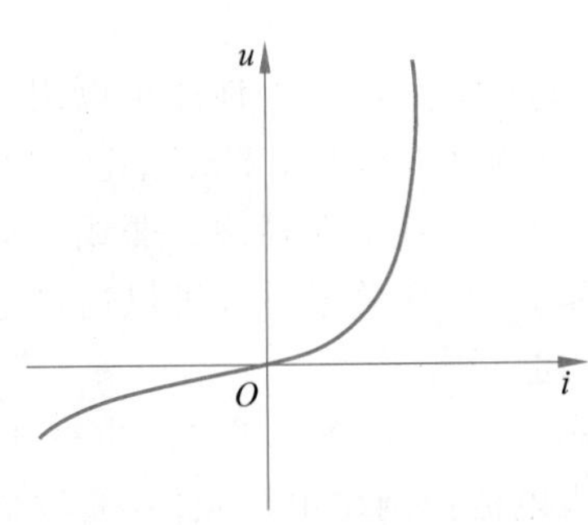

图 13-4　PN 结二极管其伏安特性

PN 结二极管伏安特性如图 13-4 所示。由伏安特性可以看出，流过二极管的电流随着加在它两端的电压的增加而单调地增加；反之亦然。二极管的伏安特性式又可表示为

$$u=0.026\ln\left(\frac{i}{I_{\mathrm{S}}}+1\right)$$

为了计算和分析的需要，引入静态电阻 R_{s} 和动态电阻 R_{d} 的概念。工作点 Q 处静态电阻定义为该点的电压值与电流值之比，即

$$R_{\mathrm{s}}=\left.\frac{u}{i}\right|_{U_Q,I_Q} \tag{13-5}$$

工作点 Q 处动态电阻定义为该点的电压对电流的导数，即

$$R_{\mathrm{d}}=\left.\frac{\mathrm{d}u}{\mathrm{d}i}\right|_{U_Q,I_Q} \tag{13-6}$$

显然，伏安特性曲线位于第Ⅰ和第Ⅲ象限时，静态电阻为正；位于第Ⅱ和第Ⅳ象限时，静态电阻为负。对于单调型非线性电阻，静态电阻总是正的，动态电阻也总是正的。对于电流控制型或电压控制型非线性电阻，在伏安特性的上升部分，动态电阻是正的；在伏安特性的下降部分，动态电阻则是负的。非线性电阻元件的静态电阻和动态电阻都不是常数，而是电压或电流的函数。

当研究非线性电阻元件上的直流电压和直流电流的关系时，应采用静态电阻 R_{s}；当研

究非线性电阻元件上的变化电压和变化电流的关系时，应采用动态电阻 R_d。

例 13-1　在如图 13-5(a)所示电路中，非线性电阻的伏安特性为

$$i=\begin{cases}0, & u<0\\ u^2, & u\geqslant 0\end{cases}$$

试求电路的静态工作点 Q 及工作点 Q 处的静态电阻 R_s 和动态电阻 R_d。

解：(1) 将图 13-5(a)所示非线性电阻以外的电路用戴维南定理等效，如图 13-5(b)所示。

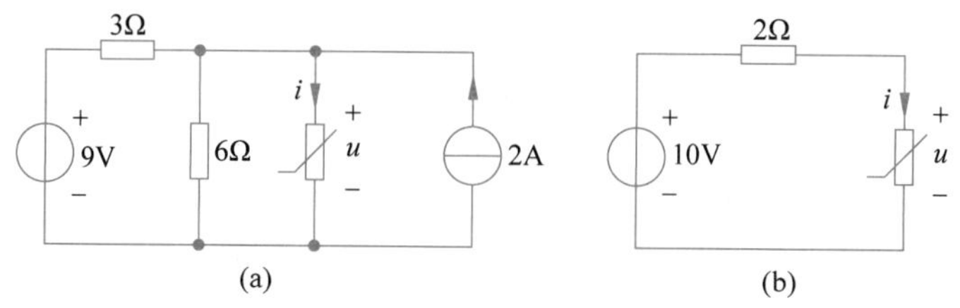

图 13-5　例 13-1 电路

(2) 根据 KVL，可得 $u=10-2i$，与非线性电阻的伏安特性方程 $i=u^2(u\geqslant 0)$ 联立求解，可得静态工作点 Q 处的电压 $U_Q=2\text{V}$，电流 $I_Q=4\text{A}$。

(3) 由静态电阻的定义可得

$$R_s=\frac{U_Q}{I_Q}=\frac{2}{4}=0.5(\Omega)$$

由动态电阻的定义可得

$$R_d=\left.\frac{1}{\frac{\mathrm{d}i}{\mathrm{d}u}}\right|_{u=U_Q}=\left.\frac{1}{2u}\right|_{u=2}=0.25(\Omega)$$

13.1.2　非线性电阻元件的串联和并联

至少包含着一个非线性元件的电阻电路称为非线性电阻电路。与线性电阻电路相比，电路不满足叠加定理和齐次定理，但 KVL 和 KCL 仍然适用。

1. 非线性电阻元件的串联

如图 13-6(a)所示电路为两个非线性电阻元件的串联，其伏安关系为

$$u_1=f_1(i_1),\quad u_2=f_2(i_2)$$

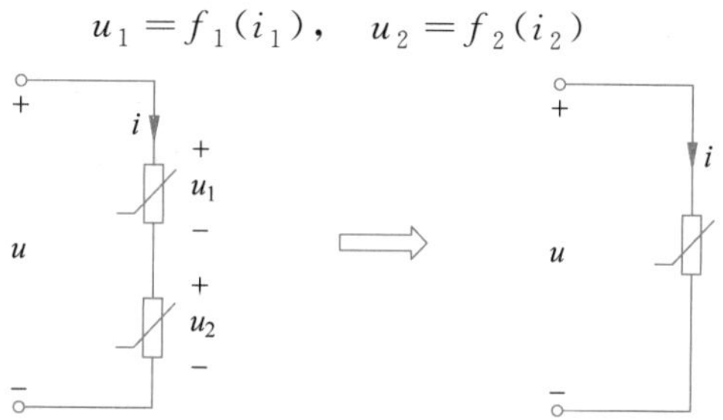

(a) 两个非线性电阻元件的串联　　(b) 等效非线性电阻元件

图 13-6　两个非线性电阻元件的串联

根据 KCL 和 KVL 可得

$$i_1=i_2=i$$

$$u = u_1 + u_2 = f_1(i_1) + f_2(i_2) = f(i) \tag{13-7}$$

因此，在图 13-7 中，只要在同一电流下，将 $f_1(i_1)$和 $f_2(i_2)$曲线上对应的电压值 u_1、u_2 相加，即可得到电压 u。取不同的 i 值，可以逐点求出 u-i 特性 $u=f(i)$，如图 13-7 所示。曲线 $u=f(i)$即是图 13-6(b)等效非线性电阻元件的伏安特性。

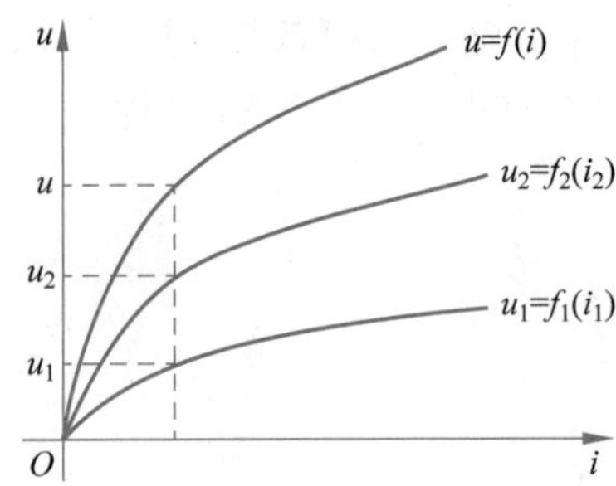

图 13-7　图 13-6 两个非线性电阻元件的伏安关系

2. 非线性电阻元件的并联

如图 13-8(a)所示电路为两个非线性电阻元件的并联，其伏安关系为

$$i_1 = g_1(u_1), \quad i_2 = g_2(u_2)$$

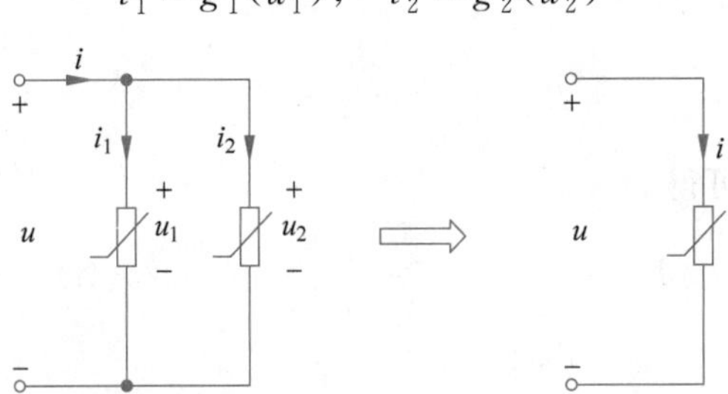

(a) 两个非线性电阻元件的并联　　(b) 等效非线性电阻元件

图 13-8　两个非线性电阻元件的并联

根据 KVL 和 KCL 可得

$$\begin{aligned} &u_1 = u_2 = u \\ &i = i_1 + i_2 = g_1(u_1) + g_2(u_2) = g(u) \end{aligned} \tag{13-8}$$

因此在图 13-9 中，只要在同一电压下，将 $g_1(u_1)$和 $g_2(u_2)$曲线上对应的电流值 i_1、i_2 相加，即可得到电流 i。取不同的 u 值，可以逐点求出 u-i 特性 $i=g(u)$，如图 13-9 所示。曲线 $i=g(u)$即是图 13-8(b)等效非线性电阻元件的伏安特性。

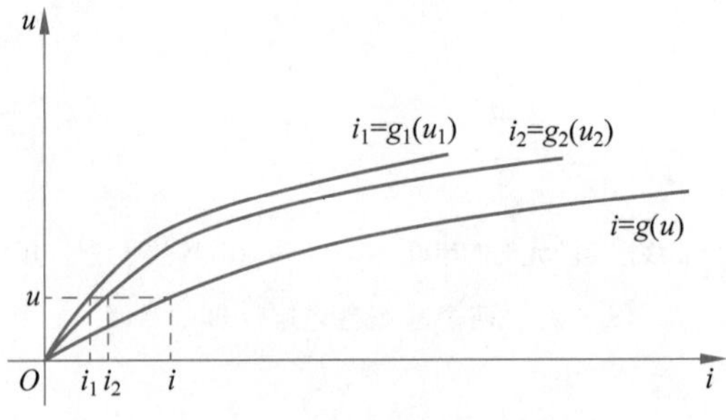

图 13-9　图 13-8 两个非线性电阻元件的伏安关系

显而易见，非线性电阻元件的串联或并联，均可按图 13-7 或图 13-9 的作图方法依次求出等效的伏安特性。

13.2 非线性电容元件和电感元件

13.2.1 非线性电容元件

电容元件是一个储能元件，其特性可以用端电压 u 与电荷 q 之间的关系（称为库伏特性）表示，若库伏特性是通过 q-u 平面上坐标原点的直线，则该元件称为线性电容元件；否则，称为非线性电容元件。非线性电容元件的电路符号如图 13-10 所示。

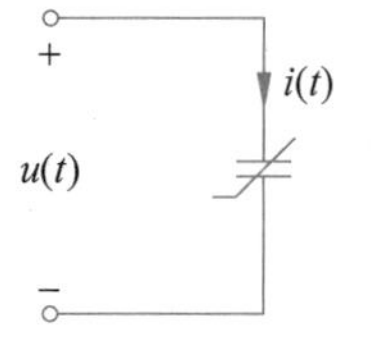

图 13-10 非线性电容元件

电压控制型电容元件（简称压控电容）是一个二端元件，电容的电荷 q 可以表示为电压 u 的单值函数，即

$$q=f(u) \tag{13-9}$$

即每给定一个电压值，可以确定唯一的电荷值；但是，对于同一电荷值，电压可能是多值的。其 q-u 特性如图 13-11(a)所示。

电荷控制型电容元件（简称荷控电容）也是一个二端元件，其端电压 u 可以表示为电荷 q 的单值函数，即

$$u=h(q) \tag{13-10}$$

即每给定一个电荷值，可以确定唯一的电压值；但是，对于同一电压值，电荷可能是多值的。其 q-u 特性如图 13-11(b)所示。

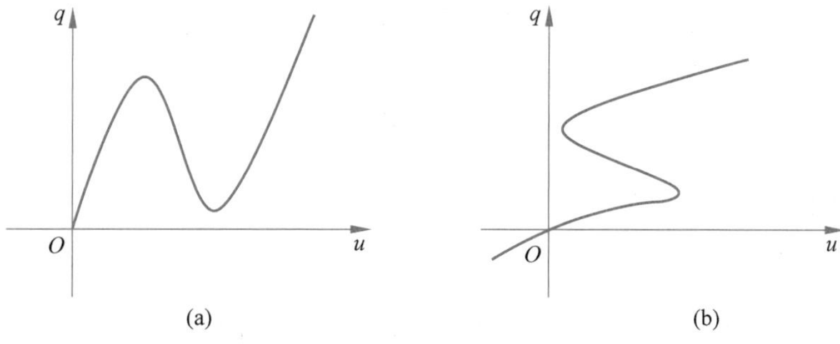

图 13-11 非线性电容元件的库伏特性

如果非线性电容元件的电荷可以表示为端电压的单值函数，端电压又可以表示为电荷的单值函数，即

$$q=f(u),\quad u=h(q)$$

同时成立，并且 f 和 h 互为反函数，那么这样的非线性电容元件既是压控的又是荷控的。为了计算和分析上的需要，引入静态电容 C_s 和动态电容 C_d 的概念。工作点 Q 处静态电容定义为

$$C_s=\frac{q}{u} \tag{13-11}$$

工作点 Q 处动态电容定义为

$$C_d = \frac{dq}{du} \tag{13-12}$$

其中工作点不同，C_s 和 C_d 也不同，它们都是电压或电荷的函数。

设非线性电容为压控型的，$q=f(u)$，则非线性电容元件的端电压与端电流的关系为

$$i = \frac{dq}{dt} = \frac{df(u)}{dt} = \frac{df(u)}{du}\frac{du}{dt} = C_d \frac{du}{dt} \tag{13-13}$$

可见，电流 i 等于动态电容 C_d 与电压对时间的变化率的乘积。

13.2.2 非线性电感元件

电感元件是一种储能元件，其特性用磁链 Ψ 与电流 i 之间的关系（称为韦安特性）来表示，如果韦安特性是通过 Ψ-i 平面上坐标原点的直线，那么该元件称为线性电感元件；否则，称为非线性电感元件。非线性电感元件的电路符号如图 13-12 所示。

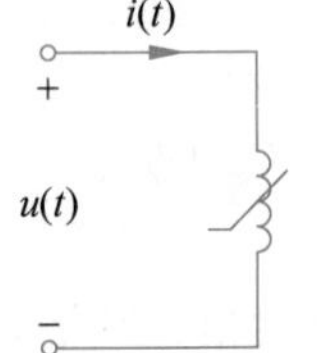

图 13-12 非线性电感元件

电流控制型电感元件（简称流控电感）是一个二端元件，其磁链 Ψ 可以表示为电流 i 的单值函数，即

$$\Psi = f(i) \tag{13-14}$$

磁链控制型电感元件（简称链控电感）也是一个二端元件，其电流 i 可以表示为磁链 Ψ 的单值函数，即

$$i = h(\Psi) \tag{13-15}$$

当然，非线性电感元件也可能有单调型的，这种单调型的电感既可以是流控型的也可以是链控型的。

同样，为了计算和分析上的需要，引入静态电感 L_s 和动态电感 L_d 的概念。其工作点 Q 处静态电感定义为

$$L_s = \frac{\Psi}{i} \tag{13-16}$$

工作点 Q 处动态电感的定义为

$$L_d = \frac{d\Psi}{di} \tag{13-17}$$

其中工作点不同，L_s 和 L_d 也不同，它们都是电流或磁链的函数。

因为 $u=\frac{d\Psi}{dt}$，此公式既适用于线性电感元件也适用于非线性电感元件。设电感为流控型的，$\Psi=f(i)$，则非线性电感元件的端电压与端电流的关系为

$$u = \frac{d\Psi}{dt} = \frac{df(i)}{dt} = \frac{df(i)}{di}\frac{di}{dt} = L_d \frac{di}{dt} \tag{13-18}$$

可见，电流 u 等于动态电感 L_d 与电流对时间的变化率的乘积。

13.3 非线性电阻电路的分析

许多非线性元件的非线性特征是比较强的，如果仍然忽略它们非线性，势必会造成计算结果与实际数值有显著的差别而失去意义，甚至会产生质的差异，无法解释电路中所发生的

物理现象，这就使得我们有必要对非线性电路加以研究。

13.3.1　非线性电阻电路方程的列写

在线性电路方程中可以将方程分为两部分，一部分是与电路结构有关的基尔霍夫定律方程，另一部分是支路特性方程。当电路中含有非线性元件时，该电路称为非线性电路。非线性电路方程与线性电路方程的区别是元件伏安特性的不同而引起的。对于非线性电阻电路，所列出的方程是一组非线性的函数方程。

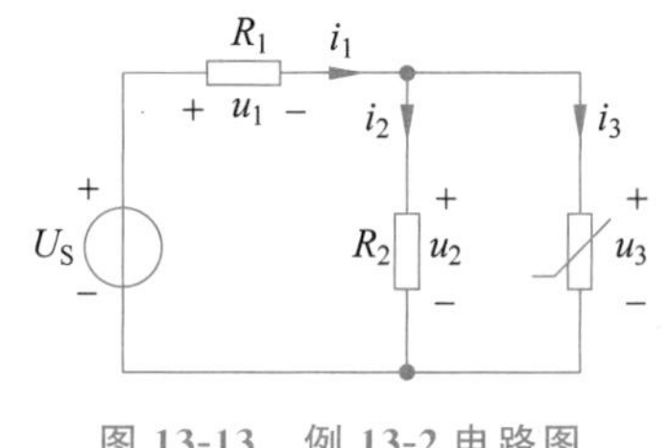

图 13-13　例 13-2 电路图

例 13-2　在图 13-13 所示电路中，非线性电阻元件的伏安关系为 $u_3=20i_3^{1/2}$，试列出电路方程。

解：各电阻元件的伏安特性方程为

$$\begin{cases} u_1=R_1i_1 \\ u_2=R_2i_2 \\ u_3=20i_3^{1/2} \end{cases} \tag{13-19}$$

根据 KCL 和 KVL 可以列出方程，即

$$\begin{cases} u_1+u_2=U_S \\ i_1=i_2+i_3 \\ u_3=u_2 \end{cases} \tag{13-20}$$

将方程(13-19)代入方程(13-20)，整理可得电路方程为

$$\begin{cases} (R_1+R_2)i_1-R_2i_3=U_S \\ R_2i_1-R_2i_3-20i_3^{1/2}=0 \end{cases}$$

由上例可知，所列出的非线性方程组，只有某些简单的形式可以得到解析解。

13.3.2　非线性电阻电路常用的分析方法

非线性电阻电路常用的分析方法主要有图解法、小信号分析法、分段线性处理法等。

1．图解法

前面所介绍的求串并联等效伏安特性的方法，即是图解法的一个简单应用。本节所介绍的图解法是用作图的方法来求得非线性电阻电路的解，即用图解法来确定电路的工作点，用图解方式进行方程的消元和代入等运算，这是求解非线性方程组的重点。

对于只含一个非线性电阻的电路，根据戴维南定理将非线性电阻以外的线性有源二端网络用一个电压源与电阻的串联电路代替，如图 13-14(a)所示，根据 KVL 可得

$$u=U_{OC}-iR_0 \tag{13-21}$$

此方程在 u-i 平面上是一条如图 13 14(b)中的直线 AB。画法如下：在式(13-21)中令 $u=0$，得到 $i=\dfrac{U_{OC}}{R_0}$；令 $i=0$，得到 $u=U_{OC}$。直线与电流轴的交点 A 的坐标为$\left(0,\dfrac{U_{OC}}{R_0}\right)$，直线与电压轴的交点 B 的坐标为$(U_{OC},0)$。非线性电阻的伏安关系曲线可以表示为

$$i=g(u) \tag{13-22}$$

与直线 AB 的交点为 Q。显然，Q 点既满足式(13-21)又满足式(13-22)，应为电路的解。所以得 $i=I_Q$，$u=U_Q$，交点 $Q(U_Q,I_Q)$称为电路的静态工作点。

若非线性电阻的伏安特性如图 13-14(c)所示,则电路的解答将有三个,即交点 Q_1、Q_2、Q_3 所对应的电压和电流值。

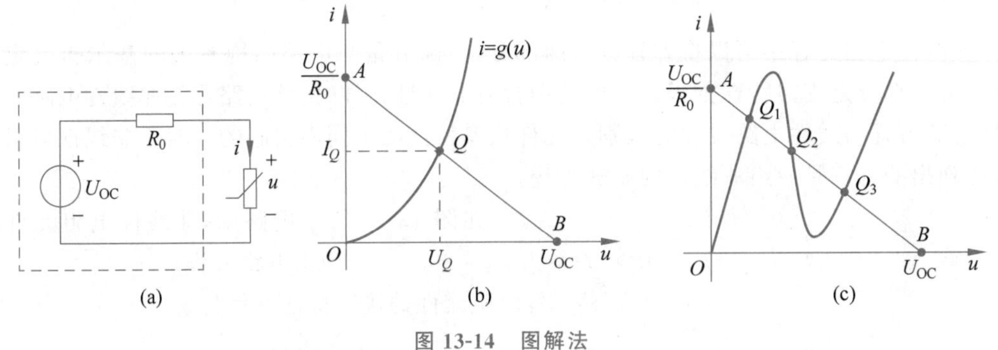

图 13-14 图解法

2. 小信号分析法

在电子电路分析中经常会遇到这样的非线性电阻电路,它有两种激励:一种是直流激励源,为电路工作提供"偏置",即静态工作点;另一种是交流激励源,且与直流激励源相比其幅值很小。对于这类非线性电阻电路,小信号分析法是一种非常简便实用的分析方法。

在图 13-15(a)所示非线性电阻电路中,R_0 为线性电阻,非线性电阻为电压控制型的,其伏安特性为 $i=g(u)$,有直流电压源 U_S 和小信号交流电压源 $u_S(t)$ 两个电源,且 $|u_S(t)| \ll U_S$。根据 KVL,对于图 13-15(a)可得

$$U_S + u_S(t) = R_0 i(t) + u(t) \tag{13-23}$$

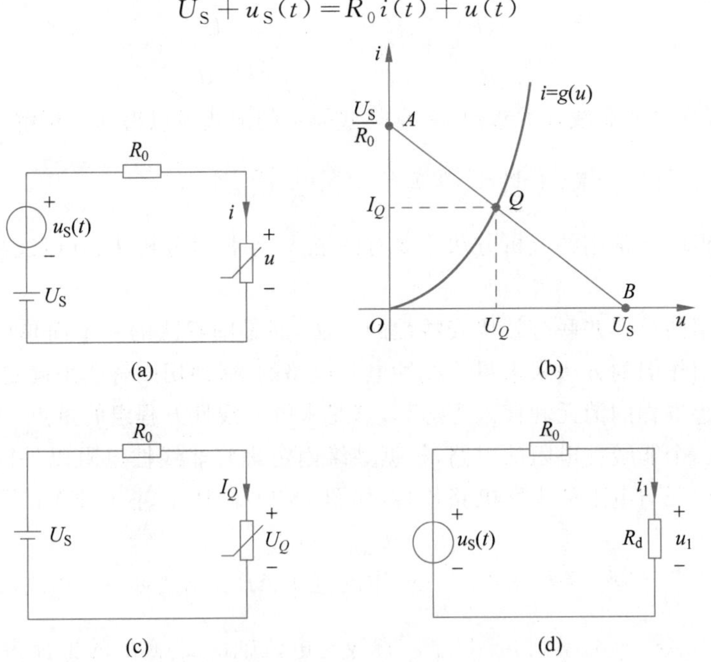

图 13-15 小信号分析法

当电路中小信号交流电压源 $u_S(t)=0$ 时,即只有直流激励源 U_S 单独作用时,根据图解法不难求出静态工作点 $Q(U_Q, I_Q)$,如图 13-15(b)所示,等效电路如图 13-15(c)所示。Q 点的坐标就是直流情况的解答,应当满足下列关系:

$$\begin{cases} I_Q = g(U_Q) \\ U_S = R_0 I_Q + U_Q \end{cases} \tag{13-24}$$

当直流电压源和交流电压源共同作用时，在 $|u_S(t)| \ll U_S$ 的条件下，电路的解 $u(t)$、$i(t)$ 必在静态工作点 $Q(U_Q, I_Q)$ 附近，所以可以近似地把 $u(t)$、$i(t)$ 描述为

$$\begin{cases} u(t) = U_Q + u_1(t) \\ i(t) = I_Q + i_1(t) \end{cases} \tag{13-25}$$

式中：$u_1(t)$、$i_1(t)$ 为交流电源 $u_S(t)$ 在静态工作点 Q 附近产生的偏差。

在任何时刻 t，$u_1(t)$、$i_1(t)$ 相对 U_Q、I_Q 都是很小的量。因为 $i=g(u)$，$u(t)=U_Q+u_1(t)$，所以 $i(t)=I_Q+i_1(t)=g[u(t)]=g[U_Q+u_1(t)]$，由于 $u_1(t)$ 很小，将 $i(t)$ 在静态工作点 Q 附近用泰勒级数展开，取级数的前两项，并忽略一阶以上的高次项，可得

$$I_Q + i_1(t) \approx g(U_Q) + \left.\frac{\mathrm{d}g}{\mathrm{d}u}\right|_{U_Q} u_1(t)$$

由此可得

$$i_1(t) \approx \left.\frac{\mathrm{d}g}{\mathrm{d}u}\right|_{U_Q} u_1(t) \tag{13-26}$$

式中

$$\left.\frac{\mathrm{d}g}{\mathrm{d}u}\right|_{U_Q} = \left.\frac{\mathrm{d}i}{\mathrm{d}u}\right|_{U_Q} = \frac{1}{\left.\frac{\mathrm{d}u}{\mathrm{d}i}\right|_{U_Q}} = \frac{1}{R_d} = G_d$$

为非线性电阻在静态工作点 Q 处的动态电阻的倒数，所以

$$\begin{cases} u_1(t) = R_d i_1(t) \\ i_1(t) = G_d u_1(t) \end{cases} \tag{13-27}$$

把式(13-25)代入式(13-23)，可得

$$U_S + u_S(t) = R_0 [I_Q + i_1(t)] + [U_Q + u_1(t)] \tag{13-28}$$

式(13-28)减去式(13-24)，可得

$$u_S(t) = R_0 i_1(t) + u_1(t) \tag{13-29}$$

式(13-27)和式(13-29)的等效电路如图 13-15(d)所示。从等效电路容易得出

$$\begin{cases} u_1(t) = \dfrac{R_d}{R_0 + R_d} u_S(t) \\ i_1(t) = \dfrac{u_S(t)}{R_0 + R_d} \end{cases} \tag{13-30}$$

以上所述的小信号分析法实质上是用工作点处的动态电阻代替工作点附近的非线性特性，也就是把工作点附近的特性曲线线性化了。这种方法在电子电路中应用非常广泛。

例 13-3 在图 13-16(a)所示电路中，已知 $U_S=20\text{V}$，$u_S(t)-\cos t\,\text{V}$，$R_0=1\Omega$，非线性电阻的伏安特性为 $u=i^2$，求电流 i。

解：直流电压源作用时，求静态工作点 $Q(U_Q, I_Q)$，因为非线性电阻的伏安特性非常简单，所以不必采用图解法。

当 $u_S(t)=0$ 时，如图 13-16(b)所示。根据 KVL，有 $U_S=R_0 I_Q+U_Q$，把数据和伏安特性代入，得 $I_Q^2+I_Q-20=0$，所以 $I_Q=4\text{A}$，$U_Q=16\text{V}$（$I_Q=-5\text{A}$ 应舍去）。

交流电压源作用时，如图 13-16(c)所示。工作点 Q 处的动态电阻为

$$R_d=\frac{\mathrm{d}u}{\mathrm{d}i}\bigg|_{i=4\mathrm{A}}=\frac{\mathrm{d}}{\mathrm{d}i}(i^2)\bigg|_{i=4\mathrm{A}}=2i\,\big|_{i=4\mathrm{A}}=8(\Omega)$$

根据式(13-30)可求得

$$i_1(t)=\frac{u_S(t)}{R_0+R_d}=\frac{\cos t}{1+8}=\frac{1}{9}\cos t(\mathrm{A})$$

全解为

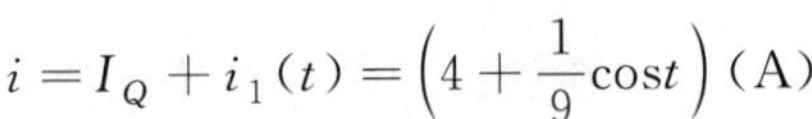

$$i=I_Q+i_1(t)=\left(4+\frac{1}{9}\cos t\right)(\mathrm{A})$$

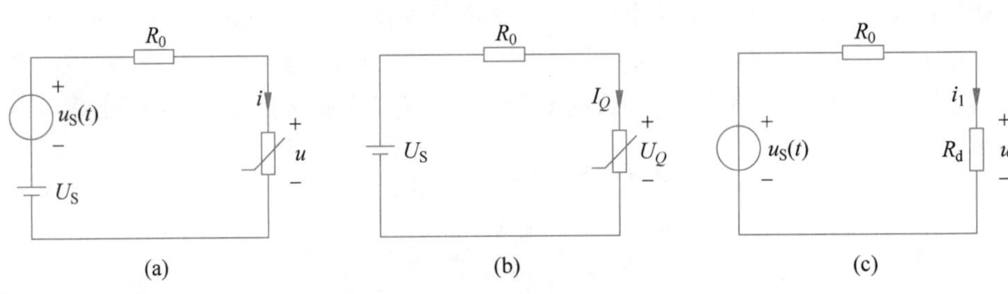

图 13-16　例 13-3 电路图

3. 分段线性处理法

小信号分析法是围绕直流工作点而建立局部线性化的模型，所以只适用于信号变动幅度很小的场合。当输入信号在大范围内变动时，就必须考虑非线性元件的全局特性。这时分段线性处理法可以使分析和计算得到简化。分段线性处理法的基础是用若干直线段近似地表示非线性电阻元件的伏安特性。因此，不失一般性，假定电路中各非线性元件都已经分段线性化。下面举例说明。

例 13-4　在图 13-17(a)所示电路中，非线性电阻的分段线性化特性曲线如图 13-17(b)所示，试求非线性电阻的电压 U 和电流 I。

解：从图 13-17(b)可以看出，i 轴可分为三个区域，即

Ⅰ 区：$i\leqslant 1\mathrm{A}$

Ⅱ 区：$1\mathrm{A}<i\leqslant 2\mathrm{A}$

Ⅲ 区：$i>2\mathrm{A}$

非线性电阻在各区域的特性方程为

Ⅰ 区：$u=4i$

Ⅱ 区：$u=-3i+7$

Ⅲ 区：$u=2i-3$

非线性电阻工作在三个区域的等效电路分别如图 13-17(c)～图 13-17(e)所示。求解这三个电路分别可得

$$I_{Q1}=1.2\mathrm{A},\quad U_{Q1}=4.8\mathrm{V}$$
$$I_{Q2}=0.5\mathrm{A},\quad U_{Q2}=5.5\mathrm{V}$$
$$I_{Q3}=3\mathrm{A},\quad U_{Q3}=3\mathrm{V}$$

在上述求解的过程中并没有考虑各区域对非线性电阻的电压和电流取值的限制，因此所得结果并不一定落在相应的区域。这种不落在相应的区域的解，并不是电路的解，称为虚

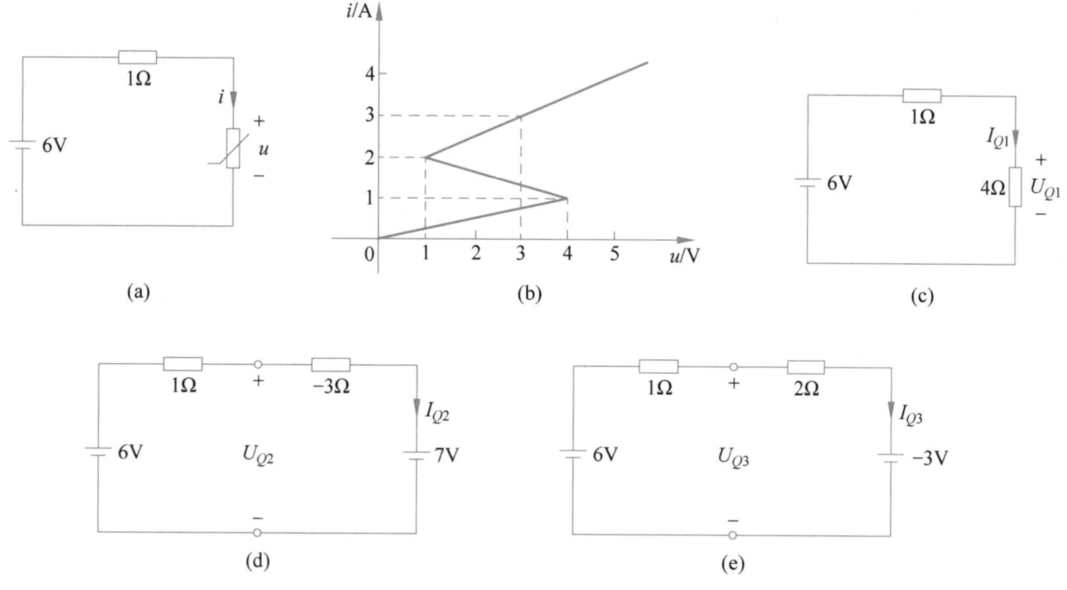

图 13-17 例 13-4 电路图

解，必须加以检验。对于本题，$I_{Q1}=1.2\text{A}$，$U_{Q1}=4.8\text{V}$ 不落在Ⅰ区，$I_{Q2}=0.5\text{A}$，$U_{Q2}=5.5\text{V}$ 不落在Ⅱ区，因此它们不是电路的真实解。$I_{Q3}=3\text{A}$，$U_{Q3}=3\text{V}$ 落在非线性电阻的Ⅲ区，它是电路的真实解。所以该电路只有一个工作点：$U_Q=3\text{V}$，$I_Q=3\text{A}$。

本章小结

线性元件的参数都是不随其电流、电压而改变的常量。若元件的参数与电流、电压有关，则称该元件为非线性元件。非线性电阻元件一般可分为电流控制电阻元件、电压控制电阻元件和单调型电阻元件三类。

电容元件是一个储能元件，若库伏特性是通过 q-u 平面上坐标原点的直线，则称该元件为线性电容元件；否则，称为非线性电容元件。

电感元件是一个储能元件，若韦安特性是通过 Ψ-i 平面上坐标原点的直线，则称该元件为线性电感元件；否则，称为非线性电感元件。

在线性电路方程中，可以将方程分为两部分，一部分是与电路结构有关的基尔霍夫定律方程，另一部分是支路特性方程。非线性电阻电路常用的分析方法主要有图解法、小信号分析法、分段线性处理法等。

图解法是用作图的方法来求得非线性电阻电路的解，即用图解法来确定电路的工作点，用图解方式进行方程的消元和代入等运算。

小信号分析法实质上是用工作点处的动态电阻来代替工作点附近的非线性特性，也就是把工作点附近的特性曲线线性化了。小信号分析法是围绕直流工作点而建立局部线性化的模型，所以只能使用于信号变动幅度很小的场合。

当输入信号在大范围内变动时，就必须考虑非线性元件的全局特性。这时分段线性处理法可以使分析和计算得到简化。分段线性处理法的基础是用若干直线段近似地表示非线性电阻元件的伏安特性。

习题

一、选择题

1. 某非线性电感的韦安特性为 $\Psi=i^2$，若某时刻通过该电感的电流为 3A，则此时的动态电感为（　　）。

A. 1H　　B. 3H　　C. 6H　　D. 9H

2. 在如图 x13.1 所示的四种伏安特性中，属于线性电阻的是（　　）。

A. 图 x13.1(a)　　B. 图 x13.1(b)　　C. 图 x13.1(c)　　D. 图 x13.1(d)

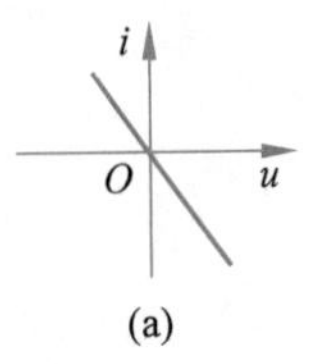

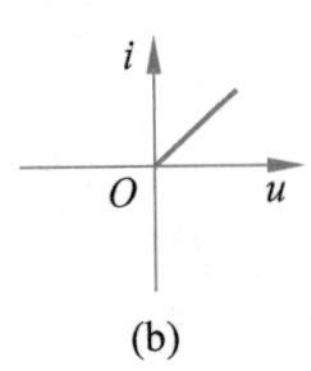

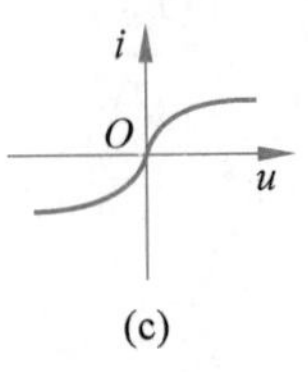

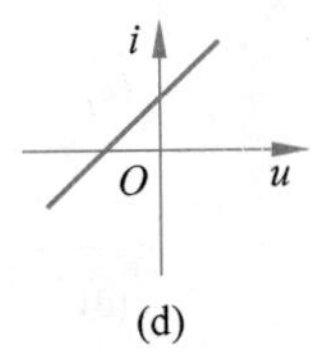

图 x13.1　选择题 2 图

3. 如图 x13.2 所示的伏安特性中，动态电阻为负的线段为（　　）。

A. *ab* 段　　B. *bc* 段　　C. *cd* 段　　D. *Ocd* 段

4. 已知某非线性电阻的伏安特性如图 x13.3 所示，此电阻应属于（　　）。

A. 流控型，无双向性　　B. 压控型，有双向性

C. 流控型，有双向性　　D. 压控型，无双向性

5. 如图 x13.4 所示伏安特性中，用 R 和 R_d 分别表示 P 点的静态电阻和动态电阻，则（　　）。

A. $R_s>0, R_d>0$　　B. $R_s<0, R_d>0$

C. $R_s>0, R_d<0$　　D. $R_s<0, R_d<0$

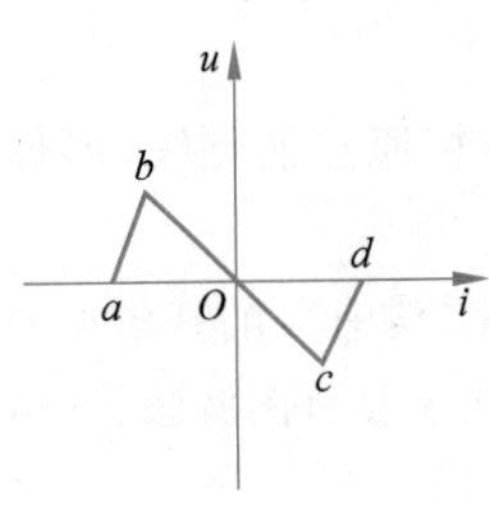

图 x13.2　选择题 3 图

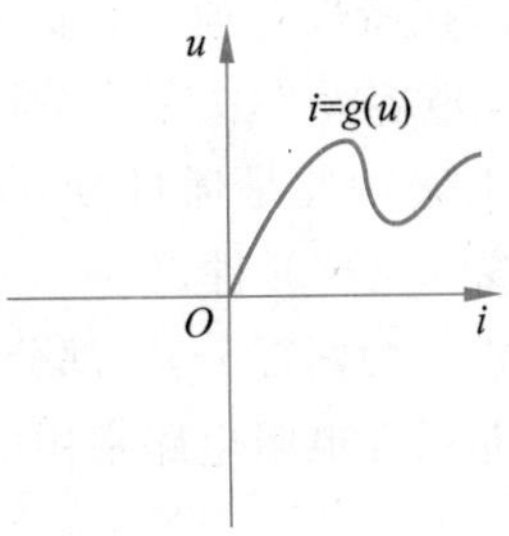

图 x13.3　选择题 4 图

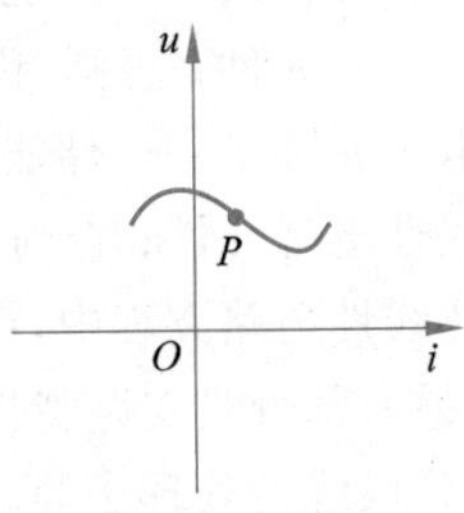

图 x13.4　选择题 5 图

6. 如图 x13.5(a)所示电路中，两个二极管的特性都如图 x13.5(b)所示，则各支路电流应为（　　）。

A. $i_1=4\text{mA}, i_2=1\text{mA}$　　B. $i_1=4\text{mA}, i_2=0\text{mA}$

C. $i_1=0.5\text{mA}, i_2=1\text{mA}$　　D. $i_1=0\text{mA}, i_2=2\text{mA}$

二、填空题

1. 叠加定理________用于分析非线性电路，特勒根定理________用于分析非线性电路。

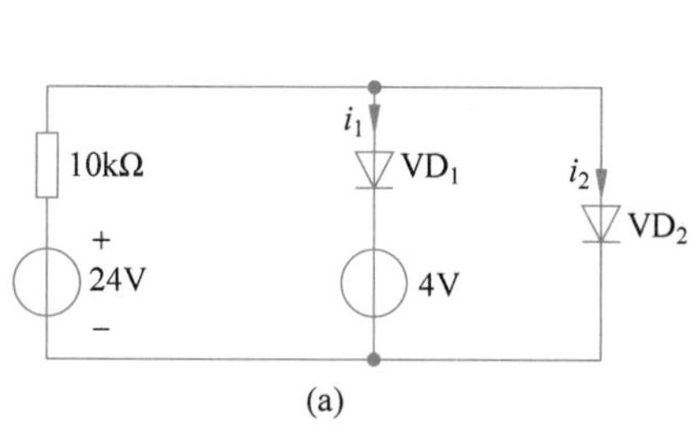

(a)

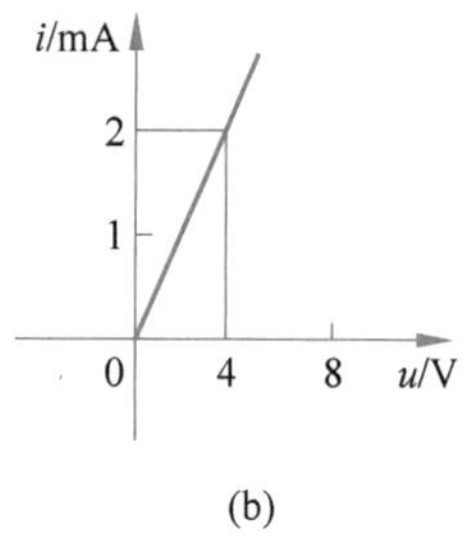

(b)

图 x13.5 选择题 6 图

2. 非线性电路方程要遵循的约束关系为________定律、________定律与________特性。

3. 电流控制型电阻是指电阻上的________是________的单值函数。

4. 电压控制型电阻是指电阻上的________是________的单值函数。

5. 电流控制型电感是指电感上的________是________的单值函数。

6. 如图 x13.6(a)所示电路中非线性电阻的伏安特性如图 x13.6(b)所示，则 $u_1=$________V，$u_2=$________V，R_1 和 R_2 的功率分别为________W 和________W。

(a)

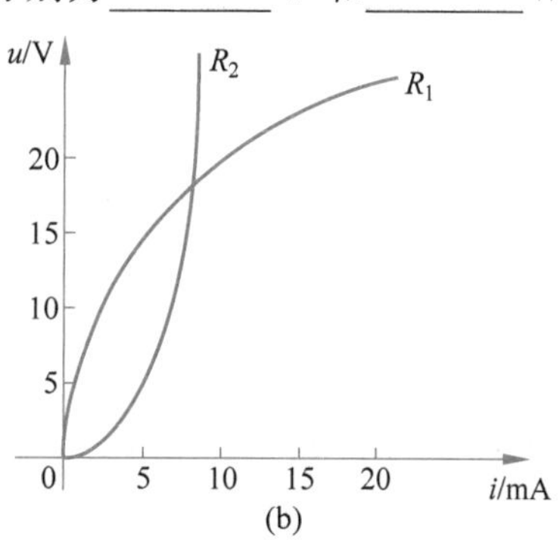

(b)

图 x13.6 填空题 6 图

三、计算题

1. 某非线性电阻的伏安特性为 $u=2i+5i^2$，求该电阻在工作点 $I_Q=0.2\text{A}$ 处的静态电阻和动态电阻。

2. 一个非线性电容元件的库伏关系为 $q=\dfrac{1}{2}u^2$，已知电压 $u=2\sin t\,\text{V}$，求电流 i。

3. 已知电感的韦安特性为 $\Psi=i+\dfrac{1}{3}i^3$，求 $i=2\text{A}$ 时的动态电感以及 $i=\sin t\,\text{A}$ 时的电感电压。

4. 求如图 x13.7(a)所示非线性电阻 R_1 和 R_2 串联后的伏安特性。R_1 和 R_2 的伏安特性如图 x13.7(b)、图 x13.7(c)所示。

5. 线性电阻 $R_0=400\Omega$ 与非线性电阻 R 串联接到电压 $U_S=50\text{V}$ 的电源上，非线性电阻伏安特性曲线如图 x13.8 所示，试求电路的静态工作点及其在工作点处的静态电阻和动态电阻。

6. 如图 x13.9 所示电路中，$R_1=R_2=2\Omega$，$U_S=2\text{V}$，非线性电阻元件的特性用 $i_3=2u_3^2$ 表示，i、u 的单位分别为 A、V，试用图解法求非线性电阻元件的端电压 u_3 和电流 i_3。

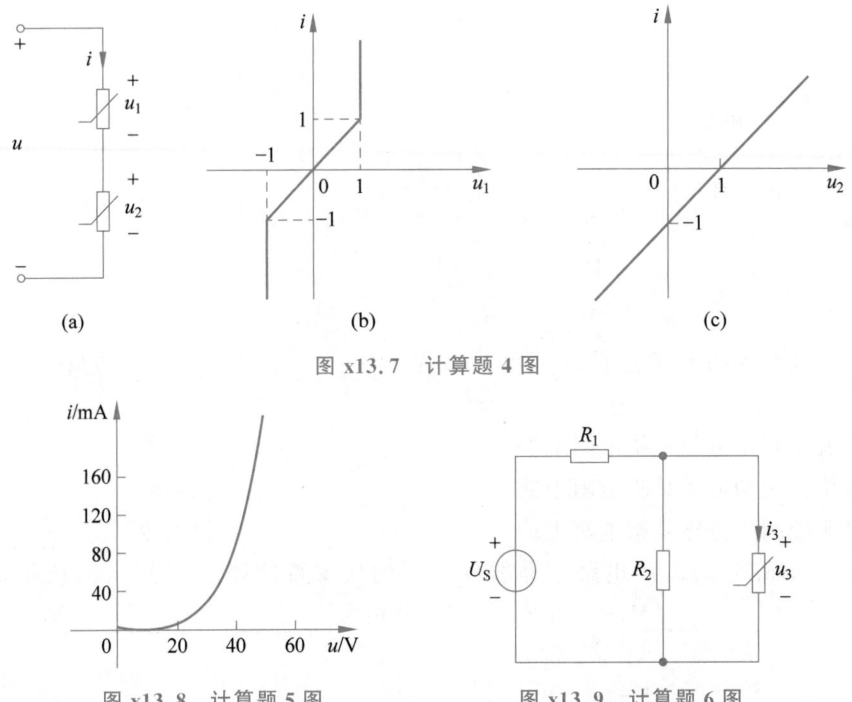

图 x13.7　计算题 4 图

图 x13.8　计算题 5 图　　图 x13.9　计算题 6 图

7. 如图 x13.10 所示电路，已知 $I_S=10\text{A}$，$i_S=\cos t\,\text{A}$，$R_1=1\Omega$，非线性电阻的伏安特性为 $i=2u^2(u\geqslant 0)$，i、u 的单位分别为 A、V，试用小信号分析法求非线性电阻元件的端电压 u。

8. 在图 x13.11 所示电路中，已知 $U_S=25\text{V}$，$u_S(t)=\cos t\,\text{V}$，$R_0=2\Omega$，非线性电阻元件的伏安特性为 $u=\frac{1}{5}i^3-2i$，试用小信号分析法求电流 i。

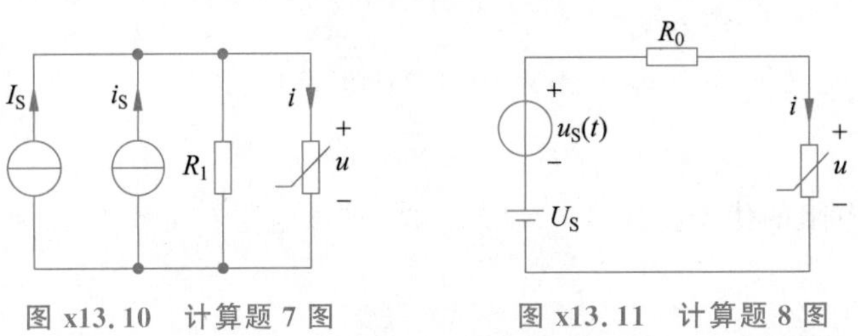

图 x13.10　计算题 7 图　　图 x13.11　计算题 8 图

9. 在图 x13.12(a)所示电路中，非线性电阻的伏安特性曲线如图 x13.12(b)所示。(1) 若 $U_S=2.5\text{V}$，问 R_0 在什么范围内电路具有多个解？(2) 若 $R_0=0.5\Omega$，问 U_S 在什么范围内电路具有多个解？

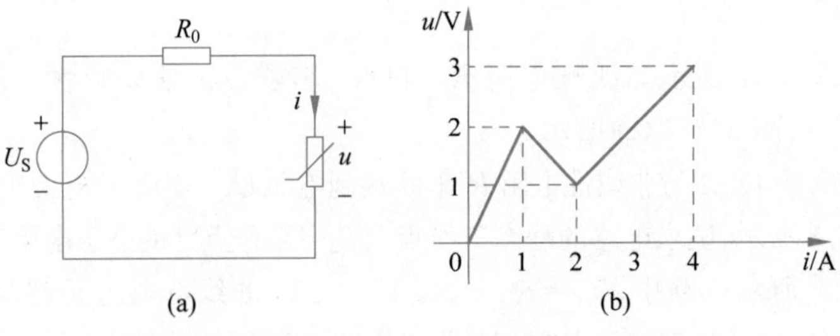

图 x13.12　计算题 9 图

10. 如图 x13.13(a)所示电路,已知 $U_S=9V$,$R_1=3\Omega$,$R_2=6\Omega$,非线性电阻的分段线性化特性曲线如图 x13.13(b)所示,试求非线性电阻的电压 U 和电流 I。

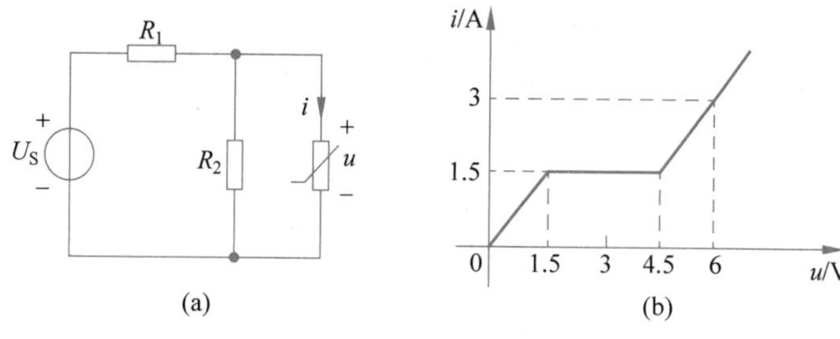

图 x13.13 计算题 10 图

第 14 章 仿真软件 Multisim 14.0 在电路分析中的应用

CHAPTER 14

本章主要内容：本章简要介绍仿真软件 Multisim 14.0 的特点、Multisim 14.0 主窗口、常用元器件库、仪器库以及 Multisim 14.0 软件的仿真方法，并举例说明仿真软件 Multisim 14.0 在电路分析中的应用。

14.1 仿真软件 Multisim 14.0 简介

Multisim 14.0 仿真软件是当前较为流行和杰出的一款电子设计自动化(EDA)工具软件。Multisim 14.0 仿真软件是用软件模拟电路与电子元器件以及仪器和仪表，实现了“软件即元器件”“软件即仪器”的效果。Multisim 14.0 方便的操作方式，电路图和分析结果直观的显示形式，非常适合于电路分析课程的辅助教学，有利于学生对理论知识的理解、掌握和创新能力的培养，成为电路分析课程教学的首选软件工具。为适应不同的应用场合，Multisim 14.0 推出了教育版和专业版，本书以教育版为演示软件进行讲解。

14.1.1 Multisim 14.0 的特点

1. 集成化、一体化的设计环境

Multisim 14.0 将组成电路的元器件数据库、测试电路的虚拟仪器仪表库、仿真分析的各种命令，以及原理图的创建、电路测试分析结果等全部集成到一个工作窗口，使用者可任意地在系统中集成元件，完成原理图输入、测试和数据波形图显示等。当用户进行仿真时，原理图和波形同时出现。当改变电路连线或元件参数时，波形即时显示变化。

2. 界面友好，操作简单

用户可以同时打开多个电路，轻松地选择和编辑元件、调整电路连线、修改元件属性。旋转元器件的同时引脚名也随着旋转并且自动配置元器件标识。此外，还有自动排列连线、在连线时自动滚动屏幕、以光标为准对屏幕进行缩小和放大等功能，画原理图时更加方便快捷。

3. 丰富、真实的实验仿真平台

Multisim 14.0 提供了丰富的虚拟元器件和实际元器件，同时提供了齐全的虚拟仪器。用这些元器件和仪器仿真电子电路，就如同在实验室做实验一样，非常真实，而且不必为损坏仪器和元器件而烦恼，也不必为仪器数量和测量精度不够而一筹莫展。

4. 完备的分析手段

Multisim 14.0 软件通过全新的电压、电流、功率和数字探针能实时获得可视化交互仿真结果。还提供了多种仿真分析功能,它们利用仿真产生的数据执行分析,分析范围很广,从基本的到极端的到不常见的,并可以将一个分析作为另一个分析的一部分自动执行。

14.1.2 Multisim 14.0 的主窗口界面

执行命令"开始"→"National Instrument"→" NI Multisim 14.0",启动 Multisim 14.0 软件,将出现如图 14-1 所示的主窗口界面。软件主窗口采用菜单、工具栏和热键相结合的图形界面方式,具有一般 Windows 应用软件的界面风格。界面由菜单栏、各种工具栏、设计工具箱、电路图编辑运行区域、电子表格视窗等多个区域构成。通过对各部分的操作可以实现电路图的输入、编辑,并根据需要对电路进行相应的观测和分析。

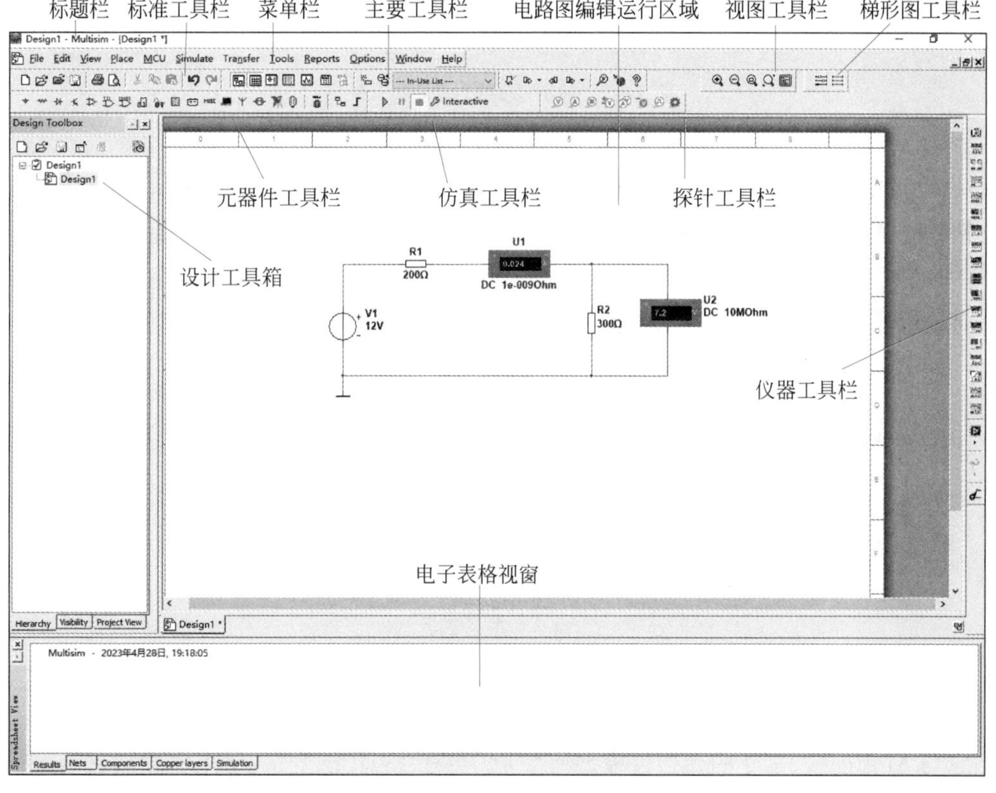

图 14-1 Multisim 14.0 软件主窗口界面

1. 标题栏

标题栏位于主窗口界面的最上方,用于显示当前的应用程序名。标题栏的右侧有最小化、最大化和关闭三个控制按钮,也可实现对程序窗口的操作。

2. 菜单栏

菜单栏包含电路仿真的各种命令,用于提供电路文件的存取、电路图的编辑、电路的模拟与分析、在线帮助等。菜单栏由 File、Edit、View 等 12 个菜单项组成。而每个菜单项的下拉菜单中又包括若干条命令。

3. 工具栏

Multisim 14.0 提供了多种工具栏，并以层次化的模式加以管理，用户可以通过 View 菜单中的选项方便地将顶层的工具栏打开或关闭，再通过顶层工具栏中的按钮来管理和控制下层的工具栏。

1）标准工具栏与视图工具栏

标准工具栏包含常见的文件操作和编辑操作，视图工具栏用于调整所编辑电路的视图大小，如图 14-2 所示。

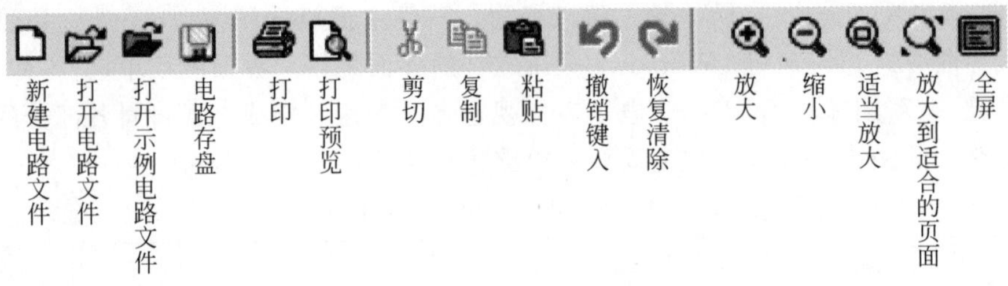

图 14-2 标准工具栏与视图工具栏

2）主要工具栏

主要工具栏是 Multisim 14.0 的核心，包含 Multisim 14.0 的一般性功能按钮，如图 14-3 所示。使用中元器件列表(In-Use List)列出了当前电路使用的全部元器件，以供检查或重复快速调用。

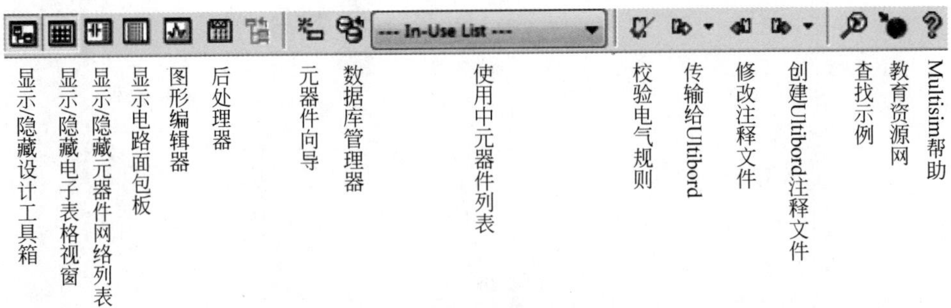

图 14-3 主要工具栏

3）元器件工具栏

元器件工具栏实际上是用户在电路仿真中可以使用的所有元器件符号库，如图 14-4 所示。它与 Multisim 14.0 的元器件模型库对应，共有 18 个分类库，每个库中放置着同一类型的元器件，单击任一个元器件库，都会显示出一个窗口，各类元器件窗口所展示的信息基本相似。在取用其中的某个元器件符号时，实质上是调用了该元器件的数学模型。

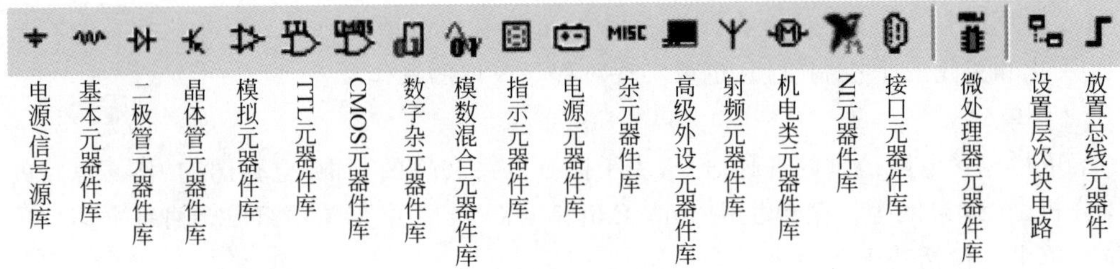

图 14-4 元器件工具栏

4）仿真工具栏

仿真工具栏提供了运行、暂停、停止和活动分析功能按钮，可对电路的仿真和分析进行快捷操作，如图 14-5 所示。

5）探针工具栏

探针工具栏包含了用于电路仿真的各种探针，还能对探针进行设置，如图 14-6 所示。

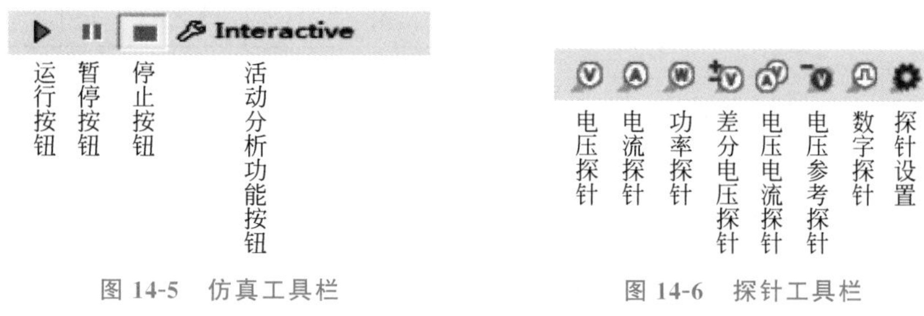

图 14-5　仿真工具栏　　　图 14-6　探针工具栏

6）仪器工具栏

仪器工具栏位于主窗口界面的右侧一列，用于快速选取实验仪器。Multisim 14.0 提供了 21 种仪器、仪表，如图 14-7 所示。这些仪表的使用方法和外观与真实仪表相当，就像实验室使用的仪器。

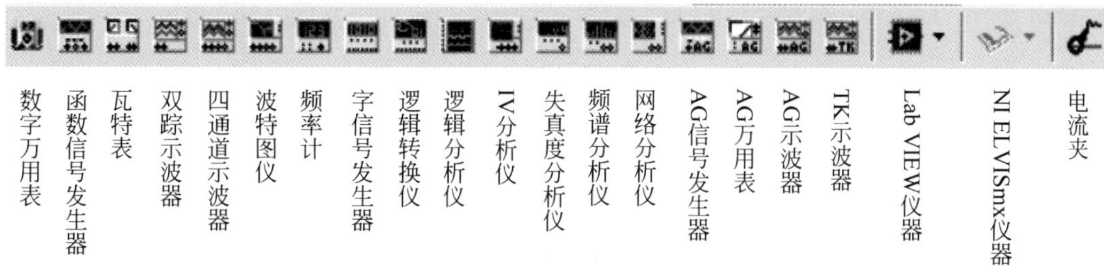

图 14-7　仪器工具栏

4. 电路图编辑运行区域

电路图编辑运行区域位于主窗口界面的中间，是主窗口界面的最主要部分，它用来创建用户需要检验的各种仿真电路。在此区域可以进行电路图的编辑绘制、仿真分析及波形数据显示等操作，也可以对电路进行移动、缩放等操作。如果需要，还可以在此区域内添加文字说明及标题框等。

14.1.3　创建电路图

1. 元件符号的选择

Multisim 14.0 中有两套标准符号可供选择。一套是美国标准符号 ANSI，另一套是欧洲标准符号 IEC。两套标准中大部分元器件的符号是一样的，但有些元器件的符号不一样，部分元器件的符号比较如表 14-1 所示。选择 Options→Global Options 命令中的 Components 页面，如图 14-8 所示，在 Symbol Standard 设置区选择 ANSI Y32.2 或 IEC 60617 即可选择自己熟悉的符号。

表 14-1　Multisim 14.0 仿真软件中部分元器件的符号比较

	地与独立电源	受　控　源	电　　阻
ANSI 符号			
IEC 符号			

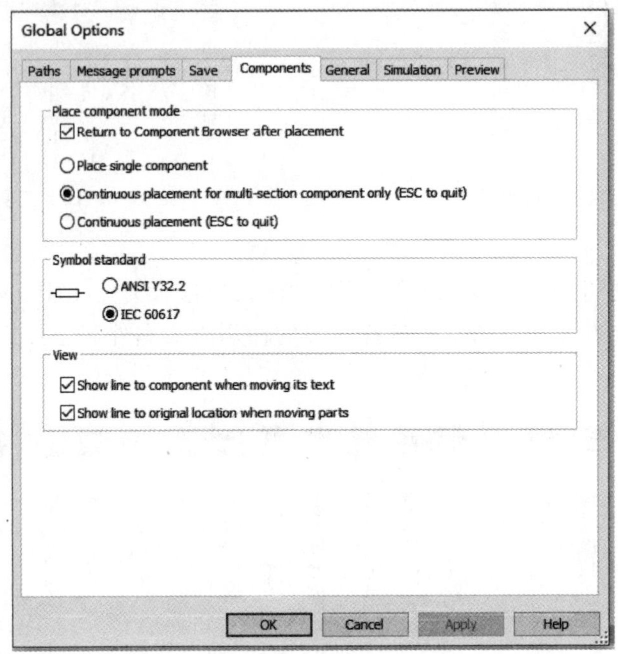

图 14-8　选择元器件符号的界面

2. 元器件的选取和连接

Multisim 14.0 软件的元器件库包含实际元器件、虚拟元器件和 3D 元器件。实际元器件是包含误差的、具有实际特性的元器件，这类元器件组成的电路仿真具有很好的真实性，在实际电路设计的仿真中应尽量选择实际元器件。虚拟元件是具有模型参数可以修改的元器件，但是虚拟元器件不出现在电路板的网络图表文件中，所以不能输出到电路板软件中用于画电路板图，而且虚拟元器件在市场上买不到。3D 元器件参数不能修改，只能搭建一些简单的演示电路，但它们可以与其他元器件混合组建仿真电路。

选用元器件时，首先在元器件工具栏中用鼠标单击包含该元器件的图标，打开该元器件库，从选中的元器件库对话框中（见图 14-9 中的直流电流源），用鼠标单击该元器件，然后单击 OK 按钮，用鼠标拖曳该元器件到电路工作区的适当地方即可。被选中的元器件的四周会出现蓝色虚框，可以进行复制、移动、旋转、删除、设置参数等操作。

在连接两个元器件时，首先将鼠标指向一个元器件使其出现一个小圆点，按下鼠标左键并拖曳出一根导线，拉住导线并指向另一个元器件的端点使其出现小圆点，释放鼠标左键，则导线连接完成。在连接电路时，Multisim 14.0 自动为每个节点分配一个编号，节点编号

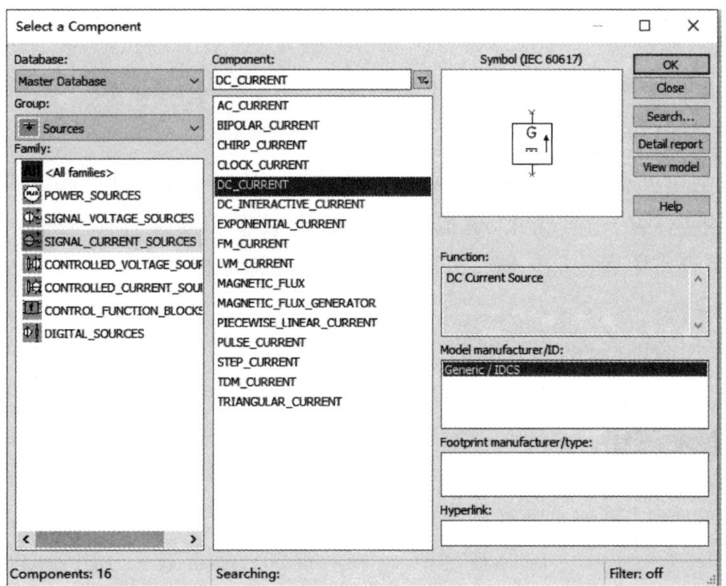

图 14-9 选用元器件

即是网络名。选择 Options→Sheet Properties，在如图 14-10 所示 Sheet visibility 界面可设置电路中是否显示元器件的标签、编号、标称值、封装以及电路的节点编号等，选中 Show all 即可显示网络节点。在 Colors 界面可设置图形及其背景的颜色。此外，还可对电路工作区、连线、字体等进行设置。设置完成后，可以选中 Save as default，使当前设置变为永久设置，再启动该软件时，就会按照已经给定的设置运行软件和显示界面。

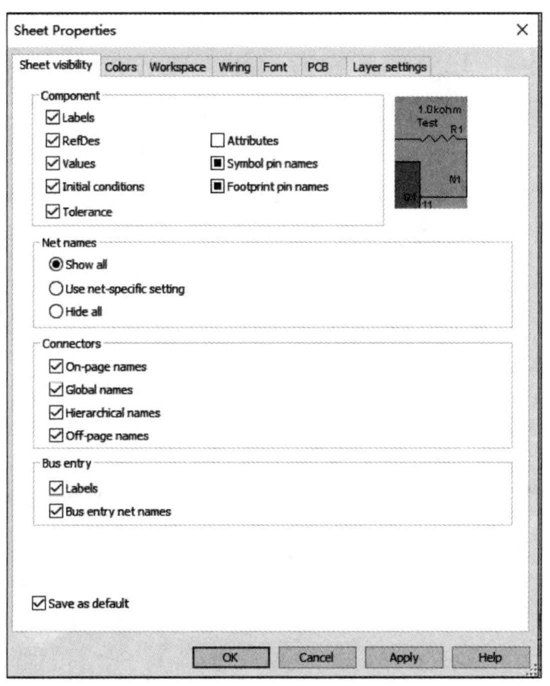

图 14-10 显示/隐藏元器件节点等信息的界面

任何电路都要接地元器件“⊥”，否则得不到正确的仿真结果。

14.2 仿真软件 Multisim 14.0 的虚拟仪器

Multisim 14.0 仪器库中提供了十几种虚拟仪器，用户可以通过这些虚拟仪器观察电路的运行状态，观察电路的仿真结果，虚拟仪器的使用、设置和读数与实际的仪器类似，使用这些仪器就像在实验室中做实验一样。下面对常用的几种虚拟仪器做一简单介绍。

1. 数字万用表

双击数字万用表的图标，出现如图 14-11 所示的数字万用表面板。从面板可见，数字万用表可以测电压 V、电流 A、电阻 Ω 和分贝值 dB。理想的数字万用表在电路测量时对电路不会产生任何影响，即电压表不会分流，电流表不会分压，但在实际测量中都达不到这种理想要求，总会有测量误差。虚拟仪器为了仿真这种实际存在的误差，引入了内部设置。单击数字万用表面板上的 Settings 设置按钮，弹出数字万用表参数设置对话框，如图 14-12 所示，可以对数字万用表内部参数进行设置。

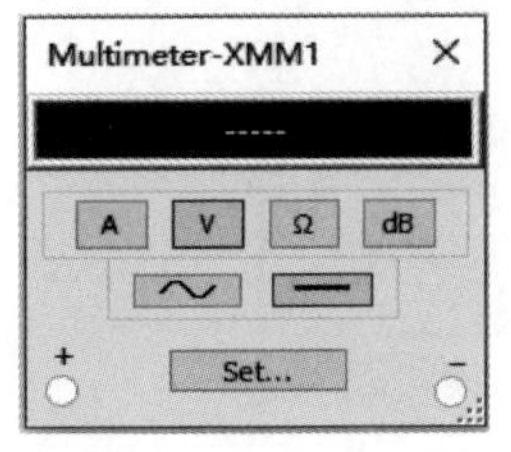

图 14-11 数字万用表面板

数字万用表用作电压表使用时要并联在被测元件两端，表的内阻非常大；数字万用表用作电流表使用时要串联在被测支路中，表的内阻非常小。而且要注意表的属性设置的是直流(DC)还是交流(AC)，不能用直流属性测量交流电路。

2. 函数信号发生器

双击函数信号发生器的图标，出现如图 14-13 所示的函数信号发生器的面板。面板上方有三个功能可供选择，分别是正弦波、三角波和方波按钮。面板中部也有几个参数可以选择，分别是输出信号的频率、占空比、幅度和偏移量。输出信号的幅度是指“＋端”或“－端”对 Common 端输出的振幅，若从“＋端”和“－端”输出，则输出的振幅为设置振幅的 2 倍。偏移量是交流信号中直流电平的偏移，若偏移量为 0，则直流分量与 X 轴重合；若偏移量为正值，则直流分量在 X 轴的上方；若偏移量为负值，则直流分量在 X 轴的下方。调整占空比，可以调整输出信号的脉冲宽度。

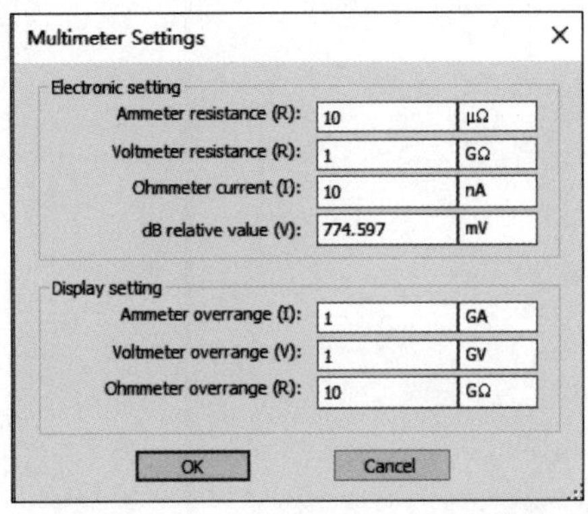

图 14-12 数字万用表参数设置对话框

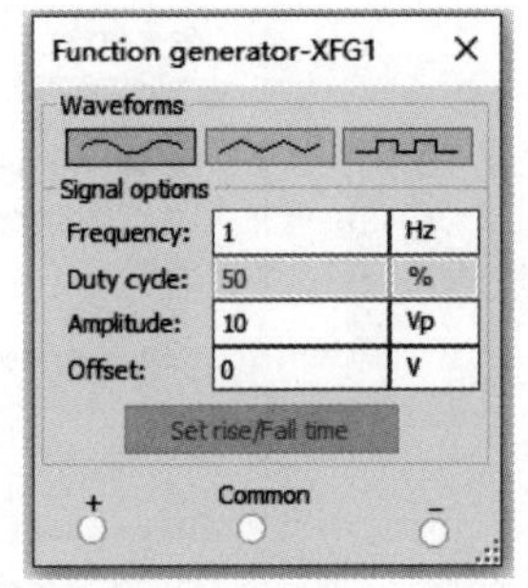

图 14-13 函数信号发生器面板

3. 瓦特表

瓦特表是测量交、直流电路负载的平均功率和功率因数的仪器。双击瓦特表的图标，出现如图14-14所示的瓦特表面板，面板下方有4个接线端子，分别是电压正、负端子和电流正、负端子。瓦特表的使用和实际的瓦特表一样，电压要与负载并联，电流要与负载串联。负载两端电压和流过负载电流之间的相位差可以通过功率因数来计算。

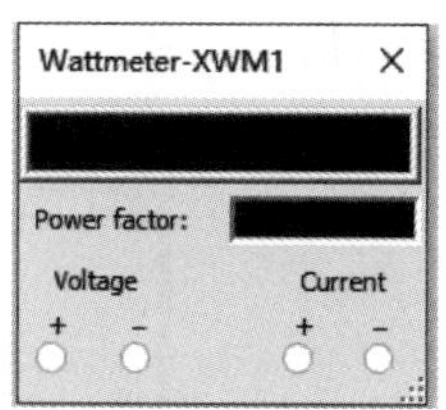

图14-14　瓦特表面板

4. 两通道示波器

两通道示波器是用来观察信号波形并可测量信号幅度、频率、周期等参数的仪器，和实际示波器使用基本相同，可以双通道输入观测两路信号的波形。双击示波器的图标，出现如图14-15所示的示波器的面板，示波器的面板由观察窗口和控制面板两部分组成。

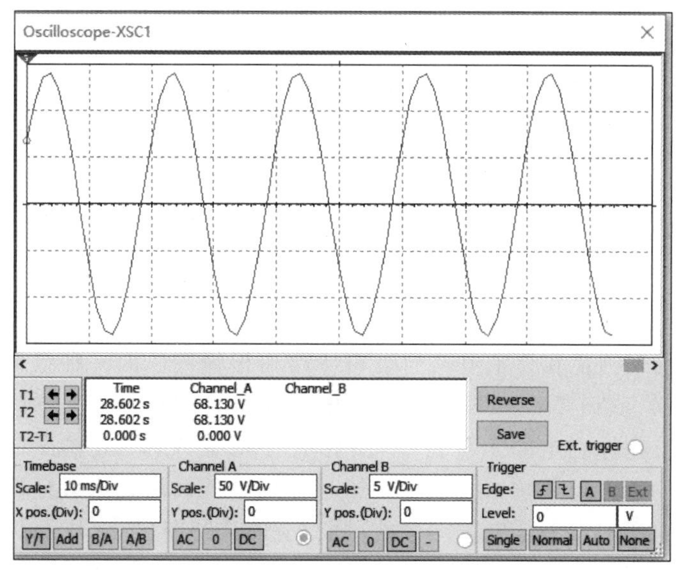

图14-15　两通道示波器面板

示波器的控制面板可分为Timebase、Trigger、Channel A和Channel B四部分。Timebase用来设置X轴方向时间基线的扫描时间；Y/T表示Y轴方向显示A、B通道的输入信号，X轴方向表示时间基线。当显示随时间变化的信号波形(如正弦波、方波、三角波等)时，采用Y/T方式；A/B表示将B通道信号作为X轴扫描信号，将A通道信号施加在Y轴上，B/A与A/B相反；Add表示X轴方向为时间基线，Y轴方向显示A、B通道的输入信号相加。

示波器输入通道设置中的触发耦合方式有三种：AC仅显示输入信号中的交变分量；DC不仅显示输入信号中的交变分量，还显示输入信号中的直流分量；0输入信号接地。

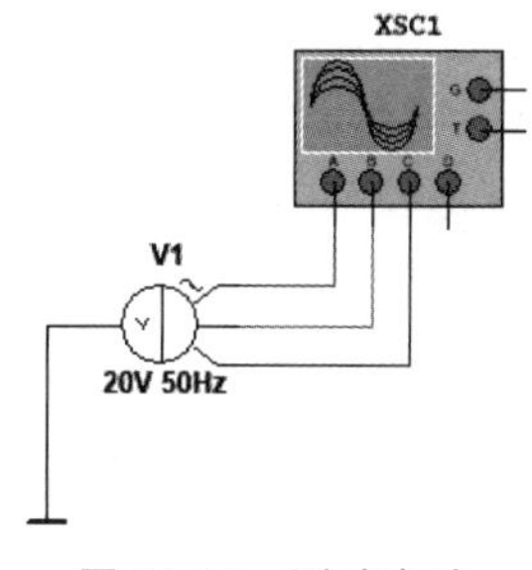

图14-16　测试电路

5. 四通道示波器

四通道示波器是用来观察信号波形并可测量信号幅度、频率、周期等参数的仪器，和实际示波器使用基本相同，可以四通道输入观测四路信号的波形。示波器的图标上有6个接线端子，分别是A、B、C、D通道输入端、T外触发端和接地端。图14-16为四通道示波器测量三相对称电压的电路，图14-17为四通道示波器测量的三相对称电压波形测试结果，单击 Y/T A/B> A+B> 按钮，出现各通道运算方法选项集合，A+B表示Y轴方向显示A、B通道的输入信号相加。

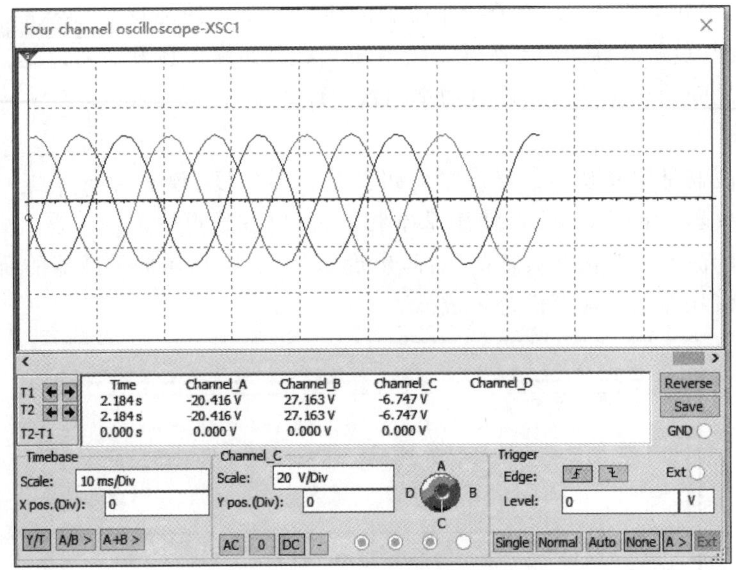

图 14-17　波形测试结果

6. 波特图仪

波特图仪是用来测量和显示电路的幅频特性和相频特性的一种仪器，类似于实验室的频率特性测试仪（或扫频仪），双击波特图仪图标，出现如图 14-18 所示的波特图仪面板。拖动波特图仪图标到电路工作窗口，图标上有 in 输入和 out 输出两对端子，其中 in 输入端子接电路输入电压两端，out 输出端子接输出电压两端。一般情况下，如果电路的输入电压或输出电压的参考低电位端接地，则对应的波特图仪 in- 或 out-端可以接地也可以不接地。

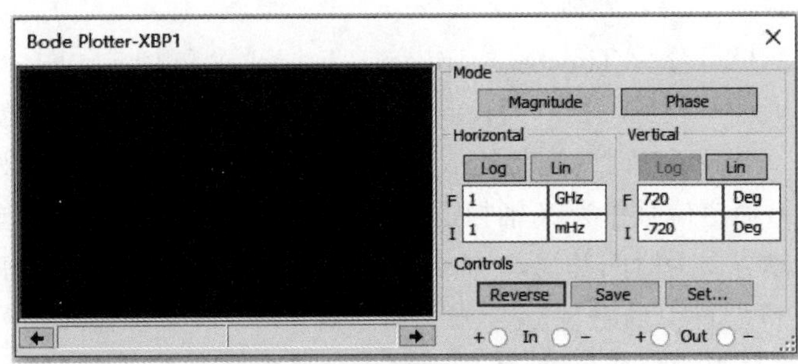

图 14-18　波特图仪的面板

幅频特性和相频特性是以曲线形式显示在波特图仪的观察窗口的。单击 Magnitude 幅值按钮，显示电路的幅频特性；单击 Phase 相位按钮，显示电路的相频特性。移动读数指针，可以读出不同频率值所对应的幅度增益或相位移。Horizontal 横轴表示测量信号的频率，称为频率轴。I、F 分别是 Initial 初始值和 Final 最终值。可以选择 Log 对数刻度，也可以选择 Lin 线性刻度。当测量信号的频率范围较宽时，用 Log 对数刻度；相反，用 Lin 线性刻度较好。横轴取值范围为 1mHz～10.0GHz。Vertical 纵轴表示测量信号的幅值或相位。

14.3 仿真软件 Multisim 14.0 的分析方法

在 Multisim 14.0 主界面上，通过 Simulate 菜单中的 Analyses and Simulation 命令或仿真工具栏中的按钮，均可打开如图 14-19 所示的分析与仿真界面。

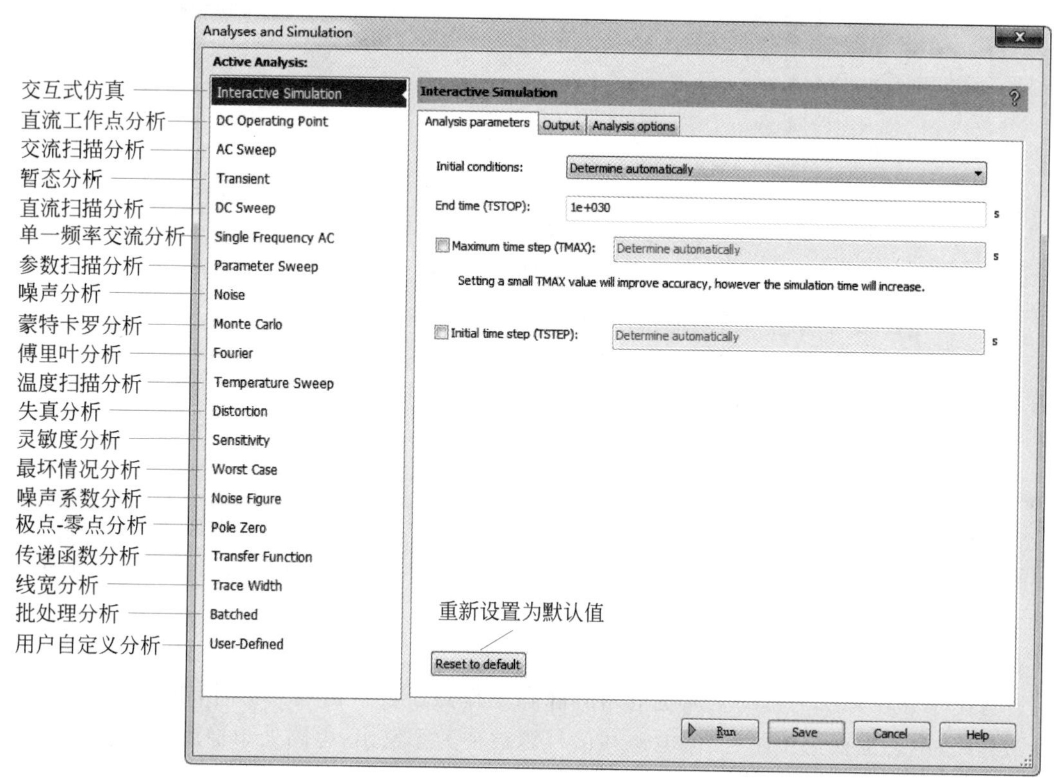

图 14-19 分析与仿真界面

Multisim 14.0 软件提供了 1 项交互式仿真功能和其他 19 项分析功能，如图 14-19 左侧所示。对电子电路进行仿真有两种基本方法：一种是使用虚拟仪器直接测量电路，即交互式仿真方法；另一种是使用分析功能分析电路。

14.3.1 交互式仿真分析方法

交互式仿真 Interactive Simulation 的作用是对电路进行时域仿真，其仿真结果需通过连接在电路中的测试仪器或显示器件等显示出来。Multisim 14.0 在图 14-7 所示仪器工具栏中提供了多种测试仪器，在图 14-6 所示探针工具栏中提供了 7 种探针，在图 14-20 所示指示器件库 Indicators Components 中含有 8 种交互式显示元器件。用户可以通过这些测试仪器、探针或显示器件观察电路的运行状态或仿真结果，这些仪器的使用、设置和读数与实际的仪器类似，使用这些仪器就像在实验室中做实验一样。

采用交互式仿真分析电路的基本步骤如下：

(1) 在电路图编辑运行区域画出所要分析的电路原理图；

(2) 编辑元器件属性，使元器件的数值和参数与所要分析的电路一致；

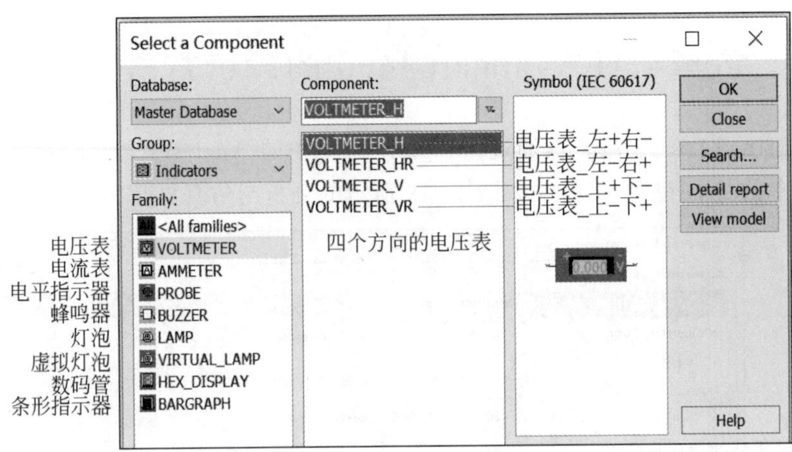

图 14-20　指标器件库

(3) 在电路输入端施加适当的信号；

(4) 放置并连接测试仪器、指示器件或探针；

(5) 单击 Run 按钮开始仿真。

14.3.2　仿真分析功能简介

利用 Multisim 14.0 提供的仿真分析功能，不仅可以完成对电压、电流、波形和频率等的测量，而且能够完成电路动态特性和参数等反映电路全面特性方面的描述。下面简要介绍 Multisim 14.0 提供的几种常用的仿真分析功能。

1. 直流工作点分析

直流工作点分析的目的是确定电路的静态工作点。进行仿真分析时，电路中的电容被视为开路，电感被视为短路，交流电源和信号源被视为零输出，电路处于稳态。

2. 交流扫描分析

交流扫描分析用于完成电路的频率响应特性分析，其分析结果是电路的幅频特性和相频特性。进行交流扫描分析时，所有直流电源将被置零，电容和电感采用交流模型，无论用户在电路的输入端施加何种信号，交流扫描分析时系统均默认电路的输入信号是正弦波，并且以用户设置的频率范围来扫描。

3. 暂态分析

暂态分析用于分析电路的时域响应，其结果是电路中指定变量与时间的函数关系。在暂态分析中，系统将直流电源视为常量，交流电源按时间函数输出，电容和电感作为储能元件。暂态分析也可以通过 Interactive Simulation 交互式仿真或者直接在测试点连接示波器完成。不同的是，暂态分析可以同时显示电路中所有节点的电压波形以及支路电流波形，而示波器通常只能同时显示 2 个最多 4 个节点的电压波形。

4. 单一频率交流分析

单一频率交流分析能给出电路在某一频率交流信号激励下的响应，相当于在交流扫描分析中固定某一频率时的响应，分析的结果是输出电压或电流相量的“幅值/相位”或“实部/虚部”。

14.4 仿真软件 Multisim 14.0 在电路中的应用

视频

仿真软件 Multisim 14.0 可以快速而准确地求得电路中任意节点的电压和电压的变化波形，可以仿真电路参数变化对电路的影响。

例 14-1 电路如图 14-21(a)所示，试用叠加定理求电流 I。

解：当 16V 恒压源单独作用时，仿真电路如图 14-21(b)所示，测量得 $I'=1$A。

当 1A 恒流源单独作用时，仿真电路如图 14-21(c)所示，测量得 $I''=-0.667$A。

当 16V 恒压源和 1A 恒流源共同作用时，仿真电路如图 14-21(d)所示，测量得 $I=0.333$A。

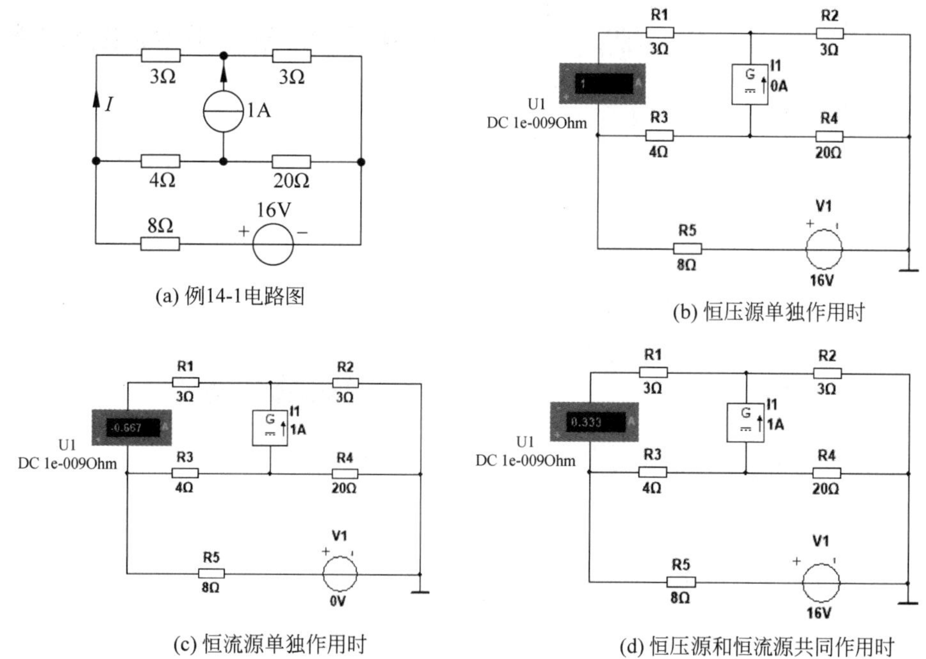

图 14-21 例 14-1 图

例 14-2 电路如图 14-22(a)所示，已知 $u_{S1}=18$V，$u_{S2}=15$V，$R_1=6\Omega$，$R_2=3\Omega$，$R_3=4\Omega$，$R_4=6\Omega$，$R_5=5.6\Omega$，$R_6=10\Omega$，试分别用戴维南定理和诺顿定理求 R_6 的电流 i 和功率 p。

解：将数字万用表的“＋”极接 a，“－”极接 b，如图 14-22(b)所示。双击数字万用表，选择电压挡，测得 a、b 之间的开路电压 $U_{OC}=8.96$V；选择电流挡，测得 a、b 之间的短路电流 $I_{SC}=3.636$A。

用数字万用表欧姆挡测量无源二端网络的等效电阻，仿真电路如图 14-22(c)所示，测量得 $R_0=2.464\Omega$。还可以将开路电压除以短路电流得到等效电阻 R_0，即

$$R_0=\frac{U_{OC}}{I_{SC}}=\frac{8.96}{3.636}=2.464(\Omega)$$

戴维南等效电路如图 14-22(d)所示，测量得 $i=0.719$A，$p=5.168$W。

诺顿等效电路如图 14-22(e)所示，测量得 $i=0.719$A，$p=5.167$W。

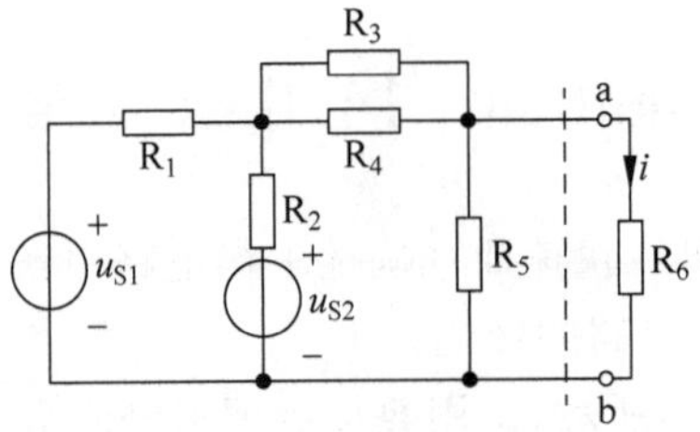

(a) 例14-2电路图

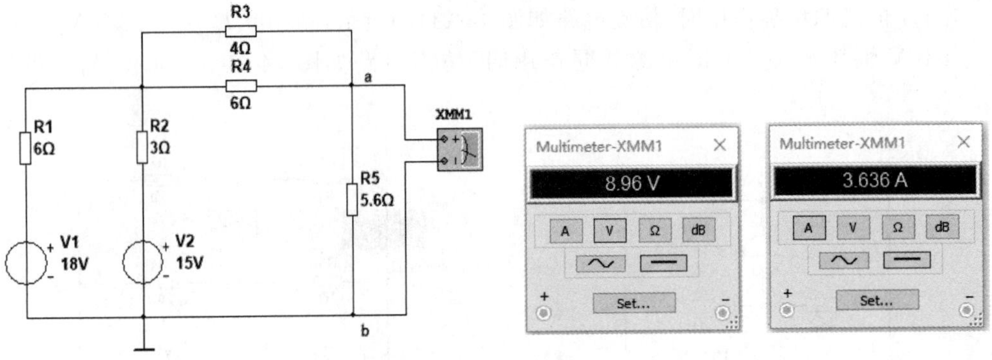

(b) 测量有源二端网络的开路电压和短路电流

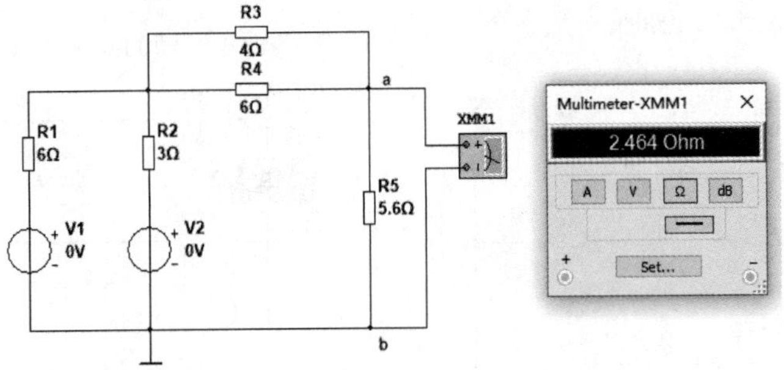

(c) 等效电阻的测量

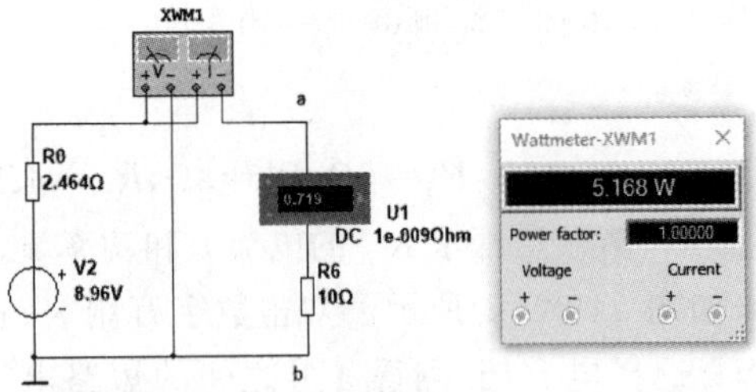

(d) 戴维南等效电路

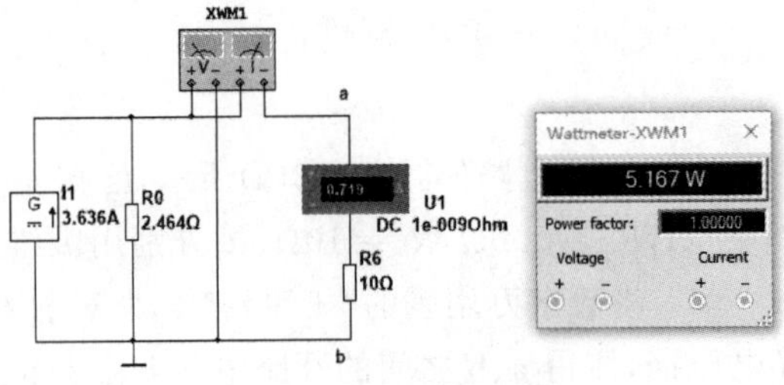

(e) 诺顿等效电路

图 14-22 例 14-2 图

视频

例 14-3 图 14-23(a)所示电路原处于稳态，在 $t=0$ 时将开关 S 闭合。(1) 试求换路后电路中所示的电压和电流的表达式；(2) 测量电容电压 u_C 的变化曲线并求经过一个时间常数后的电容电压值。

解：(1) 用三要素法求解。

① 用电压探针测量电容电压的初始值，即换路前电容电压的稳态值，仿真电路如

图 14-23(b)所示，测得 $u_C(0_+)=u_C(0_-)=12\text{V}$。

② $t=0_+$ 时，电容用 12V 恒压源代替，仿真电路如图 14-23(c)所示，用电流探针测得 $i_C(0_+)=-1.00\text{mA}$，$i_1(0_+)=0.667\text{mA}$，$i_2(0_+)=1.67\text{mA}$。

③ 用电压探针和电流探针测换路后电压和电流的稳态值，仿真电路如图 14-23(d)所示，测得 $u_C(\infty)=8.00\text{V}$，$i_C(\infty)=0\text{A}$，$i_1(\infty)=i_2(\infty)=1.33\text{mA}$。

④ 用数字万用表欧姆挡测量换路后电容 C 两端的戴维南等效电阻，仿真电路如图 14-23(e)所示，测量得 $R_0=4\text{k}\Omega$，则时间常数为

$$\tau=R_0C=4\times10^3\times5\times10^{-6}=20(\text{ms})$$

由三要素公式可得

$$u_C(t)=(8+4\text{e}^{-50t})\text{V},\quad i_C(t)=-\text{e}^{-50t}\text{mA},$$

$$i_1(t)=(1.33-0.67\text{e}^{-50t})\text{mA},\quad i_2(t)=(1.33+0.33\text{e}^{-50t})\text{mA}$$

(2) 用暂态分析法求解。

显示换路后电路的节点及元件符号引脚的电路图如图 14-23(f)所示，软件默认电容符号引脚 1 为高电位，引脚 2 为低电位，电流方向默认从 1 引脚指向 2 引脚，双击电容，在弹出窗口的 Value 页面中选择 Initial Condition(IC，初始条件)，并设置初始条件为 12V，单击 OK 按钮，则电容旁出现 IC=12V。

选择 Simulate→Analyses and Simulation→Transient 命令，在 Analysis parameters 页面设置初始条件为 User-defined，设置分析起始时间和终止时间(通常选 5τ)，如图 14-23(g)所示；在 Output 输出变量设置窗口选择节点 V(3)为输出变量，单击 Run 按钮，即可得到电容两端的电压曲线，如图 14-23(h)所示，单击 按钮可读数，游标 2 的纵轴 y2 读数即为经过一个时间常数后的电容电压值，$u_C(\tau)=9.4697\text{V}$。

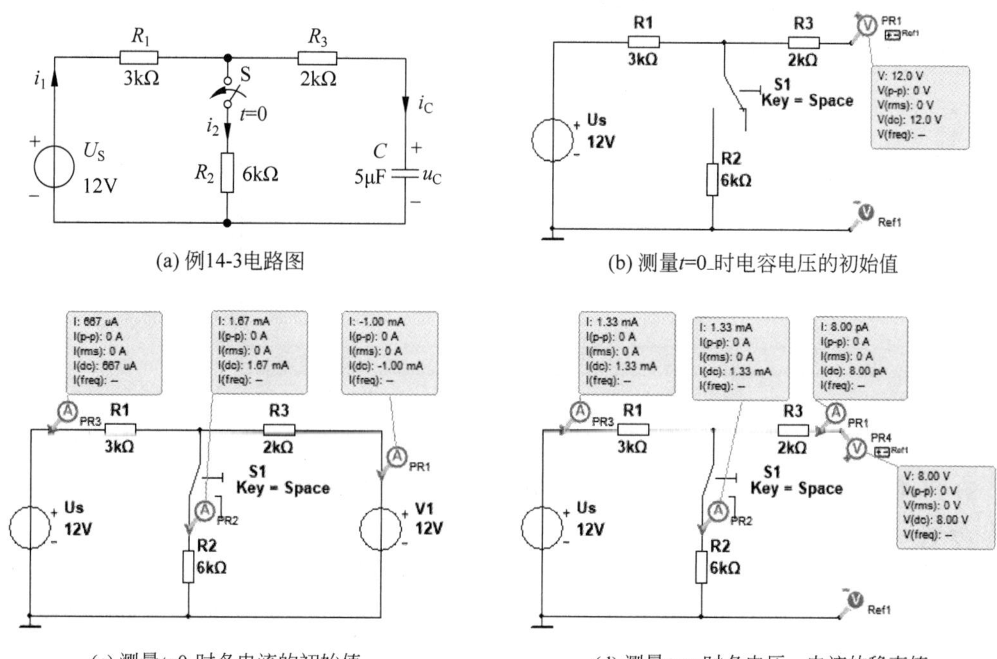

(a) 例14-3电路图　(b) 测量t=0₋时电容电压的初始值

(c) 测量t=0₊时各电流的初始值　(d) 测量t=∞时各电压、电流的稳态值

图 14-23　例 14-3 图

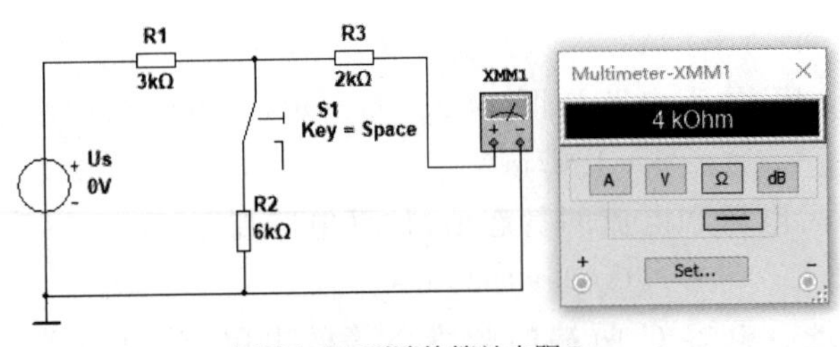

(e) 测量电容C两端的等效电阻R_0

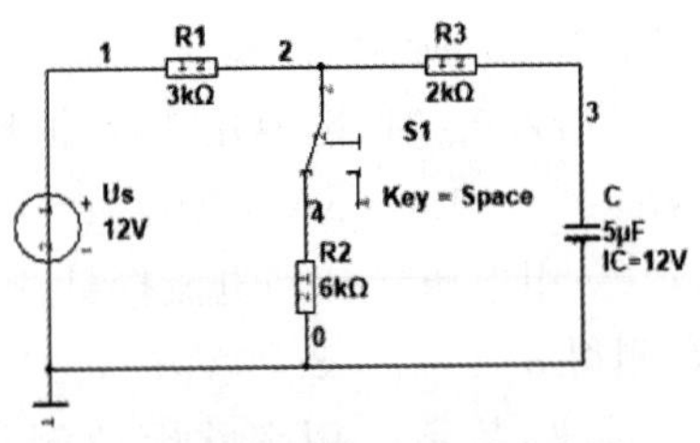

(f) 显示节点与符号引脚的电路图

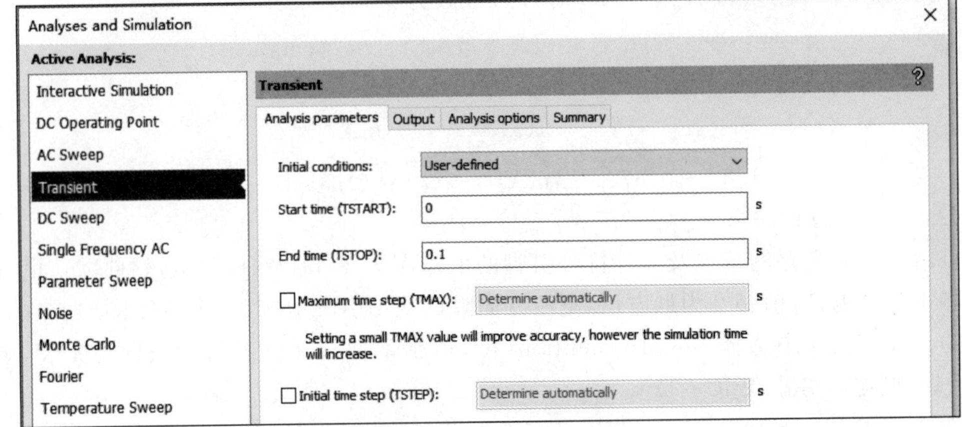

(g) 暂态分析的参数设置窗口

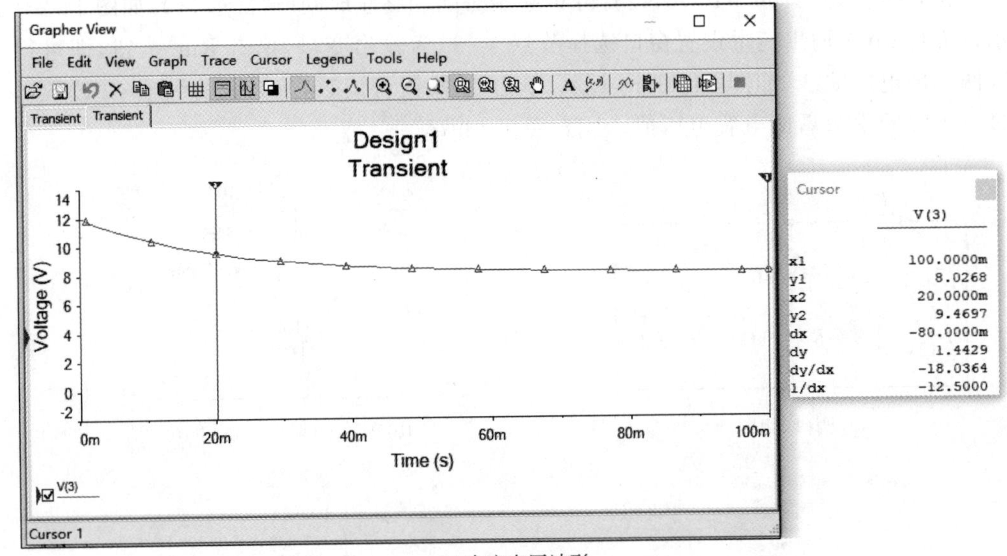

(h) 电容电压波形

图 14-23 （续）

例 14-4 电路如图 14-24(a)所示，已知输入电压 u_S 为频率 1kHz 的方波，$C=1\mu F$，电阻 R 分别为 1kΩ、100Ω，试画出输入电压 u_S 和电阻电压 u_o 的波形。

解：$R=1k\Omega$ 时，在电路工作窗口创建分析的电路，仿真电路如图 14-24(b)所示。用两通道示波器测量输入电压和电阻电压的波形，单击暂停按钮，使两通道示波器显示的波形静止，输入电压和电阻电压的波形如图 14-24(c)所示。

$R=100\Omega$ 时，输入电压和电阻电压的波形如图 14-24(d)所示。

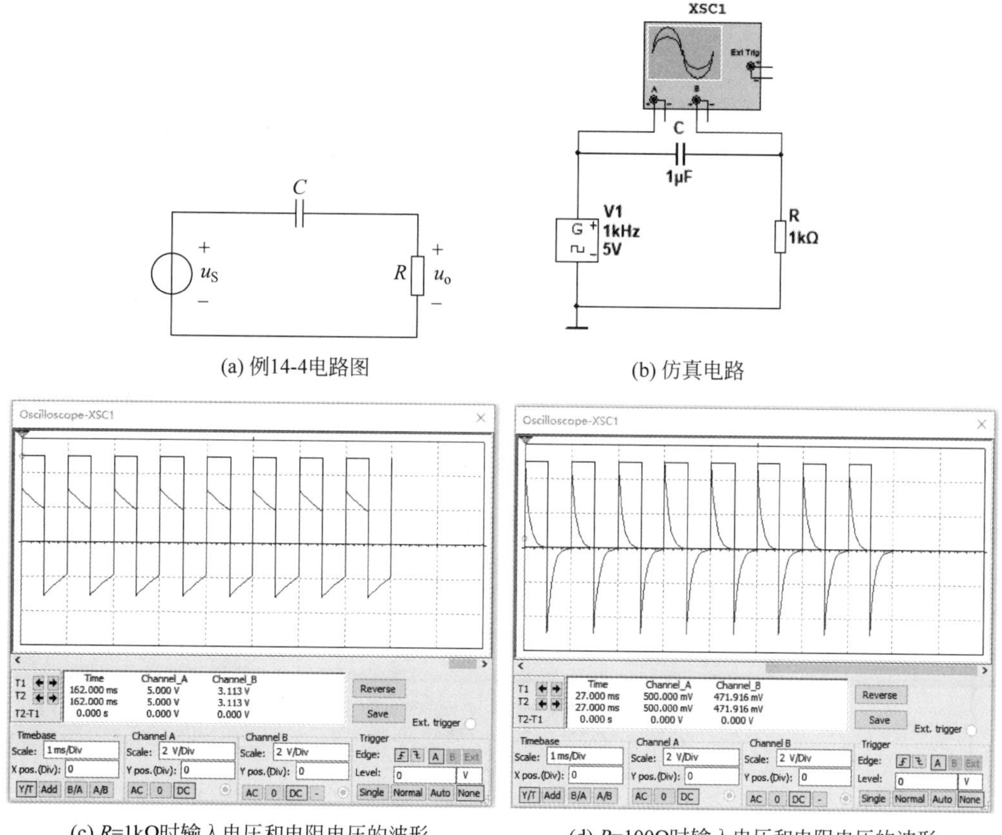

(a) 例14-4电路图　(b) 仿真电路

(c) R=1kΩ时输入电压和电阻电压的波形　(d) R=100Ω时输入电压和电阻电压的波形

图 14-24　例 14-4 图

例 14-5　在图 14-25(a)所示的 RLC 串联电路中，已知输入电压 $u=100\sqrt{2}\sin5000t$(V)，$R=15\Omega$，$L=12\text{mH}$，$C=5\mu\text{F}$。试求：(1)复阻抗 Z；(2)电压相量 $\dot{U}_R$、$\dot{U}_L$、$\dot{U}_C$ 和电流相量 $\dot{I}$；(3)有功功率 P 和电路的功率因数。

视频

解：方法一，使用仪表测量。

(1) 从仪器栏的 LabVIEW Instrument 中选取阻抗计 Impedance Meter，接在 RLC 串联电路两端测量阻抗。双击阻抗计，将起始频率与终止频率均设为

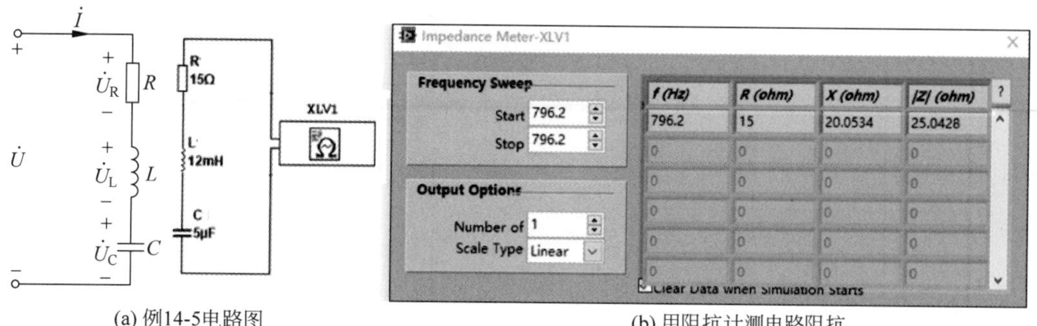

(a) 例14-5电路图　(b) 用阻抗计测电路阻抗

图 14-25　例 14-5 图

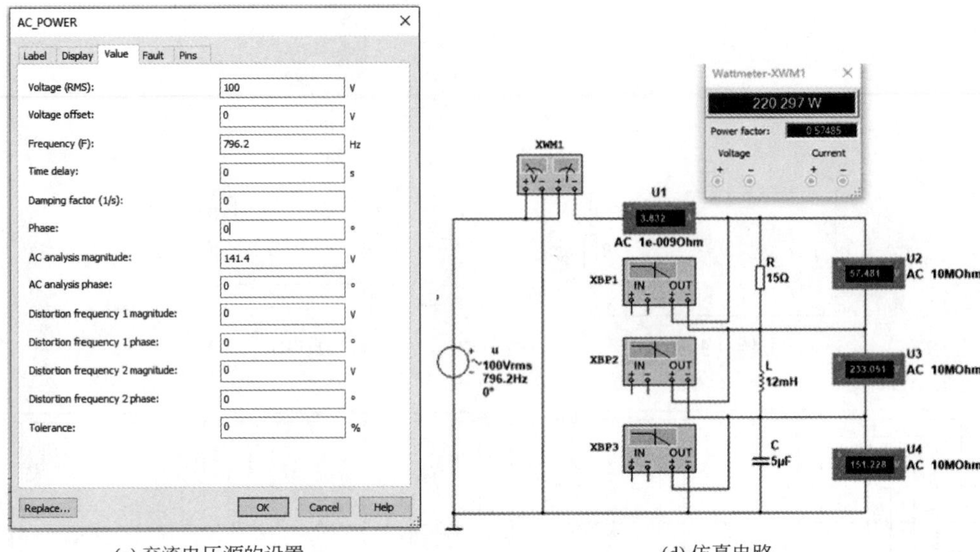

(c) 交流电压源的设置　　　　(d) 仿真电路

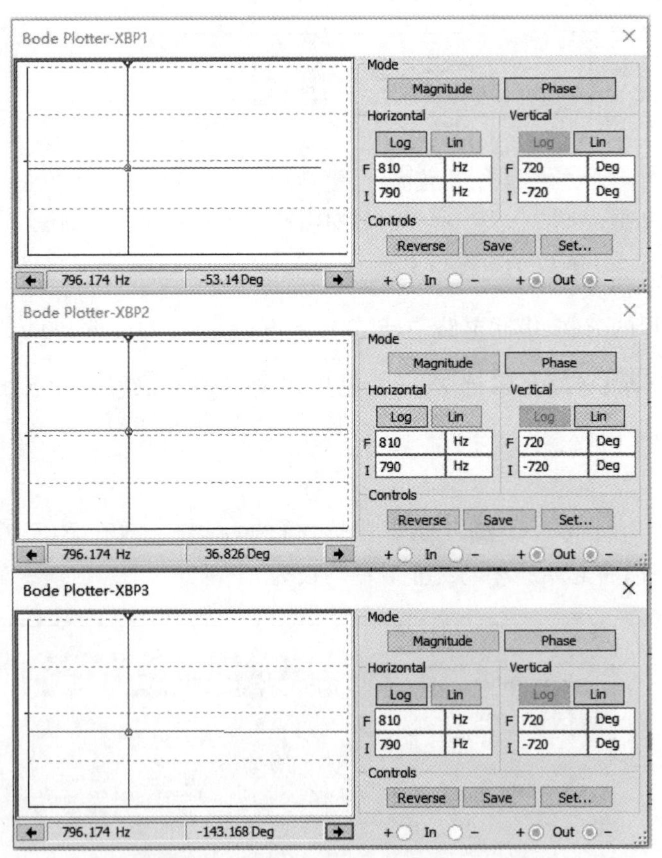

(e) 电阻电压、电感电压、电容电压的相频特性

(f) 显示节点的电路

图 14-25 （续）

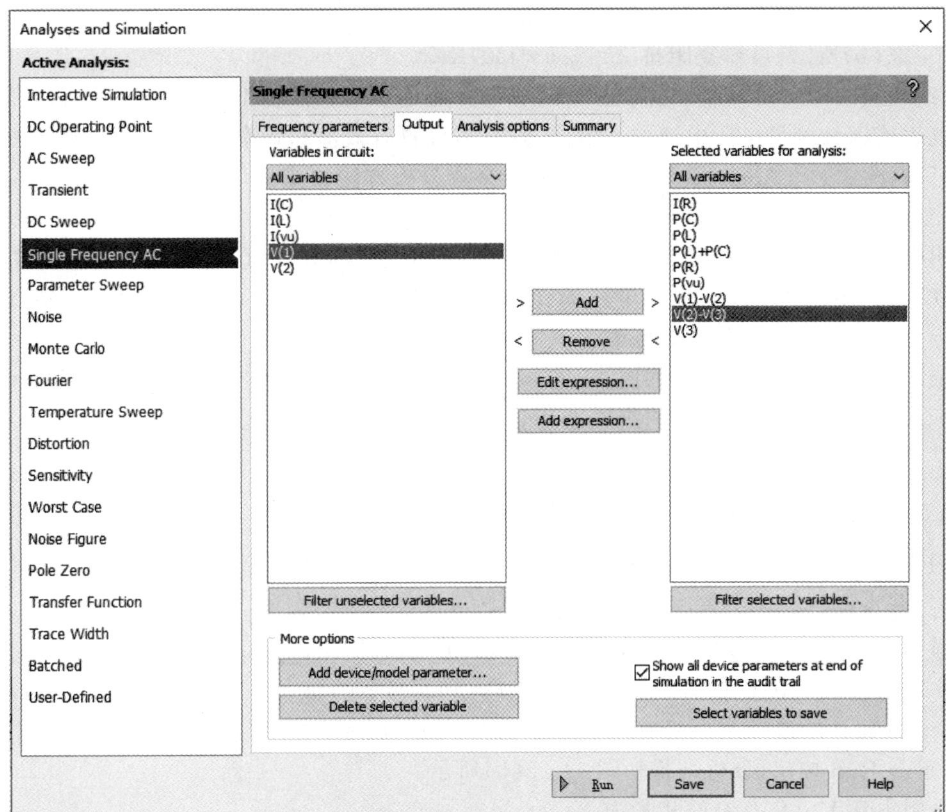

(g) 单一频率交流分析输出参数设置窗口

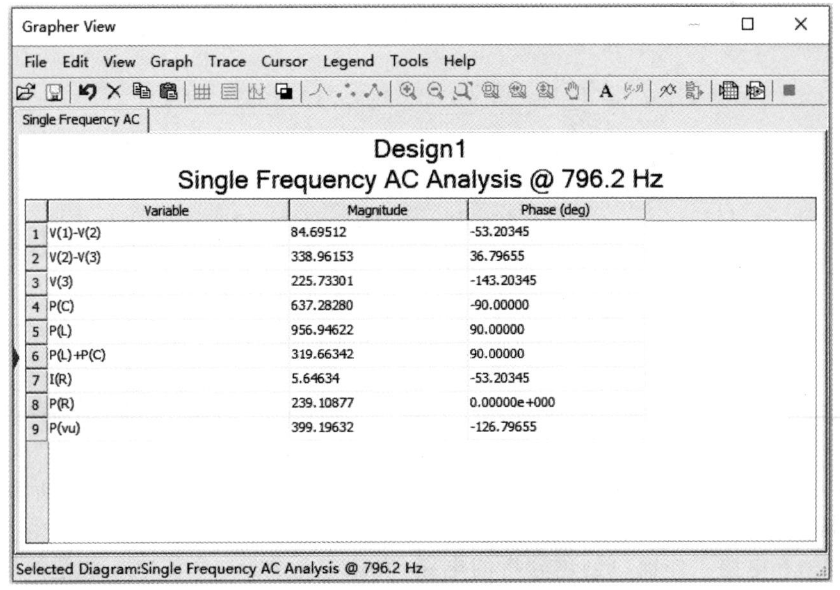

	Variable	Magnitude	Phase (deg)
1	V(1)-V(2)	84.69512	-53.20345
2	V(2)-V(3)	338.96153	36.79655
3	V(3)	225.73301	-143.20345
4	P(C)	637.28280	-90.00000
5	P(L)	956.94622	90.00000
6	P(L)+P(C)	319.66342	90.00000
7	I(R)	5.64634	-53.20345
8	P(R)	239.10877	0.00000e+000
9	P(vu)	399.19632	-126.79655

(h) 单一频率交流分析运行结果

图 14-25 （续）

$$f=\frac{5000}{2\pi}=796.2(\mathrm{Hz})$$

如图 14-25(b)所示，可得复阻抗 $Z=(15+\mathrm{j}20)\Omega$。

(2) 选取 AC_POWER 交流电压源，双击交流电压源，弹出如图 14-25(c)所示窗口，若仅用电表或探针测量电压电流的有效值，则只需设置有效值和频率；若只用波特图仪测量相位，则只需设置 AC Analysis Phase；若采用交流分析方法测相量，则只需设置 AC Analysis Magnitude 和 AC Analysis Phase。

用电压表 AC 挡和电流表 AC 挡测量各电压和电流的有效值，用功率表测量有功功率和功率因数，用波特图仪测量各电压的初相位，仿真电路如图 14-25(d)所示。可知有功功率 $P=220.297\mathrm{W}$，电路的功率因数为 0.57485。

依次双击波特图仪，弹出如图 14-25(e)所示的控制面板。单击 Phase 可得相频特性，调节游标的水平位置为 796.2Hz，纵轴数值分别为电阻电压、电感电压和电容电压的初相位。测量结果为

$$\dot{U}_{\mathrm{R}}=57.481\angle -53.14^\circ\mathrm{V},\quad \dot{U}_{\mathrm{L}}=233.051\angle 36.826^\circ\mathrm{V},\quad \dot{U}_{\mathrm{C}}=151.228\angle -143.168^\circ\mathrm{V}$$

因为总电流与电阻电压同相，所以 $\dot{I}=3.832\angle -53.14^\circ\mathrm{A}$。

方法二，单一频率交流分析法。

显示电路节点编号的电路如图 14-25(f)所示，从 Analyses and Simulation 中选择 Single Frequency AC。在图 14-25(g)窗口 Frequency parameters 中输入频率，在 Complex number format 处选择 Magnitude/Phase，在 Output 输出参数窗口选择要求的电压、电流及功率，单击 Run 按钮，分析结果如图 14-25(h)所示。

电阻电压 $V(1)$-$V(2)$的相量为

$$\dot{U}_{\mathrm{R}}=\frac{84.695}{\sqrt{2}}\angle -53.203^\circ=59.897\angle -53.203^\circ(\mathrm{V})$$

电感电压 $V(2)$-$V(3)$的相量为

$$\dot{U}_{\mathrm{L}}=\frac{338.962}{\sqrt{2}}\angle 36.797^\circ=239.719\angle 36.797^\circ(\mathrm{V})$$

电容电压 $V(3)$的相量为

$$\dot{U}_{\mathrm{C}}=\frac{225.733}{\sqrt{2}}\angle -143.203^\circ=159.641\angle -143.203^\circ(\mathrm{V})$$

电流 $I=I(R)$的相量为

$$\dot{I}=\frac{5.646}{\sqrt{2}}\angle -53.203^\circ=3.993\angle -53.203^\circ(\mathrm{A})$$

电路的有功功率 $P=P(R)=239.109\mathrm{W}$，视在功率 $S=P(\mathrm{vu})=399.196(\mathrm{V\cdot A})$，所以电路的功率因数为 $P/S=0.599$。

例 14-6 电路如图 14-26(a)所示，已知输入电压 $u_{\mathrm{i}}=\sqrt{2}\sin 100\pi t\,\mathrm{V}$，试分析带通滤波电路的频率特性。

解：(1) 在电路工作窗口创建分析的电路，双击电压源，对交流电压源进行设置，显示节点的电路如图 14-26(b)所示。

(2) 从 Analyses and Simulation 中选择 AC Sweep，按图 14-26(c)所示进行频率范围、扫描形式、纵轴标尺的设置，单击 Output 选择要分析的节点 1，屏幕显示如图 14-26(d)所示

的分析结果。

从图 14-26(d)所示的幅频特性可知，该带通滤波电路的最高输出电压是输入电压幅值的 1/3，其对应频率约为 79.403Hz，从相频特性可知，最高输出电压的相位约为 0°，即 $\dot{U}_o$ 与 $\dot{U}_i$ 同相位，电路发生谐振，其谐振频率 $f_0 \approx 79.103\text{Hz}$。由幅频特性还可得到在最高输出电压的 0.707(约 333.3mV)处所对应的下限截止频率 $f_L \approx 24.315\text{Hz}$，上限截止频率 $f_H \approx 261.263\text{Hz}$，通频带宽度 $\Delta f = f_H - f_L = 261.263 - 24.315 = 236.948(\text{Hz})$。

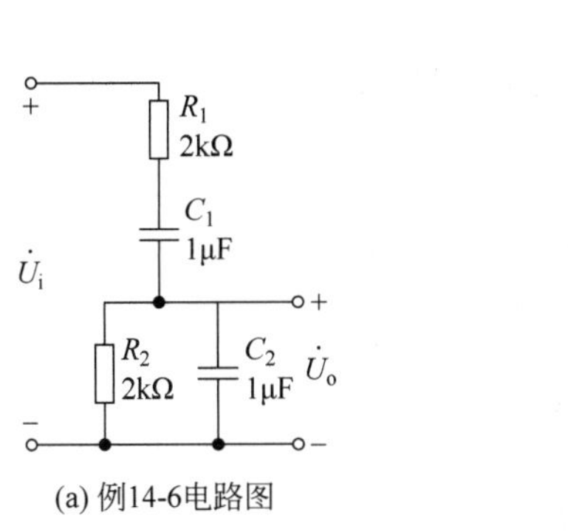

(a) 例14-6电路图

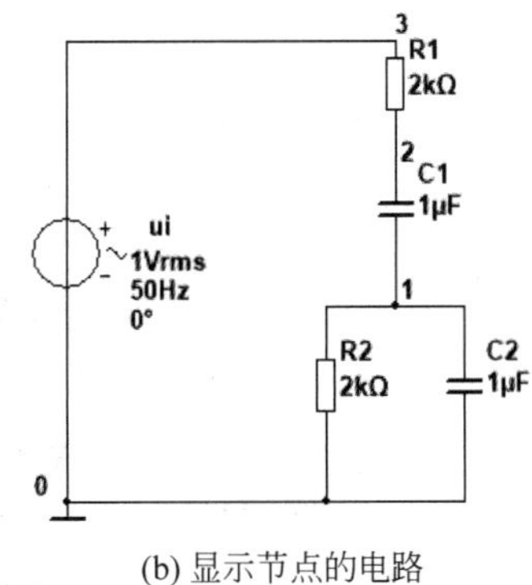

(b) 显示节点的电路

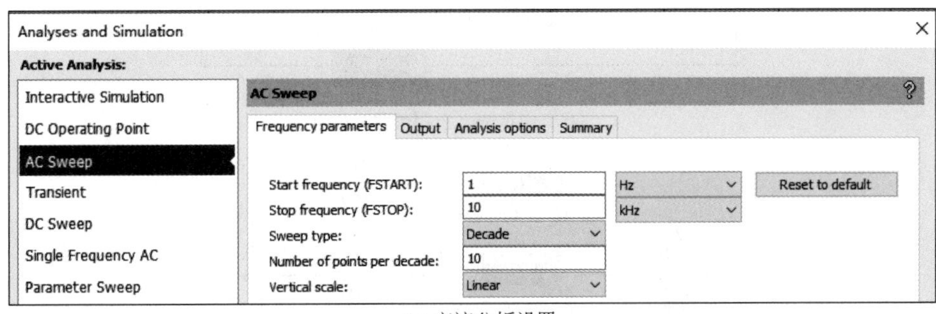

(c) 交流分析设置

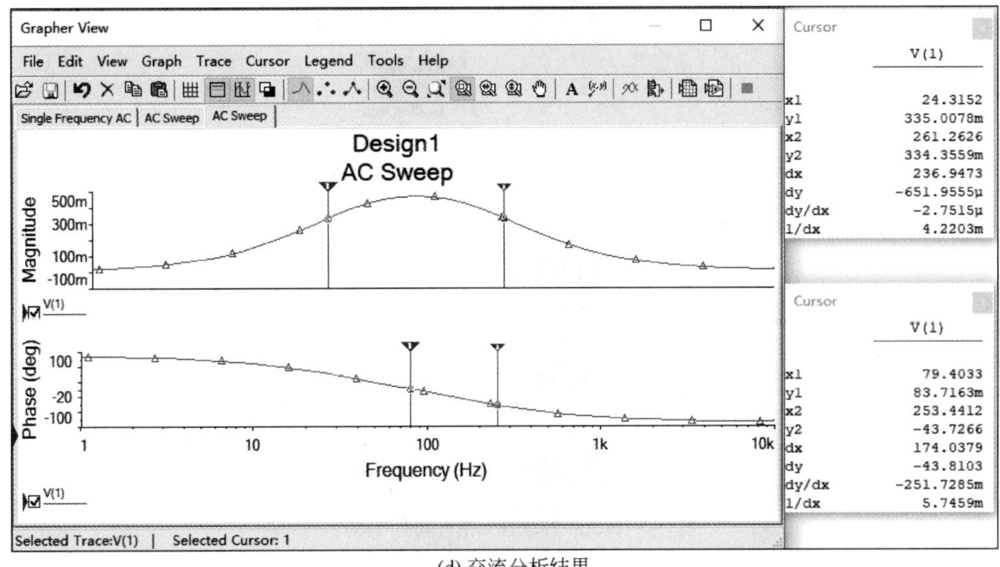

(d) 交流分析结果

图 14-26 例 14-6 图

例 14-7 已知对称三相电源的相电压 $U_P=220V$,电源的频率为 50Hz,负载为星形联结。试求:(1) 有中性线且三相负载对称时,$R_1=R_2=R_3=22\Omega$,负载的相电流与中线电流;(2) 有中性线但三相负载不对称时,$R_1=11\Omega$,$R_2=R_3=22\Omega$,负载的相电流与中线电流;(3) 若中性线断开,三相负载不对称时,$R_1=11\Omega$,$R_2=R_3=22\Omega$,负载的相电流与相电压。

解:(1) 用电流表 AC 挡测量各电流有效值,有中性线且三相负载对称时,仿真电路如图 14-27(a)所示,测量得 $I_1=I_2=I_3\approx10A$,$I_N\approx0A$。

(2) 有中性线且三相负载不对称时,仿真电路如图 14-27(b)所示,测量得 $I_1\approx20A$,$I_2=I_3\approx10A$,$I_N\approx10A$。

(3) 无中性线且三相负载不对称时,仿真电路如图 14-27(c)所示,测量得 $I_1=15.001A$,$I_2=I_3=11.457A$,$U_1=165V$,$U_2=U_3=252V$。

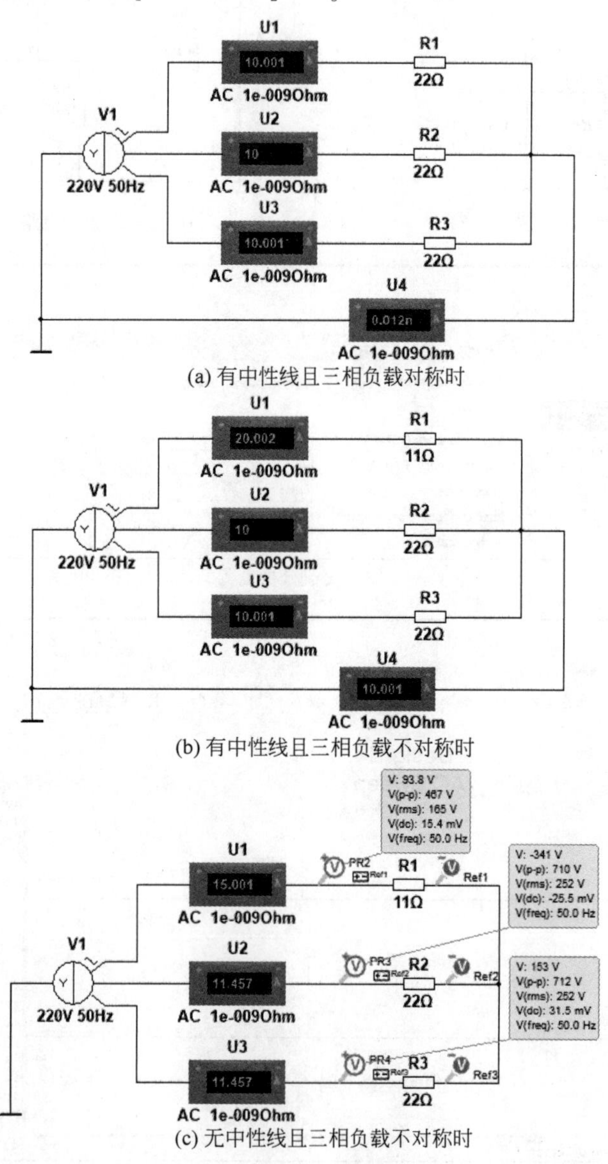

(a) 有中性线且三相负载对称时

(b) 有中性线且三相负载不对称时

(c) 无中性线且三相负载不对称时

图 14-27 例 14-7 图

附 录

APPENDIX

中英名词对照

中英名词对照

参考文献

[1] 李瀚荪.电路分析基础[M].3版.北京：高等教育出版社，1993.
[2] 李瀚荪.简明电路分析[M].5版.北京：高等教育出版社，2002.
[3] 邱关源.电路[M].4版.北京：高等教育出版社，2002.
[4] 上官右黎.电路分析基础[M].北京：北京邮电大学出版社，2003.
[5] 张永瑞，王松林，李晓萍.电路基础典型题解析及自测试题[M].西安：西北工业大学出版社，2002.
[6] 王树民，刘秀成，陆文娟，等.电路原理试题选编[M].北京：清华大学出版社，2001.
[7] 陈晓平，殷春芳.电路原理试题库与题解[M].北京：机械工业出版社，2009.
[8] Boylestad R L. Introductory Circuit Analysis[M]. 9th Edition. Prentice-Hall，Inc.，2002.
[9] William H H，Jr.，Kemmerly J E，Durbin S M. Engineering Circuit Analysis[M]. 6th Edition. 北京：机械工业出版社，2002.
[10] 赵录怀，王曙鸿.电路重点难点及典型题精解[M].西安：西安交通大学出版社，2000.
[11] 江缉光.电路原理[M].北京：清华大学出版社，1995.
[12] 陆文雄.电路原理[M].上海：同济大学出版社，2003.
[13] 陈崇源.高等电路[M].武汉：武汉大学出版社，2000.
[14] 张永瑞，王松林，李小平.电路分析基础[M].西安：西安电子科技大学出版社，2004.
[15] 胡翔骏.电路分析[M].北京：高等教育出版社，2001.
[16] 梁贵书.电路理论基础[M].北京：中国电力出版社，2007.
[17] 渠云田.电工电子技术(第一分册)[M].北京：高等教育出版社，2008.
[18] 渠云田.电工电子技术(第二分册)[M].北京：高等教育出版社，2008.
[19] 路勇.电子电路实验及仿真[M].北京：清华大学出版社，2004.
[20] 李飞，覃爱娜，吴显金，等.电工电子系列课程思政教学案例[M].长沙：中南大学出版社，2022.
[21] 刘继军.电工学课程思政改革案例探索与实践[J].中国电力教育，2019，(6)：23-25.
[22] 陈宁，郭迎，张航，等.电子信息工程专业课程思政教学案例[M].长沙：中南大学出版社，2021.